Operationsverstärker

Joachim Federau

Operationsverstärker

Lehr- und Arbeitsbuch zu angewandten
Grundschaltungen

7., erweiterte und überarbeitete Auflage

Mit 366 Abbildungen, 8 Tabellen, Beispielen,
Übungen und Aufgaben mit Lösungen

 Springer Vieweg

Joachim Federau
Beckdorf-Nindorf, Deutschland

ISBN 978-3-658-16372-3   ISBN 978-3-658-16373-0 (eBook)
DOI 10.1007/978-3-658-16373-0

Die Deutsche Nationalbibliothek verzeichnet diese Publikation in der Deutschen Nationalbibliografie; detaillier-
te bibliografische Daten sind im Internet über http://dnb.d-nb.de abrufbar.

Springer Vieweg
© Springer Fachmedien Wiesbaden GmbH 1998, 2001, 2004, 2006, 2010, 2013, 2017

Gedruckt auf säurefreiem und chlorfrei gebleichtem Papier

Springer Vieweg ist Teil von Springer Nature
Die eingetragene Gesellschaft ist Springer Fachmedien Wiesbaden GmbH
Die Anschrift der Gesellschaft ist: Abraham-Lincoln-Str. 46, 65189 Wiesbaden, Germany

Vorwort zur siebten Auflage

Die überaus positiven Rezensionen zu diesem Buch haben eine Neuauflage sinnvoll erscheinen lassen. Die Inhalte sind exemplarisch und deshalb wenig geändert worden. Die aktuelle technische Gegenwärtigkeit dieses Buches zeigt sich in einer angemessenen Beschreibung von PC-Schaltungssimulations-Programmen, der Anwendung moderner Rail-to-Rail-OPs, einem Lernprojekt zu einem Li-Ion-Akku-Ladeschaltregler und der Aufführung informativer Internetadressen zum Thema.

Zielgruppen für dieses Buch sind insbesondere Autodidakten, Auszubildende in anspruchsvollen Industrieelektronikerberufen, Meister, Techniker, Ausbilder und Unterrichtende. Es ist als Einstieg in das Fachhochschulstudium im Bereich Elektronik ebenfalls gut geeignet. Der Leser soll für die qualitative und quantitative Abschätzung von Elektronikschaltungen sensibilisiert werden. Es ist das Ziel des Autors, den Leser in die Lage zu versetzen, Schaltungen auf Funktion, Berechenbarkeit, Änderungen und Verbesserungen beurteilen zu können.

Die Konzeption des Buches stützt sich auf folgende Punkte

- Die ersten drei Kapitel eröffnen das Grundverständnis für OP-Schaltungen hinsichtlich Funktion und Berechenbarkeit. Die nächsten Kapitel stellen Vertiefungsübungen dar. Sie können in unabhängiger Reihenfolge erarbeitet werden.
- Zu jedem Abschnitt bestehen durchgerechnete Beispiele. Die nachfolgenden Aufgabenstellungen können ohne Hilfestellungen weiterer Personen nachvollzogen werden. Hierzu ist ein ausführlicher Lösungsteil vorgesehen.
- Für Unterrichtende sind die Lerninhalte und Vertiefungsübungen eine sehr gute Anregung für die Erstellung eigener neuer Aufgaben.
- Es sind nur Kenntnisse der fundamentalen Elektrotechnik wie Ohm'sches und Kirchhoff'sches Gesetz, Potenzialbetrachtungen und ähnliche Grundlagen notwendig.
- Durch den Verständniserwerb soll die Entwicklung eigener Schaltungen erleichtert werden. Schaltungsprinzipien sollen generalisiert werden können.
- Erworbenes Wissen kann durch Netzwerkanalyseprogramme kontrolliert und verifiziert werden. Eine Kurzbeschreibung zu einem attraktiven professionellen Analyse-

programm liegt vor. Dieses Programm der Firma Linear Technology kann kostenlos aus dem Internet bezogen werden.

- Zum Abschluss des Buches wird ein offen gestaltetes Projekt zu einem Ladegerät für Li-Ion-Akkus angeboten. Das Ladegerät entspricht dem heutigen Funktionsprinzip eines pulsweitenmodulierten Schaltreglers. Die ausführliche Darstellung zur Funktionsweise ermöglicht eine komplette physikalische Durchdringung der Schaltung. Darauf aufbauend sollten Transferleistungen hinsichtlich Schaltungsänderungen, -berechnungen und -erweiterungen kein Problem mehr darstellen.

Damit eignet sich dieses Buch für die Begleitung von Lehrveranstaltungen und auch ganz besonders für das Selbststudium.

Nindorf, im Mai 2017   Joachim Federau

Was man noch über dieses Buch wissen sollte

Darstellung der Schaltungen
Die Schaltungsdarstellungen variieren innerhalb anerkannter Normenmuster.

So werden in Schaltungen für Bauteile folgende Bezeichnungen verwendet:

2k2 oder 2,2k entspricht 2,2 kΩ
1M2 oder 1,2M entspricht 1,2 MΩ
4R7 oder 4,7R entspricht 4,7 Ω usw.

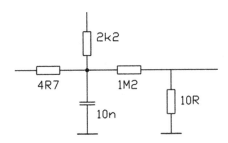

Gleiches gilt für die Bezeichnung von Kondensatoren.

Die Bezeichnung von 2,2 kΩ oder 10 Ω ist in Schaltungsdarstellungen nicht üblich, während in Textseiten die Bezeichnung 2k2 für 2,2 kΩ grundsätzlich vermieden worden ist. Im Text und insbesondere in Berechnungsaufgaben sind die Größen stets einheitengerecht mitgeführt.

Stumpf aufeinanderstoßende Leitungen sind immer leitende Verbindungen. Ein zusätzlich eingetragener Knotenpunkt erhöht möglicherweise die Lesbarkeit einer Schaltung. Er ist aber nicht notwendig. Kreuzende Leitungen ohne Knotenpunkte sind nie miteinander verbunden.

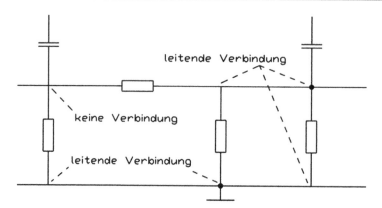

Die Leitungsführung und die entsprechenden Verbindungen

Einige fachdienliche Hinweise

Der Autor verwendet für den nichtinvertierenden Eingang des Operationsverstärkers das Wort „+Input" und für den invertierenden Eingang den Begriff „–Input".

Grundsätzlich sind alle Spannungen und Ströme mit richtungsorientierten Spannungs- und Strompfeilen versehen. Potenziale besitzen üblicherweise keine Spannungspfeile. Es sind Spannungsangaben, die sich auf das Bezugspotenzial von 0 V beziehen.

Spannungs- und Strombezeichnungen entsprechen der üblichen Norm. Großbuchstaben sind für Gleichspannungs- und Effektivwerte verwendet worden. Sinusgrößen sind in der komplexen Rechnung entsprechend der Norm mit einem Unterstrich versehen. Kleinbuchstaben werden für Augenblickswerte verwendet.

Die Bezeichnung U_{ss} bedeutet Spitze-zu-Spitze-Wert einer Spannung.

Folgende Schreibweisen werden angewendet: $U_{ss} = 5$ V oder $U = 5$ V_{ss}.

Die Einheitenbezeichnungen V_{ss} für den Spitze-zu-Spitze-Wert oder V_{eff} für den Effektivwert werden aus Übersichtsgründen ebenfalls benutzt, auch wenn sie nicht unbedingt normgerecht sind.

Das Multiplikationszeichen wird als „×" und die Parallelschaltung von Widerständen mit „∥" dargestellt. Wert und Einheit einer physikalischen Größe werden nach den Rechtschreibregeln getrennt geschrieben wie z. B. 1,2 mA. In komplexeren Formeln wird hier aber auch noch der Übersicht wegen die tradierte zusammengeführte Schreibweise wie 1,2 mA, 230 V, 25 mH u. a. verwendet.

Inhaltsverzeichnis

Operationsverstärker: Kenndaten und Funktion 1

1.1 Lernziele

Der Lernende kann ...

... das alte und neue Schaltsymbol des OPs skizzieren (Abb. 1.1).

... die idealtypischen und realen Kenndaten eines OPs erläutern.

... die Übertragungskennlinie eines Operationsverstärkers $U_a = f(U_e)$ skizzieren und den Verlauf begründen.

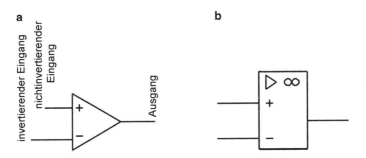

Abb. 1.1 Schaltbild eines Operationsverstärkers: altes (**a**) und neues Schaltzeichen (**b**)

1.2 Schaltsymbol

Das kleine Dreieck mit nachfolgendem Unendlichzeichen im neuen Schaltzeichen symbolisiert einen Verstärker mit sehr großer Verstärkung. Die Anschlüsse für die Versorgungsspannung werden üblicherweise nicht mitgezeichnet. In diesem Buch wird das neue OP-Schaltzeichen verwendet. Nur in der Funktionsdarstellung von integrierten Schaltkreisen

© Springer Fachmedien Wiesbaden GmbH 2017
J. Federau, *Operationsverstärker*, DOI 10.1007/978-3-658-16373-0_1

ist die alte Schaltzeichennorm tradiert und wohl auch übersichtlicher. OPs in Funktionsblöcken von ICs werden deshalb hier in alter Norm dargestellt.

1.3 Kenndaten

1.3.1 Kenndaten des idealen Operationsverstärkers

- Die Leerlaufverstärkung U_a / U_e ist unendlich groß.
- Der Eingangswiderstand ist unendlich groß. Es fließt kein Strom in den Operationsverstärker.
- Der Ausgangswiderstand ist $0\,\Omega$. Bei unterschiedlichen Belastungen am Ausgang bleibt die Ausgangsspannung U_a stabil.
- Die Übertragungsbandbreite liegt zwischen $0\,Hz$ und Unendlich. Es findet keine Phasendrehung statt.

1.3.2 Kenndaten typischer Operationsverstärker

- Die Leerlaufverstärkung liegt zwischen $10^4 \ldots 10^6$.
- Der Eingangswiderstand ist typisch $> 1\,M\Omega$.
  Bei FET(Feld-Effekt-Transistor)-Typen ist der Eingangswiderstand praktisch unendlich groß.
- Der Ausgangswiderstand liegt zwischen $10 \ldots 1000\,\Omega$ je nach Leistungstyp.
- Die untere Grenzfrequenz beträgt $0\,Hz$, da OPs grundsätzlich Gleichspannungsverstärker sind.
- Die obere Grenzfrequenz liegt bei voller Ausnutzung der Verstärkung zwischen $10\,Hz$ und $10\,kHz$. Es ist jedoch zu beachten, dass durch Schaltungsmaßnahmen bei geringerer Nutzung der Verstärkung die obere Grenzfrequenz erheblich höher sein kann.

1.4 Funktionsbeschreibung

Der Operationsverstärker besitzt als Eingangsstufe einen Differenzverstärker mit nachfolgenden Differenzverstärkern sehr hoher Verstärkung, so dass die Gesamtverstärkung allgemein größer als 10^5 ist. Als Endstufe liegt nach Abb. 1.2 im Prinzip eine Gegentaktstufe vor. Sie besteht aus einem npn- und pnp-Transistor. Durch eine bipolare Spannungsversorgung wird über die Gegentaktstufe erreicht, dass je nach Polarität der Eingangsspannung U_e am Ausgang eine positive oder negative Spannung vorhanden ist. Durch einen am Ausgang vorhandenen Lastwiderstand R_{Last} kann in den OP ein Strom hinein- oder auch herausfließen.

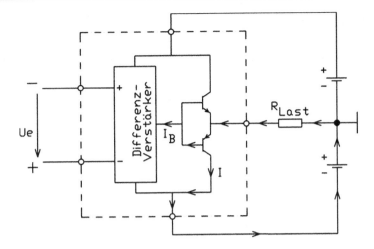

Abb. 1.2 Der Strom fließt in den OP-Ausgang hinein

Abb. 1.3 zeigt die Beschaltung des Operationsverstärkers und verdeutlicht nochmal die Funktionsweise: Der Operationsverstärker wird mit einer bipolaren Spannungsquelle versorgt. Der Mittelpol bildet den Massebezugspunkt. Der Lastwiderstand ist am Ausgang des OPs und an Masse angeschlossen. An den Eingängen des OPs liegt die Eingangsspannung U_e. Ist am +Input des Differenzverstärkers die Eingangsspannung positiver als am −Input, so ist die Ausgangsspannung des Differenzverstärkers positiv und steuert über den Basisstrom I_B den oberen Transistor der Gegentaktstufe durch. Somit fließt ein Strom I_C aus dem OP heraus. Der Strom wird in diesem Fall aus der oberen bzw. positiven Spannungsquelle erbracht.

Bei Polaritätsänderung der Eingangsspannung wird die Ausgangsspannung negativ.

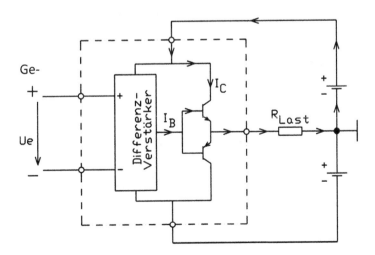

Abb. 1.3 Der Strom fließt aus dem OP-Ausgang heraus

1.5 Übertragungskennlinie

Abb. 1.4 zeigt die Übertragungskennlinie $U_a = f(U_e)$. Ist die Spannung U_e so klein, dass trotz der hohen Verstärkung der Operationsverstärker nicht voll ausgesteuert ist, so arbeitet der OP im sogenannten linearen Bereich.

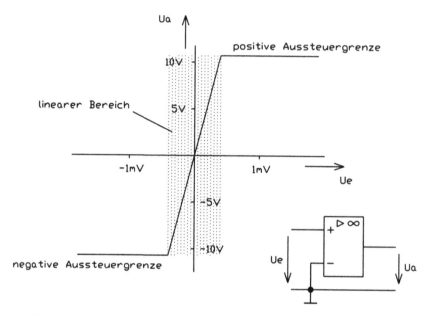

Abb. 1.4 Übertragungskennlinie $U_a = f(U_e)$

Hier ist U_a proportional dem Verstärkungsfaktor und der Eingangsspannung U_e. Bei größeren Eingangsspannungen wird der OP übersteuert. Der Ausgang liegt je nach Polung der Eingangsspannung in der positiven oder negativen Aussteuergrenze. Die typische Aussteuergrenze liegt etwa 1 V unterhalb der Versorgungsspannung.

1.6 Schaltsymbol, Aufbau und Kenndaten des 4fach-OPs LM324

Abb. 1.5 zeigt die innere Beschaltung des ICs LM324. Es handelt sich um vier einzelne Operationsverstärker mit einer gemeinsamen Spannungsversorgung. Sie liegt an Pin 4 und 11. Das IC hat von oben gesehen eine kleine Einkerbung, eine sogenannte Kennung. Links von dieser Kennung liegt Pin 1. Von hier aus beginnt die Zählung der Pins gegen den Uhrzeigersinn. Diese Zählweise gilt für alle sogenannten Dual-In-Line-Gehäuse.

Abb. 1.5 4fach-Operations-
verstärker LM324. OPs als
Funktionsblöcke im IC werden
tradiert in alter Schaltzeichennorm dargestellt

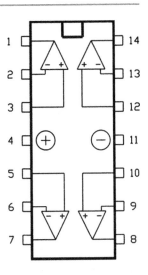

Kenndaten zum LM324

Leerlaufverstärkung:	10^5
Eingangswiderstand:	$2\,M\Omega$
Ausgangswiderstand:	$100\,\Omega$
max. Ausgangsstrom:	$18\,mA$
max. Versorgungsspannung:	$\pm 15\,V$
min. Versorgungsspannung:	$\pm 3\,V$

In der Praxis findet man die sehr häufig verwendeten und preiswerten 4fach-Standard-
OPs LM324, LM348 und TL084 vor. Alle haben die Anschlussbelegung nach Abb. 1.5.
Dabei entspricht der LM348 in seinen elektrischen Werten dem Single-OP-Klassiker
µA741, der vielfach auch UA741 und LM741 genannt wird. Eine Empfehlung für einen
bestimmten OP für eine festgelegte Anwendung kann hier nicht geleistet werden. Auf
dem Markt gibt es eine unüberschaubare Menge an OP-Typen. Doch zur Beruhigung
sei gesagt: Für die meisten elektronischen Standardschaltungen reicht der Gebrauch von
vielleicht gerade mal fünf ausgesuchten OP-Typen immer aus.

Praktisch alle Operationsverstärker besitzen eine Ausgangsstrombegrenzung und sind
dadurch kurzschlussfest.

1.7 Beispiele

Beispiel 1

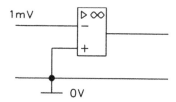

Operationsverstärker

Die Abbildung zeigt einen Operationsverstärker. Der +Input ist auf das Potenzial 0 V gelegt. Der −Input liegt auf 1 mV. Die Versorgungsspannung soll ±15 V sein. Die Versorgungsspannungsanschlüsse des OPs werden oft nicht mitgezeichnet. Für die Abbildung trifft dies ebenfalls zu. Zur Anschaulichkeit nehmen wir an, dass der OP nur eine Leerlaufverstärkung von $V_{UO} = 1000$ hat. In diesem Fall wird die anliegende Differenzspannung, hier 1 mV, also nur um den Faktor 1000 verstärkt. Am Ausgang liegt dann betragsmäßig eine Spannung von $1\,\text{mV} \times 1000 = 1\,\text{V}$. Stellt sich nun noch die Frage nach der Polarität der Ausgangsspannung gegen das Massebezugspotenzial von 0 V? Das positivere Potenzial am invertierenden Eingang bedeutet eine negative Ausgangsspannung.

Das Ergebnis: Die OP-Ausgangsspannung beträgt −1 V.

Eine Verstärkung von nur 1000 ist jedoch nicht realistisch. Die Leerlaufverstärkung eines OPs ist eher $10^5 \ldots 10^7$. Nehmen wir eine Verstärkung von 10^6 an. Es liegt $+1\,\text{mV}$ am −Input. Wie groß ist die Ausgangsspannung? Wir wissen schon: die Ausgangsspannung ist negativ, da ja das positivere Potenzial an den Eingängen invertiert wird. Also beträgt die Ausgangsspannung $1\,\text{mV} \times 10^6 = 1000\,\text{V}$? Natürlich nicht! Bei einer Versorgungsspannung von ±15 V kann die Ausgangsspannung betragsmäßig höchstens 15 V werden. Also ist das Ergebnis negativ. Es beträgt −15 V. Der OP ist voll ausgesteuert. Er ist übersteuert. Aber auch −15 V ist ein idealisiertes Ergebnis. In der Praxis rechnet man für die meisten OPs eine Aussteuergrenze, die betragsmäßig um 1 V von der idealen Aussteuergrenze differiert. Ursache sind interne Spannungsfälle in den OP-Ausgangsstufen durch Kollektor-Emitter-Spannungen der Transistoren und Stromerfassungsshunts für die Strombegrenzung u. a.

Das Ergebnis: Die OP-Ausgangsspannung beträgt ca. −14 V.

Zusammenfassung Bei einer Verstärkung von nur 1000 ist der OP für die angegebene Eingangsspannung nicht voll ausgesteuert. Er arbeitet im linearen Bereich. Eine Verstärkung von 10^6 führt zur Übersteuerung des OPs. Der OP ist in der Aussteuergrenze.

Siehe für dieses Beispiel auch Abschn. 1.5 und Abb. 1.4!

Beispiel 2

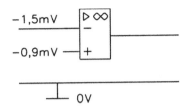

Eingangsspannungen

Die Eingangsspannungen betragen nach der Abbildung

- 1,5 mV und
- 0,9 mV gegen Masse.

Die Versorgungsspannung soll mit ±10 V angenommen werden.
Die Aussteuergrenzen differieren jeweils um 1 V von den idealen Aussteuergrenzen.

a) Wie groß ist die Ausgangsspannung bei V_{UO} von nur 1000?
b) Wie groß ist die Ausgangsspannung bei $V_{UO} = 10^6$?

Der OP „sieht" für sich am Eingang betragsmäßig die Spannungsdifferenz von
$|1,5\,mV| - |0,9\,mV| = |0,6\,mV|$.
Am −Input liegt das negativere Potenzial. Das Ausgangssignal ist positiv.
Die Ergebnisse:

a) $0,6\,mV \times 1000 = 0,6\,V$ und für
b) $0,6\,mV \times 10^6 = 600\,V$.
   Für diesen Fall wissen wir, dass der OP in der Aussteuergrenze liegt. Ideal wäre eine
   Ausgangsspannung von 10 V. Bei der Annahme von 1 V Differenz zur idealen Aussteuergrenze beträgt die Ausgangsspannung 9 V.

Wichtig ist die Einsicht, dass nur die Differenzspannung zwischen −Input und +Input
verstärkt wird. Ein Potenzial von

$$+100\,mV \text{ am } -\text{Input und } +105\,mV \text{ am } +\text{Input}$$

hat für die Betrachtung der Ausgangsspannung die gleiche Berechnungsgrundlage wie

$$+150\,mV \text{ am } -\text{Input und } +155\,mV \text{ am } +\text{Input}.$$

1.8 Übung und Vertiefung

Aufgabenstellung 1.8.1

Berechnen oder ermitteln Sie die jeweilige Ausgangsspannung U_a am Ausgang des Operationsverstärkers!

Die Verstärkung des Operationsverstärkers soll dabei nur mit $V_u = U_a / U_e = 1000$ angenommen werden. Die Spannungsangaben beziehen sich auf den Massepunkt mit dem Potenzial 0 V. Der Operationsverstärker wird mit einer bipolaren Spannungsquelle versorgt, so dass die Ausgangsspannung positiv oder negativ gegen Masse sein kann.

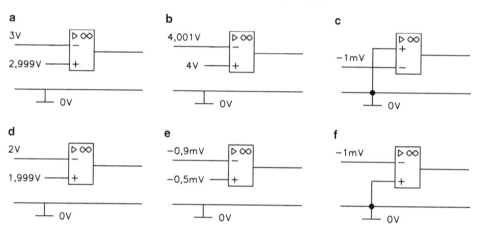

Aufgabenstellung 1.8.2

Berechnen oder ermitteln Sie die jeweilige Ausgangsspannung U_a am Ausgang des Operationsverstärkers! Die Verstärkung des Operationsverstärkers beträgt real $100.000 = 10^5$. Die Spannungsangaben beziehen sich auf den Massepunkt mit dem Potenzial 0 V. Der Operationsverstärker wird mit einer bipolaren Spannungsquelle von ± 15 V versorgt. Die Aussteuergrenzen des OPs sollen mit ± 14 V angenommen werden.

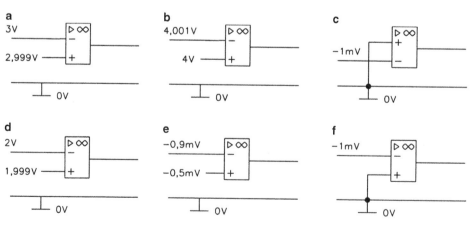

OP-Grundschaltungen mit Gegenkopplung

2

2.1 Der invertierende Verstärker

2.1.1 Lernziele

Der Lernende kann . . .

... begründen, dass es sich beim invertierenden Verstärker um eine gegengekoppelte Schaltung handelt.

... begründen, weshalb die Eingangsdifferenzspannung am OP beim gegengekoppelten Verstärker vernachlässigbar klein wird.

... ableiten, dass die Verstärkung eines invertierenden Verstärkers vom Widerstandsverhältnis R_2 / R_1 abhängt.

2.1.2 Eigenschaften von beschalteten Operationsverstärkern

Operationsverstärker werden nur relativ selten ohne zusätzliche äußere Beschaltung verwendet. Dem OP werden durch verschiedene Rückkopplungsbeschaltungen bestimmte Eigenschaften verliehen. Wird die Ausgangsspannung so auf einen der Eingänge geführt, dass sie sich zur Eingangsspannung addiert, so liegt eine Mitkopplung vor, wird sie subtrahiert, so spricht man von einer Gegenkopplung. Die Mitkopplung erhöht die Neigung zur Instabilität. Sie wird verwendet, wenn ein entsprechendes Schaltverhalten des Verstärkers gewollt ist. Soll ein Operationsverstärker kontinuierlich aussteuerbar sein, so ist stets eine Gegenkopplung erforderlich. Der invertierende Verstärker gilt als der klassische gegengekoppelte Analogverstärker. An ihm wird die Funktionsweise der Gegenkopplung deutlich.

© Springer Fachmedien Wiesbaden GmbH 2017
J. Federau, *Operationsverstärker*, DOI 10.1007/978-3-658-16373-0_2

2.1.3 Die Funktionsweise des invertierenden Verstärkers

Abb. 2.1 zeigt die Schaltung des invertierenden Verstärkers. Liegt am Eingang beispiels-weise eine positive Spannung, so wird die Ausgangsspannung U_a negativ. Diese um $180°$ phasenverschobene Spannung wird über den Widerstand R_2 auf den −Input des OPs zu-rückgeführt. Die Wirkung der positiven Eingangsspannung am −Input wird durch die negativ zurückgeführte Ausgangsspannung über R_2 in ihrer Wirkung geschwächt. Die Differenzspannung U_{diff} wird praktisch zu Null. Wie dies funktioniert? Die Abb. 2.1a–e zeigen uns die grundsätzliche Arbeitsweise einer Gegenkopplung am invertierenden Ver-stärker.

Abb. 2.1a: Die Eingangsspannung U_e soll zunächst 0 V sein. Es stellen sich die in der Abbildung angegebenen Spannungen ein. Ausgangsspannung U_a und Differenzspannung U_{diff} sind ebenfalls 0 V. Es herrscht der stationäre Zustand. Die Versorgungsspannung für den OP ist üblicherweise aus Übersichtsgründen nicht mitgezeichnet.

Abb. 2.1b: Die Spannung U_e wird augenblicklich auf 3 V erhöht. Wir betrachten die „Reaktion" des OPs im Zeitlupenverfahren.

Zunächst sind noch 0 V am Ausgang, da der OP nicht unendlich schnell in seinem „Reaktionsverhalten" ist. Die Spannungsaufteilung an R_1, R_2 bewirkt am Differenzein-gang eine Spannung U_{diff} von 2 V. Diese Differenzspannung „bewegt" den OP aufgrund seiner hohen Verstärkung, sich in die negative Aussteuergrenze zu „begeben".

Abb. 2.1c: Der OP ist ja nicht unendlich schnell in seinem realen Schaltverhalten. Bevor er in der negativen Aussteuergrenze ist, betrachten wir den Zeitpunkt für eine Ausgangs-spannung von −3 V. Die Spannung von 6 V zwischen U_e und U_a teilt sich über den Spannungsteiler R_1 und R_2 so auf, dass die Differenzeingangsspannung $U_{diff} = 1$ V wird. Hier wird schon sichtbar: U_{diff} ist gegenüber Abb. 2.1b kleiner geworden. Je weiter der OP in die negative Aussteuergrenze fährt, desto kleiner wird die Differenzspannung an seinen Eingängen.

Abb. 2.1d: Der OP läuft weiter in seine negative Aussteuergrenze. Wir nehmen U_a jetzt mit einer Spannung von −5,7 V an. Dieser Wert wurde so gewählt, weil er für die Schal-tung leicht rechenbar ist. Am Spannungsteiler teilt sich die Spannung zwischen U_e und U_a so auf, dass U_{diff} nur noch 0,1 V ist. Aber auch diese Differenzspannung reicht aus, um den OP in die negative Aussteuergrenze von beispielsweise −15 V bei entsprechender Versorgungsspannung zu treiben.

Abb. 2.1e: Der OP steuert weiter aus nach beispielsweise $U_a = −15$ V. Doch schon bei −5,97 V liegt nur noch eine Differenzspannung von 0,01 V vor. Die Differenzspannung wird durch das betragsmäßige Ansteigen von U_a immer kleiner. Der OP schnürt sich in seiner Verstärkungswirkung durch diese Gegenkopplung in seiner Verstärkung selbst ab.

Abb. 2.1 Arbeitsweise des invertierenden Verstärkers.
a Stationärer Zustand,
b „Reaktion" des OPs im Zeitlupenverfahren,
c Zeitpunkt für eine Ausgangsspannung von −3 V,
d OP läuft weiter in seine negative Aussteuergrenze,
e Der OP steuert weiter aus nach $U_a = -15$ V

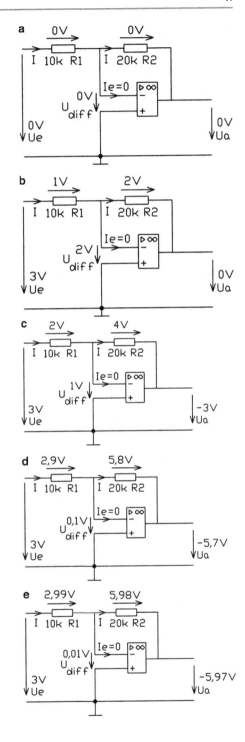

Wird die Ausgangsspannung $U_a = -6\,V$, dann würde über R_1 und R_2 die Spannungsaufteilung so sein, dass $U_{diff} = 0\,V$ ist. Aber da kommt der OP in seiner Verstärkung nicht hin. Bei $U_{diff} = 0\,V$ würde U_a ja ebenfalls $0\,V$ sein. Ganz knapp an $U_a = -6\,V$, bei vielleicht $-5,999\ldots\,V$ ist die Differenzspannung so klein, dass der Vorgang eines weiteren Ansteigens von U_a in seine Aussteuergrenze beendet ist. Bei einer Verstärkung von $V_{uOP} = 10^6$ wäre dies der Fall bei $U_a / V_{uop} = 6\,V / 10^6 = 1\,\mu V$. Dies entspricht aber praktisch der Spannung $U_{diff} = 0\,V$.

Die mathematische Ableitung $U_a = f(U_e, R_1, R_2)$ soll den Einfluss der Widerstände auf die Gesamtverstärkung verdeutlichen:

Die Verstärkung des OPs soll mit Unendlich angenommen werden. Ist die Ausgangsspannung U_a nicht in der Aussteuergrenze des OPs so kann die Eingangsspannung U_{diff} am OP als vernachlässigbar klein, also mit $0\,V$ angenommen werden. Die Eingangsströme des OPs sollen ebenfalls mit Null angenommen werden.

Aus diesen Überlegungen folgt:

OP-Eingangsströme $= 0$ Folgerung: $I_1 = I_2$

$U_{diff} = 0$ Folgerung: $U_{R1} = U_e$

$$I_1 = \frac{U_{R1}}{R_1}$$

$$I_1 = I_2 = \frac{U_{R2}}{R_2}$$

$$\frac{U_{R1}}{R_1} = \frac{U_{R2}}{R_2}$$

$$U_{R2} = U_{R1} \times \frac{R_2}{R_1} \qquad\qquad \rightarrow U_{R2} = -U_a$$

$$-U_a = U_e \times \frac{R_2}{R_1} \qquad\qquad \rightarrow U_{R1} = U_e$$

$$\frac{U_a}{U_e} = V_u = -\frac{R_2}{R_1}$$

Obige Formel hat ihren Gültigkeitsbereich nur dann, wenn das Verhältnis R_2 / R_1 sehr viel kleiner ist als die Verstärkung des OPs.

Die folgenden Beispiele stellen diesen Zusammenhang klar:

Annahme (siehe Abb. 2.3!)

$$\mathbf{V_{OP} = 10^5 \gg R_2 / R_1}$$

Für $U_a = -10\,V$ ist $U_{diff} = -10\,V / -10^5 = 0,1\,mV$.[1]

---

[1] Der Faktor -10^5 ist durch die Invertierung des Ausgangssignals zum Eingangssignal U_{diff} bedingt. Pfeilrichtung der Ströme und Spannungen siehe Abb. 2.2!

Abb. 2.2 Invertierender Verstärker

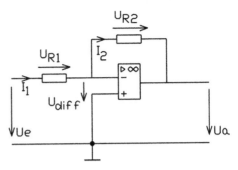

Abb. 2.3 Inverter mit 100facher Verstärkung

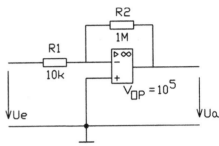

Der Strom I_{R2} ist etwa $10\,V / 1\,M\Omega = 10\,\mu A$.

$U_{R1} = 10\,\mu A \times 10\,k\Omega = 100\,mV$.

U_e ist somit $U_{R1} + U_{diff} = 100\,mV + 0,1\,mV = 100,1\,mV$. Der Betrag U_a / U_e errechnet sich zu $10\,V / 100,1\,mV$. Die Verstärkung ist damit etwa 100 und entspricht dem Widerstandsverhältnis R_2 / R_1.

Für das nächste Beispiel soll der Verstärkungsfaktor über die Widerstände R_2 / R_1 in Höhe der möglichen Verstärkung des OPs gewählt werden.

Annahme (siehe Abb. 2.4!)
$$V_{OP} = 10^5 = R_2 / R_1$$

Für $U_a = -10\,V$ ist $U_{diff} = -10\,V / -10^5 = 0,1\,mV$.[2]

Der Strom I_{R2} ist etwa $10\,V / 1\,M\Omega = 10\,\mu A$.

$U_{R1} = 10\,\mu A \times 10\,\Omega = 100\,\mu V = 0,1\,mV$.

$U_e = U_{R1} + U_{diff} = 0,1\,mV + 0,1\,mV = 0,2\,mV$.

Der Verstärkungsbetrag U_a / U_e ist somit $10\,V / 0,2\,mV = 5 \times 10^4$.

---

[2] Der Faktor -10^5 ist durch die Invertierung des Ausgangssignals zum Eingangssignal U_{diff} bedingt. Pfeilrichtung der Ströme und Spannungen siehe Abb. 2.2!

Abb. 2.4 Inverter mit sehr
hoher Verstärkung

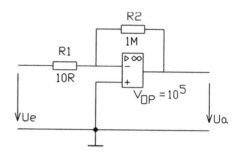

Die Verstärkung hätte sich allein aus dem Widerstandsverhältnis R_2/R_1 zu 10^5 ergeben müssen. Es ist aber auch einzusehen, dass über das Widerstandsverhältnis nicht größere Verstärkungen herauszuholen sind, als der OP in seiner Verstärkung herzugeben vermag. Aus den beiden Rechenbeispielen wird deutlich, dass sich die Verstärkung aus dem Verhältnis R_2/R_1 hinreichend genau berechnen lässt, wenn $V_{OP} \gg R_2/R_1$ ist.

Stellt sich die Frage, wie geht der Verstärkungsfaktor des OPs und das Widerstandsverhältnis R_2/R_1 in die Gesamtverstärkung U_a/U_e der Schaltung ein?

Dazu betrachten wir Abb. 2.2.

Es gilt:

$$U_{diff} = -\frac{U_a}{V_{OP}} \qquad \rightarrow U_a \text{ ist invertiert zu } U_{diff}, \text{ daher das Minuszeichen}$$

$$U_{R1} = U_e - U_{diff}$$

$$U_{R2} = U_{diff} - U_a$$

$$\frac{U_{R1}}{R_1} = \frac{U_{R2}}{R_2} \qquad \rightarrow \text{gilt für } I_1 = I_2$$

$$\frac{U_e}{R_1} - \frac{U_{diff}}{R_1} = \frac{U_{diff}}{R_2} - \frac{U_a}{R_2}$$

$$\frac{U_e}{R_1} + \frac{U_a}{V_{OP} \times R_1} = -\frac{U_a}{R_2 \times V_{OP}} - \frac{U_a}{R_2}$$

$$\frac{U_a}{U_e} = -\frac{U_a}{\frac{R_1+R_2}{V_{OP}} + R_1} \qquad \rightarrow U_{diff} \text{ wurde durch} - U_a/V_{OP} \text{ ersetzt}$$

Für den praktischen Anwendungsfall wird in den meisten Fällen für den invertierenden Verstärker über die Widerstandsbeschaltung nur ein geringer Teil der möglichen OP-Verstärkung genutzt. In diesem Fall errechnet sich die Gesamtverstärkung aus dem Widerstandsverhältnis $-R_2/R_1$.

2.1.4 Beispiele zum invertierenden Verstärker

Das Verwenden von fertigen Formeln hat auf der einen Seite den Vorteil der einfachen Anwendung. Jedoch ist die Nutzbarkeit solcher Formeln nur auf die entsprechende Schaltung anzuwenden. Schon bei leicht abgewandelten Schaltungen sind „fertige" Formeln nicht mehr anwendbar. Vielmehr muss das Verständnis für die Funktion einer Schaltung entwickelt werden. Ist die Funktion verstanden, dann wird die Berechnung von Schaltungen oft durch einfache Ansätze möglich.

Die nächsten Beispiele sollen Sie in der Berechnung von OP-Schaltungen sicher machen. Sie werden feststellen, dass ein Festhalten an vorgegebenen Formeln in der Technik in weiten Bereichen nicht möglich ist.

Die nächsten Beispiele und Aufgaben beziehen sich zunächst auf den invertierenden Verstärker.

Beispiel 1
Abb. 2.5 zeigt einen invertierenden Verstärker in der üblichen Standardschaltung.

Die Eingangsspannung U_e soll 1 V betragen.

Die Versorgungsspannung ist ± 15 V.

Wie groß ist U_a?

Nach der Formel für den invertierenden Verstärker ist

$$U_a = -U_e \times R_2 / R_1$$
$$U_a = -1\,V \times 47\,k\Omega / 10\,k\Omega = -4{,}7\,V.$$

Beispiel 2
Nach Abb. 2.5 soll die Eingangsspannung 4 V betragen.

Die Versorgungsspannung ist ± 15 V.

Wie groß ist U_a?

Nach der Formel für den invertierenden Verstärker ist

$$U_a = -U_e \times R_2 / R_1 = -4\,V \times 47\,k\Omega / 10\,k\Omega = -18{,}8\,V.$$

Abb. 2.5 Invertierender Verstärker in der üblichen Standardschaltung

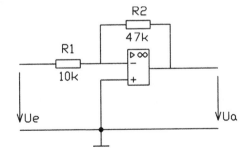

Abb. 2.6 Standardschaltung

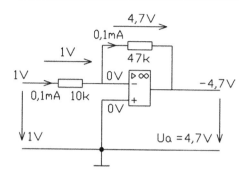

In diesem Fall wissen wir, dass die Ausgangsspannung des OPs nicht größer als seine Versorgungsspannung sein kann. Der OP ist übersteuert. Seine Ausgangsspannung wäre idealisiert −15 V. Real mag die Ausgangsspannung 1 V von der Versorgungsspannung differieren. Sie würde dann −14 V sein.

Beispiel 3

Jetzt verzichten wir auf das Anwenden von vorgegebenen Formeln. Zunächst benutzen wir wieder die Standardschaltung nach Abb. 2.6. Hier gehen wir von dem Grundgedanken aus, dass über den 47 kΩ-Widerstand die Ausgangsspannung invertiert auf die Eingangsspannung zurückgeführt und die Wirkung des Eingangssignales abgeschnürt wird. Das Differenzsignal an den Eingängen des OPs wird praktisch zu Null. Dies ist auch immer dann leicht vorstellbar, wenn der OP nicht voll ausgesteuert ist. So wäre bei einer Ausgangsspannung von 10 V bei einer OP-Verstärkung von 10^6 das Differenzeingangssignal am OP nur 10 V / 10^6 = 10 μV, also vernachlässigbar klein. Aus dieser Überlegung heraus, bei einem Differenzsignal von praktisch 0 V, hat der −Input des OPs das gleiche Potenzial wie der +Input, also ebenfalls 0 V. Damit liegt über dem Eingangswiderstand von 10 kΩ eine Spannung von 1 V. Der Strom beträgt 0,1 mA durch beide Widerstände, in der Annahme, dass die Eingänge des OPs sehr hochohmig sind. Dieser Strom von 0,1 mA bewirkt über den 47 kΩ-Widerstand einen Spannungsfall von 4,7 V entsprechend der angegebenen Pfeilrichtung. Der Ausgang liegt somit um 4,7 V niedriger als der −Input von 0 V. Die Ausgangsspannung beträgt −4,7 V. Und wo bleibt der Strom am Ausgangs des OPs? Er fließt in den OP hinein und über die nicht mitgezeichnete Stromversorgung wird der Stromkreis geschlossen. In Abschn. 1.4, Abb. 1.2 und 1.3 ist der Stromweg verdeutlicht.

Beispiel 4

Abb. 2.7 zeigt die abgewandelte Standardschaltung eines invertierenden Verstärkers. Gemeinerweise wurde das Potenzial am +Input auf 3 V angehoben. Was nun? Die Standardformel reicht hier nicht mehr. Aber über Gegenkopplung wird das Differenzsignal wieder zu 0 V. Damit hat der −Input das gleiche Potenzial des +Inputs, also auch 3 V.

Abb. 2.7 Abwandlung eines
Inverters

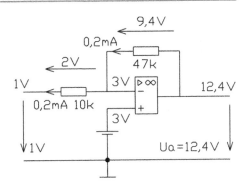

Die Spannung am $10\,\mathrm{k}\Omega$-Widerstand beträgt dann 2 V, am $47\,\mathrm{k}\Omega$-Widerstand ist sie 9,4 V, entsprechend der Zählpfeilrichtung. Die Ausgangsspannung beträgt 12,4 V.

Alle weiteren Berechnungen entnehmen Sie bitte aus Abb. 2.7!

2.1.5 Übung und Vertiefung zum invertierenden Verstärker

Die folgenden Aufgaben beziehen sich mit Abwandlungen auf die Grundschaltung des invertierenden Verstärkers. Es handelt sich also um gegengekoppelte Schaltungen. Ein Anwenden der Standardformel für den invertierenden Verstärker ist nicht möglich. Das Verständnis für die Schaltung wird gefordert. Denken Sie daran, dass gegengekoppelte Schaltungen das Eingangsdifferenzsignal praktisch zu Null machen. Mit dieser Einsicht wird der Lösungsansatz denkbar einfach.

Aufgabenstellung 2.1.1

a) Wie groß ist U_a bei $U_e = 1\,\mathrm{V}$?
   Die Diodenschwellspannung soll mit 0,6 V berücksichtigt werden!
b) Wie groß ist U_a bei $U_e = -3\,\mathrm{V}$?
   Die Diodenschwellspannung soll mit 0,6 V berücksichtigt werden!

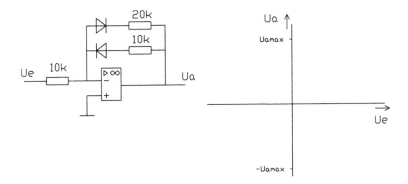

Abwandlung eines Inverters

c) Skizzieren Sie das Diagramm in der Abbildung.

Tragen Sie die Übertragungskennlinie $U_a = f(U_e)$ in Ihre Skizze ein!
Wählen Sie einen günstigen Maßstab!

Aufgabenstellung 2.1.2

a) Wie groß ist die Ausgangsspannung X bei einer Eingangsspannung A von 1 V?

b) Bei welcher Eingangsspannung A ist der Eingangswiderstand theoretisch unendlich groß?

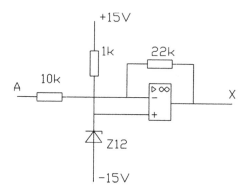

Abwandlung eines Inverters

Aufgabenstellung 2.1.3

a) In welchem Bereich lässt sich die Ausgangsspannung U_a verstellen?

b) Wie groß darf R_x höchstens gewählt werden, wenn der Z-Strom I_z die Größe von 5 mA nicht unterschreiten soll?

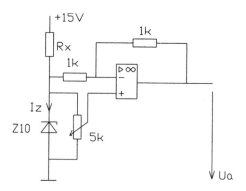

Abwandlung eines Inverters

2.2 Die Addierschaltung

2.2.1 Lernziele

Der Lernende kann …

… erkennen, dass es sich im Prinzip um einen invertierenden Verstärker mit zwei oder mehreren Eingängen handelt.

… erkennen, dass die Eingangsspannungen proportionale Ströme durch die Vorwiderstände treiben, die sich im Stromknoten zu dem Gesamtstrom I_G addieren.

… erkennen, dass der Gesamtstrom I_G im Gegenkopplungswiderstand R_G eine Addition der Eingangsspannungen hervorruft.

… begründen, dass der Betrag der Gegenkopplungsspannung der Ausgangsspannung U_a entspricht.

2.2.2 Die Funktionsweise der Addierschaltung

Solange die Ausgangsspannung nicht in der Aussteuergrenze liegt, ist die Differenzspannung U_{diff} am OP aufgrund der hohen internen Verstärkung praktisch 0 V. Ein Zahlenbeispiel verdeutlicht nochmal diesen Zusammenhang:

Ausgangsspannung $U_a = 10\,\text{V}$.

$|U_{diff}| = U_a / V_{OP} = 10\,\text{V} / 10^6 = 10\,\mu\text{V}$.

U_{diff} etwa 0 V.

Aus U_{diff} von etwa 0 V lässt sich Folgendes ableiten:

$$U_{e1} = U_{R1}$$

$$U_{e2} = U_{R2}$$

$$I_1 = \frac{U_{R1}}{R_1} = \frac{U_{e1}}{R_1}$$

$$I_2 = \frac{U_{R2}}{R_2} = \frac{U_{e2}}{R_2}$$

$$I_G = I_1 + I_2 \qquad \rightarrow I_G = \frac{U_{RG}}{R_G}$$

$$\frac{U_{RG}}{R_G} = \frac{U_{e1}}{R_1} + \frac{U_{e2}}{R_2}$$

Durch $U_{diff} = 0\,\text{V}$ ist U_{RG} betragsmäßig so groß wie U_a. Jedoch ist aufgrund der Spannungspfeilfestlegung laut Abb. 2.8 die Ausgangsspannung $U_a = -U_{RG}$. Vom Ausgang des

Abb. 2.8 Grundschaltung
eines invertierenden Addierers

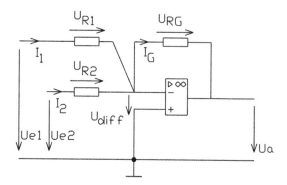

OPs liegt nämlich der Spannungspfeil für U_a in Richtung Massepotenzial von 0 V anders herum als der Spannungspfeil U_{RG} gegen den virtuellen Massepunkt am $-$Input von 0 V. Für $U_a = -U_{RG}$ folgt:

$$\frac{-U_a}{R_G} = \frac{U_{e1}}{R_1} + \frac{U_{e2}}{R_2}$$

$$U_a = -\left(\frac{U_{e1}}{R_1} + \frac{U_{e2}}{R_2}\right) \times R_G$$

Für Addierer mit beliebig vielen Eingängen gilt allgemein folgende Formel:

$$U_a = -\left(\frac{U_{e1}}{R_1} + \frac{U_{e2}}{R_2} + \frac{U_{e3}}{R_3} + \cdots \frac{U_{en}}{R_n}\right) \times R_G$$

2.2.3 Beispiele zum Addierer

Die nächsten Beispiele sollen Sie in der Berechnung von OP-Schaltungen sicher machen. Sie werden merken, dass ein Festhalten an fertigen Formeln in der Technik in weiten Bereichen nicht möglich ist. Die Beispiele und Aufgaben beziehen sich zunächst auf den invertierenden Addierer.

Beispiel 1
Abb. 2.9 zeigt den invertierenden Addierer mit drei Eingängen. Nach unserer Formel ist

$$U_a = -\left(\frac{U_{e1}}{R_1} + \frac{U_{e2}}{R_2} + \frac{U_{e3}}{R_3} + \cdots \frac{U_{en}}{R_n}\right) \times R_G$$

$$U_a = -\left(\frac{0{,}2\,V}{10\,k\Omega} + \frac{1\,V}{5\,k\Omega} + \frac{-0{,}5\,V}{5\,k\Omega}\right) \times 10\,k\Omega$$

$$U_a = -1{,}2\,V$$

Das Ergebnis ist schnell zu errechnen. Ein Verständnis zur Schaltung ist nicht erforderlich.

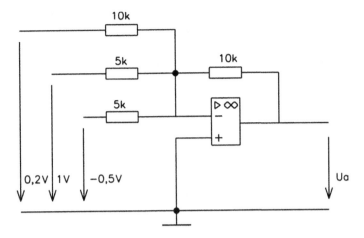

Abb. 2.9 Invertierender Addierer

Beispiel 2

Wir wenden wieder unser Wissen um gegengekoppelte Schaltungen an. Eine positive Spannung am −Input würde eine negative Ausgangsspannung bewirken. Diese wird über den Rückkopplungswiderstand invertiert zurückgeführt. Das ursprüngliche Eingangssignal wird geschwächt. Es handelt sich um eine Gegenkopplung. Das Differenzsignal an den Eingängen wird praktisch zu Null. Damit entsprechen die Spannungen in Abb. 2.10 über den Widerständen der jeweiligen Eingangsspannung. Auf die Pfeilrichtung der Spannungen an den Widerständen muss unbedingt geachtet werden. Die Spannungspfeilrichtung bewegt sich vom hohen zum niedrigen Potenzial. Über die Spannungen lassen sich die Teilströme errechnen. Durch die Stromaddition der Teilströme in den Eingangswider-

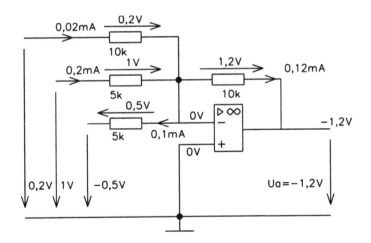

Abb. 2.10 Addierer

ständen erhält man den Strom durch den Gegenkopplungswiderstand. Die Ausgangsspannung liegt um 1,2 V niedriger als der −Input von 0 V. $U_a = -1,2$ V.

Beispiel 3

Abb. 2.11 zeigt nun einen Addierer, der mit unserer Standardformel wieder nicht zu berechnen ist. Der +Input des OPs ist über eine Spannungsquelle auf 1 V angehoben worden. Nun kann man fragen: Was soll das? Es dient erst mal vorrangig zum Verständniserwerb für die Funktion einer Schaltung und zum zweiten werden wir noch etliche Schaltungen bearbeiten, an denen das Potenzial an den Inputs gegenüber dem Massepotenzial angehoben oder gesenkt wurde.

Die Betrachtungsweise ist wieder die gleiche. Der Gegenkopplungswiderstand R_G führt das Ausgangssignal invertiert zurück. Das Eingangssignal wird in seiner Wirkung geschwächt. Das Differenzsignal wird zu Null. Damit hat der −Input das gleiche Potenzial wie der +Input von 1 V. Die Potenziale in Abb. 2.11 sind Spannungsangaben ohne Zählpfeile. Die Potenzialangaben beziehen sich auf das Massepotenzial von 0 V. An den Widerständen R_1, R_2 und R_3 ergeben sich danach die in Abb. 2.11 dargestellten Spannungen und Ströme. In R_G addieren sich die Ströme. Der Spannungsfall von 3,8 V über R_G addiert sich entsprechend der Zählpfeilrichtung zu dem Potenzial von 1 V am −Input. Die Ausgangsspannung beträgt somit 4,8 V.

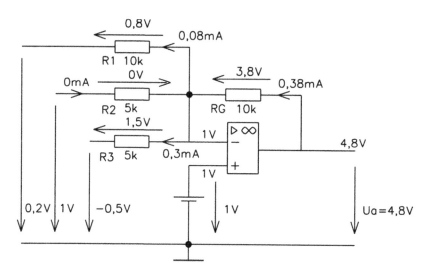

Abb. 2.11 Abwandlung zum invertierenden Addierer

2.2.4 Übungen und Vertiefung zum invertierenden Verstärker und Addierer

Die folgenden Aufgaben sind Variationen zum invertierenden Verstärker und Addierer. Nach Formeln für die unteren Schaltungen sucht man in Büchern vergeblich. Es gilt also die Aufgaben nach unseren bisherigen Erkenntnissen über Potenzial-, Spannungs- und Strombetrachtungen zu lösen. In jedem Fall handelt es sich irgendwie um gegengekoppelte Schaltungen, denn das Ausgangssignal wird auf das virtuelle bzw. „mitschwimmende" Potenzial des Eingangs vom −Input zurückgeführt. Dies gilt auch für die Aufgabe 2.2.2. Hier wird die Ausgangsspannung in Abwandlung über einen Spannungsteiler zurückgeführt. Denken Sie daran, dass gegengekoppelte Schaltungen das Eingangsdifferenzsignal am OP praktisch zu Null machen. Mit diesem Ansatz dürften die Lösungen nicht schwer fallen. Eine Hilfe zur Lösung der folgenden Aufgaben ist die großzügige Skizzierung der Schaltung und die konsequente Eintragung von Spannungen und Strömen direkt in die Schaltungen unter Berücksichtigung der Richtung. Günstig erweist sich ferner das Eintragen von Spannungspotenzialen in wichtigen Knotenpunkten. Achten Sie genau darauf, welche Spannungen sich entsprechend der Zählpfeilrichtungen zu irgendwelchen Potenzialen addieren oder subtrahieren.

Aufgabenstellung 2.2.1

a) $U_e = 1\,V$

   Der Potischleifer von R_1 befindet sich am oberen Anschlag.

   Wie groß ist die Ausgangsspannung U_a?

b) Stellen Sie eine allgemein gültige Formel $U_a = f(U_e,\ K)$ für die Schaltung in der Abbildung auf!

   Der Faktor K gibt die Stellung des Potischleifers wider.

   In oberer Stellung beträgt der Faktor $K = 1$.

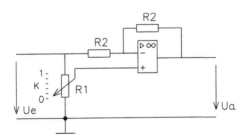

Abwandlung einer Inverter-Grundschaltung

Aufgabenstellung 2.2.2

Wie groß ist die Ausgangsspannung U_a?

Skizzieren Sie die Schaltung!

Tragen Sie alle Spannungen, Ströme und Potenziale in Ihre Skizze ein!

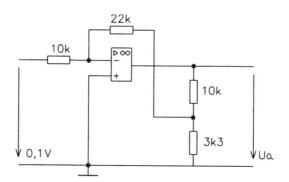

Abwandlung einer Inverter-Grundschaltung

Aufgabenstellung 2.2.3

Wie groß ist die Ausgangsspannung U_a?

Skizzieren Sie die Schaltung!

Tragen Sie alle Spannungen, Ströme und Potenziale in Ihre Skizze ein!

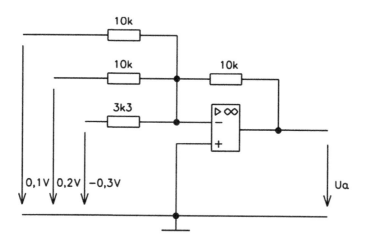

Standardschaltung eines Addierers

Die folgenden Aufgaben sind Abwandlungen des invertierenden Verstärkers und des Addierers. Es soll insbesondere das Übertragungsverhalten grafisch dargestellt werden.

Dazu berechnen Sie nur eine möglichst geringe Anzahl von aussagekräftigen Punkten für jedes Diagramm, um den Verlauf der Kurven zu erkennen. Denken Sie daran, dass gegengekoppelte Schaltungen das Eingangsdifferenzsignal am OP praktisch zu Null machen. Gelangt der OP aber in die Aussteuergrenze, so kann die Ausgangsspannung in einer Gegenkopplungsschaltung nicht weiter gegenregeln, da sie im Aussteuerbereich nicht weiter ansteigen kann. Für diesen Fall der Übersteuerung ist das Differenzeingangssignal am OP nicht mehr Null.

Aufgabenstellung 2.2.4

Skizzieren Sie das Diagramm $U_a = f(U_e)$!
Der OP wird mit $\pm 15\,V$ versorgt.
Die Aussteuergrenzen sollen bei $\pm 14\,V$ liegen.

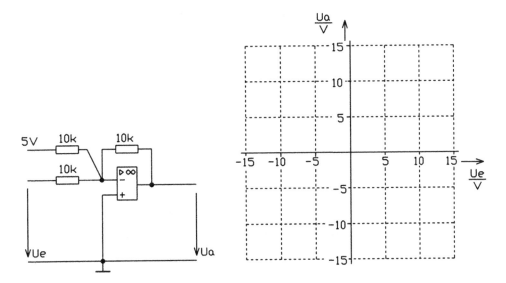

Inverter mit Diagramm $U_a = f(U_e)$

Aufgabenstellung 2.2.5

Skizzieren Sie das Diagramm von der Abbildung!
Tragen Sie $U_a = f(U_e)$ in Ihr Diagramm ein!
Die Aussteuergrenzen des OPs sind $\pm 14\,V$.
Der +Input des OPs ist durch eine Z-Dioden-Schaltung auf 5 V angehoben.

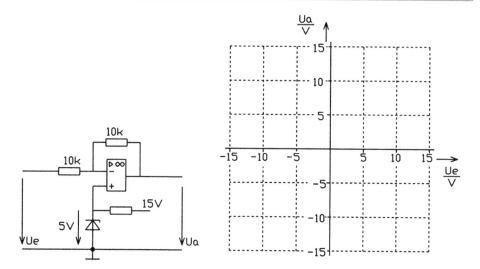

Inverter mit Diagramm $U_a = f(U_e)$

Aufgabenstellung 2.2.6

Skizzieren Sie das Diagramm von der Abbildung!
Tragen Sie $U_a = f(K)$ in Ihr Diagramm ein!
Der Faktor K stellt die Lage des Potischleifers dar.

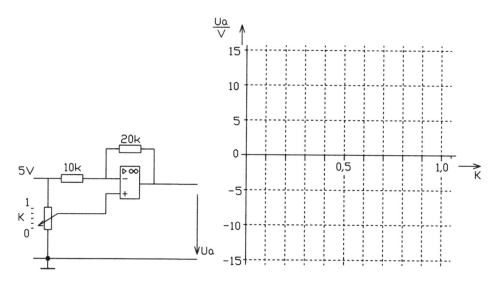

Inverter mit Diagramm $U_a = f(K)$

2.3 Die Konstantstromquelle

2.3.1 Lernziele

Der Lernende kann ...

... erkennen, dass eine Konstantstromquelle die Grundschaltung des invertierenden Verstärkers ist.

... begründen, dass der Konstantstrom $I_{konst} = U_e / R_1$ ist.

... die Größe des maximalen Lastwiderstandes ableiten, für den die Konstantstromquelle noch funktionsfähig ist.

2.3.2 Die Funktionsweise der Konstantstromquelle

Die Konstantstromquelle entspricht in der Grundschaltung dem invertierenden Verstärker. Im Gegenkopplungszweig befindet sich der variable Lastwiderstand R_L. In ihm ist der Strom bis zu einer maximalen Widerstandsgröße konstant. Solange der Ausgang des OPs nicht in der Aussteuergrenze liegt, ist aufgrund der hohen OP-Verstärkung die Differenzspannung am OP-Eingang praktisch 0 V. Damit hat der −Input des OPs ein Potenzial von 0 V. Die Spannung am Widerstand R_1 entspricht somit der Eingangsspannung U_e. Der Strom durch den Widerstand R_1 ist dann $U_{R1} / R_1 = U_e/R_1$. Da I_{R1} dem Konstantstrom I_{konst} entspricht, ist $I_{konst} = U_e / R_1$. Der Konstantstrom ist über U_e bzw. R_1 verstellbar.

Es leuchtet ein, dass die Konstantstromquelle nur bis zu einer gewissen Größe des Lastwiderstandes funktionsfähig ist.

Ein Beispiel macht das sehr schnell deutlich: Angenommen die Konstantstromquelle liefert einen Strom von 1 mA. Der Lastwiderstand beträgt 1 kΩ. Der Spannungsfall am Lastwiderstand beträgt 1 V. Der OP steuert auf $U_a = -1$ V aus. Die Konstantstromquelle ist funktionsfähig. Tritt jetzt anstelle dieses Lastwiderstandes ein Widerstandswert von 1 MΩ und nehmen wir an, dass 1 mA tatsächlich durch diesen Widerstand fließen soll, so liegt am 1 MΩ-Widerstand eine Spannung von 1000 V, die natürlich nicht vom Operationsverstärker aufgebracht werden kann. Der maximale Lastwiderstand ist durch die Betriebsspannung und die maximale Aussteuergrenze des OPs begrenzt. Ist die Aussteuergrenze erreicht, so kann der OP nicht mehr weiter gegenregeln. Die Konstantstromquelle ist nicht mehr funktionsfähig.

Ein Beispiel macht dieses Problem deutlich: Der OP soll mit ±15 V versorgt werden. Real steuert der OP beispielsweise bis ±13,5 V aus. Bis zu dieser Spannung am Ausgang ist die Gegenkopplung funktionsfähig, so dass die Differenzspannung am Eingang praktisch zu 0 V gegengeregelt werden kann. Beträgt der Konstantstrom 1 mA, so errechnet sich der höchstmögliche Wert des Lastwiderstands zu 13,5 V / 1 mA = 13,5 kΩ. Von 0 bis 13,5 kΩ ist also die Konstantstromquelle funktionsfähig.

Abb. 2.12 Grundschaltung der
Konstantstromquelle

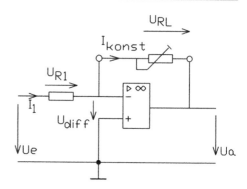

Nach dem Schaltbild in Abb. 2.12 erfolgt die Ableitung der Konstantstromquelle nach
I_{konst} und R_{Lmax}. Im Funktionsbereich ist $U_{diff} = 0$.

Für diesen Fall funktioniert die Gegenkopplung $U_{diff} = 0$. Damit ist $U_{R1} = U_e$.
Weiter gilt:

$$I_1 = \frac{U_{R1}}{R_1} = \frac{U_e}{R_1} \quad \rightarrow \quad I_1 = I_{konst} \quad \rightarrow \quad I_{konst} = \frac{U_e}{R_1}$$

Ist die Aussteuergrenze des OPs erreicht, so versagt eine weitere Nachregelung über
den Gegenkopplungszweig. Bis zur Aussteuergrenze des OPs ist die Konstantstromquelle
funktionsfähig. Die Aussteuergrenze liegt bei $U_{a\,max}$. Bis zu dieser Grenze ist $U_{diff} = 0\,V$.
Vom Betrag her ist damit $U_{RL} = U_{a\,max}$.

Somit errechnet sich der maximale Lastwiderstand, in der die Funktionsfähigkeit der
Konstantstromquelle noch gewährleistet ist, zu

$$R_{Lmax} = \frac{U_{a\,OPmax}}{I_{konst}}.$$

2.3.3 Beispiele zur Konstantstromquelle

Beispiel 1

Es soll eine Konstantstromquelle von 1 mA konzipiert werden. Zur Verfügung steht eine stabilisierte Versorgungsspannung von $\pm 15\,V$. Die Standardschaltung ist in Abb. 2.12
dargestellt. Der Strom I_1 entspricht nach Abb. 2.13 dem Konstantstrom. $I_1 = I_{konst}$ errechnet sich zu $U_{R1}/R_1 = U_e/R_1$, da $U_{R1} = U_e$ ist. Es liegt das Prinzip des gegengekoppelten
Verstärkers vor. $U_{diff} = 0\,V$. Die Spannung U_e fehlt uns bisher. Sie beziehen wir aus der
stabilisierten Versorgungsspannung. U_e ist somit $+15\,V$. R_1 errechnet sich für diesen Fall
zu

$$R_1 = 15\,V\,/\,1\,mA = 15\,k\Omega.$$

Soll die Konstantstromquelle genau auf 1 mA eingetrimmt werden, dann sollte R_1 ab-
stimmbar sein. Wir wählen z. B. für $R_1 = 12\,k\Omega$ und für ein in Reihe geschaltetes Trimm-

Abb. 2.13 Schaltung einer
Konstantstromquelle

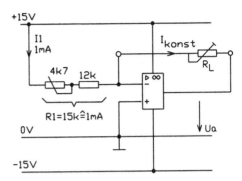

potenziometer 4,7 kΩ und stimmen diese Einheit für einen Strom von genau 1 mA ab. Abb. 2.13 zeigt die komplette Schaltung. Die Versorgungsspannung ist in diesem Falle einmal mitgezeichnet.

Als nächstes sollen Aussagen über den Funktionsbereich der Schaltung in Bezug auf die Größe des Lastwiderstandes getroffen werden. Die Schaltung funktioniert in jedem Fall von 0 Ω aufwärts. Bei einem Lastwiderstand von 0 Ω haben wir eine direkt wirkende Gegenkopplung. $U_a = U_{diff} = 0$ V. Die Stromeinspeisung wird ja über $U_e = 15$ V und R_1 bewirkt. Wir ermitteln nun den maximal möglichen Wert des Lastwiderstandes. Dies soll aber zunächst nicht zu abstrakt geschehen:

Siehe Abb. 2.14
Wir nehmen einfach für R_L einen Wert von 10 kΩ an. Für diesen Fall kennen wir den Wert der OP-Ausgangsspannung.

$$U_a = -U_e \frac{R_L}{R_1} = -15\,V \frac{10\,k\Omega}{15\,k\Omega} = -10\,V$$

Abb. 2.14 Konstantstromquelle im Funktionsbereich

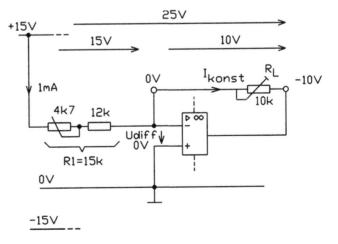

Abb. 2.15 Konstant-
stromquelle außerhalb des
Funktionsbereiches

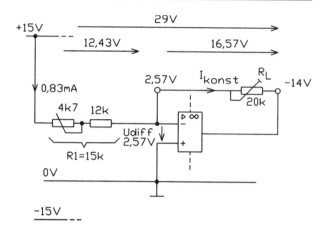

U_{diff} ist 0 V. Die Stromeinspeisung ist nur durch U_e und R_1 bedingt. Es fließt ein Strom I_{konst} von 1 mA.

Abb. 2.14 verdeutlicht die Strom-, Spannungs- und Potenzialbetrachtung für $R_L = 10\,k\Omega$.

Abb. 2.15

Wir nehmen jetzt für R_L einen Wert von 20 kΩ an. Die Ausgangsspannung wäre rein rechnerisch für diesen Fall -20 V. Dies ist durch die Versorgungsspannung von ± 15 V nicht möglich. Realistisch mögen es -14 V sein. Die Schaltung kann nicht mehr gegenkoppeln. U_{diff} ist nicht mehr 0 V, da der OP übersteuert ist.

Abb. 2.15 verdeutlicht diesen Vorgang. Der Strom errechnet sich zu

$$[15\,V - (-14\,V)] / (R_1 + R_L) = 0{,}83\,mA.$$

Die Konstantstrombedingung wird nicht mehr eingehalten. Der maximale Lastwiderstand setzt die gegenkoppelnde Funktion der Schaltung voraus. Die gilt bis zu einer Aussteuergrenze von angenommen ± 14 V bei einer Versorgungsspannung von ± 15 V. Die maximale Spannung am Lastwiderstand kann im Funktionsbereich für $U_{diff} = 0$ V dann maximal 14 V werden. R_{Lmax} ist somit 14 V / 1 mA = 14 kΩ.

Beispiel 2

Es soll eine Konstantstromquelle für einen Stellbereich von -2 bis $+2$ mA konzipiert werden. Zur Verfügung steht eine stabilisierte Versorgungsspannung von ± 12 V. Die maximale Ausgangsspannung des OPs soll mit ± 11 V angenommen werden. Abb. 2.16 zeigt die einstellbare Konstantstromquelle. Als Potenziometer zur Stromeinstellung wurde ein Wert von 10 kΩ gewählt. Andere Werte sind ebenso möglich. Am oberen Anschlag des Potischleifers werden direkt die stabilisierten $+12$ V abgegriffen, in unterer Schleiferstellung entsprechend -12 V. Es handelt sich um die Standardschaltung des invertierenden Verstärkers. Im Funktionsbereich ist U_{diff} wiederum 0 V. Der $-$Input liegt damit auf dem

Abb. 2.16 Einstellbare Konstantstromquelle von −2 bis +2 mA

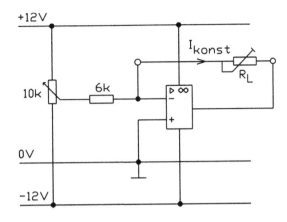

virtuellen Massepunkt von 0 V. Der Konstantstrom I_{konst} wird dann nur über die Versorgungsspannung und R_1 definiert. R_1 errechnet sich zu

$$U_b / I_{konst} = 12\,V / 2\,mA = 6\,k\Omega.$$

In Potimittelstellung wird eine Spannung von 0 V abgegriffen. Die Spannung über R_1 ist für diesen Fall 0 V. I_{konst} ist damit gleich Null. Es besteht kein linearer Zusammenhang des einstellbaren Stromes zur Potischleiferstellung, weil es sich in dieser Schaltung um einen belasteten Spannungsteiler handelt. Das Potenziometer wird über den 6 kΩ-Widerstand gegen die virtuelle Masse von 0 V belastet.

Stellt sich auch hier die Frage nach dem Funktionsbereich der Schaltung im Hinblick auf R_{Lmax}. Für kleiner eingestellte Konstantströme kann R_{Lmax} natürlich größer sein als für den maximal einstellbaren Konstantstrom von 2 mA. Die Frage müsste also präziser lauten: „In welchem Bereich kann der Lastwiderstand variieren, damit in jedem Falle, unabhängig vom eingestellten Konstantstrom, die Konstantstromquelle funktionsfähig bleibt?" Hier wird das Kriterium für R_{Lmax} der maximal einstellbare Konstantstrom. Funktionstüchtigkeit ist gewährleistet bis zur Aussteuergrenze von ±11 V. U_{diff} wäre für diesen Fall noch 0 V. Die Spannung an R_L beträgt dann 11 V. R_{Lmax} errechnet sich zu 11 V / 2 mA = 5,5 kΩ. Die Schaltung wäre in jedem Fall funktionsfähig für einen Lastwiderstandsbereich von 0 … 5,5 kΩ.

Es wurde schon erwähnt, dass kein linearer Zusammenhang zwischen Potischleiferstellung und einstellbarem Konstantstrom vorhanden ist, da das Poti mit dem 6 kΩ-Widerstand einen belasteten Spannungsteiler darstellt. Denken wir uns eine lineare Skala am Potischleifer von 0 bis 100 %, wobei bei oberer Schleiferstellung 100 % angenommen werden soll. Eins können wir schon mit Sicherheit sagen:

- Bei Potischleiferstellung 0 % liegt ein Konstantstrom von −2 mA vor.
- Bei Potischleiferstellung 50 % liegt ein Konstantstrom von 0 mA vor.
- Bei Potischleiferstellung 100 % liegt ein Konstantstrom von +2 mA vor.

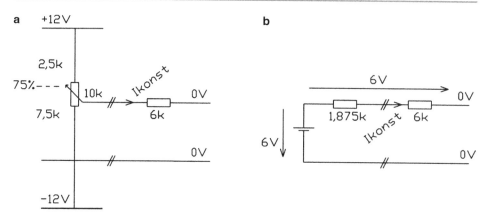

Abb. 2.17 a Ersatzspannungsquelle von Poti und bipolarer Spannungsversorgung, **b** Schaltungs-
umrechnung nach dem Ersatzspannungsquellenverfahren

Nach proportionaler Rechnung müsste dann bei 75 % Schleiferstellung ein Konstantstrom von +1 mA fließen. Die Rechnung zeigt durch den nichtlinearen Zusammenhang
eines belasteten Spannungsteilers natürlich ein etwas abweichendes Ergebnis. Wir wenden zur Berechnung des Stromes I_{konst} irgendein Netzwerkberechnungsverfahren an.

Günstig zeigt sich immer wieder die Anwendung der Ersatzspannungsquellenberech-
nung. Wir zeichnen von Abb. 2.16 nur den wichtigen Teil zur Berechnung von I_{konst}
heraus. In Abb. 2.17a wird von den Trennstrichlinien das Poti mit seiner bipolaren Spannungsversorgung auf eine Spannungsquelle mit Innenwiderstand, der so genannten Ersatzspannungsquelle, reduziert. Die Leerlaufspannung am Potischleifer berechnet sich
folgendermaßen: Am Poti liegen insgesamt 24 V. Am Abschnitt von 7,5 kΩ liegen dann
18 V. Die Leerlaufspannung am Schleifer liegt um 18 V höher als das Potenzial von −12 V.
Die Schleiferspannung ist somit 6 V. Dies entspricht einer Quellenspannung von 6 V in
der Ersatzspannungsquelle. Der Innenwiderstand ergibt sich aus der Parallelschaltung von
2,5 kΩ und 7,5 kΩ. Er beträgt 1,875 kΩ. In Abb. 2.17b erhält man somit die Ersatzspan-
nung mit der Quellenspannung von 6 V und einem Innenwiderstand von 1,875 kΩ. Diese
Ersatzspannungsquelle hat die gleiche Wirkung auf den 6 kΩ-Widerstand wie die Potischaltung auf der linken Seite. Der Strom I_{konst} wird jetzt allerdings leicht berechenbar. Er
fließt durch den 6 kΩ-Widerstand, der rechtsseitig auf dem Potenzial von 0 V liegt.

I_{konst} ist damit 6 V / (1,875 kΩ + 6 kΩ) = 0,76 mA bei einer Schleiferstellung von 75 %.

2.3.4 Übungen und Vertiefung zur Konstantstromquelle

Die folgenden Aufgaben beziehen sich auf Schaltungsvariationen von Konstantstromquellen. Im Prinzip liegt immer die OP-Grundschaltung des invertierenden Verstärkers vor.
Aufgabenstellung 2.3.3 zeigt eine Konstantstromquelle, die unabhängig von Schwankun-

gen der Versorgungsspannung ist. Erreicht wird dies durch Stabilisierung der konstant-
strombestimmenden Spannung mit einer Z-Diode.

Aufgabenstellung 2.3.1

a) Wie groß ist der Konstantstrom I_{konst} im Funktionsbereich?

b) In welchem Bereich darf der Lastwiderstand sich verändern unter der Voraussetzung,
    dass die Konstantstromquelle funktionstüchtig ist? Es soll angenommen werden, dass
    der OP mit ± 15 V versorgt wird und seine Aussteuergrenzen $\pm 13,5$ V betragen!

c) Der Lastwiderstand beträgt $33\,k\Omega$.
    Welcher Strom I_{konst} stellt sich ein?

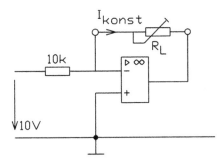

Grundschaltung: Konstantstromquelle

Aufgabenstellung 2.3.2

a) In welchem Bereich ist der Konstantstrom I_{konst} durch das Poti verstellbar?

b) Wie groß darf R_L für den Funktionsbereich der Konstantstromquelle höchstens wer-
    den?

c) Es soll angenommen werden, dass die Aussteuergrenzen des OPs bei $\pm 13,5$ V liegen!
    Der Potischleifer liegt am oberen Anschlag.
    Der Lastwiderstand R_L beträgt $100\,k\Omega$.
    Die Aussteuergrenzen des OPs liegen bei $\pm 13,5$ V.
    Wie groß wird in diesem Fall der Strom I_{konst}?
    Hinweis: Berechnung mit Hilfe der Ersatzspannungsquelle o. ä.!

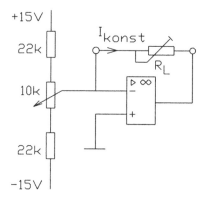

Verstellbare Konstantstromquelle

Aufgabenstellung 2.3.3

a) In welchem Bereich lässt sich der Konstantstrom I_{konst} verstellen?

b) Wie groß darf der maximale Lastwiderstand R_L im Funktionsbereich der Konstantstromquelle höchstens werden? Die OP-Aussteuergrenzen sind $\pm 13{,}5\,\text{V}$.

c) Wie groß muss R_x gewählt werden, damit in keinem Fall im Funktionsbereich der Konstanstromquelle der Z-Strom I_z den Wert von $3\,\text{mA}$ unterschreitet?

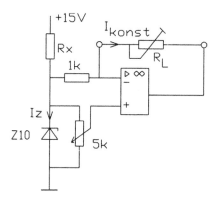

Verstellbare Konstantstromquelle

2.4 Der Differenzverstärker

2.4.1 Lernziele

Der Lernende kann …

… erkennen, dass in der Grundschaltung der invertierende Verstärker vorliegt, wobei der +Input nicht auf Massepotenzial liegt, sondern durch eine zweite Eingangsspannung beeinflusst wird.

… $U_a = f(U_{e1}, U_{e2}, R_1, R_2)$ ableiten.

… über Spannungs-, Strom- und Potenzialbetrachtungen bei vorgegebenen Eingangsspannungen und Widerständen die Ausgangsspannung berechnen.

2.4.2 Die Funktionsweise des Differenzverstärkers

Für den Normalfall wird der Differenzverstärker in den Widerstandswerten so gewählt, dass laut Schaltung Abb. 2.18 jeweils zwei Widerstände gleich sind. Für $U_{e2} = 0\,V$ verhält sich die Schaltung wie der klassische invertierende Verstärker. Der +Input liegt für $U_{e2} = 0\,V$ auf Massepotenzial, der −Input nimmt über Gegenkopplung das gleiche Potenzial an. Die Ausgangsspannung für U_{e1} errechnet sich für $U_{e2} = 0\,V$ dann wie beim invertierenden Verstärker zu $U_a = -U_{e1} \times (R_2/R_1)$. Nach dem Schaltbild in Abb. 2.18 soll die Ableitung $U_a = f(U_{e1}, U_{e2}, R_1, R_2)$ erfolgen.

Im Funktionsbereich gilt für die gegengekoppelte Schaltung, dass $U_{diff} = 0\,V$ ist. Der +Input wird über den unteren Spannungsteiler R_1, R_2 durch U_{e2} angehoben. Der −Input nimmt das Potenzial des +Inputs an, da $U_{diff} = 0\,V$ ist. Der Strom I_1 ist gleichzeitig I_2, weil in den OP kein Strom hineinfließt. Aus diesen Überlegungen erfolgt die mathematische

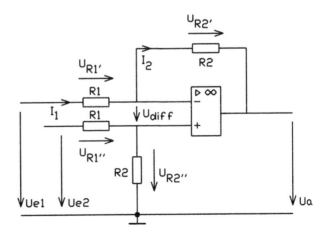

Abb. 2.18 Grundschaltung eines Differenzverstärkers

Ableitung:

$$U_{R2''} = U_{e2} \times \frac{R_2}{R_1 + R_2}$$

Da $U_{diff} = 0\,V$ ist, ist die Spannung am −Input ebenfalls $U_{R2''}$. Die Spannung $U_{R1'}$ ist die Differenz zwischen U_{e1} und dem Potenzial am −Input.

$$U_{R1'} = U_{e1} - U_{R2''} \qquad\qquad \rightarrow \text{da } U_{diff} = 0\,V$$

$$U_{R1'} = U_{e1} - U_{e2} \times \frac{R_2}{R_1 + R_2}$$

$$I_1 = \frac{U_{R1'}}{R_1}$$

$$I_1 = \frac{U_{e1} - U_{e2} \times \frac{R_2}{R_1+R_2}}{R_1} \qquad \rightarrow \quad \begin{array}{l} \text{Es gilt weiter } I_2 = I_1 \\ \text{und } U_{R2'} = I_2 \times R_2 = I_1 \times R_2 \end{array}$$

$$U_{R2'} = \frac{U_{e1} - U_{e2} \times \frac{R_2}{R_1+R_2}}{R_1} \times R_2$$

Für $U_a = U_{R2''} - U_{R2'}$ wird

$$U_a = U_{e2} \times \frac{R_2}{R_1 + R_2} - \frac{U_{e1} - U_{e2} \times \frac{R_2}{R_1+R_2}}{R_1} \times R_2.$$

Nach Kürzung der Formel ist

$$U_a = (U_{e2} - U_{e1}) \times \frac{R_2}{R_1}.$$

Nach Schaltung Abb. 2.19 mit den vorgegebenen Werten für R_1, R_2, U_{e1} und U_{e2} soll, unabhängig von der abgeleiteten Formel, die Ausgangsspanung über Spannungs-, Strom- und Potenzialbetrachtung errechnet werden. Die Potenziale sind in rechteckigen Kästchen dargestellt und beziehen sich auf das Massepotenzial von $0\,V$. Für $U_{e2} = 3\,V$ errechnet sich am +Input ein Potenzial von $2\,V$. Gleiches Potenzial liegt über Gegenkopplung am −Input. Am oberen Widerstand R_1 liegt somit eine Spannung von $1\,V$ in der dargestellten Richtung mit einem Strom von $1\,mA$, der durch den oberen Widerstand R_2 fließt und $2\,V$ erzeugt. Diese $2\,V$ addieren sich zum Potenzial am −Input, so dass $U_a = 4\,V$ ist.

Der Differenzverstärker kann wie der Addierer in der Anzahl der Eingänge beliebig erweitert werden. Die Anzahl der Eingänge A1 ... An muss der Anzahl der Eingänge B1 ... Bn entsprechen. Für diesen Fall gilt für den Ausgang X folgende Formel:

$$X = \left(\sum B - \sum A \right) \times \frac{R_2}{R_1}$$

Ist die Anzahl der zu messenden Spannungen an den Eingängen A ungleich der an den Eingängen B, so müssen trotz allem die gleiche Anzahl von Eingängen an A und B geschaffen werden. Unbenutzte Eingänge werden dann auf das Potenzial von $0\,V$ gelegt, also an Masse angeschlossen.

Abb. 2.19 Differenzverstärker mit Spannungs-
und Stromangaben

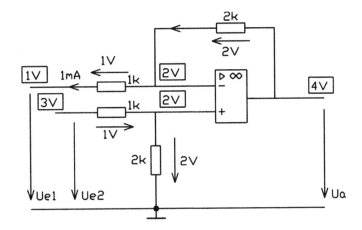

Anmerkung

Es ist nicht üblich, den Differenzverstärker mit verschiedenen Widerstandswerten und
einer ungleichen Anzahl von Eingängen A und B auszustatten. Ein Differenzverstärker
nach Abb. 2.20 mit nur zwei verschiedenen Widerstandsgrößen und der gleichen Anzahl
von Eingängen, macht den einfachen Zusammenhang zwischen der Ausgangsgröße X und
den Eingangsgrößen deutlich. Damit wird die Anwendung des Differenzverstärkers in der
analogen Rechentechnik brauchbar und attraktiv.

Als Übungsaufgabe ist auch ein Differenzverstärker mit verschiedenen Widerständen
und einer ungleichen Zahl von A- und B-Eingängen vorgesehen. Zur Berechnung eines
solchen Verstärkers sind allerdings komplexere Netzwerkberechnungsverfahren, wie z. B.
die Ersatzspannungsquelle, erforderlich. Es soll die Ausgangsspannung der Schaltung
nach Abb. 2.21 über Spannungs-, Strom- und Potenzialbetrachtungen errechnet werden.

Abb. 2.20 Differenzverstärker
mit mehreren Eingängen

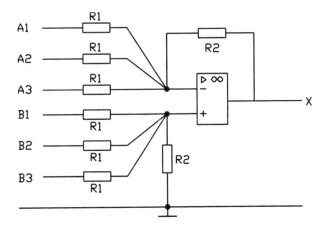

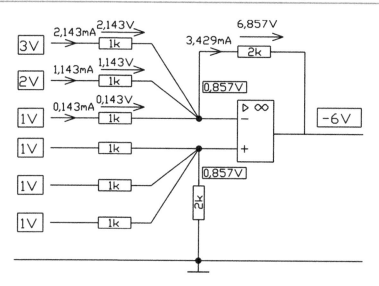

Abb. 2.21 Spannungen und Ströme am Differenzverstärker

Nach der Formel für den Differenzverstärker ergibt sich eine Ausgangsspannung von:

$$X = \left(\sum B - \sum A \right) \times \frac{R_2}{R_1}$$

$$X = [(1\,V + 1\,V + 1\,V) - (1\,V + 2\,V + 3\,V)] \times \frac{2\,k\Omega}{1\,k\Omega} = -6\,V$$

Die Spannungen an den Eingängen sind so gewählt, dass ohne besondere Netzwerkberechnungsverfahren über Spannungs-, Strom- und Potenzialbetrachtungen die Ausgangsspannung auch ohne Kenntnis der Formel errechenbar wird.

Die Eingangsspannungen von je 1 V an den Eingängen B1 ... B3 wirken über jeweils 1 kΩ auf den +Input des OPs. Im Ersatzschaltbild wird diese Wirkung auch von einer Spannungsquelle von 1 V an einem Widerstand von 1 kΩ / 3 = 333 Ω erzielt. Es wirkt also ersatzspannungsmäßig eine Spannungsquelle von 1 V über einen Widerstand von 333 Ω und 2 kΩ gegen Masse. Die Spannung am +Input errechnet sich zu

$$1\,V\,/\,(333\Omega + 2\,k\Omega) \times 2\,k\Omega = 0{,}857\,V.$$

Der −Input nimmt über Gegenkopplung das gleiche Potenzial an. Folglich ergeben sich die eingezeichneten Spannungen und Ströme, die sich im Gegenkopplungszweig addieren und hier einen Spannungsfall von 6,857 V hervorrufen. Die Ausgangsspannung ist um diesen Betrag niedriger als der −Input von 0,857 V.

Sie beträgt 0,857 V − 6,857 V = −6 V.

2.4.3   Beispiele

Beispiel 1

Zunächst soll ein Differenzverstärker berechnet werden, bei dem das Anwenden der Standardformel durch die verschiedenen Widerstände nicht möglich ist. Wir bedienen uns der Schaltung nach Abb. 2.22. Es sind nur die Eingangsspannungen U_{e1} und U_{e2} und die Widerstände angegeben.

Der Lösungsansatz lautet wieder:

Gegengekoppelter Verstärker. Differenzspannung wird zu 0 V. Der −Input nimmt das Potenzial des +Inputs an.

Es werden alle Spannungen und Ströme mit Richtung der Zählpfeile und Potenziale mit Vorzeichen in die Schaltskizze eingetragen. Zu beachten ist, dass über den oberen Eingangswiderstand eine Spannung von 0 V liegt. Am Gegenkopplungswiderstand liegen ebenfalls 0 V. Oft wird der Fehler gemacht, sei es aus Flüchtigkeit oder Unwissenheit, dass die Ausgangsspannung ebenfalls mit 0 V angegeben wird. Man muss jedoch bedenken, dass sich die Spannung von 0 V am Gegenkopplungswiderstand zur Spannung am −Input des OPs addiert: $U_a = 1\,\text{V} + 0\,\text{V} = 1\,\text{V}$.

Genau genommen subtrahiert sich nach der Zählpfeilrichtung die Spannung von 0 V vom −Input. Aber bei 0 V ist wohl die Zählpfeilrichtung ohne Bedeutung. Alle Berechnungsgrößen sind aus Abb. 2.22 zu entnehmen.

Abb. 2.22 Schaltung des Differenzverstärkers

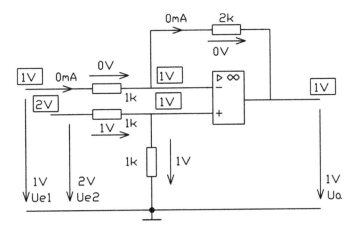

Beispiel 2

Schaltung Abb. 2.23 ist identisch mit Schaltung Abb. 2.22. Nur die Eingangsspannungen sind verändert worden:

$$U_{e1} = 0\,V$$

$$U_{e2} = 2\,V$$

Die Aussage $U_{e1} = 0\,V$ kann nur heißen, dass U_{e1} eine Spannungsquelle von $0\,V$ ist. Dies mag banal sein. Es wird jedoch oft der Fehler, insbesondere aus Unüberlegtheit gemacht, dass $0\,V$ für viele das Gleiche bedeutet wie ein offener Eingang. Für diesen Fall wäre aber die Eingangsspannung nicht unbedingt $0\,V$, wie es Beispiel 3 noch verdeutlicht. Zurück zu unserer Eingangsspannung von $0\,V$. Sie bedeutet, dass dieser Eingang direkt mit dem Massepotenzial $0\,V$ verbunden ist. Für diesen Fall ergeben sich die Potenziale, Ströme und Spannungen nach Abb. 2.23.

Beispiel 3

Schaltung Abb. 2.24 ist ebenfalls identisch mit den beiden vorhergehenden Schaltungen. Auch die Eingangsspannung $U_{e2} = 2\,V$ ist mit beiden Schaltungen gleich. Nur ist für diesen Fall der obere Eingang unbeschaltet. Leichtsinnigerweise wird hier überhäufig der Fehler gemacht, dass für diesen Eingang automatisch $0\,V$ gesetzt werden. Man käme zu einem Ergebnis für $U_a = 3\,V$ nach Abb. 2.23. Aber dies ist eben der Gedankenfehler. Für den unbeschalteten Eingang stellt sich nämlich eine Spannung von $1\,V$ ein. Sie rührt vom $-$Input des OPs her, der über Gegenkopplung das Potenzial des $+$Inputs angenommen hat. Für den offenen Eingang ist der Strom $0\,mA$. Der Spannungsfall am oberen Eingangswiderstand ist $0\,V$. Der unbeschaltete Eingang hat somit $1\,V$. Es ergibt sich die gleiche Rechnung wie in Abb. 2.22.

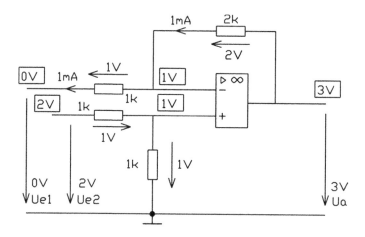

Abb. 2.23 Schaltung des Differenzverstärkers

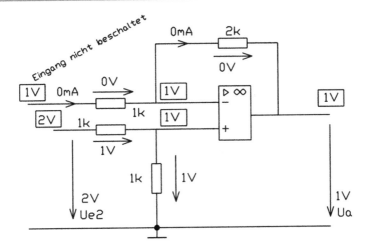

Abb. 2.24 Schaltung des Differenzverstärkers

2.4.4 Übung und Vertiefung

Die folgenden Aufgaben beziehen sich auf die Grundschaltung des Differenzverstärkers. Skizzieren Sie die Schaltungen großzügig, weil sich bei der Berechnung das Eintragen von Spannungen, Strömen und Potenzialen direkt in Ihre Schaltung als sehr günstig erweist.

Aufgabenstellung 2.4.1

Wie groß ist die Spannung U_a?
Skizzieren Sie die Schaltung!
Tragen Sie Spannungen und Ströme unter Berücksichtigung der Richtung und die Potenziale in Ihre Skizze ein!

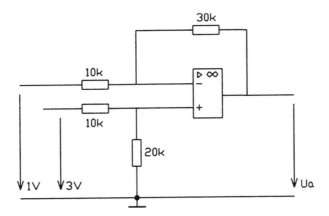

Abwandlung eines Standard-Differenz-Verstärkers

Aufgabenstellung 2.4.2

Skizzieren Sie die Schaltung!

Wie groß ist die Spannung U_a?

Tragen Sie Spannungen, Ströme und Potenziale in die Schaltung ein!

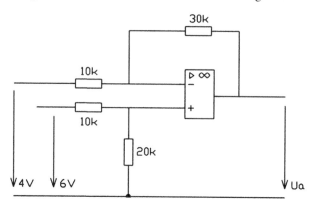

Abwandlung eines Standard-Differenz-Verstärkers

Aufgabenstellung 2.4.3

Die Schaltung in der Abbildung stellt eine Widerstandsmessbrücke mit Differenzverstärker dar. Der zu ermittelnde Widerstand R_x ist variabel und wird über die Ausgangsspannung U_a angezeigt.

Skizzieren Sie Diagramm und Schaltung!

Tragen Sie in Ihr Diagramm die Kennlinie $U_a = f(R_x)$ ein!

Hilfestellung

Wählen Sie eventuell drei markante Größen von R_x aus dem Diagramm und berechnen Sie durch Spannungs-, Strom- und Potenzialeintrag in Ihre Schaltung die Ausgangsgröße U_a!

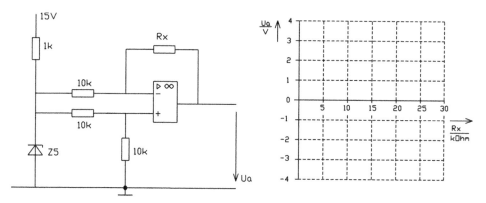

Widerstandsmessbrücke mit Differenzverstärker

Aufgabenstellung 2.4.4

Berechnen Sie die Ausgangsgröße X!

Skizzieren Sie die Schaltung!

Tragen Sie die entsprechenden Spannungen, Ströme und Potenziale in Ihre Skizze ein!

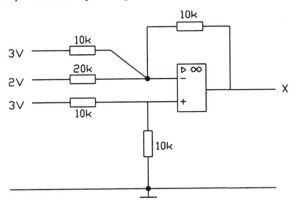

Abwandlung eines Differenzverstärkers

Aufgabenstellung 2.4.5

Der Differenzverstärker nach der Abbildung kann durch sein nebenstehendes Symbolschaltbild ersetzt werden. Das Symbolschaltbild wird häufig in der Regelungstechnik
verwendet. Es handelt sich um die Regelgröße x, die mit dem Sollwert w verglichen wird.
Die Vergleichsstelle wird als Kreis dargestellt. Die Eingangsgrößen werden mit Vorzeichen versehen. Die Ausgangsgröße der Vergleichsstelle, die Regelabweichung x_w, ergibt
sich zu $x_w = x - w$. Die Regelabweichung wird um den Faktor $V_u = 10$ verstärkt. Am Ausgang liegt somit die Stellgröße y.

a) Skizzieren Sie die linke Schaltung von der Abbildung!
    Tragen Sie in Ihre Schaltung die Größen x, w und y ein!

b) Wie groß müssen die nicht angegebenen Widerstandswerte der linken Schaltung sein,
    damit das Symbolschaltbild in seiner Funktion erfüllt wird?

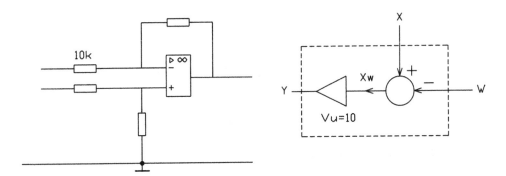

Differenzverstärker mit Symbolschaltbild

Die folgende Aufgabe bezieht sich auf die Grundschaltung des Differenzverstärkers. Sie kann nur mit Hilfe bekannter Netzwerkrechenverfahren wie Ersatzspannungsquelle, Überlagerungsmethode o. ä. berechnet werden.

Aufgabenstellung 2.4.6

Berechnen Sie die Ausgangsgröße X!

Tragen Sie die entsprechenden Spannungen, Ströme und Potenziale in Ihre Schaltskizze ein!

Verwenden Sie zur Berechnung ein geeignetes Netzwerkberechnungsverfahren!

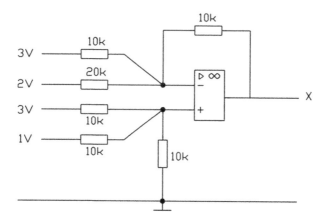

Abwandlung eines Differenzverstärkers

2.5   Der integrierende Verstärker

2.5.1   Lernziele

Der Lernende kann …

… den Zusammenhang von Strom- und Spannungsverläufen am Integrationskondensator konstruieren.

… den Verlauf von U_a bei vorgegebenem Eingangsspannungsverlauf entwickeln.

… den Frequenzgang des Integrators bei Eingangssinusspannungen berechnen.

2.5.2   Grundschaltung des integrierenden Verstärkers

Der Integrator ist in der Grundschaltung ein invertierender Verstärker. Anstelle des Gegenkopplungswiderstandes wird die Ausgangsspannung jedoch über einen Kondensator auf

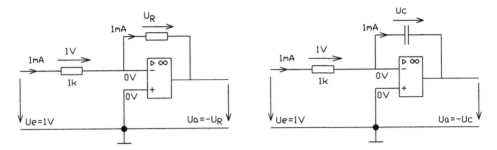

Abb. 2.25 Inverter und Integrierer

den invertierenden Eingang zurückgeführt. Die Wirkung der Gegenkopplung auf Ströme und Spannungen ist für die Eingangsseite in beiden Fällen die gleiche. Abb. 2.25 verdeutlicht diesen Vorgang: Bei einer Eingangsspannung von jeweils 1 V fließt durch den Eingangswiderstand von beispielsweise jeweils 1 kΩ ein Strom von 1 mA. Dieser Strom ist unabhängig von der Beschaltung im Gegenkopplungszweig. Der Spannungsverlauf im Gegenkopplungszweig ist jedoch verschieden. Zur Verdeutlichung sollen dazu zunächst die Zusammenhänge von Strom- und Spannungsverläufen im Kondensator erarbeitet werden.

2.5.3   Strom- und Spannungsverläufe am Kondensator

Soll durch einen Kondensator ein Strom fließen, so muss sich die Spannung an C ständig ändern. Für den Kondensatorstrom gilt

$$I_c = C \times \frac{\Delta U_c}{\Delta_t}$$

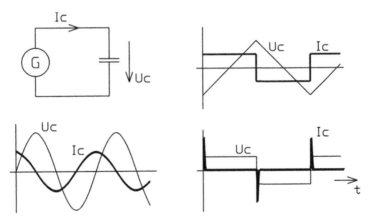

Abb. 2.26 U und I am Kondensator

In Abb. 2.26 ist der Stromverlauf im Kondensator bei vorgegebenen Spannungsverläufen dargestellt.

Beispiel: Dreieckspannung

Der Kondensatorstrom verläuft rechteckförmig. Während des konstant positiven Stromes ist $\Delta U_c / \Delta t$ konstant und positiv. Der konstant negative Strom fließt dann, wenn die Steigung von $\Delta U_c / \Delta t$ konstant und negativ ist.

Beispiel: Sinusspannung

Zur Zeit $t = 0$ ist die Steigung von U_c am größten und positiv. Damit fließt der größte positive Strom. Der Strom wird zu Null im Spannungsmaximum der Spannung. Für diesen Punkt ist die Steigung $\Delta U_c / \Delta t = 0$. Da I_c proportional zu $\Delta U_c / \Delta t$ ist, fließt somit kein Kondensatorstrom. Der Strom I_c ist proportional der Spannungsänderungsgeschwindigkeit. Bei sinusförmiger Spannung ergibt sich ebenfalls ein sinusförmiger Strom, der allerdings der Spannung um 90° voreilt.

Beispiel: Rechteckspannung

Solange die Spannung konstant positiv oder negativ ist, fließt kein Kondensatorstrom, da die Spannungsänderungsgeschwindigkeit ebenfalls Null ist. Nur im Fall der Spannungsänderung von Plus nach Minus oder umgekehrt liegt eine sehr hohe Spannungsänderungsgeschwindigkeit vor. Für diesen Fall fließt ein sehr großer pulsförmiger Spitzenstrom.

2.5.4   Rechteckförmige Spannung am Integrator

Die Eingangsspannung U_e am Integrator soll den Verlauf nach dem Diagramm in Abb. 2.27 haben. Zur Zeit $t = 0$ ms soll die Ausgangsspannung U_a ebenfalls 0 V sein. Da über die Gegenkopplung die Spannung am −Input des OPs 0 V beträgt, ist $U_R = U_e$. Der Strom I_e ist somit der Spannung U_e proportional. Dieser Strom fließt über den Kondensator. Solange der Strom positiv ist, vergrößert sich U_c. Bei konstantem Strom steigt die Spannung am Kondensator nach dem Gesetz $\Delta U_c = I_c \times \Delta t / C$ an. Bei konstanter negativer Spannung U_e kehrt sich der Strom $I_e = I_c$ um. Der Kondensator wird entsprechend umgeladen. Für $U_e = 0$ ist $I_e = I_c = 0$. Der Kondensator hält seine augenblickliche Spannung.

Das Diagramm Abb. 2.27 zeigt $U_a = f(U_e, R, C)$.

Folgende Werte für R und C sind angenommen: $R = 1\,k\Omega$, $C = 1\,\mu F$.

In der Zeit von 0 bis 2 ms ist die Eingangsspannung $U_e = 0{,}5\,V$. Entsprechend ist $U_R = 0{,}5\,V$.

Der Strom $I_e = I_c$ ergibt sich zu $0{,}5\,V / 1\,k\Omega = 0{,}5\,mA$. Die Spannung U_c am Kondensator steigt nach der Formel

$$\Delta U_c = \frac{I_c \times \Delta t}{C}$$

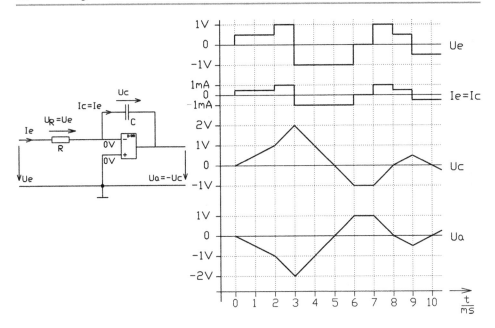

Abb. 2.27 Integrator mit Spannungs- und Stromdiagrammen

Die Kondensatorspannung U_c steigt damit von 0 V auf 0,5 mA × 2 ms / 1 μF = 1 V.

In der Zeit von 2 bis 3 ms ist die Eingangsspannung 1 V. Es fließt ein Strom von 1 mA. Die Kondensatorspannung U_c steigt um $\Delta U_c = I_c \times \Delta t / C = 1$ mA × 1 ms / 1 μF = 1 V. Sie steigt von 1 V bei t = 2 ms nach 2 V für t = 3 ms. In der Zeit von 3 bis 6 ms beträgt die Eingangsspannung −1 V. Es fließt jetzt ein Strom von 1 mA in entgegengesetzter Richtung. Der Kondensator wird um 3 V von 2 V für t = 3 ms auf −1 V bei t = 6 ms umgeladen. In der Zeit von 6 bis 7 ms ist U_e = 0 V, so dass der Kondensatorstrom ebenfalls Null ist. Es findet für diesen Zeitraum keine weitere Umladung statt. Die Kondensatorspannung bleibt konstant. Die Ausgangsspannung U_a verläuft zu U_c invertiert, da $U_a = -U_c$ ist.

Anmerkung
Die Spannungsverläufe im Diagramm Abb. 2.27 sind idealisiert. Sie gelten insbesondere für OPs mit vernachlässigbarem DC-Offset. Da die Inputströme bzw. -spannungen und auch die Ausgangsspannung selbst im abgeglichenen Zustand nicht ideal Null sind, fließt ständig ein Strom je nach der Polarität der Offsetspannungen in den Kondensator und lädt diesen stetig auf, so dass der OP in die positive oder negative Aussteuergrenze läuft. Über geeignete Zusatzbeschaltungen kann dieser Effekt jedoch behoben werden. Auf dieses Problem wird in Abschn. 7.4.3 noch näher eingegangen.

2.5.5 Beispiel zum Integrator mit Konstantstromeinspeisung

Beispiel

Abb. 2.28 zeigt die typische Standardschaltung eines Integrators, wie er im Prinzip in Timer-Schaltungen angewendet wird. Der OP wird mit ± 15 V versorgt. Seine Versorgungsanschlüsse sind nicht mitgezeichnet. Die Schaltung beruht auf dem Prinzip der Konstantstromeinspeisung in den Kondensator über R_1 und über +15 V. Der Strom I errechnet sich zu 15 V / 100 kΩ = 0,15 mA. Dieser Strom fließt zunächst über den geschlossenen Schalter S1. Er stellt gleichzeitig den „Gegenkopplungswiderstand" von 0 Ω dar. Der −Input hat das gleiche Potenzial des +Inputs von 0 V. Die Ausgangsspannung U_a ist ebenfalls 0 V. Wird S1 geöffnet, so fließt der Strom von 0,15 mA in den Kondensator und lädt ihn nach der Beziehung $\Delta U_C / \Delta t = I_c / C$ auf.

Die Spannungsänderungsgeschwindigkeit beträgt

$$I_c / C = 0,15 \, \text{mA} / 1 \times 10^{-6} \, \text{F} = 150 \, \text{V} / \text{s}.$$

Die Ausgangsspannung ist $-U_a = U_c$. Für U_{c1} = 10 V werden beispielsweise 67 ms benötigt.

Möchte man, dass die Ausgangsspannung in die positive Aussteuergrenze statt in die negative läuft, so kann die Schaltung dahingehend geändert werden, dass R_1 an −15 V angeschlossen wird. Der Strom I wird dadurch umgepolt. U_a läuft beim Öffnen von S1 in die positive Aussteuergrenze.

Der Konstantstrom I in den Kondensator kann natürlich nicht bis in die Ewigkeit konstant bleiben. Die Kondensatorspannung würde dabei ja unendlich groß werden, was ja allein schon durch die niedrige Versorgungsspannung unmöglich ist. Aber wann hört der ganze Vorgang der Kondensatoraufladung auf? Bis zu welchen Gegebenheiten ist der

Abb. 2.28 Integrator in der Grundfunktion als Timer

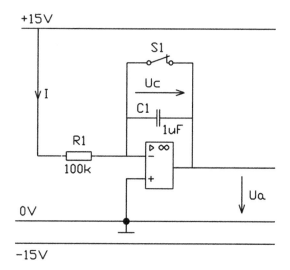

Strom im Kondensator noch konstant und damit ebenfalls die Spannungsänderungsgeschwindigkeit? Bis zur Aussteuergrenze von real beispielsweise $-14\,\text{V}$ ist die Schaltung funktionsfähig. Es funktioniert die Gegenkopplung. Das Potenzial am $-$Input ist 0 V. Der Strom I ist konstant. Ab $-14\,\text{V}$ bleibt die Spannung am Ausgang konstant. Der Strom steigt jetzt nach einer e-Funktion an. Es liegt eine Aufladung am Kondensator über $+15\,\text{V}$ und R_1 vor. Der rechte Anschluss vom Kondensator liegt an $-14\,\text{V}$. Der Kondensator lädt sich auf eine Spannung von $+15\,\text{V}$ nach $-14\,\text{V}$ auf. Sie ist im stationären Zustand 29 V. Die Spannung am $-$Input beträgt $-14\,\text{V} + 29\,\text{V} = 15\,\text{V}$ gegen Masse.

2.5.6 Übungen und Vertiefung zum Integrator mit Konstantstromaufladung des Kondensators

Die folgenden Aufgaben beziehen sich auf den integrierenden Verstärker. Es liegen drei Timer-Schaltungen vor. Sie beruhen alle auf dem Prinzip der Kondensatoraufladung mit einem Konstantstrom. Es ist anzumerken, dass nach erfolgter Kondensatoraufladung ein Schließen von Schalter S1 den Ladekondensator kurzschlussartig entlädt. Um den augenblicklich sehr hohen Kondensator-Kurzschlussstrom zu verhindern, wird in der Praxis in Reihe zu S1 beispielsweise ein Widerstand von $100\,\Omega$ gelegt. Ein zu hoher Entlade-Kurzschlussstrom kann nämlich u. U. den Kondensator zerstören.

Aufgabenstellung 2.5.1
a) Welche Spannung liegt am Ausgang X bei geschlossenem Schalter S1 vor?
b) S1 wird geöffnet. Nach welcher Zeit ist die Ausgangsspannung $X = -10\,\text{V}$?
c) Auf welche maximale Spannung kann sich der Kondensator aufladen unter der Annahme, dass der OP mit $\pm 15\,\text{V}$ versorgt wird und seine Aussteuergrenzen bei $\pm 14\,\text{V}$ liegen?

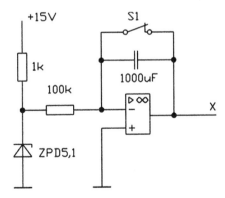

Timerschaltung

Aufgabenstellung 2.5.2

Der OP wird mit ± 15 V versorgt.

a) Wie groß ist die Ausgangsspannung X bei geschlossenem Schalter S1?
b) S1 wird geöffnet. Nach welcher Zeit ist die Ausgangsspannung -10 V?

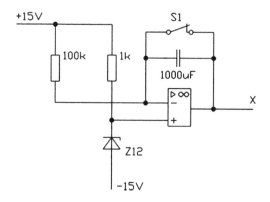

Timerschaltung

Aufgabenstellung 2.5.3

Untenstehender Timer schaltet eine Lampe verzögert nach Öffnen von S1 ein. Die Verzögerungszeit ist über das Poti einstellbar. Die OPs werden mit ± 15 V versorgt.

a) In welchem Bereich ist die Verzögerungszeit durch das Poti verstellbar?
b) Welche Funktion erfüllt die Diode am Transistor?

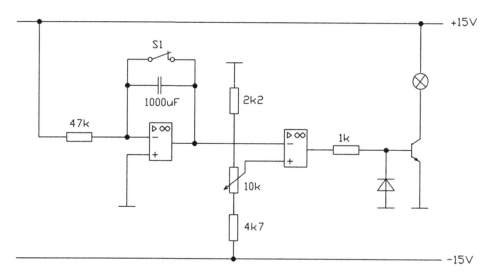

Timer-Schaltung

2.5.7   Sinusförmige Spannung am Integrator

Die Eingangsspannung U_e am Integrator hat nach dem Diagramm in Abb. 2.29 einen sinusförmigen Verlauf. Da $U_R = U_e$ ist, verläuft der Strom durch den Widerstand und den Kondensator ebenfalls sinusförmig und gleichphasig zur Eingangsspannung. Ein sinusförmiger Strom durch den Kondensator bewirkt eine sinusförmige Spannung am Kondensator, jedoch um 90° gegenüber dem Strom nacheilend. Die Ausgangsspannung U_a ist gegenüber U_c um 180° phasenverschoben.

Das Diagramm in Abb. 2.29 zeigt $U_a = f(U_e, R, C)$. Für $t = 0$ ist U_c mit -1 V für folgende Werte angenommen worden:

Frequenz f: 500 Hz,
Widerstand R: 1 kΩ,
Kondensator C: 0,33 µF.

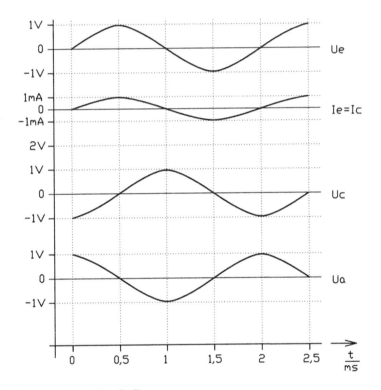

Abb. 2.29   Diagramm $U_a = f(U_e, R, C)$

Abb. 2.30 Integrator

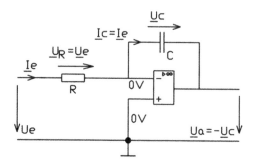

Nach Abb. 2.30 soll $U_a = f(U_e, R, C)$ abgeleitet werden:
Es ist

$$U_R = U_e$$

$$I_R = I_c = U_e / R$$

$$X_c = 1 / (\omega C)$$

$$U_c = -U_a = I_R \times X_c = U_e / (R \times X_c)$$

$$U_a = -U_e \times X_c / R = -U_e / (R \times \omega \times C)$$

$$\omega = 2\pi f$$

$$U_a = -U_e / (R \times 2\pi f C)$$

In Abb. 2.31 verdeutlicht das Zeigerdiagramm für Wechselstromgrößen am Integrator die Zusammenhänge zwischen Aus- und Eingangsspannung. Zu U_e liegt der Strom $I_e = I_c$ in Phase. 90° nacheilend zum Strom liegt die Kondensatorspannung U_c. Die Ausgangsspannung U_a liegt wieder um 180° phasenverschoben zu U_c. Aus dem Zeigerdiagramm ist zu erkennen, dass U_a immer um 90° der Eingangsspannung U_e voreilt, unabhängig von R, C, der Frequenz und der Größe von U_e. Es ändert sich nur das Amplitudenverhältnis U_a / U_e. Nur eine sich verändernde Frequenz verändert auch die Verstärkung $U_a / U_e = X_c / R$.

Es ist noch anzumerken, dass sinusförmige Größen in der Zeigerdarstellung häufig mit einem Unterstrich gekennzeichnet werden. Jedoch wird auf diese Kennung in vielen Büchern auch verzichtet.

Abb. 2.31 Zeigerdiagramm
für Integrator nach Abb. 2.30

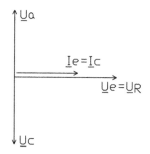

2.5.8 Darstellung des Frequenzgangs im Bode-Diagramm

Das Bode-Diagramm ist besonders geeignet zur Darstellung des Amplitudenverhältnisses U_a / U_e und des Phasenverschiebungswinkels der beiden Spannungen in Abhängigkeit zur Frequenz. Die Darstellung der Verstärkung wird als Amplitudengang bezeichnet. Es ist der Verstärkungsfaktor oder das Verstärkungsmaß als Funktion der Frequenz bei Sinusansteuerung. Bei Hintereinanderschaltung mehrerer Verstärkerstufen multiplizieren sich die Verstärkungsfaktoren oder addieren sich die Verstärkungsmaße. Das Bode-Diagramm stellt das Verstärkungsmaß a in dB (deziBel) von U_a / U_e in logarithmischer Abhängigkeit dar. Es gilt $a_{[dB]} = 20 \times \lg (U_a / U_e)$.

Die Darstellung der Verstärkung in dB ist deshalb sehr günstig, weil die Verstärkungsmaße der einzelnen Stufen einfach addiert werden. Der Phasengang stellt den Phasenverschiebungswinkel bzw. Übertragungswinkel ϕ zwischen Eingangs- und Ausgangssignal eines Verstärkers als Funktion der Frequenz dar. Die Phasenwinkel mehrerer hintereinander geschalteter Stufen addieren sich.

Für die Schaltung in Abb. 2.32 ist in Abb. 2.33 der Frequenzgang dargestellt.

Bei $X_c = R = 1 k\Omega$ ist das Betragsverhältnis $U_a / U_e = 1 = 0 dB$. Es gilt $1 / (\omega C) = 1 / (2\pi f C) = 1 k\Omega$.

Die Frequenz f errechnet sich somit zu $f = 1 / (2\pi \times 3{,}3 \mu F \times 1 k\Omega) = 48{,}2 Hz$. Bei ca. 50 Hz ist laut Diagramm das Verstärkungsmaß etwa 0 dB. Da bei 10facher Erhöhung der Frequenz der kapazitive Widerstand X_c sich um das 10fache verkleinert, nimmt also die Verstärkung um das 10fache ebenfalls ab. Dies entspricht einer Abnahme der Verstärkung von 20 dB. Das Verstärkungsmaß nimmt bei einem Integrierer um jeweils 20 dB pro 10facher Frequenzerhöhung ab. In der logarithmischen Darstellung der Frequenz wird der Amplitudengang zur Geraden. Die Phasendrehung zwischen Eingangs- und Ausgangsgröße beträgt über die Frequenz konstant 90°. Das Zeigerdiagramm in Abb. 2.31 verdeutlicht diesen Zusammenhang. Das Bode-Diagramm in Abb. 2.33 wurde durch ein Netzwerkanalyseprogramm auf einem PC mit den Werten der Schaltung Abb. 2.32 erstellt.

Das Bode-Diagramm in Abb. 2.34 zeigt die Hintereinanderschaltung zweier Integratoren mit jeweils $R = 1 k\Omega$ und $C = 3{,}3 \mu F$. Die Dämpfung beträgt jetzt 40 dB / Dekade und

Abb. 2.32 Integrator, $R = 1 k\Omega$, $C = 3{,}3 \mu F$, OP-Typ: LT1022A

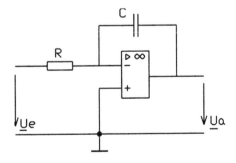

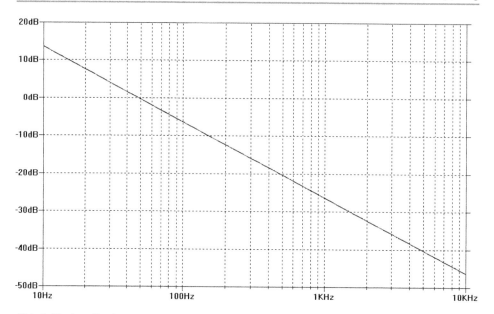

Abb. 2.33 Amplitudengang eines Integrators nach Abb. 2.32. Der Amplitudengang wurde mit dem kostenfreien Netzwerkanalyseprogramm LTSpiceIV von Linear Technology erstellt

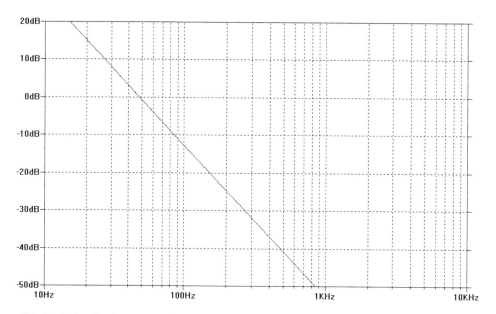

Abb. 2.34 Amplitudengang zweier hintereinander geschalteter Integratoren

die Phasendrehung beträgt pro Integrator 90°, was bei zwei Integratoren zu einer Phasendrehung zwischen Eingangs- und Ausgangsgröße von 180° führt.

2.5.9 Beispiel zum Integrator an Sinusspannung

Beispiel 1
Eine sinusförmige Spannung liegt am Integrierer Abb. 2.35.

$R = 10\,k\Omega$

$C = 1\,\mu F$

$U_e = 1\,V_{ss}$

Wie groß ist die Ausgangsspannung U_a bei 50 und 500 Hz?
Für Sinusgrößen verhält sich

$$\frac{U_a}{U_e} = \frac{X_c}{R}.$$

Für 50 Hz ist

$$U_a = U_e \frac{X_c}{R} = U_e \frac{1}{\omega CR} = 1\,V_{ss} \times \frac{1}{2\pi \times 50\,Hz \times 1\,\mu F \times 10\,k\Omega} = 0{,}318\,V_{ss}$$

und für 500 Hz ist

$$U_a = U_e \frac{X_c}{R} = U_e \frac{1}{\omega CR} = 1\,V_{ss} \times \frac{1}{2\pi \times 500\,Hz \times 1\,\mu F \times 10\,k\Omega} = 0{,}0318\,V_{ss}.$$

Man erkennt, dass bei einer 10fachen Frequenzerhöhung die Ausgangsspannung U_a um das 10fache kleiner wird.

Abb. 2.35 Integrierer

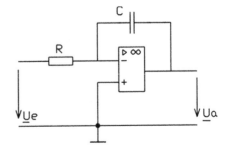

Beispiel 2

Die Verstärkung eines Integrators U_a / U_e soll 10 dB bei 1 kHz betragen.

C = 10 nF.

Wie groß muss R gewählt werden?
Es gilt

$$a_{[dB]} = 20 \times \lg \frac{U_a}{U_e}$$

$$\frac{U_a}{U_e} = 10^{\frac{a_{[dB]}}{20}} = 10^{0,5} = 3,16$$

$$\frac{U_a}{U_e} = \frac{X_c}{R} \qquad X_c \text{ für 1 kHz beträgt } 15,9 \text{ k}\Omega$$

$$R = \frac{15,9 \text{ k}\Omega}{3,16} = 5 \text{ k}\Omega$$

2.5.10 Übungen und Vertiefung zum Integrierer

Die folgenden Aufgaben beziehen sich auf den Integrierer.
Folgende Grundformeln zur Lösung der Aufgaben sind sehr hilfreich:

1. Wechselstromwiderstand des Kondensators $X_c = 1 / (\omega C)$
2. Strom im Kondensator $i_c = C \times \Delta U_c / \Delta t$
3. Spannungsverstärkung in Dezibel $a = 20 \times \lg (U_a / U_e)$

Es ist anzumerken, dass die Darstellung des Frequenzganges im Bode-Diagramm nur für Sinusgrößen gilt.

Aufgabenstellung 2.5.4

Im Bode-Diagramm Abb. 2.37 ist der Amplitudengang des Integrierers Abb. 2.36 dargestellt. Der Kondensator C besitzt eine Kapazität von 0,01 µF.
Wie groß errechnet sich der Widerstand R?

Aufgabenstellung 2.5.5

Für den Integrator nach Abb. 2.38 ist

C = 6,8 nF und

R = 100 kΩ.

Berechnen Sie für das Bode-Diagramm die Frequenz für das Verstärkungsmaß von 20 dB.

Abb. 2.36 Integrierer

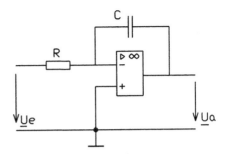

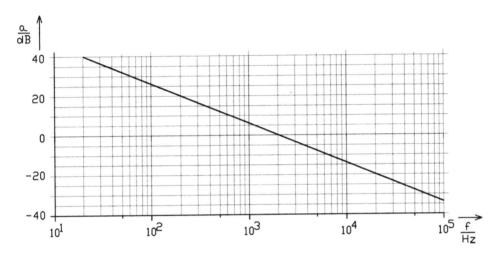

Abb. 2.37 Amplitudengang des Integrators laut Aufgabenstellung 2.5.4

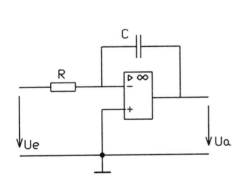

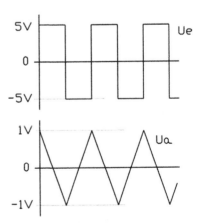

Abb. 2.38 Integrator mit Spannungsdiagrammen

Abb. 2.39 Einfach-logarithmisches Papier

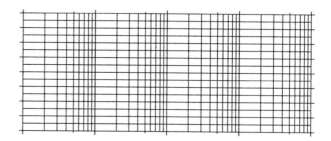

Zeichnen Sie in ein einfach-logarithmisches Papier (s. Abb. 2.39) das Bode-Diagramm
für den Amplitudengang.

Wählen Sie einen günstigen Maßstab für Frequenz und Verstärkungsmaß! Die Verstärkung von 0 dB soll in der Mitte der Y-Achse liegen!

Aufgabenstellung 2.5.6

$C = 1\,\mu F$

$f = 50\,Hz$

Wie groß ist R bei der vorgegebenen Rechteckspannung U_e und der Ausgangsspannung
U_a?

2.6   Der Differenzierer

2.6.1   Lernziele

Der Lernende kann ...

... den Verlauf der Ausgangsspannung U_a bei vorgegebener Eingangsspannung U_e konstruieren.

... den Frequenzgang des Differenzierers im Bode-Diagramm darstellen.

2.6.2   Die Funktionsweise des Differenzierers

Der Differenzierer entspricht in seiner Grundschaltung wieder dem invertierenden Verstärker. Über den Gegenkopplungszweig mit dem Widerstand R wird der −Input des OPs
ebenfalls auf das Potenzial von 0 V des Massepotenzials am +Input gezogen. Damit ist
$U_c = U_e$ und $I_c = C \times \Delta U_c / \Delta t$. Der Strom I_c fließt durch den Widerstand R und verursacht
hier die proportionale Spannung U_R. Die Spannung U_a ist zu U_R wiederum um 180° phasenverschoben.

Abb. 2.40 Schaltbild
Differenzierer

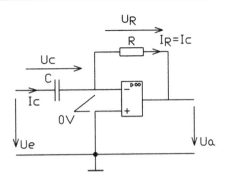

Abb. 2.40 zeigt den qualitativen Verlauf von Spannungen und Strömen am Differenzierer. Es ist zu beachten, dass I_c der Steigung $\Delta U_c / \Delta t = \Delta U_e / \Delta t$ entspricht und damit $U_R = I_c \times R$ und $U_a = -U_R$ die Spannungsveränderung von U_e anzeigen. Je größer die Spannungsänderungsgeschwindigkeit von U_e, desto größer werden U_R und somit auch U_a.

Auf Schwingneigungen des Differenzierers in Abb. 2.41 und Maßnahmen zu ihrer Beseitigung wird in Abschn. 7.3.3 näher eingegangen.

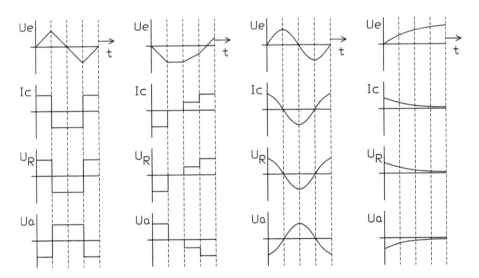

Abb. 2.41 Spannungs- und Stromdiagramme Differenzierer

2.6.3   Dreieckförmige Spannung am Differenzierer

Zunächst soll $U_a = f(U_e, R, C)$ abgeleitet werden:

$$I_c = C \times \frac{\Delta U_c}{\Delta t} = C \times \frac{\Delta U_e}{\Delta t}$$

$$U_R = I_R \times R = I_C \times R = C \times \frac{\Delta U_c}{\Delta t} \times R$$

$$U_a = -U_R$$

$$U_a = -RC \times \frac{\Delta U_e}{\Delta t}$$

Deutlich ist zu erkennen, dass U_a von der Spannungsänderungsgeschwindigkeit der Eingangsspannung U_e abhängt. Nach obiger Formel soll bei einem vorgegebenen Spannungsverlauf U_e die Ausgangsspannung U_a bei bekanntem Widerstand R und Kondensator C berechnet werden.

Nach dem Schaltbild in Abb. 2.41 und Diagramm in Abb. 2.42 sollen folgende Größen vorgegeben sein:

R = 1 kΩ

C = 0,5 µF

Die Eingangsspannung U_e und der Zeitmaßstab sind im Diagramm dargestellt.

In der Zeit von 0 bis 1 ms steigt die Spannung U_e um 2 V.
$I_c = C \times \Delta U_c / \Delta t = 0,5 \,µF \times 2\,V / 1\,ms = 1\,mA$.
$U_R = I_c \times R = 1\,mA \times 1\,kΩ = 1\,V$.
$U_a = -U_R = -1\,V$.

In der Zeit von 1 bis 1,5 ms ändert sich die Eingangsspannung nicht.
Damit ist $I_c = C \times \Delta U_c / \Delta t = 0$.
Bei $I_c = 0$ sind U_R und $U_a = 0\,V$.

In der Zeit von 1,5 bis 2 ms ist $\Delta U_e = \Delta U_c = 2\,V$. Die Steigung ist negativ.
$I_c = C \times \Delta U_c / \Delta t = 0,5 \,µF \times (-2\,V) / 0,5\,ms = -2\,mA$.
$U_R = I_c \times R = (-2\,mA) \times 1\,kΩ = -2\,V$.
$U_a = -U_R = 2\,V$.

In der Zeit von 2 bis 2,5 ms ändert sich U_e nicht, so dass U_R und U_e wieder 0 V sind.

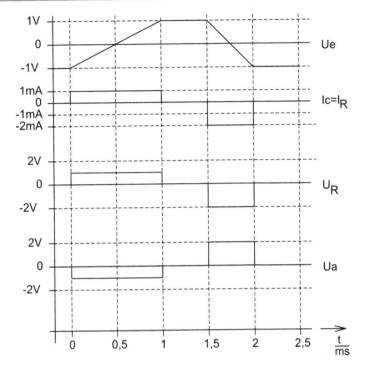

Abb. 2.42 Spannungsdiagramme Differenzierer

2.6.4 Sinusförmige Spannung am Differenzierer

Bei sinusförmigen Spannungen ergibt sich die Spannungsverstärkung zu

$$\frac{U_a}{U_e} = \frac{R}{X_C} = R\omega C.$$

Je größer die Frequenz, desto größer wird die Spannungsverstärkung. Wird die Frequenz um das Zehnfache erhöht, so vergrößert sich die Verstärkung ebenfalls um diesen Betrag.

Abb. 2.43 Zeigerdiagramm
für den Differenzierer

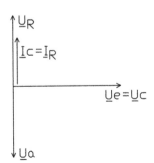

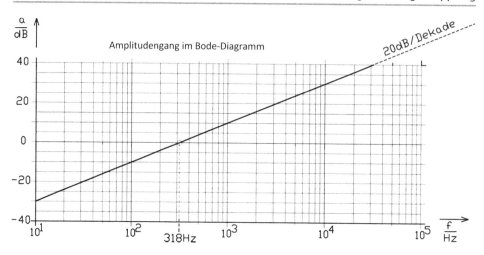

Abb. 2.44 Amplitudengang im Bode-Diagramm

In der logarithmischen Darstellung im Bode-Diagramm beträgt die Verstärkung 20 dB / Dekade. Die Phasenverschiebung zwischen U_e und U_a verdeutlicht das Zeigerdiagramm in Abb. 2.43. $U_e = U_c$. Der Strom I_c eilt U_c um 90° voraus und erzeugt an R die gleichphasige Spannung U_R. Die Spannung U_a ist gegenüber U_R um 180° phasenverschoben. U_a eilt der Spannung U_e unabhängig von der Frequenz um 90° nach. Abb. 2.44 zeigt den Frequenzgang des Differenzierers im Bode-Diagramm.

Für 0 dB, entsprechend der Verstärkung 1, ist

$$\frac{U_a}{U_e} = \frac{R}{X_C} = 2\pi f CR = 1.$$

Für 0 dB beträgt die Frequenz

$$f = \frac{1}{2\pi RC} = \frac{1}{2\pi \times 1\,k\Omega \times 0{,}5\,\mu F} = 318\,Hz.$$

2.6.5 Beispiel zum Differenzierer an Sinusspannung

Ein Differenzierer soll bei 1 kHz das Verstärkungsmaß von 20 dB aufweisen. Der Kondensator hat eine Größe von 0,1 μF. Wie groß errechnet sich R? Zunächst rechnen wir das Verstärkungsmaß um.

Die Verstärkung beträgt

$$\frac{U_a}{U_e} = 10^{\frac{a[dB]}{20}} = 10^{\frac{20}{20}} = 10^1 = 10.$$

Für den Differenzierer gilt

$$\frac{U_a}{U_e} = \frac{R}{X_C}.$$

Der Widerstand beträgt

$$R = \frac{U_a}{U_e} \times X_C = \frac{U_a}{U_e} \times \frac{1}{2\pi f C} = 10 \times \frac{1}{2\pi \times 1\,kHz \times 0,1\,\mu F} = 15,9\,k\Omega.$$

2.6.6 Übung und Vertiefung zum Differenzierer

Die folgenden Aufgaben beziehen sich auf den Differenzierer. Folgende Grundformeln zur Lösung der Aufgaben sind sehr hilfreich:

1. Wechselstromwiderstand des Kondensators $X_c = 1 / (\omega C)$
2. Strom im Kondensator $i_c = C \times \Delta U_c / \Delta t$
3. Spannungsverstärkung in Dezibel $a = 20 \times lg\,(U_a / U_e)$

Es ist anzumerken, dass die Darstellung des Frequenzgangs im Bode-Diagramm nur für Sinusgrößen gilt.

Aufgabenstellung 2.6.1
Am Differenzierer in Abb. 2.45 liegt eine sinusförmige Spannung U_e von $2\,V_{ss}$.
Skizzieren Sie das Diagramm für U_a und geben Sie die aussagekräftigen Spannungswerte an!
Gegeben sind:

$C = 1\,\mu F$

$R = 1\,k\Omega$

$f = 50\,Hz$

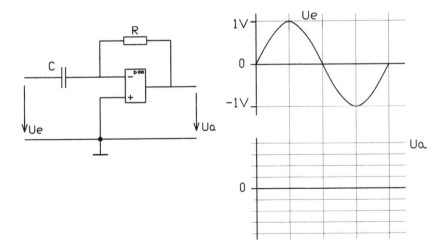

Abb. 2.45 Differenzierer an sinusförmiger Spannung

Aufgabenstellung 2.6.2

Nach der Schaltung in Abb. 2.45 liegen folgende Bauteilwerte vor:

$C = 2,2\,\mathrm{nF}$

$R = 100\,\mathrm{k\Omega}$

Berechnen Sie das Verstärkungsmaß in dB für eine Frequenz von 100 Hz!

Skizzieren Sie auf logarithmischem Papier das Bode-Diagramm für den Verlauf des Amplitudengangs!

Dabei soll die Frequenz von 100 Hz wie nach Abb. 2.46 in der zweiten oder dritten Dekade liegen. Wählen Sie einen günstigen Maßstab für das Verstärkungsmaß!

Aufgabenstellung 2.6.3

Bauteilwerte nach Schaltung Abb. 2.45:

$C = 1\,\mathrm{\mu F}$

$f = 50\,\mathrm{Hz}$

Wie groß ist R bei der vorgegebenen Dreieckspannung U_e und der Ausgangsspannung U_a nach Abb. 2.47?

Abb. 2.46 Beispiel für ein einfach logarithmisches Papier Zur Bode-Diagramm-Erstellung

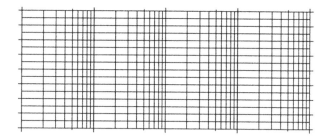

Abb. 2.47 Differenzierer mit Spannungsdiagrammen

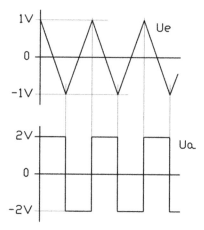

2.7 Der nichtinvertierende Verstärker und der Impedanzwandler

2.7.1 Lernziele

Der Lernende kann …

… die Funktionsweise der Gegenkopplung beim invertierenden und nichtinvertierenden Verstärker unterscheiden.

… den nichtinvertierenden Verstärker für eine bestimmte Verstärkung dimensionieren.

… den Impedanzwandler als Sonderform des nichtinvertierenden Verstärkers ableiten.

… Anwendungsbeispiele für den nichtinvertierenden Verstärker und Impedanzwandler nennen.

2.7.2 Das Prinzip der Gegenkopplung beim nichtinvertierenden Verstärker

Bisher beruhten alle Gegenkopplungsschaltungen darauf, dass eine Eingangsspannung über ein Bauteil Z_1 auf den −Input des OPs geführt wurde. Die um 180° gegenüber der Eingangsspannung phasenverschobene Ausgangsspannung U_a wirkte über den Gegenkopplungswiderstand Z_2 schwächend auf die Wirkung der Eingangsspannung (Abb. 2.48). Bei dem nichtinvertierenden Verstärker wirkt die Eingangsspannung auf den +Input. Die phasengleiche Ausgangsspannung U_a wird über einen Spannungsteiler R_1, R_2 auf den invertierenden Eingang des OPs geführt und bewirkt hier eine gegensteuernde Wirkung. Die Abbildungen zeigen die beiden grundsätzlichen Prinzipien der Gegenkopplung.

Zum besseren Verständnis soll hier im sogenannten Zeitlupenverfahren die Dynamik und Funktionsweise der beiden Gegenkopplungen in Abb. 2.49a, b verdeutlicht werden.

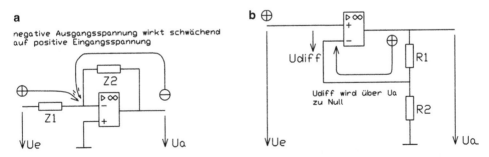

Abb. 2.48 **a** Gegenkopplungsprinzip des invertierenden Verstärkers – negative Ausgangsspannung wirkt schwächend auf positive Eingangsspannung, **b** Gegenkopplungsprinzip des nichtinvertierenden Verstärkers – negative Ausgangsspannung wirkt schwächend auf positive Eingangsspannung

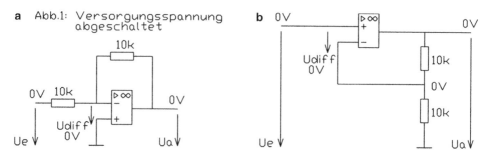

Abb. 2.49 a Gegenkopplungsprinzip des invertierenden Verstärkers – Versorgungsspannung abgeschaltet, **b** Gegenkopplungsprinzip des nichtinvertierenden Verstärkers – Versorgungsspannung abgeschaltet

Abb. 2.49: In beiden Beispielen wird angenommen, dass die Versorgungsspannung abgeschaltet ist, so dass an den Ausgängen der OPs jeweils 0 V liegen.

Abb. 2.50: Die Versorgungsspannung wird zeitgleich mit einer Eingangsspannung U_e von 1 V eingeschaltet. In diesem Moment ist die Ausgangsspannung noch 0 V. Die Differenzspannung U_{diff} beträgt in dem einen Fall 0,5 V und für das Beispiel des nichtinvertierenden Verstärkers 1 V. Der invertierende Verstärker möchte in die negative Aussteuergrenze von angenommen −14 V steuern und der nichtinvertierende Verstärker möchte in die positive Aussteuergrenze von +14 V steuern. In beiden Fällen ist U_{diff} so groß, dass beide OPs in die angenommenen Aussteuergrenzen kippen möchten.

Abb. 2.51: In dem Zeitlupenverfahren soll die Annahme getroffen werden, dass jetzt folgende Ausgangsspannungen erreicht sind: Beim invertierenden Verstärker sind es −0,5 V und bei dem nichtinvertierenden Verstärker sind es 0,5 V.

Die Differenzspannungen U_{diff} werden in beiden Beispielen kleiner und man kann erkennen, dass bei weiterem Anwachsen der Ausgangsspannungen die Differenzspannun-

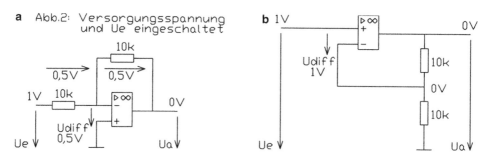

Abb. 2.50 a Gegenkopplungsprinzip des invertierenden Verstärkers – Versorgungsspannung und U_e eingeschaltet, **b** Gegenkopplungsprinzip des nichtinvertierenden Verstärkers – Versorgungsspannung und U_e eingeschaltet

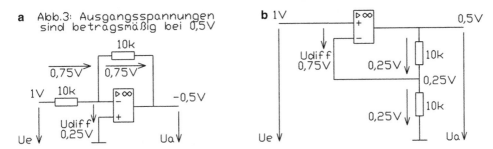

Abb. 2.51 a Gegenkopplungsprinzip des invertierenden Verstärkers – Ausgangsspannungen sind betragsmäßig bei 0,5 V, **b** Gegenkopplungsprinzip des nichtinvertierenden Verstärkers – Ausgangsspannungen sind betragsmäßig bei 0,5 V

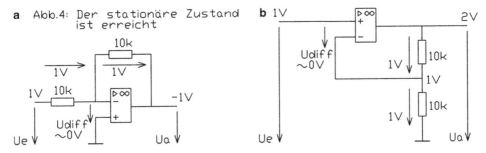

Abb. 2.52 a Gegenkopplungsprinzip des invertierenden Verstärkers – Der stationäre Zustand ist erreicht, **b** Gegenkopplungsprinzip des nichtinvertierenden Verstärkers – Der stationäre Zustand ist erreicht

gen sich gegen Null verkleinern. Beide Schaltungen schnüren sich sozusagen über die rückgeführte Ausgangsspannung in ihrer weiteren Verstärkung ab. Die weitere Verstärkung ist beendet, wenn die Differenzspannung U_{diff} praktisch 0 V ist.

Abb. 2.52: Der stationäre Zustand ist erreicht. Eine weitere Verstärkung ist nicht möglich. U_{diff} ist etwa 0 V. Wichtig ist die Erkenntnis, dass genau wie beim invertierenden Verstärker, die Differenzspannung U_{diff} über die Gegenkopplung praktisch 0 V wird. Diese Einsicht macht die Berechnungen zum nichtinvertierenden Verstärker denkbar einfach.

2.7.3 Funktionsweise und Berechnungsgrundlagen zum nichtinvertierenden Verstärker

Nach Abb. 2.53a nimmt über Gegenkopplung der −Input des OPs das gleiche Potenzial vom +Input an.

Somit ist

$$U_{R2} = U_e.$$

Es verhält sich

$$\frac{U_{R2}}{R_2} = \frac{U_e}{R_2} = \frac{U_a}{R_1 + R_2}.$$

Die Verstärkung ist

$$\frac{U_a}{U_e} = \frac{R_1 + R_2}{R_2}.$$

Man kann erkennen, dass die Verstärkung nicht kleiner als 1 werden kann. Wird nach Abb. 2.53b, c der Widerstand R_1 gegen $0\,\Omega$ und R_2 gegen Unendlich gewählt, so ist die Verstärkung 1 und man erhält den sogenannten Impedanzwandler. Impedanzwandler

Abb. 2.53 Vom nichtinvertierenden Verstärker zum Impedanzwandler.
a Nichtinvertierender Verstärker,
b Umwandlung zum Impedanzwandler,
c Impedanzwandler

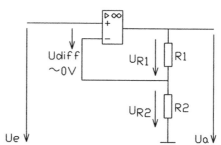

a   Nichtinvertierender Verstärker

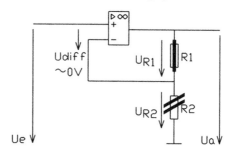

b   Umwandlung zum Impedanzwandler
$R1 \rightarrow 0$ $R2 \rightarrow \infty$

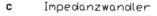

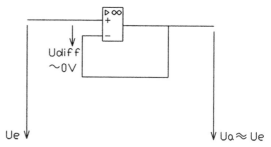

c   Impedanzwandler

Abb. 2.54 Abwandlung eines nichtinvertierenden Verstärkers

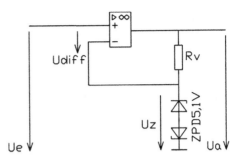

deshalb, weil der Eingangswiderstand gegen Unendlich, sein Ausgangswiderstand aber praktisch $0\,\Omega$ ist. Impedanzwandler werden vorteilhaft dort eingesetzt, wo hochohmige Signalquellen nicht belastet werden sollen. Ein Beispiel wären die sehr hochohmigen Kristallmikrofone oder Kristalltonabnehmer. Vorteilhaft ist auch die Weiterleitung von hochohmigen Signalen über einen Impedanzwandler, da so das Signal niederohmiger und bei längeren Leitungen weniger störanfällig gegen äußere elektromagnetische Störeinflüsse ist.

Abb. 2.54 zeigt im Prinzip den Schaltungsaufbau eines nichtinvertierenden Verstärkers mit besonderem Schaltverhalten. Solange die Spannung U_z kleiner als $\pm(5{,}1\,V + 0{,}7\,V) = \pm 5{,}8\,V$ ist, arbeitet diese Schaltung als Impedanzwandler.

Beispiel: $U_e = 1\,V$

Der OP steuert über R_v solange gegen, bis $U_{diff} = 0$ ist. Für diesen Fall ist U_a auch 1 V.

Der Z-Diodenzweig hat keine Bedeutung.

Beispiel: $U_e = 6\,V$

Der OP steuert über R_v gegen die Eingangsspannung. Allerdings kann die Spannung am −Input nicht größer als 5,8 V werden. Es verbleibt für U_{diff} eine Spannung von $U_e - U_z$. Sie ist $6\,V - 5{,}8\,V = 0{,}2\,V$. Diese Spannung steuert den OP in die positive Aussteuergrenze. Bis $\pm 5{,}8\,V$ arbeitet diese Schaltung linear mit dem Verstärkungsfaktor 1. Bei größer als $\pm 5{,}8\,V$ kippt der OP in die positive bzw. negative Aussteuergrenze.

Abb. 2.55 zeigt die Möglichkeit, wie ein nichtinvertierender Verstärker in seiner Verstärkung durch einen Eingangsspannungsteiler in seiner Verstärkung < 1 gemacht werden kann. Der Vorteil der Schaltung, trotz der kleineren Verstärkung, liegt immer noch im sehr niederohmigen Ausgangswiderstand. Gegengekoppelte Schaltungen regeln den Innenwiderstand des OPs grundsätzlich auf einen Wert nahe $0\,\Omega$ aus.

Die Verstärkung der Schaltung nach Abb. 2.55 ist

$$\frac{U_a}{U_e} = \frac{R_1 + R_2}{R_2} \times \frac{R_{e2}}{R_{e1} + R_{e2}}.$$

Abb. 2.55 Verstärker mit
$V_u < 1$

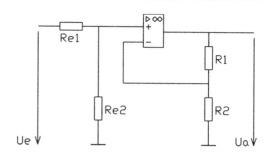

2.7.4 Beispiele zum nichtinvertierenden Verstärker

Beispiel 1

Ein nichtinvertierender Verstärker soll in seiner Verstärkung U_a / U_e von 1 bis 10 über ein Potenziometer verstellt werden können. Das Poti hat einen Wert von $10\,k\Omega$. Es soll eine Schaltung entwickelt werden, die diese Bedingungen erfüllt.

In unseren Überlegungen könnte es vier Schaltungsvariationen geben: Schauen wir uns zunächst Beispiel 1 in Abb. 2.56a an. Eine Lösung ist schnell gefunden: In unterer Potischleiferstellung ist der −Input des OPs immer 0 V. Die Ausgangsspannung kann nicht zurückgeführt werden. Eine Gegenkopplung findet nicht statt. Jede Spannungsgröße von U_e, die größer oder kleiner als 0 V ist, führt den Ausgang des OPs in die Aussteuergrenze. In unterer Schleiferstellung wird die volle Leerlaufverstärkung des OPs genutzt. Die Bedingung, eine Verstärkung von 1 bis 10 über das Poti zu variieren, kann in dieser Schaltung nicht realisiert werden.

Das gleiche gilt für Beispiel 2 in Abb. 2.56b.

In unterer Schleiferstellung liegt das gleiche Verhalten vor. Der −Input liegt konstant an 0 V. Die Ausgangsspannung hat keinen Einfluss über die Widerstände R_x und R_p. Der OP kippt bei einer betragsmäßigen Eingangsspannung von größer als 0 V in die entsprechende positive oder negative Aussteuergrenze.

Jetzt betrachten wir Beispiel 3 (s. Abb. 2.56c).

Der Schleifer des Potis ist am oberen Anschlag. Es besteht eine direkte Gegenkopplung wie beim Impedanzwandler. Die Verstärkung ist 1. In unterer Potistellung liegt ebenfalls noch eine Gegenkopplung vor, weil ein Teil der Ausgangsspannung zurückgeführt wird. Die Differenzspannung am Eingang des OPs ist 0 V. Die Verstärkung soll in unterer Schleiferstellung 10 sein. Ohne Formeln anzuwenden, bestimmen wir jetzt die Größe von R_x. Der Übersicht wegen sind die Potenziale in Kästchen dargestellt. Beispiel 3a (s. Abb. 2.56d) zeigt die Vorüberlegungen zur Bestimmung von R_x. Wir nehmen $U_e = 1$ V an. U_a beträgt dann nach unseren Voraussetzungen 10 V. $U_{diff} = 0$ V. Der −Input nimmt durch Gegenkopplung 1 V an.

An $R_p = 10\,k\Omega$ sind 9 V. An R_x muss noch 1 V liegen, damit $U_a = 10$ V ist. R_x ist somit $1/9$ von R_p und beträgt damit $1,1\,k\Omega$. Die Bedingung der einstellbaren Verstärkung von 1 bis 10 über das $10\,k\Omega$-Poti ist erfüllt.

Abb. 2.56 Schaltungsvariationen.
a Beispiel 1,
b Beispiel 2,
c Beispiel 3,
d Beispiel 3a

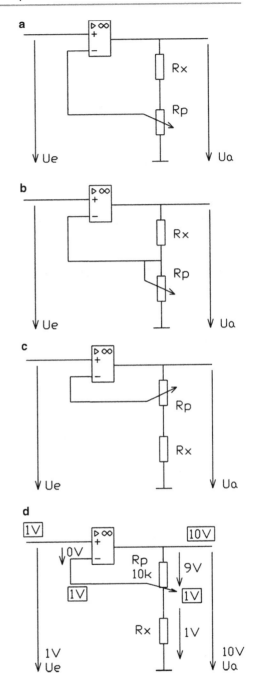

Abb. 2.57 Schaltungsvariationen. Beispiel 4

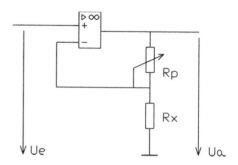

Aber es gibt noch eine andere Schaltungsvariante nach Beispiel 4 (s. Abb. 2.57). In oberer Schleiferstellung liegt wieder die Funktion des Impedanzwandlers vor. Die Verstärkung ist 1. In unterer Schleiferstellung soll die Verstärkung 10 sein. Diese Bedingung ist identisch nach Beispiel 3 und 3a. Insofern sind beide Schaltungen möglich.

Ein Unterschied liegt vielleicht in den Zwischenstellungen des Schleifers. Frage: Wie groß sind in Beispiel 3 und 4 die Ausgangsspannungen bei Schleifermittelstellung und $U_e = 1\,V$?

Es gilt für Potimittelstellung in Beispiel 3:

$$U_a = \frac{U_e}{R_x + \frac{R_p}{2}} \times (R_x + R_p) = 1{,}82\,V.$$

Es gilt für Potimittelstellung in Beispiel 4:

$$U_a = \frac{U_e}{R_x} \times \left(R_x + \frac{R_p}{2}\right) = 5{,}5\,V.$$

Damit besteht in Beispiel 4 ein linearer Zusammenhang zwischen Ausgangsspannung und Potistellung:

Potischleifer oben: 1 V
Potischleifer unten: 10 V
Potimittelstellung: 5,5 V

Beispiel 2

Es soll das Übertragungsverhalten der Schaltung Abb. 2.58 ermittelt und in das Diagramm Abb. 2.59 eingetragen werden. Es ist zunächst festzustellen, dass die Spannung an R_2 erst dann durch die Z-Dioden beeinflusst wird, wenn U_2 die Z-Diodenspannung + Z-Dioden-Schwellspannung überschreiten würde. U_2 kann nicht größer werden als ca. $5{,}1\,V + 0{,}7\,V = \pm 5{,}8\,V$. Bis zu diesem Wert arbeitet nebenstehende Schaltung nach dem nichtinvertierenden Standardverstärker.

Die Verstärkung ist

$$\frac{U_a}{U_e} = \frac{R_1 + R_2}{R_2} = 2.$$

Abb. 2.58 Schaltungsvariante zum nichtinvertierenden
Verstärker

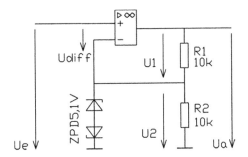

Bis zu einer Spannung U_2 bis $\pm 5{,}8$ V arbeitet die Schaltung „normal" mit der Verstärkung von 2. Dies gilt dann, aufgrund des Widerstandsverhältnisses von R_1 und R_2, für eine Ausgangsspannung von $2 \times (\pm 5{,}8$ V$) = \pm 11{,}6$ V. Bei Werten über $\pm 11{,}6$ V für U_a bleibt die Spannung am $-$Input des OPs konstant. Der Verstärker kann über U_a nicht weiter gegenkoppeln. U_{diff} ist nicht mehr 0 V. Der OP kippt in seine Aussteuergrenze. In Abb. 2.59 wurden bei einer Versorgungsspannung von ± 15 V die Aussteuergrenzen mit ± 14 V angenommen.

Beispiel 3
Die Schaltung nach Abb. 2.58 soll geändert werden:
  Anstelle von R_1 wird ein Wert von $4{,}7$ kΩ eingesetzt. Die Verstärkung soll 5 sein.
  Bei der Spannung U_a von größer ± 12 V soll der OP in die Aussteuergrenzen kippen.

a) Wie groß muss R_2 gewählt werden?
b) Welche Z-Diodenspannungen müssen gewählt werden? Die Schwellspannungen der Z-Dioden sollen mit $0{,}7$ V angenommen werden.

Abb. 2.59 Übertragungskennlinie $U_a = f(U_e)$ nach Schaltung
Abb. 2.58

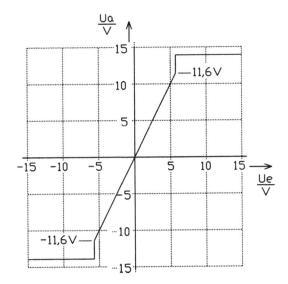

Lösungsansatz zu a)

Wir bedienen uns nicht der Standardformel. Wir entwickeln die Lösung aus dem Verständnis heraus. Ohne Formeln „geht das so": Durch Gegenkopplung ist $U_{diff} = 0$ V. Für U_e z. B. 1 V ist bei einer Verstärkung von 5 die Ausgangsspannung $U_a = 5$ V. 1 V liegt an R_2, 4 V an R_1. 4 V entsprechen einem Wert von 4,7 kΩ. 1 V entspricht dem Wert von 4,7 kΩ / 4 = 1,2 kΩ. R_2 beträgt 1,2 kΩ.

Lösungsansatz zu b)

Bis ±12 V soll der lineare Bereich sein. Für größer ±12 V kippt der OP in die Aussteuergrenzen. Die Spannung an R_2 ist für diesen Kipppunkt 12 V / 5 = 2,4 V. Unter der Berücksichtigung von 0,7 V Schwellspannung müssten die Z-Dioden eine Stabilisierungsspannung von 2,4 V − 0,7 V = 1,7 V aufweisen.

2.7.5   Übungen und Vertiefung zum nichtinvertierenden Verstärker

Die folgenden Aufgaben beziehen sich auf den nichtinvertierenden Verstärker. Aufgabenstellung 2.7.2 und 2.7.3 entsprechen durch eine Z-Diodenbeschaltung nicht mehr der klassischen Verstärkerschaltung. Die Z-Diode soll für den Durchlassbereich eine Schwellspannung von 0,7 V aufweisen. Überlegen Sie, wie die Ausgangsspannung U_a in Abhängigkeit von U_e verläuft!

Aufgabenstellung 2.7.1

Skizzieren Sie das Diagramm in Abb. 2.60! Tragen Sie für die Schaltung in Ihr Diagramm $U_a = f(U_e)$ ein. Die Versorgungsspannung ist ±15 V. Die max. Ausgangsspannung des OPs soll mit ±14 V angenommen werden.

Aufgabenstellung 2.7.2

Skizzieren Sie das in Abb. 2.61 dargestellte Diagramm!

Tragen Sie $U_a = f(U_e)$ in Ihr Diagramm ein! Die maximale Ausgangsspannung des OPs beträgt ±14 V.

Aufgabenstellung 2.7.3

Skizzieren Sie das Diagramm in Abb. 2.62!

Tragen Sie $U_a = f(U_e)$ in Ihre Skizze ein! Die maximale Ausgangsspannung des OPs beträgt ±14 V.

Die folgenden Aufgaben beziehen sich auf den nichtinvertierenden Verstärker. Es sind Schaltungen, die praktisch auch einfacher verwirklicht werden können. Es soll für diese Schaltungen nur das Funktionsverständnis entwickelt werden.

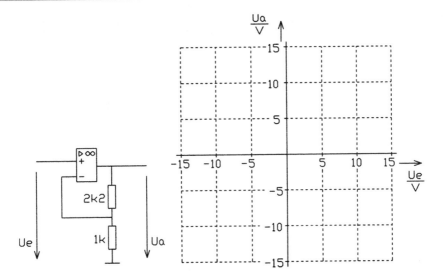

Abb. 2.60 Nichtinvertierender Verstärker

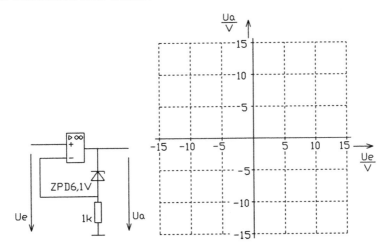

Abb. 2.61 Verstärker: Schaltungsvariante

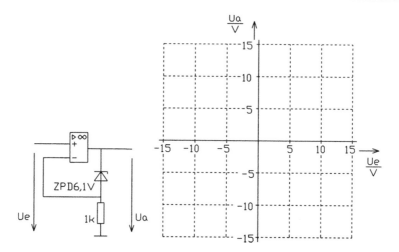

Abb. 2.62 Verstärker: Schaltungsvariante

Aufgabenstellung 2.7.4

In welchem Bereich lässt sich die Ausgangsspannung U_a verstellen?
Skizzieren Sie die Schaltung!
Zeichnen Sie Spannungen, Ströme und Potenziale für die entsprechenden Potistellungen
ein!

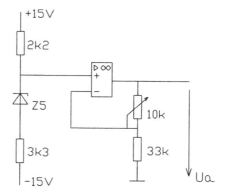

Verstärker: Schaltungsvariante

Aufgabenstellung 2.7.5

a) In welchem Bereich kann der Strom in der Z-Diode sich verändern?

b) In welchem Bereich lässt sich die Ausgangsspannung U_a verstellen?

Skizzieren Sie die Schaltung und tragen Sie zur eigenen Hilfestellung Spannungen, Ströme und Potenziale ein.

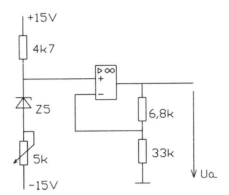

Verstärker: Schaltungsvariante

Aufgabenstellung 2.7.6

a) In welchem Bereich lässt sich die Ausgangsspannung U_a verstellen?

b) In welchem Bereich kann sich der Strom durch die Z-Diode verändern?

Skizzieren Sie die Schaltung und tragen Sie zur eigenen Hilfestellung Spannungen, Ströme und Potenziale ein!

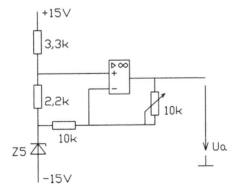

Verstärker: Schaltungsvariante

Mitgekoppelte Schaltungen

3

3.1 Komparator ohne Hysterese

3.1.1 Lernziele

Der Lernende kann ...

... die Funktionsweise eines Komparators ohne beschaltete Mitkopplung erläutern.

... eine Komparatorschaltung für einen bestimmten Kipppunkt dimensionieren.

... Anwendungsbeispiele für Komparatoren nennen.

3.1.2 Funktionsweise

Der Komparator ohne Hysterese ist der offen betriebene OP ohne Beschaltung im Rück-kopplungszweig. Der Komparator (compare = vergleichen) vergleicht eine Eingangsspan-nung mit einer Referenzspannung. Überschreitet die Eingangsspannung die Referenzspan-nung, so kippt der OP je nach Beschaltung in seine positive oder negative Aussteuergren-ze.

Abb. 3.1 zeigt die einfachste Möglichkeit einer Komparatorschaltung. Es handelt sich um einen invertierenden Komparator. Seine Kippspannung liegt bei 0 V. Ist die Eingangs-spannung größer als 0 V, so kippt der OP in die negative Aussteuergrenze, bei negativer Eingangsspannung kippt der OP in die positive Aussteuergrenze. Die Spannung von 0 V am +Input ist sinngemäß die Kippvergleichsspannung.

Nach Abb. 3.2 wird als zweite Möglichkeit ein nichtinvertierender Komparator mit einstellbarem Kipppunkt durch ein Potenziometer gezeigt. Durch das Poti kann am −Input die Spannung zwischen +5 und −5 V verstellt werden. In der Annahme, dass am −Input 3 V eingestellt sind, ergibt sich das Diagramm zur Schaltung in Abb. 3.2.

© Springer Fachmedien Wiesbaden GmbH 2017
J. Federau, *Operationsverstärker*, DOI 10.1007/978-3-658-16373-0_3

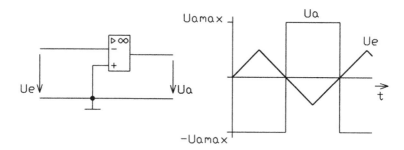

Abb. 3.1 Komparator ohne einstellbaren Kipppunkt

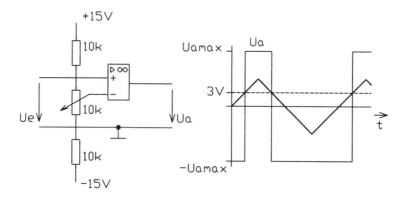

Abb. 3.2 Komparator mit einstellbarem Kipppunkt

Nach Abb. 3.3 ist die praktische Anwendung einer Temperaturanzeige durch einen Komparator ohne Hysterese dargestellt. Es soll angenommen werden, dass der NTC-Widerstand bei 20 °C einen Widerstandswert von 30 kΩ aufweist. Das Poti wird ebenfalls auf 30 kΩ eingestellt. Bei Temperaturen unter 20 °C ist der NTC-Widerstand größer als 30 kΩ, so dass am +Input des Komparators ein positiveres Potenzial als am −Input (Mas-

Abb. 3.3 Komparatorschaltung zur Temperaturanzeige

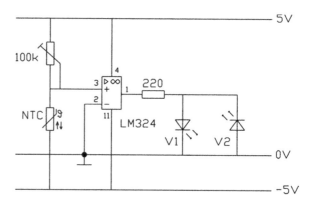

sepotenzial = 0 V) anliegt. Der Operationsverstärker kippt in die positive Aussteuergrenze, so dass V_1 leuchtet. Bei Temperaturen über 20 °C leuchtet V_2.

Anmerkung
Der 220 Ω-Vorwiderstand für die Leuchtdioden kann entfallen, da der Operationsverstärker LM324 kurzschlussfest ist und nur einen maximalen Strom von etwa 15 mA liefert.

Komparatorschaltungen sind vielfältig einsetzbar. Sie dienen als Messwertvergleicher oder Alarmauslöser, wenn beispielsweise eine bestimmte Spannung über- oder unterschritten wird.

3.1.3 Beispiel zum Komparator ohne Hysterese

Beispiel
Im Prinzip lässt sich jeder OP auch mit einer unipolaren Spannungsquelle versorgen. Abb. 3.4 zeigt eine solche Schaltung. Die Spannungsquelle hat 5 V. Die Aussteuergrenzen des OPs werden idealisiert mit 5 und 0 V angenommen. Liegen 5 V am OP-Ausgang, dann leuchtet V_2. Bei 0 V am Ausgang leuchtet V_1.

Der −Input liegt über den Spannungsteiler R_1 und R_2 auf 2 V. Für $U_e < 2$ V kippt der OP-Ausgang auf 0 V. V_1 leuchtet. Für $U_e > 2$ V kippt der OP-Ausgang auf 5 V. V_2 leuchtet. Der Kipppunkt des OPs liegt bei 2 V. Die Versorgungsspannung muss für diese definierte Spannung stabilisiert sein. Ist die Versorgungsspannung weniger stabil, so müsste R_2 durch eine Z-Diode von 2 V ersetzt werden. R_1 wird entsprechend des geforderten Z-Stromes umdimensioniert.

3.1.4 Übungen und Vertiefung zum Komparator ohne Hysterese

Die folgenden Aufgaben beziehen sich auf die Realisierung einfacher Komparatorschaltungen ohne Hysterese durch uni- und bipolare Spannungsversorgung.

Abb. 3.4 Komparatorschaltung ohne Hysterese mit unipolarer Spannungsversorgung

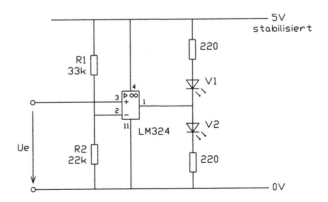

Aufgabenstellung 3.1.1

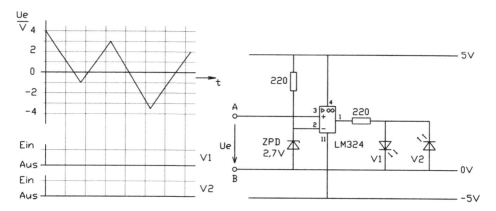

Komparatorschaltung mit Leuchtdioden-Anzeige und zugehörigem Arbeits-Diagramm

Im Diagramm ist der Verlauf von der Eingangsspannung U_e dargestellt.

Skizzieren Sie das Diagramm und vervollständigen Sie Ihre Skizze für die LEDs V_1 und V_2!

Aufgabenstellung 3.1.2

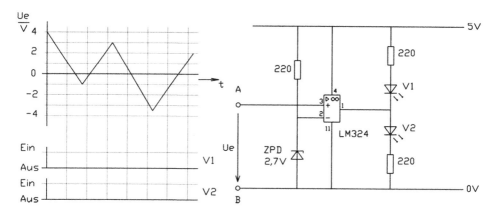

Komparatorschaltung mit Leuchtdioden-Anzeige und zugehörigem Arbeits-Diagramm

Vervollständigen Sie Ihr skizziertes Diagramm für V_1 und V_2 bei vorgegebenem U_e!

Aufgabenstellung 3.1.3

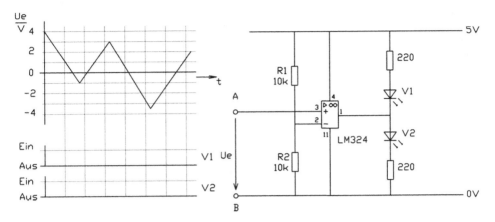

Komparatorschaltung mit Leuchtdioden-Anzeige und zugehörigem Arbeits-Diagramm

Vervollständigen Sie Ihr skizziertes Diagramm für V_1 und V_2!

3.2 Nichtinvertierender Komparator mit Hysterese

3.2.1 Lernziele

Der Lernende kann ...

... die Funktionsweise eines nichtinvertierenden Komparators mit Hysterese erläutern.

... zwei beliebige Umschaltpunkte für diesen Komparatortyp festlegen und berechnen.

3.2.2 Funktionsweise

Der nichtinvertierende Komparator mit Hysterese erinnert in seiner Grundschaltung an den invertierenden Verstärker. Nur sind die beiden Eingänge des OPs miteinander vertauscht, so dass aus einer Gegenkopplung die gewünschte Mitkopplung wird. Ein positives Eingangssignal U_e steuert den OP positiv aus. Dieses positive Ausgangssignal wird über R_2 auf den Eingang zurückgeführt und hebt somit noch verstärkend die Spannung am +Input an. Die größer werdende Spannung am +Input beschleunigt den Spannungsanstieg am Ausgang. Der OP steuert beschleunigt in seine positive Aussteuergrenze. Ein Rechenbeispiel nach dem Schaltbild in Abb. 3.5 soll den Schaltvorgang deutlich machen.

Abb. 3.5 Funktionsablauf der „Kippung":
a der OP ist übersteuert,
b der OP hängt in der positiven Aussteuergrenze,
c der OP ist noch positiv übersteuert,
d die „Kippung" beginnt

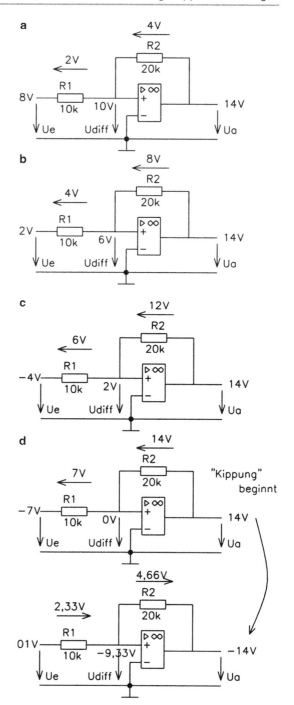

Abb. 3.5a: Der OP soll mit $\pm 15\,$V versorgt sein. Seine Aussteuergrenzen liegen bei $\pm 14\,$V. Es sei angenommen, dass der OP durch eine positive Eingangsspannung von $8\,$V in die positive Aussteuergrenze gekippt ist. Es stellen sich nach Abb. 3.5a die folgenden Spannungen ein. Das Differenzsignal U_{diff} beträgt $10\,$V. Der OP ist total übersteuert.

Abb. 3.5b: Die Eingangsspannung ist auf $2\,$V abgesenkt worden. Für dieses Beispiel beträgt U_{diff} noch $6\,$V, so dass der OP noch weiter total übersteuert ist und in der positiven Aussteuergrenze „hängt".

Abb. 3.5c: Selbst bei einer Eingangsspannung von $-4\,$V ist U_{diff} noch $2\,$V und der Operationsverstärker ist noch positiv übersteuert. Erst wenn das Potenzial am +Input negativer als am −Input (Massepotenzial $= 0\,$V) ist, kippt der OP in die negative Aussteuergrenze. Dies ist der Fall, wenn das Potenzial am +Input kleiner als $0\,$V wird. Die „Kippung" setzt bei $U_{diff} < 0\,$V ein.

Abb. 3.5d: Der kritische Punkt der „Kippung" ist erreicht, wenn der +Input über die Eingangsspannung kleiner als $0\,$V wird. Für diesen Fall liegt über R_2 eine Spannung von $14\,$V. Über R_1 liegt die Spannung von $7\,$V an, da R_1 für das gewählte Beispiel halb so groß ist. Der Kipppunkt für U_e liegt bei $-7\,$V.

Bei $< -7\,$V kippt der OP in die negative Aussteuergrenze von $-14\,$V. Damit wird U_{diff} über die Mitkopplung stark negativ und hält den OP in der negativen Aussteuergrenze. Erst bei einer positiven Eingangsspannung von $> +7\,$V kippt der OP wieder in die positive Aussteuergrenze. Die Umschaltpunkte liegen somit bei $+7$ und $-7\,$V.

Das Einsetzen der „Kippung" bzw. der Instabilität des Komparators ist bei Potenzialgleichheit am +Input und −Input erreicht. Für den beschriebenen Fall sind dies $0\,$V am +Input, da der −Input auf Masse liegt. Zu diesem Moment liegt die maximale Ausgangsspannung U_{aopmax} über R_2.

Hierfür gilt:

$$\frac{U_{a\ opmax}}{R_2} = \frac{U_{R1}}{R_1} = \frac{U_e}{R_1} = \frac{U_{kipp}}{R_1}.$$

Die Kippspannung errechnet sich zu

$$U_{kipp} = U_{a\ opmax} \times \frac{R_1}{R_2}.$$

Für die maximale Ausgangsspannung $U_{a\ opmax}$ muss einmal die negative und zum anderen die positive Aussteuergrenze eingesetzt werden, so dass sich zwei Kipppunkte für die Eingangsspannung ergeben. Für den Normalfall setzt man den Betrag für beide Aussteuergrenzen gleich.

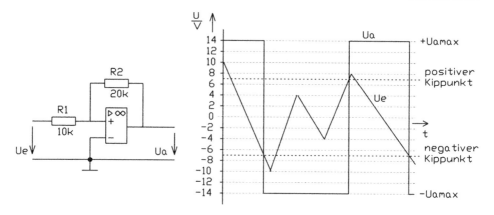

Abb. 3.6 Komparator mit U_e-U_a-Diagramm

Für das Beispiel mit $R_1 = 10\,\mathrm{k\Omega}$ und $R_2 = 20\,\mathrm{k\Omega}$ und den OP-Aussteuergrenzen von $\pm 14\,\mathrm{V}$ errechnet sich U_{kipp} einmal zu

$$U_{kipp} = 14\,\mathrm{V} \times \frac{10\,\mathrm{k\Omega}}{20\,\mathrm{k\Omega}} = 7\,\mathrm{V}$$

und

$$U_{kipp} = -14\,\mathrm{V} \times \frac{10\,\mathrm{k\Omega}}{20\,\mathrm{k\Omega}} = -7\,\mathrm{V}.$$

Die Darstellung in Abb. 3.6 zeigt $U_a = f(U_e)$ für die berechnete Komparatorschaltung.

Die Aussteuergrenzen fallen von OP zu OP leicht verschieden aus. Außerdem differieren betragsmäßig die positive und negative Aussteuergrenze etwas voneinander. Um die Umschaltpunkte zu symmetrieren und unabhängig von Exemplarstreuungen zu sein, kann die Ausgangsspannung durch Z-Dioden stabilisiert werden.

Abb. 3.7 zeigt eine Schaltung zur Symmetrierung der Umschaltpunkte durch Z-Dioden. Zu beachten ist, dass die mitgekoppelte Ausgangsspannung betragsmäßig sich aus Z-Diodenspannung und Schwellspannung der anderen Z-Diode zusammensetzt.

Abb. 3.7 Komparator mit definierten Umschaltpunkten

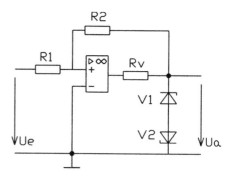

Für die Kipppunkte gilt:

$$U_{kipp} = \pm(U_z + 0.7\,V) \times \frac{R_1}{R_2}$$

Die Schwellspannungen der Z-Dioden wurden hierbei mit 0,7 V angenommen.

Verschiedene Umschaltpunkte können durch die Wahl verschiedener Z-Diodenspannungen oder durch die Anhebung des Spannungspotenzials am −Input des OPs erreicht werden.

3.2.3 Beispiele zum nichtinvertierenden Komparator

Beispiel 1

Für die Schaltung nach Abb. 3.8 sollen die Bauelemente für die Eingangsspannungskipppunkte von ±2 V bestimmt bzw. berechnet werden. Als Z-Dioden wählen wir z. B. eine Z-Diodenspannung von 5,6 V. Dies ist eine Normgröße für Z-Spannungen. Die 5,6 V-Z-Diode hat von allen Z-Dioden günstige Eigenschaften. So ist der Temperaturkoeffizient für Z-Spannungen unterhalb 6 V negativ und für solche oberhalb 6 V positiv. Physikalisch liegt dies an den unterschiedlichen Durchbruchmechanismen oberhalb und unterhalb 6 V. Den kleinsten differenziellen Z-Widerstand r_z haben Z-Dioden ebenfalls um 6 V. Hier liegt physikalisch gesehen der Übergangsbereich zwischen Zener- und Lawinendurchbruch. Für Spannungsstabilisierungszwecke eignen sich deshalb Z-Dioden mit U_z zwischen 5 und 6 V am besten, da sie einerseits den kleinsten Z-Widerstand r_z und andererseits den geringsten Temperaturkoeffizienten aufweisen.

Durch die Z-Dioden-Stabilisierung sind die Kipppunkte unabhängig von Aussteuerspannungsdifferenzen und von einer unstabilisierten Versorgungsspannung. Die Schwellspannungen der Z-Dioden nehmen wir mit 0,6 V an. 0,5 oder 0,7 V wären ebenfalls als

Abb. 3.8 Berechnung zu Beispiel 1

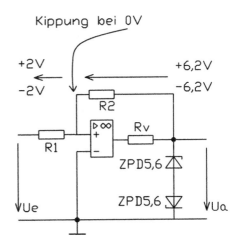

Annahme möglich. Soll der Kipppunkt genau auf ± 2 V eingeeicht werden, so müsste beispielsweise R_1 oder R_2 als Trimmer ausgeführt werden. Für eine Schwellspannung der Z-Dioden ergibt sich eine stabilisierte Spannung hinter R_v von $\pm 5{,}6$ V $\pm 0{,}6$ V $= \pm 6{,}2$ V. Die Kippung des OPs erfolgt immer dann, wenn die Spannung am +Input größer oder kleiner als 0 V ist. Für die Berechnung des Kipppunktes gilt am +Input die Spannung von 0 V. Es verhält sich dann 6,2 V / 2 V $= R_2 / R_1$. Wählen wir beispielsweise für $R_1 = 10\,\text{k}\Omega$ so ist $R_2 = 31\,\text{k}\Omega$.

Ergebnis: Für Spannungen $U_e > 2$ V kippt der OP in die positive Aussteuergrenze. Für $U_e < 2$ V kippt der OP in die negative Aussteuergrenze.

Beispiel 2

Es soll zunächst ein Komparator entwickelt werden, der eine Schalthysterese von 4 V aufweist. Ab einer Spannung von $> +2$ V soll der OP in die positive Aussteuergrenze und bei einer Spannung von < 2 V soll er in die negative Aussteuergrenze kippen. Eine Stabilisierung der Ausgangsspannung ist nicht notwendig. Der OP-Spannungsversorgung soll mit ± 15 V angenommen werden. Seine Aussteuergrenzen sollen bei ± 14 V liegen. Der −Input kann durch ein Potenziometer entsprechend Abb. 3.9 in seiner Spannungshöhe variiert werden. Doch zunächst ist der −Input auf 0 V eingestellt Die Berechnung stellt sich einfach dar. Die Kippung des OPs setzt immer dann ein, wenn am +Input das Potenzial vom −Input unter- oder überschritten wird. Dies ist für 0 V der Fall. Für die Aussteuergrenzen von ± 14 V müssen durch die Eingangsspannung entsprechend ± 2 V erbracht werden, damit die Kippbedingung für $U_{+\text{Input}} = 0$ V eingehalten wird. Es verhalten sich die Widerstände $R_2 / R_1 = 14$ V / 2 V. Wird R_1 mit $10\,\text{k}\Omega$ gewählt so ist $R_2 = 70\,\text{k}\Omega$.

In Abb. 3.10 wird der +Input auf ein Potenzial von 3 V angehoben. Wie ändern sich in diesem Fall die Kippbedingungen des OPs für die Eingangsspannungen?

Abb. 3.9 Komparator mit Hysterese „Kippung" bei 0 V am +Input

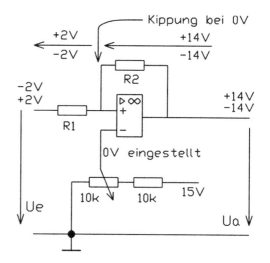

Abb. 3.10 Komparator mit
Hysterese „Kippung" bei 3 V
am +Input

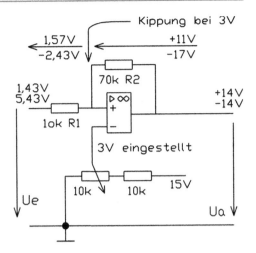

Die Kippung des OPs setzt hier ein, wenn durch die Eingangsspannung am +Input
3 V über- oder unterschritten werden. Ist die Aussteuergrenze +14 V, dann müssen über
$R_2 = 14\,V - 3\,V = 11\,V$ durch die Eingangsspannung erbracht werden.

$U_{R1} = 11\,V / R_2 \times R_1 = 1{,}57\,V$. Die Spannung an R_1 muss von 3 V abgezogen werden.
$U_{e1} = 1{,}43\,V$.

Ist die Aussteuergrenze $-14\,V$, dann muss über R_2 die Spannung von 17 V durch U_e
erbracht werden. $U_{R1} = 17\,V / R_2 \times R_1 = 2{,}43\,V$. Die Spannung an R_1 muss zu den 3 V am
+Input addiert werden. $U_{e2} = 5{,}43\,V$. Die Kipppunkte des OPs liegen bei $U_e > 5{,}43\,V$ und
$U_e < 1{,}43\,V$. Durch die Vorspannung am −Input haben sich die Schaltpunkte verschoben.
Geblieben ist aber die Schalthysterese von $5{,}43\,V - 1{,}43\,V = 4\,V$.

Als nächstes stellt sich die Frage: „Auf welchem Potenzial muss der −Input liegen für
eine Hysterese von 4 V und den Schaltpunkten für U_e von 1 und 5 V?"

Für eine Schalthysterese von 4 V bei einer Ausgangsspannung von $\pm 14\,V$ ist das Widerstandsverhältnis $R_2 / R_1 = 7$. Dazu betrachten wir das Ersatzschaltbild für eine Kippbedingung nach Abb. 3.11.

Für $U_e > 5\,V$ kippt der OP von $-14\,V$ nach $+14\,V$. Den Augenblick der „Kippung" zeigt
die Ersatzschaltung in Abb. 3.11.

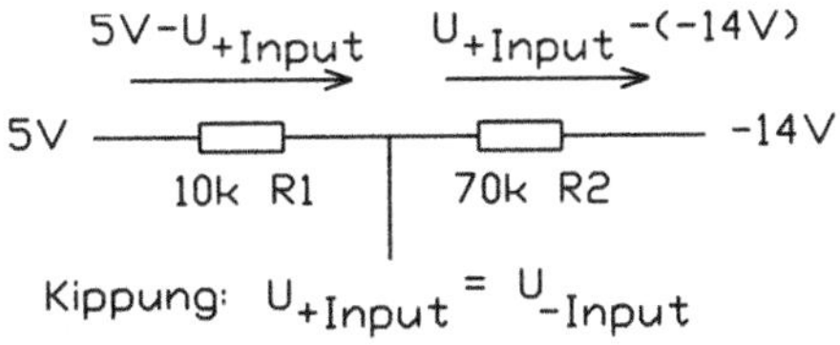

Abb. 3.11 Ersatzschaltbild für
den Augenblick der Kippung

$$\underset{\text{10k R1}}{5\,V \; \boxed{}} \quad \underset{\text{70k R2}}{\boxed{} \; -14\,V}$$

$$\overrightarrow{5V - U_{+Input}} \qquad \overrightarrow{U_{+Input} - (-14V)}$$

Kippung: $U_{+Input} = U_{-Input}$

Es gilt:

$$\frac{U_{+Input} - (-14\,V)}{70\,k\Omega} = \frac{5\,V - U_{+Input}}{10\,k\Omega}$$

$$U_{+Input} = 2{,}63\,V$$

Die Spannung am −Input muss auf 2,63 V eingestellt werden. Die Kipppunkte liegen dann für U_e bei 1 und 5 V.

3.2.4 Übung und Vertiefung zum nichtinvertierenden Komparator

Bei den folgenden Übungsaufgaben handelt sich um mitgekoppelte Schaltungen, deren Kippung bzw. Instabilität durch die Eingangsspannung U_e dann einsetzt, wenn das Potenzial am +Input das Potenzial des −Inputs annimmt. Unter Beachtung dieser Kippbedingung gestaltet sich die Lösung der Aufgaben denkbar einfach.

Aufgabenstellung 3.2.1

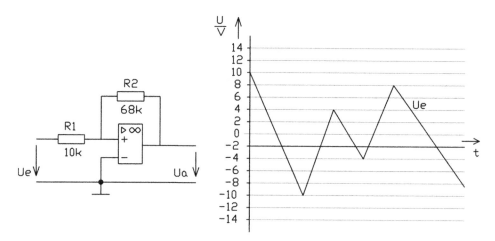

Standard-Komparatorschaltung

a) Berechnen Sie die Kipppunkte für U_e in der Abbildung!
   Der OP wird mit ±15 V versorgt.
   Seine Aussteuergrenzen sollen bei ±14 V liegen.
b) Skizzieren Sie das Diagramm!
   Tragen Sie in Ihre Skizze den Verlauf von U_a ein!

Aufgabenstellung 3.2.2

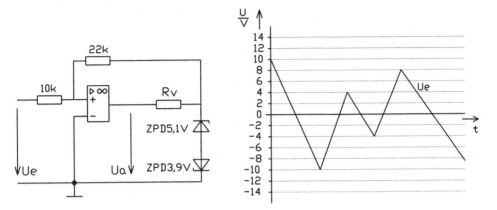

Komparatorschaltung mit unsymmetrischen Kipppunkten

a) Berechnen Sie die Umschaltpunkte nach der Abbildung für U_e!
   Die Schwellspannung der Z-Dioden soll mit 0,7 V angenommen werden.
b) Skizzieren Sie das Diagramm. Tragen Sie in Ihre Skizze den Verlauf von U_a ein!
   Die Aussteuergrenzen des OPs sollen mit ±14 V angenommen werden.

Aufgabenstellung 3.2.3

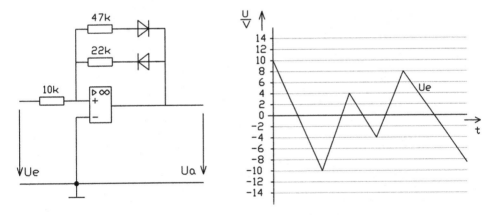

Komparatorschaltung mit unsymmetrischen Kipppunkten

a) Berechnen Sie die Kipppunkte nach der Abbildung für U_e!
   Die OP-Aussteuergrenze soll mit ±14 V angenommen werden.
b) Die Diodenschwellspannung soll 0,7 V betragen.
   Skizzieren und vervollständigen Sie das Diagramm für U_a!

Aufgabenstellung 3.2.4

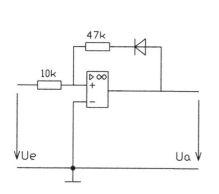

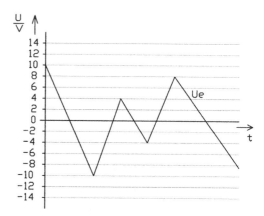

Komparatorschaltung

a) Berechnen sie die Umschaltpunkte für die Eingangsspannung U_e nach der Abbildung! Die Aussteuergrenzen des OPs sollen ± 14 V betragen. Die Diodenschwellspannung soll 0,7 V sein.

b) Skizzieren und vervollständigen Sie das Diagramm für U_a!

Aufgabenstellung 3.2.5

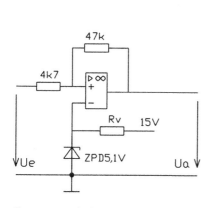

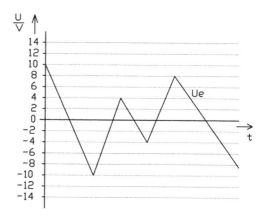

Komparatorschaltung

a) Berechnen Sie die Umschaltpunkte für U_e nach der Abbildung! Die Aussteuergrenzen des OPs liegen bei ± 14 V. Beachten Sie bitte, dass das Potenzial am +Input durch eine Z-Diodenschaltung angehoben ist!

b) Skizzieren und vervollständigen Sie das Diagramm für U_a!

Aufgabenstellung 3.2.6

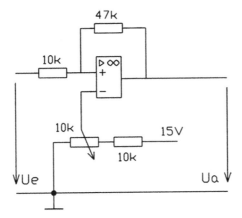

Komparatorschaltung

a) Berechnen Sie die Umschaltpunkte für U_e nach der Abbildung, wenn der Potischleifer am rechten Anschlag liegt! Die OP-Aussteuergrenzen liegen bei ± 14 V.

b) Berechnen Sie die Umschaltpunkte für U_e, wenn der Schleifer am linken Anschlag ist!

c) Wie groß ist jeweils die Schalthysterese in Aufgabenstellung a) und b)?

3.3   Invertierender Komparator mit Hysterese

3.3.1   Lernziele

Der Lernende kann . . .

. . . die Funktionsweise eines invertierenden Komparators mit Hysterese erläutern.

. . . zwei beliebige Umschaltpunkte für diesen Komparatortyp festlegen und berechnen.

3.3.2   Funktionsweise

Der invertierende Komparator mit Hysterese erinnert in seiner Grundschaltung an den nichtinvertierenden Verstärker. Nur sind die beiden Eingänge des OPs miteinander vertauscht, so dass aus einer Gegenkopplung die gewünschte Mitkopplung wird. Ein positives Eingangssignal U_e steuert den OP negativ aus. Die Funktionsweise des invertierenden Komparators soll nach den Schaltbildern in Abb. 3.12 erläutert werden. Die Widerstände R_1 und R_2 sind zum besseren Verständnis gleichgroß gewählt.

Abb. 3.12 Vorgang der „Kippung" am invertierenden Komparator:
a der OP hält sich in der negativen Aussteuergrenze,
b der OP bleibt in der negativen Aussteuergrenze,
c die „Kippung" beginnt

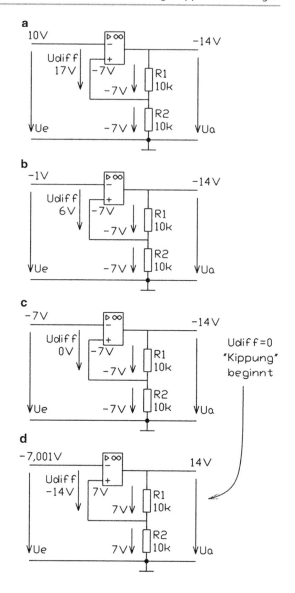

Abb. 3.12a: Der OP soll mit $\pm15\,\text{V}$ versorgt sein. Die Aussteuergrenzen sollen mit $\pm14\,\text{V}$ angenommen werden. $U_e = 10\,\text{V}$. Der OP ist in die negative Aussteuergrenze gekippt. $U_a = -14\,\text{V}$. $U_{R2} = -7\,\text{V}$. $U_{\text{diff}} = U_e - U_{R2} = 10\,\text{V} - (-7\,\text{V}) = 17\,\text{V}$. Der OP ist übersteuert. Er hält sich über die Mitkopplung in der negativen Aussteuergrenze.

Abb. 3.12b: $U_e = -1\,\text{V}$. $U_a = -14\,\text{V}$. $U_{R2} = -7\,\text{V}$.
$U_{\text{diff}} = U_e - U_{R2} = -1\,\text{V} - (-7\,\text{V}) = 6\,\text{V}$.

Selbst bei $U_e = -1$ V bleibt der OP in der negativen Aussteuergrenze, da U_{diff} noch 6 V beträgt.

Abb. 3.12c: Zu erkennen ist, dass U_e kleiner werden muss als die Spannung am +Input. Für diesen Fall kippt der OP in die positive Aussteuergrenze. In Abb. 3.12c ist genau der Fall der „Kippung" eingetragen. U_e ist -7 V. Der +Input hat die gleiche Spannung. Die Differenzspannung U_{diff} ist 0 V. Der instabile Zustand ist erreicht.

Bei $U_e < -7$ V kippt die Schaltung in die positive Aussteuergrenze. Im Beispiel wird modellhaft die Spannung mit $-7{,}001$ V angegeben. Die Differenzspannung U_{diff} beträgt $U_e - U_{R2} = -7{,}001$ V $- (-7$ V$) = -0{,}001$ V.

Der OP kippt in die positive Aussteuergrenze.

$U_a = 14$ V. $U_{R2} = 7$ V. $U_{diff} = U_e - U_{R2} = -7{,}001$ V $- 7$ V $= -14$ V.

Der OP ist total übersteuert und hält sich in der positiven Aussteuergrenze. Erst wenn U_e die Spannung am +Input von 7 V unterschreitet, kippt die Schaltung wieder in die negative Aussteuergrenze. Die Kipppunkte liegen für gleiche Widerstände $R_1 = R_2$ bei $\pm U_{a\,OPmax} / 2$. Für den dargestellten Fall kippt der OP in die positive Aussteuergrenze bei $U_e < -7$ V und in die negative Aussteuergrenze bei $U_e > 7$ V. Das Einsetzen der „Kippung" bzw. der Instabilität des invertierenden Komparators wird bei Potenzialgleichheit am +Input und $-$Input erreicht.

Für den beschriebenen Fall gilt:

$$U_e = U_{R2} = \frac{U_{a\,OPmax}}{R_1 + R_2} \times R_2.$$

Die Kippspannungen sind:

$$U_{e\,kipp} = \pm\frac{U_{a\,OPmax}}{R_1 + R_2} \times R_2.$$

Für die maximale Ausgangsspannung $U_{a\,OPmax}$ muss die positive und negative Aussteuergrenze des OPs eingesetzt werden. Man erhält so die beiden Eingangsspannungen für die „Kippung".

Für die Schaltung in Abb. 3.13 soll $U_a = f(U_e, R_1, R_2)$ dargestellt werden.

Die Versorgungsspannung ist ± 15 V. Die OP-Aussteuergrenzen sollen bei ± 14 V liegen.

$R_1 = 33$ kΩ

$R_2 = 22$ kΩ

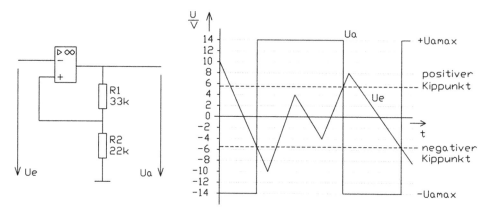

Abb. 3.13 Invertierender Komparator mit Hysterese

Es errechnen sich die Kipppunkte nach obiger Formel zu

$$U_{e\,kipp1} = \frac{+U_{a\,OPmax}}{R_1 + R_2} \times R_2 = \frac{14\,V}{33\,k\Omega + 22\,k\Omega} \times 22\,k\Omega = 5{,}6\,V$$

$$U_{e\,kipp2} = \frac{-U_{a\,OPmax}}{R_1 + R_2} \times R_2 = \frac{-14\,V}{33\,k\Omega + 22\,k\Omega} \times 22\,k\Omega = -5{,}6\,V$$

Bei $U_e > 5{,}6\,V$ kippt der OP in die negative Aussteuergrenze.

Bei $U_e < -5{,}6\,V$ kippt der OP in die positive Aussteuergrenze.

Wie im vorhergehenden Kapitel dargestellt, können auch hier Unsymmetrien in den Aussteuergrenzen der OPs durch Z-Dioden kompensiert werden.

Abb. 3.14 zeigt eine solche Möglichkeit. Die Kipppunkte ergeben sich jeweils aus den einzelnen Z-Spannungen von V_1 und V_2 und der Durchlassspannung U_{FV1} oder U_{FV2} von etwa 0,7 V.

$U_{kipp1} = U_{V1} + U_{FV2}$ und

$U_{kipp2} = -U_{V2} - U_{FV1}$.

Die Kipppunkte können durch verschiedene Z-Dioden unsymmetrisch zu 0 V gelegt werden.

Beispiel: $U_{V1} = 3{,}9\,V$

$\qquad\quad U_{V2} = 5{,}1\,V$

$\qquad\quad U_{FV1} = U_{FV2} = 0{,}7\,V$

$\qquad\quad U_{kipp1} = 3{,}9\,V + 0{,}7\,V = 4{,}6\,V$

$\qquad\quad U_{kipp2} = -5{,}1\,V - 0{,}7\,V = -5{,}8\,V$

Für $U_e < -5{,}8\,V$ kippt die Schaltung in die positive Aussteuergrenze, bei $U_e > 4{,}6\,V$ kippt der OP in die negative Aussteuergrenze.

Abb. 3.14 Komparator mit
verschiedenen Kipppunkten

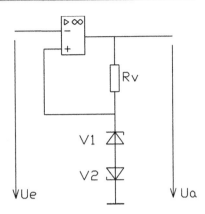

3.3.3   Beispiel zum invertierenden Komparator

Beispiel

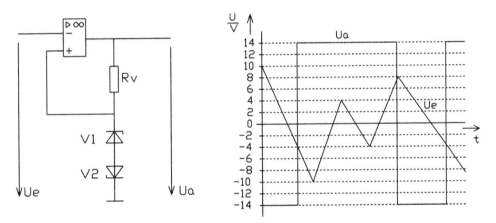

Diagramm $U_a = f(U_e)$ für einen invertierenden Komparator

   Die Abbildung zeigt das Diagramm $U_a = f(U_e)$ eines invertierenden Komparators.

   Mit der Schaltung zum Diagramm soll dieses Verhalten verwirklicht werden. Wie groß müssen die Z-Spannungen gewählt werden, wenn ihre Durchlassspannungen mit 0,6 V angenommen werden?

   Im Diagramm ist zu ersehen, dass für $U_e < -4$ V der OP in die positive Aussteuergrenze kippt. Für Werte $U_e > 7$ V kippt der OP in die negative Aussteuergrenze. Wichtig wird die richtige Zuordnung der Z-Spannungen zu den Z-Dioden V_1 und V_2. Für die negative Ausgangsspannung muss $U_{+Input} = -4$ V sein, für die positive Aussteuergrenze +7 V. Die Z-Diode V_1 wird mit $U_{Z\,V1} = 6,4$ V gewählt. 0,6 V addieren sich zusätzlich durch V_2. Für die negative Aussteuergrenze wird $U_{Z\,V2} = 3,4$ V gewählt. 0,6 V werden über V_1 erbracht.

Lösung

$U_{Z\,V1} = 6,4\,V$

$U_{Z\,V2} = 3,4\,V$

3.3.4 Übung und Vertiefung zum invertierenden Komparator

Die folgenden Aufgaben beziehen sich auf die Grundschaltung des invertierenden Komparators mit Hysterese. Beachten Sie, dass die Instabilität bzw. Kippung des Komparators immer dann eingeleitet wird, wenn die Spannungen am −Input und +Input das gleiche Potenzial haben.

Aufgabenstellung 3.3.1

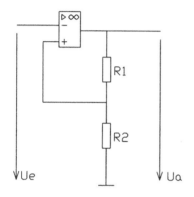
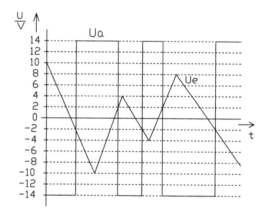

Komparator mit Diagramm

Das Diagramm $U_a = f(U_e)$ ist vorgegeben. Der OP wird mit $\pm 15\,V$ versorgt. Die Aussteuergrenzen sollen mit $\pm 14\,V$ angenommen werden.

$R_1 = 10\,k\Omega$

Wie groß ist R_2?

Aufgabenstellung 3.3.2

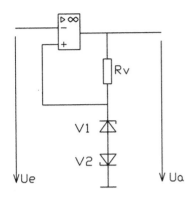
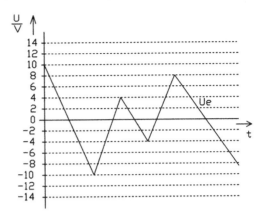

Komparator mit Diagramm

a) $U_{V1} = 6{,}8\,\text{V}$

   $U_{V2} = 3{,}1\,\text{V}$

   Die Durchlassspannungen von V_1 und V_2 sollen mit $0{,}7\,\text{V}$ angenommen werden.

   Betriebsspannung: $\pm 15\,\text{V}$. OP-Aussteuergrenzen: $\pm 14\,\text{V}$

   Berechnen Sie die Umschaltspannungen U_e und vervollständigen Sie das Diagramm $U_a = f(U_e)$!

b) Berechnen Sie R_v! Der Strom durch die Z-Dioden soll aus Stabilisierungsgründen $4\,\text{mA}$ nicht unterschreiten.

Aufgabenstellung 3.3.3

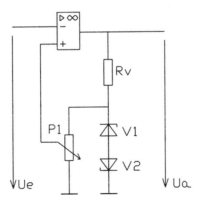

Komparatorschaltung

a) $U_{V1} = 2,7\,V$

$U_{V2} = 6,8\,V$

Die Durchlassspannungen der Z-Dioden soll mit 0,7 V angenommen werden.

Versorgungsspannung: $\pm 15\,V$ OP-Aussteuergrenzen: $\pm 14\,V$.

In welchem Bereich ist die Kippspannung durch das Poti P_1 verstellbar?

b) Berechnen Sie die Kippspannungen für Potimittelstellung!

Wie groß ist in diesem Fall die Schalthysterese?

c) $P_1 = 10\,k\Omega$

Welchen Widerstandswert darf R_v nicht überschreiten, wenn der Strom durch die Z-Dioden 4 mA nicht unterschreiten soll?

Vertiefungsübungen zu OP-Schaltungen

4

4.1 OP-Grundschaltungen

4.1.1 Mit- und gegengekoppelte Grundschaltungen

Abb. 4.1 zeigt verschiedene Grundschaltungen. In den meisten Beispielen wird die Ausgangsspannung über ein Widerstandsnetzwerk so zurückgeführt, dass das Ausgangssignal auf das Eingangssignal schwächend oder verstärkend wirkt. Im ersten Fall spricht man von Gegenkopplung, im zweiten Fall von Mitkopplung. Sie sollen nun die Schaltungen von 1 bis 8 (Abb. 4.1) dem Begriff „Mitkopplung" oder „Gegenkopplung" zuordnen. Ist eine Zuordnung nicht möglich, so kennzeichnen Sie dies extra.

Fertigen Sie sich eine Tabelle an, die etwa so aussehen könnte:

Schaltung	Mitgekoppelt	Gegengekoppelt	Nicht zuzuordnen
1			
2			
3			
...			

Aufgabenstellung 4.1.1
Kreuzen Sie die richtigen Lösungen in Ihrer Tabelle an!

© Springer Fachmedien Wiesbaden GmbH 2017
J. Federau, *Operationsverstärker*, DOI 10.1007/978-3-658-16373-0_4

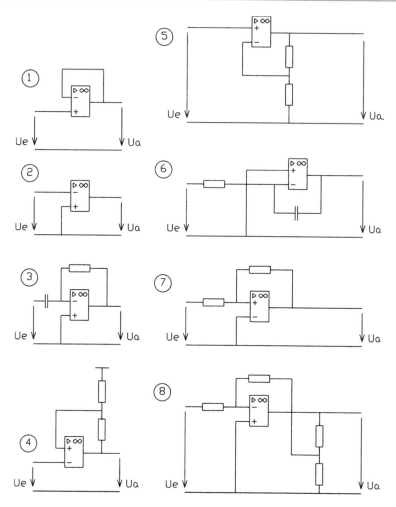

Abb. 4.1 Verschiedene Grundschaltungen

4.1.2 Zuordnung der Ausgangsspannung bei vorgegebenem Eingangssignal

Aufgabenstellung 4.1.2

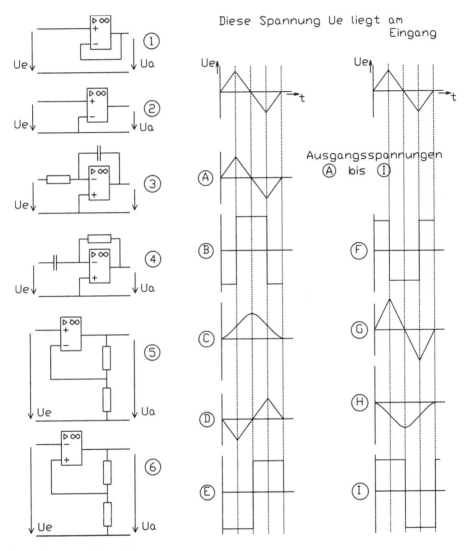

Liniendiagramme $U_a = f(U_e)$

Die Abbildung zeigt verschiedene OP-Grundschaltungen von 1 bis 6. Das Eingangssignal zeigt einen dreieckförmigen Spannungsverlauf. Ordnen Sie den Schaltungen das richtige Ausgangssignal von A bis I zu. Entscheiden Sie, ob einige Ausgangsspannungen sich doppelt oder gar nicht zuordnen lassen. Ihre Lösungsskizze könnte beispielsweise so aussehen:

Schaltung	Ausgang
1	B,C
2	H
3	Keine Zuordnung
...	usw.

Das Beispiel zeigt natürlich nicht die richtigen Lösungen!

Aufgabenstellung 4.1.3

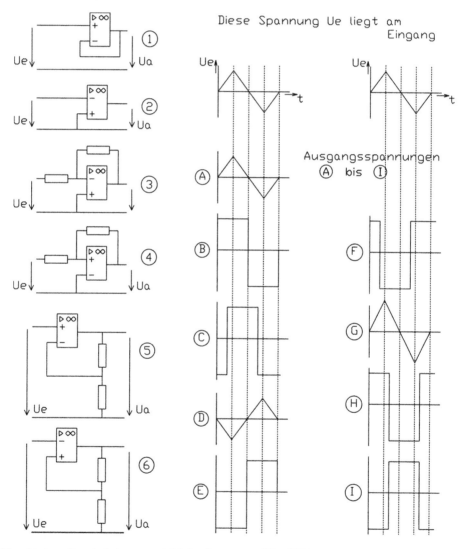

Verschiedene Grundschaltungen mit Liniendiagrammen $U_a = f(U_e)$

Auch dieses Bild zeigt wieder Zuordnungsbeispiele $U_a = f(U_e)$. Fertigen Sie sich auch hier wieder eine Zuordnungsskizze an. Überlegen Sie für untere Schaltungen insbesondere den Schaltungsunterschied zwischen:

- invertierender Verstärker,
- nichtinvertierender Verstärker,
- invertierender Komparator mit oder ohne Hysterese,
- nichtinvertierender Komparator mit oder ohne Hysterese.

Achten Sie besonders auf die verschiedenen zeitversetzten rechteckförmigen Ausgangssignale zur vorgegebenen Eingangsspannung.

4.2 Messschaltung zur Temperatur- und Helligkeitsanzeige

4.2.1 Funktionsbeschreibung zur Temperaturmessschaltung

Die Schaltung in Abb. 4.2 besteht aus einer sogenannten Messbrückenschaltung. Sie wird gebildet aus dem Widerstandszweig P_1 und dem NTC-Widerstand und aus dem Wider-

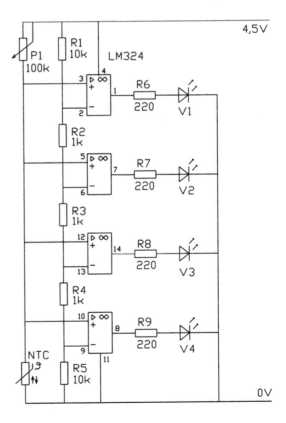

Abb. 4.2 Standard-Temperatur-Messschaltung mit vier als Komparatoren geschalteten OPs

standszweig R_1 bis R_5. Über diesen Widerstandszweig werden die Spannungspotenziale an den −Inputs der OPs festgelegt. Das Spannungspotenzial zwischen Poti P_1 und NTC-Widerstand verändert sich je nach Temperatur durch die Widerstandsänderung des NTCs. Dieses Potenzial liegt an allen +Inputs der OPs. Alle OPs, an denen das Spannungspotenzial am +Input größer ist, kippen in die positive Aussteuergrenze, so dass für diesen Fall die entsprechend angeschlossenen LEDs leuchten. Die Anzahl der leuchtenden Dioden gibt Aufschluss über die Temperatur.

Es handelt sich hier um eine Standard-Komparatorkette mit LED-Anzeigen.

Zur Messung dienen die beiden Brückenzweige R_1 bis R_5 für die Spannungskipprefenzen und P_1 und NTC für den Istwert der Messgröße an den +Inputs.

Als Messsensoren können hier beispielsweise NTCs, PTCs, Fotowiderstände, LDRs u. a. eingesetzt werden. Dabei kann der Widerstand P_1 auch im unteren Teil und der Sensor im oberen Teil des Messzweigs eingesetzt werden. Die Funktion der LED-Anzeige wird dabei „gegenläufig" gestaltet.

4.2.2 Dimensionierungsgesichtspunkte

Im Prinzip lässt die Widerstandsmessbrücke in der Dimensionierung der Widerstände einen großen Spielraum zu. Bei 20 °C soll der vorliegende NTC einen angenommenen Widerstand von etwa 25 kΩ haben. Mit einem 100 kΩ-Poti in Reihe kann zwischen den beiden Widerständen P_1 und NTC mit Sicherheit eine Spannung eingestellt werden, die bei der Hälfte der Versorgungsspannung, also im obigen Fall bei 2,25 V liegt. Den Spannungsteiler R_1 bis R_5 dimensioniert man so, dass eine Spannung von etwa der Hälfte der Versorgungsspannung an den beiden mittleren OPs anliegt. Für diesen Fall ist es immer möglich, über das Poti die Temperaturanzeige so einzustellen, dass beispielsweise bei 20 °C zwei LEDs leuchten.

Je kleiner die Widerstände R_2, R_3 und R_4 im Verhältnis zu R_1 und R_5 sind, desto kleiner sind die Spannungsdifferenzen an den −Inputs der OPs und desto empfindlicher reagiert die Schaltung auf Temperaturänderungen.

Beispiel

Eine Reihenschaltung von	$R_1 = R_5 = 47$ kΩ und $R_2 = R_3 = R_4 = 1$ kΩ reagiert empfindlicher
als eine Schaltung mit	$R_1 = R_5 = 22$ kΩ und $R_2 = R_3 = R_4 = 1$ kΩ.
Gleiche Empfindlichkeit liegt vor bei	$R_1 = R_5 = 22$ kΩ und $R_2 = R_3 = R_4 = 2,2$ kΩ oder
einer Schaltung von	$R_1 = R_5 = 10$ kΩ und $R_2 = R_3 = R_4 = 1$ kΩ.

4.2.3 Funktionsbeschreibung zur Helligkeitsmessschaltung

Die Schaltung Abb. 4.3 ist praktisch mit der Temperaturmessschaltung Abb. 4.2 identisch. Der NTC-Widerstand ist durch einen Foto-Widerstand (LDR) ersetzt worden. Die Schaltung besteht aus der Messbrückenschaltung R_v, P_1, LDR und dem Spannungsteilerzweig R_1 bis R_5. Über den Spannungsvergleich an den +Inputs und den −Inputs kippen die entsprechenden OPs in die positive oder negative Aussteuergrenze, für die negative Aussteuergrenze also auf etwa 0 V. Operationsverstärker, die positiv ausgesteuert sind, initialisieren ihre LEDs.

4.2.4 Dimensionierungsgesichtspunkte

Die Schaltung wird ähnlich dimensioniert wie die Schaltung der Temperaturanzeige. Allerdings ist die Widerstandsänderung des LDRs sehr viel größer. Bei Dunkelheit ist der Widerstand größer als $1 \, \text{M}\Omega$, bei großer Helligkeit nur wenige $100 \, \Omega$. Damit durch das

Abb. 4.3 Schaltung zur Helligkeitsanzeige

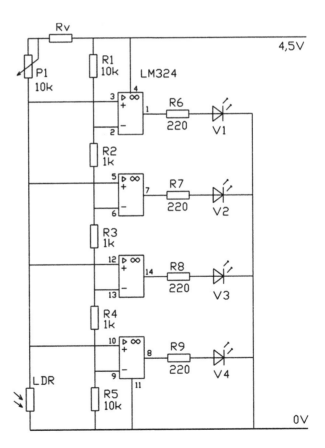

Poti der zulässige Strom in keinem Fall überschritten wird, ist ein Vorwiderstand R_V von $10\,k\Omega$ als Schutz vorgeschaltet. Der Strom durch das Poti kann somit, selbst wenn der LDR-Widerstand $0\,\Omega$ wäre, nicht größer als etwa $4,5\,V\,/\,10\,k\Omega = 0,45\,mA$ werden.

Ein Rechenbeispiel soll das verdeutlichen: Das Trimmpoti P_1 von $10\,k\Omega$ ist beispielsweise für eine Belastung von $0,5\,W$ ausgelegt. Der maximale Strom durch das Poti errechnet sich nach der Formel

$$P = I^2 \times R \quad \text{zu} \quad I = \sqrt{\frac{P}{R}}.$$

Für das Poti wäre die maximale Strombelastung

$$I = \sqrt{\frac{0,5\,W}{10\,k\Omega}} = 7\,mA.$$

In der Annahme, dass in der Schaltung nach Abb. 4.3 kein Vorwiderstand wäre, könnte im folgenden Beispiel das Poti zerstört werden: Das Poti ist auf $200\,\Omega$ eingestellt, der LDR hat bei Bestrahlung zufällig $250\,\Omega$. Es fließt dann ein Strom von $4,5\,V\,/\,(200\,\Omega + 250\,\Omega) = 10\,mA$ durch das Potenziometer. Das Poti ist überlastet, da der Strom nur maximal $7\,mA$ sein darf.

Fotowiderstände bieten sich ideal für Lichtschranken, Dämmerungsschalter, Lichtrelais, Alarmanlagen, Lichtüberwachungen u. ä. an. Der Widerstand beträgt in hell erleuchteten Räumen ($1000\,lx$) zwischen $100\,\Omega$ bis $300\,\Omega$. Bei völliger Dunkelheit ist der Widerstand $> 1\,M\Omega$.

Anmerkung

Es kann sein, dass in dunkleren Räumen der Stellbereich durch ein $10\,k\Omega$-Poti ungünstig wird. In diesem Falle kann das $10\,k\Omega$-Poti durch ein $100\,k\Omega$-Poti ersetzt werden.

4.2.5 Beispiele

Beispiel 1

Komparatorenketten bzw. Komparator-Kaskadenschaltungen mit Leuchtdiodenbändern werden in Messschaltungen sehr häufig angewendet. Grundsätzlich können am Ausgang einer Komparatorenkette verschiedene Standardschaltungen für Leuchtdioden verwendet werden. Abb. 4.4 zeigt schaltungstechnisch zwei ähnliche Ausführungen. In unserer Annahme sollen jeweils die oberen zwei OPs auf High-Signal, die beiden unteren auf Low-Signal liegen. Es ist leicht zu erkennen, dass die linke Schaltung in ihrer Leuchtdiodenanzeige zum rechten Schaltungsbeispiel invertiert ist.

Eine weitere beliebte LED-Schaltung in einer Komparatorenkette zeigt Abb. 4.5. Hier leuchtet nur eine LED zur Zeit und ist damit stromsparender. Dass nur eine LED zur Zeit leuchtet, setzt natürlich selbstverständlich voraus, dass in einer Komparatorkette ein geschlossener, zusammenhängender Anteil der OPs High-Signal und der andere Teil Low-

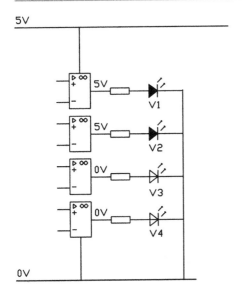
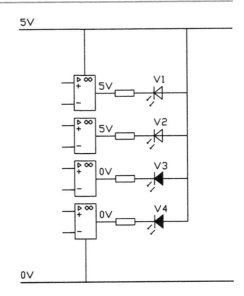

Abb. 4.4 Komparatorkette mit LED-Beschaltung

Abb. 4.5 Komparatorkaskade mit LED-Beschaltung. Es
leuchtet nur eine LED zur Zeit

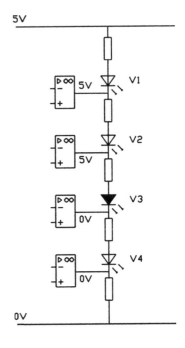

Signal führt. Eine Umpolung der LEDs ist ebenso möglich. Nur muss in diesem Fall darauf geachtet werden, dass der obere OP-Teil einer Komparatorkaskade das Low-Signal und der untere Teil das High-Signal führt.

Beispiel 2

In einer Solaranlage wird die Spannung eines 12 V-Blei-Akkus nach Abb. 4.6 durch eine LED-Kaskadenschaltung angezeigt. Um den Akku äußerst sparsam zu belasten, leuchtet nur eine LED zur Zeit.

Es soll beispielhaft die Spannungsbereichsanzeige von LED_1, LED_2 und LED_9 berechnet werden. Alle −Inputs der OPs liegen über die beiden 47 kΩ-Widerstände an $U_{accu}/2$. Die +Inputs der OPs liegen spannungsabgestuft durch den Spannungsteiler der 3,9 kΩ- und 1 kΩ-Widerstände an der Z-Spannung von 7,5 V. Als nächstes werden die Potenziale an den +Inputs berechnet. Sie sind in Fettschrift in Abb. 4.6 angegeben. Der obere OP kippt auf 0 V, wenn am −Input 6,73 V überschritten werden. Am −Input liegt $U_{accu}/2$.

LED_1 leuchtet ab 6,73 V × 2 = 13,46 V.

LED_2 leuchtet von 6,53 V × 2 = 13,06 V bis 13,46 V. LED_9 leuchtet dann, wenn am −Input 5,34 V unterschritten werden. Dies gilt für eine Akkuspannung von 5,34 V × 2 = 10,68 V.

Die Spannungsanzeige ist hier als Spannungslupe ausgeführt. Es wird nur ein bestimmter Spannungsbereich angezeigt. Die LEDs leuchten etwa in 0,4 V-Schritten. Jede andere Variation der Spannungsanzeige durch andere Spannungsteilerschaltungen und durch die Wahl einer anderen Z-Spannung ist möglich.

Günstig erweist sich für 12 V-Akkus eine Spannungsanzeige von 10 … 14 V in 0,5 V-Schritten. Es stellt sich hier die Frage, wie der linke Spannungsteiler bei Einbehaltung der Z-Spannung konzipiert werden soll. Die Widerstände von jeweils 1 kΩ können erhalten bleiben. Es müsste pro Widerstand dann 0,5 V/2 = 0,25 V Spannungsfall auftreten. Dies gilt für die Bedingung, dass am −Input durch den Spannungsteiler $U_{accu}/2$ anliegt. Jetzt berechnen wir den Strom durch den linken Spannungsteiler. Er beträgt 0,25 V/1 kΩ = 0,25 mA. Der Gesamtwiderstand der Spannungsteilerkette ist damit 7,5 V/0,25 mA = 30 kΩ. Am oberen OP müssen am +Input 7 V liegen. Für diesen Fall leuchtet LED_1 ab 7 V × 2 = 14 V. Der 3,9 kΩ-Widerstand wird durch (7,5 V − 7 V)/0,25 mA = 2 kΩ ersetzt. Der 27 kΩ-Widerstand wird verändert auf 30 kΩ − 2 kΩ − (7 × 1 kΩ) = 21 kΩ. LED_1 würde ab $U_{accu} = 14$ V leuchten. LED_8 leuchtet von 13,5 bis 14 V und LED_9 würde unterhalb einer Akkuspannung von 10,5 V aktiviert sein.

Abb. 4.6 Spannungslupe
für Blei-Akkus

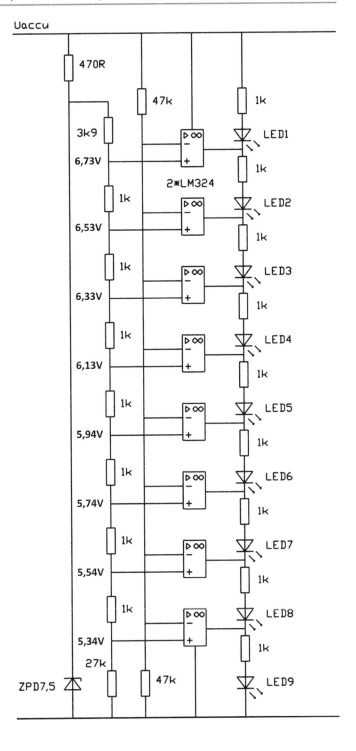

4.2.6 Übungen und Vertiefung

Aufgabenstellung 4.2.1

a

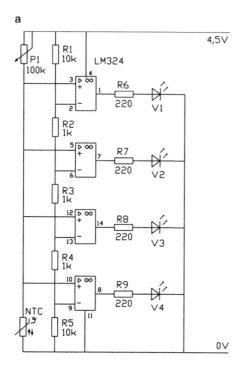

b

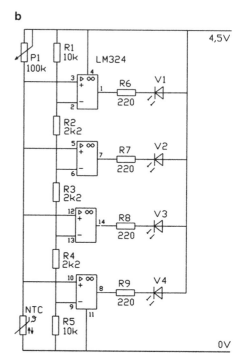

a Schaltung 1, **b** Schaltung 2

Vergleichen Sie Schaltung 1 mit Schaltung 2 in der Abbildung!
Erklären Sie die grundsätzlichen Unterschiede in der Funktion.
Beachten Sie, dass die Widerstände R_2, R_3 und R_4 in den beiden Schaltungen unterschiedlich groß sind!

Aufgabenstellung 4.2.2

a) Berechnen Sie die Spannungspotenziale in Schaltung 1 (s. Bild in Aufgabe 4.2.1) an allen −Inputs von Pin 2, 6, 9 und 13!

b) Annahme: Trimmer P_1 ist auf $50\,k\Omega$ eingestellt. Der NTC-Widerstand soll bei einer bestimmten Temperatur mit $54\,k\Omega$ angenommen werden.
Wie groß werden damit die Spannungspotenziale an den +Inputs?
Welche LEDs in Schaltung 1 (s. Bild in Aufgabe 4.2.1) würden für diesen Fall leuchten?

Aufgabenstellung 4.2.3

a) Begründen Sie, welchen Einfluss eine Versorgungsspannungsschwankung auf die Genauigkeit der Temperaturanzeige hat!

b) Der NTC-Widerstand und das Poti P_1 werden miteinander vertauscht. Wie ändert sich die Art der Leuchtdiodenanzeige im Hinblick auf eine Temperaturänderung?

Aufgabenstellung 4.2.4

Die beiden Aussteuergrenzen der OPs sollen mit ca. 0 und 4 V angenommen werden.

Die LED-Spannungen sollen etwa 1,6 V betragen.

Wie groß werden die LED-Ströme in Schaltung 1 und Schaltung 2 (s. Bild in Aufgabe 4.2.1) sein?

Aufgabenstellung 4.2.5

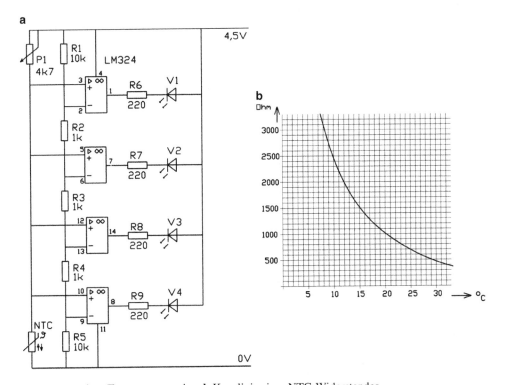

a Schaltung einer Temperaturanzeige, b Kennlinie eines NTC-Widerstandes

Die Abbildung zeigt die Schaltung einer Temperaturanzeige (a). Die Leuchtdioden sind an +4,5 V angeschlossen. Die Kennlinie des NTCs ist daneben abgebildet (b).

Wie groß ist der NTC-Widerstand nach der Abbildung b bei einer Temperatur von 20 °C?

Aufgabenstellung 4.2.6

Das Poti P_1 in der Abbildung a aus Aufgabe 4.2.5 ist auf $1,8\,k\Omega$ eingestellt.

a) Ab welcher Temperatur leuchten alle LEDs?
b) Ab welcher Temperatur leuchtet keine LED mehr?
c) Ab welcher Temperatur leuchtet die LED V_2?

Aufgabenstellung 4.2.7

Kennzeichnen Sie untenstehende Aussagen zur Temperaturmessschaltung mit (**R**)ichtig oder (**F**)alsch!

( ) Je niedriger die Temperatur wird, desto mehr LEDs leuchten.
( ) Eine LED leuchtet, wenn der OP in der positiven Aussteuergrenze ist.
( ) Durch Verkleinerung der Widerstände R_2, R_3 und R_4 wird eine Veränderung der Temperatur schon eher angezeigt.
( ) Eine Erhöhung der Versorgungsspannung auf beispielsweise $6\,V$ macht die Temperaturanzeige empfindlicher.
( ) Eine Erhöhung des Widerstandes von P_1 bewirkt, dass höhere Temperaturen angezeigt werden.

4.3   TTL-Logik-Tester mit Operationsverstärkern

4.3.1   Signalzustände von Logikgattern

Viele integrierte Schaltkreise arbeiten mit der sogenannten TTL-Technologie (Transistor-Transistor-Logik). Ihre Versorgungsspannung beträgt 5 V. Insbesondere die Logik-Gatter arbeiten mit zwei Schaltzuständen, dem High- oder Low-Signal. Als High-Signale gelten alle Zustände am Ausgang von TTL-Gattern zwischen 2,4 bis 5 V, während an den Eingängen noch ein Signal zwischen 2 und 5 V als „High" identifiziert wird. Als Low-Signale gelten am Ausgang von TTL-Gattern alle Spannungen zwischen 0 bis 0,4 V. Am Eingang wird aus Sicherheitsgründen eine Spannung von 0 bis 0,8 V als Low-Signal verarbeitet.

Generell sollten in TTL-Schaltungen Low-Signale $<0,8\,V$ und High-Signale $>2\,V$ sein. Signale zwischen 0,8 bis 2 V können nicht eindeutig dem Low- oder High-Signal zugeordnet werden. Sie dürfen in der Binärtechnik (Zwei-Signal-Technik) nicht vorkommen. Diese Signale liegen im sogenannten „Verbotenen Bereich". Abb. 4.7 zeigt den Bereich der Signalzustände und das Eintreten eines Signalzustandes im „Verbotenen Bereich" durch einen zu niederohmigen Lastwiderstand R_{Last} am Ausgang.

Weiter existieren Logik-Gatter mit sogenannten Tri-State-Ausgängen. Hier kann der Ausgang neben dem High- und Low-Signal noch in den Tri-State-Zustand geschaltet werden. In diesem dritten Schaltzustand ist der Ausgang von der Versorgungsspannung freigeschaltet. Der Ausgang hängt sozusagen in der Luft. Dieser dritte Zustand – der Tri-

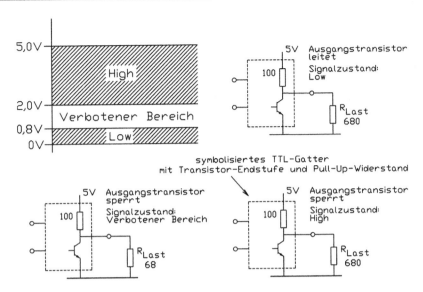

Abb. 4.7 Signalzustände an Logikgattern

State-Zustand – wird durch eine Gegentaktendstufe, wie sie in Abb. 4.8 abgebildet ist, verwirklicht. Sind beide Transistoren gesperrt, dann „hängt der Ausgang in der Luft". Der Ausgang ist potenzialfrei. Er zeigt Tri-State-Verhalten. Leitet nur der obere Transistor, so liegt das High-Signal am Ausgang. Low-Signal liegt am Ausgang, wenn nur der untere Transistor leitet.

Anmerkung
Bausteine mit Tri-State-Verhalten treten häufig in Computersystemen auf. Beispielsweise arbeiten mehrere Ausgänge von integrierten Schaltkreisen auf eine Datenleitung. Um Datenkollisionen zu vermeiden, führt nur ein Baustein seine Bit-Information (Binär-Signal)

Abb. 4.8 Tri-State-Ausgang

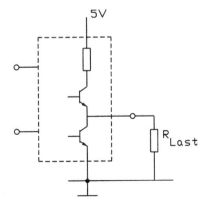

auf die Datenleitung, während alle anderen Ausgänge abgeschaltet (Tri-State-Zustand) sind.

4.3.2   Hinweise zum TTL-Logik-Tester

Abb. 4.9 zeigt das Schaltbild eines Logiktesters. Es werden drei OPs eines Standard-Vier-fach-Operationsverstärkers LM324 o. ä. benötigt. Die Dioden V_1 bis V_4 sind ebenfalls Standardtypen wie die Diode 1N4148 o. ä. Als Versorgungsspannung sind beispielsweise drei Mignon-Zellen vorgesehen. Die Schaltung kann für beliebige andere Versorgungs-spannungen umgerechnet werden. Ein Umrechnungsbeispiel wird nachfolgend noch auf-geführt.

4.3.3   Funktionsweise des Logiktesters

Die Schaltung in Abb. 4.9 zeigt die Logikpegel für TTL-Gatter an.
   Für High-Pegel leuchtet LED_1.
   Für Low-Pegel leuchtet LED_2.
   Für den „Verbotenen Bereich" oder den „Tri-State"-Zustand leuchtet LED_3.
   Über den Eingang wird die Spannung U_{TTL} gemessen. Diese Spannung wird über R_v dem −Input von OP_1 und dem +Input von OP_2 zugeführt. OP_1 und OP_2 erhalten an den beiden anderen Inputs definierte Spannungspotenziale über R_3, R_4 und R_5. Je nach Höhe

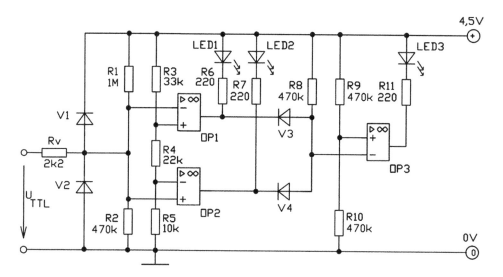

Abb. 4.9 TTL-Logiktester

der Eingangsspannung kippen OP$_1$ oder/und OP$_2$ in die positive oder/und 0 V-Aussteuergrenze.

Kippt nur OP$_1$ in die 0 V-Aussteuergrenze, dann leuchtet LED$_1$. Über die Diode V$_3$ wird der −Input von OP$_3$ auf ein niedrigeres Potenzial gezogen als über den Spannungsteiler R$_9$, R$_{10}$ am +Input vorhanden ist. OP$_3$ wird positiv ausgesteuert. LED$_3$ leuchtet nicht.

Kippt nur OP$_2$ in die 0 V-Aussteuergrenze, dann leuchtet LED$_2$. Über die Diode V$_4$ wird der −Input von OP$_3$ auf ein so niedriges Potenzial gezogen, dass LED$_3$ nicht leuchtet. Kippen OP$_1$ und OP$_2$ in die positive Aussteuergrenze, dann leuchten weder LED$_1$ noch LED$_2$. V$_3$ und V$_4$ sperren. Über R$_8$ gelangt die positive Versorgungsspannung an den −Input von OP$_3$, so dass hier das Potenzial positiver als am +Input ist. Der OP$_3$ kippt in die 0 V-Aussteuergrenze. LED$_3$ leuchtet.

4.3.4   Dimensionierung

Der Vorwiderstand R$_v$ und die Dioden V$_1$, V$_2$ dienen als Eingangsüberspannungsschutz. Sie spielen für die Berechnungsgrundlage keine wesentliche Rolle. R$_v$ ist so niederohmig und R$_1$, R$_2$ so hochohmig, dass die Eingangsspannung U$_{TTL}$ ohne konkrete Veränderung auf die Inputs von OP$_1$ und OP$_2$ zugreift. Die Funktionsweise des Überspannungsschutzes wird noch beschrieben, soll aber zunächst für die weitere Berechnung des Testers nicht berücksichtigt werden.

Über R$_3$, R$_4$ und R$_5$ werden die Schaltschwellen für die Eingangsspannung festgelegt.

Am −Input von OP$_2$ liegt ein Spannungspotenzial von $[4{,}5\,V / (R_3 + R_4 + R_5)] \times R_5 = $ **0,7 V**.

Am +Input von OP$_1$ liegt eine Spannung von $[4{,}5\,V / (R_3 + R_4 + R_5)] \times (R_4 + R_5) = $ **2,2 V**.

Ist die Eingangsspannung U$_{TTL}$ < **0,7 V**, dann kippt OP$_2$ in die 0 V-Aussteuergrenze. LED$_2$ leuchtet.

Ist die Eingangsspannung U$_{TTL}$ > **2,2 V**, dann kippt OP$_1$ in die 0 V-Aussteuergrenze. LED$_1$ leuchtet.

Bei Eingangsspannungen zwischen **0,7** bis **2,2 V** kippen OP$_1$ und OP$_2$ in die positiven Aussteuergrenzen. LED$_3$ leuchtet.

Ist der Messeingang für U$_{TTL}$ nicht angeschlossen oder offen – sprich: Tri-State-Zustand –, so wird über den Spannungsteiler R$_1$, R$_2$ den Operationsverstärkern eine Spannung im „Verbotenen Bereich" vorgetäuscht. Sie beträgt für obigen Fall $[4{,}5\,V / (R_1 + R_2)] \times R_2 = 1{,}44\,V$. Somit leuchtet bei nicht angeschlossenem Eingang oder einer Tri-State-Leitung die LED$_3$.

4.3.5 Umrechnung auf eine andere Betriebsspannung

Der TTL-Tester soll beispielsweise für eine Betriebsspannung von 12 V umgerechnet werden.

Die Umschaltpunkte für die TTL-Pegel werden über den Spannungsteiler R_3, R_4 und R_5 festgelegt.

Am −Input von OP_2 müssen 0,8 V anliegen. Somit erfolgt bei $U_{TTL} < 0,8$ V an OP_2 keine „Kippung". LED_2 leuchtet.

Am +Input von OP_1 müssen 2 V anliegen. Erst wenn $U_{TTL} > 2$ V wird erfolgt die „Kippung" von OP_1. LED_1 leuchtet bei $U_{TTL} > 2$ V. Am Widerstand R_5 müssen nach wie vor 0,8 V und an R_4 und R_5 müssen wiederum 2 V anliegen. Diese beiden Widerstände können in ihren Widerstandswerten von 10 und 22 kΩ so bleiben.

Umgerechnet werden muss nur der Widerstand R_3. An ihm liegt die restliche Spannung von U_b in der Höhe von $U_b - 2$ V $= 12$ V $- 2$ V $= 10$ V.

Der Strom im Spannungsteiler beträgt $U_{R5} / R_5 = 0,8$ V $/ 10$ kΩ $= 80$ µA.

Der Widerstand R_3 ist somit $U_{R3} / I_{R5} = 10$ V $/ 80$ µA $= 125$ kΩ.

Da der Strom durch den Spannungsteiler R_3, R_4, R_5 völlig unkritisch ist und zwischen beispielsweise 10 µA und 1 mA liegen kann, ist die Wahl der Widerstände in der Größenordnung verhältnismäßig breitbandig. Wichtig ist nur das Verhältnis der Widerstände zueinander. Das Verhältnis ergibt sich allein aus den High-Low-Pegeln der TTL-Logik. Da man praktisch auf Normwerte der Widerstände angewiesen ist, sollte man das Verhältnis der Widerstände zunächst ausrechnen. Danach versucht man ein möglichst nahes Verhältnis über Normwiderstände anzugleichen. Dabei ist eine Abweichung in weiteren Grenzen möglich, da selbst eine Wahl der Schaltpegel von 0,6 V für „Low" und 2,2 V für „High" durchaus praxisgerecht ist. Das Verhältnis der Widerstände errechnet sich zu

$$\frac{R_5}{(\text{Lowpegel})} = \frac{R_4}{(\text{Highpegel}) - (\text{Lowpegel})} = \frac{R_3}{U_b - (\text{Highpegel})}.$$

Der Spannungsteiler R_1, R_2 muss so dimensioniert sein, dass an R_1 eine Spannung im „Verbotenen Bereich" liegt. Diese Spannung täuscht bei offenem Eingang von U_{TTL} am Ausgang durch LED_3 „Tri-State" vor. Das Verhältnis der Widerstände errechnet sich zu

$$\frac{R_1}{R_2} = \frac{U_b - (\text{Spannungswert im Verbotenen Bereich})}{(\text{Spannungswert im Verbotenen Bereich})}.$$

Wiederum ist der Strom durch R_1, R_2 völlig unkritisch und kann beispielsweise auch zwischen 10 µA und 1 mA gewählt werden.

Damit könnte

$$\frac{R_1}{R_2} = \frac{12 \text{ V} - 1,2 \text{ V}}{1,2 \text{ V}} = 9$$

sein.

Für R_1 könnte 1 MΩ und für $R_2 = 100$ kΩ gewählt werden. Ebenso ist für R_2 ein Wert von 4,7 MΩ und für R_1 ein Widerstandswert von 470 kΩ möglich. Die Vorwiderstände für die LEDs berechnen sich insbesondere durch die Festlegung des LED-Stromes. 5 bis 20 mA liegen je nach LED-Typen im Standardbereich. Es soll beispielsweise für eine Standard-LED ein Strom von 10 mA gewählt werden. Dieser Strom kann von jedem Standard-OP aufgebracht werden. Bei einer LED-Durchlassspannung von etwa 1,6 V ergibt sich ein Vorwiderstand $(12\,V - 1,6\,V)\,/\,10\,mA$ von etwa $1\,k\Omega$.

4.3.6 Der Überspannungsschutz

Um zu verhindern, dass die OP-Eingänge durch Messen zu hoher Spannungen Schaden nehmen, liegt am Eingang die Schutzschaltung R_v, V_1 und V_2. Die Funktionsweise wird durch die Wahl zweier zu hoher Spannungen von +10 und $-10\,V$ in Abb. 4.10a und b dargestellt.

Bei einer positiven Spannung wird die Eingangsspannung an den OPs nicht größer als $U_b + U_{V1}$. Damit kann die Eingangsspannung an den Inputs nicht größer als etwa 0,7 V als die Betriebsspannung U_b sein.

Für eine negative Spannung wird die OP-Eingangsspannung nicht größer als die Dioden-Durchlassspannung von etwa $-0,7\,V$.

Der Vorwiderstand R_v wird so gewählt, dass einerseits der Strom durch die Dioden nicht zu groß werden kann und andererseits keine wesentliche Verkleinerung von U_{TTL} an den Eingängen der OPs stattfindet.

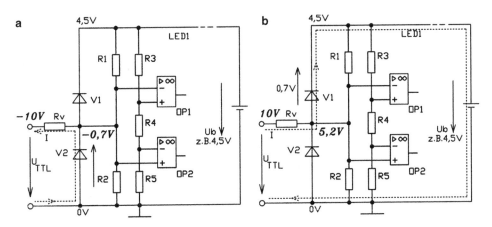

Abb. 4.10 a Arbeitsweise des Überspannungsschutzes für $U_{TTL} = +10\,V$, **b** Arbeitsweise des Überspannungsschutzes für $U_{TTL} = -10\,V$

4.3.7 Übungen und Vertiefung

Der Logiktester in Abb. 4.11 soll mit einer 9 V-Blockbatterie versorgt werden. Zur Schonung der Batterie werden die LED- und Querströme durch die Widerstände klein gehalten. Es sollen die errechneten Widerstandswerte und nicht die Normwerte von Widerständen als Lösung gelten!

Aufgabenstellung 4.3.1

Berechnen Sie die Vorwiderstände R_6, R_7 und R_{11} für die LEDs!

Annahmen: Aussteuergrenzen der OPs: 0 und 8,5 V. LED-Durchlassspannung: 1,6 V.
           Der LED-Strom soll zur Schonung der 9 V-Blockbatterie nur 5 mA betragen.

Aufgabenstellung 4.3.2

Berechnen Sie R_9 und R_{10}!

Annahmen: Die Spannung am +Input von OP_3 soll $U_b / 2$ betragen.
           Der Strom durch den Spannungsteiler soll zur Schonung der Batterie 10 ... 100 µA sein. Für diesen Fall ergibt sich eine relativ große Bandbreite in der Widerstandsdimensionierung.

Aufgabenstellung 4.3.3

Berechnen Sie R_8!

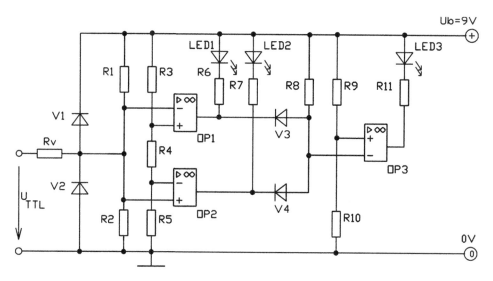

Abb. 4.11 TTL-Logiktester

Annahmen: Der Strom durch R_8 soll etwa 10 ... 100 µA betragen.

Beachten Sie bitte, dass über R_8 nur dann ein Strom fließt, wenn OP_1 oder OP_2 gegen 0 V ausgesteuert ist.

Aufgabenstellung 4.3.4

Berechnen Sie den Spannungsteiler R_3, R_4 und R_5!

Annahmen: Der Strom durch den Spannungsteiler soll 0,1 mA betragen.

Bis 0,8 V wird der Low-Pegel angezeigt.

Von 0,8 bis 2 V wird der „Verbotene Bereich" oder „Tri-State" angezeigt.

Ab 2 V wird der High-Pegel angezeigt.

Aufgabenstellung 4.3.5

Berechnen Sie R_1 und R_2!

Annahmen: Berechnen oder schätzen Sie die Größe von R_v.

Der Widerstand R_v soll die Eingangsspannung U_{TTL} an den Eingängen der OPs nicht merkbar verfälschen.

Der Strom durch den Spannungsteiler R_1, R_2 soll etwa zwischen 10 ... 100 µA liegen.

4.4   Universelle Messschaltung

4.4.1   Umwandlung des Logiktesters zur universellen Messschaltung

Die Schaltung des TTL-Logiktesters ist schaltungstechnisch ein sogenannter Fensterdiskriminator. Eine derartige Schaltung in Abb. 4.12 vergleicht eine variable Spannung an den Klemmen B und C mit einem unteren und oberen Schwellenwert. Der untere Schwellenwert liegt über den Spannungsteiler R_3, R_4 und R_5 als Referenzspannung am −Input von OP_2 und der obere Schwellenwert liegt am +Input von OP_1. Der „Fensterbereich" liegt sozusagen zwischen dem oberen und unteren Schwellenwert. Für diesen Fall leuchtet LED_3. Ist die Spannung an Punkt B unterhalb des Schwellenwertes, so wird LED_2 initialisiert und oberhalb des Schwellenwertes leuchtet LED_1.

Abb. 4.12 zeigt durch drei Beispiele die universelle Anwendung eines solchen Fensterdiskriminators.

Beispiel 1

Die einfachste Möglichkeit besteht im Prinzip aus einer Spannungsmessung wie beim TTL-Logiktester. Über den Spannungsteiler R_3, R_4 und R_5 werden die Schwellwerte eingestellt. An den Klemmen B und C liegt eine variable Spannung, die auf einen bestimmten Schwankungsbereich überprüft werden soll. Für die Spannungsquelle soll beispielsweise

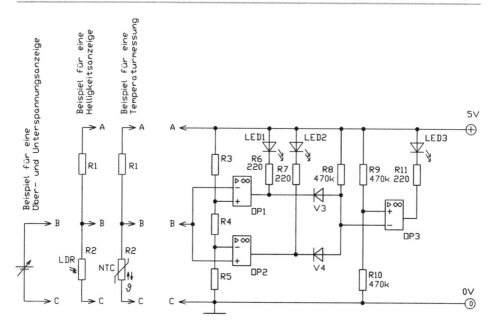

Abb. 4.12 Universelle Messschaltung für Spannungen, Helligkeit und Temperatur

eine Spannungsschwankung zwischen 2 und 3 V akzeptabel sein. In diesem Bereich leuchtet LED_3. Unterhalb 2 V leuchtet LED_2 und oberhalb 3 V LED_1. Die Spannung am −Input von OP_2 muss demnach auf 2 V und am +Input von OP_1 auf 3 V eingestellt werden. Bei der angegebenen Versorgungsspannung von 5 V stellt sich diese Spannung ein für beispielsweise $R_3 = 20\,k\Omega$, $R_4 = 10\,k\Omega$ und $R_5 = 20\,k\Omega$. Auf alle Fälle ist zu beachten, dass die Spannungsversorgung der Schaltung konstant ist, weil sie letztendlich über die Widerstände die Referenzspannungen der Schwellwerte bildet. Kann die Versorgungsspannung beispielsweise über Batterieversorgung nicht stabil gehalten werden, so muss die Spannung an R_3, R_4, R_5 über eine Z-Diode mit Vorwiderstand stabilisiert werden.

Beispiel 2

Über einen Spannungsteiler R_1, R_2, der eine Messbrückenschaltung mit R_3, R_4, R_5 bildet, werden die Umschaltpunkte für eine bestimmte Helligkeit festgelegt. Bei großer Beleuchtungsstärke ist der LDR sehr niederohmig. Die Spannung an Punkt B ist somit sehr niedrig. LED_2 leuchtet. Bei mittlerer Helligkeit leuchtet LED_3 und bei Dunkelheit LED_1. Die Widerstände R_3, R_4, R_5 können an den Spannungsteiler R_1, R_2 so angepasst werden, dass z. B. für einen bestimmten sehr kleinen Helligkeitsschwankungsbereich nur LED_3 leuchtet. Dieser kleine Schwankungsbereich für LED_3 ist möglich, wenn R_4 gegenüber R_3 und R_5 sehr niederohmig gewählt wird.

Beispiel 3

Die Schaltung kann einen bestimmten Temperaturbereich durch LED_3 anzeigen. Oberhalb dieser Temperatur leuchtet LED_2 und unterhalb leuchtet LED_1. Es ist notwendig, die Widerstände R_1 bis R_5 für den gesuchten Messbereich immer günstig abzustimmen. Der Fensterdiskriminator hat grundsätzlich einen sehr kleinen „Fensterbereich", wenn die Differenzspannung zwischen dem +Input von OP_1 und −Input von OP_2 sehr klein ist. Dies wird erreicht, indem R_4 gegenüber R_3 und R_5 sehr niederohmig gehalten wird.

4.4.2 Übungen und Vertiefung

In Abb. 4.13 wird eine Temperaturanzeige dargestellt. Im Durcharbeiten bzw. Durchrechnen der Schaltung wird die Wichtigkeit der Abstimmung der Widerstände R_1 bis R_5 sehr deutlich.

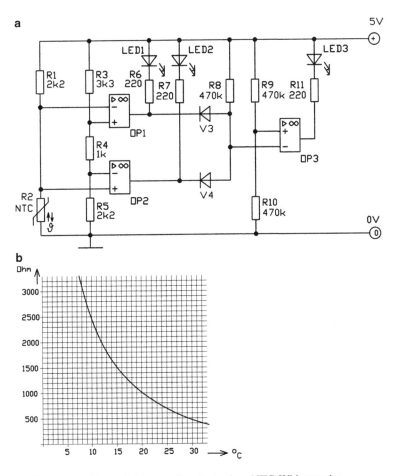

Abb. 4.13 **a** Temperatur-Messschaltung, **b** Kennlinie eines NTC-Widerstandes

Aufgabenstellung 4.4.1

a) In welchem Temperaturbereich leuchtet LED$_3$?
b) Welche Temperaturbereiche zeigen LED$_1$ und LED$_2$ an?

Aufgabenstellung 4.4.2
Begründen Sie, welche prinzipielle Auswirkung eine Erhöhung der Versorgungsspannung auf beispielsweise 6 V für die Temperaturbereichsanzeige hat!

4.5   Analogverstärker-Schaltungen

4.5.1   Die Konzeption von Rechenverstärkern

OP-Verstärker werden oft als Rechenverstärker bezeichnet. Sie sind in der Analogtechnik vielfach zur Messsignalverstärkung von Sensoren und Kleinsignalen eingesetzt. Hier soll an einem Beispiel zunächst die Grundlage für die Entwicklung einfacher Rechenschaltungen geschaffen werden. Wir nehmen an, dass zwei Sensorsignale A und B mit einer bestimmten Wertigkeit zu einem Ausgangssignal verknüpft werden sollen.

Nach Abb. 4.14 soll das Ausgangssignal $X = 5A + 2B$ sein. Abb. 4.15 zeigt die Realisierung der Verknüpfung von A und B durch Operationsverstärker. Die erste Stufe zeigt einen invertierenden Addierverstärker. Über das Verhältnis R_3 / R_1 wird A um den Betrag 5 und B über R_3 / R_2 um 2 verstärkt. Das Signal wird über eine weitere Stufe mit -1 verstärkt, so dass $X = 5A + 2B$ ist.

4.5.2   Der Eingangswiderstand eines Rechenverstärkers

Die Eingangssignalquellen A und B werden natürlich belastet. Der Eingangswiderstand errechnet sich für Schaltung Abb. 4.15 recht einfach. Über Gegenkopplung liegt der

Abb. 4.14 Analogrechner
$X = 5A + 2B$

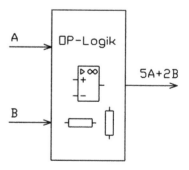

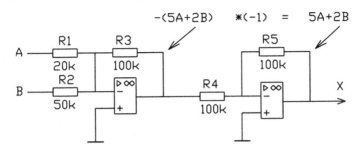

Abb. 4.15 Analogrechner $X = 5A + 2B$ (die bipolare Spannungsversorgung von beispielsweise $\pm 15\,V$ ist aus Übersichtlichkeitsgründen nicht mitgezeichnet)

−Input auf dem virtuellen Nullpunkt. Die Spannungsquelle A „sieht" somit den Widerstand R_1 gegen Masse. Der Eingangswiderstand ist $R_1 = R_{ein} = 20\,k\Omega$. Für B ist der Eingangswiderstand $50\,k\Omega$.

In Abb. 4.16 gelten für den Eingangswiderstand andere Voraussetzungen. Es handelt sich um einen klassischen Differenzverstärker.

Die Ausgangsspannung X beträgt $2 \times (B - A) = 2\,V$. In der Schaltung sind für $A = 2\,V$ und $B = 3\,V$ die Spannungen und Potenziale eingetragen.

Der Eingangswiderstand für B kann durch Ermitteln des Eingangsstromes bestimmt werden. Er ist $3\,V\,/\,(R_1'' + R_2'') = 0,1\,mA$. R_{ein} für die Signalquelle B ist somit $3\,V\,/\,0,1\,mA = 30\,k\Omega$. Die Rechnung hätte man sich auch ersparen können, denn es ist direkt einsehbar, dass die Signalquelle mit $30\,k\Omega$ gegen Masse belastet ist. Anders verhält es sich mit der Signalquelle A. Sein Eingangswiderstand darf nicht vorschnell mit $R_1' = 10\,k\Omega$ definiert werden. Vielmehr muss beachtet werden, dass der −Input nicht mehr auf dem virtuellen Nullpunkt liegt. Der −Input hat über Gegenkopplung ebenfalls $2\,V$ angenommen. Der Eingangsstrom für A ist somit Null, der Eingangswiderstand wird damit theoretisch unendlich groß. Letztendlich hängt der Eingangswiderstand von A nicht nur von R_1', sondern auch vom Potenzial am −Input ab und somit von der Höhe der Signalquelle B. Will man möglichst hohe Eingangswiderstände erreichen, so bedient man sich vorteilhaft mit Impedanzwandlern oder nichtinvertierenden Verstärkern in der Eingangsstufe.

Abb. 4.16 Eingangswiderstandsbetrachtung an einem Differenzverstärker

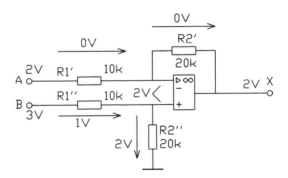

4.5.3 Die Beeinflussung des Ausgangssignales durch eine Last

Oft stellt sich zu Recht die Frage, inwieweit eine nachfolgende Stufe mit niedrigem Eingangswiderstand die Vorstufe so belastet, dass eine Signalverfälschung stattfindet und eine präzise Rechenoperation nicht mehr gewährleistet ist. Dazu stellen wir uns ein sehr vereinfachtes, aber für diesen Fall nicht mal falsches Ersatzschaltbild des OPs vor, das insbesondere nur den Verstärkungsfaktor und den Ausgangswiderstand R_a berücksichtigt. Eingangswiderstände und parasitäre Kapazitäten sind nicht berücksichtigt und spielen für die folgende Betrachtungsweise auch keine Rolle. Der Eingangsstrom in den OP ist damit Null. Der Generator mit R_a nach Abb. 4.17a stellt die Ersatzspannungsquelle $U_{diff} \times (-V_{OP})$ dar.

Dazu zunächst ein Beispiel:

Am Differenzeingang eines unbeschalteten OPs denken wir uns U_{diff} mit $-10\,\mu V$. Die Verstärkung des OPs soll 10^5 sein. Die Ausgangsspannung beträgt im unbelasteten Zustand $-V_{OP} \times U_{diff} = -(-10\,\mu V) \times 10^5 = 1$ V. An dieser Stelle soll darauf hingewiesen werden, dass dieses Denkmodell mit $U_{diff} = -10\,\mu V$ so einfach in der Praxis nicht verwirklicht werden kann. Brummspannungseinflüsse, DC-Offsets und Temperaturdrift lassen den OP in einer solchen aufgebauten Schaltung oft in eine Aussteuergrenze gleiten. Der Ausgangswiderstand R_a spielt im unbelasteten Fall keine Rolle.

Abb. 4.17 **a** Unbelastete OP-Ausgangsspannung, **b** belastete OP-Ausgangsspannung

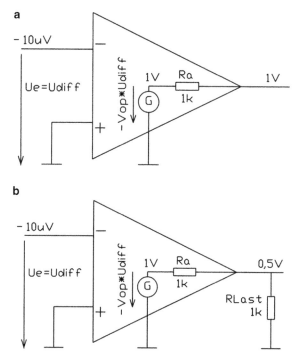

Als nächstes belasten wir den Ausgang nach Abb. 4.17b mit einem Lastwiderstand von 1 kΩ. Diese Größe entspricht R_a und wurde der leichten Rechenbarkeit wegen gewählt. Es ist leicht zu erkennen, dass die Ausgangsspannung auf 0,5 V oder um 50 % sinkt.

Wir spielen jetzt den Fall für einen gegengekoppelten Verstärker durch, wie er auch als Rechenverstärker eingesetzt wird (s. Abb. 4.18). Seine Verstärkung soll −1 sein. $R_1 = R_2 = 10$ kΩ. Wir nehmen für U_{diff} wie in den eben erwähnten Beispielen wieder mit −10 μV an. Über die Verstärkung von 10^5 erhalten wir als OP-Generatorspannung wieder 1 V. Bei vernachlässigbarem U_{diff} liegt über R_a und R_2 die Spannung von 1 V. Über $R_2 = R_1$ liegen jeweils etwa 0,909 V. Die Eingangsspannung beträgt −0,909 V. Sie ist die Ursache für die Ausgangsspannung von 0,909 V. Dies sei nur erwähnt, weil wir die Rechnung vom Ausgang zum Eingang getätigt haben. Zu erkennen ist, dass bei der Annahme $U_{diff} = -10$ μV die Ausgangsspannung nicht mehr 1 V ist, da R_2 ein Lastwiderstand für den OP darstellt.

Es zeigt sich aber eine wichtige Tatsache:
Das Verstärkungsverhältnis ist genau $U_a / U_e = -R_2 / R_1 = -1$.

Für $U_e = -1$ V würde $U_a = 1$ V sein. In diesem Fall wäre U_{diff} aber etwas größer als 10 μV. Jetzt belasten wir augenblicklich den Ausgang mit 1 kΩ (s. Abb. 4.19). Nach unseren Vorstellungen sinkt die Ausgangsspannung auf etwa die Hälfte, für unseren Fall also 0,45 V. Dieser Wert ist nicht rechnerisch so genau, sondern nur eine Schätzung, da R_2 als Belastung ja schon vorhanden ist.

Uns reicht aber die Schätzung, und wir nehmen an, dass der OP irgendwie auf die veränderten Bedingungen reagiert. Was augenblicklich durch die Spannungsabsenkung wegen des Lastwiderstandes passiert ist, ist folgendes:

- Die Spannungen über R_2 und R_1 ändern sich nach Abb. 4.19 auf insgesamt 1,359 V.
- U_{diff} erhöht sich von −10 μV auf −0,23 V.

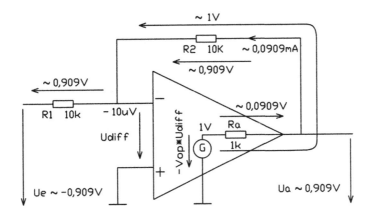

Abb. 4.18 Gegengekoppelter Verstärker mit R_a

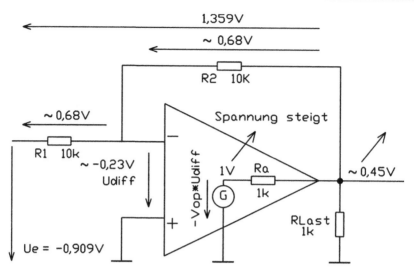

Abb. 4.19 Spannungsverhältnisse nach augenblicklichem Lastsprung

- Der OP steuert aufgrund der großen Eingangsdifferenzspannung auf die positive Aussteuergrenze zu.
- Die Generatorspannung und die Ausgangsspannung steigen an.
- Die Differenzspannung wird kleiner. Der OP „würgt" sich in seiner Verstärkung bei $U_{diff} \approx 0\,V$ ab. Dies ist bei etwa 0,909 V Ausgangsspannung der Fall.
- Für gegengekoppelte Verstärker spielt eine Belastung durch nachgeschaltete Verstärker keine Rolle, da der Ausgangswiderstand im Regelungsbereich der Gegenkopplung über R_2 praktisch $0\,\Omega$ ist bzw. die Ausgangsspannung immer auf ihren ursprünglichen Wert ausgeregelt wird.

Durch Belastung eines gegengekoppelten Verstärkers wird die OP-Ausgangsspannung sich im Regelungsbereich der Gegenkopplung nicht ändern. Nun hat der Bereich der Gegenkopplung aber auch seine Grenzen. Wir nehmen beispielsweise an, dass $R_a = 1\,k\Omega$ und die Ausgangslast ebenfalls $1\,k\Omega$ beträgt. Die OP-Ausgangsspannung soll 10 V betragen. Die Versorgungsspannung soll $\pm 15\,V$ sein. Bei 10 V am Ausgang müsste die Generatorspannung $V_{OP} \times U_{diff}$ aber 20 V sein. Diese Spannung kann von der Versorgungsspannung $\pm 15\,V$ nicht aufgebracht werden. Idealtypisch könnte bei $R_a = R_{Last}$ die OP-Ausgangsspannung nur $15\,V / 2 = 7,5\,V$ werden. Es ist deshalb immer günstig, den Lastwiderstand erheblich größer zum OP-Ausgangswiderstand R_a zu wählen. Ein Beispiel wäre der Faktor 10.

4.5.4 Beispiele zu Rechenverstärkerschaltungen

Beispiel 1

Drei Sensoren A, B und C sollen über eine OP-Schaltung am Ausgang zu $3A - 0{,}5B - 2C$ verknüpft werden (s. Abb. 4.20). Günstig erweist sich die Verknüpfung von mehreren Variablen durch Differenzverstärker oder invertierende Addierer. Der Standarddifferenzverstärker kann aber nur sehr begrenzt eingesetzt werden, da für die Variablen nur ein festgelegter Verstärkungsfaktor vorhanden ist. Mit Invertern und invertierenden Addierern hingegen lassen sich alle Additionen und Subtraktionen mit verschiedenen Wertigkeiten durchführen. Zunächst bilden wir die Wertigkeit $3A$. Ein nichtinvertierender Verstärker würde sich im ersten Moment anbieten. Doch eine Einkopplung der Variablen B und C zu der Ausgangsgröße $3A - 0{,}5B - 2C$ ist nicht möglich. Wir schaffen uns die Wertigkeit $3A$ über die Reihenschaltung zweier invertierender Verstärker und wissen, dass die Belastung des nachgeschalteten Inverters keinen Einfluss auf den vorgeschalteten gegengekoppelten Verstärker hat. Die Schaltung zeigt Abb. 4.21. Als Gegenkopplungswiderstände haben wir willkürlich $100\,\mathrm{k\Omega}$ gewählt. $10\,\mathrm{k\Omega}$ wären ebenso möglich.

Über R_2 / R_1 erhalten wir den Verstärkungsfaktor von -3. Über R_4 / R_3 wird der Faktor (-3) mit (-1) multipliziert. Wir erhalten den Verstärkungsfaktor 3 für die Variable A. Die Variablen B und C werden invertiert. Wir benötigen nur den rechten invertierenden Verstärker. Über R_4 / R_5 koppeln wir die Verstärkung $-0{,}5$ für die Variable C und mit R_4 / R_6 erhalten wir die Verstärkung -2 für die Variable C. Das Ergebnis für den Ausgang lautet $3A - 0{,}5B - 2C$.

Abb. 4.22 zeigt eine Kontrollrechnung mit angenommenen Variablenwerten. Der Einfachheit halber wurden alle drei Variablen mit dem Wert $1\,\mathrm{V}$ versehen. Für $X = 3A - 0{,}5B - 2C$ würde $X = 0{,}5\,\mathrm{V}$ sein. Alle Hilfseintragungen wie Spannungen, Potenziale und Ströme sind aus Abb. 4.22 zu entnehmen. Denken Sie daran, dass die Versorgungsspannung von beispielsweise $\pm15\,\mathrm{V}$ nicht mitgezeichnet ist. So fließt beispielsweise in den linken Operationsverstärker ein Strom von $33\,\mathrm{\mu A} + 30\,\mathrm{\mu A} = 63\,\mathrm{\mu A}$ hinein und über die Versorgungsspannung, entsprechend vorstellbar nach Abb. 1.2 in Abschn. 1.4, schließt sich der Stromkreis. Für die Berechnung des Gleichungssystems ist der Strom des OP-Ausgangs ohne Bedeutung.

Abb. 4.20 Analogrechner
$X = 3A - 0{,}5B - 2C$

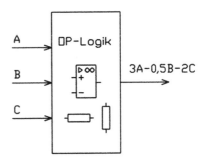

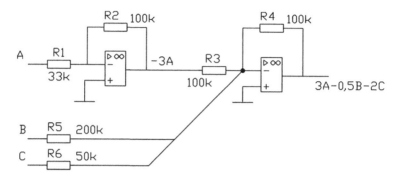

Abb. 4.21 Analogrechner $X = 3A - 0{,}5B - 2C$ (die Versorgungsspannung von beispielsweise $\pm 15\,V$ ist der Übersichtlichkeit wegen nicht mitgezeichnet)

Beispiel 2

Ein Rechenverstärker soll 4 Variablen nach der Gleichung $X = 5A - 2C + 10B + (1\ldots 5) \times D$ verknüpfen. Die Eingänge für die Variablen sollen sehr hochohmig sein. Das Potenziometer für die Wertigkeitsverstellung von 1 bis 5 für die Variable D soll einen Standardwert von $100\,k\Omega$ aufweisen.

Für die hochohmigen Eingänge wählen wir für die Variablen deshalb Impedanzwandler. Die Ausgangs-Wertigkeit $5A + 10B + (1\ldots 5) \times D$ erhalten wir über zwei invertierende Verstärker ähnlich wie in dem Beispiel nach Abb. 4.21. Zu beachten ist die Erstellung von $(1\ldots 5) \times D$. Der Verstärkungsbetrag von $1\ldots 5$ kann in zweierlei Hinsicht gelöst werden:

1. Das Poti befindet sich im Gegenkopplungszweig nach Abb. 4.23a.
2. Das Poti befindet sich im Eingangskreis nach Abb. 4.23b.

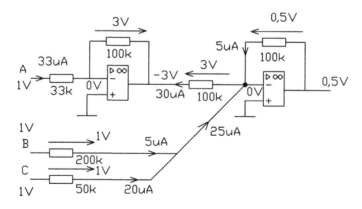

Abb. 4.22 Rechnung zum Analogrechner für $X = 3A - 0{,}5B - 2C$

Abb. 4.23 a Rp im Gegenkopplungszweig,
b R_p im Eingangskreis

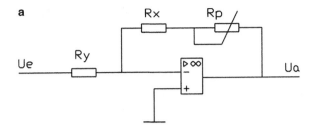

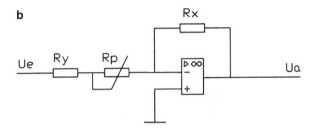

Für den Verstärkungsbetrag U_a / U_e in der Schaltung nach Abb. 4.23a gilt:

$$\text{Poti} = 100\,\text{k}\Omega: \quad \frac{R_x + R_p}{R_y} = 5,$$

$$\text{Poti} = 0\,\text{k}\Omega: \quad \frac{R_x}{R_y} = 1.$$

Lösung

$R_y = 25\,\text{k}\Omega$ und $R_x = 25\,\text{k}\Omega$.

Für die Schaltung nach Abb. 4.23b gilt:

$$\text{Poti} = 100\,\text{k}\Omega: \quad \frac{R_x}{R_y + R_p} = 1,$$

$$\text{Poti} = 0\,\text{k}\Omega: \quad \frac{R_x}{R_y} = 5.$$

Lösung

$R_y = 25\,\text{k}\Omega$ und $R_x = 125\,\text{k}\Omega$.

Für unser Gleichungssystem ist die Schaltung nach Abb. 4.23b vorzuziehen. Hier ist der Gegenkopplungszweig im Widerstandswert konstant. Die anderen Variablen werden nicht durch das Poti beeinflusst.

Für Schaltung Abb. 4.23a bietet sich ebenfalls eine Lösung an, doch wird hier ein zusätzlicher OP benötigt. Beide Schaltungen sind in Abb. 4.24 dargestellt. Die Impedanzwandler machen die Eingänge hochohmig. Die Eingangssensoren A bis D würden dadurch nicht belastet werden. In den meisten Fällen bieten sich verschiedene Lösungsmöglichkeiten an. So kann der untere OP in Abb. 4.24b auch durch einen nichtinvertierenden

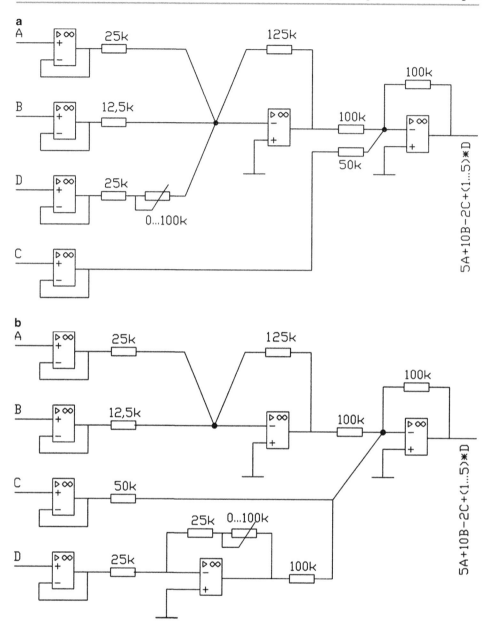

Abb. 4.24 a Lösung 1, b Lösung 2

Verstärker ersetzt werden. Der hochohmige Eingang bleibt erhalten. Der Impedanzwandler würde für dieses Beispiel entfallen. Abb. 4.25 zeigt diese Lösungsvariante. Es wäre für diesen Fall unbedingt darauf zu achten, dass der Ausgang des OPs mit einem

Abb. 4.25 Lösungsvariante für den Eingang D. Es ist
unbedingt darauf zu achten,
dass der Ausgang der OP-
Schaltung nur über einen entsprechenden Vorwiderstand
auf den −Input von OPs nach
Abb. 4.24a und b geführt werden darf!

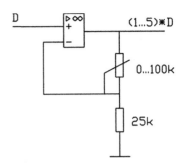

zusätzlichen Widerstand von $125\,\mathrm{k\Omega}$ auf den oberen zweitletzten OP in der Schaltung
Abb. 4.24b geführt wird. Würde die Schaltung Abb. 4.25 auf den letzten OP mit zusätzlichem $100\,\mathrm{k\Omega}$-Widerstand geführt werden, ergäbe sich am Ausgang die Gleichung
$5A + 10B - 2C - (1\ldots5) \times D$ statt $5A + 10B - 2C + (1\ldots5) \times D$.

4.5.5 Übungen und Vertiefung

Für alle folgenden Aufgaben gilt wie schon oft erwähnt: Die Versorgungsspannung für die
OPs ist nicht mitgezeichnet. Sie soll hier beispielsweise mit $\pm15\,\mathrm{V}$ angenommen werden.
Eine Versorgungsspannung von $\pm12\,\mathrm{V}$ wäre ebenso möglich und hätte keinen Einfluss
auf den Rechenweg und das Ergebnis.

Aufgabenstellung 4.5.1

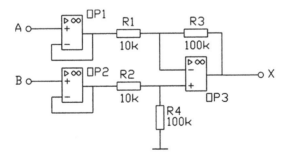

Analogverstärker

a) An den Eingängen A und B liegen folgende Spannungen:
    A = 0,1 V
    B = −0,2 V
    Wie groß ist X?

Skizzieren Sie sich die Schaltung!

Tragen Sie die notwendigen Ströme, Spannungen und Potenziale in Ihre Skizze ein!

b) Welche Funktion erfüllen OP$_1$ und OP$_2$?

c) Welche Funktion erfüllt OP$_3$?

Aufgabenstellung 4.5.2

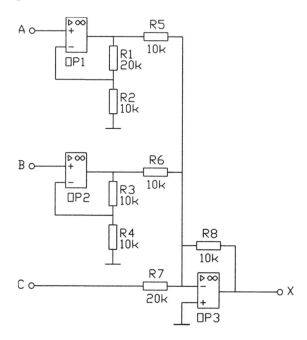

Analogverstärker

a) Die Eingangsspannungen A, B und C haben folgende Werte:

A = 0,1 V

B = −0,4 V

C = 0,3 V

Wie groß ist die Ausgangsspannung X?

Skizzieren Sie die Schaltung!

Tragen Sie die notwendigen Spannungen, Ströme und Potenziale in Ihre Skizze ein!

b) Welche Funktion erfüllen OP$_1$ und OP$_2$?

c) Welche Funktion erfüllt OP$_3$?

d) Wie groß sind die Eingangswiderstände von Eingang A, B und C?

Die beiden unteren Schaltungen in Aufgabe 4.5.3 und 4.5.4 zeigen leichte Abwandlungen zu üblichen Analogverstärkern.

Der +Input ist auf das Potenzial U$_z$ angehoben worden.

Aufgabenstellung 4.5.3

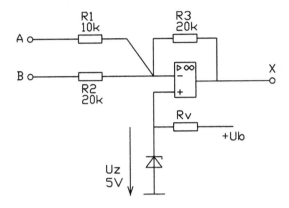

Analogverstärker

An den Eingängen A und B liegen folgende Eingangsspannungen:

A = 3 V

B = 6 V

Wie groß ist die Ausgangsspannung X?
Skizzieren Sie die Schaltung!
Tragen Sie zur Ermittlung von X alle notwendigen Spannungen, Ströme und Potenziale
in Ihre Skizze ein!

Aufgabenstellung 4.5.4

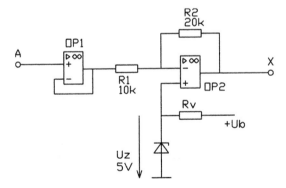

Analogverstärker

a) Welche Aufgabe erfüllt OP_1?

b) Die Eingangsspannung an A beträgt 3 V.

Wie groß ist die Ausgangsspannung X?

Skizzieren Sie die Schaltung!

Tragen Sie zur Ermittlung von X alle notwendigen Spannungen, Ströme und Potenziale in Ihre Skizze ein!

c) Stellen Sie eine allgemeingültige Formel für $X = f(A, R_1, R_2, U_z)$ auf!

Aufgabenstellung 4.5.5

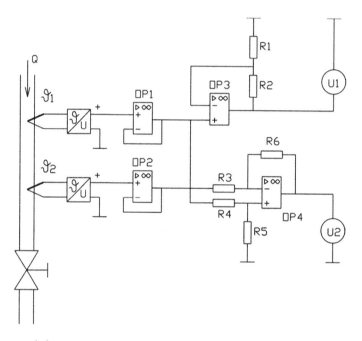

Temperaturmessschaltung

Die Schaltung zeigt eine Temperatur- und Temperaturdifferenzmessung mit Operationsverstärkern. In einer Strömungsanlage sollen folgende Temperaturen gemessen werden:

- Temperatur ϑ_1
- Temperaturdifferenz $\vartheta_1 - \vartheta_2$
- Es stehen zur Verfügung:
  - Zwei ϑ / U-Wandler:

    Daten:

    Temperatur 0 ... 100 °C

    Spannung   0 ... 100 mV

– Zwei Spannungsmesser:
   Daten:
   0 ... 1 V-Anzeige

a) Welche Funktionen erfüllen OP_1 und OP_2?
b) Welche Funktion erfüllt OP_3?
c) Welche Funktion erfüllt OP_4?
d) Die Temperatur ϑ_1 soll mit dem Spannungsmesser U_1 angezeigt werden.
    Dabei soll der Bereich 0 ... 100 °C einer Anzeige vom 0 ... 1 V entsprechen.
    Berechnen Sie das Widerstandsverhältnis R_1 / R_2!
e) Die Temperaturdifferenz $\vartheta_1 - \vartheta_2$ soll durch den Spannungsmesser U_2 angezeigt wer-
    den.
    Die Temperaturdifferenz von 10 °C soll dabei einer Spannung von 1 V entsprechen.
    Berechnen bzw. bestimmen Sie die Widerstände R_4, R_5 und R_6, wenn R_3 mit 10 kΩ
    angenommen werden soll!

Aufgabenstellung 4.5.6

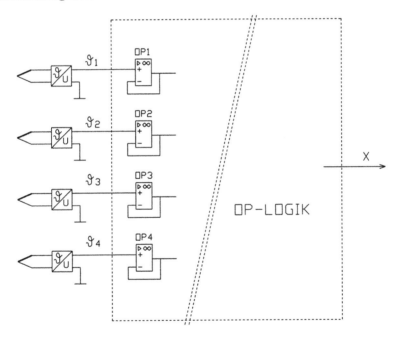

Temperaturmessschaltung mit Operationsverstärkern

Als Vertiefungsübungen sollen nach dem Symbolschaltbild für verschiedene Gleichungen die OP-Schaltungen verwirklicht werden.
Vier Temperaturfühler liefern über den ϑ / U-Wandler die vier elektrischen Temperaturgrößen ϑ_1 bis ϑ_4. Die Temperaturwerte ϑ_1 bis ϑ_4 werden zur Entkopplung über die

Impedanzwandler OP_1 bis OP_4 geführt. Von hier aus soll über weitere Operationsverstärkerschaltungen am Ausgang X folgende Gleichungssysteme erfüllt werden:

a) Die Temperaturen sollen mit verschiedenen Wertigkeiten versehen werden und am Ausgang mit der folgenden Beziehung weitergeführt werden:

$$\vartheta_1 = \frac{\vartheta_2}{2} - \frac{\vartheta_3}{4} - 1{,}5\vartheta_4.$$

Skizzieren Sie die Schaltung nach dem Schaltungsprinzip in der Abbildung!

b) Skizzieren Sie die Schaltung mit der Beziehung $X = (\vartheta_1 + \vartheta_2 + \vartheta_3 + 2\vartheta_4) \times (0{,}5 \ldots 1{,}5)$

c) Skizzieren Sie die Schaltung mit der Beziehung $X = (\vartheta_1 + \vartheta_2) - (\vartheta_3 + 2\vartheta_4) \times (0{,}5 \ldots 1{,}5)$

Als Bedingung wird gestellt, dass der variable Anpassungs- bzw. Verstärkungsfaktor von 0,5 bis 1,5 durch ein Poti von $100\,k\Omega$ erfüllt wird.

Es sollen möglichst wenig zusätzliche OPs verwendet werden.

Aufgabenstellung 4.5.7

6 Temperatursensoren liefern die elektrischen Größen auf den 6 Messkanälen A bis F. Aufgrund der sehr niedrigen Sensorspannungen A bis F werden diese zunächst über eine Analog-Messverstärkerschaltung verstärkt und verknüpft.

Um die elektrischen Daten auf den Messkanälen nicht zu verfälschen, sind in der Ausgangswerteschaltung die Impedanzwandler OP_1 bis OP_6 vorgeschaltet. Die Eingangsgrößen werden danach mit verschiedenen Wertigkeiten über nachgeschaltete OPs verknüpft.

Am Ausgang des Analogverstärkers steht die Eingangsgröße X für den AD-Wandler zur Verfügung. Hier wird nachfolgend das Analogsignal digitalisiert und zur weiteren Verarbeitung einem Microcontroller zugeführt.

Die Spannungsversorgung der OPs ist nicht mitgezeichnet. Sie soll $\pm 15\,V$ betragen.

Abb. 4.26 und 4.27 zeigen gleiche Funktionsprinzipien.

Zur Erinnerung!

Machen Sie nicht folgenden Fehler zur Formelaufstellung: Bezieht sich ein Poti auf die Variablen A und B so könnte die Formel beispielsweise lauten: $(2A + 3B) \times (1 \ldots 3)$. Fehlerhaft wäre folgende Darstellung: $2A \times (1 \ldots 3) + 3B \times (1 \ldots 3)$. Laut dieser Formel würden der Variablen A und B jeweils ein Poti zustehen und könnten unabhängig voneinander verstellt werden.

a) Stellen Sie für beide Schaltungen eine allgemeingültige Formel für die Eingangsgrößen $X = f(A, B, C, D, E, F)$ auf!
   Beachten Sie die Variabilität der Potis von $0 \ldots 100\,k\Omega$!

b) An allen Eingängen A bis F werden aus Vereinfachungsgründen jeweils $50\,mV$ angenommen. Alle Potis weisen Schleifermittelstellung auf.
   Wie groß errechnen sich jeweils die Eingangsgrößen X?

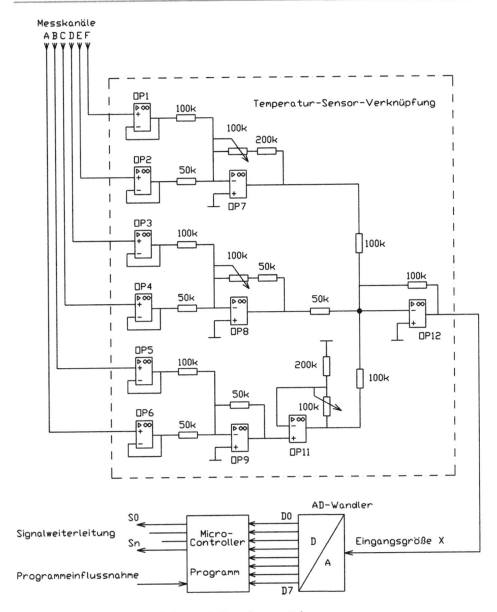

Abb. 4.26 Temperaturmessschaltung mit Operationsverstärkern

Temperatursensoren

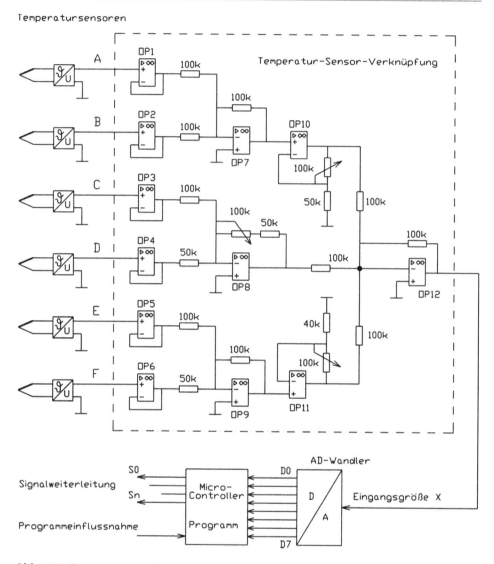

Abb. 4.27 Temperaturmessschaltung mit Operationsverstärkern

Aufgabenstellung 4.5.8

Bei dem klassischen Differenzverstärker muss die Anzahl der Eingänge $A_1 \ldots A_n$ der Anzahl der Eingänge $B_1 \ldots B_n$ entsprechen.

Für diesen Fall gilt laut Schaltung für den Differenzverstärker folgende Formel: $X = (\sum B - \sum A) \times R_2 / R_1$.

Ist die Anzahl der zu messenden Spannungen an den Eingängen A ungleich der an den Eingängen B, so müssen trotz allem die gleiche Anzahl von Eingängen an A und B geschaffen werden. Unbenutzte Eingänge werden dann auf das Potenzial von 0 V gelegt, also an Masse angeschlossen.

$R_1 = 10\,k\Omega$

$R_2 = 20\,k\Omega$

$A_1 = 1\,V$

$A_2 = -2\,V$

$A_3 = 1,5\,V$

$B_1 = 2\,V$

$B_2 = 2\,V$

$B_3 = 0\,V$ (B3-Anschluss an Masse gelegt; sonst $B3 \neq 0\,V$)

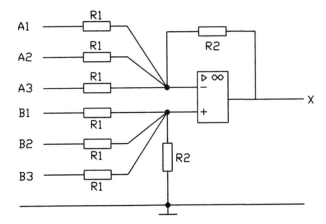

Standard-Differenzverstärker

a) Wie groß ist die Ausgangsspannung an X?
   Berechnen Sie die Ausgangsspannung nach der Formel für den Standard-Differenz-verstärker!
b) Berechnen Sie die Ausgangsspannung nach den allgemeinen Grundlagen der Kirch-hoff'schen Gesetze.
   Tragen Sie alle Ströme, Spannungen und Potenziale in Ihre Schaltskizze für die ange-gebenen Eingangsspannungen ein!

Aufgabenstellung 4.5.9

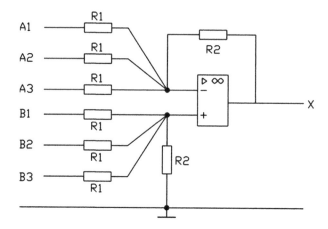

Standard-Differenzverstärker

$R_1 = 10\,\text{k}\Omega$

$R_2 = 20\,\text{k}\Omega$

$A_1 = 1\,\text{V}$

$A_2 = -2\,\text{V}$

$A_3 = 1,5\,\text{V}$

$B_1 = 2\,\text{V}$

$B_2 = 2\,\text{V}$

$B_3 = $ nicht beschaltet.

Der Eingang ist offen.

a) Wie groß ist die Ausgangsspannung an X?
   Tragen Sie alle Ströme, Spannungen und Potenziale in Ihre Schaltskizze ein!
b) Begründen Sie, weshalb die Standardformel für Differenzverstärker hier nicht verwendet werden kann!

4.6 Digital-Analog-Umsetzer und Analog-Digital-Umsetzer

4.6.1 DA-Prinzip

Eine DA-Umsetzung mit OPs stellt sich im Prinzip äußerst einfach dar. So reicht ein
invertierender Addierer mit nachfolgendem Inverter. Die Eingänge 2^0 bis 2^3 stellen die

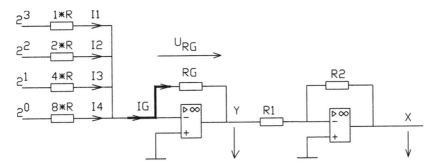

Abb. 4.28   Summierverstärker als DA-Wandler

4 Digitaleingänge dar. Es würde sich in diesem Fall um einen 4-Bit-DA-Wandler handeln. Die Eingänge erhalten so aufeinander abgestimmte abgestufte Widerstände, dass entsprechend der Bitmusterwertigkeit am Eingang das Analogsignal am Ausgang X erscheint. Damit wir nicht zu abstrakt werden, sollen zuerst die Widerstandswerte und der Eingangssignalpegel angegeben werden (s. Abb. 4.28).

Annahmen: 1-Signal: 5 V, $R = R_G = R_1 = R_2 = 10\,k\Omega$
　　　　　　 0-Signal: 0 V

Die Widerstände sind zunächst anschaulich gewählt. Sie müssen nicht gleich sein, sondern sind nur der Übersichtlichkeit wegen so ausgesucht. Die Eingangswiderstände betragen damit 10, 20, 40 und 80 kΩ. Entsprechend sind die Eingangsströme in ihrer Wertigkeit für die Eingangsspannungen gestuft. Für diesen 4-Bit-DA-Wandler belegen wir nun alle Signalvariationen. Es sind $2^4 = 16$ Möglichkeiten. Sie sind mit allen Werten in der Tabelle dargestellt.

Eingänge in V				Ströme in µA					Spannungen in V		
2^3	2^2	2^1	2^0	I_1	I_2	I_3	I_4	I_G	U_{RG}	Y	X
0	0	0	0	0	0	0	0	0	0	0	0
0	0	0	5	0	0	0	62,5	62,5	0,625	−0,625	0,625
0	0	5	0	0	0	125	0	125	1,25	−1,25	1,25
0	0	5	5	0	0	125	62,5	187,5	1,875	−1,875	1,875
0	5	0	0	0	250	0	0	250	2,5	−2,5	2,5
0	5	0	5	0	250	0	62,5	312,5	3,125	−3,125	3,125
0	5	5	0	0	250	125	0	375	3,75	−3,75	3,75
0	5	5	5	0	250	125	62,5	437,5	4,375	−4,375	4,375
5	0	0	0	500	0	0	0	500	5,0	−5,0	5,0
5	0	0	5	500	0	0	62,5	562,5	5,625	−5,625	5,625
5	0	5	0	500	0	125	0	625	6,25	−6,25	6,25
5	0	5	5	500	0	125	62,5	687,5	6,875	−6,875	6,875
5	5	0	0	500	250	0	0	750	7,5	−7,5	7,5
5	5	0	5	500	250	0	62,5	812,5	8,125	−8,125	8,125
5	5	5	0	500	250	125	0	875	8,75	−8,75	8,75
5	5	5	5	500	250	125	62,5	937,5	9,375	−9,375	9,375

Mag auch im ersten Moment die Tabelle mächtig erscheinen, so zeigt sie doch für die 16 Eingangsmöglichkeiten die Einzelströme, die Stromaddition zu I_G, den Spannungsfall U_{RG}, die Spannung Y und über den invertierenden Verstärker X = −Y.

Zu bemerken ist, dass pro Bitmustersprung am Eingang für die willkürlich gewählten Widerstandswerte die Ausgangsspannung sich jeweils um 0,625 V ändert. Die Auflösung unseres DA-Wandlers wäre damit 0,625 V / Bit. Natürlich wählt man vorteilhaft andere „gerade" Werte. Für einen 8-Bit-AD-Wandler sind beispielsweise 10 mV / Bit Standard. Aber durch andere Widerstandswerte wäre selbst für unseren 4-Bit-DA-Wandler ein im Prinzip beliebiger Auflösungsbereich möglich. Einen großen Schwachpunkt weist die Schaltung in Abb. 4.28 noch auf. Die Schaltung funktioniert nur bei den definierten Eingangspegeln 0 und 5 V. Nur für diese Pegel sind die Eingangsströme genau für die Auflösung festgelegt. In der Praxis muss man mit gewissen Pegelbereichen rechnen. Wie schon in Abschn. 4.3 angeführt, wären es für den TTL-Pegel im Low-Bereich etwa 0 . . . 0,8 V und im High-Bereich etwa 2 . . . 5 V. Dazwischen läge der „Verbotene Bereich". Hier ist keine eindeutige Signalidentifikation möglich. Nun zurück zu den High- und Low-Pegelbereichen. Die Eingänge müssen für den Low-Pegel beispielsweise im 0 . . . 0,8 V-Bereich einen Strom von genau 0 mA liefern. Im High-Bereich müsste unabhängig im Spannungspegel von 2 . . . 5 V der Eingangsstrom genau gleich bleiben. Vorstellbar sind steuerbare Konstantstromquellen, wie sie die recht konventionelle Schaltung eines steuerbaren Konstantstromes mit einer stabilisierten Spannung nach Schaltung in Abb. 4.29 zeigt.

Die Funktionsweise ist einfach: Ein Low-Signal am Eingang 2^0 zwischen 0 . . . 0,8 V bewirkt am Inverter-Ausgang des Gatters ein High-Signal. Über den 22 kΩ-Widerstand wird der obere Transistor durchgesteuert. Der Transistor weist nur noch seine Kollek-

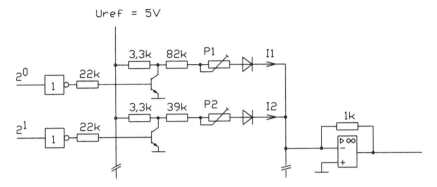

Abb. 4.29 Konstantstromeinspeisung für den DA-Wandler

tor-Emitter-Sättigungsspannung U_{CEsat} auf. Der 3,3 kΩ-Widerstand dient zur Begrenzung des Transistor-Kollektorstromes. Trotz dieser kleinen Spannung würde der Strom I_1 nicht wunschgemäß zu 0 mA werden. Die Dioden verhindern aufgrund ihrer Schwellspannung einen Stromfluss. I_1 wird zu Null, da U_{CEsat} kleiner als die Diodenschwellspannung ist.

Für ein High-Signal am Eingang liegt ein Low-Signal am Ausgang des TTL-Inverters. Der Transistor sperrt. Der Strom I_1 wird über das Potenziometer P_1 eingeeicht.

Für den Eingang 2^1 wird der Strom über P_2 auf genau den doppelten Wert von I_1 gestellt. Im Stromknoten liegt durch die Gegenkopplung des OPs die Spannung von 0 V.

4.6.2 Beispiel zum DA-Summierverstärker

Es soll ein konventioneller 8-Bit-Wandler entwickelt werden. Seine Auflösung soll 10 mV pro Bit betragen. Die Eingangspegel sollen konstant mit 0 und 5 V angenommen werden. Zunächst betrachten wir die Verstärkung. So soll der Sprung um jeweils eine Bitwertigkeit die Ausgangsspannung um 10 mV verändern. Liegt an allen Eingängen 0 V, so ist die Spannung am Ausgang 0 mV. Hat das niederwertige Bit, also der 2^0-Eingang High-Pegel, so liegen am Ausgang 10 mV. Für diesen Fall können wir die Verstärkung berechnen. Sie beträgt 10 mV / 5 V = 0,002. Für den Inverter setzen wir beispielsweise die Verstärkung −1 ein.

Der Eingangs-OP-Inverter könnte dann nach Abb. 4.30 folgende Widerstandswerte aufweisen:

Für den 2^0-Eingang wählen wir beispielsweise 800 kΩ. Für den nächsten 800 kΩ / 2 = 400 kΩ usw.

Auch die 800 kΩ-Größe ist willkürlich gewählt. Dieser Wert lässt sich für die 8 Eingänge jeweils immer gut halbieren. Der Gegenkopplungswiderstand wird für das niederwertige Bit berechnet. Durch die Verstärkung 10 mV / 5 V errechnet sich der Gegenkopplungswiderstand zu 0,002 × 800 kΩ = 1,6 kΩ.

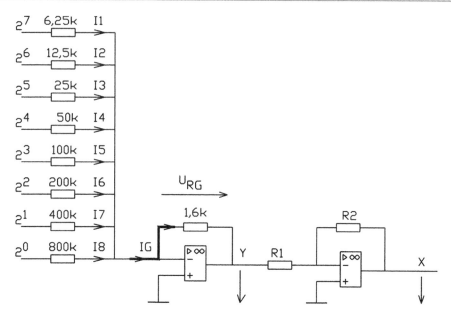

Abb. 4.30 Summierverstärker als 8-Bit-DA-Wandler

R_1 und R_2 werden beispielsweise zu $10\,\text{k}\Omega$ gewählt. Möglich wären auch jeweils $100\,\text{k}\Omega$.

Der Nachteil der konstanten Eingangspegel ist für einen DA-Wandler nicht realistisch. Es wird hier nur ein mögliches Prinzip aufgezeigt. Ein weiterer Nachteil ist der jeweils verschiedene Eingangswiderstand der Eingänge. Mag dies auch für niederohmige Ansteuerquellen ohne Bedeutung sein, so ist dies aus „elektroästhetischer" Sicht doch nicht lobenswert.

Problematisch sind auch die Genauigkeitsanforderungen an die dual abgestuften Widerstände, deren Werte sich für einen 8-Bit-Wandler um den Faktor 128 unterscheiden. Üblich sind deshalb DA-Wandler mit einem sogenannten R-2R-Netzwerk. Diese Lösungsmöglichkeit wird nachfolgend noch dargestellt.

4.6.3 Übung und Vertiefung zum Summierverstärker als DA-Wandler

Die folgende Aufgabe bezieht sich auf die Grundschaltungen des Invertierers und Addierers. Die Schaltung in Abb. 4.31 zeigt das Funktionsprinzip eines Digital-Analog-Wandlers (DA-Wandler) mit Digital-Invertern, Transistoren und Operationsverstärkern. Die Eingänge des DA-Wandlers sind mit der Bitmusterwertigkeit 2^0, 2^1, 2^2 und 2^3 gekennzeichnet. Je nach High- oder Low-Signal werden die Transistoren über die invertierenden Eingangsgatter durchgesteuert oder gesperrt. Entsprechend werden die Ströme I_1, I_2, I_3 und I_4 über die Referenzspannung U_{ref} gesteuert.

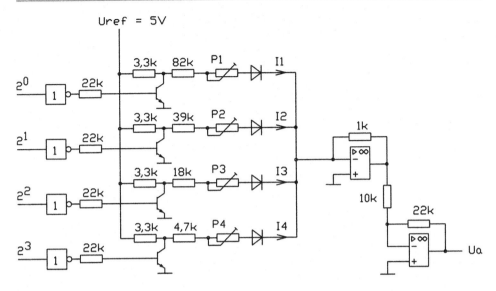

Abb. 4.31 Funktionsprinzip eines DA-Wandlers

Aufgabenstellung 4.6.1

a) Auf welche Werte müssen die Ströme I_1, I_2, I_3 und I_4 nach Abb. 4.31 eingestellt werden, wenn pro Bitsprung am Eingang die Ausgangsspannung U_a sich jeweils um 0,1 V verändern soll?

b) Berechnen Sie den Einstellwert von Poti P_1, wenn die Diodenschwellspannung mit 0,6 V angenommen werden soll!

c) Begründen Sie, weshalb diese Schaltung eine Referenzspannungsquelle benötigt!

d) Begründen Sie, weshalb bei leichten Schwankungen des High- oder Low-Pegels am Eingang die Ausgangsspannung U_a sich nicht verändert!

e) Begründen Sie das Vorhandensein der 3,3 kΩ-Transistoren-Kombinationen!

f) Begründen Sie die Funktion der Dioden!

g) Die Eingänge sind mit High- und Low-Signalen wie folgt belegt:
Eingang 2^0: 0,3 V
Eingang 2^1: 4,2 V
Eingang 2^2: 3,9 V
Eingang 2^3: 0,2 V
Bei den Eingängen handelt es sich um TTL-Gatter (Transistor-Transistor-Logik).
Am Eingang wird als Low-Signal eine Spannung zwischen 0 ... 0,8 V akzeptiert.
Am Ausgang wird für diesen Fall eine Spannung von 2,4 ... 5 V ausgegeben.
Als High-Signal wird am Eingang eine Spannung zwischen 2 bis 5 V akzeptiert.
Für diesen Fall liefert der Ausgang eine Spannung zwischen 0 ... 0,4 V.
Welche Spannung ist für obige Eingangssignale am Ausgang U_a zu erwarten?

4.6.4 DA-Wandler-Prinzip mit R-2R-Netzwerk

Zunächst betrachten wir ein R-2R-Netzwerk nach Abb. 4.32. Das Netzwerk wird linksseitig über eine Konstantspannungs- oder auch Konstantstromquelle eingespeist.

In der Schaltung ist es eine Konstantspannungsquelle. Auch hier soll das Wesentliche der Schaltung nicht abstrakt mathematisch erfolgen. Wir setzen für den sogenannten Kettenleiter R-2R zunächst die Widerstände 1 und 2 kΩ ein. Durch den rechtsseitigen Widerstand soll ein Strom von 1 mA fließen. Es ergibt sich am Widerstand die Spannung von 2 V. Durch den nächsten Widerstand fließen dann ebenfalls 1 mA. Durch Stromaddition fließen dann im nächsten Widerstand 2 mA bei 1 kΩ. Spannungs- und Stromadditionen im Kettenleiter sind durch die Anordnung der Widerstände so gestaltet, dass die Spannungen in den oberen Knotenpunkten sich zur Spannungsquelle hin jeweils verdoppeln. Die Verdoppelung der Ströme in den senkrechten Zweigen der Widerstände findet nach der Schaltung ebenfalls von rechts nach links statt. Das Verhältnis der Ströme und Potenziale ist in Kursivschrift gesetzt. Als nächstes setzen wir diesen Kettenleiter in einen Summierverstärker nach Abb. 4.33 ein. Die Werte sollen erst einmal beibehalten werden. Die Eingänge 2^0 bis 2^3 steuern über elektronische Schalter die Stromflussrichtung. Bei Low-Signal am Eingang kontaktieren alle 4 Elektronik-Schalter linksseitig. Die Ströme I/1 bis I/8 fließen zum Potenzial 0 V. Bekommt der 2^0-Eingang ein High-Signal, so schaltet der 2^0-Schalter nach rechts. Auch hier fließt der Strom zum 0 V-Potenzial. Allerdings zum virtuellen Massepunkt vom −Input des OPs. Der Strom I/8 verändert sich aber nicht. Die Konstantspannungsquelle U wird deshalb, unabhängig von den Schalterstellungen, immer gleich belastet. Entweder fließt der Strom zum Massepotenzial von 0 V oder zum virtuellen Nullpunkt von 0 V.

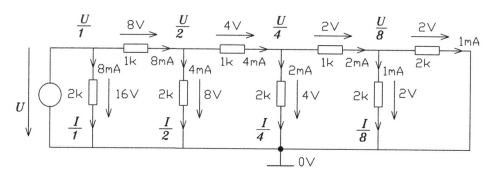

Abb. 4.32 R-2R-Netzwerk

4.6.5 Beispiel zum R-2R-Netzwerk

Der 4 Bit-DA-Wandler nach Abb. 4.33 soll eine Auflösung von 100 mV / Bit aufweisen. Es soll R_G dimensioniert werden. Der kleinste Strom – hier I/8 – beträgt 1 mA. Dieser Strom fließt bei 2^0 = High-Signal über R_G. Er muss hier 100 mV hervorrufen. R_G = 100 mV / 1 mA = 100 Ω. Die Ausgangsspannung ist dann um 100 mV negativer als der −Input des OPs. Die Ausgangsspannung beträgt 100 mV. Die Auflösung von 100 mV / Bit wird zwar eingehalten, aber die Spannung am Ausgang läuft bei höherer Bitwertigkeit weiter ins Negative. Soll die Ausgangsspannung pro Bitsprung jeweils um 100 mV ins Positive steigen, dann muss noch ein invertierender Verstärker mit $V_u = -1$ nachgeschaltet werden. Auch hier sieht man, dass eine bipolare Spannungsversorgung notwendig ist. Normalerweise wird der Kettenleiter so dimensioniert, dass erheblich kleinere Ströme fließen und die Konstantspannungsquelle ebenfalls niedriger gewählt werden kann.

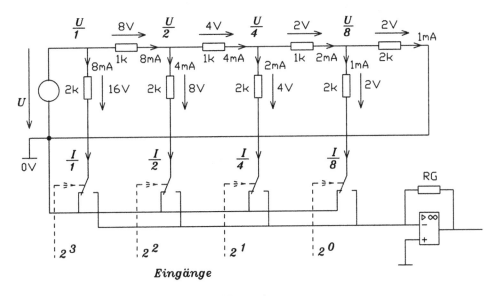

Abb. 4.33 DA-Wandler-Prinzip mit R-2R-Netzwerk

4.6.6 Übungen und Vertiefung

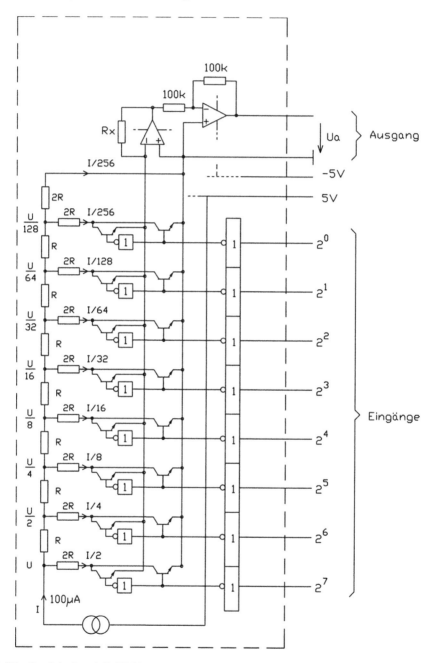

DA-Wandler-Prinzip mit R-2R-Netzwerk. In ICs werden OPs tradiert mit dem alten Schaltsymbol dargestellt

Das Schaltbild zeigt einen DA-Wandler mit R-2R-Netzwerk und zwei Operations-verstärkern zur Strom-Spannungs-Umsetzung. Das Netzwerk wird chipintern mit einer 100 µA-Konstantstromquelle gespeist. Der analoge Ausgang ist U_a. Die elektronischen Schalter aus Abb. 4.33 sind durch Transistoren und Inverter-Gatter ersetzt worden. Ein High-Pegel beispielsweise am 2^0-Eingang legt den Inverterausgang auf Low-Pegel. Der untere Transistor schaltet durch.

Der I/256-Strom wird auf den OP-Verstärker geführt.

Aufgabenstellung 4.6.2
Die Ströme der High-Pegel-Eingänge im Schaltbild werden entsprechend ihrer Wertigkeit dem invertierenden Verstärker mit dem Gegenkopplungswiderstand R_x zugeführt. Danach folgt ein invertierenden Verstärker mit $V_u = -1$.

Wie groß ist der chipinterne Widerstand R_x bei einer Auflösung von 10 mV / Bit?

Aufgabenstellung 4.6.3
Die Ausgangsspannung U_a ändert sich um 10 mV / Bit.

Die Ausgangsspannung soll an einen X-Y-Schreiber variabel angepasst werden. Dazu soll über einen weiteren OP und über ein 10 kΩ-Poti die Auflösung von 10 bis 20 mV pro Bitänderung verstellt werden können.

Skizzieren Sie die Erweiterungsschaltung an den Anschlüssen von U_a, und geben Sie die benötigten Bauteilwerte an!

Aufgabenstellung 4.6.4
Die Ausgangsspannung U_a ändert sich um 10 mV / Bit. Die Ausgangsspannung soll an einen X-Y-Schreiber variabel angepasst werden. Dazu soll über einen weiteren OP und über ein 10 kΩ-Poti die Auflösung von 5 bis 50 mV pro Bitänderung verstellt werden können.

Skizzieren Sie die Erweiterungsschaltung an den Anschlüssen von U_a, und geben Sie die benötigten Bauteilwerte an!

4.6.7 AD-Prinzip im Flash-Wandler

Die Schaltung in Abb. 4.34 zeigt das Funktionsbild eines AD-Direkt-Umwandlers. Die Wirkungsweise ist einfach und bedarf nur weniger Worte. Es handelt sich um die schon vielfach beschriebene Komparator-Kette. Die −Inputs liegen an definierten Potenzialen, die über eine Widerstandskette R und R / 2 mit stromkonstanter Einspeisung bestimmt sind. Die Eingangsspannung U_e liegt an allen +Inputs. Entsprechend der Eingangsspan-nung kippt eine bestimmte Anzahl von Komparatoren und über einen n-zu-x-Codierer wird das Wertigkeitsmuster am Ausgang angezeigt. Die Auflösung für unteren Wand-ler wäre aufgrund der Potenzialstufung an den −Inputs jeweils ein Bit pro 10 mV. Für

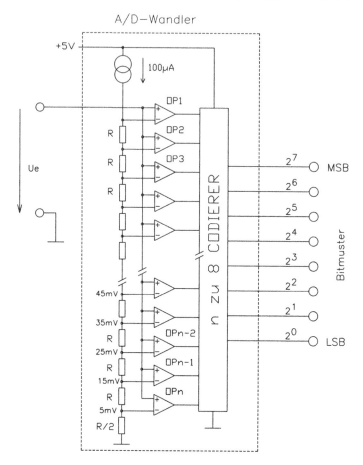

Abb. 4.34 Flash-DA-Wandler

einen 4-Bit-Wandler würden im Prinzip 8 Komparatoren benötigt. Für einen 8-Bit-Wand-
ler wären es schon 256 OPs. Im unteren AD-Umsetzer erfolgt die Umsetzung direkt als
Parallelumsetzung. Parallel-Umsetzer arbeiten dadurch sehr schnell, sie werden deshalb
auch Flash-Wandler (flash, engl. Blitz) genannt. Andere AD-Wandlerformen nach dem
Wägeverfahren, der sogenannten sukzessiven Approximation und Wandler nach dem Du-
al-Slope-Verfahren sollen hier nicht besprochen werden.

Der AD-Flash-Wandler steht hier exemplarisch für die Anwendung einer vielfach an-
gewendeten OP-Komparatorkette in einem IC.

Es ergibt sich oft die Frage nach der Bedeutung des $R/2$-Widerstandes als letztes Glied
im Kettenleiter. Hierzu stellen wir uns zunächst den AD-Wandler mit einem Kettenleiter
nur mit gleichen Widerständen R vor. Die Auflösung soll wieder 1 Bit / 10 mV betragen. Nach dem AD-Wandler soll ein idealisierter DA-Wandler das Digitalsignal wieder
nach Abb. 4.35 zurückverwandeln. Die Potenziale an den −Inputs der OPs wären nach

Abb. 4.35 $U_a = f(U_e)$ bei
8 Bit-AD-DA-Wandlung

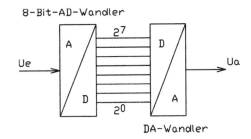

Abb. 4.36   a Umsetzung mit
gleichen Widerständen im
Kettenleiter,
b Umsetzung mit R und R / 2
im Kettenleiter

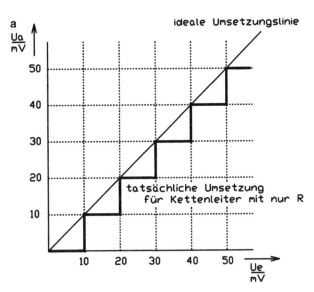

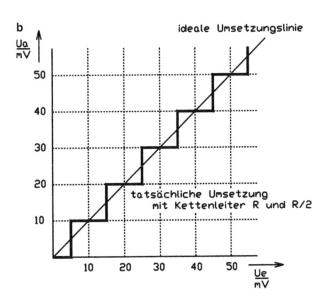

Abb. 4.34 durch den Kettenleiter in Schritten 10 mV, 20 mV, 30 mV usw. gestuft. Von $U_e = 0 \ldots 10$ mV erfolgt damit kein Bitmustersprung. Die Ausgänge von 2^0 bis 2^7 weisen 0-Signal auf. U_a wäre 0 V.

Diagramm Abb. 4.36a zeigt $U_a = f(U_e)$.

Von 10 … 20 mV erfolgt ein 1-Signal für das niederwertige Bit 2^0. U_a wird damit 10 mV. Das weitere Verhalten ist aus dem Diagramm zu ersehen. Angestrebt wird natürlich die ideale Umsetzungslinie. Sie ist im Prinzip nur für sehr hohe Empfindlichkeiten, theoretisch mit einer unendlich großen Bitauflösung, zu erreichen.

Für unseren AD-Wandler mit $R/2$ als letzten Widerstand im Kettenleiter ist die Potenzialfolge an den −Inputs der OPs 5 mV, 15 mV, 25 mV usw. Dies hat zur Folge, dass der erste Bitsprung bei $U_e = 5$ mV einsetzt. Der nächste Bitsprung erfolgt nach 15 mV. Die Gesetzmäßigkeit der Auflösung zeigt Abb. 4.36b. Der Vorteil liegt hier in der kleineren Fehlertoleranz der Auflösung zur idealisierten Umsetzungskurve. So beträgt die Fehlerabweichung für das Diagramm in Abb. 4.36a zwischen U_e und U_a maximal 10 mV und für das Diagramm in Abb. 4.36b nur 5 mV. Für das Diagramm in Abb. 4.36a wäre der Fehler maximal 1 Bit, für den Kettenleiter mit $R/2$ am Ende wäre die Fehlertoleranz maximal $1/2$ Bit.

4.6.8   Beispiel zum Flash-AD-Wandler

Der AD-Wandler in Abb. 4.37 hat am Ausgang das dargestellte Bitmuster. In welchem Bereich kann die Eingangsspannung U_e liegen?

Die Anzahl der „gekippten" OPs entspricht der Wertigkeit am Ausgang. Es sind $1 \times 2^1 + 1 \times 2^2 = 6$ OPs. Für den ersten OP setzt die Kippung für eine Eingangsspannung von 5 mV ein. Für den zweiten bei 15 mV usw. Für 6 OPs muss die Eingangsspannung U_e mindestens 1×5 mV $+ 5 \times 10$ mV $= 55$ mV sein. Erst bei 65 mV wird der nächste OP initialisiert. Für eine Eingangsspannung U_e zwischen 55 und 65 mV ist das angegebene Bitmuster vorhanden.

4.6.9   Übung und Vertiefung

Aufgabenstellung 4.6.5
Wie groß sind die chipinternen Widerstände R des Kettenleiters bei einer Auflösung von 10 mV / Bit?

Aufgabenstellung 4.6.6
Die Empfindlichkeit des AD-Wandlers soll durch eine Verstärkerstufe am Eingang auf 1 mV / Bit erhöht werden. Die Verstärkerstufe soll nur einen Operationsverstärker erhalten.

Skizzieren Sie die Schaltung und geben Sie die Bauteilwerte an!

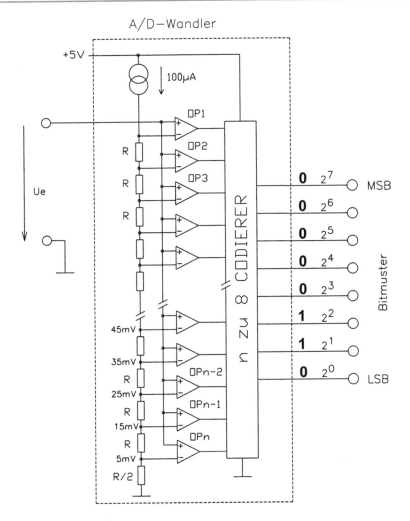

Abb. 4.37 Flash-AD-Wandler

4.7 Funktionsgeneratoren mit Anwendungsbeispielen

4.7.1 Rechteck-Dreieck-Generator

4.7.1.1 Funktionsweise eines Standard-Rechteck-Dreieck-Generators

Abb. 4.38 zeigt wohl die bekannteste und sehr häufig verwendete Schaltung eines vielseitig einsetzbaren Funktionsgenerators mit Operationsverstärkern. Der Generator besteht aus einem Komparator OP_1 mit Hysterese und dem nachfolgenden invertierenden Integrator mit OP_2, dessen Ausgangsspannung auf den Eingang des Komparators zurückgeführt ist. Im Moment des Einschaltens kippt OP_1 als Komparator in die positive oder negative

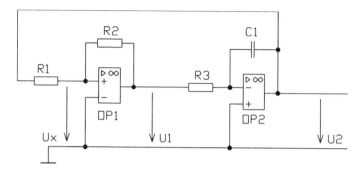

Abb. 4.38   Rechteck-Dreieck-Generator

Aussteuergrenze. Wir nehmen an, dass er zufällig in die positive Aussteuergrenze gekippt ist. Für diesen Fall wird C_1 durch U_1 über R_3 geladen. Der Ausgang von OP_2 wird durch die Aufladung des Kondensators stetig negativer, bis der Kipppunkt des Komparators erreicht ist. Der Komparator kippt in die negative Aussteuergrenze. Dadurch kommt es zur Stromumkehr in R_3 und der Kondensator wird umgeladen. Die Ausgangsspannung von OP_2 wandert stetig in Richtung positive Aussteuergrenze, bis die Spannung den Komparator OP_1 in die positive Aussteuergrenze kippen lässt. Der Kondensator wird wieder umgeladen. Dieser Vorgang wiederholt sich ständig. U_1 ist ein Rechtecksignal, da es sich um einen Komparator handelt. U_2 ist ein Dreiecksignal. Es handelt sich dabei um eine sehr saubere Dreieckspannung, da der Kondensator stromkonstant über R_3 durch die Ausgangsspannung von OP_1 eingespeist wird. Das Umladen des Kondensators setzt für obige Schaltung immer voraus, dass sie mit einer bipolaren Spannung versorgt wird, da der Strom in R_3 ja seine Richtung wechseln muss. Es wird aber in diesem Kapitel noch die Möglichkeit aufgezeigt, wie eine solche Schaltung mit einer unipolaren Spannungsversorgung zu verwirklichen ist.

4.7.1.2   Berechnungsgrundlagen

Zunächst soll die Frequenz des Generators berechnet werden.

Dazu sind folgende Werte der Schaltung vorgegeben:

$R_1 = 22\,k\Omega$

$R_2 = 100\,k\Omega$

$R_3 = 47\,k\Omega$

$C_1 = 0,1\,\mu F$

Versorgungsspannung: $\pm 15\,V$

Die OP-Aussteuergrenzen sollen mit $\pm 14\,V$ angenommen werden.

Wir berechnen die Kippspannungen des Komparators OP_1 nach dem Schaltungsausschnitt in Abb. 4.39a. Die Kippung des Komparators setzt bei $0\,V$ am +Input ein. Bei

Abb. 4.39 a Berechnung der
Kippspannung,
b Berechnung zum Integrator

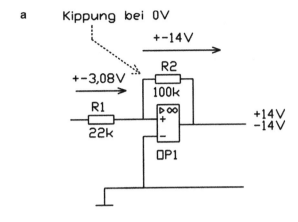

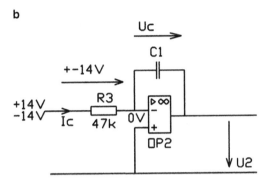

einer angenommenen Ausgangsspannung von ± 14 V ist die Eingangskippspannung

$$\pm 14\,\text{V} \times \frac{R_1}{R_2} = \pm 3{,}08\,\text{V}.$$

Die Ausgangsspannung des Integrators (s. Abb. 4.39b) kann die Kippspannung von $\pm 3{,}08$ V nicht überschreiten, da in diesem Moment der Komparator kippt und die Stromrichtung im Kondensator umgeschaltet wird. Der Spannungshub am Ausgang $\Delta U_2 = \Delta U_c$ beträgt $2 \times 3{,}08$ V $= 6{,}16$ V. Der Strom I_c berechnet sich zu 14 V$/R_3 = 298\,\mu$A.

Abb. 4.40 zeigt die Strom- und Spannungsverläufe am Integrator. Bei positiver Eingangsspannung ist $I_C = 298\,\mu$A. Die Kondensatorspannung U_c steigt bis auf $3{,}08$ V. Die Ausgangsspannung U_2 bewegt sich gegenläufig da $U_2 = -U_c$ ist. Bei $3{,}08$ V kippt der Komparator. Seine Ausgangsspannung wird -14 V. Sie ist die Eingangsspannung des Integrators. Der Strom I_c kehrt sich um. Der Kondensator wird umgeladen bis auf $-3{,}08$ V. Bei dieser Ausgangsspannung des Integrators kippt wieder der Komparator. Der Kondensator wird wieder umgeladen. Der Vorgang wiederholt sich ständig.

Jetzt berechnen wir die Frequenz, indem wir die Zeit Δt_1 und Δt_2 bestimmen. Für unseren Fall ist $\Delta t_1 = \Delta t_2$, weil I_c in beiden Umladungsphasen betragsmäßig gleich ist.

Abb. 4.40 Spannungs- und
Stromverläufe nach Abb. 4.39b

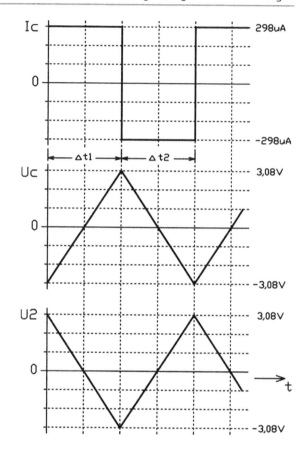

Strom und Spannungsverhältnisse am Kondensator sind in der Grundformel

$$I_c = C \times \frac{\Delta U_c}{\Delta t}$$

definiert.

Es ist $\Delta t = \Delta t_1 = \Delta t_2$. Für die Zeit Δt beträgt $\Delta U_c = 6{,}16\,\text{V}$.

$$\Delta t = C \times \frac{\Delta U_c}{I_c} = 0{,}1\,\mu\text{F} \times \frac{6{,}16\,\text{V}}{298\,\mu\text{A}} = 2{,}07\,\text{ms}$$

Die Frequenz errechnet sich zu

$$\frac{1}{\Delta t_1 + \Delta t_2} = \frac{1}{2 \times \Delta t} = \frac{1}{2 \times 2{,}07\,\text{ms}} = 242\,\text{Hz}.$$

Abb. 4.41 zeigt den gemessenen Spannungsverlauf mit einem Signalanalysator von U_1 und U_2 nach Schaltung in Abb. 4.38.

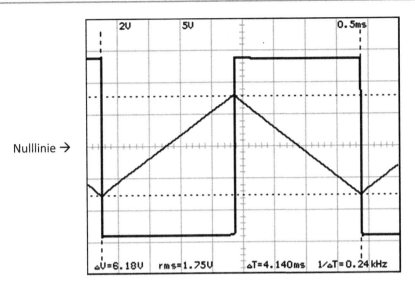

Abb. 4.41 Oszillogramm für U_1 und U_2 nach der Schaltung von Abb. 4.38. U_1: Rechteckspannung 5 V / Div, U_2: Dreieckspannung 2 V / Div, Time Base: 0,5 ms / Div

Der Spannungsverlauf U_x nach Abb. 4.42 ist für einen Dreieck-Rechteck-Generator nicht so sehr von Bedeutung. Doch ruft das Oszillogramm am +Input von OP_1 oft Erstaunen hervor. In erster oberflächlicher Überlegung mag man schnell glauben, dass die Spannung am +Input 0 V wäre, wie es ja am Integrator vom −Input von OP_2 der Fall ist.

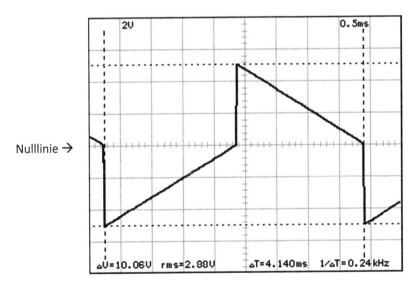

Abb. 4.42 Oszillogramm für U_x nach Schaltung Abb. 4.38. Messbereich: 2 V / Div und 0,5 ms / Div

Aber OP_1 ist eben ein mitgekoppelter Verstärker und die Spannung verläuft sprunghaft.
Gut zu erkennen ist durch Abb. 4.42 der Sprung der Spannung beim Erreichen von 0 V.
Hier setzt immer die „Kippung" des Komparators ein. In der Annahme, dass der OP_1 am
Ausgang auf -14 V liegt und bei $+3,08$ V in die positive Aussteuergrenze kippt, liegen
dann $+14$ V am Ausgang und $+3,08$ V am Eingang des Komparators.

U_x springt für diesen Fall auf

$$3,08\,\text{V} + \frac{14\,\text{V} - 3,08\,\text{V}}{R_1 + R_2} \times R_1 = 5,05\,\text{V}.$$

Stetig sinkt dann die Spannung durch den Verlauf der Dreieckspannung nach 0 V. Hier
kippt dann der Komparator auf $-5,05$ V.

4.7.2   Pulsweitenmodulation

4.7.2.1   Pulsweitenmodulation mit Rechteck-Dreieck-Generator

Unser Rechteck-Dreieck-Generator kann auf einfache Weise zu einem Pulsweitenmodulator nach Abb. 4.43 (zugehörige Oszillogramme in Abb. 4.44) erweitert werden. Die Dreieckspannung U_2 von OP_2 wird mit einer Gleichspannung an den Eingängen des Komparators OP_3 verglichen. Ist die Dreieckspannung positiver als die eingestellte Gleichspannung
über P_1, so kippt die Spannung U_3 in die positive Aussteuergrenze. Bei kleinerer Dreieckspannung kippt der OP_3 in die negative Aussteuergrenze. Die Pulsweitenmodulation findet
heute vielfach Anwendung zur Steuerung von Gleichstrommotoren, Lötkolbenheizungen,
Glühlampenhelligkeitsverstellung u. a. Für diese Steuerungen dient die bipolare pulsweitenmodulierte Ausgangsspannung U_3 nur als Steuerspannung für das Stellglied. Während
der positiven Aussteuergrenze wäre das Stellglied durchgesteuert, während des negativen
Anteiles von U_3 sperrt das Stellglied. Ein Beispiel für eine angewendete Pulsweitenmo-

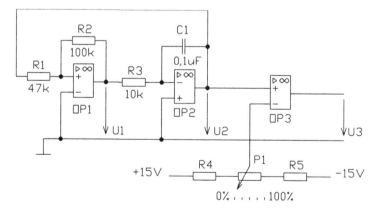

Abb. 4.43 Rechteck-Dreieck-Generator mit Pulsweitenmodulation (PWM)

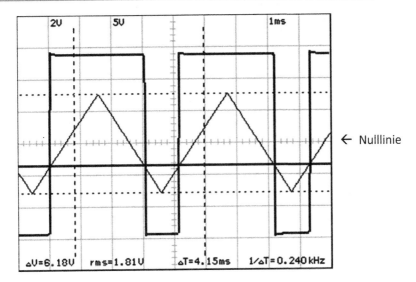

Abb. 4.44 Oszillogramme zum Pulsweitenmodulator nach Abb. 4.43. Time Base: 1 ms / Div, Dreieckspannung U_2: 2 V / Div, Steuerspannung von P_1: 2 V / Div, Pulsweitenmodulierte Ausgangsspannung U_3: 5 V / Div

dulation zur Steuerung solcher Geräte mit unipolarer Spannungsversorgung wird noch besprochen.

4.7.2.2 Übung und Vertiefung

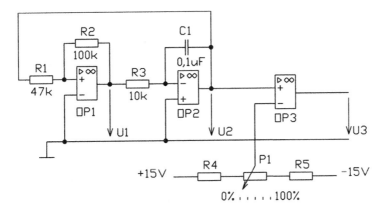

Rechteck-Dreieck-Generator mit Pulsweitenmodulation

Der Frequenzgenerator in der Abbildung bedient mit seiner Dreieckspannung den Operationsverstärker OP_3. Im Vergleich mit einer stellbaren Gleichspannung kippt der PWM-Komparator entweder in die positive oder negative Aussteuergrenze. Das Pulspausenverhältnis zwischen positiver und negativer Ausgangsspannung soll kontinuierlich zwischen positiver und negativer Spannung verstellt werden können.

Aufgabenstellung 4.7.1

Die Spannungsversorgung der OPs beträgt ± 15 V.
Die Aussteuergrenzen betragen ± 14 V.
Berechnen Sie die Generatorfrequenz!

Aufgabenstellung 4.7.2

Wie groß müssen R_4 und R_5 gewählt werden, wenn durch das Poti $P_1 = 10\,\text{k}\Omega$ gerade zwischen maximaler positiver und negativer Ausgangsspannung U_3 variiert werden kann?

Aufgabenstellung 4.7.3

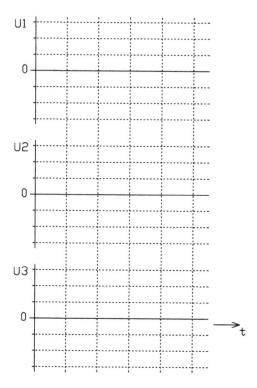

Diagramme zum Rechteck-Dreieck-Generator mit Pulsweitenmodulation

Skizzieren Sie das Diagramm!
Der Potischleifer steht auf 30 %.
Tragen Sie den Verlauf von U_1, U_2 und U_3 zeitrichtig zueinander in Ihre Diagrammskizze ein!

Bemaßen Sie die Spannungs- und Zeitachse mit den entsprechenden Werten aus den obigen Aufgabenstellungen!

Anmerkung

Sollte Aufgabe 4.7.2 nicht gelöst werden können, so nehmen Sie für Aufgabe 4.7.3 eine Potischleiferspannung von 2,6 V an!

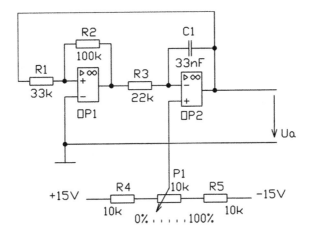

Generator

Der Dreieckgenerator in der Abbildung kann durch Poti P_1 in seinen Anstiegsflanken verstellt werden. Die Verstellung der Anstiegsflanken beruht darauf, dass der Kondensatorstrom über R_3 sich für die positive und negative Flanke verändert. Liegt über P_1 beispielsweise am +Input eine eingestellte Spannung von 3 V, so liegt am −Input über die gegengekoppelte Schaltung an OP_2 ebenfalls 3 V an. Der Spannungsfall an R_3 würde sich dann bei positiver Aussteuergrenze von OP_1 zu 14 V − 3 V = 11 V errechnen. Bei negativer Aussteuergrenze errechnet sich die Spannung an R_3 zu −14 V − 3 V = −17 V. Sie beträgt in diesem Fall betragsmäßig 17 V statt 11 V bei der positiven Aussteuergrenze von OP_1.

Folgende Werte sollen für den Generator angenommen werden:

$R_1 = 33\,k\Omega$

$R_2 = 100\,k\Omega$

$R_3 = 22\,k\Omega$

$R_4 = 10\,k\Omega$

$R_5 = 10\,k\Omega$

$P_1 = 10\,k\Omega$

$C_1 = 33\,nF$

Die OPs werden mit $\pm 15\,\text{V}$ versorgt.

Die Aussteuergrenzen sollen mit $\pm 14\,\text{V}$ angenommen werden.

Skizzieren Sie die Diagramme!

Aufgabenstellung 4.7.4
Potistellung: 0 %

a) Berechnen Sie die Frequenz!

b) Tragen Sie den Verlauf von U_a in Ihr Diagramm ein!
    Bemaßen Sie Spannungs- und Zeitachse!

Aufgabenstellung 4.7.5
Potistellung: 50 %

a) Berechnen Sie die Frequenz!

b) Tragen Sie den Verlauf von U_a in Ihr Diagramm ein!
    Bemaßen Sie Spannungs- und Zeitachse!

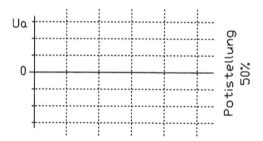

Aufgabenstellung 4.7.6
Potistellung: 100 %

Tragen Sie den Verlauf von U_a in Ihr Diagramm ein!

Es erübrigt sich der Rechenaufwand, wenn Sie auf die Aufgabe 4.7.4 zurückgreifen.

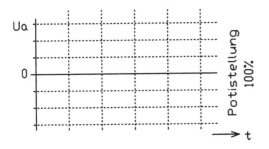

4.7.3 Leistungs-PWM

4.7.3.1 Technische Daten

Die Schaltung Abb. 4.45 zeigt einen Leistungs-Pulsweiten-Modulator (Power-PWM).

Betriebsspannung: 8–30 V
Maximaler Betriebsstrom: 10 A (FET gekühlt)
Maximaler Dauerstrom: 2,5 A (FET ungekühlt)
Puls-Pausen-Verhältnis: 0 ... 100 %

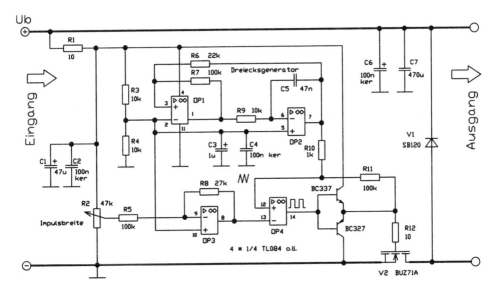

Abb. 4.45 Leistungs-PWM

4.7.3.2 Funktionsbeschreibung

Ein Rechteck-Dreieck-Generator mit OP_1 und OP_2 in Standardschaltung liefert an Pin 7 des OPs die Dreieckspannung für den Pulsweitenmodulator. Im Vergleich von stellbarer Gleich- und Dreieckspannung am Eingang von OP_4 wird das Puls-Pausen-Verhältnis am OP-Ausgang zur Ansteuerung der Transistoren BC237 genutzt. Diese wiederum steuern den Power-MOS-FET BUZ71A an. Der Gatewiderstand R_{12} verhindert einen zu großen kapazitiven Gate-Verschiebungsstrom während der Schaltflanken. OP_4 besitzt durch die Beschaltung von R_{10} und R_{11} eine kleine Schalthysterese. Hierdurch wird ein einwandfreies Schalten ohne Jittern des PWM-Komparators gewährleistet.

Die Spannungsversorgung für die Steuerelektronik ist über R_1, C_1, C_2 von dem Leistungsteil entkoppelt. Damit wird verhindert, dass die Spannungsspitzen in der Spannungsversorgung des Leistungsteils Einfluss auf die Steuerelektronik nehmen. Alle Kondensatoren, mit Ausnahme von C_5, haben Stütz- und Abblockfunktionen gegenüber Spannungsspitzen und -einbrüchen. R_1 ist so niederohmig gewählt, dass die Steuerelektronik ebenfalls betragsmäßig an U_b liegt.

Für induktive Lasten liegt am Ausgang die Freilaufdiode V_1.

4.7.3.3 Berechnungsgrundlagen

Der Rechteck-Dreieck-Generator hat eine unipolare Spannungsversorgung. Durch den Spannungsteiler R_3, R_4 liegen der −Input von OP_1 und der +Input von OP_2 an $U_b / 2$.

Aus der „Sicht" der Operationsverstärker werden diese bipolar versorgt. Für den virtuellen Bezugspunkt zwischen R_3 und R_4 von 0 V würde bei einer Betriebsspannungsversorgung von $U_b = 24$ V aus der „Sicht" der Operationsverstärker für sie eine Spannungsversorgung von ± 12 V vorhanden sein. Durch diese Maßnahme kann eine Umladung des Integrationskondensators C_5 erfolgen.

Wir stellen uns zur Berechnung des PWMs folgende Bedingungen:

Betriebsspannung: $U_b = 24$ V.

Die OP-Aussteuergrenzen sollen mit 0 und 23 V angenommen werden.
Es sollen berechnet werden:

- Schaltfrequenz des Leistungs-PWM
- Die Höhe der Dreieckspannung in V_{ss} am OP_2-Ausgang
- Spannungsbereich der Dreieckspannung
- Der Stellbereich der Spannung am −Input von OP_4

Berechnung der Schaltfrequenz

Die Aussteuergrenzen sind mit 0 und 23 V angenommen. Am −Input von OP_1 liegt über R_3, R_4 nach Abb. 4.46 die Spannung von 12 V. Die Kippung erfolgt bei 12 V am +Input. Für diesen Fall der Kippung sind an R_7 entsprechend des Schaltbildes 11 oder 12 V. Der Strom durch R_7 und R_6 beträgt 0,11 oder 0,12 mA. Die Spannung an R_6 ist 2,42 oder

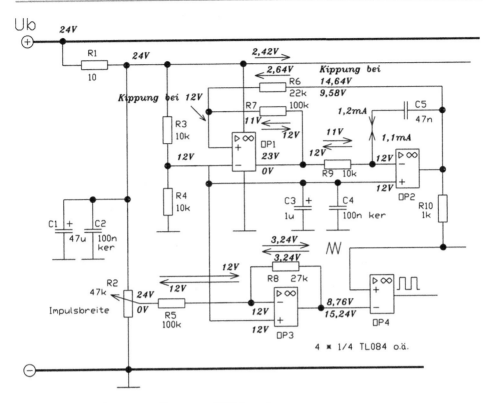

Abb. 4.46 Berechnungsgrundlagen zum PWM

2,64 V. Die Kippspannungen betragen 12 V − 2,42 V = 9,58 oder 12 V + 2,64 V = 14,64 V. Am +Input von OP_2 liegen 12 V. Über Gegenkopplung sind am −Input ebenfalls 12 V. Über R_9 liegen 11 oder 12 V. Der Strom durch R_9 beträgt 1,1 oder 1,2 mA. Dieser Strom ist gleichzeitig der Kondensatorstrom für C_5. Die Ausgangsspannung von OP_2 bewegt sich zwischen 9,58 und 14,64 V.

Bei diesen Spannungen kippt der Komparator OP_1 und der Kondensator wird wieder umgeladen. Die Kondensatorspannung ΔU_c beträgt 14,64 V − 9,58 V = 5,06 V.

Es gilt allgemein für einen mit Konstantstrom gespeisten Kondensator:

$$\Delta t = C \times \frac{\Delta U_c}{I_c}.$$

Für die Auf- und Entladung (Umladungszeit) des Kondensators gelten:

$$\Delta t_1 = C_5 \times \frac{\Delta U_c}{I_{C1}} = 47\,\text{nF} \times \frac{5{,}06\,\text{V}}{1{,}1\,\text{mA}} = 21{,}62\,\mu\text{s},$$

$$\Delta t_2 = C_5 \times \frac{\Delta U_c}{I_{C2}} = 47\,\text{nF} \times \frac{5{,}06\,\text{V}}{1{,}2\,\text{mA}} = 19{,}83\,\mu\text{s} \quad f = \frac{1}{\Delta t_1 + \Delta t_2} = 24{,}1\,\text{kHz}.$$

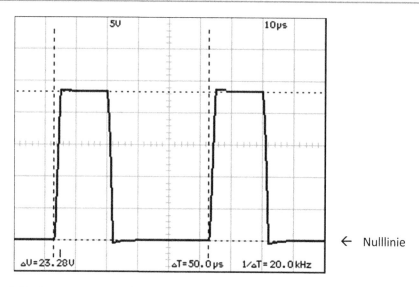

Abb. 4.47 Ausgangsspannung bei Motorlast für $U_b = 24$ V. Ausgangsspannung Messbereich: 5 V / Div, 10 μs / Div

Das Oszillogramm in Abb. 4.47 zeigt die Ausgangsspannung bei Motorlast. Die Frequenz weicht von der errechneten um ca. 20 % ab. Anstatt der errechneten 24,1 kHz sind es messtechnisch 20 kHz. Der Grund liegt in der Schaltschnelligkeit der OPs.

Abb. 4.48 zeigt die Ausgangsspannung am PWM-Komparator von OP$_4$. Die Zeit für die Anstiegsflanken kann nicht mehr vernachlässigt werden. Es wurde für die Schaltung der Operationsverstärkertyp TL074 verwendet.

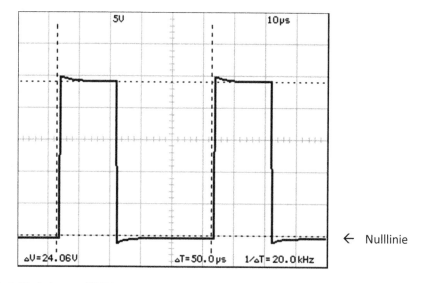

Abb. 4.48 Leistungs-PWM

Trotz allem sind die Schaltflanken nach Abb. 4.47 für die Ausgangsspannung sehr gut, da über die Verstärkung und das Schaltverhalten der Transistoren die Schaltflanken erheblich verbessert worden sind.

Verwendet man schnellere Operationsverstärker, so weicht die errechnete Schaltfrequenz von der gemessenen natürlich weniger ab. Hier treten die Zeitverluste der Anstiegsflanken eben weniger in Erscheinung. Die Abweichung der errechneten Schaltfrequenz wird insbesondere durch die Anstiegsflanken von OP_1 bestimmt. Sie sind praktisch identisch mit der Ausgangsspannung von OP_4 in Abb. 4.48.

Berechnung der Dreieckspannung

Die Spannungsänderung am Kondensator von 5,06 V entspricht auch betragsmäßig der Spannungsänderung am Ausgang von OP_2. Die Dreieckspannungsamplitude beträgt $U_{ss} = 5,06$ V. Die Dreieckspannung bewegt sich am Ausgang von OP_2 zwischen 9,58 und 14,64 V. Sie entspricht den Kipppunkten von OP_1.

Berechnung des Stellbereiches der Spannung am Ausgang von OP_3

Der Stellbereich der Spannung am Ausgang von OP_3 ist ebenfalls in Abb. 4.46 berechnet. Über R_5 liegen in unterer und oberer Potistellung jeweils betragsmäßig 12 V. Über R_8 entsprechend 3,24 V. Diese Spannung addiert oder subtrahiert sich zu 8,76 V bzw. 15,24 V. Das Puls-Pausen-Verhältnis von 0 ... 100 % wird erreicht, da sich die Dreieckspannung am +Input vom PWM-Komparator OP_4 nur im Bereich zwischen 9,58 und 14,64 V bewegt.

4.7.3.4 Übung und Vertiefung

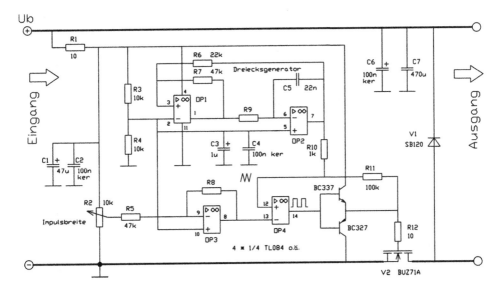

Leistungs-PWM

Der PWM in der Abbildung soll zur praktisch verlustfreien Leistungssteuerung eines 12 V-Lötkolbens eingesetzt werden. Die Schaltfrequenz soll um 1 kHz liegen. Die Versorgungsspannung U_b ist 12 V. Die OP-Aussteuergrenzen sollen 0 und 12 V sein.

Aufgabenstellung 4.7.7

Berechnen Sie R_9!

Setzen Sie einen Normwert ein!

Aufgabenstellung 4.7.8

Berechnen Sie R_8 für ein Puls-Pausen-Verhältnis von $0 \ldots 100\%$!

Setzen Sie einen Normwert ein!

4.7.4   PWM mit standardisiertem astabilen Multivibrator

4.7.4.1   Vorbetrachtungen zur Berechnung des Standard-Multivibrators

Bisher erzeugten wir über einen Rechteck-Dreieck-Generator eine Dreieckspannung. Sie wurde über einen Komparator mit einer Steuerspannung verglichen. Über die Höhe der Steuerspannung konnte das Puls-Pausen-Verhältnis eingestellt werden.

Die Schaltung kann vereinfacht werden, indem wir auf den Rechteck-Dreieck-Generator verzichten und eine Standardschaltung des astabilen Multivibrators mit Operationsverstärker nach Abb. 4.49 benutzen. Die Versorgungsspannung soll ± 15 V betragen. Die Aussteuergrenzen des OPs sollen mit ± 14 V angenommen werden. Im Moment des Einschaltens kippt der OP in die negative oder positive Aussteuergrenze. Wir nehmen an, dass er zufällig in die positive Aussteuergrenze von $+14$ V kippt. Damit lädt sich der Kondensator C_1 über R_3 gegen 14 V auf. Am +Input des OPs liegt jedoch über R_1 und R_2 in diesem Fall eine Spannung von $+14$ V $/2 = 7$ V. Die Kondensatorspannung steigt an. Jedoch bei $U_C > 7$ V kippt der OP in die negative Aussteuergrenze von -14 V. Am +Input liegt jetzt über den Spannungsteiler R_1, R_2 eine Spannung von -7 V. Der Kondensator C_1 wird über den OP-Ausgang und R_3 auf jetzt -14 V umgeladen. Jedoch bei $U_C < -7$ V kippt der OP in seine positive Aussteuergrenze. Die Umladung nach $+14$ V beginnt. Bei $U_C < 7$ V kippt dann der OP wieder in die negative Aussteuergrenze. Der Kondensator wird wieder umgeladen. Dieser Vorgang des ständigen Umladens erzeugt am OP-Ausgang eine Rechteckspannung, am Kondensator verlaufen die Umladevorgänge nach einer e-Funktion.

Abb. 4.50 zeigt die reale Messung zur Schaltung in Abb. 4.49. Es sind die Rechteckspannung U_a und die Kondensatorspannung U_C dargestellt. Deutlich ist zu erkennen, dass der verwendete Standard-OP LM348 schon seine Grenzen hinsichtlich der Steilheit der Flanken von U_a aufweist. Die Aussteuergrenzen liegen in der Schaltung bei einer Versorgungsspannung von ± 15 V bei etwa $+14$ und -13 V. Überschlägig würde der Praktiker mit hinreichender Genauigkeit die Aussteuergrenzen beispielsweise mit ± 14 V annehmen.

Abb. 4.49 Standardschaltung
eines astabilen Multivibrators

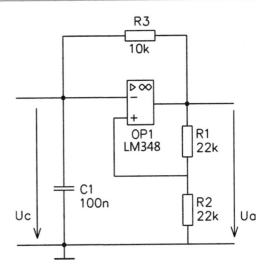

Die Umschaltpunkte für U_C würden dann mit $\pm 7\,V$ bei einer angenommenen Aussteuer-grenze von $U_a = \pm 14\,V$ liegen.

Durch die unsymmetrischen Aussteuergrenzen liegen die Umschaltpunkte für U_C nicht genau bei $\pm 7\,V$. Das Messprotokoll in Abb. 4.50 zeigt dies bei genauem Hinsehen.

Die Berechnung der Schaltfrequenz soll hier von einer etwas unüblichen aber leicht verständlichen Verfahrensweise angegangen werden. Der Kondensator wird über eine konstante Spannung von etwa 14 oder $-14\,V$ über den Widerstand R_3 ständig umgeladen. Durch die Anwendung von Potenzialbetrachtungen und Potenzialverschiebungen kann eine gute Berechenbarkeit zur Schaltfrequenz des Multivibrators erreicht werden.

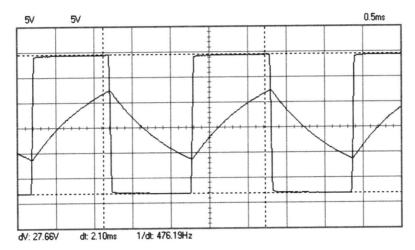

Abb. 4.50 Oszillogramme zur oberen Schaltung. Die Nulllinie ist genau mittig. Time Base: 0,5 ms / Div, Spannung: 5 V / Div

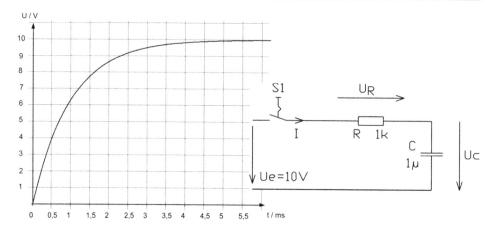

Abb. 4.51 Aufladungsvorgang eines Kondensators von 1 µF über einen Widerstand R = 1 kΩ und einer Festspannungsgröße U_e von 10 V. Schalter S1 wurde zur Zeit t = 0 geschlossen

Dazu schauen wir in die sogenannten Grundlagen zur Kondensatoraufladung nach Abb. 4.51. Eine im Beispiel festgelegte Spannung U_e von 10 V lädt einen Kondensator C = 1 µF über einen Widerstand R von 1 kΩ auf. Das Diagramm zeigt den Verlauf von U_C.

Die Berechnungen zur Kondensatoraufladung sind wohl den meisten Elektrotechnikern bekannt. Sie stehen praktisch in jeder elektrotechnischen Formelsammlung und lauten:

$$U_C = U_e \times \left(1 - e^{\frac{-t}{\tau}}\right),$$

$$\tau = R \times C,$$

$$e = 2{,}71828,$$

$$t = -\tau \times \ln\left(1 - \frac{U_C}{U_e}\right).$$

U_c Kondensatorspannung
U_e Wirksame Aufladungsspannung am Kondensator
e   Euler'sche Zahl
τ Zeitkonstante

Zur Vertiefung berechnen wir die Kondensatorspannung nach 1 ms. Sie beträgt

$$U_C = U_e \times \left(1 - e^{\frac{-t}{\tau}}\right) = 10\,\text{V} \times \left(1 - e^{\frac{-1\,\text{ms}}{1k\Omega \times 1\,\mu\text{F}}}\right) = 6{,}32\,\text{V}.$$

Eine weitere Frage könnte lauten: Nach welcher Zeit hat sich durch Schließen von Schalter S1 der Kondensator auf 8 V aufgeladen?

Es ist

$$t = -\tau \times \ln\left(1 - \frac{U_C}{U_e}\right) = -1\,k\Omega \times 1\,\mu F \times \ln\left(1 - \frac{8\,V}{10\,V}\right) = 1{,}61\,ms.$$

Beide Ergebnisse werden durch das Diagramm in Abb. 4.50 bestätigt.

Eine weitere Übung soll jetzt die Anwendung von Potenzialbetrachtungen und Potenzialverschiebungen hinsichtlich der Kondensatoraufladung verdeutlichen.

Wir fragen nach der Zeit Δt, in der sich der Kondensator von 5 V nach 8 V aufgeladen hat. Der konventionelle Weg wäre hier wohl die Zeitberechnung von t_1 und t_2 nach der Auflade-Standardformel. Die Differenz $\Delta t_2 - \Delta t_1$ wäre dann die Aufladezeit Δt von 5 V nach 8 V (s. Abb. 4.52).

Es ist

$$t_2 = -\tau \times \ln\left(1 - \frac{U_C}{U_e}\right) = -1\,k\Omega \times 1\,\mu F \times \ln\left(1 - \frac{8\,V}{10\,V}\right) = 1{,}609\,ms$$

und

$$t_1 = -\tau \times \ln\left(1 - \frac{U_C}{U_e}\right) = -1\,k\Omega \times 1\,\mu F \times \ln\left(1 - \frac{5\,V}{10\,V}\right) = 0{,}693\,ms.$$

Die Ladezeit beträgt somit $\Delta t_2 - \Delta t_1 = 1{,}609\,ms - 0{,}693\,ms = 0{,}916\,ms$.

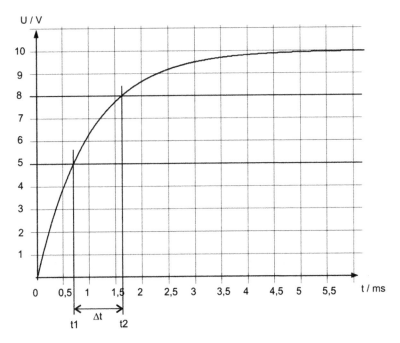

Abb. 4.52 Aufladezeitberechnung von 5 V nach 8 V

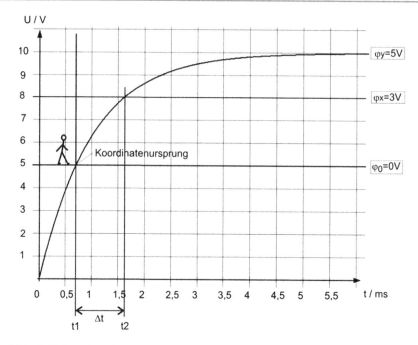

Abb. 4.53 Aufladezeitberechnung von 5 V nach 8 V mit neuem Koordinatenursprung durch Potenzialverschiebung

Jetzt praktizieren wir eine Berechnungsweise mit Hilfe der Potenzialverschiebung. Abb. 4.53 unterscheidet sich in der Aufgabenstellung prinzipiell nicht von Abb. 4.51. Doch betrachten wir die Aufladung von t_1 an und fragen nach der Zeit von t_2. Wir setzen einen neuen Koordinatenursprung. Das „E-Männchen" betrachtet die Aufladung von der ursprünglichen 5 V-Linie und sagt sich, hier ist mein 0 V-Potenzial. Schaut er zur wirksamen Aufladungsspannung, so sind dies von seiner Sicht her noch 5 V und die ursprünglichen 8 V werden aus seiner Sicht 3 V. Diese Potenziale „sieht" das „E-Männchen". Sie sind in rechteckige Kästchen gesetzt. Für Ihn beträgt die Änderung der Kondensatorspannung 3 V und die wirksame Aufladespannung U_e vermag den Kondensator noch um 5 V aus seiner Sicht weiter aufzuladen. Es errechnet sich die Ladezeit zu

$$\Delta t = -\tau \times \ln\left(1 - \frac{U_C}{U_e}\right) = -1\,\text{k}\Omega \times 1\,\mu\text{F} \times \ln\left(1 - \frac{3\,\text{V}}{5\,\text{V}}\right) = 0{,}916\,\text{ms}.$$

Die Zeit ist damit natürlich identisch mit dem Rechenergebnis von Abb. 4.52.

4.7.4.2 Berechnungen zum astabilen Multivibrator mit Pulsweiten-Modulation

Nach diesem Schema berechnen wir jetzt die Schaltfrequenz vom astabilen Multivibrator.

Betrachten wir das „E-Männchen" M2 nach Abb. 4.54. Es bezieht sich auf das Potenzial von 0 V. Und was sieht er? Die Kondensatorspannung steigt und zwar um 14 V von etwa $-6{,}5$ auf 7,5 V. Die wirksame Spannung zur Kondensatoraufladung sieht er mit etwa 20,5 V, von $-6{,}5$ V bis 14 V. Jetzt berechnen wir die Aufladezeit.

Sie beträgt

$$\Delta t_{\text{auflade}} = -R_3 \times C_1 \times \ln\left(1 - \frac{U_C}{U_e}\right)$$

$$= -10\,\text{k}\Omega \times 100\,\text{nF} \times \ln\left(1 - \frac{14\,\text{V}}{20{,}5\,\text{V}}\right) = 1{,}15\,\text{ms}.$$

Jetzt kommt der nächste Clou. Wir betrachten das „E-Männchen" M1. Es sieht die Entladekurve des Kondensators. Besser wir sprechen von einer Umladungskurve und wenn wir noch dreister werden, so können wir auch von einer Aufladungskurve ins Negative sprechen. Wir bleiben bei unserer Aufladungsformel und das „Männchen" M1 sieht, wenn er nach unten schaut, eine Aufladung ins Negative. Auch er kann jetzt die Aufladungszeit ins Negative berechnen. Vom Betrag her ändert sich die Kondensatorspannung U_C von 7,5 auf $-6{,}5$ V, also um 14 V. Die wirksame Spannung am Kondensator verläuft von 7,5 V nach -13 V. Sie beträgt somit 20,5 V.

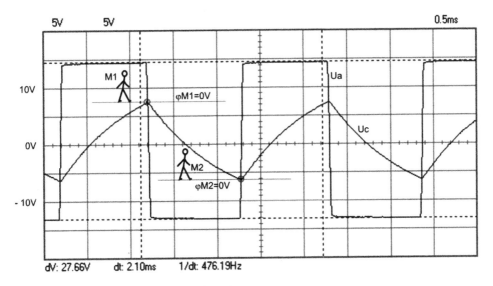

Abb. 4.54 Oszillogramm zur Frequenzberechnung

Es ist

$$\Delta t_{entlade} = -R_3 \times C_1 \times \ln\left(1 - \frac{U_C}{U_e}\right)$$

$$= -10\,k\Omega \times 100\,nF \times \ln\left(1 - \frac{14\,V}{20{,}5\,V}\right) = 1{,}15\,ms.$$

Die Periodendauer T ist $\Delta t_{auflade} + \Delta t_{entlade} = 1{,}15\,ms + 1{,}15\,ms = 2{,}3\,ms$. Die Frequenz errechnet sich zu $1/T = 1/2{,}3\,ms = 435\,Hz$ und stimmt damit mit der Messung nach Abb. 4.54 nahezu überein.

Vom astabilen Multivibrator zum PWM-Modulator sind nur wenige zusätzliche Bauteile notwendig (s. Abb. 4.55). Wir schalten einen offenen Komparator OP_2 mit seinem +Input an U_C und vergleichen diese Spannung mit einer stellbaren Spannung über das Poti R_5 mit $10\,k\Omega$ und berechnen R_4 und R_6. Vereinfacht setzen wir die Ausgangsspannung von OP_1 auf $\pm 14\,V$ bei einer Versorgungsspannung von $\pm 15\,V$. Am +Input von OP_1 liegt dann über den Spannungsteiler R_1, R_2 eine Spannung von $\pm 7\,V$. In diesem Bereich verläuft die Spannung U_C. Den gleichen Stellbereich muss die Steuerspannung am Potischleifer R_5 aufweisen, damit das Pulspausenverhältnis vollständig durchfahren werden kann. Am Poti R_5 müssen somit am oberen Anschlag $7\,V$ und unten $-7\,V$ liegen. Das sind $14\,V$ am Poti R_5. Bei $30\,V$ Versorgungsspannung über R_4, R_5, R_6 verbleiben je $8\,V$ an R_4 und R_6. Im Spannungsteilerzweig fließt ein Strom von $14\,V/R_5 = 1{,}4\,mA$. $R_4 = R_6 = 8\,V/1{,}4\,mA = 5{,}7\,k\Omega$.

Für R_6 und R_4 können z. B. $4{,}7\,k\Omega$ gewählt werden. Damit ist mit Sicherheit gewährleistet, dass der ganze PWM-Bereich durchfahren werden kann. Abb. 4.56 zeigt die PWM-Spannung U_X von Schaltung in Abb. 4.55 für eine bestimmte Schleiferstellung von R_5 und die Spannung U_C zur Orientierung.

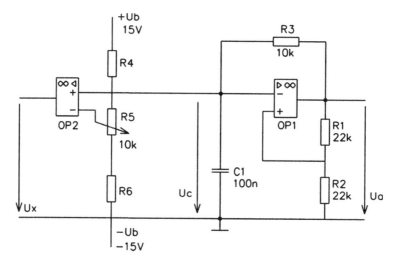

Abb. 4.55 Astabiler Multivibrator mit PWM-Modulator

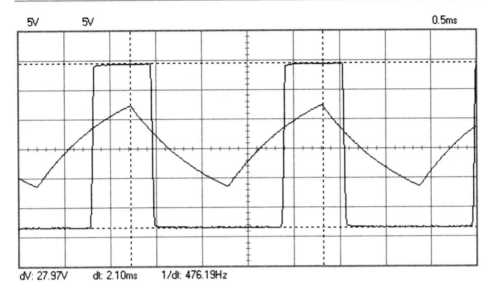

5V   5V   0.5ms

dV: 27.97V   dt: 2.10ms   1/dt: 476.19Hz

Abb. 4.56 Verlauf der PWM-Spannung Ux und Uc nach Schaltung in Abb. 4.54

4.7.4.3 Astabiler Multivibrator mit PWM und unipolarer Spannungsversorgung

Schaltungen mit unipolarer Spannungsversorgung vereinfachen die Energieversorgung und sind oft auch praxisgerechter. So würde eine PWM-Schaltung für einen 12 V-Bleiakku das Problem und den Schaltungsaufwand für eine zusätzliche negative Spannungsversorgung deutlich erhöhen. Akkubohrmaschinen versorgen ihre Elektronik selbstverständlich aus ihrem eigenen Akku und sind somit ebenfalls unipolar versorgt.

Unser astabiler Multivibrator müsste eigentlich auch mit unipolarer Versorgung funktionieren. Wir nehmen eine Versorgungsspannung von 15 V an (s. Abb. 4.57). Die Aussteuergrenzen sollen um jeweils 1 V von den idealen Aussteuergrenzen abweichen. Sie betragen dann 14 und 1 V. Am +Input liegt durch den Widerstandsteiler R_1 und R_2 eine Spannung von 0,5 oder 7 V. Kippt der OP in die untere Aussteuergrenze, dann liegen an seinem Ausgang 1 V und der Kondensator C_1 entlädt sich auf 1 V. Am +Input liegen aber über den Spannungsteiler R_1, R_2 nur 0,5 V. Damit bleibt der −Input mit 1 V positiver als der −Input mit 0,5 V. Der Multivibrator bleibt in der unteren Aussteuergrenze „hängen".

Abhilfe schafft hier ein zusätzlicher Widerstand R_Z, der die Spannung am +Input anhebt. Abb. 4.58 zeigt eine solche Schaltung und die Simulationen in Abb. 4.60 dazu. Verwendet wurde in der Simulation ein OP, der auch für höhere Frequenzen geeignet ist. Die Flankensteilheiten der Rechteckspannung U_a sind damit schon sehr gut idealisiert. Die Simulation wurde mit dem kostenfreien Simulationsprogramm LTspiceIV von Linear Technology durchgeführt. Die Anwendung dieses professionellen Programms wird noch ausführlich in Kap. 9 beschrieben.

Abb. 4.57 Astabiler Multivibrator mit unipolarer Spannungsversorgung von 15 V. Der Multivibrator bleibt in der unteren Aussteuergrenze „hängen". Die Spannungspotenziale in den Kreisen zeigen den stabilen Zustand

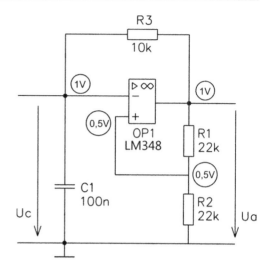

Jetzt zur Schaltung in Abb. 4.58: Sie unterscheidet sich zur Schaltung Abb. 4.57 nur durch Hinzufügen des Widerstandes R_Z und natürlich durch die unipolare Spannungsversorgung von 15 V. Die Versorgungsspannung zum OP ist hier der Vollständigkeit halber einmal mitgezeichnet.

Abb. 4.60 zeigt die relevanten Spannungsverläufe der Schaltung. Zu erkennen ist, dass die Aussteuergrenzen des OPs um jeweils etwa 1,8 V niedriger liegen als die idealen Aussteuergrenzen. U_a liegt somit bei 13,2 und 1,8 V. Wie verhält es sich aber nun mit der Spannung U_Z? Zur Berechnung bedienen wir uns der beiden Schaltmöglichkeiten mit $U_a = 13,2$ V und $U_a = 1,8$ V. Es liegen dann folgende Ersatzschaltbilder vor.

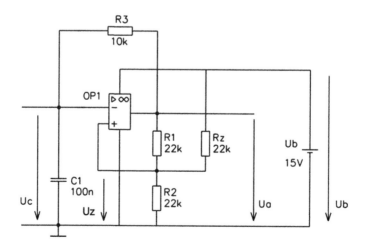

Abb. 4.58 Astabiler Multivibrator mit unipolarer Spannungsversorgung

Abb. 4.59 Berechnung der
Spannung U_Z am +Input des
OPs für die obere und untere
Aussteuergrenze

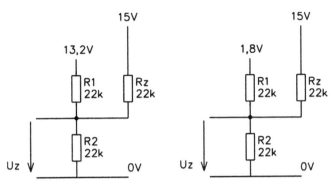

Für die linke Schaltung (s. Abb. 4.59) mit $U_a = 13,2$ V trennen wir gedanklich R_2 aus der Schaltung und berechnen die dazugehörige Ersatzspannungsquelle. Das Berechnungsverfahren ist in Abschn. 2.3.3 schon beschrieben worden. Die Quellenspannung errechnet sich zu 14,1 V in der Ersatzspannungsquelle mit R_1, R_Z, 13,2 und 15 V. Der Innenwiderstand beträgt $R_i = 22$ kΩ ‖ 22 kΩ = 11 kΩ.

U_Z errechnet sich dann zu 14,1 V / $(R_i + R_2) \times R_2 = 9,4$ V.

Für die rechte Schaltung ist die Quellenspannung der Ersatzspannungsquelle 8,4 V und $R_i = 11$ kΩ.

U_Z errechnet sich zu 8,4 V / $(R_i + R_2) \times R_2 = 5,6$ V.

Schauen wir jetzt ins Diagramm in Abb. 4.60. Der Verlauf von U_Z stimmt mit der Berechnung von 5,6 und 9,4 V genau überein. U_Z am +Input des OPs ist aber genau die Spannung, die die Kipppunkte für die Kondensatorspannung U_C darstellen. U_C verläuft somit zwischen 5,6 und 9,4 V. Das Diagramm zeigt genau diesen Verlauf.

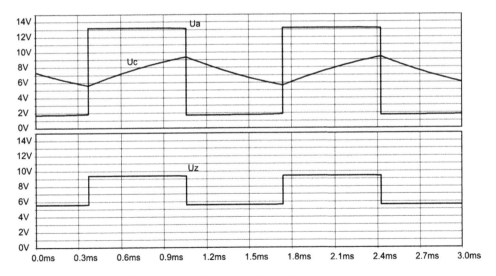

Abb. 4.60 Spannungsdiagramme zur Schaltung Abb. 4.58

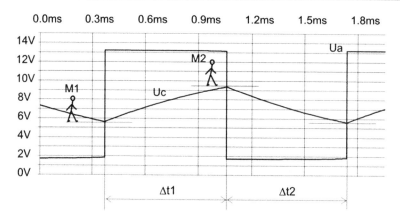

Abb. 4.61 Spannungsdiagramme zur Berechnung der Frequenz

Jetzt berechnen wir die Schaltfrequenz unseres Multivibrators nach unseren beschriebenen Berechnungsgrundlagen. Betrachten wir wieder unser „E-Männchen" M1
in Abb. 4.61 und wählen seinen Bezugspunkt wieder zu 0 V. Er sieht eine Aufladungs-
kurve in der Zeit Δt_1 von $U_C = 9{,}4\,V - 5{,}6\,V = 3{,}8\,V$. Die wirksame Aufladespannung U_e
beträgt $13{,}2\,V - 5{,}6\,V = 7{,}6\,V$.

$$\Delta t_1 = -\tau \times \ln\left(1 - \frac{U_C}{U_e}\right) = -10\,k\Omega \times 100\,nF \times \ln\left(1 - \frac{3{,}8\,V}{7{,}6\,V}\right) = 0{,}693\,ms.$$

Für die Zeit Δt_2 betrachten wir das „E-Männchen" M2. Er sieht eine „Aufladungskurve" ins Negative. Die Kondensatorspannung U_C ändert sich betragsmäßig um $9{,}4\,V -$
$5{,}6\,V = 3{,}8\,V$.

Die wirksame Aufladespannung U_e ist betragsmäßig $9{,}4\,V - 1{,}8\,V = 7{,}7\,V$.

Es ergibt sich für Δt_2 die gleiche Zeit wie für Δt_1.

Die Frequenz errechnet sich zu $f = 1 / (\Delta t_1 + \Delta t_2) = 722\,Hz$.

4.7.4.4 Übung und Vertiefung

Aufgabenstellung 4.7.9

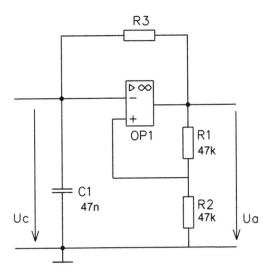

Schaltung eines astabilen Multivibrators mit bipolarer Spannungsversorgung von ± 12 V

Es soll ein astabiler Multivibrator mit bipolarer Spannungsversorgung nach der Schaltung in der Abbildung berechnet werden.

Die Versorgungsspannung ist ± 12 V.

Die Aussteuergrenzen sollen mit ± 11 V angenommen werden.

$C_1 = 47$ nF.

R_1 und R_2 betragen jeweils 47 kΩ.

Wie groß errechnet sich R_3 bei einer angenommenen Schaltfrequenz von 1 kHz?

Formeln zur Hilfestellung

$$U_C = U_e \times \left(1 - e^{\frac{-1}{\tau}}\right)$$

$$\tau = R \times C$$

$$t = -\tau \times \ln\left(1 - \frac{U_C}{U_e}\right)$$

$$t = -R \times C \times \ln\left(1 - \frac{U_C}{U_e}\right)$$

$$e = 2{,}71828$$

U_e = wirksame Ladespannung an C

U_C = sich ändernde Spannung an C

t = Ladezeitdauer für eine Halbperiode

τ = Zeitkonstante

Aufgabenstellung 4.7.10

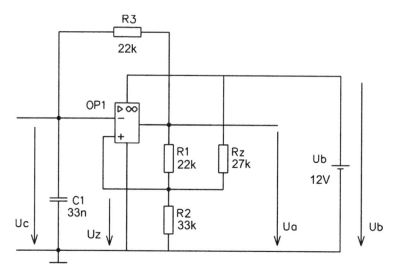

Schaltung eines astabilen Multivibrators mit unipolarer Spannungsversorgung von 12 V

Ein astabiler Multivibrator mit unipolarer Versorgungsspannung soll berechnet werden.

Versorgungsspannung: 12 V

Aussteuergrenzen: 1 und 11 V

a) Berechnen Sie die Unter- und Obergrenze von U_Z!
b) Berechnen Sie die Schaltfrequenz!

Hinweis Zur Ermittlung von U_Z ist ein Netzwerkberechnungsverfahren wie beispielsweise die Ersatzspannungsquellen-Berechnung anzuwenden!

4.8   Triggerschaltungen

4.8.1   Netzsynchroner Sägezahngenerator

4.8.1.1   Funktionsbeschreibung

Die Schaltung in Abb. 4.62 zeigt einen netzsynchronen Sägezahngenerator. Die Netzspannung dient zur Synchronisierung. Sie wird heruntertransformiert und dem Komparator

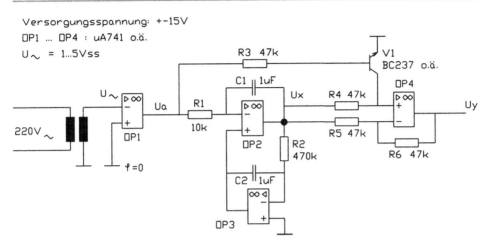

Abb. 4.62 Netzsynchroner Sägezahngenerator

OP$_1$ zugeführt. Entsprechend der Wechselspannungsnulldurchgänge kippt die Ausgangsspannung von OP$_1$ bei positiver Wechselspannung in die negative Aussteuergrenze und umgekehrt. Die Ausgangsspannung U$_a$ speist den Integrator OP$_2$. Da U$_a$ während der positiven und negativen Aussteuerspannung konstant ist, fließt ein entsprechender Konstantstrom U$_a$/R$_1$ in den Kondensator C$_1$, so dass die Spannung am Kondensator C$_1$ linear ansteigt oder fällt. Am Ausgang des Integrators OP$_2$ liegt eine dreieckförmige Wechselspannung U$_x$ vor.

Der Integrator OP$_3$ dient zur Ausregelung des DC-Offsets. In der Annahme, dass die positive und negative Aussteuergrenze von OP$_1$ betragsmäßig exakt nie gleich ist, ist die Ausgangsrechteckspannung U$_a$ mit einer Gleichspannungskomponente überlagert, die den Integrator OP$_2$ je nach Polung in die negative oder positive Aussteuergrenze steuern würde. Die Schaltung in Abb. 4.63 soll aufzeigen, dass der Integralregler OP$_3$ den Gleichspannungs-Offset so ausregelt, dass ein Hochlaufen von OP$_2$ in die Aussteuergrenzen verhindert wird: Beträgt U$_a$ = +14 und −13,8 V, so liegt eine positive Gleichspannungskomponente vor. Während der positiven Phase wird der Kondensator C$_1$ mehr aufgeladen als während der negativen Phase. U$_a$ hat also eine positive Gleichspannungskomponente, dargestellt durch ein Pluszeichen im Kreis. Diese Spannung hat eine Gleichstromkomponente I$_{(U_a)}$ zur Folge, die den Kondensator C$_1$ auflädt und so den Spannungsanstieg U$_{C1(U_a)}$ bewirkt. Je größer U$_{C1}$ wird, desto negativer wird die Ausgangsspannung U$_x$ von OP$_2$.

Damit wird der Strom I$_{C2}$ durch den Widerstand R$_2$ größer und bewirkt ein Ansteigen von U$_{C2}$. Die Ausgangsspannung von OP$_3$ wird positiver, dargestellt durch ein Pluszeichen im Quadrat. Durch Gegenkopplung nimmt der −Input von OP$_2$ das gleiche Potenzial an. Der −Input wird positiver, so dass ein Strom I$_{(OP3)}$ gegen den Strom I$_{(U_a)}$ fließt. Die Gleichstromkomponente I$_{(U_a)}$ von U$_a$ wird somit kompensiert bzw. ausgeregelt. Da der Strom I$_{(OP3)}$ dem Strom I$_{(U_a)}$ entgegenwirkt, senkt er die Spannung U$_{C1}$, so dass U$_x$ immer

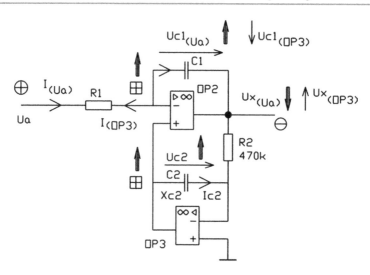

Abb. 4.63 Ausregelung der Gleichstromkomponente von U_a durch OP3

gegen 0 V ausgeregelt wird. Das Verhältnis R_2 / X_{c2} soll möglichst groß gewählt werden. Somit hat die Wechselspannungskomponente auf den +Input von OP$_2$ kaum Einfluss, da U_x am Ausgang von OP$_3$ entsprechend dem Verhältnis R_2 / X_{c2} geschwächt wird. Es sei vermerkt, dass nicht nur die Gleichstromkomponente von U_a, sondern natürlich auch der DC-Offset von OP$_2$ durch OP$_3$ ausgeregelt wird.

4.8.1.2 Dreieck-Sägezahnspannungsumwandlung

Am Ausgang von OP$_1$ liegt die Rechteckspannung U_a und an OP$_2$ liegt die Dreieckspannung U_x vor, die aus der Rechteckspannung U_a gewonnen wird. Über die Schaltung von OP$_4$ und dem Transistor wird die netzsynchrone Dreieckspannung zur netzsynchronen Sägezahnspannung umgewandelt. Dieser Vorgang soll zunächst durch die Schaltung in Abb. 4.64 verdeutlicht werden. Während der negativen Ausgangsspannung U_a steigt die Dreieckspannung U_x von den negativen in den positiven Bereich. Dieser Zeitbereich ist im Spannungsverlauf dick dargestellt. Für diesen Bereich ist der Transistor aufgrund der negativen Spannung U_a gesperrt. Für den dargestellten Fall soll $U_x = 3$ V betragen. Diese Spannung liegt ebenfalls am +Input von OP$_4$ an, da der Transistor sperrt. OP$_4$ stellt in seiner Beschaltung einen invertierenden Verstärker dar. Über die Gegenkopplung durch R_6 nimmt der −Input auch 3 V an, so dass am Widerstand R_5 ein Spannungsfall von 0 V auftritt. Durch den Gegenkopplungswiderstand R_6 fließt damit kein Strom. Der Spannungsfall ist 0 V. Die Ausgangsspannung U_y beträgt 3 V. Zu erkennen ist, dass während der Phase des gesperrten Transistors die Ausgangsspannung U_y immer so groß ist wie U_x.

Die Schaltung in Abb. 4.65 verdeutlicht die Funktion während der positiven Aussteuergrenze von OP$_1$. Die Zeitbereiche für U_a und U_x sind wiederum dicker gekennzeichnet. Für die positive Aussteuergrenze von U_a leitet der Transistor und zieht den +Input von

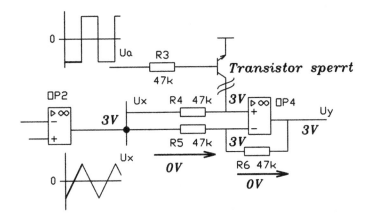

Abb. 4.64 U_y als Funktion von U_x bei sperrendem Transistor

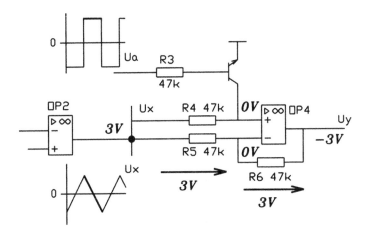

Abb. 4.65 U_y als Funktion von U_x bei leitendem Transistor

OP_4 auf Massepotenzial. Über Gegenkopplung nimmt der −Input auch das 0 V-Potenzial an. Über den Widerstand R_5 liegen 3 V für den dargestellten Fall von $U_x = 3$ V. Der Strom durch R_5 fließt über den Gegenkopplungswiderstand R_6, so dass hieran ein Spannungsfall von ebenfalls 3 V auftritt. U_y ist somit −3 V. Bei leitendem Transistor wird also die Spannung U_x invertiert. Die wichtigen Spannungsverläufe zeigen die gemessenen Oszillogramme in Abb. 4.66 nach Schaltung Abb. 4.62.

4.8.1.3 Berechnungsgrundlagen

Die heruntertransformierte Netzwechselspannung von etwa $U_{ss} = 5$ V nach den Oszillogrammen Abb. 4.66 wird auf den invertierenden Komparator OP_1 geführt. Bei einer Versorgungsspannung von ± 15 V kippt der Komparator in die Aussteuergrenzen von U_a etwa ± 14 V. Die Spannung U_a wird auf den Integrator OP_2 geführt. Der Strom durch seinen

Abb. 4.66 Oszillogramme vom Sägezahngenerator nach Abb. 4.62.
a Ausgangsspannung $U_a = f(U_\sim)$, Messbereich für U_a: 5 V / Div und 5 ms / Div;
b $U_x = f(U_a)$, Messbereich: 2 V / Div und 5 ms / Div;
c $U_y = f(U_x)$, Messbereich: 2 V / Div und 5 ms / Div. Zur Orientierung ist in jedem Oszillogramm die Synchronisierspannung $U_\sim$ abgebildet

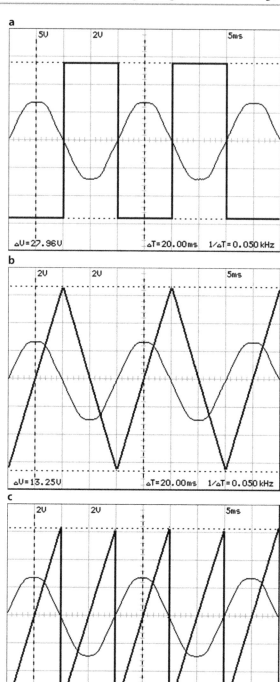

Kondensator beträgt

$$U_{a\,OP1} / R_1 = 14\,V / 10\,k\Omega = 1,4\,mA.$$

Dieser Strom ändert seine Richtung jeweils nach einer Halbperiode. Bei 50 Hz beträgt die Halbperiode 10 ms. Nach dem Gesetz

$$i_c = C \times \Delta U_c / \Delta t$$

ist

$$\Delta U_c = 1,4\,mA \times 10\,ms / 1\,\mu F = 14\,V.$$

Gemessen wurde für U_x die Spannung von 13,25 V nach dem Oszillogramm in Abb. 4.66 (zur Orientierung ist in jedem Oszillogramm die Synchronisierspannung $U_\sim$ abgebildet). Diese Spannung ist betragsmäßig auch ΔU_x so dass U_x zwischen -7 und $+7$ V verläuft. Während der Leitphase des Transistors, also für $U_a = -14\,V$, wird U_x invertiert.

4.8.1.4 Übung und Vertiefung

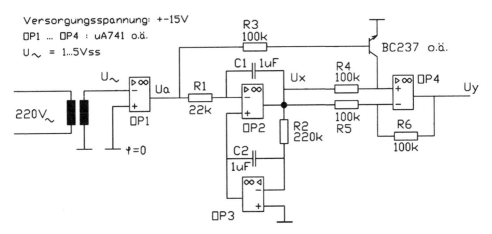

Netzsynchroner Sägezahngenerator

Schaltung in der Abbildung erzeugt eine synchrone Sägezahnspannung U_y aus einem Wechselspannungsnetz.

Aufgabenstellung 4.8.1
Zerlegen Sie die Schaltung in Funktionsblöcke und beschreiben Sie das Zusammenwirken der Blöcke!

Aufgabenstellung 4.8.2

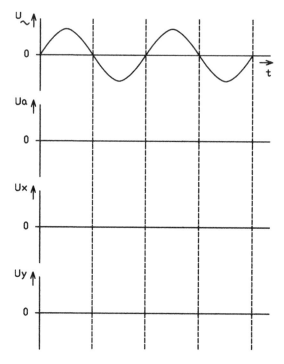

Diagramme $U_a, U_f, U_y = f(U_\sim)$

a) Berechnen Sie die Höhe von U_x in V_{ss}!

Die Aussteuergrenzen der OPs sollen bei einer Versorgungsspannung von ± 15 V bei $\pm 13{,}5$ V liegen.

Die Frequenz der Wechselspannung beträgt 50 Hz.

b) Skizzieren Sie das Diagramm in der Abbildung.

Tragen Sie den Verlauf von U_a, U_x und U_y bei einer Versorgungsspannung der OPs von ± 15 V und den Aussteuergrenzen von $\pm 13{,}5$ V ein!

Geben Sie jeweils die wichtigen Spannungshöhen in Ihrem Diagramm an!

Aufgabenstellung 4.8.3

Die Sägezahnspannung U_y soll dazu benutzt werden, eine netzsynchrone pulsweitenmodulierte Spannung über einen PWM-Komparator zu gewinnen.

Skizzieren Sie die Erweiterungsschaltung!

Der Stellbereich des Puls-Pausen-Verhältnisses soll während einer jeden Halbperiode der Netzwechselspannung von 0 bis ∞ über ein Poti von 10 kΩ verstellt werden können.

Verwenden Sie für weitere Bauteile Normwerte!

4.8.2 Komparator-Schaltung: Einstellbarer Trigger

4.8.2.1 Funktionsweise

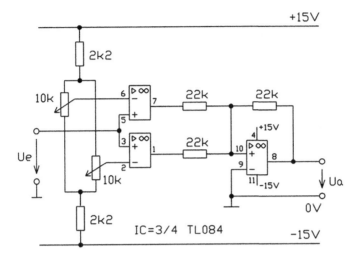

Triggerschaltung zu den folgenden Aufgabenstellungen

Die Triggerschaltung mit Schalthysterese ermöglicht das unabhängige Einstellen zweier Schaltpunkte durch die beiden Potis. Die beiden Eingangs-OPs sind als einfache Komparatoren geschaltet. Der nachgeschaltete Komparator besitzt durch seine Beschaltung Hystereseverhalten.

4.8.2.2 Übung und Vertiefung

Aufgabenstellung 4.8.4

Die Versorgungsspannung beträgt ± 15 V. Die OP-Aussteuergrenzen sollen mit ± 14 V angenommen werden. Beide Potis haben Mittelstellung.

Berechnen Sie die Umschaltpunkte der Triggerschaltung für die Eingangsspannung U_e!

Aufgabenstellung 4.8.5

Nach dem Schaltbild soll der Schleifer vom oberen Poti 30 % vom unteren Anschlag entfernt sein.

Der Schleifer vom unteren Poti ist 60 % vom unteren Anschlag entfernt.

Berechnen Sie die Umschaltpunkte für U_e!

Aufgabenstellung 4.8.6

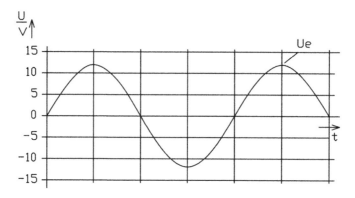

Liniendiagramm zur Eingangsspannung U_e

Vervollständigen Sie das Diagramm nach Aufgabenstellung 4.8.5!

Zeichnen Sie die Ausgangsspannung U_a bei vorgegebener Eingangsspannung U_e in Ihr Liniendiagramm!

OP-Anwendungen in Stromversorgungsgeräten

5.1 Konventionelle Netzgeräte mit Serienstabilisierung

5.1.1 Die Funktionsweise der Serienstabilisierung nach regelungstechnischen Gesichtspunkten

Abb. 5.1 zeigt das grundsätzliche Regelungsprinzip einer längsstabilisierten Spannungsquelle. Die Funktionsweise liegt darin, dass die Differenz aus transformierter und gleichgerichteter Eingangsspannung U_e und der gewünschten Ausgangsspannung U_a über einen steuerbaren Widerstand vernichtet wird. Diese Funktion wird von einem Leistungstransistor übernommen. Der Transistor ist regelungstechnisch das Stellglied. Wird über einen Lastsprung durch Veränderung des Widerstandes R_{Last} die Ausgangsspannung U_a beispielsweise kleiner, so wird über den Messumformer der Istwert x (Regelgröße) ebenfalls kleiner. Die Differenz zwischen Sollwert w (Führungsgröße) und Istwert x wird größer, so dass die Regelabweichung x_w (Regeldifferenz e) sich erhöht. Über einen Verstärker, dem sogenannten Regler, wird die Stellgröße y größer. Der Transistor wird weiter durchgesteuert. Die Ausgangsspannung U_a wird damit wieder soweit nachgeregelt, bis die Regelabweichung praktisch Null wird. Die Ausregelung orientiert sich immer nach dem Sollwert w, der sogenannten Referenzspannungsquelle. Sie wird im einfachsten Fall durch eine Z-Diode realisiert. Jedes spannungsstabilisierte Netzgerät benötigt eine Spannungsreferenz, nach der die Ausregelung des Istwertes erfolgt. Für hochwertige Netzgeräte werden an die Referenzspannung hinsichtlich Spannungskonstanz hohe Anforderungen gestellt. Erreicht wird diese Spannungsstabilität durch stromkonstante Einspeisung von temperaturkompensierten Z-Dioden. Die ständige Veränderung der Stromentnahme durch R_{Last} ist eine wesentliche Störgröße im Regelkreis. Eine weitere relevante Störgröße ist die Schwankung der Eingangsspannung U_e. Sie wird im Allgemeinen über einen Netztrafo mit nachfolgendem Vollweggleichrichter und einem Glättungskondensator gewonnen. Neben der Netzspannungsschwankung weist die Eingangsspannung U_e durch die eingeschränkte Siebung der Glättungskondensatoren einen erheblichen Spannungsbrummanteil

© Springer Fachmedien Wiesbaden GmbH 2017
J. Federau, *Operationsverstärker*, DOI 10.1007/978-3-658-16373-0_5

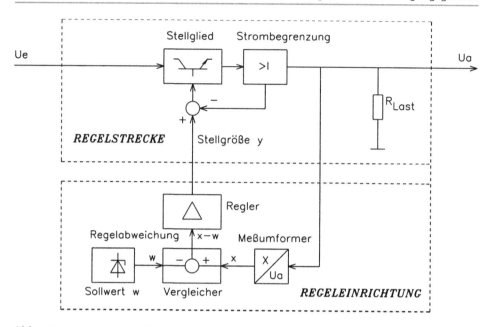

Abb. 5.1 Regelungstechnisches Blockschaltbild eines Stromversorgungsgerätes

auf, der ebenfalls ausgeregelt werden muss. Im Falle einer augenblicklichen Spannungs-absenkung der Eingangsspannung U_e wird U_a ebenfalls kleiner. Der Istwert x wird kleiner. Die Regelabweichung $x_w = x - w$ wird größer, so dass der Regler den Transistor wei-ter durchsteuert und U_a trotz niedrigerer Eingangsspannung auf den ursprünglichen Wert wieder nachgeregelt wird. Die meisten Stromversorgungsgeräte enthalten noch eine ein-gebaute Strombegrenzung. Wird der Strom durch R_{Last} zu groß, so wirkt die elektronische Strombegrenzung sperrend auf das Stellglied. Der Strom wird begrenzt.

5.1.2 Aufbau und Wirkungsweise eines serienstabilisierten Netzgerätes

Abb. 5.2 zeigt ein Netzgerät mit dem integrierten Spannungsregler µA723. Die Span-nungsreferenz von 7,15 V wird über eine Konstantstromquelle aus der Eingangsspannung U_e durch eine Z-Diode gewonnen. Der Istwert x wird über den Messumformer R_1, R_2, R_3 aus der Ausgangsspannung dem Vergleicher, der zugleich auch Regelverstärker ist, zu-geführt. Je nachdem, ob über U_a der Istwert x durch Belastungsänderungen am Ausgang kleiner oder größer werden würde, wird der Transistor V_1 entsprechend über OP_1 so an-gesteuert, dass sich die Ausgangsspannung wieder so einstellt, dass die Regelabweichung am Differenzeingang des Operationsverstärkers praktisch zu Null wird. Die Spannung am −Input von OP_1 hat damit immer das gleiche Potenzial wie die Spannungsreferenz von

Abb. 5.2 Grundschaltung einer Spannungsstabilisierung mit dem µA723. TO-Pinbezeichnung

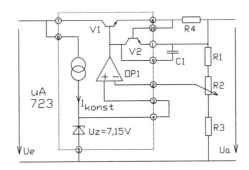

7,15 V. Über die Widerstandswerte des Messumformers R_1, R_2, R_3 kann somit die gewünschte Ausgangsspannung eingestellt werden.

Die Strombegrenzung wird mit dem Transistor V_2 und dem Widerstand R_4 realisiert. Liegt an der Ausgangsspannung U_a eine Last, die zu niederohmig ist, so wird der Spannungsfall an dem Strom-Shuntwiderstand R_4 so groß, dass der Transistor V_2 leitend wird. Damit verringert sich die Kollektor-Emitterspannung von V_2, was ebenfalls zur Verringerung der Basis-Emitterspannung von V_1 führt. V_1 wird weniger leitend und begrenzt somit den Ausgangsstrom. Der Kondensator C_1 verhindert das sofortige Einsetzen der Strombegrenzung bei steilen Stromspitzen und verhindert Schwingneigungen.

5.1.3 Berechnungsgrundlagen

Die Berechnung für den Einstellbereich der Ausgangsspannung ist leicht zu überschauen. Da am Potischleifer immer die Höhe der Spannungsreferenz anliegt, ergeben sich die Extremwerte von U_a für die beiden Anschlagsstellungen des Potischleifers. Bei oberer Potischleiferstellung verhält sich

$$\frac{U_z}{R_2 + R_3} = \frac{U_a}{R_1 + R_2 + R_3}$$

und bei unterer Potischleiferstellung verhält sich

$$\frac{U_z}{R_3} = \frac{U_a}{R_1 + R_2 + R_3}.$$

Die Strombegrenzung setzt dann ein, wenn der Spannungsfall an R_4 so groß wird, dass die Durchlassspannung der Basis-Emitterstrecke von V_2 überschritten wird. Der maximale Strom liegt somit bei etwa $0{,}6\,\text{V}\,/\,R_4$.

5.1.4   Vor- und Nachteile der analogen Serienstabilisierung

Vorteile sind die recht einfach erreichbaren engen dynamischen und statischen Fehlergrenzen der Ausgangsspannung. Durch die stetige Arbeitsweise des Stellgliedes V_1 werden keine Funkstörungen erzeugt. Die VDE-Sicherheitsvorschriften lassen sich ohne großen Aufwand einhalten, da sie im Wesentlichen nur durch den verwendeten Netztransformator bestimmt werden. Der Entwicklungsaufwand ist relativ gering, insbesondere durch den Einsatz der auf dem Markt vielfältig angebotenen integrierten Regelschaltungen. Nachteile liegen insbesondere im schlechten Wirkungsgrad der Schaltung. Die Verlustleistung am Stellglied ist das Produkt aus Spannungsfall an V_1 und Ausgangsstrom. Die dadurch auftretende Wärme an V_1 muss über großflächige Kühlkörper abgeleitet werden. Dies ergibt mit dem verwendeten 50 Hz-Transformator und den erforderlichen Siebmitteln für die Eingangsspannung U_e relativ voluminöse und schwere Geräte. Aufgrund dieser Merkmale beschränkt sich die Anwendung von serienstabilisierten Netzgeräten insbesondere auf Bereiche, in denen gute elektrische Daten hinsichtlich Spannungskonstanz und Ausregelbarkeit gefordert werden, jedoch Gewicht und Volumen eine untergeordnete Rolle spielen.

5.1.5   Beispiel zu einem Stromversorgungsgerät mit Serienstabilisierung

Die Schaltung in Abb. 5.3 stellt ein spannungsstabilisiertes Netzgerät mit Serienstabilisierung ohne Strombegrenzung dar.

Die Referenzspannung wird über die Widerstände R_1, R_2 und den Z-Dioden V_1 und V_2 gewonnen. Die Kombination R_1, V_1 dient zur Vorstabilisierung. Die Spannung von

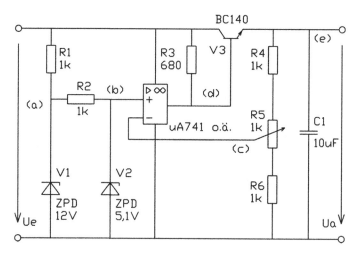

Abb. 5.3 Stromversorgung mit Serienstabilisierung

V_1 speist die R_2-V_2-Kombination ein. An V_2 besteht durch die Vorstabilisierung eine äußerst ripplefreie Referenzspannung. Diese Referenzspannung liegt am +Input des OPs. Am −Input wird über den Messumformer R_4, R_5 und R_6 die Ausgangsspannung zurückgeführt und mit dem +Input verglichen. Bei zu kleiner Ausgangsspannung hat der −Input gegenüber dem +Input ein zu kleines Potenzial. Der OP steuert den Längstransistor BC140 soweit durch, bis die Ausgangsspannung über den Messumformer am −Input das gleiche Potenzial des +Inputs annimmt. Der OP arbeitet hier als nichtinvertierender Verstärker, wobei das Gegenkopplungsnetzwerk der Messumformer R_4, R_5, R_6 und der Längstransistor ist. Die Differenzspannung am OP wird zu 0 V geregelt. Über den Messumformer kann ein definierter Teil der Ausgangsspannung zurückgeführt werden. Dieser zurückgeführte Teil bestimmt durch den Vergleich mit der Referenzspannung von 5,1 V über die Regelung die Höhe der Ausgangsspannung. Als erstes soll der Stellbereich der Ausgangsspannung berechnet werden. Dazu versuchen wir uns zunächst den Regelungsvorgang vor Augen zu führen. Wir schalten die unstabilisierte Eingangsspannung U_e ein und versuchen im Zeitlupentempo den Verlauf der Ausgangsspannung uns vorzustellen. Wir nehmen dabei Potimittelstellung an. Im Moment des Einschaltens von U_e ist U_a zunächst 0 V. Ebenso ist die Spannung am −Input 0 V. Am +Input liegt die Referenzspannung. Der OP steuert in die Aussteuergrenze. Der Transistor ist damit voll durchgesteuert wodurch die Ausgangsspannung ansteigt. Durch das Ansteigen der Ausgangsspannung wird die Differenzspannung am OP immer geringer. Erreicht die Spannung am −Input die Höhe der Referenzspannung von 5,1 V am +Input, so hat sich der OP in seiner Verstärkung selbst abgeschnürt. Der Regelungsvorgang ist beendet. Wichtig ist hier die Erkenntnis, dass am Schleifer des Potis sich immer die Spannung der Referenzspannung einstellt, da der OP sich durch das Gegenkopplungsnetzwerk R_4, R_5, R_6 und dem Transistor auf eine Differenzeingangsspannung von praktisch 0 V ausregelt. Aus dieser Erkenntnis lässt sich der Stellbereich der Ausgangsspannung leicht berechnen, da der Messumformer einen unbelasteten Spannungsteiler darstellt.

Es ist

$$U_{a\,min} = 5{,}1\,V \times \frac{R_4 + R_5 + R_6}{R_5 + R_6} = 7{,}65\,V$$

und

$$U_{a\,max} = 5{,}1\,V \times \frac{R_4 + R_5 + R_6}{R_6} = 15{,}3\,V.$$

Der Stellbereich kann über die Dimensionierung des Messumformers verändert werden. Die kleinste Ausgangsspannung kann aber 5,1 V nicht unterschreiten. Für diesen Fall müsste R_4 entfallen. Der Stellbereich wäre dann 5,1 ... 10,2 V.

Der Kondensator C_1 hat zwei Funktionen: Er verhindert das Einbrechen der Ausgangsspannung bei kurzzeitigen Lastspitzen. In einigen Fällen könnte bei schneller Regelung und zu hoher Ausgangsspannung der OP den Transistor abrupt sperren. Die Ausgangsspannung wird schlagartig niedriger. Der OP steuert den Transistor wieder voll auf. Der Vorgang wiederholt sich ständig, die Schaltung schwingt. Durch den Kondensator wird das schlagartige Ändern der Ausgangsspannung verhindert. Die Schaltung mit dem Kondensator zeigt damit weniger Schwingneigungen.

5.1.6   Übung und Vertiefung

Abb. 5.4 zeigt die komplette Schaltung eines konventionell geregelten Netzteiles mit Serienstabilisierung. Im Ausgangskreis befindet sich eine elektronische Strombegrenzung durch R_4, R_5 und Transistor BC107. Bei zu großer Stromentnahme wird der Spannungsfall an dem Strommesswiderstand R_5 so groß, dass der BC107 durchsteuert und den längsregelnden Transistoren BC140 und 2N3055 den Basisstrom entzieht. Der Ausgangsstrom wird auf einen bestimmten Wert begrenzt. Die Strombegrenzung wird über R_5 und die Basis-Emitter-Spannung vom BC107 definiert. In der Annahme, dass bei 0,6 V Basis-Emitter-Spannung der Transistor durchsteuert, würde für eine Strombegrenzung von 1 A der Widerstand R_5 sich zu 0,6 V / 1 A = 0,6 Ω errechnen. R_4 führt einen so kleinen Basisstrom, dass der Spannungsfall in der Rechnung nicht berücksichtigt werden muss.

Seine Bedeutung liegt in einem augenblicklichen Kurzschluss am Ausgang. Durch ihn wird ein extrem hoher Basisstrom durch den BC107 im Kurzschlussfall verhindert.

Aufgabenstellung 5.1.1
Ordnen Sie die folgenden Zahlen den regelungstechnischen Begriffen der Schaltung in Abb. 5.4 zu!

1 Regelverstärker
2 Stellglied
3 Referenzspannungsquelle bzw. Sollwert
4 Sollwertverstellung
5 Regelgröße bzw. Istwert
6 Messumformer

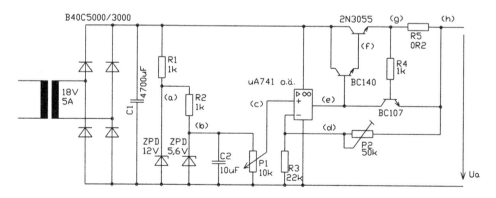

Abb. 5.4 Stromversorgungsgerät mit Strombegrenzung

Aufgabenstellung 5.1.2

a) Welche Bauelementgruppe bewirkt die Strombegrenzung?
b) Auf welchen Wert ist die Strombegrenzung in der Schaltung in Abb. 5.4 etwa eingestellt?

Aufgabenstellung 5.1.3

a) Die Ausgangsspannung U_a soll von 0 bis maximal 15 V durch das Poti P_1 eingestellt werden können.
   Auf welchen Wert muss P_2 etwa eingestellt werden?
b) Trimmer P_2 wird auf $0\,\Omega$ gestellt.
   Welche maximale Ausgangsspannung wäre in diesem Fall durch P_1 einstellbar?

Aufgabenstellung 5.1.4
Die Schleifer beider Potis sollen genau auf Mittelstellung eingestellt sein.
   Die Laststromentnahme soll 1 A betragen.
   Welche Potenziale werden an den Messpunkten (a) bis (h) gemessen?

(a) ... V
(b) ... V
(c) ... V
(d) ... V
(e) ... V
(f) ... V
(g) ... V
(h) ... V

Aufgabenstellung 5.1.5
Begründen Sie das Vorhandensein von zwei Z-Dioden in der Schaltung in Abb. 5.4!

5.2 Stromversorgungsgerät mit symmetrisch-bipolarer Ausgangsspannung

5.2.1 Funktionsweise und Dimensionierungsgesichtspunkte

Abb. 5.5 zeigt ein Stromversorgungsgerät mit symmetrisch einstellbarer bipolarer Ausgangsspannung. Außerdem besitzt die Schaltung noch eine elektronische Strombegrenzung. Die Referenzspannung wird gewonnen durch R_v und V_1. Sie beträgt 5,6 V. Diese Spannung ist über R_6 verstellbar. Sie steuert den nichtinvertierenden Verstärker OP$_3$ an. Über das Gegenkopplungsnetzwerk V_6, R_8 und R_9 wird die positive Ausgangsspannung

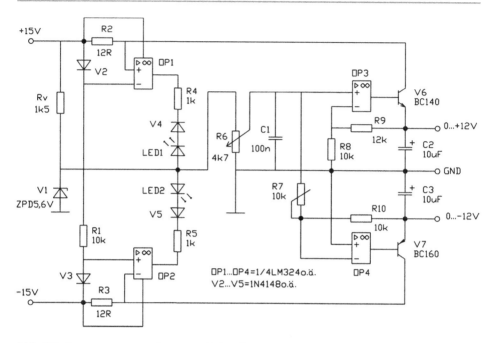

Abb. 5.5 Stromversorgung mit symmetrischer Ausgangsspannung

bestimmt. Für den negativen Ausgangsspannungszweig ist OP_4 verantwortlich. Es handelt sich hier um einen invertierenden Verstärker mit dem Gegenkopplungszweig V_7, R_7 und R_{10}. Über R_7 wird die negative Ausgangsspannung genau auf den Betrag der positiven Ausgangsspannung abgeglichen. Zunächst berechnen wir den Stellbereich der positiven Ausgangsspannung. Ist der Potischleifer von R_6 in oberer Stellung, so liegen 5,6 V am +Input von OP_3. Über das Gegenkopplungsnetzwerk regelt der OP die Ausgangsspannung so nach, bis die Eingangsdifferenzspannung am Operationsverstärker 0 V wird. Dies ist für ebenfalls 5,6 V am −Input der Fall.

Die Ausgangsspannung ist dann

$$\frac{5,6\,\mathrm{V}}{R_8} \times (R_8 + R_9) = 12,3\,\mathrm{V}.$$

Für untere Potischleiferstellung ist die Ausgangsspannung 0 V. Soll bei maximaler positiver Ausgangsspannung von 12,3 V die negative Ausgangsspannung der Symmetrie wegen betragsmäßig ebenfalls 12,3 V sein, so ist R_7 auf diesen Wert einzutrimmen.

Der Strom über R_{10} ist

$$\frac{12,3\,\mathrm{V}}{10\,\mathrm{k\Omega}} = 1,23\,\mathrm{mA}.$$

R_7 müsste auf

$$\frac{5,6\,\mathrm{V}}{1,23\,\mathrm{mA}} = 4,55\,\mathrm{k\Omega}$$

eingestellt werden.

Für eine bessere Feineinstellung könnte R_7 durch zwei Reihenwiderstände ersetzt werden. Das Poti R_7 hätte beispielsweise einen Wert von 1 kΩ und der Vorwiderstand 3,9 kΩ. Es ist noch eine wichtige Sache anzumerken. Oft wird die Frage gestellt, inwieweit die Höhe der Basis-Emitter-Spannungen der Serientransistoren die Ausgangsspannung beeinflusst? Die Antwort ist einfach und beruhigend: Nur die Gegenkopplungswiderstände bedingen die Ausgangsspannung. Sehen wir uns als Beispiel den positiven Ausgangszweig nach Abb. 5.5 an. Die eingestellte Spannung am +Input von OP_3 liegt auch am −Input. Der Strom durch R_8 bewirkt einen proportionalen Spannungsfall an R_9, der sich zur Ausgangsspannung addiert. Dabei hat die Basis-Emitterspannung, seien es 0,4 V oder sogar 0,7 V, überhaupt keinen Einfluss auf die Ausgangsspannung.

Als nächstes betrachten wir die Funktionsweise der Strombegrenzung für den positiven Aussteuerzweig. Über das Netzwerk V_2, R_1, V_3 nach Abb. 5.5 wird an den Dioden eine Schwellspannung von beispielsweise jeweils 0,6 V auftreten. Fließt im Ausgangszweig kein Laststrom, so ist über R_2 kein Spannungsfall vorhanden. Der +Input von OP_1 liegt auf einem Potenzial von 15 V. Der −Input liegt um 0,6 V entsprechend der Diodenschwellspannung niedriger. Der OP-Ausgang führt damit etwa 14 V. LED_1 liegt in Sperrrichtung. Erst wenn an R_2 durch den Laststrom ein Spannungsfall von > 0,6 V hervorgerufen wird, kippt OP_1 in die negative Aussteuergrenze. LED_1 leuchtet. Dies ist der Fall für einen Laststrom von > 0,6 V / R_2 > 50 mA. Durch das Leuchten der LED wird signalisiert, dass die Strombegrenzung einsetzt. Das Leuchten von LED_1 alleine bewirkt aber noch keine Strombegrenzung. Wir werden uns deshalb etwas mehr in die Wirkungsweise der Strombegrenzung vertiefen müssen. Dazu sehen wir uns den wichtigen Teil der Schaltung nach Abb. 5.6 an.

Durch den Laststrom von > 50 mA kippt OP_1 in die negative Aussteuergrenze von etwa −14 V. Wir treffen nun eine Annahme, die naheliegt, sich später aber als falsch herausstellen wird. Dieser Vorgang ist zur Berechnung von elektronischen Schaltungen durchaus üblich. Oft wird erst nach drei gesetzten Annahmen die richtige Berechnung möglich. Unsere Annahme liegt darin, dass an V_1 noch 5,6 V liegen. Die Schwellspannung der Diode V_4 wird mit 0,6 V angenommen, die der LED_1 mit 2 V. Diese Werte sind gesetzt und können durchaus etwas differieren. Für eine Z-Spannung von 5,6 V errechnen sich die in Abb. 5.6 dargestellten Werte der Schaltung. Man kann leicht erkennen, dass sich das Stromsummengesetz nach Kirchhoff hier nicht bestätigt. 6,3 mA fließen über R_v. Dieser Strom muss aber die Einspeisung der Z-Diode plus 17 mA für LED_1 und zusätzlich den Strom für R_6 und R_7 aufbringen. Unsere erste Annahme ist somit falsch.

Wir treffen die zweite Annahme: Der Strom kann über R_v nicht erbracht werden. Vielleicht fließt ein Teil des Stromes von der Masse über die Z-Diode zur Einspeisung von LED_1. Für diesen Fall fließt der Strom durch die Z-Diode in Durchlassrichtung. Die Spannung an der Kathode liegt somit bei ungefähr −0,6 V. Es errechnet sich der Strom durch R_v mit 10,4 mA nach Abb. 5.7. Der LED-Strom beträgt 10,8 mA. Über R_6 und R_7 fließen jeweils etwa 0,1 mA. Der Strom durch die Z-Diode in Durchlassrichtung beträgt somit 10,8 mA − 10,4 mA − 0,1 mA − 0,1 mA = 0,2 mA. Potenziale, Spannungen und Ströme entnehmen Sie bitte aus Abb. 5.7. Für die Berechnung bewahrheiten sich

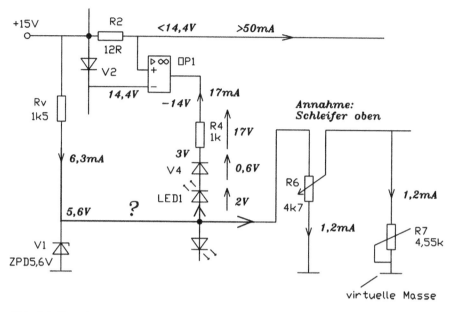

Abb. 5.6 Berechnung zum Einsatz der Strombegrenzung unter falschen Annahmen

die Kirchhoff'schen Gesetze. Bei einem Laststrom von $> 50\,\text{mA}$ würde am Potischleifer die Spannung nach unserer Rechnung $-0{,}6\,\text{V}$ betragen. OP_3 würde den Transistor V_6 in Abb. 5.5 sperren, da die OP-Ausgangsspannung negativ werden würde. In der Praxis werden natürlich diese $-0{,}6\,\text{V}$ am Poti nicht erreicht, denn für diesen Fall sperrt V_6, der Laststrom wird zu Null, OP_1 kippt in die positive Aussteuergrenze, OP_3 würde wieder öffnen. Irgendwo, bei ca. $50\,\text{mA}$ Laststrom, schnürt sich die Schaltung durch Absenkung der Potischleiferspannung an R_6 über OP_3 so ab, dass eben sich ein Gleichgewicht zwischen der Strombegrenzung und der Ausgangsspannung einstellt.

Ein Beispiel mag diesen Vorgang verdeutlichen: Die Ausgangsspannung ist auf $8\,\text{V}$ eingestellt. Der Lastwiderstand beträgt $200\,\Omega$. Es fließt ein Laststrom von $40\,\text{mA}$. Die Strombegrenzung setzt nicht ein, da OP_1 durch den geringen Spannungsfall an R_2 nicht kippt.

Für die Ausgangsspannung von $8\,\text{V}$ würde die Potischleiferstellung von R_6 nach Abb. 5.5 auf

$$\frac{8\,\text{V}}{R_8 + R_9} \times R_9 = 3{,}46\,\text{V}$$

eingestellt sein.

Am oberen Anschluss des Potis liegen die stabilisierten $5{,}6\,\text{V}$ der Z-Diode. Verringert sich der Lastwiderstand augenblicklich auf $100\,\Omega$, so würden rechnerisch $80\,\text{mA}$ fließen können. In diesem Fall kippt OP_1, die Spannung an V_1 sinkt so weit ab, dass OP_3 den Transistor V_6 sperren würde.

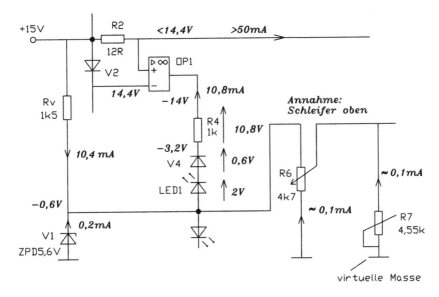

Abb. 5.7 Berechnung zum Einsatz der Strombegrenzung

Es sinkt die Ausgangsspannung am Lastwiderstand allerdings nur bis zu einer Spannung ab, bei der der Laststrom von 50 mA sich einstellt. Dies wäre bei $50\,\text{mA} \times 100\,\Omega = 5\,\text{V}$ der Fall.

5.2.2 Übung und Vertiefung zum Netzteil mit bipolarer Spannungsversorgung

Das Netzteil in der Schaltung in Abb. 5.8 zeichnet sich dadurch aus, dass die beiden Ausgangsspannungen in ihrer Größe unabhängig voneinander eingestellt werden können. Erreicht wird dies durch zwei separate Potis für den positiven und negativen Ausgangszweig.

Aufgabenstellung 5.2.1

Die Strombegrenzung soll auf 60 mA für beide Zweige festgelegt werden.

a) Welche Widerstände sind zu dimensionieren?
b) Berechnen Sie die Widerstandswerte!

Aufgabenstellung 5.2.2

Die Ausgangsspannung soll für beide Zweige maximal betragsmäßig 10 V betragen.

a) Auf welchen Wert muss R_9 eingestellt werden?
b) Auf welchen Wert muss R_{11} eingestellt sein?

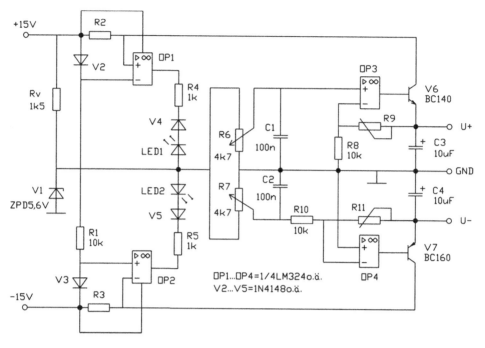

Abb. 5.8 Getrennt einstellbare bipolare Spannungsversorgung

5.3 Standard-Stromversorgungsgeräte mit Operationsverstärkern

5.3.1 Aufbau der Standard-Schaltung

Die Schaltung in Abb. 5.9 zeigt den grundsätzlichen Aufbau einer stabilisierten Stromversorgung. Die Trafokleinspannung wird über eine Diodenbrücke D_1 bis D_4 gleichgerichtet und über den Siebkondensator C_1 vorgeglättet. Über den Regelverstärker wird im Vergleich mit einer Referenzspannungsquelle der Längstransistor Q_1 soweit durchgesteuert, bis die Ausgangsspannung stabil bleibt. Leistungsfähigere Netzteile zeichnen sich insbesondere dadurch aus, dass die Längstransistoren für größere Leistungen ausgelegt sind und oft mehrere Transistoren parallel geschaltet werden. Für die Ansteuerung werden zusätzlich eventuell noch Treibertransistoren benötigt. Die Regelverstärker bestehen oft aus Standard-ICs, die für solche Netzteile in verschiedenen Qualitätsklassen auf dem Markt sind. Sie beinhalten den Regelverstärker einschließlich der Referenzspannungsquelle und integriertem Überlastschutz hinsichtlich Temperatur, Leistungsverluste oder Strombegrenzung. Gute Netzteile zeichnen sich insbesondere durch ihre statischen und dynamischen Regeleigenschaften aus. Hierzu gehören:

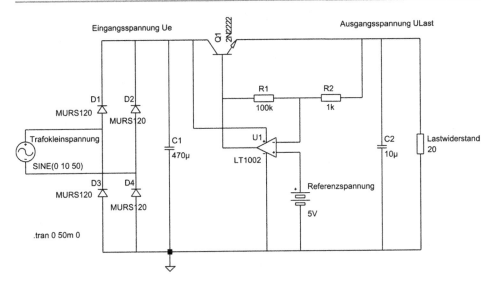

Abb. 5.9 Monitordarstellung eines Standardnetzteiles mit dem Simulationsprogramm LTspiceIV von Linear Technology. Die Schaltzeichendarstellung entspricht europäischen Normenmustern. Jedoch sind die Widerstände auch als amerikanische Norm wählbar

- Die Lastbrummspannung in V_{ss} für den stationären Zustand bei verschiedenen Grundlasten.
- Die Höhe der Regelabweichung vom vorgegebenen Sollwert bei verschiedenen Lasten.
- Der statische Innenwiderstand für die Ausgangsspannung.
- Ausregeleigenschaften für die Ausgangsspannung bei Lastsprüngen.
- Die Größe des dynamischen Innenwiderstandes des Stromversorgungsgerätes.
- Die Grenzfrequenz der Ausregelung.

Wir betrachten unser Standardnetzteil in Abb. 5.9. Es wurde mit dem Netzwerkanalyseprogramm LTspiceIV unter Windows auf dem PC erstellt. Dieses Simulationsprogramm ist allen kostenlos zugänglich und zeichnet sich als vollwertig, professionell und als sehr leistungsfähig aus. Das Programm LTspiceIV – ehemals SWCADIII – von der Firma Linear Technology ist eine wahre Fundgrube. Es beruht auf den gleichen Rechenalgorithmen von PSPICE, hat keine Bauteile- und Knotenbegrenzung, ist leicht zu bedienen, hat sehr gute Beispieldateien und ist kostenlos aus dem Internet unter www.linear.com zu beziehen! Bauteile aus dem professionellen PSPICE können zudem noch in dieses Programm integriert werden.

Alle elektronischen Bauteile wie Dioden und Operationsverstärker zeigen in ihrer Nachbildung das tatsächliche echte Zeit- und Schaltverhalten der realen Bauteile. Die Simulation mit LTspiceIV ist professionell und zeigt mit der real aufgebauten Schaltung weitgehend Deckungsgleichheit. Die Rechenalgorithmen von LTspiceIV entsprechen dem professionellen PSPICE, das international von der Industrie eingesetzt wird. Allen Lesern dieses Buches sei hier unbedingt die Anschaffung dieses Programms empfohlen.

In Kap. 9 wird auf dieses Programm noch näher eingegangen. Sie können sich dort von der Leistungsfähigkeit überzeugen. Die Einarbeitung in dieses Programm ist eine sinnvolle Investition, sei es für das Studium, das Arbeitsleben oder einfach für sich selbst. Sie werden in diesem Abschnitt erkennen, wie sinnvoll und erkenntnisbringend die Anwendung solcher Netzwerkanalyseprogramme sein kann. Abb. 5.9 zeigt die Schaltung der Stromversorgung, wie sie sich auf dem Monitor im Programm LTspiceIV darstellt. Für die Referenzspannungsquelle wurde vereinfacht eine Gleichspannungsquelle von 5 V gewählt. In der Praxis wird die Referenz durch eine konstantstromeingespeiste temperaturstabilisierte Z-Diode gewonnen. Unsere Referenzspannungsquelle von 5 V ist ideal und weist somit keinen Spannungsripple auf. Als Regelverstärker wurde der OP LT1002 von Linear Technology genommen. Er arbeitet zunächst als invertierender Verstärker mit der betragsmäßigen Verstärkung von $R_1 / R_2 = 100$. Verglichen wird die Ausgangsspannung mit der Referenzspannung von 5 V am +Input des OPs.

5.3.2 Die dynamischen Eigenschaften des Standard-Netzteiles

Wir schalten die Eingangswechselspannung bzw. Trafokleinspannung nach Abb. 5.9 ein und erhalten folgendes dynamisches Einschwingverhalten nach Abb. 5.10. Es ist gut zu erkennen, dass die Ausgangsspannung sich nach dem Sollwert von 5 V ausregelt. Doch die Sache hat einen kleinen Schönheitsfehler: Die Ausgangsspannung weist Spannungseinbrüche auch im stationären Zustand auf. Die Eingangsspannung ist zu klein gewählt worden. Man erkennt, dass die Mindestspannungsreserve zwischen Ausgangs- und Eingangsspannung nicht ausreicht. Misst man die Strecke zwischen minimaler Eingangsspannung U_e und der Ausgangsspannung U_{Last} genau aus, so sind es 2 V. Diese Mindestspannungsreserve wird auf jeden Fall benötigt. Sie lässt sich für uns leicht abschätzen. Wir nehmen an, dass die Ausgangsspannung genau 5 V beträgt. Der OP muss in diesen Fall auf etwa 5,6 V aussteuern, da er die Basis-Emitter-Strecke des Transistors durchsteuern muss. Ist die OP-Aussteuergrenze aber um ca. 1 bis 1,5 V tiefer als die OP-Versorgungsspannung, so muss sie für den OP mindestens $5,6 \text{ V} + (1 \text{ V} \ldots 1,5 \text{ V}) = 6,6 \text{ V} \ldots 7,1 \text{ V}$ betragen. Die Mindestreservespannung läge nach unseren Schätzungen dann zwischen $(6,6 \text{ V} \ldots 7,1 \text{ V}) - 5 \text{ V} = 1,6 \text{ V} \ldots 2,1 \text{ V}$.

Damit haben auch wir durch einfache Abschätzung die Mindestspannungsreserve ermittelt. In der Praxis gilt als gute Orientierung für längsregelnde Transistoren eine Spannungsreserve von 3 V. Für einen Einspeisetransformator ist neben dieser Mindestspannungsreserve auch noch der Spannungsfall von etwa zusätzlich $2 \times 0,7 \text{ V} = 1,4 \text{ V}$ durch die jeweils zwei in Reihe leitenden Dioden des Brückengleichrichters zu berücksichtigen. Ein Transformator mit 10 V_{eff} bietet sich für eine solche Ausgangsspannung von 5 V an. Wir haben es durch unser Programm einfach und erhöhen die Eingangswechselspannung. Es stellt sich die Ausgangsspannung nach Abb. 5.11 dar.

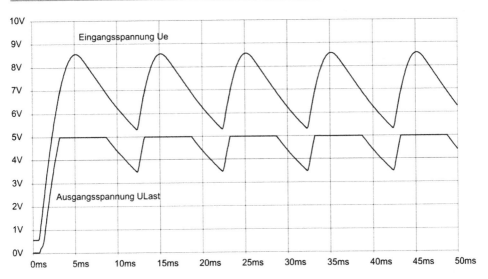

Abb. 5.10 Einschwingverhalten nach dem Einschalten $U_{Last} = f(U_e)$ der zu klein gewählten Eingangswechselspannung

Durch die große Spannungsreserve des Einspeisetransformators erscheint eine stabilisierte Ausgangsspannung ohne Brummanteil im stationären Zustand schon während der ersten Halbperiode der Netzwechselspannung von 50 Hz. Nun ist bekannt, dass eben doch jedes stabilisierte Netzteil in der Ausgangsspannung einen Brummanteil aufweist. Wir schauen uns deshalb die Ausgangsspannung im stationären Bereich von 20 bis 50 ms

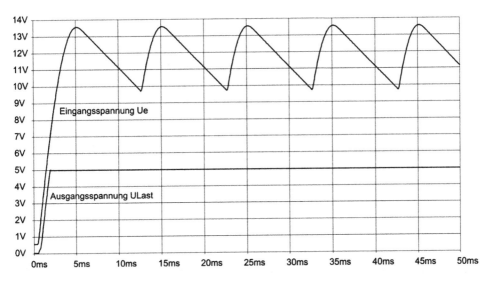

Abb. 5.11 Einschaltverhalten eines funktionstüchtigen Netzteiles

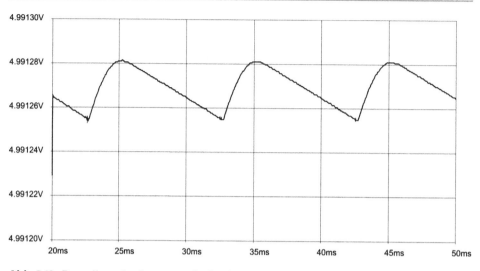

Abb. 5.12 Darstellung des Spannungsripples der Ausgangsspannung U_{Last} im maßstabsvergrößerten Ausschnitt

einmal nach Abb. 5.12 ausschnittsvergrößert an. Man kann erkennen, dass der Brummanteil der Spannung nicht einmal $0{,}03\,mV_{ss}$ ausmacht. Das erscheint äußerst gering. In der Praxis rechnet man für gute Geräte mit $1\ldots3\,mV_{ss}$ Brummanteil. Nun hat ja unsere Referenzspannungsquelle überhaupt kein Spannungsripple, während über Z-Dioden gewonnene Referenzspannungen durch den überlagerten Wechselspannungsteil der Einspeisung einen Spannungsripple aufweisen. Dieser Ripple geht direkt zusätzlich als Brummanteil in die Ausgangsspannung ein, da der Regelverstärker sich nach der Spannungsreferenz ausregelt.

Eines der wichtigsten Kriterien ist somit die Spannungskonstanz und Ripplefreiheit der Spannungsreferenz. Abb. 5.12 zeigt noch eine wichtige Tatsache: der Sollwert von 5 V wird in keinem Fall erreicht. Die Ausgangsspannung ist um fast 10 mV kleiner als die Spannungsreferenz. Dies erklärt sich aus der Charakteristik der Regeleinrichtung. Es handelt sich im Prinzip um einen invertierenden Proportionalverstärker mit der betragsmäßigen Verstärkung von 100 und dem Verstärkerstellglied Q_1. Damit dieses Stellglied überhaupt geöffnet wird, muss immer am Eingang des Regelverstärkers zwischen dem Sollwert von 5 V und der Ausgangsspannung eine Spannungsdifferenz bestehen bleiben. Es ist dies die sogenannte Regelabweichung, die umso kleiner wird, je höher die Verstärkung des Regelverstärkers und des Stellgliedes ist. In diesem Fall könnte sich gleich die Frage stellen, warum wir die Verstärkung des OPs nicht auf den Faktor 1000 über R_1 und R_2 erhöhen, um somit die Regelabweichung kleiner werden zu lassen. Aber eine Erhöhung der sogenannten Kreisverstärkung im Regelkreis kann zu Instabilitäten bzw. Schwingneigungen der Ausgangsspannung führen. Eine weitere Simulation soll uns diese Problematik einsichtig machen. Wir wählen hierfür für die Netzeinspeisung eine konstante Spannung nach Abb. 5.13, da der Parameter der Brummeinstreuung nicht relevant ist.

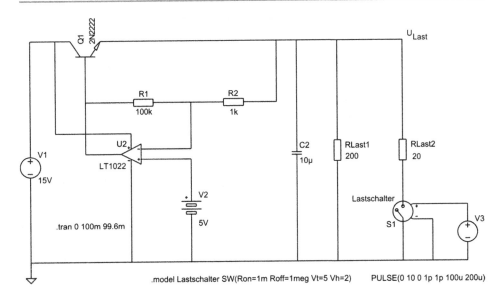

Abb. 5.13 Monitordarstellung: Simulationsschaltung für Lastsprünge. Anmerkungen zu den Infozeilen im Schaltbild: Die Transientenanalyse wird zwischen 99,6 und 100 ms ausgeführt. Der spannungsgesteuerte Lastschalter hat einen Einschaltwiderstand von 1 mΩ und ausgeschaltet einen Widerstand von 1 MΩ. Einschaltung um 5 V mit einer Hysterese von 2 V. Die Pulsquelle steuert den Lastschalter mit 0 und 10 V. Periodendauer 200 µs. Einschaltzeit 100 µs. Flankensteilheit der Rechtecksteuerspannung je 1 ps

Wir testen nun das Verhalten insbesondere der Ausgangsspannung unseres Netzgerätes bei Lastsprüngen. Am Ausgang liegt eine Grundlast von $R_{Last1} = 200 \, \Omega$ vor.

Parallel zur Grundlast wird eine Last R_{Last2} von 20 Ω periodisch zu- und abgeschaltet. Dies geschieht in der Simulation durch einen spannungsgesteuerten Lastschalter, der periodisch über eine Pulsquelle V_3 alle 100 µs ein- und ausgeschaltet wird.

Für diesen Fall schauen wir uns den Verlauf der Ausgangsspannung nach Abb. 5.14 an. Deutlich ist der Spannungseinbruch nach dem Einschalten der zusätzlichen Last nach 50 µs zu erkennen. Das Ausregeln der Ausgangsspannung ist mit Schwingneigungen verbunden. Ein Abschalten der Last nach 100 µs bewirkt ein augenblickliches Ansteigen der Spannung und ein nachträgliches Einschwingen der Ausgangsspannung auf den stationären Zustand. Die Schwingneigung erklärt sich aus der hohen Verstärkung des Regelkreises. Auf jede Spannungsänderung am Ausgang wirkt der Regelverstärker wegen der hohen Verstärkung sehr massiv gegensteuernd. Aufgrund der verschiedenen Zeitkonstanten bzw. Laufzeiten des gesamten Regelkreises reagiert die Ausgangsspannung auf Änderungen des Reglers und des Stellgliedes zeitverschoben, so dass die Ausgangsspannung sich erst allmählich auf den stationären Wert wieder einschwingt.

Verkleinern wir die Verstärkung des OP-Reglers auf beispielsweise $R_1 / R_2 = 22$, so könnte der Regler nicht so dominant auf Änderungen reagieren. Die Schwingneigung

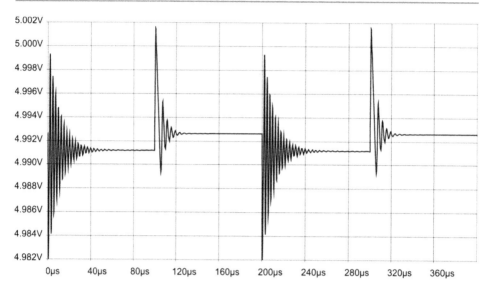

Abb. 5.14 Verlauf von U_{Last} bei Lastsprüngen: Lastabschaltung bei 100 μs, Lastzuschaltung bei 200 μs nach Schaltung Abb. 5.13: $R_1 = 100\,k\Omega$; $R_2 = 1\,k\Omega$

müsste sich verringern. Abb. 5.15 zeigt das Lastsprungverhalten für $R_1 / R_2 = 22$. Die Schwingneigungen haben sich tatsächlich verringert. Aber wir müssen große Einbußen auf die Qualität der Ausgangsspannung hinnehmen. Die kleinere Reglerverstärkung bedingt eine größere Regelabweichung von unserem eingestellten Sollwert von 5 V. Für eine Last von 200 Ω beträgt die Ausgangsspannung nur etwa 4,968 statt 5 V. Bei einer Belastung von 20 Ω zusätzlich, entsprechend 200 Ω ‖ 20 Ω = 18 Ω, sinkt die Ausgangsspannung um weitere 10 mV auf 4,961 V. Kleinere Schwingneigungen im Regelkreis werden in dieser Schaltung durch die geringere Verstärkung des Reglers mit größeren Regelabweichungen erkauft. Die Regelabweichung ist umso größer, je niederohmiger die Last ist. Ständig wechselnde Lasten im Ausgangskreis erzeugen somit einen Spannungsripple auf der Ausgangsspannung. In der Praxis strebt man die ideale Ausgangsspannung an. Sie kann aufgefasst werden als eine Gleichspannungsquelle mit einem Innenwiderstand von 0 Ω. Dies würde bedeuten: Kein Spannungsripple und keine Spannungsabsenkung bei Belastung. Den statischen Innenwiderstand unserer Spannungsquelle können wir berechnen. So beträgt der Strom für eine Last von 200 Ω etwa 4,968 V / 200 Ω = 24,8 mA. Dies gilt für den stationären Zustand beispielsweise vor dem Einschaltmoment nach Abb. 5.15.

Bei einer Stromlast von 4,961 V / (20 Ω ‖ 200 Ω) = 273 mA ist der stationäre bzw. ausgeglichene Zustand auf alle Fälle vor Abschalten der Last bei 190 μs erreicht. Der Innenwiderstand der Spannungsquelle errechnet sich damit zu

$$R_i = \frac{\Delta U}{\Delta I} = \frac{4,968\,V - 4,961\,V}{273\,mA - 24,8\,mA} = 0,028\,\Omega.$$

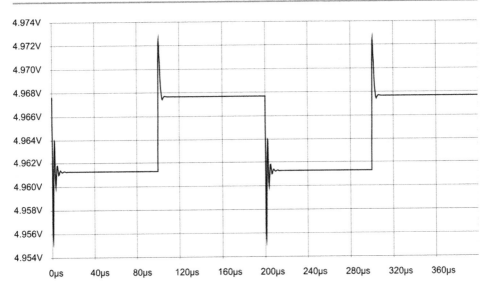

Abb. 5.15 Verlauf von U_{Last} bei Lastsprüngen: Lastabschaltung bei $100\,\mu s$, Lastzuschaltung bei $200\,\mu s$ nach Schaltung Abb. 5.13: $R_1 = 22\,k\Omega$; $R_2 = 1\,k\Omega$

Jetzt können wir die Spannungsänderung bei Belastung für den stationären Zustand berechnen. So würde eine Stromänderung von jeweils $100\,mA$ zusätzlich die Ausgangsspannung um jeweils $100\,mA \times 0,028\,\Omega = 2,8\,mV$ absenken.

In Abb. 5.16 haben wir einen ähnlichen Verlauf hinsichtlich der Spannungspulse der Ausgangsspannung wie in Abb. 5.15. Nur haben wir für den stationären Zustand die Regelabweichung wegbekommen.

Wie das funktioniert? Abb. 5.17 zeigt uns die Schaltung. Durch die Zuschaltung nur eines Kondensators C_1 in den Gegenkopplungszweig des invertierenden Verstärkers haben wir die Regelabweichung für den stationären Zustand beseitigt. Das Einschwingverhalten von Abb. 5.16 entspricht aber immer noch dem der Abb. 5.15 mit nur den Widerständen $R_2 = 1\,k\Omega$ und $R_1 = 22\,k\Omega$. Nun zu unserem Regelverstärker mit dem OP L1002. Im Gegenkopplungszweig des als Inverter geschalteten OPs liegt ein Widerstand in Reihe mit dem Kondensator C_1. Wäre nur der Widerstand in diesem Zweig, so handelt es sich um einen Proportionalregler. Nur ein Kondensator in diesem Zweig wäre ein Integrator. Es handelt sich hier um einen kombinierten Proportional-Integral-Verstärker, dem sogenannten PI-Regler. Er verbindet im Regelkreis zwei Vorteile. Zum einen reagiert bei einem Lastsprung der Regler sofort über seinen P-Anteil von R_1 / R_2. Der Kondensator geht im Moment eines Lastsprunges nicht in die Verstärkung ein, da bei einer augenblicklichen Lastsprungänderung und dem damit verbundenen Spannungssprung der kapazitive Widerstand durch das große $\Delta U / \Delta t$ praktisch $0\,\Omega$ ist. Für den stationären Zustand sorgt der Kondensator dafür, dass keine Regelabweichung mehr vorhanden ist. Dazu stellen wir uns vor, dass der Sollwert $5\,V$ ist. Die Ausgangsspannung (Istwert) soll $4,99\,V$ betragen. Sie

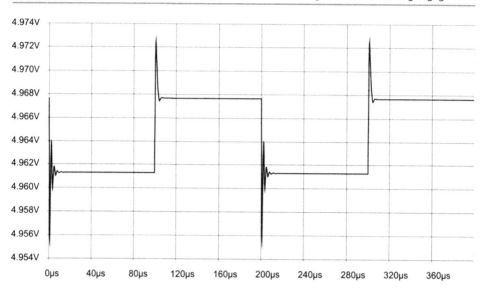

Abb. 5.16 Verlauf von U_{Last} bei Lastsprüngen: Lastabschaltung bei 100 μs, Lastzuschaltung bei 200 μs nach Schaltung Abb. 5.17: $R_1 = 22\,k\Omega$; $R_2 = 1\,k\Omega$; $C_1 = 0,22\,nF$

ist damit um 10 mV kleiner als der Sollwert. Über Gegenkopplung ist die Differenzspannung am Operationsverstärker 0 V, wodurch der −Input ebenfalls ein Potenzial von 5 V hat. An R_2 liegt dann eine Spannung von 10 mV. Sie bewirkt einen Stromfluss durch R_2 und somit durch den Kondensator C_1. Der Kondensator lädt sich ständig auf und erhöht

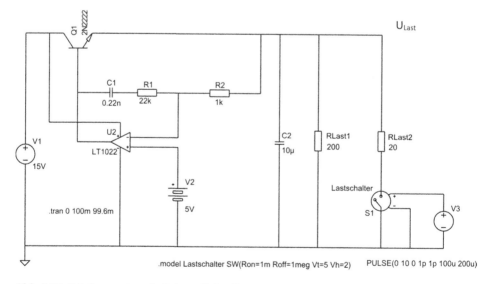

Abb. 5.17 Schaltung mit zusätzlichem C_1 im Gegenkopplungszweig

die Ausgangsspannung des OPs, was zur Erhöhung der Ausgangsspannung U_{Last} führt. Selbst wenn die Ausgangsspannung U_{Last} nur noch 1 mV niedriger als der Sollwert ist, liegt an R_2 diese Differenzspannung an und bewirkt durch den Stromfluss eine weitere Aufladung des Kondensators und eine damit verbundene Erhöhung der OP-Ausgangsspannung und der Ausgangsspannung U_{Last}. Dieser Vorgang ist dann beendet, wenn die Ausgangsspannung genau das Potenzial des −Inputs und damit des Sollwertes annimmt. Im stationären Zustand ist der Stromfluss durch R_2, R_1 und C_1 auf Null reduziert. Kleinste Veränderungen in der Ausgangsspannung bewirken immer eine stetige Auf- bzw. Umladung des Kondensators in die Richtung, bis die Regelabweichung wieder Null ist. Wird durch den Integralanteil, dem so genannten I-Anteil, die Regelabweichung zu Null und bewirkt der Proportional-Anteil (P-Anteil) eine mögliche Schwingneigung, so können wir versuchshalber den P-Anteil noch weiter verkleinern.

Das Stellglied mit seiner Verstärkung bleibt noch vorhanden. Wir wählen für den OP-Regler eine Verstärkung von $R_1 / R_2 = 10$ und ändern den I-Anteil von $C_1 = 0{,}47$ nF. Es sei hier vermerkt, dass hier in der Wahl der Bauteilwerte stark experimentell vorgegangen worden ist. Die gleiche Schaltungsfunktion mit einem anderen OP und Transistor würde hier eine neue Optimierung erfordern. Prinzipiell lässt sich aber das grundsätzliche Verständnis über Simulationsprogramme sehr gut erwerben.

Abb. 5.18 zeigt das Einschwingverhalten bei unserem schon bekannten Lastsprung. Durch die geringer gewählte Verstärkung sinkt die Spannung bei einem Lastsprung geringfügig stärker ab als in den Wertangaben nach Abb. 5.17. Das Einschwingen erscheint durch die Wahl eines 0,47 nF-Kondensators recht günstig. Über die optimale Einstel-

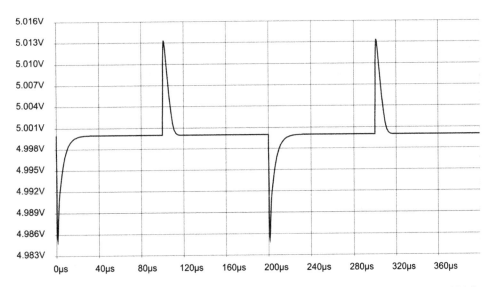

Abb. 5.18 Lastsprungverhalten für Reglereinstellung nach Schaltung Abb. 5.17: $R_1 = 10$ kΩ, $R_2 = 1$ kΩ, $C_1 = 0{,}47$ nF

lung eines PI-Reglers haben Regelungstechniker in einer Vielzahl von Büchern in mathematisch komplexen Ableitungen viel geschrieben. Dies ist auch wichtig und für Regelungsprozesse in großindustriellen Regelungsprozessen äußerst notwendig. So kann eine Walzstraßensteuerung in der Stahlindustrie nicht durch Trial-and-Error-Methoden ermittelt werden. Hierzu muss durch messtechnische Methoden das Zeitverhalten einer Strecke ermittelt und die entsprechende Reglereinheit dimensioniert werden. Heutzutage ist hier natürlich der Einsatz von selbstoptimierenden Reglereinheiten selbstverständlich geworden. Für uns Elektroniker ist die Vorgehensweise mittels komplexer Mathematik zwar möglich, aber selbst in der industriellen Entwicklung greift man in vielen Fällen auf das handwerkliche empirische Können und auf Erfahrungswerte zurück. Der Kondensator wird um das Doppelte vergrößert oder verkleinert, das Gleiche gilt für die Widerstände im Regler. Das Lastsprungverhalten wird gemessen. Bei irgendeinem akzeptablen gemessenen Optimum erhält man die gesetzten R-C-Kombinationen für den Regler. PSPICE oder hier LTspiceIV bieten im Rahmen der Laborentwicklung in diesem Fall ausgezeichnete Vorarbeit.

Man kann das Lastsprungverhalten noch ein wenig verbessern. Abb. 5.19 zeigt das Ergebnis. Sehen die Kurvenverläufe in Abb. 5.18 und 5.19 doch sehr ähnlich aus, so ist bei genauer Maßstabsbetrachtung der untere Kurvenverlauf etwas günstiger. Der Regler wurde noch durch einen Kondensator C_d und einen Widerstand R_d nach Abb. 5.20 erweitert. Im Prinzip bildet der Kondensator C_d mit dem Gegenkopplungswiderstand R_1 einen Differenzierer. Es handelt sich hier um einen Proportional-Integral-Differenzier-Regler oder besser um einen PID-Regler. Wir stellen uns jetzt die Funktionsweise des

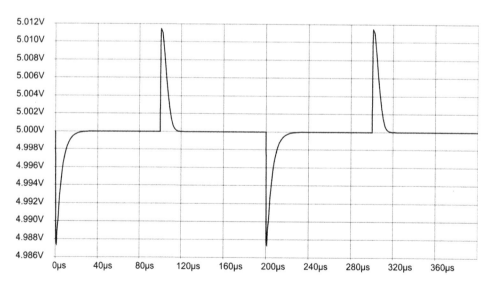

Abb. 5.19 Lastsprungverhalten für Reglereinstellung nach Schaltung Abb. 5.20: $R_1 = 10\,\text{k}\Omega$, $R_2 = 1\,\text{k}\Omega$, $R_d = 100\,\Omega$, $C_1 = 0{,}47\,\text{nF}$, $C_d = 0{,}22\,\text{nF}$

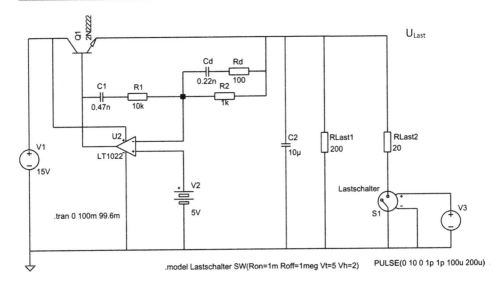

Abb. 5.20 Monitordarstellung eines PID-Reglers durch LTspiceIV

Reglers bei einem Lastsprung vor. Den proportionalen Anteil und den integrierenden Anteil kennen wir schon. Was macht nun aber der differenzierende Anteil? Im Moment des Lastsprunges bricht die Ausgangsspannung sehr schnell zusammen. Für diesen Moment sprang ja sozusagen unser Proportionalregler mit R_1 / R_2 sofort ein. Schnelle Spannungsänderungen sollen aber sehr schnell ausgeregelt werden. Der Proportionalregler müsste in seiner Verstärkung sehr hoch gewählt werden, was aber wieder zu Schwingneigungen der Ausgangsspannung führt. Nun hat ja der differenzierende Anteil über R_1 und C_d bei hoher Spannungsänderungsgeschwindigkeit $\Delta U / \Delta t$ eine sehr große Verstärkung, weil der kapazitive Widerstand sehr klein ist und das Verstärkungsverhältnis sich aus den Widerständen R_1 / X_{Cd} ergibt. Diese möglicherweise sehr große Verstärkung durch die hohe Spannungsänderungsgeschwindigkeit der Ausgangsspannung und die damit verbundene Schwingneigung wird über R_d begrenzt. Im oberen Fall kann die maximale Verstärkung im differenzierenden Zweig durch R_d maximal $R_1 / R_d = 1000$ werden. Für das Lastsprungverhalten hat der Ausgangskondensator C_2 noch große Bedeutung. Es leuchtet unmittelbar ein, dass für Lastschwankungen der Kondensator als Energiepuffer wirkt und der Spannungsripple verkleinert werden kann. Auch bei Lastschwankungen sehr hoher Frequenz kann ein sehr schaltschneller Kondensator den dynamischen Innenwiderstand erheblich verkleinern. So werden Belastungssprünge sehr hoher Frequenz sozusagen zwischenzeitlich durch das Energiespeichervermögen des Kondensators überbrückt. Nachteile hat dieser Kondensator bei Stromversorgungsgeräten mit einstellbarer Strombegrenzung. So kann sich im ersten Moment bei einem Lastkurzschluss immer noch der sehr große Kondensatorkurzschlussstrom von C_2 über die Last entladen. Hinter der Strombegrenzung sollte deshalb möglichst auf einen zusätzlichen Glättungsausgangskondensator verzichtet werden.

5.3.3 Übungen und Vertiefung

Das dynamische Lastverhalten der Schaltungen a), b) und c) (in Abb. 5.21) wird in den Diagrammen der Ausgangsspannung 1) bis 3) in Abb. 5.22 in ungeordneter Zuordnung gezeigt. Der zusätzliche Lastsprung am Ausgang für die Spannung U_{Last} wird nach 100 μs und die Abschaltung dieser Last nach 200 μs getätigt.

Aufgabenstellung 5.3.1

Welche Ausgangsspannung wird sich nach Schaltung a) (Abb. 5.21a) im stationären Zustand für die Ausgangsspannung U_{Last} ergeben?
  Die Referenzspannungsquelle beträgt 5 V.

Aufgabenstellung 5.3.2

Wie groß müsste R_{q1} in Schaltung a) (Abb. 5.12a) unter Beibehaltung des Wertes von R_{q2} sein?

Aufgabenstellung 5.3.3

In Abb. 5.22 sind die Diagramme 1) bis 3) für die Schaltungen a) bis c) (Abb. 5.21) dargestellt.

a) Ordnen Sie die Diagramme den Schaltungen zu!
b) Begründen Sie Ihre gewählten Zuordnungen!

  Die Diagramme in Abb. 5.22 zeigen die Ausgangsspannung U_{Last} bei Lastsprüngen. Zu einer Grundlast von 200 Ω wird periodisch eine Last von 20 Ω für 200 μs zu- und abgeschaltet.

Abb. 5.21 Monitordarstellung von LTspiceIV. **a** Reglervariation mit Schaltung *a)*, **b** Reglervariation mit Schaltung *b)*, **c** Reglervariation mit Schaltung *c)*

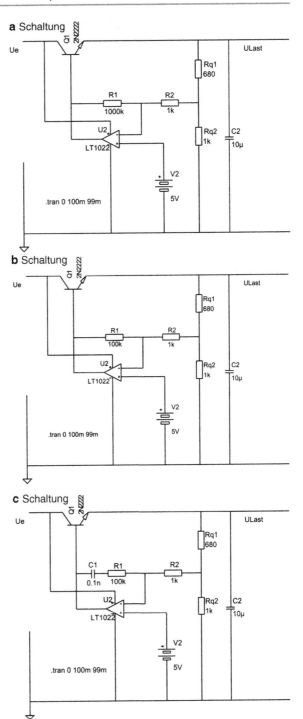

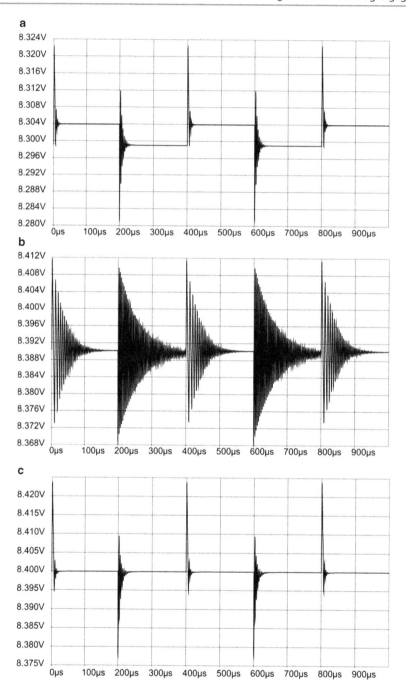

Abb. 5.22 Monitordarstellung von LTspiceIV. **a** Diagramme 1) für die Ausgangsspannung U_{Last}, **b** Diagramme 2) für die Ausgangsspannung U_{Last}, **c** Diagramme 3) für die Ausgangsspannung U_{Last}

5.4 Sekundär getaktete Netzgeräte mit freilaufender Schaltfrequenz

5.4.1 Die Funktionsweise sekundär getakteter Netzgeräte mit freilaufender Taktfrequenz

Der Nachteil konventionell geregelter Netzgeräte liegt in der Vernichtung der nicht benötigten Spannung über dem Längsregeltransistor. Damit ist gleichzeitig eine hohe Verlustleistung verbunden, was zu einem schlechten Wirkungsgrad analog geregelter Stromversorgungsgeräte führt. Abhilfe schaffen hier getaktete Netzgeräte. Der ursprünglich längsregelnde Transistor wird als Leistungsschalter eingesetzt. Er wird über einen Pulsweiten-Modulator mit einem bestimmten Puls-Pausen-Verhältnis ein- und ausgeschaltet. Je länger die Einschaltphase zur Sperrphase des Transistors ist, desto größer wird die Ausgangsspannung U_a. Da die Ausgangsspannung über den geschalteten Transistor rechteckförmig sein würde, wird grundsätzlich zur Gewinnung der Gleichspannung U_a ein Glättungsnetzwerk benötigt. Die Ausgangsspannung wird einem Pulsweiten-Komparator zugeführt und mit einer Referenzspannung verglichen. Ist die Ausgangsspannung kleiner als die Spannungsreferenz, so wird über den Pulsweiten-Komparator der Transistor in den leitenden Zustand geschaltet. Die Ausgangsspannung erhöht sich allmählich über das Glättungsnetzwerk, bis die Ausgangsspannung größer als die Referenzspannungsquelle ist. Der Komparator kippt. Der Transistor wird in den Sperrzustand geschaltet. Durch das Ein- und Ausschalten wird die Verlustleistung am Transistor erheblich verringert und dadurch der Wirkungsgrad verbessert. In der Einschaltphase fließt zwar ein großer Strom durch den Transistor, allerdings ist die Kollektor-Emitter-Spannung sehr klein und während der Sperrphase ist die Spannung am Transistor zwar sehr hoch, der Strom aber praktisch Null. Die Transistor-Verlustleistung wird somit erheblich reduziert. Abb. 5.23 stellt ein Schaltnetzteil mit freilaufender Schaltfrequenz dar. Je nach Belas-

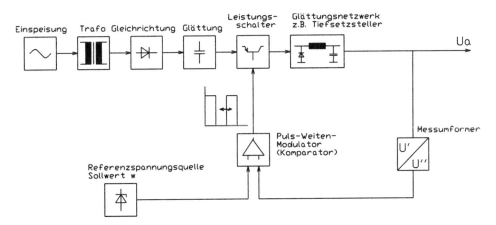

Abb. 5.23 Funktionsschaltbild eines Sekundär-Schaltnetzteiles mit freilaufender Schaltfrequenz

tung, Ausgangs- und Eingangsspannung ändert sich das Puls-Pausen-Verhältnis, wobei sich die Schaltfrequenz ebenfalls ändert. Bei gleicher Ausgangsspannung und konstanter Last wird bei Eingangsspannungserhöhung die Einschaltphase des Transistors gegenüber der Sperrphase immer kleiner. Im Prinzip wird bei verlustfreiem Glättungsnetzwerk der arithmetische Mittelwert der geschalteten Rechteckspannung gebildet. Abb. 5.24 zeigt den Zusammenhang zwischen variabler Eingangsspannung U_e, stabilisierter Ausgangsspannung U_a und konstanter Last. Die Frequenz wird bei freilaufenden Schaltnetzteilen durch die Erhöhung von U_e größer, da die geschaltete Spannung ΔU_C und damit auch der Ripple ΔU_a größer werden würden. Ein größeres ΔU_a bringt nach Abb. 5.23 den Pulsweiten-Komparator eher und somit häufiger zum Schalten. Die Taktfrequenz erhöht sich. Das Puls-Pausen-Verhältnis wird allerdings kleiner, da in kürzeren Einschaltphasen wegen der höheren Eingangsspannung U_e die gleiche Energie auf die Ausgangsseite geschaltet werden kann. Freilaufende getaktete Netzgeräte sind vom Aufbau relativ einfach geschaltet. Ein Nachteil liegt darin, dass die Dimensionierung des Glättungsnetzwerkes für einen breiteren Frequenzbereich dimensioniert werden muss.

Abb. 5.24 Konstante Ausgangsspannung U_a und das Puls-Pausen-Verhältnis bei variablem U_e. T1 $\neq$ T2

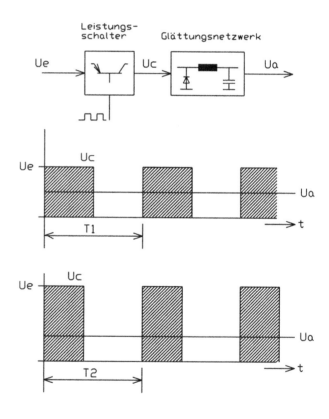

5.4.2 Funktionsweise und Realisierung eines Sekundär-Schaltnetzteiles mit freilaufender Schaltfrequenz

Abb. 5.25 zeigt ein konventionell aufgebautes Standard-Sekundär-Schaltnetzteil. Die Konzeption eines freilaufenden Schaltnetzteiles ist nicht mehr praxisrelevant, da integrierte Schaltregler mit fester und sehr hoher Schaltfrequenz bei sehr guten Wirkungsgraden auf den Markt vorherrschen. Das hier gezeigte Schaltnetzteil soll mehr als Vertiefung zu den Grundprinzipien von Schaltnetzteilen dienen, einhergehend mit der Verwendung eines Operationsverstärkers. Es handelt sich hier um eine PC-Simulation mit dem Netzwerkanalyseprogramm LTspiceIV. Die Bauelemente sind relativ willkürlich gewählt. Es wurde insbesondere ein schneller Operationsverstärker und eine schnelle verlustfreie Schottky-Diode D_1 verwendet.

Auf eine Netzeinspeisung nach Abb. 5.23 wurde verzichtet. Als Einspeisung dient eine Spannungsquelle V_1 mit einem Innenwiderstand R_i nach Abb. 5.25. Der Schalttransistor Q_1 und der Operationsverstärker U_2 sind in der Wahl dem Leistungsbedarf und der Höhe der Schaltfrequenz anzupassen. Die Freilaufdiode D_1 des Glättungsnetzwerkes sollte eine schnelle Schottky-Diode mit geringer Durchlassspannung sein, um die Schaltverluste für das Glättungs-Netzwerk gering zu halten. Die Eingangsspannung U_e wird über den Leistungsschalter Q_1 auf ein Glättungsnetzwerk – einem sogenannten Tiefsetzsteller – mit L_1, C_1 und D_1 geführt. Die geglättete Ausgangsspannung U_a wird mit dem Sollwert einer 12 V-Z-Diode D_2 an dem Puls-Weiten-Komparator U_2 verglichen.

Ist die rückgeführte Ausgangsspannung U_a kleiner als die Spannungsreferenz von U_Z von etwa 12 V, so schaltet der Operationsverstärker U_2 auf die untere Aussteuergrenze. Es fließt ein Basisstrom von der 24 V-Versorgung über R_2 zum Operationsverstärker. Damit ist der Transistor Q_1 durchgesteuert. Die Spannung U_a erhöht sich, bis der Komparator

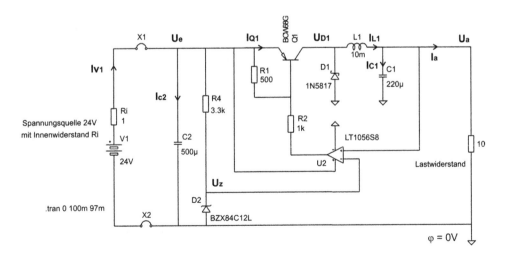

Abb. 5.25 Konventionelles Sekundär-Schaltnetzteil

U_2 in die positive Aussteuergrenze kippt. Q_1 sperrt wieder. Die Ausgangsspannung sinkt. Dieser Schaltvorgang wiederholt sich ständig. Es besteht keine Schalthysterese des nicht beschalteten Operationsverstärkers. Schwingfrequenz und Schalthysterese werden mehr durch die Zeitkonstanten von L_1 und C_1 bestimmt. Zu beachten ist, dass eine kleinere Schalthysterese eine höhere Schaltfrequenz mit sich zieht. Der Widerstand R_1 verhindert, dass bei durchgesteuertem Operationsverstärker noch ein geringer Reststrom über die BE-Strecke von Q_1 fließen kann. Der Operationsverstärker wird laut Schaltbild in Abb. 5.25 mit 24 V versorgt. Seine obere Aussteuergrenze mag beispielsweise bei 23 V liegen. Durch R_1 und R_2 wird gewährleistet, dass der Transistor Q_1 sicher sperrt. Bei 24 V am Emitter und 23 V an der Basis könnte ein Basisstrom fließen. Diese 1 V Differenzspannung wird durch das Widerstandsverhältnis R_1 und R_2 so aufgeteilt, dass an R_1 nur ein Drittel der Spannung von 1 V liegt. Mit Sicherheit kann damit kein Basisreststrom durch Q_1 fließen, weil die Basis-Emitterspannung unterhalb der Durchbruchsspannung liegt. Gleichzeitig dient R_1 als Basisableitwiderstand. Die Basiszone des Transistors kann durch den Basisableitwiderstand R_1 schneller von Ladungsträgern geräumt werden. Die Schaltzeiten werden damit günstiger.

Die Ansteuerung des Transistors über einen Operationsverstärker mit den Widerständen R_1 und R_2 dient also zum sicheren Abschalten des Basisstromes und der Verbesserung der Schaltflankensteilheit. Diese Bauteilkombination ist Funktionsstandard vieler OP-Transistorschaltungen.

Das Diagramm Abb. 5.26 zeigt Spannungs- und Stromverläufe zur Schaltung in Abb. 5.25. Die Ausgangsspannung U_a beträgt entsprechend des Sollwertes U_Z etwa 12 V bei sichtbarer Welligkeit. Die Eingangsspannung U_e zeigt ebenfalls leichte Spannungszusammenbrüche aufgrund des Innenwiderstandes R_i von 1 Ω. Am Ausgang des

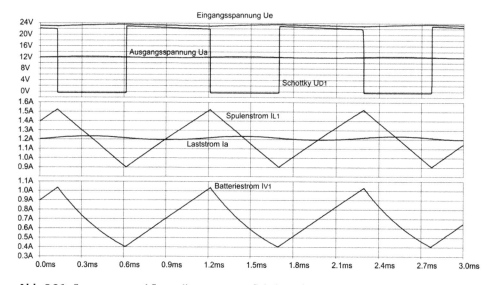

Abb. 5.26 Spannungs- und Stromdiagramme zur Schaltung in Abb. 5.25

Schalttransistors Q_1 liegt eine Rechteckspannung U_{D1} vor, die über das Glättungsnetzwerk L_1, D_1, C_1 die relativ konstante Spannung U_a bedingt. Der Laststrom I_a verläuft natürlich proportional zu U_a und beträgt etwa 1,2 A. Dieser Strom – für einige E-Techniker vielleicht zunächst überraschend – ist größer als der Batteriestrom I_{V1}. Dieser beträgt im Mittel nur etwa 0,7 A. Aber wir haben im Schaltnetzteil kaum Verluste. Der Schalttransistor vernichtet ja nicht, wie bei einem konventionellen Netzteil, ein Teil der Spannung bei entsprechendem Laststrom, sondern er hat die Funktion eines Schalters. Bei Sperrung ist die Transistorverlustleistung gering, da kein Strom fließt. Im leitfähigen Zustand des Transistors fließt zwar ein hoher Strom, aber die Sättigungsspannung U_{CE} ist so gering, dass auch hier wenig Verlustleistung auftritt. Während der Schaltflanken treten noch die Umschaltverluste auf. Nehmen wir der Einfachheit halber einen Wirkungsgrad von 100 % bei einer Ausgangsspannung von 12 V und einem Laststrom von 1 A an, so müsste auf der Eingangsseite bei 24 V ein mittlerer Strom von 0,5 A fließen. Es handelt sich letztendlich um einen DC-DC-Wandler. Diese Art der Schaltnetzteile bzw. DC-DC-Wandler wird gerne in der Solartechnik durch einen Maximum-Power-Point-Trace-Regler (MPPT-Regler) angewendet. Vermag ein Solarmodul in seinem Leistungsmaximum bei 18 V ein Strom von 1 A zu liefern, so könnte durch den MPP-Regler dieser bei einem guten Wirkungsgrad einem 12 V-Bleiakku einen Ladestrom von etwa 1,5 A bereitstellen.

Das Diagramm in Abb. 5.27 zeigt nach Schaltbild in Abb. 5.25 nochmal wichtige Strom- und Spannungsverläufe.

Die Eingangsspannung U_e ist keine ideale Spannungsquelle wegen des Innenwiderstandes von 1 Ω.

Bei Belastungsänderung ist die Versorgungsspannung damit nicht konstant.

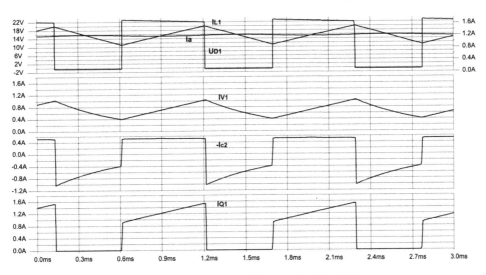

Abb. 5.27 Spannungs- und Stromdiagramme zur Schaltung in Abb. 5.25

Während der Sperrphase des Transistors wird die Eingangsspannungsquelle nicht vom Ausgang her belastet. In dieser Zeit kann aber die Eingangsspannungsquelle ihre Energie an den Stützkondensator C_2 abgeben.

Nun ist nach dem Schaltbild in Abb. 5.25 anhand der Strompfeilkennzeichnung $I_{V1} = I_{C2} + I_{Q1}$, wenn der geringe Z-Strom über R_4 vernachlässigt wird. I_{Q1} ist damit $I_{V1} - I_{C2}$. Diese drei Größen sind im Diagramm in Abb. 5.27 mit ihren Vorzeichen dargestellt. Hieraus ergibt sich die überaus wichtige Funktion des Stützkondensators C_2. Er gibt seine gewonnene Energie aus der Spannungsquelle V_1 während der Sperrphase des Transistors jetzt in der Leitphase wieder ab. Der Strom des Kondensators C_2 addiert sich zum Strom der Eingangsspannungsquelle. Der Strom durch den Transistor wird um etwa 0,5 A zusätzlich durch I_{C2} erhöht. Der Ausgangsstrom I_a ist damit größer als der nur von der Eingangsspannungsquelle U_e gelieferte Strom. Ohne Stützkondensator C_2 würde die Energie der Eingangsspannungsquelle U_e während der Sperrphase zwischenzeitlich nicht genutzt werden.

Das Diagramm in Abb. 5.28 bezieht sich auf die Schaltung Abb. 4.25 ohne Stützkondensator C_2. Der Spulenstrom I_{L1} und auch der Laststrom I_a haben hier den gleichen Verlauf. Völlig anders stellt sich der Stromverlauf I_{V1} von der Eingangsspannungsquelle U_e dar. Er hat den gleichen Verlauf von I_{Q1} in dem Diagramm in Abb. 5.26. Allerdings muss die Eingangsspannungsquelle einen maximalen Strom von 1,5 A aufbringen, während mit Kondensator C_2 der maximal entnommene Strom der Eingangsquelle nur 1 A ist. Nun kann ja die Eingangsspannungsquelle mit $R_i = 1\,\Omega$ diesen Maximalstrom von 1,5 A mit noch akzeptablen Spannungseinbrüchen aufbringen. Doch während der Sperrphase wird eben die vorhandene Energie der Eingangsquelle nicht genutzt.

Viel kritischer wird der Betrieb mit anders gearteten Eingangsquellen. So ist aufgrund der Charakteristik von Solarmodulen an einem solchen Schaltnetzteil ein Betrieb ohne Stützkondensator nicht möglich. Ein Solarmodul nach Abb. 5.29 liefert beispielsweise 1 A Kurzschlussstrom und eine Leerlaufspannung laut der Kennlinie Abb. 5.29 von 22 V. Der maximal entnehmbare Strom beträgt 1 A.

Hier muss in jedem Fall die Energie des Solarmoduls während der Sperrphase des Schaltnetzteiles über einen Stützkondensator zwischengespeichert werden. In der Leitphase des Transistors Q_1 wird dann seine Energie und die des Solarmoduls an den Ausgang weitergegeben. Das Diagramm in Abb. 5.30 zeigt den Verlauf der Ströme vom Solarmo-

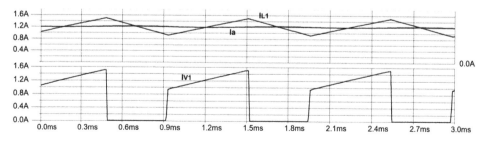

Abb. 5.28 Spannungs- und Stromdiagramme zur Schaltung Abb. 5.25 ohne Kondensator C2

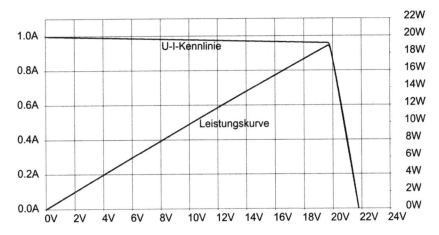

Abb. 5.29 Kennlinien eines Solarmoduls

dul, des Spulenstromes I_{L1} und des Laststromes I_a. Der Solarstrom überschreitet in keinem Fall seinen möglichen Kurzschlussstrom von 1 A. Im Mittel beträgt der Solarstrom etwa 0,7 A und der Laststrom knapp über 1,2 A. Rein theoretisch könnten dem Solarmodul nach Abb. 5.29 maximal etwa 18,5 W bei Leistungsanpassung entnommen werden. Dies würde bei etwa 19,5 V der Fall sein. Betrachtet man das Schaltnetzteil mit nahezu 100 % Wirkungsgrad, so würde am Ausgang ebenfalls diese Leistung entnommen werden können. Der Laststrom I_a würde sich dann zu $I = P / U_a = 18,5\,W / 12\,V = 1,54\,A$ errechnen. Ersetzt man beispielsweise den Lastwiderstand durch einen Bleiakku mit augenblicklich 12 V, so wäre also sein Ladestrom erheblich höher als der abgegebene Solarstrom. Dieses Prinzip ist die Grundlage eines jeden MPPT-Solarreglers. Allerdings werden hier Schaltregler fester Frequenz verwendet und die Leistungsanpassung wird mit Microcontrollern realisiert. Es muss ja zu jeden Lichtverhältnissen im Maximal-Power-Point (MPP) des Solarmoduls gearbeitet werden.

Das bisher beschriebene freilaufende Schaltnetzteil wird in seiner Schaltfrequenz insbesondere durch die Zeitkonstanten von der Induktivität und des Kondensators bestimmt.

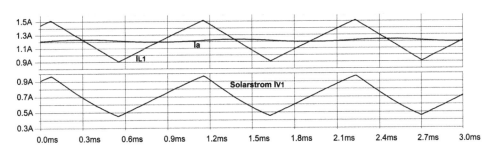

Abb. 5.30 Das Solarmodul aus Abb. 5.28 am Schaltnetzteil in Abb. 5.25

Eine höhere Schaltfrequenz durch beispielsweise schnellschaltende OPs ist nicht möglich. Besser ist einfach die Wahl von Netzteilen mit fester Schaltfrequenz, wie sie im nachfolgenden Abschn. 5.5 beschrieben wird.

5.4.3 Übung und Vertiefung zum freilaufenden Schaltnetzteil

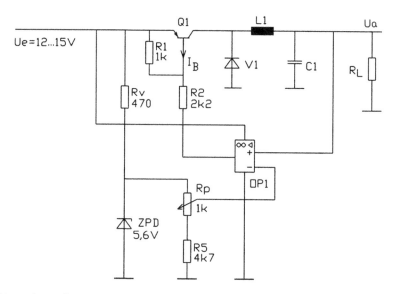

Sekundär getaktetes Stromversorgungsgerät mit freilaufender Schaltfrequenz

Die Aufgabenstellungen beziehen sich auf die Schaltung in der Abbildung.

Aufgabenstellung 5.4.1
Begründen Sie, an welchen Funktionsgruppen Sie erkennen können, dass es sich um ein Schaltnetzteil und nicht um ein analog regelndes Netzteil handelt!

Aufgabenstellung 5.4.2
Wie groß ist der minimale Z-Dioden-Strom bei der im Schaltbild vorgegebenen Eingangsspannung U_e von 12 bis 15 V?

Aufgabenstellung 5.4.3
Wie groß ist die maximale Verlustleistung der Z-Diode?

Aufgabenstellung 5.4.4
Wie groß wird im durchgesteuerten Zustand des Transistors Q_1 der minimale Basis-Steuerstrom I_B sein?

Die OP_1-Aussteuergrenzen sollen betragsmäßig jeweils um 0,5 V zu den idealen Aussteuergrenzen differieren!

Aufgabenstellung 5.4.5

Wie groß ist im gesperrten Zustand des Transistors Q_1 die maximale Basis-Emitter-Spannung U_{BE}?

Die OP_1-Aussteuergrenzen sollen betragsmäßig jeweils um 0,5 V zu den idealen Aussteuergrenzen differieren!

Aufgabenstellung 5.4.6

In welchem Bereich lässt sich die Ausgangsspannung U_a verstellen?

Aufgabenstellung 5.4.7

a) Die Eingangsspannung U_e soll augenblicklich 13 V betragen. Die OP_1-Aussteuergrenzen sollen mit 0,5 und 12,5 V und die Basis-Emitterspannung des Transistors im durchgesteuerten Zustand mit 0,6 V angenommen werden.
   Wie groß ist der Basisstrom I_B?
b) Die Spannung am −Input von OP_1 ist durch R_p auf 5 V eingestellt.
   Eine maximale Laststromentnahme bis 1 A soll möglich sein.
   Wie groß muss der Verstärkungsfaktor für die Schaltung in der Abbildung unter ungünstigsten Bedingungen mindestens sein?

5.5 Sekundär-Schaltnetzteil mit fester Schaltfrequenz

5.5.1 Sekundär getaktetes Stromversorgungsgerät mit fester Schaltfrequenz

Abb. 5.31 zeigt das Blockschaltbild von Schaltreglern mit fester Taktfrequenz. Die Fehlerspannung, die sich im Vergleich zwischen Soll- und Istwert ergibt, wird über den Regelverstärker auf einen Puls-Weiten-Komparator geführt. Der andere Eingang liegt an einem Sägezahngenerator. Im Vergleich von Sägezahn- und Fehlerspannung kippt der Komparator entweder auf 0 V-Pegel oder in die positive Aussteuergrenze. Der Leistungstransistor schaltet somit in den leitenden oder sperrenden Zustand. Das Puls-Pausen-Verhältnis findet innerhalb einer jeden Periode der Sägezahnfrequenz statt. Die feste Schaltfrequenz hat den überragenden Vorteil, dass trotz der vielen Oberwellen im veränderlichen Puls-Pausen-Verhältnis die Frequenz der dominanten Grundharmonischen die Taktfrequenz ist. Somit lassen sich Glättungsnetzwerke für diese Frequenz optimieren. Es sei aber darauf hingewiesen, dass die Wirkungsgrade von Schaltnetzteilen mit festen oder freilaufenden Schaltfrequenzen sich prinzipiell nicht unterscheiden. Heutzutage hat sich der Schaltregler mit fester Taktfrequenz und variablem Puls-Pausen-Verhältnis weitgehend durchgesetzt.

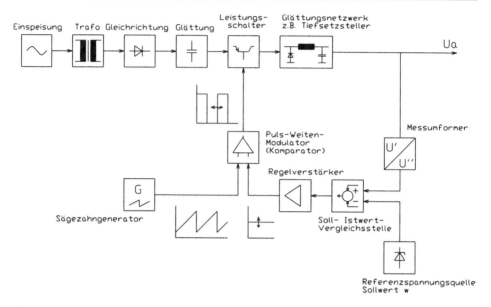

Abb. 5.31 Sekundär getaktetes Stromversorgungsgerät mit fester Schaltfrequenz

Sie werden in vielfacher Ausführung als Schaltregler-ICs auf dem Markt angeboten. Diese Schaltregler enthalten die gesamte Regelelektronik einschließlich Schaltfrequenzgenerator. Das Stellglied ist integriert und aufgrund der geringen Verlustleistung können Ströme von mehreren Ampere mit wenigen externen Bauelementen realisiert werden.

5.5.2 Der Schaltregler L4960 und seine Beschaltung

Im Prinzip lässt sich das Prinzipschaltbild (Abb. 5.32) auf einfache Weise mit Operationsverstärkern verwirklichen. Es wäre aber vermessen, in der heutigen Zeit nicht auf integrierte Schaltregler zurückzugreifen. Aber trösten wir uns: Jedes IC weist in der Funktionsdarstellung genug Operationsverstärker auf und es gibt noch etliche Möglichkeiten der Zusatzbeschaltungen durch OPs, die wir hier noch besprechen werden. Hier sollen die grundlegenden Funktionsprinzipien und Erweiterungsmöglichkeiten anhand des recht bekannten und preiswerten Schaltregler-ICs L4960 von SGS-Thomson erarbeitet werden. Schaltregler von anderen Firmen sind im Funktionsprinzip identisch.

Im monolithischen Schaltregler von SGS-Thomson sind auf einem Chip alle erforderlichen Schutzschaltungen wie Überlastschutz, thermische Abschaltung und Kurzschlussschutz integriert. Das Stromversorgungsdesign vereinfacht sich wesentlich, weil Steuer- und Leistungsteil sich bereits im Chip befinden. Der Schaltregler erlaubt Schaltfrequenzen von über 100 kHz bei Ausgangsströmen bis 2,5 A und einem Wirkungsgrad von über 80 %. Die Zusatzbeschaltung reduziert sich bei Ausgangsströmen bis zu 2,5 A erheblich,

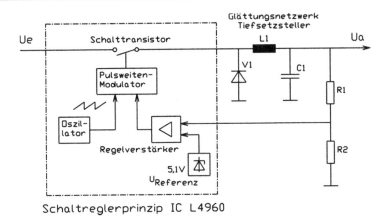

Abb. 5.32 Prinzipschaltbild des Sekundärschaltreglers mit dem IC L4960

da keine zusätzlichen Treiber benötigt werden. Der Baustein erlaubt Eingangsspannungen von 9 ... 46 V und Ausgangsspannungen zwischen 5,1 ... 40 V. Abb. 5.32 zeigt das sehr vereinfachte Prinzipschaltbild des Schaltreglers IC L4960 mit Glättungsnetzwerk, das hier als Tiefsetzsteller ausgeführt ist. Die Ausgangsspannung U_a wird über den Messumformer R_1, R_2 dem Regler zugeführt und mit der internen Spannungsreferenz des L4960 von 5,1 V verglichen. Der im L4960 als Halbleiter ausgeführte Leistungsschalter wird über den Regelverstärker und den Pulsweitenmodulator in seiner Einschalt- und Ausschaltzeit so verändert, dass die Ausgangsspannung U_a bei verschiedenen Lasten und schwankender Eingangsspannung U_e praktisch konstant bleibt. Im unteren Blockschaltbild ist aus Übersichtlichkeitsgründen das IC L4960 in seiner Funktionsweise auf die wichtigsten Komponenten reduziert worden. Das Gleiche gilt für die externen Komponenten, die nur aus dem Glättungsnetzwerk bestehen. Hinzugekommen ist dort der Messumformer R_1, R_2 mit dem die Ausgangsspannung festgelegt wird.

U_a errechnet sich zu

$$U_a = 5{,}1\,\text{V} \times \frac{R_1 + R_2}{R_2}.$$

Zu erkennen ist, dass die Ausgangsspannung nicht ohne weiteres kleiner als 5,1 V gewählt werden kann. Eigentlich ist der L4960 prädestiniert für Computer-Schaltnetzteile mit Ausgangsspannungen von 5 V. Für diesen Fall kann auf den Spannungsteiler R_1, R_2 verzichtet werden. Der Istwert wird dann direkt an der Ausgangsspannung abgegriffen.

Mit nur 10 externen Komponenten lässt sich nach Abb. 5.33 eine Stromversorgung mit einer frei wählbaren Ausgangsspannung von 5 bis 40 V bei 2,5 A durch den Spannungsteiler R_1 und R_2 realisieren. Für eine Ausgangsspannung von 5 V entfallen sogar diese beiden Widerstände. Pin 2 wird dann direkt an die Ausgangsspannung U_a geführt. Die Regelschleife besteht aus dem Sägezahngenerator, dem Fehlerverstärker, dem Pulsbreiten-Komparator und dem Schaltausgang. Die Ausgangsspannung U_a produziert im Vergleich mit einer Spannungsreferenz von 5,1 V ein Fehlersignal bzw. eine Regelabwei-

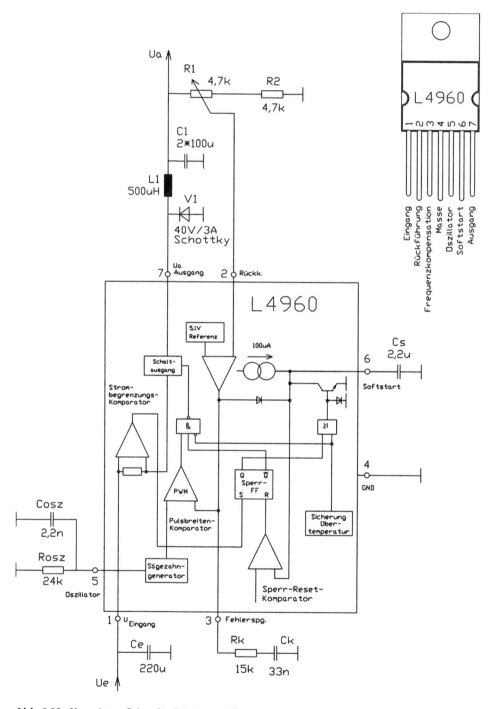

Abb. 5.33 Komplettes Sekundär-Schaltnetzteil

chung, die mit der Sägezahnspannung verglichen wird und das Puls-Pausen-Verhältnis am PWM-Komparator-Ausgang so ändert, dass die Ausgangsspannung U_a praktisch konstant bleibt. Die Verstärkung und Frequenzstabilität der Regelschleife wird durch eine externe RC-Beschaltung an Pin 3 festgelegt. Überströme beim Einschalten verhindert eine eingebaute Soft-Start-Schaltung. Die Hochlaufzeit des Softanlaufes wird über den Kondensator an Pin 6 bestimmt.

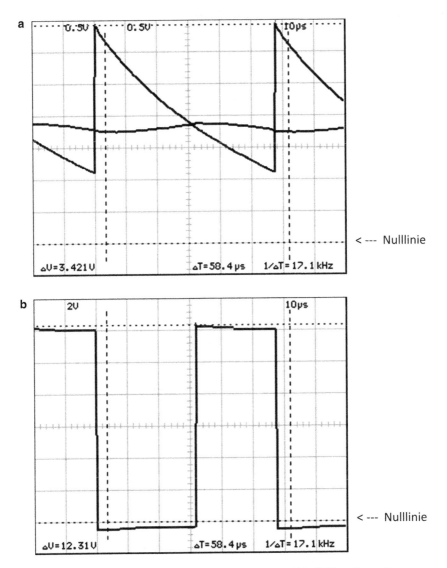

Abb. 5.34 Oszillogramme am Schaltregler-IC von Schaltung Abb. 5.32. **a** Sägezahnspannung an Pin 5, Fehlerspannung an Pin 3, Messbereich 0,5 V / Div, 10 ms / Div, **b** Schaltspannung an Pin 7, Messbereich 2 V / Div

Die Bauteilwerte für die Fehlerverstärkung bzw. Frequenzkompensation an Pin 3 und des Softanlaufes an Pin 6 sind aus Applikationen der Firma SGS-Thomson entnommen. Gewählt wird die Schaltfrequenz durch die Beschaltung an Pin 5 durch R_{osz} und C_{osz}.

Die Ausgangsspannung lässt sich über den Messumformer R_1, R_2 von 5,1 bis 10,2 V verstellen. Die Oszillogramme in Abb. 5.34 zeigen die für die Funktion aussagekräftigen Spannungen am Schaltregler-IC. Aus dem Zusammenwirken dieser Spannungen soll die grundsätzliche Arbeitsweise eines Schaltreglers erkannt werden. So wird die Fehlerspannung (Regelabweichung) am Ausgang des OP-Reglers im Vergleich mit der 5,1 V-Spannungsreferenz an Pin 3 und der Sägezahnspannung an Pin 5 dem PWM-Komparator zugeführt. Über den Vergleich der beiden Spannungen bildet sich das Puls-Pausen-Verhältnis am Schaltausgang Pin 7. Die Oszillogramme zeigen das Zusammenwirken dieser Spannungen.

Die Oszillogramme wurden für eine Ausgangsspannung von 5 V bei einer Eingangsspannung von 13 V aufgenommen. Der Laststrom betrug 1 A.

5.5.3   Beispiele zum Sekundär-Schaltregler

Beispiel 1
Es macht keine Schwierigkeiten, den Stellbereich der Ausgangsspannung beispielsweise von 5,1 bis 12 V durch ein 10 kΩ-Poti zu verstellen. Es wird nur der Messumformer R_1, R_2 umdimensioniert, wobei R_1 das Poti ist.

Der Querstrom durch den Spannungsteiler R_1, R_2 errechnet sich zu

$$\frac{12\,V - 5,1\,V}{10\,k\Omega} = 0,69\,mA.$$

R_2 ist dann 5,1 V / 0,69 mA = 7,4 kΩ.

Es könnte ein Normwert von 6,8 kΩ gewählt werden. Die Ausgangsspannung würde sich dann etwas größer als 12 V einstellen lassen.

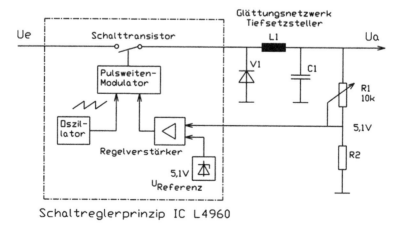

Schaltregler mit variabler Ausgangsspannung: $U_a \geq U_{Referenz}$

Beispiel 2

Eine höhere Ausgangsspannung als die Referenzspannungsquelle ist durch den Messumformer R_1, R_2 in der Abbildung aus Beispiel 1 leicht erreichbar. Der Messumformer bzw. Spannungsteiler R_1, R_2 täuscht sozusagen einen kleineren Istwert von U_a vor. Im Vergleich zum Sollwert wird dann die Ausgangsspannung die Höhe erreichen, bis am Regelverstärkereingang des ICs ebenfalls 5,1 V erreicht sind.

Etwas schwieriger wird eine Lösung, die eine kleinere Ausgangsspannung als die Referenzspannungsquelle ermöglicht. Hier müssen wir im Vergleich zum Sollwert von 5,1 V einen höheren Istwert vortäuschen, als die Ausgangsspannung U_a tatsächlich beträgt. Ermöglicht wird dies in einfacher Weise durch eine OP-Verstärkerstufe am Ausgang von U_a nach folgendem Bild.

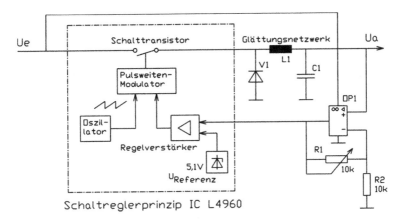

Schaltregler mit variabler Ausgangsspannung: $U_a \leq U_{Referenz}$

Der als nichtinvertierender Verstärker geschaltete OP_1 weist über R_1 und R_2 eine einstellbare Verstärkung von 1 bis 2 auf. Für die Verstärkung $V_U = 1$ beträgt $R_1 = 0\,k\Omega$. Der OP arbeitet als Impedanzwandler. U_a wird direkt an den Regelverstärkereingang geführt. Da der Istwert sich auf den Sollwert einregelt, beträgt für diesen Fall die Ausgangsspannung 5,1 V. Für die Verstärkung $V_u = 2$ stellt sich über den Regelkreis am Ausgang des OPs ebenfalls die Spannung von 5,1 V ein. Der $-$Input des Operationsverstärkers hat über R_1, R_2 die Spannung von 5,1 V / 2 = 2,55 V. Dieses Potenzial liegt auch am +Input. Die Ausgangsspannung beträgt 2,55 V. In der Schaltung nach der Abbildung lässt sich die Ausgangsspannung von 2,55 bis 5,1 V verstellen.

Beispiel 3

Die Spannung lässt sich durch die Verstärkung des OPs kleiner als die Referenzspannung einstellen. Das Bild zeigt eine etwas abgewandelte Art der Ausgangsspannungsverstellung.

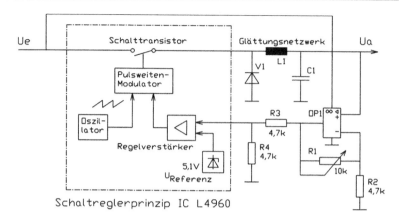

Schaltregler mit variabler Ausgangsspannung: $U_a \leq U_{Referenz}$ und $U_a \geq U_{Referenz}$

Im Ausgangskreis des OPs befinden sich noch zusätzlich die Widerstände R_3 und R_4. Wir wollen nun den Stellbereich der Ausgangsspannung errechnen. Durch den Regelkreis nimmt der Eingang des Regelverstärker-ICs ebenfalls 5,1 V an. An R_4 liegen somit 5,1 V und weil der Strom durch R_3 praktisch dem von R_4 entspricht, liegen an R_4 auch 5,1 V. Die Ausgangsspannung des OPs liegt damit bei 5,1 V + 5,1 V = 10,2 V.

Für $R_1 = 0\,k\Omega$ liegen am −Input und am +Input dann 10,2 V. Die Ausgangsspannung ist 10,2 V.

Für $R_1 = 10\,k\Omega$ liegen am −Input des OPs

$$\frac{10,2\,V}{R_1 + R_2} \times R_2 = 3,2\,V.$$

Über Gegenkopplung hat der +Input des OPs das gleiche Potenzial. Die Ausgangsspannung beträgt für diesen Fall 3,2 V. Die Ausgangsspannung lässt sich von 3,2 bis 10,2 V variieren. Dass wir am Ausgang einmal oberhalb und unterhalb der Spannungsreferenz sind, liegt daran, dass die OP-Schaltung einmal eine Verstärkung von ≤ 1 und ≥ 1 aufweist. Eine Verstärkung, die sich am Regelverstärker-IC kleiner als 1 darstellt, haben wir durch den Spannungsteiler R_3, R_4 am Ausgang des OPs erreicht.

5.5.4 Übung und Vertiefung

Aufgabenstellung 5.5.1

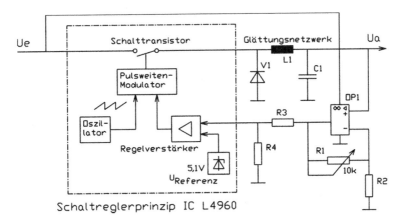

Schaltung zur Aufgabenstellung 5.5.1

Nach der Abbildung soll die Ausgangsspannung von 3 bis 9 V verstellbar sein.
Berechnen Sie R_2, R_3 und R_4!

Aufgabenstellung 5.5.2

Der Baustein L4960 ist für 5 V Ausgangsspannung prädestiniert. Der Trend in der Computer-Hardware zur die 3,3 V-Versorgungsspannungstechnik soll uns die Aufgabe stellen, die Ausgangsspannung auf diesen Wert einzutrimmen. Dazu benutzen wir ein 1 kΩ-Trimmpoti. Mit diesem Potenziometer soll zur besseren Eineichung auf 3,3 V die Ausgangsspannung von etwa 3 bis 3,6 V einstellbar sein.

Skizzieren Sie eine entsprechende OP-Außenbeschaltung zu dem Schaltregler-IC und geben Sie die Bauteilwerte an!

5.6 Primär getaktete Stromversorgungsgeräte

5.6.1 Die Funktionsweise eines primär geschalteten Stromversorgungsgerätes

Auf ein 50 Hz-Einspeisungstransformator wird verzichtet. Die Netzspannung wird direkt über einen Brückengleichrichter auf einen Glättungskondensator geführt. Die so gewonnene Gleichspannung wird über einen Leistungsschalter nach dem Prinzip der Puls-Weiten-Modulation auf einen Schaltnetz-Trafo mit einer heute üblichen Frequenz zwischen 10 kHz bis 1 MHz geschaltet und heruntertransformiert. Da die Taktung auf der Primärseite des Schaltnetz-Trafos durchgeführt wird, spricht man von einem primär getakteten

Schaltnetzteil (s. Abb. 5.35). Auf der Sekundärseite erhält man über Gleichrichtung und Glättungsnetzwerk die Gleichspannung U_a.

Über den Soll-Istwert-Vergleich und den Regelverstärker erhält man die Regelabweichung, die durch einen Komparator mit einer Sägezahnspannung verglichen wird und so entsprechend der Regelabweichung das Puls-Pausenverhältnis der Pulsweiten-Modulation am Leistungstransistor nachregelt. Da die Ausgangsspannung als Istwert zur Regelung direkt wieder auf die primäre Netzspannungsseite zurückgeführt wird, muss der Istwert von der Netzseite galvanisch getrennt werden. Üblich ist die Anwendung von Optokopplern. Eine weitere Möglichkeit zur Erfassung des Istwertes mit galvanischer Trennung besteht in einer zusätzlichen Trafohilfswicklung, in der die induzierte Spannung indirekt ein Maßstab für die Höhe der Ausgangsspannung ist.

Der größte Vorteil, dieses im Aufbau komplexeren Schaltnetzteiles, liegt im Fehlen des 50 Hz-Einspeise-Trafos. Allerdings kann auf einen Transformator auch hier nicht verzichtet werden. Es ist der mit hoher Frequenz getaktete Schalttrafo. Und hier liegt der wesentliche Vorteil. Nach der Transformatorenhauptgleichung ist die induzierte Spannung abhängig von der Windungszahl N, von der Transformatorenquerschnittsfläche A, von der magnetischen Flussdichte B, der Frequenz f und von der Kurvenform der Spannung, die hier als Konstante K eingehen soll. Damit wäre die induzierte Spannung $U_{ind} = K \times N \times A \times B \times f$.

Aus dieser Formel ist leicht zu erkennen, dass bei einer Schaltfrequenzerhöhung am Trafo erheblich an Eisenquerschnitt A und der Windungszahl N bei gleicher induzierter bzw. gegeninduzierter Spannung U_{ind} eingespart werden kann. Das Transformatorvolumen kann erheblich reduziert werden.

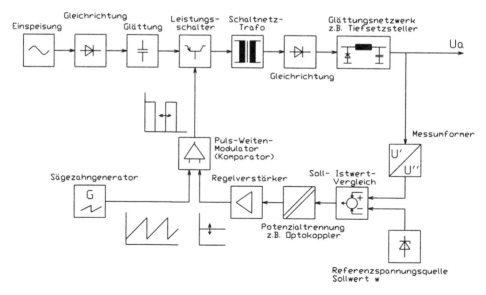

Abb. 5.35 Funktionsschaltbild eines Primär-Schaltnetzteiles

Aufgrund der hohen Schaltfrequenzen können normale Transformatoreneisen wegen der Ummagnetisierungsverluste und Wirbelströme nicht mehr verwendet werden. Die Industrie bietet eine Vielfalt geeigneter Ferrite für Schaltnetztrafos an. Der Transistor-Leistungsschalter schaltet die geglättete Gleichspannung über ein bestimmtes Puls-Pausen-Verhältnis auf den Transformator. Da es sich um eine gepulste Gleichspannung handelt, muss während der Sperrphase des Transistors für eine Entmagnetisierung des Eisenkernes gesorgt werden. Hier bieten sich verschiedene Übertragungsprinzipien, wie Sperr-, Durchfluss- oder Gegentaktwandler, an. Auf diese Prinzipien wird nicht näher eingegangen. Wichtig ist allen Übertragern gemeinsam, dass am Ausgang eine rechteckförmige Wechselspannung vorhanden ist. Die Gleichspannungskomponente wird ja nicht mit übertragen. Am Trafoausgang findet deshalb immer eine Gleichrichtung statt. Nach der Gleichrichtung befindet sich das Tiefsetzsteller-Glättungsnetzwerk.

5.6.2 Beispiel zum primär getakteten Schaltnetzteil

Abb. 5.36 zeigt ein primär getaktetes Netzgerät. Es wurde hier beispielhaft gewählt, weil es dem grundsätzlichen Funktionsaufbau von primär geschalteten Netzteilen entspricht. Angemerkt sei hier, dass die heutigen Computer-Schaltnetzteile schaltungstechnisch erheblich komplexer und leistungsfähiger sind. Aufgrund der hohen Leistungsaufnahme ist in heutigen Computer-Netzteilen eine PFC-Einspeisung (Power-Factor-Correction) vorgeschrieben. Damit wird der Netzeinspeisestrom nahezu sinusförmig und der Leistungsfaktor $\lambda = P/S \approx 1$.

Wir bedienen uns eines einfacheren Netzteiles und wollen insbesondere die Schaltung im Hinblick auf die Funktionsweise unter besonderer Berücksichtigung des Einsatzes von Operationsverstärkern betrachten. Zunächst eine kurze Zuordnung des Schaltplanes in Abb. 5.36 zu den Funktionsblöcken in Abb. 5.35:

- Gleichrichtung der Netzspannung über den Brückengleichrichter G_2.
- Glättung der gleichgerichteten Spannung durch C_3.
- Übertrager mit Entmagnetisierungswicklung n_1, n_3 und Sekundärwicklung n_5, n_6, n_7.
- Leistungsschalter Tr_1 mit Stromerfassungswiderstand R_6 zur Strombegrenzung und Treiberschaltung mit dem IC 4049B.
- Ausgangsspannungen 12 V, −12 V und 5 V über Gleichrichter V_4 bis V_6 und Glättungsnetzwerke.
- Die 5 V-Ausgangsspannung wird ausgeregelt über die Reglereinheit mit OP TAA762A, dem Messumformer R_{17}, R_{18}, R_{19} und der Spannungsreferenz durch V_2 ZPD3.
- Galvanische Trennung der Reglereinheit durch Optokoppler CNY.
- Schaltnetzteil-IC TDA4718 mit Sägezahngenerator, PWM-Komparator, Strombegrenzungsschaltung, Über- und Unterspannungsschutz und Treiberausgängen.
- Kleinspannungsversorgung des ICs über G_1 und Z-Diode V_1.

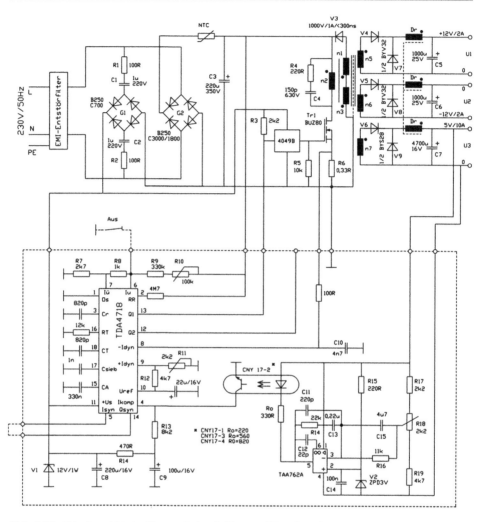

Abb. 5.36 Primär getaktetes Netzgerät (nach Siemens-Unterlagen)

Zunächst soll der Vollständigkeit halber die Treiberschaltung vor dem FET-Transistor BUZ80 angesprochen werden. Diese Schaltung findet man sehr häufig vor. Der Treiber ist ein 6-fach-Inverter, der hier nach Abb. 5.37 geschaltet ist. Durch die 4 parallel gelegten Ausgänge ist die Ansteuerung des FETs sehr niederohmig. Damit kann im Moment des Einschaltens des FETs der relativ hohe kapazitive Gate-Verschiebungsstrom, bedingt durch die Gate-Source-Kapazität, aufgebracht werden. Ein schnelles Einschalten des Transistors ist somit gewährleistet. Während der stationären Durchschaltphase ist die Steuerleistung dann praktisch Null.

Nun zu den Ausgangsspannungen. Die Ausgangsspannung von 5 V wird durch die Reglereinheit mit dem Operationsverstärker verwirklicht. Die +12 V- und −12 V-Span-

Abb. 5.37 Die Beschaltung der 6 Inverter

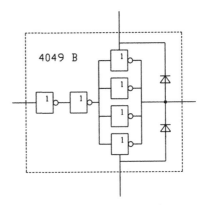

nung schwimmt sozusagen ungeregelt mit der 5 V-Ausgangsspannung mit. Eingetrimmt wird die Spannung über das Poti R_{18}. Wir berechnen den Stellbereich dieser Spannung und wissen bereits, dass dieser Bereich um 5 V liegen muss. Zu erkennen ist im Reglerteil, dass im Gegenkopplungszweig ein Integralanteil durch C_{11} und C_{13} vorhanden ist. Im stationären Zustand der Ausgangsspannung fließt also kein Strom über den Gegenkopplungszweig und damit auch nicht über den Schleifer von R_{18}. Der Regler-OP ist als invertierender Verstärker geschaltet. Der −Input nimmt die 3 V der Spannungsreferenz V_2 an. Am Schleifer des Potis liegen 3 V, da der Strom durch R_{16} im stationären Zustand praktisch Null ist.

Für obere Potischleiferstellung errechnet sich U_a zu

$$\frac{3\,V}{R_{18} + R_{19}} \times (R_{17} + R_{18} + R_{19}) = 3,96\,V$$

und für untere Potistellung errechnet sich U_a zu

$$\frac{3\,V}{R_{19}} \times (R_{17} + R_{18} + R_{19}) = 5,8\,V.$$

Die Eintrimmung auf die 5 V-Ausgangsspannung ist, was selbstverständlich zu erwarten war, durch das Potenziometer möglich. Weitere OPs sind in der Schaltung ja nicht vorhanden. Aber unser Schaltregler-IC weist in der Funktionsdarstellung doch mehrere OPs auf, die als Komparatoren geschaltet sind (s. Abb. 5.38).

Die Schaltfrequenz ist über R_T und C_T an Pin 16 und 18 festgelegt. Der Sägezahn- bzw. Rampengenerator führt diese Spannung auf den Pulsweiten-Modulator. Im Vergleich mit der Regelabweichung an Pin 4, die über den Regelverstärker und Optokoppler zugeführt wird, findet die Pulsweitenverstellung über die Logikverwaltung und den Treiberausgängen statt. Über den Ausgang Pin 13 wird der Treiber 4049B und der Leistungstransistor BUZ80 angesteuert.

Einiges kann aus der Funktion des Blockschaltbildes für uns leicht auf die Funktion der Gesamtschaltung in Abb. 5.36 projiziert werden. So liegt die interne 2,5 V-Referenz-

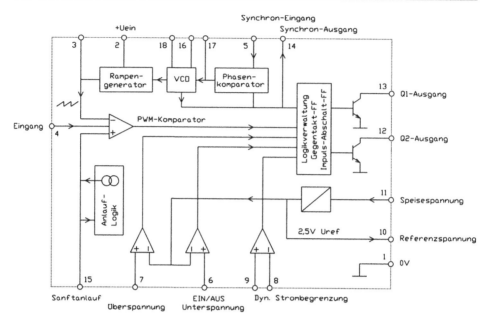

Abb. 5.38 Schaltregler IC TDA 4718. Im Funktionsschaltbild werden OPs üblicherweise mit dem alten Schaltsymbol versehen

spannung des ICs an den Komparatoren-Eingängen für die Unter- und Überspannungsanzeigeabschaltung an Pin 6 und 7. Das IC ist funktionstechnisch so geartet, dass bei einer Spannung von $> 2,5\,\mathrm{V}$ der Komparator an Pin 7 kippt und die Treiberausgänge blockiert. Für Pin 6 schaltet der Komparator bei $< 2,5\,\mathrm{V}$ über die Logikverwaltung die Treiberausgänge ab. Wir nehmen an, dass das Poti R_{10} auf $50\,\mathrm{k\Omega}$ eingestellt ist.

Das IC schaltet seine Treiberausgänge ab für Pin 7 bei

$$\frac{2,5\,\mathrm{V}}{R_7} \times (R_7 + R_8 + R_9 + R_{10}) = 355\,\mathrm{V}$$

und für Pin 6 bei

$$\frac{2,5\,\mathrm{V}}{R_7 + R_8} \times (R_7 + R_8 + R_9 + R_{10}) = 259\,\mathrm{V}.$$

Für eine Spannung unterhalb 259 V und oberhalb 355 V im Zwischenkreis werden die Treiberausgänge des ICs aus Sicherheitsgründen abgeschaltet. Diese Funktion ist natürlich nur vorhanden wenn der Schalter „Aus" geöffnet ist.

Der Leistungstransistor ist über den Stromerfassungswiderstand R_6 geschützt. Der Transistorstrom erzeugt einen proportionalen Spannungsfall an R_6. Über den Tiefpass 100R und C_{10} liegt eine gemittelte Spannung an Pin 8 mit der Bezeichnung $+I_{dyn}$. Im Spannungsvergleich mit Pin 9 kippt der Komparator an Pin 8/9 bei zu großen Stromstärken durch den Transistor. Der Komparator schaltet die Treiberausgänge ab. Der Einsatz für den Strombegrenzungsschutz wird über R_{12}, R_{11} eingestellt. Für einen eingestellten Wert von $R_{11} = 1\,k\Omega$ ergibt sich an Pin 9 die Spannung von

$$\frac{2{,}5\,V}{R_{11} + R_{12}} \times R_{11} = 0{,}44\,V.$$

Bei einem mittleren Strom von $0{,}44\,V / R_6 = 1{,}33\,A$ wird der Transistor über das IC abgeschaltet.

Noch ein Wort zur Kleinspannungsversorgung des ICs: Sie wird über den Brückengleichrichter G_1 und über die Z-Diode V_1 gewonnen. Der Energiespeicher C_8 überbrückt die Zeit der Nulldurchgänge der Netzwechselspannung. C_1 und C_2 sind kapazitive Vorwiderstände des Gleichrichters zur Z-Dioden-Strombegrenzung. Durch ihren Blindwiderstand findet hier keine Verlustumsetzung statt. Die Vorwiderstände R_1 und R_2 des Gleichrichters verhindern zu große Stromspitzen im Einschaltmoment der Netzspannung.

5.6.3 Übung und Vertiefung zu primär getakteten Netzteilen

Aufgabenstellung 5.6.1
Das Schaltnetzteil in Abb. 5.36 soll auf die 3,3 V-Technologie umkonzipiert werden. Eine Neudimensionierung selbst des Glättungsnetzwerkes ist nicht notwendig.

Versuchen Sie durch die Änderung nur eines preisgünstigen Bauteils diese Möglichkeit herzustellen. Dabei soll die Spannung durch R_{18} etwa um $3{,}3\,V \pm 10\,\%$ variiert werden können.

Benutzen Sie einen Normwert für Ihr Bauteil!

Aufgabenstellung 5.6.2
Begründen Sie Notwendigkeit des Optokopplers in der Schaltung!

Aufgabenstellung 5.6.3
Berechnen Sie den Stellbereich der Strombegrenzungs-Schutzschaltung!

Die Schaltung in Abb. 5.39 zeigt ein primär getaktetes Schaltnetzteil nach Siemens-Unterlagen. Es arbeitet mit einer Schaltfrequenz von 128 kHz bei einer Ausgangsleistung von 250 W. Anstelle eines Optokopplers wurde für dieses Netzteil ein Lichtleiter verwendet.

Aufgabenstellung 5.6.4
Berechnen Sie den Stellbereich der Ausgangsspannung!

Aufgabenstellung 5.6.5
Welche Art des Reglers (P, I, D oder kombiniert) liegt vor?

Begründen Sie Ihre Antwort!

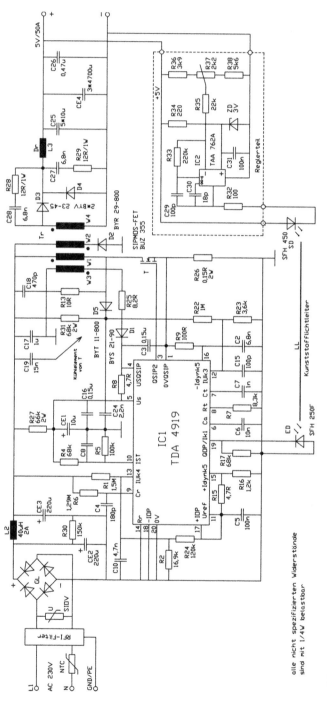

Abb. 5.39 Primär getaktetes Netzgerät (nach Siemens-Unterlagen)

Aufgabenstellung 5.6.6

Die Referenzspannung des IC's an Pin 11 beträgt 2,5 V. Ohne auf das Innenleben des ICs einzugehen, können Sie den Einsatz der Strombegrenzung errechnen.

Im Zweifelsfall versuchen Sie sich an dem IC in Abb. 5.38 zu orientieren!

Übertragungsverfahren nach dem Frequency-Shift-Keying-Prinzip

6.1 Allgemeines zum Frequency-Shift-Keying-Verfahren

Das Bitmustersignal 1 und 0 in zwei verschiedene Frequenzen umzuwandeln ist ein bewährtes Verfahren zur sicheren Übertragung von Bitmustern über das Telefonnetz oder über das Stromversorgungsnetz zur Steuerung von Geräten. Die Frequenzen werden über einen Empfänger wieder in das ursprüngliche Bitmuster zurückverwandelt. Anwendung findet diese Technik weitverbreitet in Modems und Faxgeräten. Ein weiteres Beispiel wird in der Hausleittechnik im European Installation Bus, im sogenannten Powernet EIB, angewendet. Dieses Verfahren wird schematisch in Abb. 6.1 dargestellt. Hier wird der PC genutzt, um über eine Schnittstelle das Bitmuster als zwei verschiedene Frequenzen in das Netz einzukoppeln. Auf der Empfängerseite werden die Frequenzen in das ursprüngliche Bitmuster wieder zurückgewandelt und steuerungstechnisch ausgewertet. So könnte beispielsweise eine Lampe gedimmt oder ein Motor ein- oder ausgeschaltet werden. Das Umwandeln der digitalen Bitmusterinformation logisch 0 und 1 in zwei verschiedene Fre-

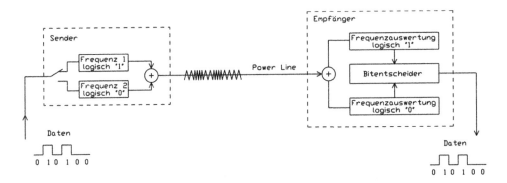

Abb. 6.1 Übertragungstechnik: Frequency Shift Keying (FSK)

© Springer Fachmedien Wiesbaden GmbH 2017
J. Federau, *Operationsverstärker*, DOI 10.1007/978-3-658-16373-0_6

quenzen ist technisch vielfach notwendig. Man denke nur an das Telefonnetz mit seinen überlagerten Störungen, wie stetiges Knacken o. ä. Würde das Bitmuster 0 und 1 direkt übertragen werden, so macht sich jedes „Knacken" in der Leitung als zusätzliche Bitmusterverfälschung bemerkbar. Eine fehlerfreie Bitmusterübertragung wäre schwer möglich. Eine Umwandlung des Bitmusters in zwei verschiedene Frequenzen ermöglicht deshalb eine einwandfreie Übertragung, weil die Modems bzw. Empfänger nicht 1-0-Signale, sondern die Frequenzen auswerten. Knackgeräusche in der Telefonleitung oder Spannungsüberhöhungen in der Netzleitung verändern nicht die Grundharmonische der Übertragungsfrequenzen, und nur diese werden von den Filtern auf der Empfängerseite ausgewertet und zu 1-0-Signalen verarbeitet.

6.2   Blockschaltbild und Funktionsprinzip des FSK-Empfängers

Abb. 6.2 zeigt das Funktionsschaltbild und die zugehörige Schaltung eines FSK-Empfängers. Die zwei Frequenzen sind hier sehr niedrig mit 1650 und 1850 Hz nach dem früheren Akustik-Modem-Prinzip gewählt. Durch die niedrigen Frequenzen ergibt sich ein einfacher, leicht verständlicher Funktionsaufbau. Es soll hier ja auch nur das Funktionsprinzip einer Frequenzausschalteschaltung mit OPs verstanden werden.

Bei dem Powernet-EIB-Bus sind es für beide Frequenzen knapp über 100 kHz. Unabhängig von den Frequenzen soll die Schaltung in Abb. 6.2b exemplarisch eine Operationsverstärkerschaltung aufzeigen, in der viele Grundschaltungen zueinander einen Funktionszusammenhang bilden und eine Projektion auf Frequenzausschalteschaltungen verschiedener Frequenzen möglich macht.

6.3   Funktionsbeschreibung zur Frequenzausschalteschaltung

In den folgenden Abschnitten wird die Frequenzausschalteschaltung in die elementaren OP-Grundschaltungen zerlegt, ihre Funktionsweisen beschrieben und die Berechnungsgrundlagen dargestellt.

6.3.1   Operationsverstärker V_1 – Vorverstärker

Es handelt sich um den klassischen invertierenden Verstärker mit dem Gegenkopplungswiderstand R_2 von 1 MΩ und dem Eingangswiderstand R_1 von 10 kΩ (s. Abb. 6.3). Die Eingangsspannung wird um den Faktor des Widerstandsverhältnisses R_2 / R_1 verstärkt. Die Verstärkung ist −100, wobei es egal wäre, ob es sich um einen invertierenden oder nichtinvertierenden Verstärker handelt, da nur das Eingangssignal für den nachfolgenden Filter verstärkt werden muss. Eine Phasendrehung zwischen Eingangs- und Ausgangsspannung ist deshalb ohne Bedeutung, weil nur die Frequenzen weiterverarbeitet werden.

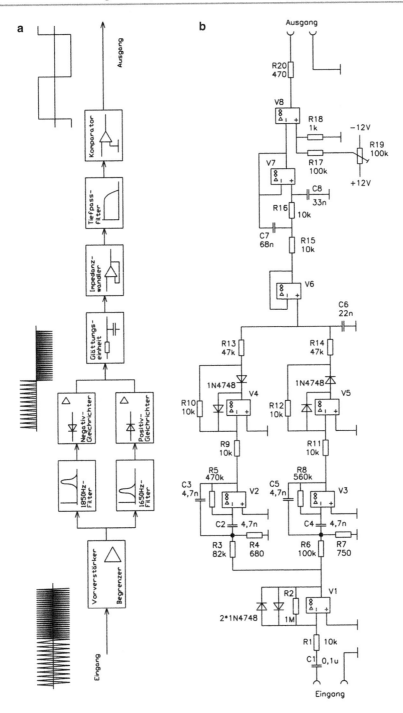

Abb. 6.2   a Blockschaltbild eines FSK-Empfängers, **b** Frequenzauswerteschaltung

Abb. 6.3 Vorverstärkerschal-
tung

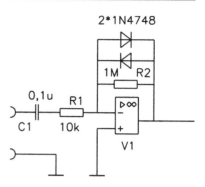

Die Ausgangsspannung des Vorverstärkers wird auf etwa 0,6 V durch die gegenparallel-
geschalteten Dioden zu R_2 begrenzt.

Der Eingang wird von Gleichspannungen durch den Eingangskondensator C_1 von
0,1 μF entkoppelt. Gleichzeitig wirkt der Kondensator für Netzbrummeinstreuungen bis
ca. 100 Hz als Hochpass.

6.3.2   Operationsverstärker V_2 und V_3 – Aktive Bandfilter

Das Ausgangssignal des Eingangsverstärkers wird den beiden aktiven Filtern in Abb. 6.4
zugeführt. Es handelt sich um ein 1650- und 1850-Hz-Bandfilter. Der Frequenzgang der
abgebildeten aktiven Filter ist nach qualitativen Gesichtspunkten in gewissen Grenzen
nachzuvollziehen, indem man die Eingangsfrequenz von Null bis Unendlich variiert.

1. Fall: f = 0

Bei der Frequenz f = 0 findet keine Spannungsverstärkung U_a / U_e statt. Die Kondensatorwiderstände X_c sind unendlich groß. In diesem Fall wirkt keine Eingangsspannung auf
den Operationsverstärker. Er ist von der Eingangsspannung abgekoppelt. Über den Gegenkopplungswiderstand R_5 im oberen Filter oder R_8 im unteren Filter nimmt der −Input
des OPs die 0 V des +Inputs an. Die Ausgangsspannung des OPs ist damit ebenfalls 0 V,
da kein Strom über R_5 bzw. R_8 fließt. Bei niedrigen Frequenzen tendiert somit die Verstärkung gegen Null.

2. Fall: f = Unendlich

Die Kondensatorwiderstände sind Null. Damit ist der Ausgang des OPs direkt mit dem
−Input verbunden. Der −Input nimmt durch die direkte Gegenkopplung das Potenzial 0 V
vom +Input an, so dass der Ausgang ebenfalls 0 V ist.

Man kann also feststellen, dass zu hohen und niedrigen Frequenzen das aktive Filter
sperrend wirkt.

Abb. 6.4 Bandfilter des FSK-
Empfängers

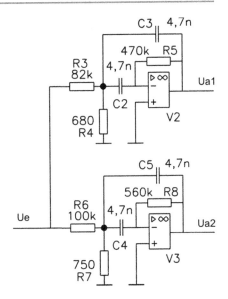

Im Prinzip besteht die Verstärkerschaltung aus einer Mischung eines RC-Tief- und Hochpasses, so dass eine bestimmte Frequenz bevorzugt durchgelassen wird. Der Tiefpass wird vorzugsweise durch den Integrationszweig R_3, C_3 bzw. R_6, C_5 in unterer Filterschaltung gebildet. Der Hochpass wird durch die Differenzierschaltung C_2, R_5 bzw. C_4, R_8 dargestellt. Zu erkennen ist weiterhin, dass der Filter eine höhere Durchlassfrequenz hat, da die Widerstände bei gleicher Kondensatorbeschaltung kleiner gewählt wurden und somit die Zeitkonstanten kleiner sind. Diese groben qualitativen Abschätzungsmuster mögen genügen, um zu erkennen, dass es sich um Bandfilter handelt und dass das obere Filter aufgrund der Zeitkonstanten eine höhere Resonanzfrequenz hat. Die Berechnung der Filter ohne fertige Formeln unter Zuhilfenahme der komplexen Rechnung gestaltet sich weitaus schwieriger. Außerdem muss auf Verfahren der Netzwerkberechnung, wie beispielsweise Überlagerungssatz, Ersatzspannungsquelle o. ä., zurückgegriffen werden. Wichtig scheint ein Berechnungsverfahren zu sein, das auch auf Filter anderer Bauart anwendbar wird. Doch zunächst sei der Frequenzgang der beiden Filter dargestellt. Anhand der Diagramme Abb. 6.5 und 6.6 soll dann für eine bestimmte Frequenz der Amplituden- und Phasengang eines Filters für eine bestimmte Frequenz berechnet werden.

Man erkennt, dass das 1650- und 1850-Hz-Filter jeweils für die Resonanzfrequenz eine Verstärkung von etwa 9 dB aufweist.

Die Verstärkung in dB ist folgendermaßen definiert:

$$a_{[dB]} = 20 \times \lg \frac{U_a}{U_e}.$$

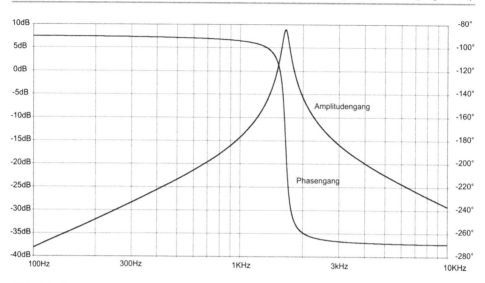

Abb. 6.5 Frequenzgang des 1650 Hz-Bandfilters

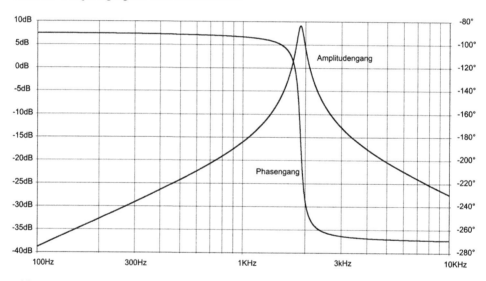

Abb. 6.6 Frequenzgang des 1850 Hz-Bandfilters

Die Verstärkung ist somit für beide Frequenzgänge

$$\frac{U_a}{U_e} = 10^{\frac{a[dB]}{20}} = 10^{\frac{8}{20}} = 2,5.$$

Wichtig ist, dass jeweils bei einer Sendefrequenz das entsprechende Filter das Signal durchlässt und das andere Filter dieses Signal entsprechend dämpft. Der Phasengang des Filters spielt keine Rolle für die Funktion der Frequenzausweteschaltung, da nachfolgende Demodulationsschaltung nur die Höhe der Amplitude auswertet. Um das Zusammenwirken der beiden Filter stärker zu verdeutlichen, sind noch mal die beiden Amplitudengänge in Abb. 6.7 zusammengefasst. Die Frequenzachse ist logarithmisch und gespreizt dargestellt, so dass die Frequenz leichter abzulesen ist. Betrachtet man die Trennschärfe der beiden Filter zueinander, so kann man im einfachsten Fall die Resonanzfrequenz des einen Filters annehmen, seine Verstärkung ablesen und im Diagramm nachschauen, inwieweit dieses Signal im anderen Filter noch verstärkt wird. Wir nehmen eine Sendefrequenz von 1850 Hz an. Die Verstärkung beträgt etwa 8 dB. Das 1650 Hz-Filter lässt dieses Signal mit etwa −2 dB passieren. Die Übersprechdämpfung ist somit etwa −10 dB. Betrachtet man die beiden noch zu behandelnden nachfolgenden Gleichrichter, die das Signal demodulieren, so wird im nachfolgenden Glättungsnetzwerk bzw. Tiefpass doch eindeutig das Signal, das mit 8 dB verstärkt wird, die Aufladung des Kondensators C_6 in Abb. 6.11 bestimmen. Die Trennschärfe der beiden Filter zueinander ist somit ausreichend. Damit wir aber nicht zu abstrakt bleiben, soll ein Zahlenbeispiel herhalten:

Es soll am Eingang der Schaltung ein augenblickliches Sendesignal von 1850 Hz anstehen. Die Amplitude am Vorverstärkereingang soll beispielsweise 10 mV$_{ss}$ sein. Dieses Signal wird betragsmäßig um 100 verstärkt, so dass am Ausgang des Vorverstärkers bzw. am Eingang der Filter ein Tonfrequenzsignal von 1850 Hz bei 1 V$_{ss}$ anliegt.

Das 1850 Hz-Filter verstärkt dieses Signal um 8 dB entsprechend der Verstärkung 2,5. Am Ausgang des Filters steht somit ein Signal von 2,5 V$_{ss}$ an. Das 1650 Hz-Filter verstärkt dieses Signal laut Diagramm Abb. 6.7 mit −2 dB entsprechend einer Verstärkung von 0,8. Es liegen am Ausgang dieses Filters somit 0,8 V$_{ss}$. Beide Signale werden demo-

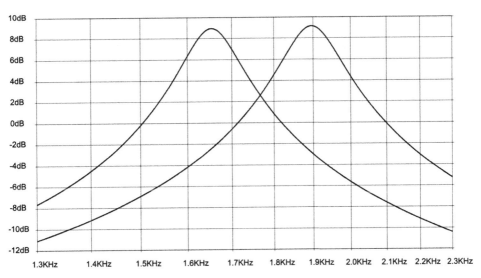

Abb. 6.7 Amplitudengang des 1650 und 1850 Hz-Filters. Die Frequenzachse ist logarithmisch in 100 Hz-Schritten geteilt

duliert, wobei das 1850 Hz-Signal eine negativ demodulierte Spannung und das 1650 Hz-Filter eine positiv demodulierte Spannung über die Widerstände R_{13} und R_{14} auf den Glättungskondensator C_6 führt. Eindeutig lädt sich damit der Kondensator auf eine negative Spannung auf. Diese Spannung wird, wie später beschrieben, auf einen Komparator geführt, der entsprechend der Polarität der Spannung am Kondensator C_6 in die positive oder negative Aussteuergrenze kippt und somit das Bitmuster für die Schnittstelle zum Telefon oder Netz liefert.

6.3.3 Berechnungsbeispiel für ein aktives Bandfilter

Als Berechnungsbeispiel soll das 1850 Hz-Filter dienen. Der Operationsverstärker soll für den auftretenden Frequenzbereich als idealer Verstärker angenommen werden.

Es gelten:

- Die Verstärkung des OPs ist so groß, dass vereinfachend angenommen werden kann, dass die Eingangsspannung am OP vernachlässigbar klein ist.
- Der Eingangswiderstand ist unendlich groß
- Der Ausgangswiderstand beträgt 0 Ω
- Der eingeschränkte Frequenzgang eines OPs hat für die niedrigen Frequenzen des Filters noch keine Auswirkungen hinsichtlich einer fehlerbehafteten Berechnung.

Die Verstärkung soll für eine Frequenz von 1850 Hz ermittelt werden. Für diesen Fall kennen wir laut Diagramm auch schon die Verstärkung. Sie beträgt 8 dB entsprechend einer Verstärkung von 2,5. Die Berechnung nach dem Überlagerungssatz bietet sich an. Nach Abb. 6.8 des 1850-Hz-Filters ist es offensichtlich, dass der Eingangsstrom I_e gleich Null ist. Er hat eine Komponente $I_{e(U1)}$, die nur von der Spannungsquelle U_1 und eine andere Komponente $I_{e(U2)}$, die nur von der Spannungsquelle U_2 abhängt.

Mit dem Überlagerungssatz folgt dann $\underline{I}_e = \underline{I}_{e(U1)} + \underline{I}_{e(U2)} = 0$.

Abb. 6.8 1850 Hz-Bandfilter

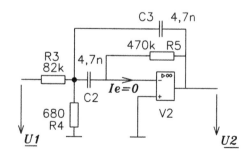

Abb. 6.9 Berechnungs-
schema

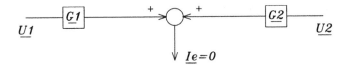

Eine Umformung dieser Gleichung ergibt dann die Verstärkung:

$$\frac{U_2}{U_1} = \frac{\dfrac{I_{e(U1)}}{U_1}}{\dfrac{I_{e(U2)}}{U_2}} = -\frac{G_1}{G_2}.$$

Es muss also der negative Quotient zweier Übertragungsfunktionen $\underline{G}_1$ bzw. $\underline{Z}_1$ und $\underline{G}_2$
bzw. $\underline{Z}_2$ ermittelt werden.

In Abb. 6.9 ist dieses Prinzip schematisch dargestellt.

Die Übertragungsfunktion

$$G_1 = \frac{I_{e\,(U1)}}{U_1}$$

gewinnt man, wenn $\underline{U}_2 = 0$ und $\underline{U}_1 = 1\,\text{V}$ gesetzt werden.

Die zweite Übertragungsfunktion $\underline{G}_2$ erhält man bei $\underline{U}_1 = 0\,\text{V}$ und $\underline{U}_2 = 1\,\text{V}$. Die Wahl
einer Spannung von 1 V ist willkürlich und macht die Rechnung etwas übersichtlicher.
Es wird zunächst die Wirkung von $\underline{U}_1$ bestimmt und $\underline{I}_{e(U1)}$ berechnet. Danach wird $\underline{I}_{e(U2)}$
ermittelt. Da die Summe der Ströme von $\underline{I}_e = 0$ ist, muss eine Spannung entsprechend
verändert werden.

Ein Zahlenbeispiel soll dieses Problem verdeutlichen: Es errechnet sich beispiels-
weise nach Abb. 6.10 durch $\underline{U}_1 = 1\,\text{V}$ und $\underline{U}_2 = 0\,\text{V}$ ein Strom $\underline{I}_{e(U1)}$ von $1\,\text{mA}\angle 30°$ und
durch $\underline{U}_2 = 1\,\text{V}$ bei $\underline{U}_1 = 0\,\text{V}$ ein Strom von $0{,}5\,\text{mA}\angle 70°$. Der Strom $\underline{I}_{e(U2)}$ müsste aber
$1\,\text{mA}\angle 210°$ sein, damit die Addition der beiden Ströme $\underline{I}_{e(U1)} + \underline{I}_{e(U2)} = 0$ wird. Wie in
der Abbildung zu erkennen ist, müsste die Spannung $\underline{U}_2$ so vergrößert werden, dass betragsmäßig der Strom $\underline{I}_{e(U2)}$) dem Strom von $\underline{I}_{e(U1)}$) entspricht und die Phasendrehung der
Ströme zueinander 180° beträgt, damit der Summenstrom gleich Null ist. $\underline{U}_2$ muss somit
um den Faktor $\underline{I}_{e(U1)}/\underline{I}_{e(U2)} = 2$ vergrößert werden, damit der Summenstrom Null ist. $\underline{U}_2$

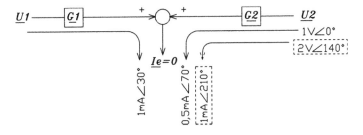

Abb. 6.10 Berechnungsbeispiel

wäre 2 V. Die Verstärkung der Schaltung ist für dieses Beispiel $U_2 / U_1 = 2\,V / 1\,V = 2$. Der Strom $\underline{I}_{e(U2)}$ muss gegenüber $\underline{I}_{e(U2)}$ um $180°$ phasenverschoben sein. Der Phasenwinkel ist somit $30° + 180° = 210°$.

Da der Strom $\underline{I}_{e(U2)}$ die errechnete Phasenlage von $70°$ aufweist, muss die Spannung $\underline{U}_2$ einen Phasenwinkel von $210° - 70° = 140°$ aufweisen.

Nach dem soeben beschriebenen Berechnungsverfahren setzt man für $\underline{G}_1$ die Spannung $U_2 = 0$ und $U_1 = 1\,V$ ein. Man erhält so die folgende Ersatzschaltung:

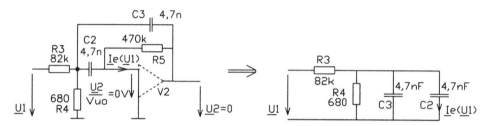

Ersatzschaltbild für $I_e = f(U_1)$

Setzt man für $\underline{G}_2$ die Spannung $U_1 = 0$ und $U_2 = 1\,V$, so erhält man folgende Ersatzschaltung:

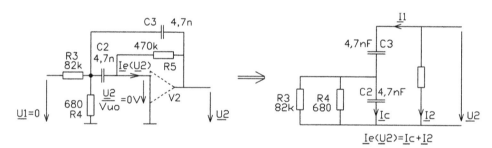

Ersatzschaltbild für $I_e = f(U_2)$

Das Berechnungsbeispiel bezieht sich, wie erwähnt, auf eine Frequenz von 1850 Hz. Berechnung von $\underline{I}_{e(U1)}$) aus dem Ersatzschaltbild $\underline{I}_e = f(\underline{U}_1)$:
Für f = 1850 Hz und C = 4,7 nF ist $X_{C2} = X_{C3} = 0\,\Omega - j\,18{,}304\,k\Omega$.

$X_{C1} \| X_{C2} = 0\,\Omega - j\,9{,}152\,k\Omega$ (‖ = parallel)

$(X_{C1} \| X_{C2} \| R_4) = 676{,}27\,\Omega - j\,50{,}25\,\Omega$

$Z_{ges} = (X_{C2} \| X_{C3} \| R_4) + R_3 = 82.676{,}3\,\Omega - j\,50{,}25\,\Omega$

Für $\underline{U}_1$ wird $1\,V\angle 0°$ gewählt. Der Gesamtstrom $\underline{I}_{ges}$ ist dann:

$\underline{U}_1 / \underline{Z}_{ges} = (1{,}21 \times 10^{-5})\,A + j\,(7 \times 10^{-9})\,A$

Die Spannung U_{C2} am Kondensator C_2 beträgt

$\underline{I}_{ges} \times (X_{C2} \| X_{C3} \| R_4) = ((1,21 \times 10^{-5})\,A + j\,(7 \times 10^{-9})\,A) \times (676,27\,\Omega - j\,50,25\,\Omega).$

$\underline{U}_{C2} = (8,183 \times 10^{-3})\,V - j\,(6,03 \times 10^{-4})\,V$

$\underline{I}_{e(U1)} = \underline{U}_{C2} / X_{C2} = [(8,183 \times 10^{-3})\,V - j\,(6,03 \times 10^{-4})\,V] / [(0\,\Omega - j\,18,304\,k\Omega)]$

$\underline{I}_{e(U1)} = (33 \times 10^{-9})\,A + (447 \times 10^{-9})\,A$

$\underline{I}_{e(U1)} = (448 \times 10^{-9})\,A \angle 85,79°$

Berechnung $\underline{I}_{e(U2)}$ aus dem Ersatzschaltbild $\underline{I}_e = f(\underline{U}_2)$:

$\underline{U}_2$ wird $1\,V \angle 0°$ gesetzt.

$\underline{I}_1 = \underline{U}_2 / ((X_c \| R_4 \| R_3) + X_c)$

$\underline{I}_1 = (2 \times 10^{-6})\,A + j\,(54,49 \times 10^{-6})\,A$

$\underline{I}_c = \underline{I}_1 \times (X_c \| R_4 \| R_3) / X_c$

$\underline{I}_c = -(2,002 \times 10^{-6})\,A + j\,(1,475 \times 10^{-7})\,A$

$\underline{I}_2 = 1\,V / 470\,k\Omega = (2,12\text{E-6})\,A$

$\underline{I}_{e(U2)} = \underline{I}_c + \underline{I}_2$

$\underline{I}_{e(U2)} = (1,178 \times 10^{-7})\,A + j\,(1,475 \times 10^{-7})\,A$

$\underline{I}_{e(U2)} = (1,888 \times 10^{-7})\,A \angle 51,4°$

Der Strom $\underline{I}_{e(U1)} = (4,48 \times 10^{-7})\,A \angle 85,8°$ ist vom Betrag gegenüber $\underline{I}_{e(U2)} = (1,89 \times 10^{-7})\,A \angle 51,4°$ um das $4,48 / 1,89 = 2,37$-fache größer. Somit muss U_2 bei einer angenommenen Spannung $U_1 = 1\,V$ auf $2,37\,V$ erhöht werden, damit die Summe $\underline{I}_{e(U1)} + \underline{I}_{e(U2)} = 0$ ist. Die Verstärkung des Filters errechnet sich zu $U_2 / U_1 = 2,37$ entsprechend $7,5\,dB$. Dieses Ergebnis entspricht auch etwa dem durch ein Netzwerkanalyseprogramm dargestellten Frequenzganges Abb. 6.7 mit real nachgebildetem Operationsverstärker.

6.3.4   Die Demodulation

Abb. 6.11 zeigt die beiden, den Filtern nachgeschalteten, aktiven Gleichrichter mit der folgenden Glättungseinheit R_{13}, R_{14} und C_6. Über den Impedanzwandler wird das demodulierte Signal weitergeführt.

Zunächst soll einer der beiden Gleichrichter in seiner Funktion beschrieben werden. Es handelt sich um einen Gleichrichter, der das demodulierte Signal invertiert und ohne Diodenschwellspannungen arbeitet. Wie das vor sich geht, dass dieser Demodulator schon bei kleinsten Spannungen unterhalb von Diodenschwellspannungen funktionstüchtig ist, soll an einem Beispiel exemplarisch für positive und negative Eingangsspannungen dargestellt werden.

Abb. 6.11 Demodulatorschal-
tung mit Glättungseinheit und
Signalweiterführung über den
Impedanzwandler V_6

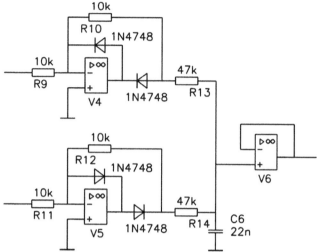

Wir betrachten den oberen Gleichrichter in Abb. 6.11 und nehmen an, dass nach Abb. 6.12 augenblicklich eine positive Spannung von 0,1 V anliegt. Über Gegenkopplung nimmt der −Input das Potenzial des +Inputs, also etwa 0 V, an. Über R_9 liegt somit ebenfalls eine Spannung von 0,1 V. Der Strom durch R_9 fließt über R_{10}, da D_1 in Sperrrichtung liegt. Er verursacht bei gleichem Widerstandswert ebenfalls ein Spannungsfall von 0,1 V.

Somit ist die Ausgangsspannung −0,1 V, wie die Abbildung der Gleichrichterschaltung es in Abb. 6.12 darstellt.

Bei gleichen Widerständen ist die Ausgangsspannung bei positiven Eingangsspannungen betragsmäßig gleich groß. Nur ist das Signal invertiert. Man kann leicht erkennen, dass das Ausgangssignal in seiner Größe vom Widerstandsverhältnis R_{10}/R_9 abhängt. Die Höhe der Diodenschwellspannung von D_2 spielt hier keine Rolle, obwohl der Strom hierüber über den OP-Ausgang fließt. Das Verhalten für negative Eingangsspannungen wird in Abb. 6.13 verdeutlicht. Als Beispiel ist die Eingangsspannung mit −0,1 V gewählt. Der Strom fließt aufgrund der negativen Eingangsspannung in Richtung −0,1 V. Da Diode D_2 für diesen Strom in Sperrrichtung liegt, fließt er über D_1. R_{10} ist stromlos.

Abb. 6.12 Spannungen und
Ströme am oberen Demo-
dulator bei einer positiven
Eingangsspannung

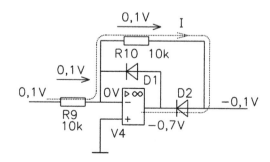

Abb. 6.13 Spannungen und
Ströme bei negativer Eingangsspannung

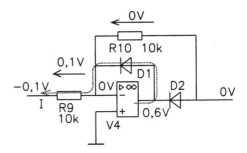

Der Spannungsfall an ihm ist 0 V. Der virtuelle Nullpunkt am −Input von 0 V greift damit auf den Ausgang durch. Für negative Eingangsspannungen ist die Ausgangsspannung
somit 0 V. Die Schaltung hat gleichrichtende invertierende Wirkung. Die Kennlinien der
Dioden, insbesondere die Schwellspannungen, gehen nicht in die Demodulation ein.

   Abb. 6.14 zeigt die Spannungsverläufe am Demodulator. Es wurde eine Eingangsspannung von 1 V_{ss} und der Übersichtlichkeit wegen eine Frequenz von 1 kHz gewählt.
Deutlich ist zu erkennen, dass nur die positive Halbwelle gleichgerichtet und invertiert
wird. Die Ausgangsspannung am OP-Ausgang ist einmal die Addition der Ausgangsspannung plus Diodenschwellspannung und ein anderes Mal nur die Diodenschwellspannung.
Der Verlauf ist durch die Diodenkennlinien verrundet. Diese Verrundungen haben aber
auf den Verlauf der Ausgangsspannung keine Auswirkungen. Am −Input des OPs ist die
Spannung praktisch immer 0 V.

   Der zweite Gleichrichter für das 1650 Hz-Filter unterscheidet sich darin, dass die beiden Dioden anders gepolt sind. Somit wird hier die negative Halbwelle gleichgerichtet und
invertiert. Für die höhere Frequenz von 1850 Hz wird nach Abb. 6.11 über R_{13} der Kondensator C_6 negativ aufgeladen. Liegt über das Bitmuster die niedrige Frequenz an, so liefert
der untere Gleichrichter über R_{14} ein positives Signal. Der Kondensator wird positiv aufgeladen. Damit bei einem Bitmusterwechsel die Spannung am Kondensator sich schnell
genug umpolen kann, muss die Zeitkonstante $R_{13} \times C_6$ bzw. $R_{14} \times C_6$ angemessen gewählt
werden. Für eine Übertragungsrate von 300 Baud, entsprechend 300 Bit / Sekunde, wäre
eine Zeitkonstante von etwa 1 ms bei einer Bitbreite von ca. 3,3 ms angemessen.

6.3.5 Signalaufbereitung des demodulierten Signales

Über einen Impedanzwandler wird die Spannung von Kondensator C_6, die in ihrer Polarität entsprechend des Bitmusters wechselt, über ein Tiefpassfilter dem Komparator V_8
zugeführt. Hier wird das Signal regeneriert. Das Tiefpassfilter soll aus Sicherheitsgründen
höherfrequente Störungen und Oberschwingungen bzw. Welligkeiten des demodulierten
Signales vom Kondensator C_6 sperren. Über R_{19} wird die Schaltschwelle des Komparators
eingestellt. Dies ist notwendig, da durch eventuelle DC-Offsets der vorgeschalteten OPs
ein Ruhepegel von mehreren mV auftreten kann. Ist der Ruhepegel beispielsweise etwa

Abb. 6.14 Spannungsverläufe am Demodulator bei einer Sinus-Eingangsspannung von ±0,5 V

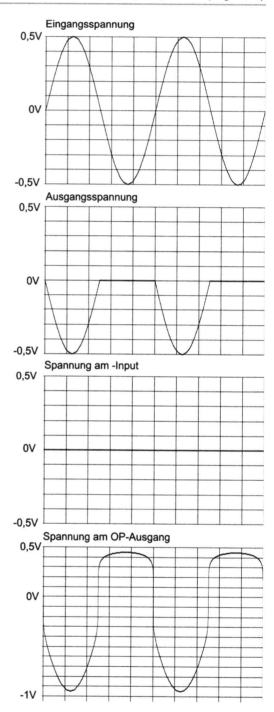

10 mV, so muss der +Input ebenfalls auf 10 mV eingestellt werden. Der DC-Offset für die Pegelkippung ist dadurch kompensiert. Damit die Einstellung so kleiner Pegel über das Poti R_{19} feinstufig möglich ist, wird das Signal über die Widerstände R_{17} und R_{18} um den Faktor 100 heruntergesetzt. Die Spannung am +Input des OPs lässt sich über R_{19} von +120 bis −120 mV verstellen. Das Tiefpassfilter soll nur die Übertragungsrate von 300 Baud, entsprechend der Frequenz von 300 Hz, passieren lassen. Höherfrequente Störungen bzw. Überlagerungen auf dem Gleichspannungspegel des Bitmustersignales sollen gesperrt werden. Abb. 6.16 zeigt den Frequenzgang des Tiefpassfilters. Es ist zu erkennen, dass ab 300 Hz das Eingangssignal zum Ausgang hin deutlich gedämpft wird.

Auch hier soll eine Abschätzung des Frequenzganges nach Abb. 6.15 in der Weise erfolgen, indem man die Verstärkungen für extreme Frequenzwerte abschätzt. Bei der Frequenz f = 0 spielen die Kondensatoren für den stationären Vorgang keine Rolle. Die OP-Schaltung reduziert sich auf einen einfachen Impedanzwandler mit der Verstärkung 1 oder 0 dB. Bei einer gedachten unendlichen Frequenz stellen die Kondensatoren „Kurzschlüsse" dar. Am +Input des OPs liegt somit 0 V. Über Gegenkopplung liegen am −Input und damit am Ausgang ebenfalls 0 V. Die Verstärkung zu hohen Frequenzen hin ist also Null. Es handelt sich nach dieser groben Abschätzung um einen Filter mit der Verstärkung 1 bei niedrigen Frequenzen. Zu hohen Frequenzen nimmt die Verstärkung ab.

Das Berechnungsbeispiel soll sich auf 1 kHz beziehen.

Zur Berechnung der Verstärkung greifen wir wieder nach dem Überlagerungssatz. Zunächst rechnen wir die Wirkung durch $\underline{U}_1$ aus und bestimmen $\underline{I}_{e(U1)}$. $\underline{U}_2$ wird Null gesetzt. Danach wird $\underline{I}_{e(U2)}$ berechnet. Dazu wird $\underline{U}_2 = 1$ V und $\underline{U}_1 = 0$ V gesetzt. Die Summe $\underline{I}_{e(U1)} + \underline{I}_{e(U2)}$ muss wieder Null sein, da der Strom in den OP am +Input ja tatsächlich vernachlässigbar ist. Zunächst wird die Wirkung von $\underline{U}_1$ berechnet. $\underline{U}_1$ wird wieder 1 V gesetzt. Ist $\underline{U}_2 = 0$ V, so ergibt sich das rechtsseitige Ersatzschaltbild in Abb. 6.17.

$$\underline{Z}_{ges} = R_{15} + (X_{C7} \parallel R_{16})$$

Abb. 6.15 Tiefpassfilter mit nachfolgendem Komparator

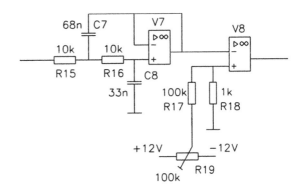

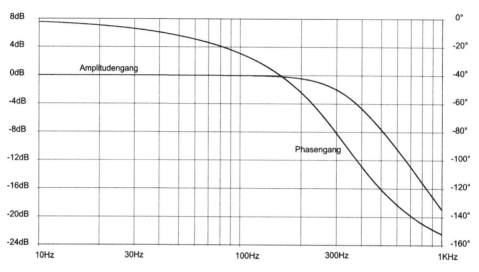

Abb. 6.16 Frequenzgang des Tiefpassfilters

C_8 hat durch die Überbrückung von $U_2 = 0\,V$ für die Berechnung keine Bedeutung

$\underline{Z}_{ges} = 10{,}519\,k\Omega - j\,2{,}21895\,k\Omega$

$\underline{I}_{ges} = \underline{U}_1\,/\,\underline{Z}_{ges}$

$\underline{I}_{ges} = 1\,V\,/\,(10{,}519\,k\Omega - j\,2{,}21895\,k\Omega) = 91{,}01\,\mu A + j\,19{,}1983\,\mu A$

$\underline{U}_{R15} = \underline{I}_{ges} \times R_{15} = 0{,}91\,V + j\,0{,}192\,V$

$\underline{U}_{R16} = (\underline{U}_1 - \underline{U}_{R15}) = 90\,mV - j\,192\,mV$

$\underline{I}_{R16} = \underline{I}_{e(U2)} = \underline{U}_{R16}\,/\,R_{16} = 8{,}987\,\mu A - j\,19{,}1983\,\mu A$

$\underline{I}_{e(U1)} = 21{,}2\,\mu A \angle -64{,}92°$

Als nächstes wird entsprechend des Überlagerungssatzes die Spannungsquelle $\underline{U}_1 = 0\,V$ gesetzt und $\underline{U}_2 = 1\,V \angle 0°$. Es ergibt sich das Ersatzschaltbild in Abb. 6.18. Da die Differenzspannung am OP-Eingang 0 V beträgt, wird für diesen Fall die Spannung am +Input

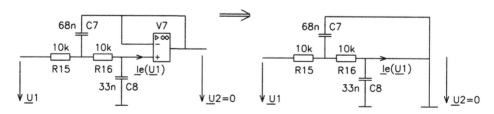

Abb. 6.17 Berechnung $I_{e(U1)}$ nach dem Ersatzschaltbild für $U_2 = 0\,V$

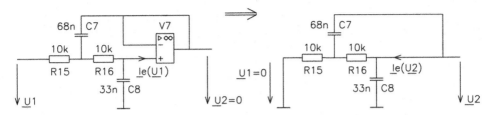

Abb. 6.18 Berechnung $I_{e(U2)}$ nach dem Ersatzschaltbild für $U_1 = 0\,V$

ebenfalls $U_2 = 1\,V$. Der Strom durch R_{16} entspricht nach der vorhergehenden Rechnung dem Strom $I_{e(U1)}$. Es fließt nur ein zusätzlicher Strom durch den Kondensator C_8.

$$\underline{I}_{R16} = \underline{I}_{e(U2)} = 21{,}2\,\mu A\angle 64{,}92°$$

$$X_{C8} = 4{,}823\,k\Omega\angle{-90°}$$

$$\underline{I}_{C8} = \underline{U}_2 / X_{C8} = 205\,\mu A\angle 90°$$

$$\underline{I}_{e(U2)} = \underline{I}_{R16} + \underline{I}_{C8} = 224{,}4\,\mu A\angle 87{,}7°$$

Die Ströme $\underline{I}_{e(U1)}$ und $\underline{I}_{e(U2)}$ werden gleichgesetzt.

$$\underline{U}_1 / \underline{U}_2 = \underline{I}_{e(U1)} / \underline{I}_{e(U2)} = 21{,}2\,\mu A / 224{,}4\,\mu A = 0{,}0945$$

U_2 müsste $0{,}0945\,V$ betragen, damit der Strom $I_{e(U1)} = 0$ ist.
Die Verstärkung $a_{[dB]} = 20 \times lg\,(U_2 / U_1) = 20 \times lg\,(0{,}0945\,V / 1\,V) = -20{,}5\,dB$.
Das Eingangssignal wird bei $1000\,Hz$ um $20{,}5\,dB$ zum Ausgang hin geschwächt.
Vergleicht man die Verstärkung mit dem Frequenzgang im Bode-Diagramm in Abb. 6.16, so sind kleine Abweichungen mit der errechneten Verstärkung festzustellen. Die Erklärung liegt darin, dass in der Rechnung ein idealisierter Operationsverstärker angenommen wurde.

6.4 Aktive Filter mit Operationsverstärker

Das Bandfilter und das Tiefpassfilter der Auswerteschaltung lassen sich durch die Netzwerkberechnung nach dem Überlagerungssatz für eine bestimmte Frequenz relativ leicht berechnen. Eine allgemeingültige Formel lässt sich aus den einzelnen Rechenschritten mit größerem rechentechnischen Aufwand erstellen. Hier soll ein kurzer formeltechnischer Überblick über die beiden Filterarten der Schaltung dargestellt werden, damit ein Umrechnen auf andere Frequenzen möglich ist. Dies wäre notwendig, falls anstelle der Empfangsfrequenzen 1650 und $1850\,Hz$ andere Frequenzen gewünscht werden.

Abb. 6.19 Einfacher RC-Tiefpass

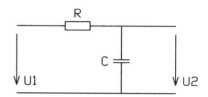

6.4.1 Das Tiefpassfilter

Zu hohen Frequenzen verringert sich die Verstärkung U_2/U_1 eines Tiefpassfilters. Bei einem einfachen RC-Tiefpass (s. Abb. 6.19) nimmt die Verstärkung zu hohen Frequenzen bei zehnfacher Frequenzerhöhung um etwa das Zehnfache ab.

Die Formel für den einfachen RC-Tiefpass

$$\frac{U_2}{U_1} = \frac{X_c}{\sqrt{R^2 + Xc^2}}$$

zeigt diesen Vorgang recht deutlich.

Bei sehr hohen Frequenzen ist der Widerstand X_c zu R vernachlässigbar klein.

Die Formel vereinfacht sich zu

$$\frac{U_2}{U_1} = \frac{X_c}{R}.$$

Die Dämpfung beträgt im dB-Verstärkungsmaß somit 20 dB / Dekade. Die Reihenschaltung zweier RC-Tiefpässe bringt zu hohen Frequenzen eine Dämpfung von 40 dB / Dekade. Man spricht dann von einem Tiefpass zweiter Ordnung. Der aktive Tiefpass der Frequenzauswerteschaltung ist ebenfalls ein Filter zweiter Ordnung. Damit ein definiertes Maß des Frequenzgangs möglich ist, wird eine Grenzfrequenz festgelegt. Sie liegt bei einer Amplitudenverstärkung, die um 3 dB tiefer liegt als die maximale Verstärkung des Filters.

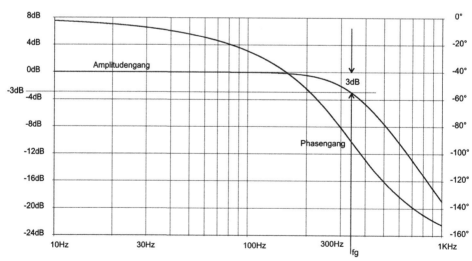

Definition der Grenzfrequenz fg

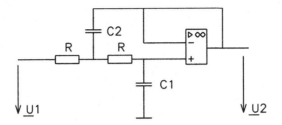

Aktives Tiefpassfilter

Der Frequenzgang in der Abbildung gehört zum aktiven Filter. Es ist zu erkennen, dass sich zu hohen Frequenzen die Dämpfung allmählich zu 40 dB / Dekade hin bewegt.

Die Formel zur Berechnung der Grenzfrequenz fg lautet:

$$f_g = \frac{1}{2 \times \pi \times \sqrt{R^2 \times C_1 \times C_2}}.$$

6.4.2 Das Bandfilter

Einen standardisierten bewährten Bandpass mit Mehrfachgegenkopplung weist die Frequenzausworteschaltung auf. Diese Schaltung ist auch für höhere Gütewerte brauchbar. Die Schaltung in den Abbildungen zeigt das Bandfilter und den Amplitudengang unseres 1850 Hz-Filters.

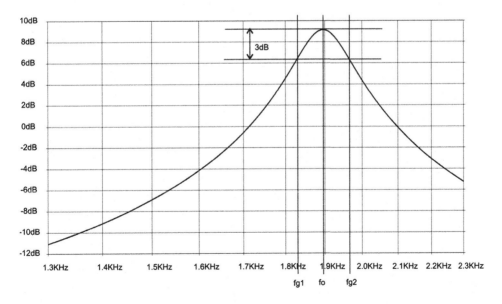

Amplitudengang des 1850 Hz-Bandfilters

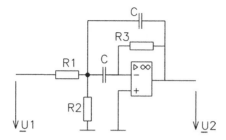

Aktives Bandfilter

Den Begriff $f_{g2} - f_{g1}$ bezeichnet man als Bandbreite b.
Die Güte Q ist folgendermaßen definiert:

$$Q = \frac{f_0}{f_{g2} - f_{g1}}.$$

Sie errechnet sich nach der Filterschaltung zu

$$Q = \frac{1}{2 \times \pi \times C} \times \sqrt{\frac{R_1 + R_2}{R_1 \times R_2}}.$$

Die Resonanzfrequenz ist

$$f_0 = \frac{1}{2 \times \pi \times C} \times \sqrt{\frac{R_1 + R_2}{R_1 \times R_2 \times R_3}}.$$

Die Verstärkung im Falle der Resonanzfrequenz f_0 ist betragsmäßig

$$\frac{U_{2_{(f0)}}}{U_{1_{(f0)}}} = \frac{R_3}{2 \times R_1}.$$

Durch das Bandfilter erreichen wir in unserer Schaltung die Auswertung der beiden Frequenzen für das entsprechende Bitmuster. Störungen auf den Sendefrequenzen spielen kaum eine Rolle, da nur die Grundharmonischen einer solchen Frequenz durchgelassen werden. Wir nehmen als Beispiel das 1850 Hz-Bandfilter und beschicken den Eingang mit einer Rechteckspannung von praktisch 1850 Hz. Das Ergebnis zeigt das Oszillogramm in Abb. 6.20. Die Ausgangsspannung ist eine Sinusspannung. Wie aus einer Rechteckspannung durch das Bandfilter am Ausgang eine Sinusspannung wird, ist aus der Fourieranalyse einer Rechteckspannung erklärbar. So lässt sich die Rechteckspannung aus einer Unzahl von Sinustermen beschreiben. Die Rechteckspannung setzt sich zusammen aus einem Faktor k multipliziert mit

$$\left[\sin(\omega t) + \frac{1}{3} \sin(3\omega t) + \frac{1}{5} \sin(5\omega t) + \frac{1}{7} \sin(7\omega t) + \frac{1}{9} \sin(9\omega t) + \dots \right].$$

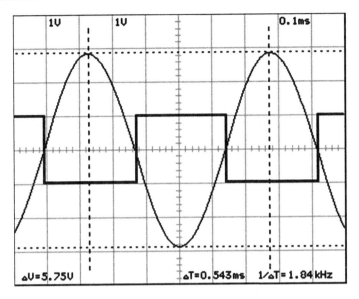

Abb. 6.20 Rechteckeingangsspannung und Ausgangsspannung des 1850 Hz-Bandfilters: Rechteckeingangsspannung: $2\,V_{ss}$; Ausgangsspannung etwa $6\,V_{ss}$

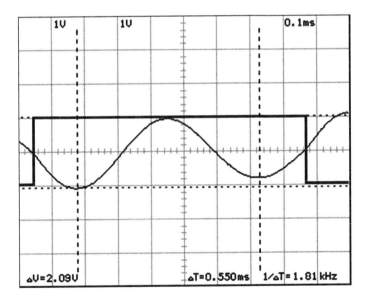

Abb. 6.21 Rechteck-Eingangsspannung von etwa 615 Hz und Ausgangsspannung des 1850 Hz-Bandfilters

Es ist zu erkennen, dass neben der Grundfrequenz eine dreifach höhere Frequenz mit 1 / 3 der Grundamplitude, eine 5fache Frequenz mit 1 / 5 der Grundamplitude usw. vorhanden ist. Da die höheren Frequenzanteile vom Bandfilter sehr stark bedämpft werden, wird nur die Grundharmonische durchgelassen. Höherfrequente Störungen zur Grundharmonischen sind deshalb ohne große Bedeutung.

Ein Versuch soll obige Theorie noch praktisch untermauern. Speisen wir das 1850 Hz-Filter mit einer Rechteckspannung von 1 / 3 der Frequenz, also etwa 615 Hz ein, so müsste ja nach der Fourieranalyse die Komponente der Rechteckspannung einer Frequenz von 1850 Hz entsprechen. Diese Frequenzkomponente wird durchgelassen und müsste am Ausgang als Sinusspannung erscheinen.

Das Oszillogramm in Abb. 6.21 zeigt die praktische Messung dazu.

6.5 Übung und Vertiefung zur Frequenzauswerteschaltung

Aufgabenstellung 6.5.1

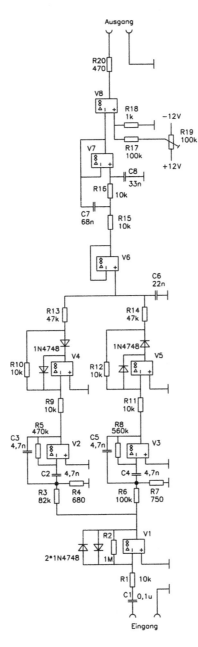

Schaltung zur Frequenzauswertung

Anstelle des invertierenden Vorverstärkers nach der Schaltung in der Abbildung mit der Verstärkung −100 wird ein nichtinvertierender Vorverstärker mit der Verstärkung 100 eingebaut.

Wie ändert sich die Schaltung hinsichtlich Funktion, Bauteilzerstörung etc.?

Aufgabenstellung 6.5.2

Die Dioden der aktiven Gleichrichter sind versehentlich falsch gepolt eingelötet worden.

Wie ändert sich die Schaltung hinsichtlich Funktion, Bauteilzerstörung etc.?

Aufgabenstellung 6.5.3

R_{17} und R_{18} sind in ihren Werten miteinander vertauscht worden.

Wie ändert sich die Schaltung hinsichtlich Funktion, Bauteilzerstörung etc.?

Aufgabenstellung 6.5.4

Anstelle des Kondensator C_6 von 22 nF wurde ein Wert von 22 μF eingelötet.

Wie ändert sich die Schaltung hinsichtlich Funktion, Bauteilzerstörung etc.?

Aufgabenstellung 6.5.5

Anstelle des Potis R_{19} von 100 kΩ wird ein Wert von 50 kΩ eingesetzt.

Wie ändert sich die Schaltung hinsichtlich Funktion, Bauteilzerstörung etc.?

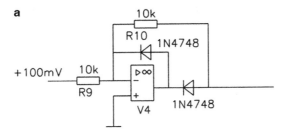

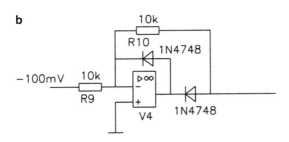

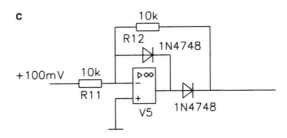

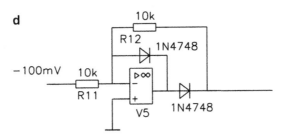

Demodulatorschaltungen: **a** mit Eingangsspannung +100 mV, **b** mit Eingangsspannung −100 mV, **c** mit Eingangsspannung +100 mV, **d** mit Eingangsspannung −100 mV

In der Abbildung sind die aktiven Gleichrichter der Auswerteschaltung aufgeführt. An den Eingängen soll jeweils eine Spannung von +100 und −100 mV angenommen werden.

Aufgabenstellung 6.5.6

Skizzieren Sie die Gleichrichterschaltungen mit den angegebenen Eingangsspannungen.

Wie groß ist jeweils die Ausgangsspannung?

Tragen Sie die entsprechenden Spannungen, Ströme und Potenziale als Hilfsrechnungen in Ihre Skizze ein!

Aufgabenstellung 6.5.7

Welche Funktion haben R_9 und R_{10} bzw. R_{11} und R_{12}?

Aufgabenstellung 6.5.8

Welche Funktion erfüllen die Dioden?

Zu den beiden abgebildeten Bandfiltern sind die Frequenzgänge im Bode-Diagramm dargestellt.

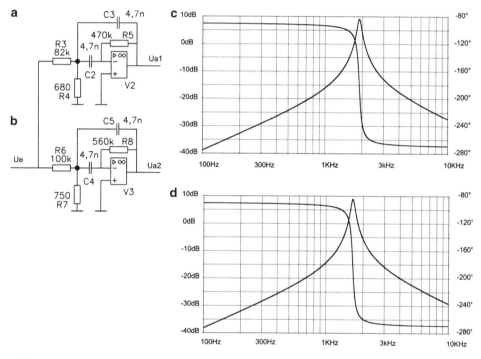

a,b Schaltung der aktiven Bandfilter; **c,d** Frequenzgänge der beiden Bandfilter

Aufgabenstellung 6.5.9

Begründen Sie, welcher Frequenzgang **c** oder **d** zu welchem Filter **a** oder **b** gehört!

Aufgabenstellung 6.5.10

Begründen Sie, welche Kurven des Bode-Diagramms den Amplituden- und welche den Phasengang darstellen.

Aufgabenstellung 6.5.11

Welche Resonanzfrequenz liegt im Bode-Diagramm c vor?

Aufgabenstellung 6.5.12

Wie groß ist die Verstärkung U_a / U_e für den Resonanzfall aus Aufgabenstellung 6.5.11?

6.6 Frequenzumtastung

Die Frequenzumtastung durch Bitmustersteuerung soll exemplarisch auf unsere Grundkenntnisse des Dreieck-Rechteck-Generators zurückgreifen. Wir bedienen uns dabei beispielsweise mit einer unipolaren Standardspannungsversorgung von 12 V. Die Bitsteuerung soll TTL-Pegel besitzen, also etwa 0 V für 0-Signal und 2 bis 5 V für High-Signal. Am Ausgang der Schaltung befinden sich je nach Bitmuster die zwei Sendefrequenzen. Es handelt sich hier um Dreieckspannungen. Diese Spannungsform ist ausreichend für die Frequenzauswertung, da die Bandfilter in unserem Empfänger sowieso nur die Grundharmonischen passieren lassen. Abb. 6.22 zeigt die Schaltung der Bit-Frequenz-

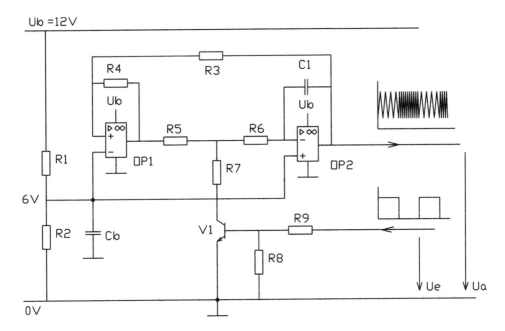

Abb. 6.22 FSK-Generator mit unipolarer Spannungsversorgung

Umtastung. Es handelt sich um den bekannten Dreieck-Rechteck-Generator, wie in Abschn. 4.7 beschrieben, mit OP_1 und OP_2. Aus der „Sicht der Operationsverstärker" besteht über Spannungsteiler R_1, R_2 eine bipolare Spannungsversorgung von ± 6 V. Der Kondensator C_b dient als sogenannter Block- bzw. Stützkondensator. Die Stromeinspeisung des Integrationskondensators C_1 geschieht über den Ausgang von OP_1 und über die Widerstände R_5 und R_6. Dieser Strom kann durch das Bitmuster der Eingangsspannung U_e verändert werden. Die Spannung U_e steuert den Transistor V_1 an. Über R_7 wird dann ein Teil des Integrator-Kondensatorstromes abgeführt, so dass die Auf- und Entladung des Kondensators C_1 verlangsamt wird. Die Frequenz bei dem Bitmuster „High" wird kleiner.

6.7 Berechnungsgrundlagen

Die Schaltung soll berechnet werden. Hierfür wählen wir folgende Bedingungen:

- Die Versorgungsspannung soll 12 V betragen
- Für das Bitmuster „Low" soll die Frequenz 1000 Hz sein
- Für das Bitmuster „High" soll die Frequenz 500 Hz betragen
- Die Amplitude der Dreieckspannung soll 5 V_{ss} sein

Zunächst berechnen wir den Sendegenerator für das Bitmuster „Low". Der Transistor V_1 sperrt. Die Stromabzweigungsschaltung kann für die Berechnung entfallen. Als weiteren Ansatz nehmen wir eine Potenzialverschiebung vor und sehen uns die Spannungsverhältnisse aus der „Sicht" der Operationsverstärker an. Zwischen R_1 und R_2 soll unser Massebezugspunkt = 0 V liegen. Damit wird U_b zu 6 V und der ursprüngliche Bezugspunkt zu -6 V. Abb. 6.23 zeigt die Spannungsverhältnisse aus der „OP-Sicht" an. Die Ausgangsspannungen des Komparators betragen hiernach real etwa ± 5 V.

Die Ausgangsspannung von OP_2 soll 5 V_{ss} betragen. Sie ändert sich nach dem Schaltbild in Abb. 6.23 zwischen +2,5 und $-2,5$ V. Die bipolare Spannung wird über R_1 und R_2 gebildet. Wir wählen beide Widerstände willkürlich mit 1 kΩ. Der Querstrom beträgt in diesem Fall 12 V / $(R_1 + R_2) = 6$ mA. Wir werden aus diesem Grund die OP-Außenbeschaltung so hochohmig wählen, dass die Spannungsfälle an R_1 und R_2 symmetrisch bleiben. Den Stützkondensator C_b wählen wir willkürlich 10 µF und verhindern damit Spannungseinbrüche beim Umschalten des Komparators und den damit verbundenen Stromsprüngen. Die Kippung des Komparators soll bei $\pm 2,5$ V einsetzen.

Bei einer Ausgangsspannung von ± 5 V des Operationsverstärkers verhält sich

$$\frac{U_{kipp}}{R_3} = \frac{5\,V}{R_4}.$$

Die Widerstände R_3 / R_4 verhalten sich somit wie 1 / 2.

Wir wählen für $R_3 = 47$ kΩ und für R_4 den Normwert 100 kΩ und halten damit die Außenströme der OP-Schaltung gering. Den Kondensator C_1 setzen wir zunächst willkürlich

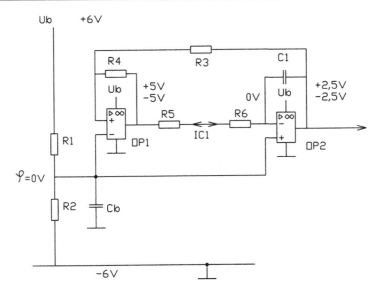

Abb. 6.23 Berechnungsgrundlage für das Bitmuster „Low"

mit 0,1 µF. Der Strom durch den Integrationskondensator errechnet sich zu

$$I_c = C \times \frac{\Delta U_c}{\Delta t} = 0{,}1\,\mu F \times \frac{5\,V}{0{,}5\,ms} = 1\,mA.$$

ΔU_c entspricht unserer Aufgabenstellung von 5 V_{ss}. Für $\Delta t = 0{,}5$ ms ist eine Halbperiodenzeit der Frequenz von 1000 Hz eingesetzt. Wollten wir den Strom I_c kleiner wählen, so könnte C_1 mit 0,01 µF gewählt werden. Der Kondensatorstrom dürfte dann nur 0,1 mA betragen. Aber wir bleiben bei 0,1 µF und damit bei 1 mA. Für diesen Fall errechnet sich $R_5 + R_6$ zu 5 V / 1 mA = 5 kΩ. Beide Widerstände würden jeweils zu 2,5 kΩ gewählt werden.

Wir wählen Normwerte. Für R_5 nehmen wir 2,2 kΩ und für R_6 wählen wir ein Trimmpoti von 4,7 kΩ. Hiermit eichen wir die Frequenz auf genau 1000 Hz ein. Jetzt soll die Transistorschaltung für das Bitmuster „High" berechnet werden. Abb. 6.24 zeigt unseren bisherigen Rechengang. Die Potenziale haben wir wieder auf den ursprünglichen Bezug gesetzt.

Damit bewegt sich die Dreieckausgangsspannung von OP₂ zwischen 3,5 und 8,5 V. Eine andere Beschreibung wäre auch möglich: Um 6 V liegt die Dreiecksspannung von 5 V_{ss}. Die Aussteuergrenzen von OP₁ liegen durch die 12 V-Versorgungsspannung bei unseren angenommen 1 und 11 V. Der −Input von OP₂ hat über Gegenkopplung immer das Potenzial seines +Inputs. In diesem Falle liegt am −Input von OP₂ ein Potenzial von 6 V. Soll durch das Bitmustersignal „High" die Frequenz halbiert werden, so muss der Strom I_{C1} verkleinert werden. Für diesen Fall leiten wir über einen Trimmer R_7 einen Teil des Kondensatorstromes I_{C1} über den Transistor V_1 ab. Der Strom über R_7 ist in der

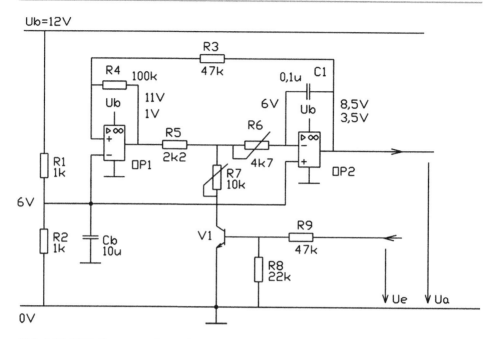

Abb. 6.24 FSK-Generator mit errechneten Werten und ursprünglichem Massebezugspunkt

Auf- und Entladephase des Integrationskondensators verschieden groß, so dass der Strom über C_1 in den Umladephasen ebenfalls unterschiedlich ist. Die Umladungsphasen sind deshalb verschieden schnell und die Dreieckspannung ist deshalb unsymmetrisch, was für eine Frequenzauswertung aber unbedeutend ist. Die verschieden großen Ströme über R_7 und Integrationskondensator C_1 verdeutlichen Abb. 6.25 und 6.26.

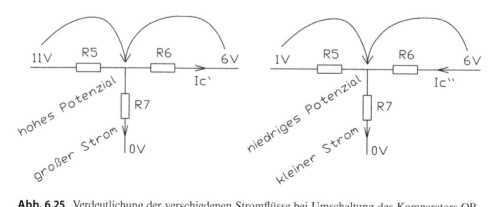

Abb. 6.25 Verdeutlichung der verschiedenen Stromflüsse bei Umschaltung des Komparators OP_1 von 11 V auf 1 V Ausgangsspannung

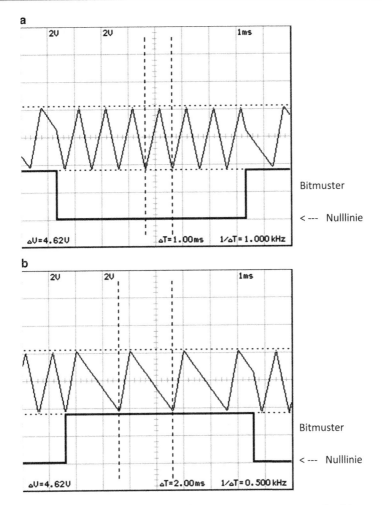

Abb. 6.26 Oszillogramme zur Schaltung in Abb. 6.24. **a** Oszillogramm für Bitmuster „Low",
Messbereiche: 2 V / Div, 1 ms / Div; **b** Oszillogramm für Bitmuster „High", Messbereiche: 2 V / Div,
1 ms / Div

Wir setzen zunächst einen Trimmer R_7 von 10 kΩ ein und eichen die Frequenz durch
R_6 für das Low-Bit auf 1000 Hz und für das High-Bit durch R_7 auf 500 Hz ein. Abb. 6.26
zeigt die praktische Messung zur Schaltung.

Für den Transistor V_1 bieten sich der BC107, BC237 oder ähnliche npn-Typen an.
Die Widerstände R_8 und R_9 lassen in der Dimensionierung einen weiten Spielraum zu.
R_9 wurde mit 47 kΩ und R_8 mit 22 kΩ gewählt. R_8 dient als Basisableitwiderstand zum
schnelleren Sperren des Transistors. Gleichzeitig wird ein sicheres Sperren des Transistors auch dann erreicht, wenn der Low-Pegel am Eingang auch Werte bis 0,8 V annimmt.
Der Spannungsteiler R_8, R_9 setzt die Basis-Emitterspannung von V_1 dann immer noch

auf etwa 0,25 V herunter, so dass in diesem Falle noch sicheres Sperren des Transistors erreicht wird.

6.8   Übung und Vertiefung

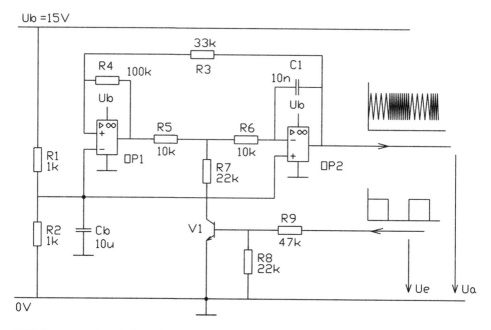

FSK-Generator mit unipolarer Spannungsversorgung

Die Schaltung in der Abbildung wird mit 15 V versorgt. Die Aussteuergrenzen der OPs sollen mit 14 und 1 V angenommen werden.

Aufgabenstellung 6.8.1
Berechnen Sie die Höhe der Dreiecksspannung in V_{ss}!
   In welchem Spannungsbereich liegt die Dreieckspannung?

Lösungsbeispiel Die Dreieckspannung bewegt sich zwischen 5 und 10 V.

Aufgabenstellung 6.8.2
Wie groß ist die Frequenz bei Low-Signal für U_e?

Aufgabenstellung 6.8.3
Wie groß ist die Frequenz bei High-Signal für U_e?

Die Kollektor-Emitter-Sättigungsspannung des Transistors soll mit 0 V angenommen werden.

Beachten Sie, dass bei „High"-Ansteuerung die beiden Zeitflanken der Dreieckspannung verschieden groß sind!

Kenndaten und Anwendungshinweise zum realen OP

7

7.1 Kenndaten zum Operationsverstärker

7.1.1 Die wichtigen Kenngrößen des Operationsverstärkers

Die Kenngrößen eines OPs können wir grob in vier Gruppen einteilen. Sie sollen zunächst kurz zusammengefasst werden. Später werden die wichtigen Kenngrößen noch näher beschrieben.

Verstärkung und Zeitverhalten
Allgemein wird hierunter der Frequenzgang des Verstärkers verstanden. Wichtig sind die Verstärkung des OPs und die Phasenverschiebung zwischen Ein- und Ausgangsspannung in Abhängigkeit von der Frequenz. Eine weitere aussagekräftige Größe für das Zeitverhalten ist die mögliche Anstiegsgeschwindigkeit der Ausgangsspannung bei einem Spannungssprung am OP-Eingang. Diese Größe bezeichnet man als Slewrate oder Anstiegsflanke. Sie ist ein Maß für die Schaltgeschwindigkeit des Operationsverstärkers.

Eingangsgrößen
Es interessiert den Praktiker die maximal mögliche Eingangsspannungsdifferenz zwischen den OP-Eingängen und die maximale Eingangsspannung gegen das Massepotenzial der Versorgungsspannung. Weiter ist der Eingangswiderstand in vielen Fällen von Bedeutung. Bei FET-OPs ist der Eingangswiderstand vernachlässigbar hoch, doch muss auch hier bei Ansteuerung – insbesondere von Rechtecksignalen – durch die Eingangskapazitäten der FET-Transistoren während der Anstiegsflanken ein doch nicht immer vernachlässigbarer kapazitiver Verschiebungsstrom aufgebracht werden.

Ausgangsgrößen
Von Bedeutung sind der maximale Ausgangsspannungshub für eine bestimmte Versorgungsspannung und der Ausgangswiderstand des Operationsverstärkers. Wichtig sind

© Springer Fachmedien Wiesbaden GmbH 2017
J. Federau, *Operationsverstärker*, DOI 10.1007/978-3-658-16373-0_7

noch der maximale Ausgangsstrom und die Kurzschlussfestigkeit des Operationsverstärkers.

Offsetgrößen

Leider haben Operationsverstärker nicht die ideal gewünschten Kenndaten. So zeigen Operationsverstärker mit bipolaren Eingangstransistoren doch nicht immer vernachlässigbare Eingangsströme. Selbst bei gleichen Eingangsgrößen ist aufgrund des Eingangsspannungs- und Eingangsstromoffsets die Ausgangsspannung nicht 0 V. Die Offsetgrößen sind zudem noch von der Temperatur und von der Versorgungsspannung abhängig.

Temperaturgrößen und Betriebsspannungseinflüsse

Neben den Offsets, die insbesondere durch die Eingangsunsymmetrien der Eingangsdifferenzverstärkerstufe bedingt sind, kommt noch eine zusätzliche Temperaturdrift, da die Halbleitermaterialen ihre Kenndaten in Abhängigkeit ihrer Temperatur ändern. Eine Alterungsdrift des Halbleitermaterials kommt ebenso noch hinzu. Auch Betriebsspannungseinflüsse sind vorhanden. Sie verändern beispielsweise die Eingangs-Offsetspannung. Die Änderung der Offsetspannung durch Betriebsspannungseinflüsse wird in µV / V angegeben.

7.1.2 Tabellarische Übersicht über die wichtigen Kenngrößen

Die wichtigen Kenngrößen sind in Tab. 7.1 zusammengefasst und skizziert.

Tab. 7.1 Wichtige Kenngrößen

Bezeichnung: deutsch	Bezeichnung: englisch	Formelzeichen	Kenngrößen Kurzbeschreibung
1. Verstärkung und Zeitverhalten			
Leerlauf(differenz)verstärkung bzw. Gleichspannungsverstärkung	open loop voltage gain	V_{U0}	Gleichspannungs-Leerlaufverstärkung des unbeschalteten OPs
Durchtrittsfrequenz bzw. Transitfrequenz	unity gain frequency	f_T	Frequenz, bei der die Verstärkung $V_u = 1 = 0\,dB$ des unbeschalteten OPs wird
Grenzfrequenz	full power frequency	f_G	Frequenz, bei der die Verstärkung um 3 dB tiefer als die Gleichspannungs-Leerlaufverstärkung liegt
Anstiegsgeschwindigkeit bzw. Anstiegsflanke oder Pulsanstieg	slewrate	$\Delta U_{a\,ss} / \Delta t$ bzw. dU_a / dt	Die maximal mögliche Anstiegsgeschwindigkeit der Ausgangsspannung

Tab. 7.1 (Fortsetzung)

Bezeichnung: deutsch	Bezeichnung: englisch	Formelzeichen	Kenngrößen Kurzbeschreibung
2. Eingangsgrößen			
Differenz-Eingangswiderstand	input resistance	R_E	Eingangswiderstand am Differenzeingang für niedrige Frequenzen
Eingangs-Offsetspannung	input offset voltage	U_{EOS}	Betrag der Spannung am Eingang, um den Ausgang auf 0 V zu bringen
Eingangs-Ruhestrom	input bias current	I_{EO}	Arithmetischer Mittelwert der beiden Inputströme
Eingangs-Offsetstrom	input offset current	I_{EOS}	Differenz der Eingangsströme
Eingangs-Offsetstromdrift	input offset current drift	ΔI_{EOS}	Änderung des Eingangsoffsetstromes in Abhängigkeit von Temperatur, Versorgungsspannung und Alterung
Eingangsspannungsbereich	differential-input voltage input voltage	U_{Ediff} U_{EGl}	Die maximale Differenzspannung zwischen den Eingängen. Ein Gleichtaktsignal gegen Masse darf diese Grenzen nicht überschreiten
Gleichtaktaussteuerbereich oder Gleichtaktspannungsbereich	common mode voltage range	ΔU_{GL}	Bereich der Gleichtaktspannung an den Eingängen des OPs, ohne dass eine Übersteuerung des Einganges eintritt
Gleichtaktunterdrückung	common mode rejection ratio	G CMRR	Gleichtaktverstärkung V_{GL} Differenzverstärkung V_{Diff} $CMRR_{[db]} = 20 \times \lg(V_{Diff} / V_{GL})$
3. Ausgangsgrößen			
Ausgangsspannungshub	output voltage	ΔU_A	Maximaler Ausgangsspannungshub für den linearen Arbeitsbereich des OPs
Ausgangsstrom	output current	I_{Amax}	Maximaler Ausgangsstrom
Ausgangsimpedanz	open loop output impedance	Z_A	Ausgangsimpedanz des unbeschalteten OPs für den linearen Ausgangsspanungsbereich
4. Temperatur- und Betriebsspannungseinflüsse			
Versorgungsspannung	supply voltage	U_b	Betriebsspannung
Betriebsspannungsunterdrückung	supply voltage rejection ratio	k_{SVR}	Der Einfluss der Betriebsspannung auf den Eingangsspannungsoffset in µV / V oder dB
Arbeitstemperatur		T_A	Mini- und maximale Arbeitstemperatur
Lagertemperatur		T_L	Mini- und maximale Lagertemperatur
Anschlussdrahttemperatur		$T_{Löt}$	Maximale Drahttemperatur beim Löten

7.1.3 Kenndaten des Operationsverstärkers µA741

Exemplarisch befassen wir uns mit den Kenndaten des Operationsverstärkers µA741 alias UA741 und LM741. Hierbei machen wir uns gleichzeitig mit den Kenngrößen nebst Wertangaben vertraut. In verschiedenen Diagrammen erfolgt dann noch eine Einsicht der wichtigsten Größen in Abhängigkeit von der Temperatur, Betriebsspannung und der Frequenz.

Tab. 7.2 zeigt die garantierten elektrischen Werte bei 25 °C Umgebungstemperatur und einer Versorgungsspannung von ±15 V.

Die Großsignalverstärkung liegt hier typisch bei 100.000 = 100 dB. Diese Bedingung gilt noch für einen Ausgangsspannungshub von ±10 V und einem Lastwiderstand von 2 kΩ. Der Eingangsruhestrom ist der Mittelwert aus den beiden Eingangsströmen, wenn diese auf Masse gelegt sind. Für Operationsverstärker mit FET-Eingängen wäre dieser Strom praktisch Null. Für den µA741 mit seinen bipolaren Transistor-Eingängen ist dies der Basisruhestrom. Für die Eingangsgrößen des Strom- und Spannungsoffsets sieht man zunächst deutlich die große Schwankungsbandbreite für den gesamten Temperatur-Funktionsbereich. Die Offsetgrößen werden später noch eingehend beschrieben. Der zulässige Eingangsspannungsbereich darf etwa in Höhe der Versorgungsspannung liegen. Die Angabe des Eingangswiderstandes bezieht sich auf den niedrigen Frequenzbereich. Bei höheren Frequenzen verringert sich dieser Widerstand durch parasitäre Eingangskapazitäten der Eingangstransistoren. Der Ausgangsspannungshub liegt etwa 1 bis 2 V unterhalb der anliegenden Versorgungsspannung. In der Tabelle ist zu erkennen, dass durch einen

Tab. 7.2 Garantierte elektrische Werte des µA741

$T_U = 25\,°C$, $U_b = ±15\,V$

Parameter	Symbol	Testbedingungen	Min	Typ	Max	Einheit
Großsignalverstärkung bei offener Schleife	V_{UO}	$U_A = ±10\,V$, $R_L = 2\,k\Omega$		100		dB
Eingangsruhestrom	I_{EO}	$T_U = 25\,°C$		150	500	nA
		$-55\,°C < T_U < 125\,°C$		0,22	1,5	µA
Eingangsoffsetstrom	I_{EOS}	$T_U = 25\,°C$		15	200	nA
		$-55\,°C < T_U < 125\,°C$		45	500	
Eingangsoffsetspannung	U_{EOS}	$T_U = 25\,°C$		0,8	5	mV
		$-55\,°C < T_U < 125\,°C$		0,9	7,5	
Eingangsspannungsbereich	U_{EGL}			±13 V		V
Eingangswiderstand	R_E			1		MΩ
Ausgangsspannungshub	ΔU_A	$R_L > 10\,k\Omega$	±12	±14		V
		$R_L > 2\,k\Omega$	±10	±13		
Gleichtaktunterdrückung	CMRR		70	90		
Versorgungsspannungseinfluss	k_{SVR}			30	150	µV / V
Gesamtverlustleistung	P_T	$U_A = 0$	45	85		mW

niedrigeren Lastwiderstand von $R_L = 2\,k\Omega$ der Ausgangsspannungshub durch den inneren Spannungsfall über den OP-Ausgangswiderstand natürlich kleiner wird. Der Durchgriff der Versorgungsspannung auf die Eingangsoffsetspannung wird mit höchstens $150\,\mu V\,/\,V$ angegeben. Bei einer Eingangsoffsetspannung von typisch 0,8 mV ist dieser Durchgriff aber nicht unerheblich. Die Gleichtaktunterdrückung gibt an, um wievielmal die Differenzverstärkung größer als die Gleichtaktverstärkung ist. Normalerweise dürfte bei gleichen Signalen an den beiden Eingängen das Ausgangssignal unbeeinflusst bleiben. In diesem Fall wäre die Gleichtaktunterdrückung des OPs unendlich groß. Unsymmetrien in den Eingangszweigen der OP-Inputs bewirken aber bei einem Gleichtaktsignal immer eine, auch wenn noch so kleine, Ausgangsspannung.

Die Gesamtverlustleistungsangabe bezieht sich auf eine Ausgangsspannung von 0 V und damit für einen Ausgangsstrom von 0 A. Es ist die chipinterne Verlustleistung ohne Belastung des Ausganges. Die Verlustleistung darf sonst maximal 500 mW betragen, wie es auch Tab. 7.3 darstellt.

Die ersten beiden Zeilen der Tab. 7.4 zeigen den Einfluss der Temperatur auf die Offsetgrößen. In den Diagrammen Abb. 7.13a und 7.13b ist die Veränderung der Offsetgrößen über die Temperatur noch näher dargestellt. Unabhängig von der Temperatur besteht eine Offsetspannungsdrift von der Zeit. Die Bandbreite von 1 MHz ist nur für Kleinsignale definiert. Für Großsignalverstärkung bei vollem Ausgangsspannungshub liegt die Grenzfrequenz bei etwa 10 kHz. Die Anstiegsflanke und das Überschwingen sind in den Diagrammen in Abb. 7.9 und 7.10 dargestellt. Der Ausgangswiderstand von 150 Ω ist ein gemittelter Wert. Er ist nicht über den gesamten Laststrombereich konstant.

Das Diagramm in Abb. 7.1 zeigt die maximale zulässige Verlustumsetzung im Operationsverstärker in Abhängigkeit von der Temperatur. Ab 75 °C muss die interne Verlustleistung reduziert werden. Möglich ist dies durch eine niedrigere Versorgungsspannung und entsprechend kleinere Ausgangsströme.

Abb. 7.2: Selbstverständlich ist die erhöhte Stromaufnahme des Operationsverstärkers bei höherer Versorgungsspannung. Die noch verbleibende Veränderung der Stromaufnah-

Tab. 7.3 Maximalwerte zum uA741

Maximalwerte bei 25 °C, wenn nicht anders angegeben				
Parameter		Min	Max	Einheit
Betriebsspannung	U_b		±22	V
Eingangsspannung je eines Einganges gegen 0 V	U_{EGL}		±15	V
Differenzeingangsspannung	U_{EDiff}		±30	V
Verlustleistung	P_T		500	mW
Lagerungstemperatur	T_L	−65	+150	°C
Betriebstemperaturbereich	T_U	−55	+125	°C
Löttemperatur	$T_{Löt}$ für < 60 s		+300	°C
Kurzschlussdauer	T_K	Unendlich		

Tab. 7.4 Typische elektrische Werte des µA741

$T_U = 25\,°C$, $U_b = \pm 15\,V$

Parameter	Symbol	Testbedingungen	Typisch	Einheit
Durchschnittlicher Temperaturkoeffizient der Eingangs-Offsetspannung	Δ_{UEOS}	$-55\,°C < T_U < 125\,°C$	3	µV / °C
Durchschnittlicher Temperaturkoeffizient des Eingangs-Offsetstromes	Δ_{IEOS}	$-55\,°C < T_U < 125\,°C$	0,375	nA / °C
Offsetspannungsdrift	ΔU_{EOS}	$T = 24\,h$ $U_{EOS} = 0\,V$ bei Start	60	µV / h
Bandbreite für Kleinsignale bei der Verstärkung von 1		$U_E = 20\,mV$ $R_L = 2\,k\Omega$	0,7	MHz
Arbeitsfrequenz bei voller Leistung und einem Ausgangsspannungshub von $\pm 10\,V$	$f_{\Delta UAmax}$	$R_L = 2\,k\Omega$ $U_A = \pm 10\,V$	10	kHz
Anstiegsflanke	t_f		0,6	V / µs
Überschwingen für invertierenden Verstärker $V_U = 1$ durch R_1, R_2		$R_1 = 10\,k\Omega$, $R_2 = 10\,k\Omega$ $R_L = 2\,k\Omega$, $C_L = 100\,pF$ $U_E = 20\,mV$	< 1	%
Ausgangswiderstand bei offener Schleife	R_A		150	Ω

me durch die Arbeitstemperatur ist vorhanden, für den Praktiker aber nicht von Bedeutung.

Abb. 7.3: Die Leerlaufverstärkung ist stark temperaturabhängig. Für einen gegengekoppelten OP mit niedrigem Verstärkungsgrad gegenüber der Leerlaufverstärkung würde allerdings – unabhängig von der Arbeitstemperatur – der Verstärkungsgrad allein nur über das Gegenkopplungsnetzwerk bestimmt werden.

Abb. 7.4: Der Ausgangsspannungshub liegt etwas niedriger als der Betrag der Versorgungsspannung. Für niederohmige Lasten ist der Ausgangsspannungshub durch interne Spannungsfälle in der Ausgangsstufe noch etwas kleiner. Für Standard-OPs mit bipolaren Transistoren setzt man zur Berechnungsgrundlage die Ausgangsspannung etwa 1 bis 2 V niedriger als die Versorgungsspannung.

Abb. 7.5: Der entnehmbare Ausgangsstrom ist stark temperaturabhängig. Eine Laststromentnahme unter 5 mA umgeht dieses Problem. Da der Ausgang kurzschlussfest ist, ist aber auch eine direkte Last ohne Vorwiderstand z. B. von einer Leuchtdiode möglich. Bei Vierfach-OPs, wie der LM348 mit gleichwertigen Daten wie der µA741, muss allerdings auf die maximale Verlustleistung des OP-Chips bei vier kurzgeschlossenen Ausgängen über LEDs geachtet werden. Hier sind Vorwiderstände auf alle Fälle empfehlenswert.

Abb. 7.6: Operationsverstärker sind allgemein durch die Kurzschlussfestigkeit sehr unempfindliche Bauelemente. Zwei Dinge können ihn jedoch sehr schnell zerstören: Das

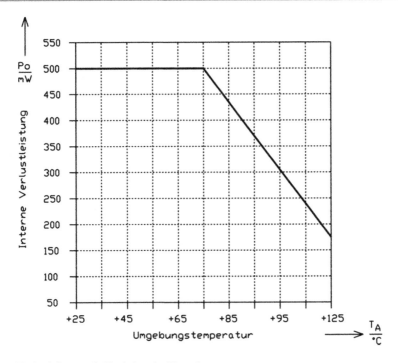

Abb. 7.1 Verlustleistung als Funktion der Umgebungstemperatur

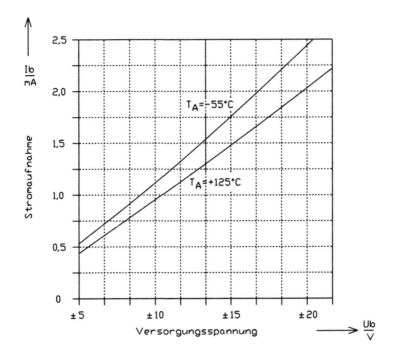

Abb. 7.2 Stromaufnahme in Abhängigkeit der Versorgungsspannung

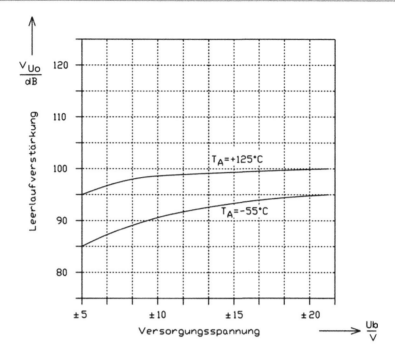

Abb. 7.3 Leerlaufverstärkung in Abhängigkeit von der Arbeitstemperatur

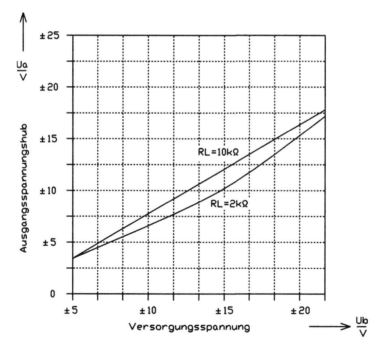

Abb. 7.4 Ausgangsspannungshub als Funktion der Versorgungsspannung und des Lastwiderstandes

Abb. 7.5 Ausgangsspannungshub als Funktion des Ausgangsstromes mit der Temperatur als Parameterangabe

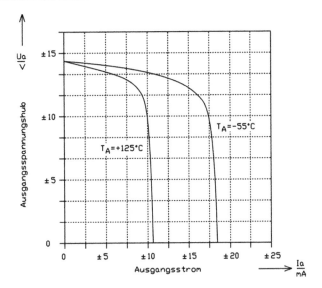

erste wäre die Falschpolung der Versorgungsspannung und die zweite Möglichkeit wäre eine Eingangsspannung, die im Potenzial höher liegt als die Versorgungsspannung. So sollte bei einer Versorgungsspannung von $\pm 10\,\text{V}$ die Eingangsspannung am +Input eine Spannung von $+8\,\text{V}$ nicht überschreiten.

Erfahrungsgemäß ist eine Zerstörung des OPs aber erst dann angesagt, wenn der Eingang eine mehr als 1 V höhere Spannung als die Versorgungsspannung aufweist.

Abb. 7.6 Maximale Eingangsspannung als Funktion der Versorgungsspannung

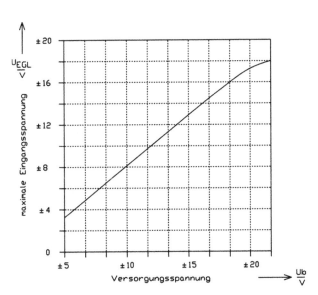

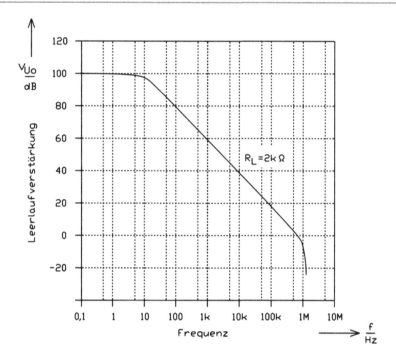

Abb. 7.7 Verstärkung in Abhängigkeit der Frequenz

Abb. 7.7: Die Verstärkung eines offen betriebenen OPs ist sehr stark frequenzabhängig. Die hohe Verstärkung von 100 dB ist nur im Gleichstrombereich möglich. Schon ab 10 Hz sinkt die Verstärkung. Bei der Frequenz von 1 MHz ist das Verstärkungsmaß 0 dB. Bedeutung und Anwendung des Frequenzgangs wird im nachfolgenden Kapitel noch eingehender behandelt.

Abb. 7.8: Bis 10 kHz kann der maximale Ausgangsspannungshub genutzt werden. Zu höheren Frequenzen reicht die Ausgangsspannungs-Anstiegsgeschwindigkeit des Operationsverstärkers nicht mehr aus, während der frequenzbedingten kurzen Periodendauer in die Aussteuergrenze zu gelangen.

Das Diagramm in Abb. 7.9 zeigt die Slewrate oder Anstiegsflanke des μA741. Sie beträgt etwa 10 V / 20 μs bzw. 0,5 V / μs. Die Slewrate von etwas besseren OPs im noch preisgünstigen Niveau liegt heute durchaus bei 10 V / μs.

Das Diagramm in Abb. 7.10 zeigt den zeitlichen Verlauf des Ausgangsspannungssprungs bei maximaler Versorgungsspannung von ±22 V. Die Zeit wird üblicherweise definiert zwischen 10 bis 90 % des Ausgangsspannungsanstiegs.

Abb. 7.11: Ein idealer Operationsverstärker würde bei gleichen Signalen am Eingang keinen Einfluss auf die Ausgangsspannung haben. Da die Eingangsstufen des Differenzeingangsverstärkers nicht genau symmetrisch sind, bewirken Gleichtaktsignale eben doch eine Veränderung der Ausgangsspannung. Die Gleichtaktunterdrückung nimmt zu

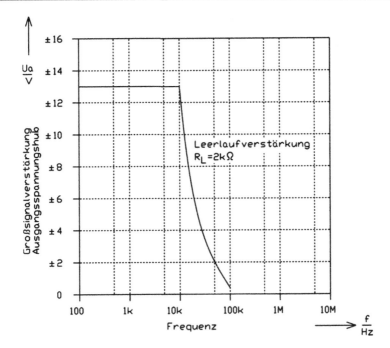

Abb. 7.8 Ausgangsspannungshub als Funktion der Frequenz

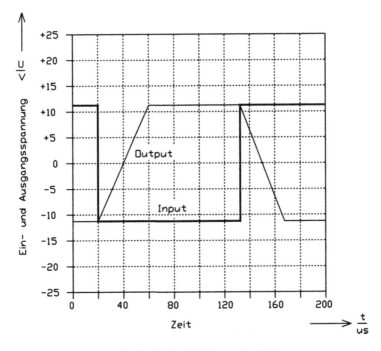

Abb. 7.9 Ausgangsspannungsverlauf in Abhängigkeit von der Zeit

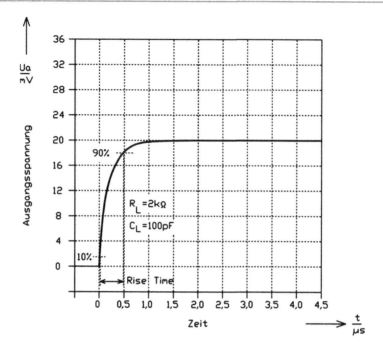

Abb. 7.10   Ausgangsspannungssprung in Abhängigkeit von der Zeit

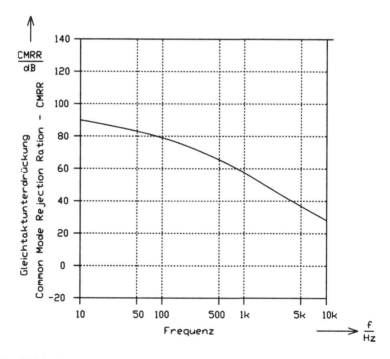

Abb. 7.11   Gleichtaktunterdrückung in Abhängigkeit von der Frequenz

hohen Frequenzen hin ab, weil zusätzlich durch parasitäre Kapazitäten der Eingangsstufentransistoren die Unsymmetrien noch verstärkt werden.

Folgendes Messverfahren zur Gleichtaktunterdrückung wird angewandt:

- Die Eingänge des OPs werden auf Masse gelegt. Über den Offset-Abgleich wird die Ausgangsspannung auf 0 V getrimmt. Die Möglichkeiten zum Offset-Abgleich werden im nächsten Kapitel noch beschrieben.
- Die Eingänge des OPs sind miteinander verbunden und werden mit einem Gleichtaktsignal U_G angesteuert. Aufgrund der ungewollten Unsymmetrien der Eingangsverstärkerstufe ist eine Ausgangsspannung ΔU_a messbar.
- Als nächstes werden die Eingänge des OPs getrennt und ein Eingang auf Masse gelegt. Der andere Eingang wird mit einem so großen Differenzsignal U_{Diff} beaufschlagt, bis ein gleichgroßes Ausgangssignal ΔU_a wie mit dem Gleichtaktsignal vorhanden ist.
- Das logarithmische Verhältnis beider Eingangsspannungswerte ist die Gleichtaktunterdrückung CMRR (Common Mode Rejection Ratio) in dB:

$$CMRR = 20 \times lg \frac{U_G}{U_{Diff}}.$$

Abb. 7.12a und 7.12b zeigen den Eingangsruhestrom in Abhängigkeit von der Versorgungsspannung und der Temperatur. Der Eingangsruhestrom ist gleichzeitig der Basisstrom der Eingangstransistoren. Für sehr hochohmige Schaltungskonzeptionen mag die Höhe des Eingangsruhestromes schon störend wirken. Hier kann in diesem Fall nur auf die Verwendung von FET-OPs hingewiesen werden, da diese einen sehr hohen Eingangswiderstand aufweisen und der Ruhestrom ohne Bedeutung ist.

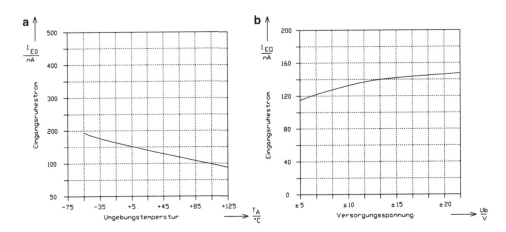

Abb. 7.12 a Eingangsruhestrom in Abhängigkeit von der Umgebungstemperatur, **b** Eingangsruhestrom in Abhängigkeit von der Versorgungsspannung

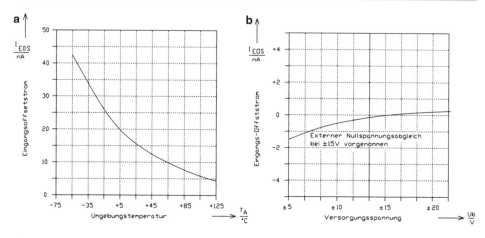

Abb. 7.13 a Eingangsoffsetstrom in Abhängigkeit von der Umgebungstemperatur, **b** Eingangsoffsetstrom in Abhängigkeit von der Versorgungsspannung

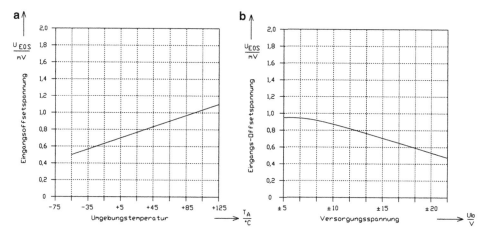

Abb. 7.14 a Eingangsoffsetspannung in Abhängigkeit von der Umgebungstemperatur, **b** Eingangsoffsetspannung in Abhängigkeit von der Versorgungsspannung

In den Diagrammen in Abb. 7.13 bis 7.14 werden die Offsetgrößen in Abhängigkeit von der Temperatur und der Versorgungsspannung dargestellt. Auf die Offsetgrößen und auf die Möglichkeiten der Kompensation und Messung wird im Abschn. 7.2 und 7.4 noch eingegangen. Es soll anhand der Diagramme nur der Vollständigkeit halber der nicht unerhebliche Einfluss von Umgebungstemperatur und Versorgungsspannung aufgezeigt werden.

Anschlussbelegung und Schaltung des µA741

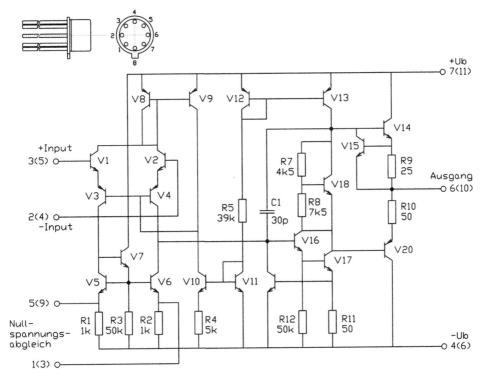

Schaltung des µA741 mit TO-5-Gehäuse. Die Anschlüsse in Klammern gelten für DIL-Gehäuse

7.2 Verstärkung und Zeitverhalten

7.2.1 Frequenzgang des Operationsverstärkers

Zunächst sollen die wichtigsten Kenndaten des Frequenzgangs eines typischen Operationsverstärkers erläutert und messtechnisch verdeutlicht werden. Wir bedienen uns der Kenndaten des bekannten µA741LM741 (Tab. 7.5). Seine Daten sind gleichwertig mit den OP-Typen LM348, TBA 221, TBA 222 u. a.

Eine gute Übersicht über Leerlaufverstärkung, Transit- und Grenzfrequenz zeigt die Darstellung des Frequenzgangs im Bode-Diagramm nach Abb. 7.15. Die Frequenzgangdarstellung im Bode-Diagramm bezieht sich immer auf Sinusgrößen. Der Amplitudengang ist ein Verstärkungsmaß in dB. Es ist das Verhältnis der Ausgangsspannung U_a zur Eingangsspannung U_e und ist folgendermaßen definiert:

Tab. 7.5 Frequenzgänge typischer Operationsverstärker

Parameter		Testbedingungen		Typ µA741, LM348, u. a.			
				Min	Typ	Max	Einheit
V_{U0}	Leerlaufverstärkung	$U_A = \pm 10\,V$	$R_L > 2\,k\Omega$	88			dB
f_T	Transitfrequenz	$U_E = 50\,mV$	$R_L = 2\,k\Omega$	0,7	1		MHz
f_G	Grenzfrequenz				10		Hz
$\Delta U_a / \Delta t$	Anstiegsflanke	$R_L = 2\,k\Omega$	$C_L = 100\,pF$		0,5		V / µs

Die Verstärkung a_{db} beträgt

$$a_{dB} = 20 \times \lg \frac{U_a}{U_e}.$$

Der Phasengang ist die Phasenverschiebung zwischen Eingangs- und Ausgangsspannung. Schaut man sich die Verstärkung in dB als Funktion der Frequenz an, so mag der Verlauf des Amplitudenganges enttäuschen. Schon ab 10 Hz verringert sich die Verstärkung und bei einer Frequenz um 1 MHz ist die Verstärkung nur noch 0 dB entsprechend dem Verstärkungsfaktor von 1. Zu diesem Zeitpunkt beträgt die Phasenversschiebung zwischen Eingangs- und Ausgangsspannung etwa $-120°$, d. h. die Ausgangsspannung des OPs eilt seiner Eingangsspannung um diesen Betrag nach. Die Frequenz, bei der die Verstärkung des OPs nur noch 1 bzw. 0 dB ist, nennt man Durchtritts- bzw. Transitfrequenz. Sie beträgt laut Datenblatt für den µA741 typisch 1 MHz.

Das Oszillogramm in Abb. 7.16 zeigt die Messung für die Transitfrequenz und Abb. 7.17 die Messschaltung dazu. Die Eingangsspannung U_e wurde auf 200 mV$_{ss}$

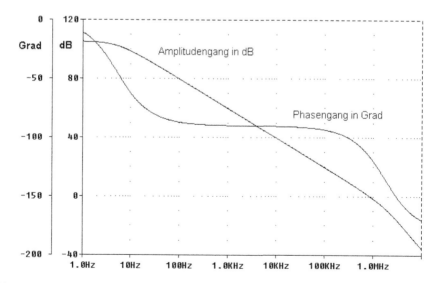

Abb. 7.15 Frequenzgang des µA741

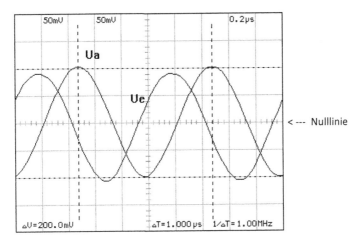

Abb. 7.16   Ein- und Ausgangsspannungsverlauf bei der Transitfrequenz $U_{e\,ss} = U_{a\,ss}$ nach Schaltung Abb. 7.17

eingestellt. Die Frequenz wurde soweit erhöht, bis die Ausgangsspannung U_a die gleiche Amplitude hatte. Dies ist tatsächlich bei etwa 1 MHz der Fall. Im Diagramm ist noch eines deutlich zu erkennen: Soll die Ausgangsspannung genau symmetrisch zur Nulllinie verlaufen, so muss die Eingangsspannung mit einem zusätzlichen DC-Offset beaufschlagt werden, der den Eingangsoffset des Operationsverstärkers kompensiert. Für das Oszillogramm liegt die Eingangswechselspannung um ca. 10 mV zur Oszillogramm-Nulllinie tiefer.

Deutlich ist die Phasenverschiebung zwischen Eingangs und Ausgangsspannung zu erkennen. So eilt die Ausgangsspannung der Eingangsspannung etwa um 120° nach. Laut

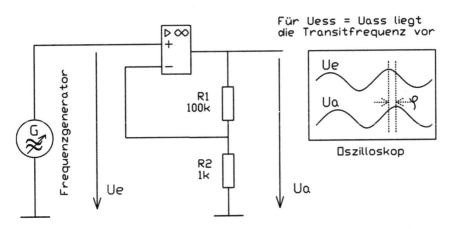

Abb. 7.17   Messschaltung zur Bestimmung der Transitfrequenz

Bode-Diagramm nach Abb. 7.15 ergeben sich etwa die gleichen Werte. Messwerte und die Frequenzdarstellung laut Datenblatt stimmen somit überein.

Für die Messung der Transitfrequenz wurde ein nichtinvertierender Verstärker mit der Verstärkung von etwa 100 aufgebaut. Über einen Generator nach Abb. 7.17 wird die Frequenz bis zur Transitfrequenz, entsprechend der Verstärkung von 0 dB, erhöht. Es ist nicht möglich den Operationsverstärker ohne zusätzliche Beschaltung in seinen Kennwerten zu bestimmen. Durch die hohe Verstärkung driftet schon bei kleinsten Temperatur- und Spannungseingangsoffsets der OP in eine seiner Aussteuergrenzen. Erst durch eine Gegenkopplungsbeschaltung wird die Messung der Transitfrequenz möglich.

Auch die messtechnische Bestimmung der Leerlaufverstärkung ist am unbeschalteten OP nicht möglich. Der OP würde immer entweder in der positiven oder negativen Aussteuergrenze „hängen". Die Eingangsspannung müsste im Bereich von einigen µV gewählt werden. Der DC-Offset liegt im mV-Bereich. Man kann beim unbeschalteten OP die Eingangsspannung nicht so wählen, dass die Ausgangsspannung nicht im Aussteuerbereich liegt.

Eine gute Möglichkeit zur Messung der Gleichspannungs- bzw. Leerlaufverstärkung bietet sich nach Abb. 7.18 an. Der OP ist im Prinzip als invertierender Verstärker mit der Verstärkung -1 durch R_2 und R_1 geschaltet. Durch diese starke Gegenkopplung ist der Arbeitspunkt des OPs stabilisiert. Über einen Spannungsteiler R_3, R_4 wird die Eingangsspannung ΔU_e um den Faktor 1000 – genauer 1001 – heruntergesetzt.

Die variable Eingangsgleichspannung U wird beispielsweise so eingestellt, dass einmal die Ausgangsspannung $U_a = 0$ V und einmal beispielsweise 10 V ist. ΔU_a wäre dann 10 V.

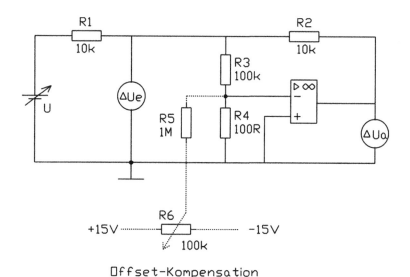

Abb. 7.18 Messschaltung zur Bestimmung der Leerlaufverstärkung

Für $U_a = 0\,V$ wird U_e gemessen und für $U_a = 10\,V$ wird U_e ebenfalls gemessen. Damit ergibt sich für ein bestimmtes ΔU_a ein definiertes ΔU_e.

Die tatsächliche Verstärkung errechnet sich zu

$$\frac{\Delta U_a}{\Delta U_e \times \dfrac{R_4}{R_3 + R_4}}.$$

Soll die Verstärkung in dB angegeben werden, so beträgt sie

$$20 \times \lg \frac{\Delta U_a}{\Delta U_e \times \dfrac{R_4}{R_3 + R_4}}.$$

Über die Widerstände R_5 und R_6 kann die Offsetspannung so kompensiert werden, dass für beispielsweise $U = 10\,V$ eine Ausgangsspannung U_a von $-10\,V$ sich einstellt. Die Spannung U_e liegt dann bei einigen mV. Für eine Ausgangsspannung von $0\,V$ wird U auf $0\,V$ eingestellt. U_e liegt dann wieder im mV-Bereich. Für $\Delta U_a = 10\,V$ liegt ΔU_e dann beispielsweise zwischen 12 bis 25 mV.

Für gemessene 25 mV errechnet sich die Verstärkung zu

$$\frac{\Delta U_a}{\Delta U_e \times \dfrac{R_4}{R_3 + R_4}} = \frac{10\,V}{25\,mV \times \dfrac{100\,\Omega}{100\,k\Omega + 100\,\Omega}} = 400.000.$$

Diese Verstärkung entspricht einer Verstärkung von 112 dB. In der Frequenzgangdarstellung im Bode-Diagramm in Abb. 7.15 liegt bei sehr niedrigen Frequenzen oder im Gleichspannungsbereich die Verstärkung ebenfalls typisch um > 100 dB.

Die Schaltung in Abb. 7.18 zeigt sich deshalb als besonders günstig, weil man nur mit einem Vielfach-Digitalvoltmeter und einer verstellbaren Gleichspannung U auskommt. Die Offsetkompensation ist so gestaltet, dass der hochohmige Widerstand R_5 keinen Einfluss auf die heruntergeteilte Eingangsspannung U_e am Widerstand R_4 nimmt.

Neben der Transitfrequenz wird in seltenen Fällen noch die Grenzfrequenz angegeben. Sie kann aus dem Amplitudengang im Bode-Diagramm entnommen werden. Abb. 7.19 zeigt den vergrößerten Ausschnitt aus Abb. 7.15.

Die Grenzfrequenz wird als die Frequenz definiert, bei der die maximale Verstärkung um 3 dB, also auf etwa 70 % der ursprünglichen Verstärkung, gesunken ist. Dies wäre schon bei enttäuschenden 5 Hz der Fall. Doch werden wir sehen, dass selbst so ein „schlechter" Operationsverstärker in vielen Fällen noch recht brauchbar angewendet werden kann.

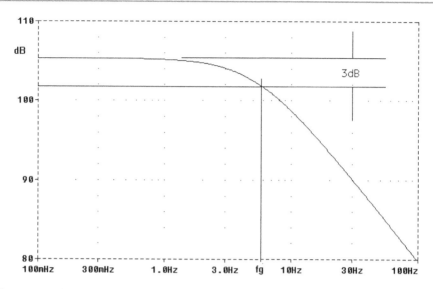

Abb. 7.19 Die Grenzfrequenz des Operationsverstärkers μA741

7.2.2 Die Slewrate oder Anstiegsflanke

Sehr aussagekräftig für das Zeitverhalten eines Operationsverstärkers ist die Größe der Anstiegsflanke $\Delta U_a / \Delta t$. Sie wird für den μA741 mit typisch 0,5 V/μs angegeben. Abb. 7.20 zeigt die Messung der Slewrate. Am Eingang eines invertierenden Verstärkers hoher Verstärkung wurde ein Rechtecksignal U_e von ±1 V gelegt. Das Ausgangssignal

Abb. 7.20 Messtechnische Ermittlung der Slewrate an einem invertierenden OP-Verstärker μA741, Messbereiche: 1 V/Div für U_e; 5 V/Div für U_a

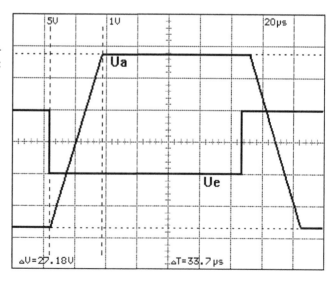

U_a betrug bei einer Versorgungsspannung des OPs von ± 15 V insgesamt $27{,}2$ V_{ss}. Die Anstiegsflanke errechnete sich zu etwa $0{,}8$ V / µs aus den Werten des Oszillogramms mit $27{,}18$ V / $33{,}7$ µs.

Die Anstiegsflanke ist ein gutes Maß für die Höhe der maximal möglich zu übertragenen Frequenz in einer Schaltung mit OPs. So kann eine sinusförmige Frequenz relativ verzerrungsfrei verstärkt werden, wenn die Ausgangsspannung die Spannungsänderungsgeschwindigkeit der Slewrate nicht übersteigt. Abb. 7.21a und 7.21b zeigen Beispiele an einem nichtinvertierenden Standardverstärker mit einer Verstärkung U_a / U_e = 10. Die Fre-

Abb. 7.21 Eingangs- und Ausgangsspannung an einem nichtinvertierenden Verstärker mit V_U = 10 und einer Frequenz von 100 kHz. **a** $U_e = 0{,}1$ V_{ss}, $U_a = 0{,}8$ V_{ss}; **b** $U_e \approx 1$ V_{ss}, $U_a \approx 4$ V_{ss}

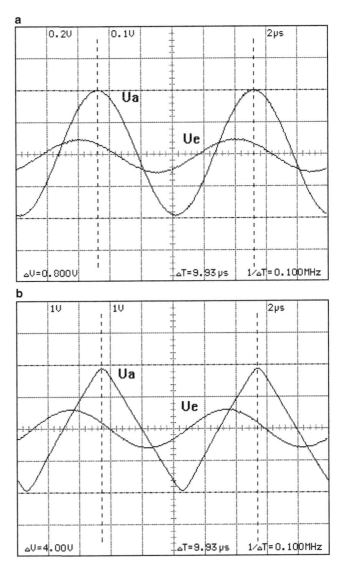

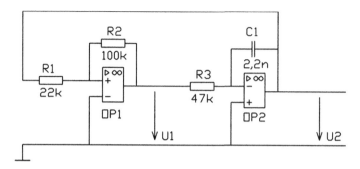

Abb. 7.22 Rechteck-Dreieckgenerator. Die Versorgungsspannung von $\pm 15\,\text{V}$ ist nicht mitgezeichnet

quenz wurde mit $100\,\text{kHz}$ so hoch gewählt, dass bei einer sinusförmigen Eingangsspannung von $0{,}1\,\text{V}_{ss}$ eine sinusförmige Ausgangsspannung von $0{,}8\,\text{V}_{ss}$ besteht. Damit liegt die Frequenz höher, als es das Verstärkungsverhältnis durch die Widerstände herzugeben vermag. Laut Kennlinie im Bode-Diagramm in Abb. 7.15 würde der OP als offener Verstärker bei $100\,\text{kHz}$ gerade noch 10fach verstärken können. Wird die Eingangsspannung auf ca. $1\,\text{V}_{ss}$ gestellt, so müsste bei entsprechender Verstärkung die Ausgangsspannung bei größerer Amplitude eine höhere Spannungsänderungsgeschwindigkeit aufweisen. Die Grenze liegt aber in der Slewrate von etwa den gemessenen $0{,}8\,\text{V}/\mu\text{s}$. In Abb. 7.21b sieht man sehr deutlich die Verzerrung der Sinusform durch die Begrenzung der Anstiegsflanke.

Es soll an dieser Stelle unbedingt darauf hingewiesen werden, dass es ratsam ist, für selbst-entwickelte Schaltungen immer doch zunächst zu Operationsverstärkern mit besseren technischen Daten zurückzugreifen. Dies garantiert eher Funktionssicherheit und erspart oft viel Ärger und Zeit. Wie groß die Funktionsunterschiede von Operationsverstärkern in Standardschaltungen sein können, soll unteres Beispiel verdeutlichen. In einem Rechteck-Dreieckgenerator nach Abb. 7.22 wird einmal der Standard-OP LM348 und einmal der schaltschnellere Operationsverstärker TL074 eingesetzt. Deutlich ist zu erkennen, dass die geringere Slewrate des LM348 die Funktionsfähigkeit der Schaltung stark beeinträchtigt.

Abb. 7.23a: Die Rechteckspannung U_1 ist durch die Slewrate zur Trapezform geworden. Die Einspeisung eines entsprechend proportionalen Trapezstromes über R_3 in den Kondensator C_1 bewirkt die verschliffene Dreieckspannung U_2.

Abb. 7.23b: Die Slewrate tritt für die Rechteckspannung U_1 noch nicht so sehr in Erscheinung. Damit erscheint die Dreieckspannung noch akzeptabel.

Abb. 7.23 Rechteck-Drei-
eckspannung nach Schaltung
Abb. 7.22 mit dem OP
LM348 (**a**), mit dem OP
TL074 (**b**)

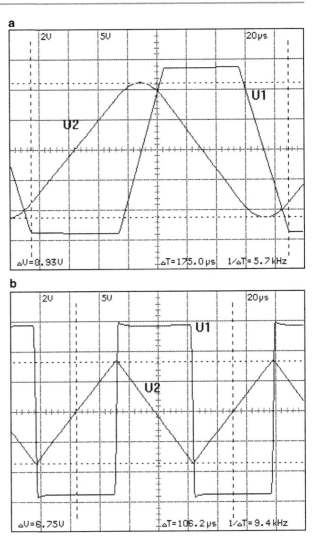

7.2.3 Beeinflussung des Frequenzgangs durch Gegenkopplungsbeschaltung

Über eine Gegenkopplungsbeschaltung kann der Frequenzgang einer Operationsverstärkerschaltung massiv beeinflusst werden. So zeigt Abb. 7.24 den Amplitudengang von
OP-Schaltungen mit verschiedenen Verstärkungsgraden. Diese Amplitudengänge gelten
für die Standardschaltungen des invertierenden und nichtinvertierenden Verstärkers. Es
wird deutlich, dass mit abnehmender Verstärkung durch Gegenkopplungsbeschaltung die
Grenzfrequenz einer solchen Schaltung immer höher wird. Es sind sogar Gesetzmäßig-
keiten zu erkennen: Bei einer Verstärkungsminderung um jeweils eine Dekade nimmt

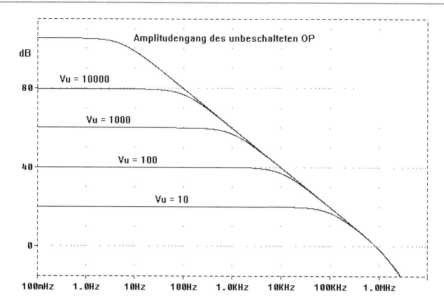

Abb. 7.24 Amplitudengänge von OP-Schaltungen mit verschiedenen Verstärkungsgraden

die Grenzfrequenz entsprechend um eine Dekade zu. So beträgt für einen Verstärker mit $V_u = 100 = 40\,dB$ die Grenzfrequenz etwa 10 kHz und bei $V_u = 10 = 20\,dB$ etwa 100 kHz. Die Grenzfrequenz einer solchen Verstärkerschaltung wird wieder bei einer Verstärkungsminderung um 3 dB von seiner maximal möglichen angegeben.

Aus Abb. 7.24 kann eine Gesetzmäßigkeit für den Frequenzgang abgeleitet werden. So ist das Produkt aus der Grenzfrequenz einer OP-Schaltung und seiner Verstärkung V_u das sogenannte Bandbreite-Produkt. Das Bandbreite-Produkt entspricht der Transitfrequenz des Operationsverstärkers. Für oben genanntes Beispiel würde gelten:

$$V_{u1} \times f_{g1} = V_{u2} \times f_{g2} = 100 \times 10\,kHz = 10 \times 100\,kHz = 1\,MHz = f_{Transit}.$$

Dass ab der unteren Grenzfrequenz von etwa 10 Hz die Verstärkung um 20 dB pro Frequenzdekade sinkt, zeigt die typische Charakteristik eines Tiefpasses aus nur einem RC-Glied an. Tatsächlich wird die Innenbeschaltung bei den meisten OPs so manipuliert, dass dieses Verhalten vorliegt. Normalerweise ist die Leerlaufverstärkung von Operationsverstärkern noch sehr viel höher. Da aber die einzelnen Verstärkerstufen im OP, insbesondere wegen parasitärer Kapazitäten der Transistoren, frequenzabhängig sind, zeigt der Amplitudengang im Allgemeinen einen stark gekrümmten Verlauf. Dieser natürliche Verlauf des Amplitudengangs weist jedoch ungünstige Eigenschaften hinsichtlich der Arbeitsstabilität eines Verstärkers auf, wenn dieser wie üblich mit einem Gegenkopplungsnetzwerk betrieben wird. Die einzelnen Verstärkerstufen wirken im OP durch die parasitären Kapazitäten der Transistoren mit den Widerständen wie mehrere RC-Tiefpässe. Der Phasengang wird dadurch ungünstig beeinflusst. In Abhängigkeit von der Frequenz kann die Phasenver-

schiebung zwischen Ein- und Ausgangsspannung sehr groß werden. Aufgrund der zusätzlich ungewollten Phasendrehung des OPs kann die zurückgeführte Ausgangsspannung
über das Gegenkopplungsnetzwerk auf die Eingangsspannung nicht schwächend sondern
verstärkend wirken. Die OP-Schaltung weist Schwingneigungen auf. Durch interne Beschaltung des OPs versucht man die Phasendrehung gering zu halten. Sie wird erreicht,
indem man der internen OP-Beschaltung ein einfaches R-C-Tiefpassverhalten aufzwingt.
Dies geht natürlich auf Kosten einer maximalen möglichen OP-Verstärkung. Einige OPs
lassen sich im Frequenzgang durch Zuschalten eines äußeren RC-Gliedes oder eines einzelnen Kondensators unter Inkaufnahme einer geringeren Bandbreite aber günstigeren
Phasengangs korrigieren. Abb. 7.25 zeigt ein Beispiel für den Amplitudengang durch äußere Beschaltung eines Frequenzkorrekturgliedes.

Zwei günstige Eigenschaften zeigen sich durch Verminderung der Verstärkung über ein
Gegenkopplungsnetzwerk:

Zum einen wird die obere Grenzfrequenz erhöht. Die Verstärkung bleibt bis fast zur
Grenzfrequenz konstant und wird nur über das Gegenkopplungsnetzwerk bestimmt. Ein

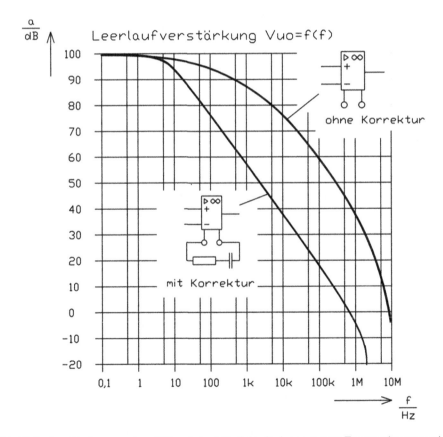

Abb. 7.25 Amplitudengang eines OPs mit der Möglichkeit einer externen Frequenzkompensation

Beispiel mag dafür herhalten. Nach Abb. 7.26 ist ein nichtinvertierender Verstärker mit $V_u = 10$ über R_1 und R_2 aufgebaut worden. Die große Leerlaufverstärkung des OPs von über 100.000 wird nicht genutzt. Solange die Leerlaufverstärkung des OPs erheblich höher als die mögliche Verstärkung des Gegenkopplungsnetzwerkes liegt, wird die Amplituden-verstärkung nur über die beiden Widerstände bestimmt und damit linearisiert. Erst wenn die Frequenz so hoch ist, dass die Leerlaufverstärkung in den Bereich der Verstärkung der OP-Schaltung kommt, beginnt der Einbruch der ursprünglichen Verstärkung.

Ein weiterer Vorteil durch das Gegenkopplungsnetzwerk ergibt sich in der Linearisie-rung der Phasenverschiebung zwischen Ein- und Ausgangsspannung. Da der Frequenz-gang bei großer Amplitudenverstärkungsreserve nur über die Widerstände bestimmt wird, liegt ebenfalls die Phasenverschiebung bei 0°. Erst wenn die Eingangsfrequenz so groß gewählt wird, dass die Widerstände aufgrund der kleinen OP-Verstärkung nicht mehr die Verstärkung beeinflussen können, gleitet die Phasenverschiebung in den Bereich des offen betriebenen Phasengangs.

Abb. 7.26 zeigt sehr deutlich den Frequenzgang für einen Verstärker mit $V_u = 10$.

Die praktische Messung im Oszillogramm Abb. 7.27 bestätigt den Frequenzgang in Abb. 7.26. So ist die Verstärkung genau 10 und die Phasenverschiebung ist praktisch 0° bei einer Frequenz von 1 kHz.

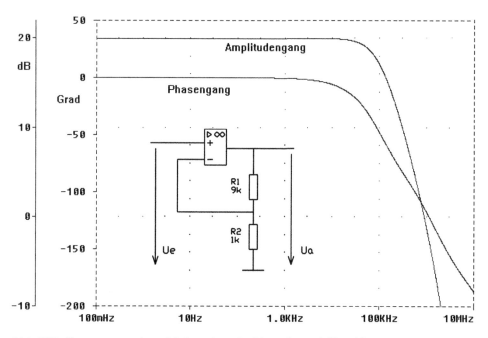

Abb. 7.26 Frequenzgang eines nichtinvertierenden Verstärkers mit $V_U = 10$

Abb. 7.27 Messung von
Ein- und Ausgangsspannung
nach Schaltung Abb. 7.26.
$U_a = 6\,V_{ss}$, Messbereich:
1 V / Div, $U_e = 0{,}6\,V_{ss}$, Messbereich: 0,2 V / Div

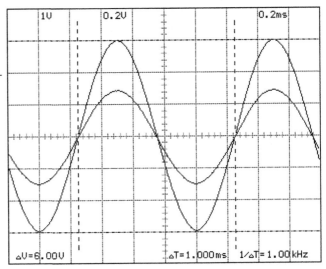

7.2.4 Übung und Vertiefung

Aufgabenstellung 7.2.1

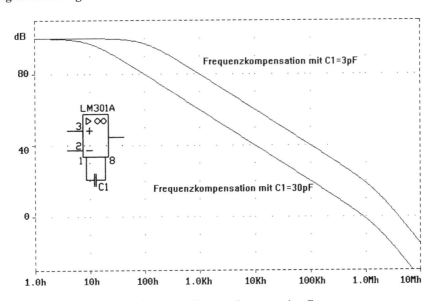

Amplitudengang des LM301A mit externer Frequenzkompensation C_1

Die Abbildung zeigt den Amplitudengang des Operationsverstärkers LM301A. Der OP
besitzt eine externe Frequenzkompensation.

a) Wie groß ist die Transitfrequenz mit dem Kompensationskondensator $C_1 = 3\,pF$?
b) Wie groß ist die Transitfrequenz mit $C_1 = 30\,pF$?
c) Wie groß ist die untere Grenzfrequenz des unbeschalteten OPs mit $C_1 = 30\,pF$?
d) Welche Grenzfrequenz eines beschalteten Operationsverstärkers mit der Verstärkung $V_U = 10$ ist zu erwarten?

Aufgabenstellung 7.2.2

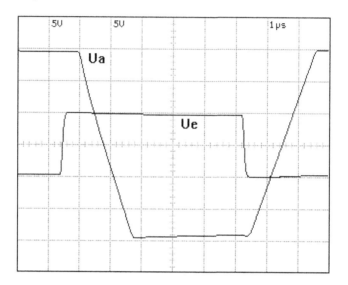

Oszillogramme für U_e und U_a. Messbereiche: 5 V / Div, 1 µs / Div

Am Operationsverstärker TL074 wurde bei einer Eingangsspannung U_e die folgende Ausgangsspannung U_a nach der Abbildung gemessen.

Wie groß ist die geschätzte Slewrate. Dabei soll ein Mittel zwischen ansteigender und abfallender Flanke gewählt werden.

Aufgabenstellung 7.2.3

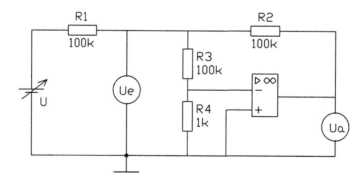

Messschaltung zur Bestimmung der Leerlaufverstärkung

Die Leerlaufverstärkung eines Operationsverstärkers soll bestimmt werden. Es wird die Schaltung nach der Abbildung verwendet. Die Eingangsspannung U wurde für zwei Messungen so eingestellt, dass sich folgende Werte ergaben:

1. Messung:
$U_a = -10\,V$ $U_e = 17\,mV$

2. Messung:
$U_a = 0\,V$ $U_e = 12\,mV$

Wie groß errechnet sich die Leerlaufverstärkung in dB für den Operationsverstärker?

Aufgabenstellung 7.2.4

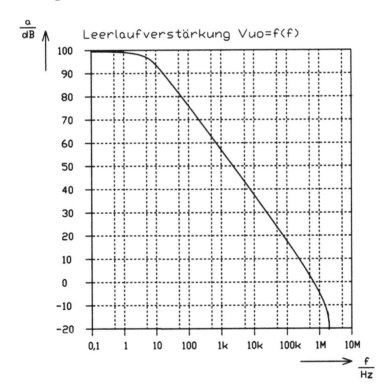

Amplitudengang eines Standard-Operationsverstärkers

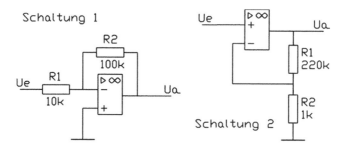

Standardschaltung eines invertierenden und nichtinvertierenden Verstärkers

In der Abbildung ist der Amplitudengang eines Standard-Operationsverstärkers abgebildet.

Für diesen OP sind die Schaltungen 1 und 2 aufgebaut worden.

a) Wie groß sind die Verstärkungsgrade der beiden Schaltungen in dB?

b) Welche Grenzfrequenzen sind für beide Schaltungen zu erwarten?

7.3 Stabilitätskriterien von beschalteten Operationsverstärkern

7.3.1 Stabilitätskriterien nach dem Bode-Diagramm

Operationsverstärker mit mehreren internen Verstärkerstufen sehr hoher Verstärkung können nicht immer ohne weiteres gegengekoppelt werden. Durch eine zu große Phasendrehung zwischen den einzelnen Verstärkerstufen kann zwischen Ein- und Ausgangsspannung das rückgeführte Ausgangssignal über das Gegenkopplungsnetzwerk nicht immer den gegenkoppelnden Effekt erzielen. Es kann geschehen, dass durch die zusätzliche Phasendrehung im OP das rückgeführte Ausgangssignal mitkoppelnd wirkt und somit Schwingneigungen der OP-Schaltung auftreten.

Abb. 7.28 zeigt einen nichtinvertierenden Verstärker mit dem Gegenkopplungsnetzwerk R_1 und R_2. Es soll den Frequenzgang F_G aufweisen. Der Frequenzgang des Operationsverstärkers wird mit F_{OP} bezeichnet. Daneben ist das regelungstechnische Ersatzschaltbild aufgeführt. Die Ausgangsspannung U_a wird über das Gegenkopplungsnetzwerk F_G zurückgeführt und wirkt mit seiner Ausgangsspannung U_e- gegen die Eingangsspannung $U_e = U_e+$. Am Eingang des OPs verbleibt die Differenzspannung ΔU_e.

Trennt man den Regelkreis von Operationsverstärker und Gegenkopplungsnetzwerk an der doppelten Wellenlinie in Abb. 7.28 gedanklich auf, dann liegt ein offener Regelkreis vor, für den folgende Stabilitätsbedingungen aufgestellt werden können:

Dort, wo die Kreisverstärkung gerade 1 bzw. 0 dB ist, muss die Phasenverschiebung einen genügend großen Abstand zur kritischen Phasenverschiebung von $-180°$ aufweisen. Dieser Abstand wird als Phasenrand bezeichnet.

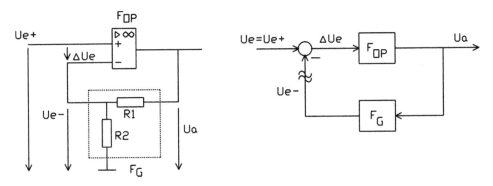

Abb. 7.28 Der gegengekoppelte Verstärker als Regelkreis

Abb. 7.29 Stabilitätskriterien
des offenen Regelkreises nach
dem Bode-Diagramm

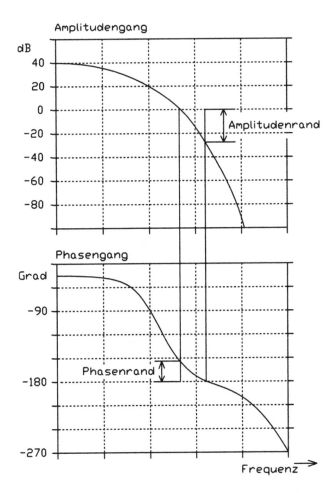

Dort, wo die Phasenverschiebung gerade $-180°$ ist, darf die Kreisverstärkung nicht größer als 1 bzw. 0 dB sein. Die Differenz zur kritischen Kreisverstärkung 1 ist der sogenannte Amplitudenrand (s. Abb. 7.29).

Wir wollen das Gesagte etwas konkretisieren, indem wir uns einen Operationsverstärker vorstellen, dessen Verstärkung bei einer Phasendrehung von $-180°$ zwischen Ein- und Ausgangsspannung noch größer als 1 ist. Abb. 7.30a zeigt einen solchen OP. Operationsverstärker dieses Typs sind beispielsweise der µA701A, µA702A, SL701C u. a. Sie besitzen zwecks Frequenzgangkorrektur zusätzliche Anschlüsse zur Frequenzkompensation (s. Abb. 7.30b). Durch äußere Beschaltung von RC- oder C-Kombinationen kann der Amplitudengang zum Phasengang so korrigiert werden, dass bei einer kritischen Phasendrehung von $-180°$ die Verstärkung unter 1 liegt und somit die Stabilitätskriterien durch Außenbeschaltung besser erfüllt werden können. Dies geht natürlich auf Kosten der maximal möglichen Verstärkung.

Es soll jetzt beispielhaft für den unkompensierten Verstärker nach Abb. 7.30a ein nichtinvertierender Standardverstärker mit $V_U = 10$ auf die Stabilitätskriterien hin untersucht werden. Abb. 7.31 zeigt die Schaltung. Betrachten wir den offenen Regelkreis, so liegt nach Diagramm in Abb. 7.30a bei $-180°$ Phasendrehung des OPs seine Verstärkung um etwa 30 dB. Die Verstärkung des Gegenkopplungsnetzwerkes F_G über R_1 und R_2 ist 0,1 bzw. -20 dB. Die Kreisverstärkung bei der kritischen Frequenz mit dem Phasenwinkel von $-180°$ beträgt somit 30 dB -20 dB = 10 dB entsprechend einer Verstärkung von 3,2. Wird nun der Regelkreis geschlossen, so ist im Prinzip die Gesamtschaltung imstande, eine Frequenzkomponente mit der Verstärkung 3,2 so zurückzuführen, dass sie um $180°$ phasenverschoben am $-$Input auftritt. Die Spannung ΔU_e vergrößert sich. Es liegt mitkoppelnde Wirkung vor. Der Verstärker arbeitet instabil. Er weist Schwingneigungen auf.

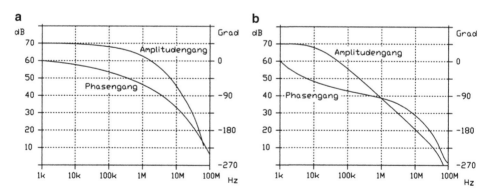

Abb. 7.30 a Frequenzgang des OP-Typs SL701C ohne Frequenzkompensationsbeschaltung, b OP-Typ SL701C mit Frequenzkompensationsbeschaltung: Cx = 33 pF

Abb. 7.31 Nichtinvertierender
Verstärker mit $V_U = 10$

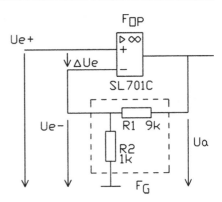

Für die Stabilität eines Regelkreises sollten folgende Bedingungen eingehalten werden:

- Der Phasenrand sollte größer als 50° sein.
- Der Amplitudenrand sollte 8 bis 20 dB betragen.
- Im kritischen Arbeitsbereich sollte die Verstärkung um 20 dB / Dekade fallen.

7.3.2 Stabilitätskriterien zum Phasen- und Amplitudengang

Wir betrachten zunächst einen unbeschalteten OP als invertierenden Verstärker im Frequenzgang. Der Frequenzgang in Abb. 7.32 entspricht dem in Abb. 7.15. Der Phasengang ist im Verlauf identisch, nur ist er insofern verändert, dass die Winkelgrade sich durch die Invertierung anders darstellen. Die Phasenverschiebung verläuft von +180 zu 0° nach höheren Frequenzen hin. Möglich ist auch die Darstellung der Winkelgrade mit negativem Vorzeichen. In Abb. 7.32 sind einmal die beiden Möglichkeiten der Winkelgradbezeichnung dargestellt. Die Darstellung der Winkelgrade mit positivem oder negativem Vorzeichen stiftet doch viel Verwirrung, zumal die Einhaltung in Datenblättern oder auch Fachbüchern hier nicht immer konsequent ist.

Abb. 7.33 soll uns bei diesem Problem weiterhelfen. Wir bedienen uns der Zeigerdarstellung, wie es für Sinusgrößen üblich ist. Schauen wir uns den Frequenzgang in Abb. 7.32 an, so ist bei einer Verstärkung von 0 dB die Ausgangsspannung betragsmäßig gleich der Eingangsspannung. Die Phasenverschiebung beträgt grob geschätzt etwa +60 oder −300°. Es kommt hier also auf die Zählrichtung des Winkels an. Ist U_e unsere Bezugsgröße und wird in Richtung der linksdrehenden rotierenden Zeiger gezählt, so ist die Zählrichtung positiv. Mit dem Uhrzeigersinn ist die Zählrichtung negativ. U_e eilt also einmal um betragsmäßig 300° nach oder um 60° vor. Rein formalmathematisch mag diese Anschauungsweise durchaus richtig sein. Physikalisch gesehen ist zumindest eine Voreilung der Ausgangsspannung im OP schlecht möglich. Besser ist die Vorstellung einer nacheilenden Ausgangsspannung. Für diese Darstellung ist die Angabe mit negativen Winkelgraden angebracht. Ein invertierender Verstärker mit einer von vornherein nach-

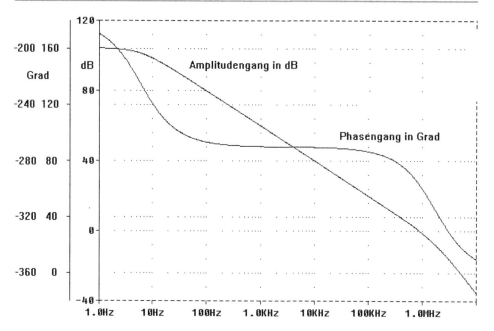

Abb. 7.32 Frequenzgang des μA741 als invertierender Verstärker mit Darstellung der verschiedenen Winkelgradmöglichkeiten

eilenden Ausgangsspannung von $-180°$ kann durch den OP seine Ausgangsspannung nochmals um $180°$ nacheilend drehen. Die Phasenverschiebung wäre $-360°$. Die Ausgangsspannung ist dann lage-gleich mit der Eingangsspannung. Rein formal liegt dann ebenfalls eine Phasenverschiebung von $0°$ vor. Mit dem Oszilloskop würden ja auch nur $0°$ Phasenverschiebung sichtbar sein. Eine Phasendrehung von $-360°$ entspricht somit gleichwertig einer Drehung von $0°$. Die Wirkung für den Mitkopplungs- oder Gegenkopplungseffekt wäre die gleiche. Wir benutzen für die weitere Darstellung negativen Winkel-

Abb. 7.33 Zeigerdarstellung
von Sinusgrößen mit Zählrichtungsfestlegung

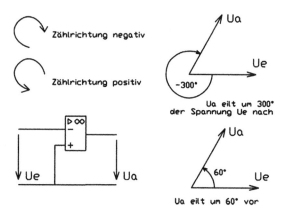

grade und wissen, dass für diesen Fall die Ausgangsspannung der Eingangsspannung um diesen Betrag nacheilt. Bei positiver Winkelgradangabe eilt die Ausgangsspannung der Eingangsspannung um diesen Betrag vor.

7.3.3 Stabilisierungskriterien zum invertierenden Verstärker und Differenzierer

Zunächst soll der Standard-OP µA741 als invertierender Verstärker mit V = −100 geschaltet werden. Schaltung und Frequenzgang sind in Abb. 7.34 dargestellt. Die Verstärkung beträgt 40 dB. Bei der Verstärkung 1 – entsprechend 0 dB – ist die Phasenverschiebung etwa 60 oder −300°. Bei der kritischen Phasenverschiebung von −360 oder 0° wäre die Kreisverstärkung der Schaltung so gering, dass eine Schwingneigung ausgeschlossen ist.

Weitaus schwieriger gestaltet sich die Stabilisierung von Gegenkopplungsschaltungen, die im Gegenkopplungszweig weitere Phasendrehungen bewirken. Als nächstes soll die Stabilität an einem Standard-Differenzierverstärker nach Abb. 7.35 untersucht werden. Durch den Kondensator C_1, anstelle des Widerstandes R_1, ergibt sich zwischen U_e und U_a eine Phasenverschiebung von −90°. Das Zeigerdiagramm zeigt diese Tatsache.

Dieses Zeigerdiagramm hat natürlich nur seine Gültigkeit in dem Bereich, wo die Frequenz so niedrig ist, dass die Phasenverschiebung des invertierenden Verstärkers −180° ist. Durch den Kondensator liegt die Phasenverschiebung zwischen Ausgangs- und Ein-

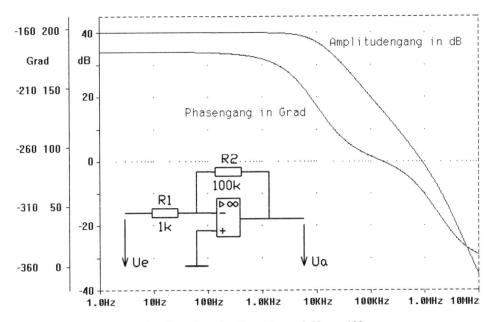

Abb. 7.34 Frequenzgang eines invertierenden Verstärkers mit $V_U = −100$

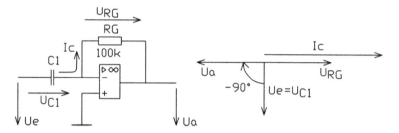

Abb. 7.35 Differenzierer mit Zeigerdiagramm

gangsspannung dann bei $-90°$. Zu höheren Frequenzen wird irgendwann die zusätzliche Phasenverschiebung des OPs eine wesentliche Rolle zur Instabilität des Verstärkers beitragen.

Zunächst soll uns der Frequenzgang einer realen Schaltung mit dem Operationsverstärker μA741 das Verhalten aufzeigen. In Abb. 7.36 ist deutlich zu erkennen, dass zu einer bestimmten Frequenz die Verstärkung deutlich zunimmt und der Phasenwinkel kippt. In diesem Punkt der höchsten Verstärkung liegt Mitkopplungsverhalten vor. Der Differenzierer neigt zur Instabilität. In Abb. 7.37 wird der Diffenzierer mit einer Dreieckspannung von $f = 1$ kHz angesteuert. Am Ausgang wäre idealtypisch eine Rechteckspannung zu erwarten, wie es in Abschn. 2.6 auch beschrieben ist. Durch die Instabilität der Schaltung und durch den höherfrequenten Oberwellengehalt der Dreieckspannung reicht ein Teil dieses Oberwellengehaltes in das Spektrum der Mitkopplungseigenschaften des Differenzierers. Die Schaltung zeigt entsprechend starke Schwingneigungen.

Die Schwingneigung des Differenzierers kann durch entsprechende Schaltungsmaßnahmen erheblich gemindert werden. Es muss uns nur gelingen, die Verstärkung im Mitkopplungsbereich nach Abb. 7.36 zu senken. Wir begrenzen die Verstärkung im kritischen Bereich auf den Faktor 10 bzw. 20 dB durch einen zusätzlichen Vorwiderstand R_E nach Abb. 7.38. Zu hohen Frequenzen wird der Verstärkungsbetrag auf R_G / R_E begrenzt, da X_{C1} kaum in Erscheinung tritt.

Der Amplitudengang stellt sich für diese Schaltung nach Abb. 7.39 dar. Deutlich ist die Amplitudenbegrenzung durch R_G und R_E auf 20 dB zu erkennen. Der rechte abfallende Zweig des Amplitudenganges entspricht wieder der Verstärkung des offen betriebenen OPs. Hier liegt die Amplitudenbegrenzung allein in der hohen Frequenz. Der ansteigende lineare Zweig der Verstärkung wird allein vom Verhältnis R_G / X_{C1} bestimmt.

Legen wir an diese Schaltung die gleiche Dreieckspannung, so stellt die Ausgangsspannung unsere erhoffte Rechteckspannung dar (s. Abb. 7.40). Sie wirkt leicht verschliffen, da die Grenzfrequenz durch die Amplitudenbegrenzung niedriger gesetzt worden ist. Eine Verringerung der Grenzfrequenz bedeutet auch immer, dass die höherfrequenten Anteile einer Spannung nicht übertragen werden. Steile Flanken erscheinen deshalb verrundet.

Weiterhin muss die begrenzte Slewrate des OPs beachtet werden, die gerade bei einer Rechteckspannung in den Flanken besonders nachteilig in Erscheinung tritt.

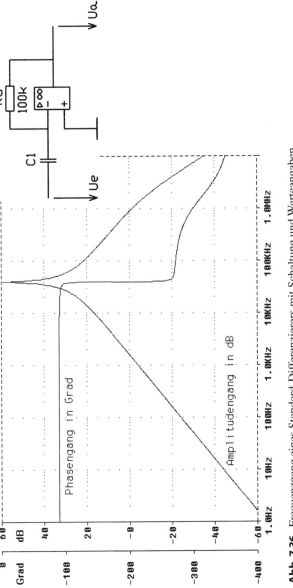

Abb. 7.36 Frequenzgang eines Standard-Differenzierers mit Schaltung und Werteangaben

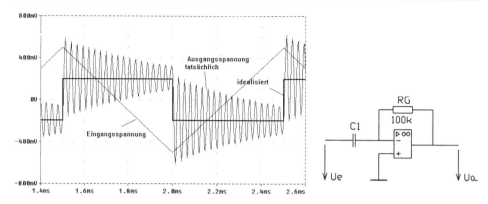

Abb. 7.37 Dreieckspannung am Eingang des Differenzierers mit zugehöriger Ausgangsspannung

Bisher haben wir nur die Auswirkungen der Instabilität des Differenzierers dargestellt. Zur Deutung des Frequenzganges des Standard-Differenzierers ohne R nach Abb. 7.36 tragen wir weitere Hilfslinien in das Diagramm nach Abb. 7.41 ein.

Es zeigt sich zunächst ein äußerst schwer interpretierbares Verhalten des Differenzierers. Der lineare Anstieg der Verstärkung in dB ergibt sich aus dem Verstärkungsverhältnis R_G / X_{C1}. Solange die volle Verstärkung des OPs über den Gegenkopplungszweig nicht genutzt wird beträgt die Phasenverschiebung $-90°$ wie in Abb. 7.36, d. h. die Ausgangsspannung eilt um diesen Betrag nach. Bei einer bestimmten Frequenz kommt es zur Amplitudenüberhöhung, danach sinkt die Verstärkung rasch ab. Hier folgt bei den hohen Frequenzen, aufgrund der begrenzten Leerlaufverstärkung des offenen OPs, der Amplitudengang der Kurve des unbeschalteten invertierenden OPs. Der idealisierte Amplitudengang des Differenzierers wäre dabei eine stetig ansteigende Gerade wie sie in Abb. 7.41 angedeutet ist. Aufgrund der begrenzten Verstärkung des OPs ist diese idealisierte Linie nur eine Hilfslinie, die mit dem Amplitudengang des offen betriebenen OPs einen Schnittpunkt bei der sogenannten Schnittfrequenz bildet. Hier ist die reale Amplitudenverstärkung aufgrund der Mitkopplungserscheinung weit höher.

Die Erhöhung des Amplitudenganges an dieser Stelle ist folgendermaßen zu erklären: Solange die Frequenz und die Verstärkung sehr niedrig sind, liegt ideales gegengekoppeltes Verhalten vor. Die Ausgangsspannung eilt um $-90°$ nach. Abb. 7.35 und 7.36 zeigen

Abb. 7.38 Zusätzliche Amplitudenbegrenzung des Differenzierers durch R_E

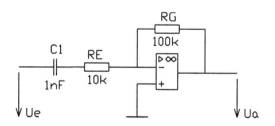

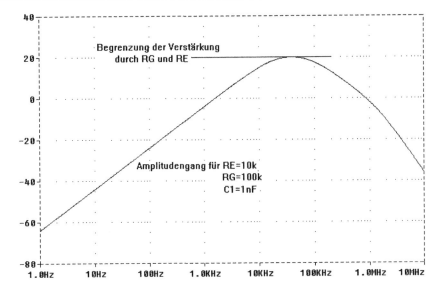

Abb. 7.39 Verstärkungsbegrenzung des Amplitudengangs durch R_E

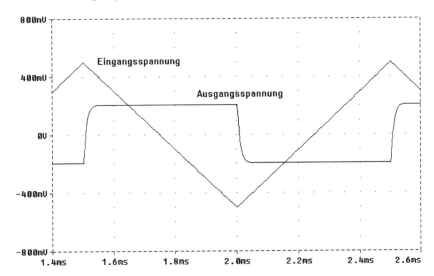

Abb. 7.40 Eingangs- und Ausgangsspannung eines verstärkungsbegrenzten Differenzierers durch R_E

diesen Zustand recht deutlich. Zu höheren Frequenzen nimmt aber die interne Phasenverschiebung des OPs zu. Wird die Frequenz so erhöht, dass die Verstärkung nicht nur allein durch das Gegenkopplungsnetzwerk, sondern schon durch die begrenzte Verstärkung des OPs mitbestimmt wird, kommt es zur Phasendrehung des offenen OPs nach $-270°$. Zu diesen $-270°$ addiert sich die Phasenverschiebung von $-90°$ des Gegenkopplungsnetz-

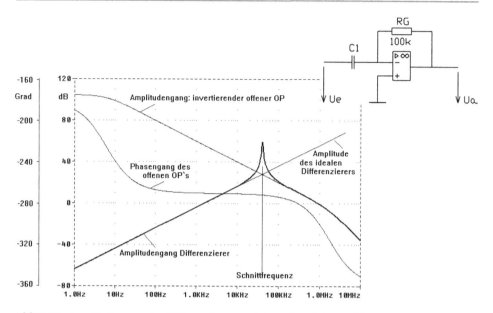

Abb. 7.41 Amplitudengang des Differenzierers und des unbeschalteten OPs

werkes. Die Phasendrehung beträgt −360 oder 0°. Die rückgeführte Ausgangsspannung wird phasengleich zur Eingangsspannung und wirkt damit stark mitkoppelnd. Es kommt zur starken Amplitudenüberhöhung. Die Phasendrehung fällt nach Abb. 7.36 aber nicht auf −360°, weil im höheren Frequenzbereich die Kennlinie auf den Amplitudengang des offen betriebenen OPs zurückfällt. Der Frequenzgang ab etwa > 50 kHz entspricht hier wieder dem unbeschalteten OP.

7.3.4 Übung und Vertiefung

Aufgabenstellung 7.3.1

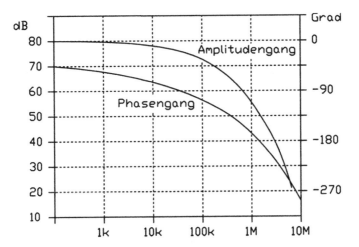

Frequenzgang des unbeschalteten OPs

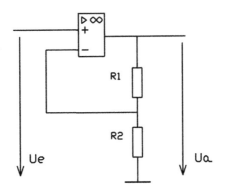

Nichtinvertierender Verstärker

Die Abbildungen zeigen den Frequenzgang eines unbeschalteten Operationsverstärkers sowie einen nichtinvertierenden Verstärker.

a) Welche Verstärkung U_a / U_e nach der Schaltung in der Abbildung muss mindestens gewährleistet sein, wenn der Amplitudenrand aus Stabilitätsgründen mindestens 20 dB sein soll?

b) Wie groß muss für diesen Fall R_1 gewählt werden für $R_2 = 220\,\Omega$?

Aufgabenstellung 7.3.2

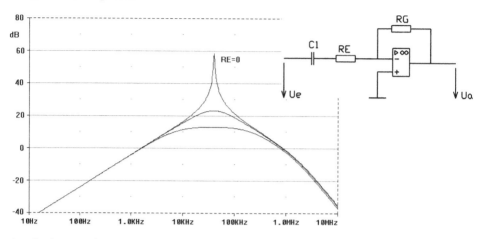

Amplitudengang eines Differenzierers mit zugehöriger Schaltung

Die Abbildung zeigt die Schaltung eines Differenzierers mit zugehörigem Amplitudengang. Für den Amplitudengang mit der größten Verstärkung mit $R_E = 0$ zeigt der Differenzierer Schwingneigungen. Aufgrund dieser Tatsache ist die Verstärkung über R_E abgesenkt worden.

a) Wie groß ist jeweils R_E gewählt worden für die beiden anderen dargestellten Amplitudengänge, wenn R_G einen Wert von $100\,k\Omega$ aufweist?
b) Wie groß ist C_1?
c) Begründen Sie den Verlauf des Amplitudenganges unterhalb 1 kHz und etwa oberhalb 100 kHz!

7.4   Eingangsgrößen

7.4.1   Eingangsgrößen und ihre Offsets

Es sollen hier die Eingangsgrößen erläutert werden, die konkrete Auswirkungen auf die Funktionsweise einer Schaltung haben können. In vielen Fällen können allerdings Funktionsmängel einer Schaltung durch OPs mit besser angepassten Daten Abhilfe schaffen (Tab. 7.6).

Zunächst stellen wir uns den Operationsverstärker in seinem grundsätzlichen Aufbau nach Abb. 7.42 vor. Am Eingang liegt ein Differenzverstärker mit einer Konstantstromquelle. Dem Differenzverstärker folgen meist ein oder weitere Differenzverstärker. Zum Schluss liegt oft eine Gegentaktstufe vor. Legen wir die Eingänge auf Masse, so fließt ein Basisstrom I_N und I_P durch V_1 und V_2. Ideal wären beide Ströme gleich groß und bei Operationsverstärkern mit FET-Eingängen wären sie praktisch Null. Wir nehmen als Beispiel

Tab. 7.6 Eingangsgrößen typischer Operationsverstärker

Parameter		Testbedingungen	Typ µA741, LM348, u. a.			Einheit
			Min	Typ	Max	
I_{BIAS}	Eingangsstrom	$U_A = 0$			500	nA
I_{EOS}	Eingangs-Offsetstrom	$U_E = 0$		4	50	nA
U_{EOS}	Eingangs-Offsetspannung			1,1	6	mV

einen OP mit bipolaren Transistoren und setzen die beiden Basisströme idealisiert gleich groß mit jeweils 100 nA an. Wenn dann alles so recht funktioniert, müssten die beiden Eingangstransistoren gleichermaßen aussteuern. Wir nehmen an, dass an den Kollektoren von V_1 und V_2 in diesem Falle jeweils 5 V liegen. Der oder die weiterfolgenden Differenzverstärker steuern dann die Gegentaktstufe mit 0 V an, da das Differenzsignal 5 V − 5 V = 0 V ist. Am Ausgang liegen ebenfalls 0 V. Es sei hier gleich angemerkt, dass so ein OP in der Praxis kaum anzutreffen ist. Durch Temperaturdrift und allein durch die hohe Verstärkung des OPs läuft die Ausgangsspannung immer in eine der Aussteuergrenzen.

Wir bleiben aber zunächst bei unserem OP und verändern die Schaltung insofern, dass wir einen der Eingänge nicht direkt an Masse legen, sondern einen Widerstand R_1 nach Abb. 7.43 einfügen.

Durch R_1 im Pfad zum −Input wird zweifellos der Basisstrom für V_1 verkleinert. V_1 steuert nicht so stark durch wie V_2. Die Kollektorspannung an V_1 wird damit größer und die von V_2 kleiner, da die Kollektorströme in ihrer Summe durch die Konstantstrom-

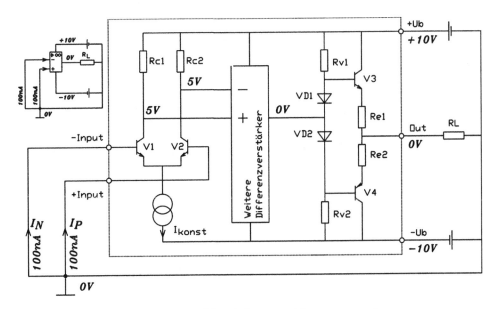

Abb. 7.42 Beispiel eines idealisierten OPs mit Strom- und Spannungsangaben

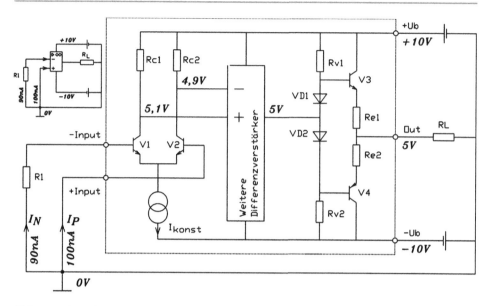

Abb. 7.43 Beispiel zum idealisierten OP mit Strom- und Spannungsangaben

quelle gleich bleiben. Aufgrund der Differenzspannung wird im Beispiel in Abb. 7.43 die Gegentaktstufe mit 5 V angesteuert. Die Ausgangsspannung ist ebenfalls 5 V. Damit schaltungstechnisch allein durch den Schaltungsaufbau kein zusätzlicher Offset – sei es in der Ausgangsspannung oder in der Ungleichheit der Eingangsströme – auftritt, müssen die beiden Eingänge des OPs gleichgroße Widerstände gegen Masse aufweisen. So zeigt ein praktisches Beispiel in Abb. 7.44 einen invertierenden Verstärker mit der Verstärkung -10. Die Eingänge des OPs werden über definierte Widerstände auf Masse gelegt. Die Widerstände müssen dabei in ihren Werten so gewählt sein, dass die Basiseingangsströme gleich groß werden. Es gilt nun, die beiden Eingangsströme I_N und I_P möglichst gleich groß zu machen. Eine einfache Lösung bietet sich an: Der +Input muss gegen Masse einen gleichgroßen Widerstand „sehen" wie der −Input, damit die Basis-Eingangsströme gleich sind und ein Offset verhindert wird. Abb. 7.44 zeigt die Schaltung, die in der Praxis auch sehr häufig vorzufinden ist. Dabei hat der Widerstand R_3 die Größe der Parallelschaltung von R_1 und R_2.

Für einen invertierenden Verstärker mit NF-Eingangsspannungsquelle könnte eventuell noch der Generator-Innenwiderstand der Signalquelle mitberücksichtigt werden. Abb. 7.45 zeigt die Schaltung nebst Dimensionierungsgesichtspunkten.

Die Vorstellung, dass bei gleichen Eingangsströmen $I_P = I_N$ kein Offset auftritt, bewahrheitet sich leider nicht. So sind die Ströme schon unterschiedlich, auch wenn beide Inputs nach Abb. 7.42 direkt an Masse liegen. Die Differenz zwischen den beiden Basis-Eingangsströmen $I_P - I_N$ ist der Offsetstrom. Zur Messung des Input-Offset-Stromes empfiehlt sich die Messschaltung nach Abb. 7.46. Da der Offsetstrom sehr gering ist, bedient

Abb. 7.44 Eingangsruhe-
stromkompensation beim
invertierenden Verstärker

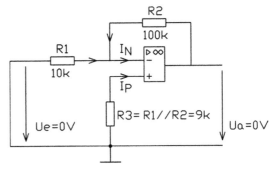

Abb. 7.45 Dimensionierung
zur Kompensation des Offsetstromes

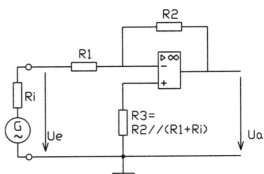

man sich einer indirekten Messung, indem man die Ausgangsspannung misst und den OP gleichzeitig als Messverstärker nutzt. Es stellt sich eine der Eingangsstromdifferenz proportionale Ausgangsspannung ein. 1 mV gemessene Ausgangsspannung entsprechen 1 mV / 1 MΩ = 1 nA.

Typisch für den μA741/LM348 o. a. wären etwa 5 … 20 nA.

Einsichtig mag für die Berechnung des Offsetstromes folgende Ableitung sein: Wir bedienen uns nach Abb. 7.46 der Maschenregel und orientieren uns nach der gestrichelten Masche.

Abb. 7.46 Messschaltung zur
Bestimmung des DC-Offsets

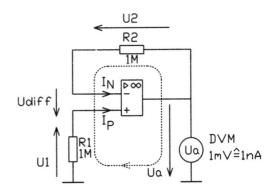

Es gilt $\sum U = 0$

$U_a + U_1 - U_{diff} - U_2 = 0$

$U_a + I_P \times R_1 - U_{diff} - I_N \times R_2 = 0$

Die Spannung U_{diff} ist vernachlässigbar klein. Dann gilt

$U_a + I_P \times R_1 - I_N \times R_2 = 0$

Für $R_1 = R_2$ ist $U_a + (I_P - I_N) \times R_2 = 0$

$I_P - I_N$ ist der Offsetstrom $|I_{OES}|$

$U_a = I_{OES} \times R_2$

$I_{OES} = U_a / R_2$

Der Eingangsruhestrom I_{Bias} ist die Mittelwertbildung $(I_P - I_N)/2$. Dieser Ruhestrom kann messtechnisch durch die Schaltung nach Abb. 7.47 erfasst werden.

Nach der Maschenregel gilt:

$U_a - U_{diff} - U_G = 0$

Für $U_{diff} \sim 0$ gilt:

$U_a - I_N \times R_G = 0$

$I_N = U_a / R_G$

Die Offsetspannung kann durch die Messschaltung nach Abb. 7.48a bestimmt werden. Wir nehmen zunächst an, dass ein idealer OP vorliegt und die Basiseingangsströme jeweils 100 nA sind. Die Ausgangsspannung U_a ist 0 V. Über $R_2 = 1\,M\Omega$ fließt praktisch kein Strom. Die Potenziale an den Inputs sind jeweils $-0,1$ mV. Die DC-Offsetspannung ist 0 mV. Es liegt ein idealer Operationsverstärker mit bipolaren Eingangstransistoren vor. Abb. 7.48b zeigt bei gleicher Schaltung andere Ströme und Spannungen. Die Basiseingangsströme bestimmen wieder die Ansteuerung der Differenzverstärkertransistoren. Sie

Abb. 7.47 Messschaltung zur Bestimmung des Eingangsruhestromes

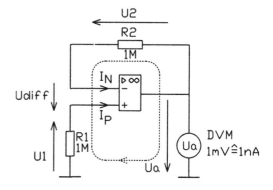

Abb. 7.48 **a** Idealtypischer
Verstärker mit einer Offsetspannung von 0 V, **b** Verstärker
mit einer Offsetspannung von
1 mV

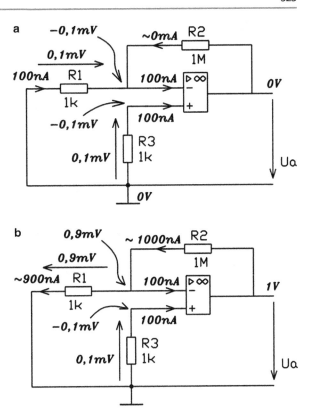

sind verantwortlich für den Durchsteuerungsgrad von bipolaren Transistoren. Er ist für
beide Transistoren gewissermaßen gleich groß. Es ergibt sich in der Annahme von etwa
gleichen Eingangsströmen von jeweils 100 nA eine Ausgangsspannung U_a von 1 V. Folglich fließt über R_2 etwa ein Strom von 1 V / 1 MΩ = 1000 nA.

Nach dem Stromknotengesetz fließen über R_1 dann noch 900 nA. Die Spannungsfälle von 0,9 mV an R_1 und −0,1 mV an R_2 verursachen eine Differenzspannung bzw.
Offsetspannung am Eingang von 1 mV. Bedenkt man, dass für die angenommene Ausgangsspannung von 1 V eine Differenzspannung von nur beispielsweise 10 µV bei einer
Leerlaufverstärkung des OPs von 10^5 notwendig ist, so fällt dieser Anteil zur Aussteuerung des OPs nicht in Erscheinung. Für diesen OP muss praktisch ein Spannungsoffset
von 1 mV vorliegen, damit überhaupt die Ausgangsspannung 0 V wird. Erst jede weitere
Spannungsänderung um 10 µV am Differenzeigang des OPs würde die Ausgangsspannung um jeweils 1 V verändern. Die Offsetspannung errechnet sich somit zu $U_a \times R_1 / R_2$
für $R_1 = R_3$.

Abb. 7.49 Komparator mit
Offsetkompensation zur Einstellung der Kippspannung auf
genau 0 mV

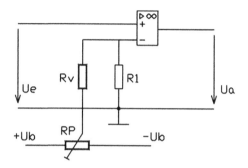

7.4.2 Übliche Maßnahmen zur Offsetspannungskompensation

Wir verwenden zunächst einen unbeschalteten OP, der als Komparator arbeitet
(s. Abb. 7.49). Jeweils bei genau 0 V kippt der OP entweder in die positive oder negative Aussteuergrenze. Leider wissen wir jetzt, dass die Kippung durch U_e wegen des
Offsets nicht genau bei 0 mV liegen muss. Durch eine Offsetspannungskompensation
kann über ein stellbares Poti R_P mit dem Vorwiderstand R_v die Kippspannung auf genau
0 mV eingestellt werden. R_V liegt beispielsweise bei 1 MΩ, während R_P z. B. 100 kΩ und
R_1 zwischen 1 bis 10 kΩ liegen kann.

Für den invertierenden Verstärker würden sich zur Spannungsoffsetkompensation die
Schaltungen nach Abb. 7.50a und 7.50b und für den nichtinvertierenden Standardverstärker die Schaltung nach Abb. 7.50c anbieten. Es ist darauf zu achten, dass R_v so hochohmig
gewählt wird, dass der Einfluss der Offsetkompensationsschaltung den gewünschten Re-
chenverstärkungsfaktor nicht verfälscht.

Einige Operationsverstärker besitzen eine interne Offsetkompensation. Für den bekannten μA741 ist hier die Möglichkeit nach Abb. 7.51 aufgezeigt. Der Offsetabgleich
bewirkt für die Differenzverstärkerstufe von V_1 bis V_6 nach dem Schaltbild in Abb. 7.52
eine Verschiebung der Emitterpotenziale von V_5 und V_6 bis hin zu den Eingangsstufen V_1
und V_2, so dass die Eingangsoffsetspannung kompensiert werden kann. Man muss sich
allerdings darüber im Klaren sein, dass immer noch eine temperaturbedingte Offsetspannungsdrift und auch die Alterungsdrift vorhanden sind.

7.4.3 Die Offsetkompensation am integrierenden Verstärker

Viel problematischer wird die Offsetkompensation am integrierenden Verstärker nach
Abb. 7.53. Selbst die geringste Offsetspannung, der kleinste Offsetstrom oder auch die
Temperaturdrift bedingen Offset-Ausgangsspannungen, die den Integrationskondensator
stetig bis zu einer Aussteuergrenze aufladen. Dabei können die Strom- und Spannungs-
richtungen von U_C, der Offset-Ausgangsspannung, I_C und I_1 durchaus nicht die dargestellten Richtungen einnehmen. Es hängt eben vom jeweiligen OP-Typ ab, in welche

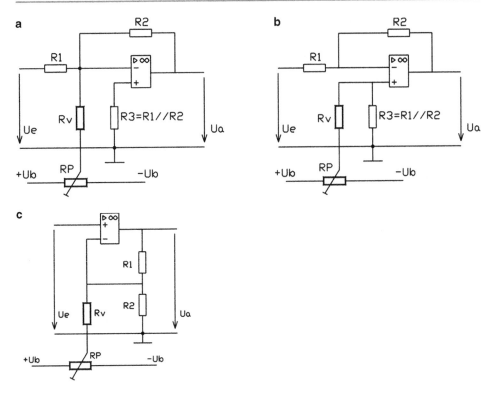

Abb. 7.50 a,b Möglichkeiten zur Offsetspannungskompensation am invertierenden Verstärker, **c** Offsetspannungskompensation am nichtinvertierenden Verstärker

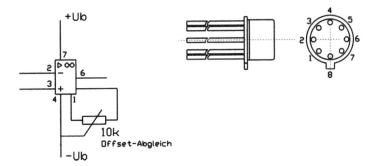

Abb. 7.51 Offset-Abgleichmöglichkeit des Operationsverstärkers µA741 mit Anschlussbildern

Richtungen sich die Offsetgrößen einstellen. Hier ist natürlich die Wahl von FET-OP-Typen oder auch von chopperstabilisierten OPs, die automatisch den Offset einschließlich der Temperaturdrift ausregeln, von vornherein eine bessere Lösung zur Verwendung integrierender Verstärker.

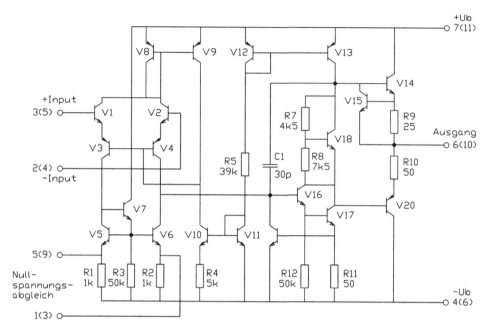

Abb. 7.52 Funktionsschaltbild des μA741 mit Nullspannungsabgleichsmöglichkeit

Abb. 7.53 Integrierschaltung
mit Offsetgrößen

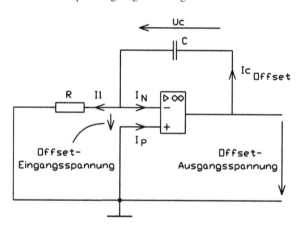

So ganz lässt sich jedoch eine Drift selbst im pA-Bereich nicht verhindern. Der Normalfall, der sich immer wieder für den messenden Praktiker durch Nichtreflexion dieser Dinge einstellt: Die Ausgangsspannung befindet sich bei der Messung immer in einer der Aussteuergrenzen, obwohl der Eingang über den Widerstand R auf 0 V liegt und eigentlich ja kein Strom durch den Kondensator fließen kann. In der Praxis stellt sich diese Tatsache am Beispiel des Operationsverstärkers μA741 folgendermaßen dar: Eine Rechteckspannung von 2 V$_{ss}$ ohne DC-Anteil wird über R = 2 MΩ und C = 100 nF an den Integrierer nach Abb. 7.54 angelegt bei gleichzeitiger Einschaltung der Versorgungsspan-

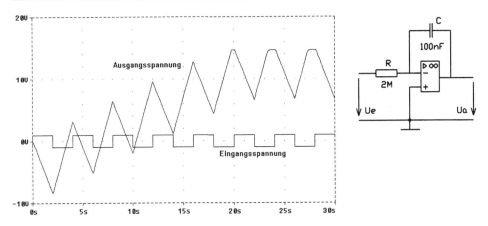

Abb. 7.54 Integrierender Verstärker: Ausgangsspannungsverlauf durch Offsetspannung

nung von ± 15 V. Im Einschaltaugenblick ist die Ausgangsspannung noch augenblicklich 0 V. Die Integration der Rechteckspannung ergibt am Ausgang eine Dreieckspannung. Die Offsetspannung und die entsprechenden Offsetströme steuern den Ausgang in die positive Aussteuergrenze. Eine Aussteuerung in die negative Richtung wäre bei anderen OPs ebenso möglich wie zufällig. Die Hochlaufzeit der Ausgangsspannung in eine der Aussteuergrenzen hängt insbesondere von der Höhe des Offsets und natürlich von der Größe des Kondensators ab.

Eine weitere Lösung zur Minderung des Offsetstromes für den Integrationskondensator zeigt Abb. 7.55. Durch das Poti mit einem sehr hohen Vorwiderstand R_V wird der Offsetstrom durch den Kondensator zu Null kompensiert. Aber in ihrer Langzeitstabilität ist die Schaltung auch ungeeignet, da kleinste noch vorhandene Offsetströme, und sei es nur durch die Temperaturdrift bedingt, laden den Kondensator stetig mit einer Gleichstromkomponente, so dass irgendwann der OP in die Aussteuergrenze gleitet. Noch eine mögliche Hilfe bietet hier eine Parallelschaltung eines Widerstandes R_2 zum Integrationskondensator. Dieser Widerstand muss sehr hochohmig gegenüber dem Wechselstromwiderstand von C sein, so dass R_2 nicht als Proportionalverstärker R_2 / R_1 sondern nur durch X_C / R_1 wirken kann. Weiter muss der DC-Offset so klein sein, dass bei einer stetigen Aufladung des Kondensators über den DC-Offset der Entladestrom von C über R_2 in die Größenordnung des Offsets kommt.

Hierfür ein konkretes Beispiel: Der Kondensator-Offsetstrom soll ursprünglich etwa mit 1000 nA angenommen werden. Durch das Poti R_P gelingt die augenblickliche DC-Offset-Kompensation auf möglicherweise etwa 0 nA. Durch Temperaturdrift und Alterung mag der Offsetstrom aber 100 nA irgendwann annehmen. Das Hochlaufen der Spannung soll aber selbst bei diesem Offsetstrom zumindest in die Aussteuergrenze verhindert werden. Liegt die Ausgangsspannung noch unterhalb der Aussteuergrenze, so zeigt diese Spannung noch den tatsächlichen Kurvenverlauf der Integration von der Eingangs-Wechselspannung an. Der Widerstand R_2 soll beispielsweise 1 MΩ betragen. Für diesen Fall

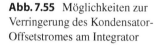

Abb. 7.55 Möglichkeiten zur
Verringerung des Kondensator-
Offsetstromes am Integrator

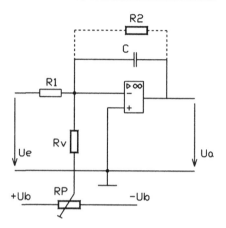

kann die Gleichspannungskomponente an C höchstens $1\,\text{M}\Omega \times 100\,\text{nA} = 0{,}1\,\text{V}$ werden. Dann ist der Entladestrom genau so groß wie der zugeführte Kondensator-Offsetstrom.

Soll beispielsweise eine Rechteckspannung integriert werden, so zeigt nochmal zur Erinnerung die Schaltung in Abb. 7.56a eine denkbar schlechte Lösung an. Durch den Offset läuft der OP in eine seine Aussteuergrenzen.

Bietet sich schaltungstechnisch die Möglichkeit einer Rechteckspannungssteuerung durch den Integrator über einen Komparator nach Abb. 7.56b an, so ist das Problem der Offsetkomponente nicht vorhanden. Die Dreieckspannung wird durch das Kippverhalten des Rechteckgenerators und der zurückgeführten Dreieckspannung bestimmt. Die Offsetkomponente kann nicht sichtbar in Erscheinung treten, da der Bereich der Dreieckspannung durch das Kippverhalten festgelegt ist. Die Schaltung ist in Abschn. 4.7 ausführlich behandelt worden. Es bietet sich nicht immer eine solche Schaltung der gesteuerten Rechteckspannung über Integrator und Komparator an.

Universell verwendbar ist die Schaltung nach Abb. 7.56c. Sie ist auch unabhängig von der Form der Eingangswechselspannung. Der Kondensator-Offsetstrom durch den Integrationskondensator C und die damit verbundene stetig ansteigende DC-Ausgangsspannung von OP_1 wird über die Integration über OP_2 gegenläufig so auf den OP_1 zurückgeführt, dass der DC-Offset ausgeregelt wird. Die Zeitkonstante von $Rg \times Cg$ soll dabei mindestens das 10fache von $R \times C$ betragen. Diese Schaltung ist in Abschn. 4.8 ausführlich beschrieben.

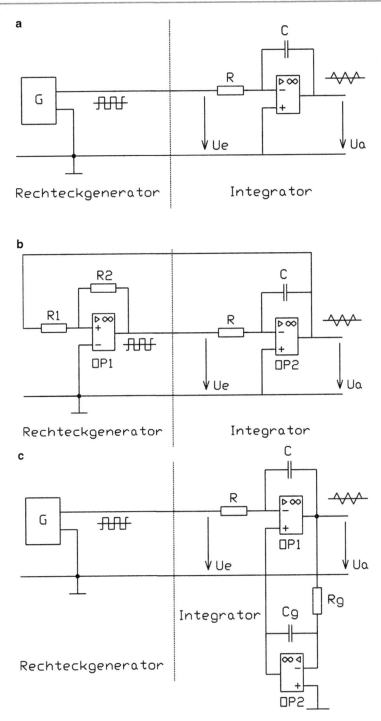

Abb. 7.56 Integration einer Rechteckspannung mit Offset. **a** OP läuft durch Offset in seine Aussteuergrenzen, **b** das Problem der Offsetkomponente ist nicht vorhanden, **c** universell verwendbare Schaltung

7.5 Rail-to-Rail-Operationsverstärker

7.5.1 Die Rail-to-Rail-Konzeption

Die gegenwärtige Entwicklung von Operationsverstärkern geht verständlicherweise zu immer höheren Grenzfrequenzen hin. So ist die Slewrate bzw. die Anstiegsgeschwindigkeit des Ausgangssignals gemessen in V/µs schon ein gutes Maß zur Qualitätsaussage, falls schnellere OPs für bestimmte Anwendungen erforderlich sind.

Ein weiterer Trend zeichnet sich zu OP-Systemen mit geringerer Versorgungsspannung ab. Zusätzlich werden unipolare und bipolare Betriebsspannungen gewünscht. Der Betrieb mit einer Einfachversorgung ermöglicht erleichterten Batteriebetrieb und bessere Anpassung von der OP-Elektronik an die Microcontroller- und PC-Welt. Auch hier zeigt sich ein Trend zu kleineren unipolaren Versorgungsspannungen ab.

Bei kleineren unipolaren Versorgungsspannungen von beispielsweise nur 3 V müssen die verwendeten OPs generell andere Merkmale als übliche Operationsverstärker aufweisen. So stelle man sich nur vor, dass die obere und untere Aussteuergrenze 1 V von der idealen abweicht. Bei nur 3 V Versorgungsspannung würden dann die Aussteuergrenzen bei 1 V als untere und 2 V als obere liegen. Ein Armutszeugnis für einen OP, der nur einen Ausgangsspannungshub zwischen 1 und 2 V bei 3 V Versorgungsspannung aufweist. Hier sind neue Konzeptionen erforderlich, die die Aussteuergrenzen erweitern. Bei 3 V Versorgungsspannung wäre der Ausgangsspannungshub auch von 0 bis 3 V wünschenswert und ist heute durchaus praktisch bis auf einige wenige Millivolt realisierbar. Gleiches gilt auch für die Eingangsspannung. Hier sollte der Eingangsbereich ebenfalls den Bereich im Rahmen der Versorgungsspannung verarbeiten können. Operationsverstärker, deren Ausgangsstufen bis an die Versorgungsspannung heranreichen, nennt man Rail-to-Rail-Operationsverstärker. Die Spannung bewegt sich sozusagen von der einen bis zur anderen Versorgungsschiene. Gleiches sollte für die OP-Eingänge gelten. Solche OPs besitzen dann Rail-to-Rail-Eingänge und auch Rail-to-Rail-Ausgänge.

7.5.2 Ausgangsstufen von Standard-Operationsverstärkern

Die meisten Operationsverstärker weisen prinzipiell eine Gegentaktstufe am Ausgang nach Abb. 7.57 auf. Dieses doch sehr vereinfachte Funktionsschaltbild ist von allen Zusätzlichkeiten entkleidet. So fehlen insbesondere die Strombegrenzungsfunktion, die Strombegrenzungswiderstände und interne Konstantstromquellen zur definierten Steuerung von Transistoren. Es soll anhand des Prinzipschaltbilds nur eines deutlich werden: Trotz fehlender Stromshunts im Emitterzweig zur Strombegrenzung der Ausgangstransistoren Q_1 und Q_2 kann die Ausgangsspannung nie die Höhe der Versorgungsspannung aufweisen, da die als Emitterfolger geschalteten Transistoren eine um die Schwellspannung der Basis-Emitter-Strecken niedrigere Ausgangsspannung aufweisen als die Vorverstärkerstufen auszugeben vermögen.

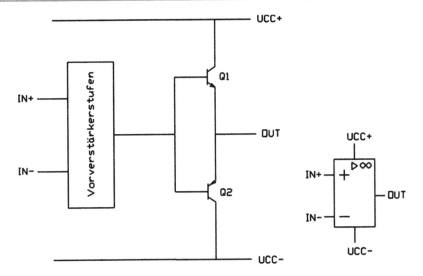

Abb. 7.57 Sehr vereinfacht dargestelltes Funktionsprinzip von Ausgangsstufen standardisierter Operationsverstärker

Abb. 7.58 zeigt die Begrenzung der Ausgangsspannung durch die beiden als Emitterfolger geschalteten Transistoren für den Ausgang. Wir nehmen eine Versorgungsspannung von $\pm 10\,\text{V}$ an. Die Vorverstärkerstufe soll durch Übersteuerung eine positive Aussteuerung von $+10\,\text{V}$ aufweisen. Höher geht es nun mal nicht bei einer Versorgungsspannung von $\pm 10\,\text{V}$. Hier müsste der Vorverstärker schon Rail-to-Rail-Ausgänge aufweisen. Bei $+10\,\text{V}$ an der Basis von Transistor Q_1 schaltet dieser „voll durch", so könnte man denken. Doch „voll durchgeschaltet" heißt, dass die Kollektor-Emitter-Sättigungsspannung U_{CEsat} praktisch $0\,\text{V}$ ist. Dies würde ja heißen, dass der Ausgang OUT eine Spannung von $10\,\text{V}$ aufweist. Doch für diesen Fall für $10\,\text{V}$ an der Basis und $10\,\text{V}$ am Emitter besteht keine Basis-Emitterspannung, es würde kein Basisstrom fließen und der Transistor würde sperren. Aber so weit kommt es natürlich auch nicht. Der Ausgang OUT liegt immer um den Betrag der Basis-Emitterspannung niedriger. Für unseren Fall, bei einer angenommenen Basis-Emitter-Schwellspannung von beispielsweise $0{,}6\,\text{V}$, liegt die Ausgangsspannung immer um den Betrag dieser Schwellspannung niedriger als die positive Versorgungsspannung. Gleiches gilt natürlich auch für die negative Aussteuergrenze. Statt $-10\,\text{V}$ am Ausgang wären nur $-9{,}4\,\text{V}$ am Ausgang zu erwarten. Bedenkt man, dass im Emitterzweig noch Stromshunts für die elektronische Strombegrenzungsschaltung vorhanden sind, so wird die Ausgangsspannung noch zusätzlich um die Spannungsfälle der Shunts reduziert. Als Emitterfolger geschaltete Gegentaktendstufen eignen sich nicht für Rail-to-Rail-OPs.

Abb. 7.58 Spannungspotenziale eines OPs bei einer voll
ausgesteuerten Ausgangsstufe

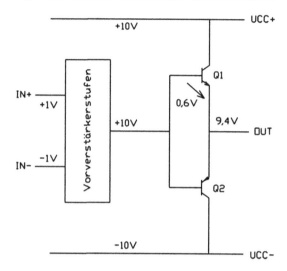

7.5.3   Ausgangsstufenkonzeption von Rail-to-Rail-Operationsverstärkern

Viele Schaltungen mit geringer Versorgungsspannung erfordern nicht unbedingt OPs mit Rail-to-Rail-Eingangsstufen. Für einen maximalen dynamischen Arbeitsbereich sind aber normalerweise Rail-to-Rail-Ausgangsstufen wegen der sowieso schon geringen Versorgungsspannung und eines gewollten maximalen Ausgangsspannungshubs schon erforderlich. Rail-to-Rail-Ausgangsstufen weisen normalerweise am Ausgang die gemeinsamen Kollektoren der internen Endstufentransistoren auf. Die Emitter liegen jeweils an der positiven und negativen Versorgungsschiene, wobei bei unipolarer Versorgung die negative Versorgungsschiene das Massepotenzial darstellt. Abb. 7.59 zeigt die Endstufenkonzeption von Rail-to-Rail-OPs. Die Vorverstärkerstufe ist als Funktionsblock dargestellt und gibt je nach der Polarität der Eingangsspannung am IN+ und IN− ein positives oder negatives Ausgangssignal heraus.

Als Beispiel soll die Versorgungsspannung $U_{CC} = \pm 10$ V betragen.

Die Basis-Emitter-Durchlassspannungen sollen mit 0,6 V angenommen werden.

In diesem sehr vereinfachten Funktionsschaltbild nehmen wir an, dass bei positiver Ausgangsspannung der Vorverstärkerstufe die Transistoren $Q_{2.1}$ und $Q_{2.2}$ durchsteuern und die Transistoren $Q_{1.1}$ und $Q_{1.2}$ mehr oder weniger gesperrt werden. Bei negativer Ausgangsspannung der Vorverstärkerstufen leiten $Q_{1.1}$ und $Q_{1.2}$, während $Q_{2.1}$ und $Q_{2.2}$ mehr oder weniger sperren bzw. leiten. Ist die Ausgangsspannung des Vorverstärkers so positiv, dass ein hinreichender Basisstrom über $Q_{2.1}$ den Transistor $Q_{2.2}$ durchsteuert und übersteuert, dann beträgt die Kollektor-Emitter-Sättigungsspannung U_{CEsat} von $Q_{2.2}$ nahezu 0 V. Die Spannung am Ausgang OUT reicht dann bis auf wenige mV an die negative Betriebsspannung von $U_{CC}−$ heran. Für negative Spannungen am Ausgang der Vorverstärkerstufen kann nach Abb. 7.59 der obere Transistorzweig für $Q_{1.2}$ bis zur Sät-

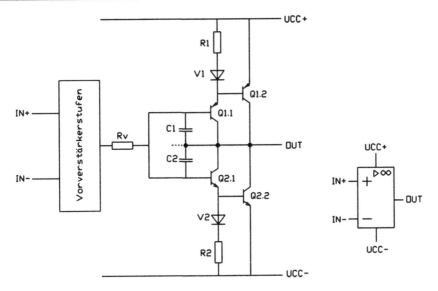

Abb. 7.59 Ausgangsstufenkonzept von Rail-to-Rail-OPs

tigungsspannung durchgeschaltet werden. Die Ausgangsspannung reicht dann nahezu an die positive Versorgungsschiene.

7.5.4   Anwendungsbeispiele zu einem Rail-to-Rail-OP

Exemplarisch wird hier auf einen Rail-to-Rail-Operationsverstärker LT1366 von Linear Technology zurückgegriffen. Dieser OP ist als Dual- und Quad-Präzisions-Rail-to-Rail Input- und Output-Operationsverstärker erhältlich. Er wurde deshalb gewählt, weil er ein gutes Preis-Leistungsverhältnis hinsichtlich der elektrischen Eigenschaften darstellt. Außerdem ist er in dem sehr empfehlenswerten Netzwerkanalyseprogramm LTspiceIV bzw. SWCADIII von Linear Technology integriert. Dieses Programm ist kostenlos im Internet erhältlich und zeigt keinerlei Begrenzungen hinsichtlich der Knotenanzahl von elektrischen Schaltungen. Die Rechenalgorithmen beruhen auf dem Analyseprogramm PSPICE, so dass von PSPICE sogar das Einbeziehen von weiteren elektronischen Bauteilen möglich ist. Eine Empfehlung für dieses Programm mit einer Kurzanleitung ist in Kap. 9 dargestellt.

7.5.4.1   Schaltsymbol, Gehäuse und Kenndaten
Der LT1366 ist als Dual- oder Vierfachverstärker erhältlich. Abb. 7.60 zeigt beide Gehäuse mit Anschlüssen und Innenbeschaltung. Die Abmessungen entsprechen dem Standardmaß für die SMD-Technik.

Die Tab. 7.7 zeigt einige wichtige Daten des Rail-to-Rail Input- und Output-OP LT1366 bei einer Versorgungsspannung von 5 V und einer Raumtemperatur von 25 °C.

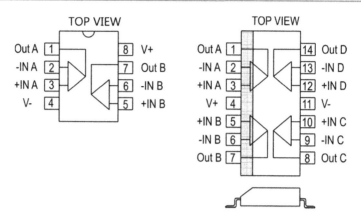

Abb. 7.60 Gehäuseform vom 2- und 4-fach OP LT1366

Tab. 7.7 In- und Output-Daten zum Operationsverstärker LT1366

$T_A = 25\,°C$, Vs = 5 V, 0 V

Symbol	Parameter	Conditions	Min	Typ	Max	Units
Vs	Supply Range,		1,8		±15	V
	Versorgungsspannungsbereich				36	
I_{Amax}	Output Current, Ausgangsstrom			30		mA
V_{UO} A_{VOL}	Large-Signal-Voltage-Gain, Großsignalverstärkung	$V_O = 50\,mV$ to 4,8 V $R_{Last} = 10\,k\Omega$	250		2000	V / mV
CMRR	Common-Mode-Rejection, Gleichtakt-unterdrückung			90		dB
t_f	Slewrate, Anstiegsflanke			0,13		V / μs
	Gain-Bandwidth-Product, Bandbreiten-produkt			400		kHz
V_{OL}	Output-Voltage-Swing-Low, untere Ausgangsspannungsabweichung von 0 V	No Load, keine Last		6	12	mV
		$I_{Sink} = 0,5\,mA$		40	70	
		$I_{Sink} = 2,5\,mA$		110	200	
V_{OH}	Output-Voltage-Swing-High, obere Ausgangsspannungsabweichung von V_S (V_{CC})	No Load, keine Last	12	4		mV
		$I_{Source} = 0,5\,mA$	100	50		
		$I_{Source} = 2,5\,mA$	250	150		
I_S	Supply Current pro Amplifier, Strom-aufnahme pro Verstärker			385	540	μA

7.5.4.2 Messtechnische Bestimmung der Transitfrequenz

Laut Tab. 7.7 beträgt vom OP LT1366 das Bandbreitenprodukt 400 kHz. Der Frequenz-gang wird in Abb. 7.61 dargestellt. Es ist die Monitordarstellung des Simulationspro-gramms LTspiceIV/SWCADIII und ist mit den Datenblättern von Linear Technology

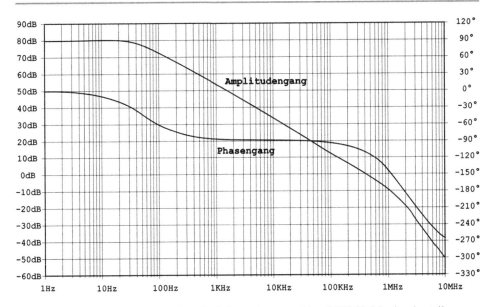

Abb. 7.61 Frequenzgang zum Rail-to-Rail-Operationsverstärker LT1366. Monitordarstellung zur PC-Simulation mit SWCADIII/LTspiceIV von Linear Technology

praktisch identisch. Es wäre ja auch verwunderlich, wenn die Simulation anderes darstellen würde, als wie es das Datenblatt angibt. Andererseits soll hier erwähnt werden, dass Simulationsprogramme nicht die Realität ersetzen können. So kann es durchaus passieren, dass von elektronischen Bauteilen doch vereinfachte Rechenalgorithmen bestehen, die unter ungünstigen Bedingungen in einer eingesetzten Schaltung nicht das wahre Verhalten dieser Schaltung anzeigen. Simulation und Realität können durchaus voneinander abweichen.

Zum Trost: Netzwerkanalyseprogramme sind so hilfreich und doch in der Regel so zutreffend, dass der Leser keinesfalls darauf verzichten sollte. Das Bandbreitenprodukt von 400 kHz laut Tab. 7.7 zeigt sich im Frequenzgang bestätigt. Bei der Verstärkung von 1, entsprechend 0 dB, zeigt sich die Transitfrequenz von 400 kHz. Der OP ist frequenzkompensiert, die Verstärkung nimmt um jeweils 20 dB pro Frequenzdekade ab. Im unteren Frequenzbereich zeigt der Operationsverstärker ein Tiefpassverhalten 1. Ordnung.

Zunächst soll in einer praktischen Messung an einem invertierenden Verstärker nach Abb. 7.62 die Transitfrequenz ermittelt werden. Die betragsmäßige Verstärkung V_U ist $R_2/R_1 = 10$. Der Vorteil eines gegengekoppelten Verstärkers liegt darin, dass die Ausgangsspannung ohne Eingangssignal zunächst bei 0 V liegt.

Ein offen betriebener Verstärker würde schon bei kleinsten Eingangssignalen – beispielsweise schon hervorgerufen durch eine längere Leitungsführung am Eingang – das Ausgangssignal ständig zwischen positiver und negativer Aussteuergrenze schwingen lassen. Wird in der Schaltung des invertierenden Verstärkers nach Abb. 7.62 ein Eingangs-

Abb. 7.62 Invertierender
Verstärker mit einer Versorgungsspannung $U_b = \pm 5$ V

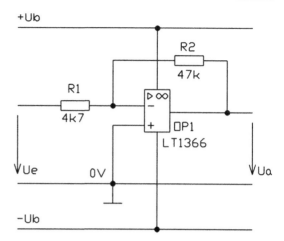

signal gelegt und die Frequenz so weit erhöht, bis das Ausgangssignal nur noch genau
so groß ist wie das Eingangssignal, so liegt die Transitfrequenz vor. Die Messung nach
Abb. 7.63 zeigt hier eine Transitfrequenz von etwa 330 kHz. Laut Bode-Diagramm nach
Abb. 7.61 liegt die Transitfrequenz bei 400 kHz.

Der Unterschied von 400 kHz zu gemessenen 330 kHz erklärt sich u. a. durch Toleranz-
fertigungen bei OPs, vielleicht auch durch sogenannte „geschönte" Datenblätter. Es ist
hier aber einfach zu bedenken, dass die Höhe der Eingangsamplitude und damit verbunden

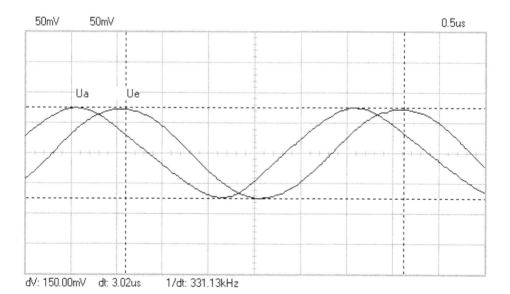

Abb. 7.63 Messtechnische Bestimmung der Transitfrequenz für $U_a = U_e$, $U_e = 50$ mV / Div,
$U_a = 50$ mV / Div, $U_e = \pm 75$ mV, $U_a = \pm 75$ mV

die Höhe der Ausgangsamplitude eine wesentliche Rolle für das Maß zur Transitfrequenz wird. Man müsste für die Transitfrequenzangabe ehrlicherweise die Höhe der Ausgangsamplitude ebenfalls angeben. So sollte der Frequenzgang nach Abb. 7.61 noch die Angabe eines Ausgangsspannungshubs enthalten oder es sollte heißen: Die Transitfrequenz beträgt bei einer Versorgungsspannung von ±5 V und einem Ausgangsspannungshub von ±75 mV entsprechend dem Messprotokoll in Abb. 7.63 330 kHz. Bei kleineren Ausgangsspannungshüben wäre natürlich eine Transitfrequenz von 400 kHz und mehr durchaus zu erreichen.

Abb. 7.64 zeigt das gleiche Messverfahren. Nur wurde hier die Eingangsamplitude erhöht. Die Ausgangsspannung U_a kann aufgrund der Slewrate der Eingangssinusspannung nicht mehr proportional folgen. Würde man für diese Eingangsamplitude die Transitfrequenz ermitteln, so würde sie für diesen Fall unter 300 kHz liegen.

Sehr hilfreich zur Transitfrequenzbetrachtung ist deshalb die Slewrate eines OPs. Abb. 7.65 zeigt die messpraktische Ermittlung der Slewrate vom LT1366. Eine Rechteckspannung am Eingang U_e zeigt den Ausgangsspannungsverlauf U_a. Das Oszillogramm zeigt eine gemessene Slewrate in der Anstiegsflanke von 8,3 V pro 50 μs entsprechend 0,17 V / μs. Die abfallende Flanke hat eine Slewrate von etwa 8,3 V / 65 μs entsprechend 0,13 V / μs. Dies sind genau die angegebenen Daten von Linear Technology nach Tab. 7.7.

In Abb. 7.64 ist gut zu erkennen, dass bei Übersteuerung durch eine Sinuseingangsspannung die Grenzen der Slewrate die abfallende und ansteigende Flanke bestimmen. So wirkt die Anstiegsflanke der Ausgangsspannung U_a in Oszillogramm in Abb. 7.64 doch etwas steiler als die abfallende Flanke. Eine gute überschlägige und hinreichend genaue

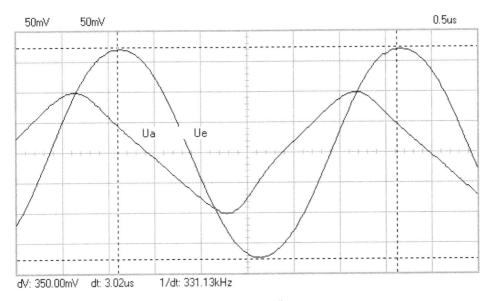

Abb. 7.64 Grenzen der linearen Verstärkung bei Übersteuerung im Transitfrequenzbereich $U_e = 50$ mV / Div, $U_a = 50$ mV / Div, $U_e = ±175$ mV, $U_a = ±100$ mV

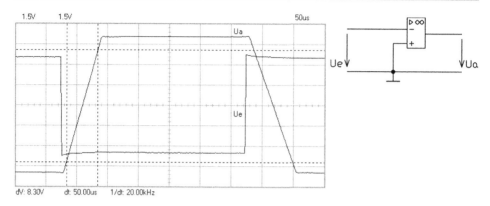

Abb. 7.65 Schaltung zur messtechnischen Ermittlung der Slewrate mit Oszillogramm. Anstiegsflanke: 8,3 V / 50 µs, Abfallflanke: 8,3 V / 65 µs, Messbereich: 1,5 V / Div, 50 µs / Div

Bestimmung der Transitfrequenz über die Slewrate kann folgendermaßen geschehen: Man stelle sich eine Sinusspannung nach Abb. 7.66 vor. Durch Differenzialrechnung kann die Steigung dieser Kurve ermittelt werden. Sie entspricht genau der cos-Funktion. Im Nulldurchgang der Sinusfunktion besteht die größte Steigung der Kurve. Diese Steigung müsste noch vom OP durch seine Slewrate aufgebracht werden. Die Steigung kann mit der cos-Funktion berechnet werden und hat bei $x = 0$ den Wert 1. Sie ist in der Abbildung dargestellt. Für Nichtmathematiker sei gesagt, dass sich die Steigung mit hinreichender Genauigkeit durch Anlegen einer Tangente im Nulldurchgang der Sinusfunktion ermitteln lässt.

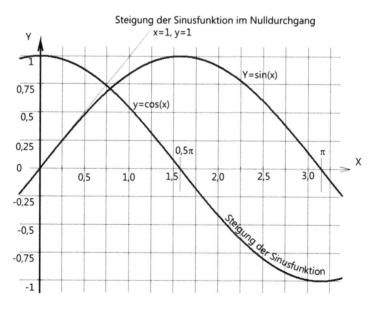

Abb. 7.66 Berechnung zur maximalen Slewrate an einer Sinusfunktion

Wir wenden nun die Berechnung der Transitfrequenz durch die Slewrate am Beispiel der Sinusfunktion nach Abb. 7.66 und 7.67 an. Als Slewrate wählen wir für den OP LT1366 0,13 V/µs. Dies entspricht der praktischen Messung und auch der Datenblattangabe von Linear Technology. Als Ausgangsspannungshub nehmen wir ±50 mV an. Für eine Slewrate von 0,13 V/µs würde sich bei einer sinusförmigen Maximalspannung von 50 mV für x = 1 eine Zeit von 0,385 µs errechnen. Die Periodendauer wäre damit 0,385 µs × 2π = 2,42 µs entsprechend einer Transitfrequenz von 413 kHz.

Wir stellen nun fest: Die Transitfrequenz errechnet sich bei einem Ausgangsspannungshub von ±50 mV und einer Slewrate von 0,13 V/µs zu etwa 400 kHz. Dies entspricht auch den Angaben von Linear Technology.

Anschaulich wird die Betrachtung von Signalverzerrungen an einem invertierenden Verstärker, der mit der Betragsverstärkung $R_2/R_1 = 10$ arbeiten soll. An ihm soll eine Dreieckspannung am Ausgang von ±5 V gerade noch verzerrungsfrei übertragen werden. Wir nehmen wieder den OP LT1366 mit der gemessenen Slewrate von 0,13 V/µs an und betrachten uns dazu die Dreieckspannung nach Abb. 7.68. Es errechnet sich eine Periodendauer von 5 V/(0,13 V/µs) × 4 = 0,1538 ms. Dies entspricht einer Frequenz von 6,5 kHz. Am Eingang dürfte dann eine Spannung zwischen ±5 V/10 = ±0,5 V liegen. Bis zu dieser Eingangsspannung wird die Ausgangsspannung mit dem Verstärkungsfaktor 10 praktisch verzerrungsfrei übertragen.

Es soll nun die vorige Schaltung des invertierenden Verstärkers nach Abb. 7.68 als Rail-to-Rail-Verstärker untersucht werden. Nur ändern wir die Versorgungsspannung auf ±1,2 V. Diese Spannung wurde gewählt, weil sie einmal sehr niedrig ist und durch zwei NiCd- oder NiMh-Zellen erbracht werden kann.

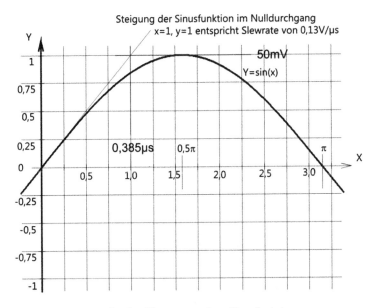

Abb. 7.67 Berechnung zur maximalen Slewrate an einer Sinusfunktion

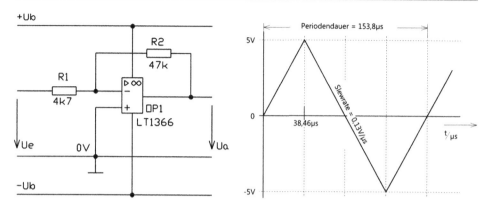

Abb. 7.68 Invertierender Verstärker mit einer Ausgangsdreieckspannung von ±5 V. Versorgungsspannung z. B. ±10 V

Der invertierende Verstärker wurde hier nur deshalb wiedergewählt, weil die Oszillogramme von Ausgangs- und Eingangsspannung aufgrund der 180°-Phasendrehung besser auseinander zu halten sind. Was deutlich wird, die Ausgangsspannung verläuft zwischen den Maximalwerten von +1,2 und −1,2 V bei doch sehr brauchbarem Ausgangsspannungsverlauf. Ein typisches Kennzeichen von Digitaloszilloskopen sind die kleinen Zacken in den Messkurven. Sie ergeben sich durch die begrenzte Auflösung des 8-Bit-AD-Wandler im Digitaloszilloskop.

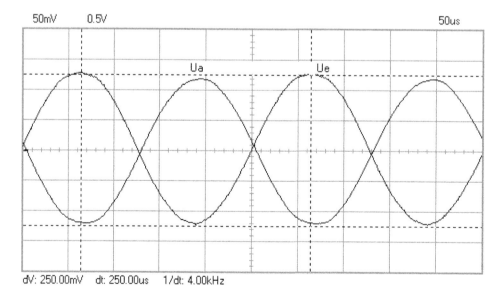

Abb. 7.69 Invertierender Verstärker mit einem Verstärkungsbetrag von 10: $U_e = 50$ mV / Div, $U_a = 0,5$ V / Div, $U_e = ±120$ mV, $U_a = ±120$ mV × 10 = ±1,2 V, f = 4 kHz

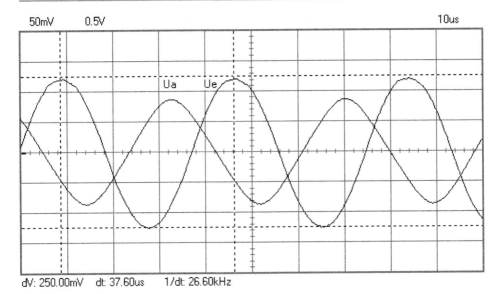

Abb. 7.70 Invertierender Verstärker mit einem Verstärkungsbetrag von 10 beim Erreichen der oberen Grenzfrequenz: $U_e = 50\,mV\,/\,Div$, $U_a = 0{,}5\,V\,/\,Div$, $U_e = \pm 120\,mV$, $U_a = \pm 120\,mV \times 10 \times 0{,}7$, $U_a = \pm 0{,}84\,V$, $f_{g0} = 26{,}6\,KHz$

Durch die beiden Widerstände R_1 und R_2 in der Schaltung nach Abb. 7.68 ergibt sich eine Betragsverstärkung von $V_U = R_2\,/\,R_1 = 10$. Die Maßstäbe im Oszillogramm in Abb. 7.69 sind 50 mV / Div und 0,5 V / Div. Damit liegt die Verstärkung messtechnisch ebenfalls bei 10. Die untere Grenzfrequenz der Verstärkerschaltung ist natürlich 0 Hz, da es sich um einen Gleichstromverstärker handelt. Testen wir die obere Grenzfrequenz dieser Schaltung, so ist dies messtechnisch sehr einfach. Die Eingangsfrequenz wird erhöht, bis die Ausgangsspannung nur 70 % der ursprünglichen Ausgangsamplitude erreicht. Dies ist bei einer Dämpfung von 3 dB der Fall. Es sei hier noch einmal angemerkt, dass die obere Grenzfrequenz der Schaltung nicht mit der Transitfrequenz des OPs zu verwechseln ist. Abb. 7.70 zeigt diesen Fall. Deutlich ist die zusätzliche Phasenverschiebung zwischen Eingangs- und Ausgangsspannung zu erkennen. Die obere Grenzfrequenz liegt nach der praktischen Messung bei 26,6 kHz. Immerhin noch beachtlich für diese Einfachschaltung bei sehr niedriger Versorgungsspannung. Bei kleineren Ausgangsspannungshüben ist natürlich die obere Grenzfrequenz höher.

7.5.4.3 Die Aussteuergrenzen
Ein Rail-to-Rail-OP zeigt seine Stärke bei kleiner unipolarer Spannungsversorgung mit seinem Rail-to-Rail-Ausgangsspannungshub. Beliebt ist er als nachgeschalteter Impedanzwandler für DA-Wandler. Man stelle sich nur einen 10-Bit-DA-Wandler vor. Die Auflösung beträgt bei 10 Bit gleich $2^{10} = 1024$ Schritte. Bei 2,5 mV Auflösung pro Bit wäre die Ausgangsspannung dieses Wandlers im Bereich von 0 bis 2550 mV. Wie ver-

hält sich ein nachgeschalteter Impedanzwandler gerade in den Spannungsbereichen bei Differenzen von unter 100 mV zu den beiden idealen Aussteuergrenzen?

Dazu testen wir den Aussteuerbereich mit verschiedenen Lasten durch eine Potenziometerschaltung nach Abb. 7.71. Die Versorgungsspannung soll 5 V sein. Diese Potischaltung hat den Vorteil, dass das Poti am Schleifer nicht belastet wird und die Ausgangsspannung damit proportional zur Schleiferstellung ist. Ein weiterer Vorteil liegt natürlich darin, dass im Idealfall die Ausgangsimpedanz bei diesem gegengekoppelten Verstärker praktisch 0 Ω ist. Der Lastwiderstand könnte relativ stark variieren, die Ausgangsspannung ist lastunabhängig. Anstelle des Potis könnte natürlich auch ein DA-Wandler den +Input des OPs bedienen.

Die Potenziometerschaltung in Abb. 7.71 besteht aus einer Impedanzwandlerschaltung und ist entsprechend belastbar. Bei einer Versorgungsspannung von 5 V und beispielsweise einer durch das Poti eingestellten Ausgangsspannung von 2 V kann der Laststrom von 0 bis 10 mA variiert werden, ohne dass sich die Ausgangsspannung überhaupt um mehr als 1 mV verändert. Hier kann natürlich der Operationsverstärker als gegengekoppelte Schaltung bei verschiedenen Lastströmen etwaige Spannungsänderungen am Ausgang exakt nachregeln. Gegengekoppelte Verstärker besitzen im Funktionsbereich praktisch einen Ausgangswiderstand von 0 Ω. Dies ist in Abschn. 4.5.3 ausführlich beschrieben.

Anders sieht es aus, wenn die Ausgangsspannung über das Poti seine maximale Ausgangsspannung von $U_b = 5$ V erreichen soll. Die Idealgrenze von genau 5 V Ausgangsspannung wird nicht ganz erreicht. Es fehlen ein paar mV. Die messtechnische Ermittlung der positiven Aussteuergrenze zeigt Abb. 7.72. Für $U_b = 5$ und 5 V am +Input müssten ideal 5 V am Ausgang liegen. Der Spannungsmesser zeigt die Differenz in mV zur idealen Aussteuergrenze an. Messtechnisch wurde eine Spannung von 10,7 mV bei einem Laststrom von 0 mA ermittelt.

Aber die große Schwäche zeigt sich hier im Ausregelverhalten bei Lastströmen. Der Endstufentransistor nach Abb. 7.59 ist voll durchgesteuert. Eine Nachregelung ist nicht möglich. Die Kollektor-Emitterstrecke des Endstufentransistors ist eben nicht 0 Ω. Aus diesem Grund weist ein Rail-to-Rail-OP zu seinen Aussteuergrenzen hin höhere Impedan-

Abb. 7.71 Potenziometerschaltung: $U_b = 5$ V. Schaltungsvorschlag aus dem Datenblatt zum LT1366 von Linear Technology

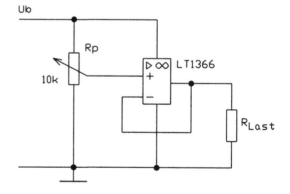

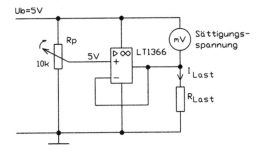

Messung der Sättigungsspannung für die obere Aussteuergrenze nach Bild 7.5.16	
I_{Last} in mA	Sättigungsspannung in mV
0,0	10,7
0,5	50,6
1,0	82,0
2,0	130,6
10,0	466

Abb. 7.72 Messung der Sättigungsspannung für die obere Aussteuergrenze. $I_{Last} = I_{Source}$ laut Tab. 7.7

zen auf. Abb. 7.72 zeigt die Messschaltung und die messtechnische Untersuchung bei den maximalen Aussteuergrenzen von 5 V. Während die Abweichung bei einem Laststrom von 0 mA von der idealen Aussteuergrenze noch tragbar ist, so ist bei einer Laststromentnahme von 1 mA doch schon eine Abweichung von etwa 80 mV vorhanden. Der Operationsverstärker stellt diesen Laststrom als Quelle bereit. Dieser Laststrom wird deshalb in Tab. 7.7 auch als I_{Source} bezeichnet.

Für die ideale Aussteuergrenze von 0 V zeigt sich die Belastungsschaltung nach Abb. 7.71 insofern ungeeignet, weil bei größeren Lastströmen die Ausgangsspannung sich immer mehr der idealen 0 V-Aussteuergrenze nähert. In den Datenblättern wird die Schaltung deshalb nicht mit dem OP-Quellenstrom $I_{Last} = I_{Source}$ belastet, sondern ein Belastungsstrom dem OP zugeführt. Der Laststrom wird über das Absenken der OP-Ausgangsspannung bewirkt. Laut Tab. 7.7 wird dieser Strom mit I_{Sink} bezeichnet. Bei dieser Messschaltung zeigt sich nach Abb. 7.73 die folgende Abweichung zur idealen Aussteuergrenze von 0 V.

Die Messpraxis bestätigt das Datenblatt vom LT1366 zum Sättigungsspannungsverhalten (s. Abb. 7.74).

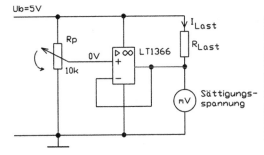

Messung der Sättigungsspannung für die untere Aussteuergrenze nach Bild 7.5.17	
I_{Last} in mA	Sättigungsspannug in mV
0,0	5,3
0,5	40,4
1,0	61,0
2,0	93,5
10,0	260

Abb. 7.73 Messung der Sättigungsspannung für die untere Aussteuergrenze. $I_{Last} = I_{Sink}$ laut Tab. 7.7

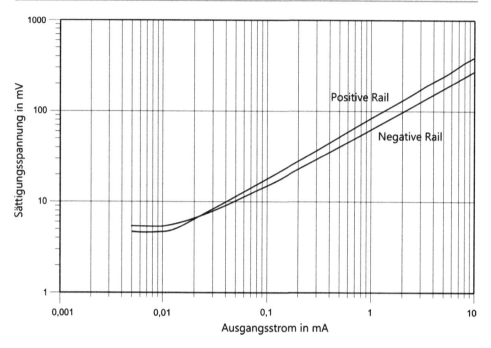

Abb. 7.74 Sättigungsspannung für die untere und obere Aussteuergrenze in Abhängigkeit vom Ausgangsstrom. Auszug aus dem Datenblatt vom OP LT1366 von Linear Technology

7.5.4.4 Invertierender NF-Verstärker mit unipolarer Spannungsversorgung

Die vorigen Kapitel haben die Vorteile des Rail-to-Rail-OPs aufgezeigt. Kleinere Mängel hinsichtlich der nicht ganz idealen Aussteuergrenzen sind vorhanden, haben in vielen Fällen aber nicht eine so gravierende Bedeutung, wie im nächsten Beispiel deutlich wird. So soll hier aufgezeigt werden, wie beispielsweise mit zwei gewöhnlichen Batteriezellen oder einer Knopfzelle von 3 V ein kleiner Niederfrequenzverstärker als Mikrofonvorverstärker zur Anpassung eines Signalpegels an eine Soundkarte o. ä. konzipiert werden kann. Eine Versorgungsspannung von 5 V direkt aus dem PC wäre ebenso möglich. Wir stellen zunächst Überlegungen zu einem invertierenden Niederfrequenzverstärker nach dem Schaltbild in Abb. 7.75 an. Die Betragsverstärkung soll 10 sein, entsprechend einer Verstärkung von 20 dB. Dafür wählen wir R_1 mit 10 kΩ und R_2 mit 100 kΩ. Als weiteres muss das Eingangs- und Ausgangssignal gleichstrommäßig von der Versorgungsspannung entkoppelt werden. Dies geschieht über die Kondensatoren C_e und C_a. Der Gleichstromarbeitspunkt wird so gewählt, dass am OP-Ausgang die halbe Versorgungsspannung anliegt. Bei 3 V-Versorgungsspannung wären dies 1,5 V. Das Niederfrequenzsignal kann dann um diese 1,5 V schwanken, theoretisch um 1,5 V nach oben bis an die 3 V-Aussteuergrenze und 1,5 V nach unten bis an die 0 V-Aussteuergrenze. Der Gleichstromarbeitspunkt von 1,5 V am OP-Ausgang geschieht über die Widerstände R_{v1} und R_{v2}. Zur besseren Arbeitspunktstabilisierung wird ein Kondensator C_1 parallel zu R_{v2} geschaltet. Dieser

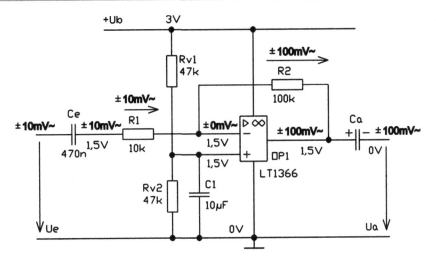

Abb. 7.75 Invertierender Verstärker mit unipolarer Spannungsversorgung

Kondensator verhindert mögliche Wechselspannungskomponenten am +Input des OPs. Umgangssprachlich wird vielfach von einer Blockkondensatorfunktion gesprochen. Er blockt eventuelle Wechselspannungsanteile am +Input des OPs ab. Vielfach verzichtet man auch auf diesen Kondensator. Normalerweise liegt auch parallel zur Versorgungsbatterie ein Kondensator von mehreren µF bis 1000 µF. Dieser Kondensator hat im Prinzip zwei Funktionen. Zum einen wird der dynamische Innenwiderstand der Batterie verkleinert. So schwankt die Batteriespannung nicht durch Laststromänderungen in der Schaltung, die durch das Niederfrequenzsignal hervorgerufen werden. Der Kondensator wirkt sozusagen zwischenzeitlich als Energiespeicher. Die zweite Funktion liegt darin und lässt sich aus der ersten ableiten, dass der Wechselstromwiderstand der Versorgungsspannung erheblich verkleinert wird. Die Wechselstromanteile der Schaltung fließen ja auch über die Batterie. Daher sollte selbst bei gealterten hochohmigen Batterien der Wechselstrominnenwiderstand möglichst klein gehalten werden.

Der Kondensator C_a koppelt die Wechselspannungsanteile aus. Am Ausgang steht ein reines Wechselspannungssignal zur Verfügung. Schwankt die Spannung am Ausgang des Operationsverstärkers um $1{,}5\,V \pm 100\,mV\sim$, so liegt am Ausgang eine reine Wechselspannung von $\pm 100\,mV\sim$. Es sei hier darauf hingewiesen, dass rein theoretisch ein Wechselspannungssignal bei 3 V-Versorgungsspannung von $\pm 1{,}5\,V$ bei einem Rail-to-Rail-OP möglich wäre, aber wir wissen auch, dass an den Aussteuergrenzen die Ausgangsimpedanzen größer werden. Ein Ausgangsspannungssignal von $\pm 1\,V\sim$ reicht bei weitem aus, um die meisten nachfolgenden Verstärker hinsichtlich Soundkarten, Kleinverstärkern u. a. zu bedienen.

Abb. 7.75 soll die Arbeitsweise einer unipolar versorgten Verstärkerstufe verdeutlichen. Alle Gleichstromarbeitspunkte sind im normalen Schriftbild dargestellt. So wird deutlich, dass über R_{v1} und R_{v2} am +Input des OPs die Spannung $+U_b/2 = 1{,}5\,V$ liegt.

Über den Gegenkopplungswiderstand R_2 sind am OP-Ausgang ebenfalls 1,5 V. Am Verstärkerausgang hinter C_a sind natürlich Gleichspannungsanteile durch C_a abgekoppelt. Der Gleichspannungsanteil ist 0 V. Alle Wechselstromanteile sind in der Schaltung in Abb. 7.75 im Schriftbild fett dargestellt und mit dem Wechselstromsymbol $\sim$ versehen. Wir nehmen am Eingang ein Wechselspannungssignal von $\pm10\,mV\sim$ an. Rechts von C_e schwankt die Spannung um $1,5\,V \pm 10\,mV\sim$. Am $-$Input liegen über Gegenkopplung konstant 1,5 V an. Der Wechselspannungsanteil ist $\pm 0\,mV\sim$. Über R_1 liegt somit eine Spannung von $\pm10\,mV\sim$. Der dazugehörige Strom fließt ebenfalls über R_2 und verursacht dort den 10fachen Spannungsfall von $\pm100\,mV\sim$. Diese Spannung addiert sich zu den 1,5 V am $-$Input. Die OP-Ausgangsspannung schwankt dann zwischen $1,5\,V \pm 100\,mV\sim$. Die Ausgangsspannung hinter C_a ist eine reine Wechselspannung von $\pm100\,mV\sim$. Abb. 7.76 zeigt den Amplitudengang des Verstärkers in Abb. 7.75. Die Maximalverstärkung beträgt 20 dB entsprechend der Betragsverstärkung $R_2 / R_1 = 10$. Diese Verstärkung wird für Frequenzen erreicht, bei denen der Eingangskondensator C_e als Wechselstromwiderstand keine Rolle mehr spielt. Zu höheren Frequenzen nimmt die Verstärkung ab. Die obere Grenzfrequenz, entsprechend bei 3 dB Dämpfung zur Maximalverstärkung, liegt bei etwa 43 kHz und ergibt sich aus dem Frequenzgang des OPs. Die untere Grenzfrequenz liegt bei etwa 34 Hz. Sie wird durch den Einkoppelkondensator

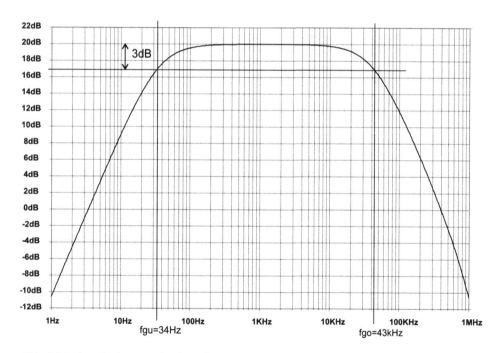

Abb. 7.76 Amplitudengang des invertierenden Verstärkers. Die untere Grenzfrequenz liegt bei 34 Hz und lässt sich leicht errechnen. Die obere Grenzfrequenz von 45 kHz ist durch den Frequenzgang des OPs bedingt

C_e und den Widerstand R_1 festgelegt. Der Eingangswechselstromwiderstand wird nur durch die Reihenschaltung aus C_e und R_1 bestimmt, da der Wechselstromwiderstand vom −Input des OPs zur Masse aufgrund der konstanten Spannung von 1,5 V keinen Wechselstromwiderstand aufweist. Der Wechselstromwiderstand vom −Input des OPs, gegen Masse gesehen, ist 0 Ω. Der Eingangswiderstand für die Wechselspannungsquelle U_e ist damit für höhere Frequenzen $R_1 = 10\,k\Omega$, da X_{Ce} relativ niederohmig zu R_1 wird und keine Rolle mehr spielt. Die untere Grenzfrequenz kann leicht errechnet werden. Wird der Eingangswechselstrom um 3 dB auf 70 % reduziert, so verringert sich ebenfalls in gleicher Weise der Strom und die Wechselspannung über R_2, gleiches gilt für das Wechselspannungsausgangssignal. Der Eingangswechselstromwiderstand muss sich bei 70 % Eingangsstrom um das 1,41fache erhöhen. Dies ist für $R = X_{Ce}$ der Fall.

Es gilt

$$R_1 = X_{Ce} = \frac{1}{\omega C_e} = \frac{1}{2\pi f \times C_e}$$

und es errechnet sich damit eine untere Grenzfrequenz von

$$f = \frac{1}{2\pi R_1 C_e} = \frac{1}{2 \times 3{,}14 \times 10\,k \times 470\,nF} = 33{,}9\,\text{Hz}.$$

Die Messung Abb. 7.77 zeigt den Amplitudengang für die untere Grenzfrequenz von 34 Hz. Am Eingang liegen $150\,mV_{ss}$, am Ausgang müssten bei 10facher Verstärkung $1{,}5\,V_{ss}$ liegen. Tatsächlich ist die Ausgangsspannung nur $1{,}5\,V \times 70\,\% = 1{,}05\,V_{ss}$.

Die Messungen in Abb. 7.78 und in Abb. 7.79 zeigen das Verhalten der Ausgangsspannung bei sinus- und rechteckförmiger Eingangsspannung und einer Frequenz von 5 kHz.

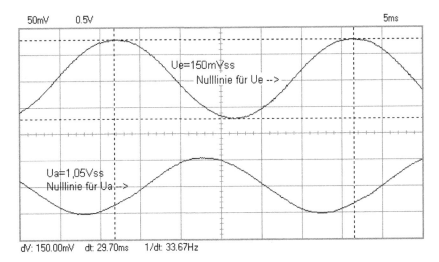

Abb. 7.77 Signalverhalten zur unteren Grenzfrequenz. Eingangsspannung: 50 mV / Div; Ausgangsspannung: 0,5 V / Div

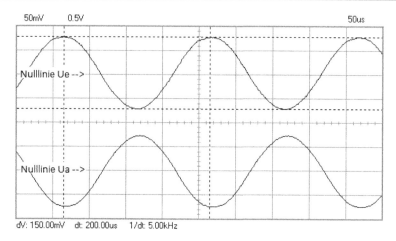

Abb. 7.78 Sinussignal. $U_e = 50\,mV\,/\,Div$, $U_a = 0{,}5\,V\,/\,Div$, $U_e = 150\,mV_{ss}$, $U_a = 1{,}5\,V_{ss}$, $f = 5\,kHz$

Die Messungen in Abb. 7.80 und in Abb. 7.81 zeigen das Großsignalverhalten. So kann das Ausgangssignal auf $3\,V_{ss}$ entsprechend der Versorgungsspannung von 3 V genutzt werden. Eine nur kleine Eingangsspannungserhöhung lässt dann aber deutlich die Aussteuergrenzen erkennen.

Das Signalverhalten der Verstärkerstufe stellt sich als recht brauchbar dar. Gleiches gilt für das Rechteck- und Großsignalverhalten. Für sehr hochwertige Vorverstärkerstufen sollte allerdings auf rauschärmere Rail-to-Rail-OPs mit höherer Slewrate zurückgegriffen werden.

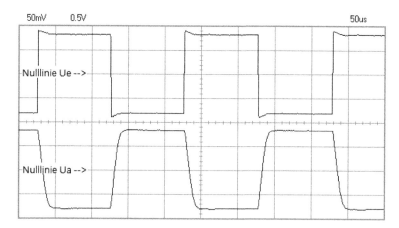

Abb. 7.79 Rechtecksignal. $U_e = 50\,mV\,/\,Div$, $U_a = 0{,}5\,V\,/\,Div$, $U_e = 160\,mV_{ss}$, $U_a = 1{,}6\,V_{ss}$, $f = 5\,kHz$

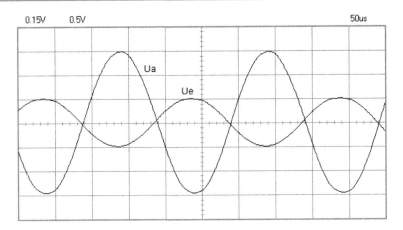

Abb. 7.80 Volle Ausnutzung des Großsignalverhaltens. Betriebsspannung $U_b = 3\,V$. $U_e = 0,15\,V\,/\,Div$, $U_a = 0,5\,V\,/\,Div$, $U_e = 0,3\,V_{ss}$, $U_a = 3\,V_{ss}$, $f = 5\,kHz$

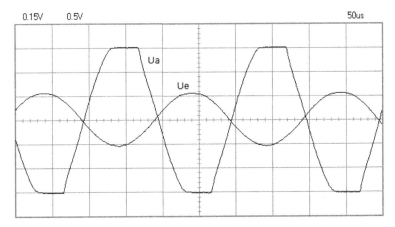

Abb. 7.81 Übersteuerung des Verstärkers. Bei 3 V Versorgungsspannung ist eben nur ein Ausgangssignal von $3\,V_{ss}$ möglich. $U_e = 0,15\,V\,/\,Div$, $U_a = 0,5\,V\,/\,Div$, $f = 5\,kHz$

7.5.4.5 Standard-Vorverstärker mit unipolarer Spannungsversorgung

Wir bedienen uns der Grundschaltung eines nichtinvertierenden Verstärkers. Der Einfachheit wegen sind R_1 mit $100\,k\Omega$ und R_2 mit $10\,k\Omega$ gewählt. Die Verstärkung V_U ist damit 11. Die Versorgungsspannung soll wieder 3 V sein. Die Niederfrequenzeingangsquelle wird wieder, wie auch bei dem invertierenden Verstärker nach Abb. 7.75, gleichstrommäßig über den Eingangskondensator C_e entkoppelt. Gleiches geschieht für das Ausgangssignal über den Kondensator C_a. Der Arbeitspunkt wird über die Widerstände R_{v1} und R_{v2} auf $U_b\,/\,2 = 1,5\,V$ gelegt. Wir haben jetzt die Schaltung nach Abb. 7.82. In dieser Schaltung zeigt sich ein grober Funktionsfehler. So liegen zwar am +Input 1,5 V, aber der OP fährt in die obere Aussteuergrenze, denn über sein Gegenkopplungsnetzwerk

Abb. 7.82 Nicht funktionsfähige Verstärkerstufe. Der OP steuert in die Aussteuergrenze

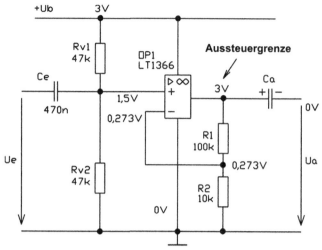

R_1 und R_2 kann der −Input über das Widerstandsverhältnis nur 0,273 V erreichen. Der Operationsverstärker bleibt ständig übersteuert und kann so nicht als NF-Verstärker arbeiten.

Hier wird ein segensreicher Trick verwendet und prägt jedes Schaltbild eines nichtinvertierenden Verstärkers mit unipolarer Spannungsversorgung. Es wird ein Kondensator C_1 nach Abb. 7.83 hinzugefügt und die Funktionstüchtigkeit ist gesichert. Über das Gegenkopplungsnetzwerk R_1 und R_2 stellt sich nun die gewünschte Spannung von 1,5 V auch am −Input des OPs ein. Die Ausgangsspannung des OPs beträgt ebenfalls $U_b/2 = 1{,}5$ V. Die Gleichspannungswerte sind in der Schaltung in Abb. 7.83 in Normalschrift abgebildet, Wechselspannungswerte sind fett gedruckt. Aber warum sind es jetzt 1,5 V am OP-Ausgang? Einfache Erklärung: Über das Netzwerk R_1, R_2 und C_1 kann kein Gleichstrom fließen. Die Spannungsfälle an R_1 und R_2 sind 0 V. Das Potenzial von 1,5 V am −Input liegt auf der ganzen Netzwerklinie von R_1 und R_2 und am OP-Ausgang. Nun kann sich das Wechselspannungssignal bei einer OP-Ausgangsspannung von 1,5 V wieder um ±1,5 V bis zur jeweiligen OP-Aussteuergrenze ändern. Einmal nach oben bis 3 V und nach unten bis 0 V.

Die untere Grenzfrequenz des Verstärkers lässt sich sehr einfach berechnen. Die Versorgungsspannungsquelle wird mit einem Wechselstromwiderstand von 0 Ω angenommen. Die Schaltungsentwicklung nach Abb. 7.84 zeigt das Wechselstrom-Ersatzschaltbild für die Eingangsquelle. Demnach liegen vom Eingang aus gesehen die beiden Widerstände R_{v1} und R_{v2} parallel und in Reihe zum Kondensator C_e. Das Wechselstromersatzschaltbild für den Eingang reduziert sich damit auf die rechte Schaltung in Abb. 7.84.

Für

$$R_P = \frac{R_{V1} \times R_{V2}}{R_{V1} + R_{V2}} = 23{,}5 \, k\Omega$$

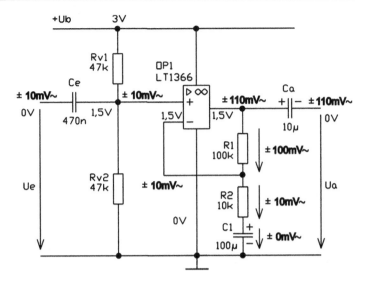

Abb. 7.83 Nichtinvertierender Standardverstärker mit unipolarer Spannungsversorgung

und

$$R_P = X_{Ce} = \frac{1}{\omega C_e} = \frac{1}{2\pi f \times C_e}$$

errechnet sich die untere Grenzfrequenz zu

$$f = \frac{1}{2\pi R_P C_e} = \frac{1}{2 \times 3{,}14 \times 23{,}5\,k\Omega \times 470\,nF} = 14{,}4\,Hz.$$

Der Amplitudengang der Verstärkerstufe nach Abb. 7.85 bestätigt die Berechnung.

Bei der Konzeption des nichtinvertierenden Verstärkers kann für die untere Grenzfrequenz der Kondensator C_1 auch dann eine Rolle spielen, wenn er in seiner Kapazität zu klein gewählt wird. Für diesen Fall könnte sich der Widerstandszweig R_2, X_{C1} zu niederen Frequenzen so erhöhen, dass das Verhältnis $R_1 / (R_2 \| X_{C1})$ sich entsprechend verringert

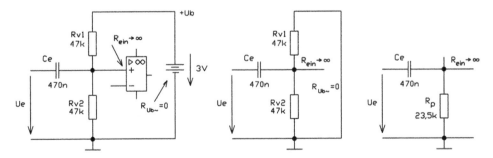

Abb. 7.84 Wechselstromersatzschaltbild für die Eingangsquelle U_e

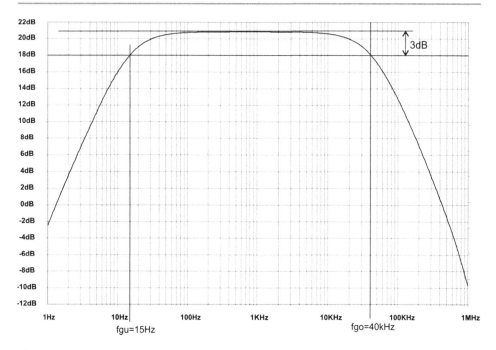

Abb. 7.85 Amplitudengang des Verstärkers nach Abb. 7.83 und 7.84

und die Verstärkung dadurch abgesenkt wird. Wenn dies gewollt ist, wird C_1 entsprechend klein gewählt. So ist es zu erklären, dass in diesen Schaltungen der Wert von C_1 durchaus Wertschwankungen von 100 nF bis 100 μF hat. Eine untere Grenzfrequenzfestsetzung durch C_1 hat auf alle Fälle den Vorteil, dass keine zu großen Elektrolytkondensatoren gewählt werden müssen.

Die praktischen Messungen vom nichtinvertierenden Verstärker zeigen größte Ähnlichkeiten mit der Schaltung für den invertierenden Verstärker nach Abb. 7.77 bis 7.81 und sind deshalb hier nicht gesondert aufgeführt. Nur ist hier das Ausgangssignal nicht invertiert zum Eingangssignal.

7.5.5 Übung und Vertiefung

Die folgenden Aufgaben beziehen sich auf Konzeptionen von NF-Vorverstärkern aus Abschn. 7.5 und gelten natürlich nicht nur für Rail-to-Rail-OPs.

Aufgabenstellung 7.5.1

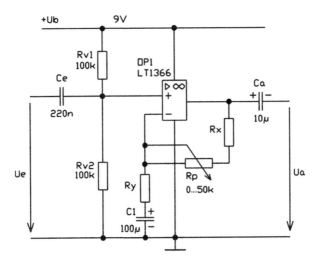

Nichtinvertierender Vorverstärker mit unipolarer Spannungsversorgung von 9 V

Ein nichtinvertierender Verstärker laut Schaltbild in der Abbildung soll in seiner Verstärkung über ein Poti von $50\,\text{k}\Omega$ variabel von 2 bis 20 einstellbar sein.

a) Wie groß errechnet sich die Verstärkung in dB?
b) Wie groß müssen R_x und R_y gewählt werden?
c) Errechnen Sie die untere Grenzfrequenz der Schaltung!
d) Welcher maximale Ausgangsspannungshub wäre in der Schaltung rein theoretisch für einen Rail-to-Rail-OP möglich?

Aufgabenstellung 7.5.2

Die Slewrate des OPs in der Schaltung in Aufgabe 7.5.1 wird mit $0{,}13\,\text{V}/\mu\text{s}$ angegeben.
Die Schaltung ist auf die Maximalverstärkung von 20 eingestellt.

a) Am Ausgang soll ein Sinussignal von $5\,\text{V}_{ss}$ ($\pm 2{,}5\,\text{V}$) noch relativ verzerrungsfrei übertragen werden. Bis zu welcher oberen Übertragungsfrequenz ist dies etwa möglich?
b) Am Ausgang soll ein Sinussignal von $50\,\text{mV}_{ss}$ ($\pm 25\,\text{mV}$) noch relativ verzerrungsfrei übertragen werden. Bis zu welcher oberen Übertragungsfrequenz ist dies noch möglich?

Die Austauschbarkeit von Komparator- und OP-ICs untereinander 8

8.1 Problemstellung

In Internetforen stellt sich häufig die Frage, inwieweit sind Operationsverstärker-ICs und Komparator-ICs miteinander austauschbar? Die Frage stellt sich aus mehreren Beweggründen. So sind die Schaltzeichen für Komparator-ICs und Operationsverstärker-ICs in den Datenblättern mit wenigen Ausnahmen in der Darstellung identisch und die Grundfunktion eines Verstärkers mit sehr hoher Verstärkung liegt ebenfalls vor. Hingegen ist der Preis von Standardkomparatoren in vielen Fällen wesentlich günstiger.

Weiter wäre es schon interessant, ein Vierfach-Komparator-IC gemischt als Analogverstärker und Komparator zu nutzen, wenn eine Schaltung dies erfordert. Vorstellbar wäre eine Temperatursensorschaltung mit Analogwertanzeige der Temperatur über einen OP-Messverstärker kombiniert mit einer Komparatorschaltung zur Maximal- und Minimalanzeige der Temperatur beispielsweise mittels Leuchtdioden. Die Schaltung wäre mit OPs einfach zu realisieren, aber Komparatoren-ICs haben doch Vorteile hinsichtlich ihres Preises und in Bezug auf das schnelle Schaltverhalten. Eine optionale Nutzung von Komparatoren als analoge Messverstärker wäre also wünschenswert.

© Springer Fachmedien Wiesbaden GmbH 2017
J. Federau, *Operationsverstärker*, DOI 10.1007/978-3-658-16373-0_8

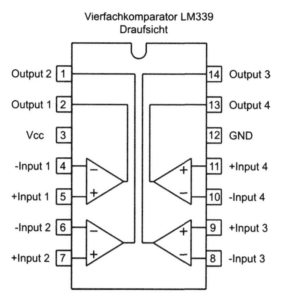

Vierfachkomparator LM339
Draufsicht

Komparator-ICs sind in der Funktionsdarstellung mit OP-ICs oft identisch

8.2 Der Standard-Komparator LM339

Es gibt ICs, die sind milliardenfach verkauft worden. Hierzu gehört der Timer-Baustein 555 und der Komparator LM339. Es sind beliebte Bausteine wegen der guten und vielseitigen Nutzungseigenschaften und wegen der außerordentlich günstigen Preise. Dem Komparator LM339 gilt nun im Folgenden unser Augenmerk. Vier Komparatoren im IC und das zu einem Preis im technischen Versandhandel von minimal 10 Cent. Da wäre eine Nutzung dieses Bausteins als Operationsverstärker-Ersatz schon sinnvoll. Abb. 8.1 zeigt uns in vereinfachter Form das Funktionsschaltbild eines der Komparatoren des LM339. Zu erkennen sind die beiden Eingänge +Input und −Input, der Ausgang Output und die Spannungsversorgung $+U_b$ und $-U_b$. Die Eingänge wirken, wie beim OP üblich, ebenfalls auf einen Differenzverstärker. Allerdings steuert der Differenzverstärker einen Endstufentransistor mit offenem Kollektor-Ausgang, dem sogenannten Open-Collector-Ausgang, an. Dieser Ausgang unterscheidet sich grundsätzlich vom Standard-Operationsverstärker und macht ihn deshalb nicht gleichwertig, aber auch nicht schlechter, sondern anders verwertbar.

Tab. 8.1 zeigt die typischen Kenndaten des LM339.

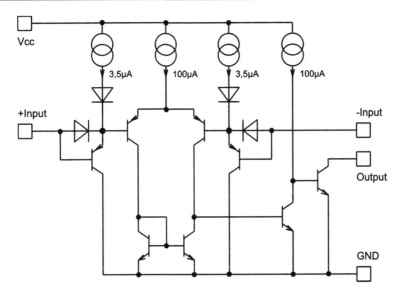

Abb. 8.1 Funktionsschaltbild des LM339

Tab. 8.1 Die wesentlichen typischen Kenndaten des Komparators LM339

Supply Voltage	Versorgungsspannung bis 36 V_{DC} oder ± 18 V_{DC}
Differential Input Voltage Eingangsspannungsbereich	36 V_{DC} bzw. von $-0,3$ V bis 36 V_{DC}, die Eingangsspannung darf nicht um 0,3 V unterhalb der negativen Versorgungsspannung liegen
Voltage Gain	Typische Leerlaufverstärkung 200 V / mV für $V_{DC} = 15$ V und $R_{Last} = 15$ kΩ
Output Sink Current	Strom bis 16 mA für durchgeschalteten Open-Collector-Transistor
Large Signal Response Time	Großsignal-Erholungszeit 300 ns, für TTL-Logik-Eingangssignal, 5 V_{DC} und $R_{Last} = 5,1$ kΩ
Input Offset Voltage	Typische Eingangsoffsetspannung: 2 mV$_{DC}$
Input Bias Current	Arithmetischer Mittelwert der beiden Inputströme: 5 nA$_{DC}$
Input Offset Current	Differenz der Inputströme: 5 nA$_{DC}$

8.3 Standard-Komparatorschaltung mit Komparator-ICs und OP-ICs

Was in Komparatorenschaltungen von OPs funktioniert, ist nicht immer direkt mit Komparatoren auszuführen. Umgekehrt gilt Ähnliches.

Grundsätzlich ergibt sich aus dem Open-Collector-Ausgang von Komparator-ICs ein anderer Funktionsaufbau in der Außenbeschaltung als bei OPs. So muss der Open-Collector-Ausgang mit einem so genannten Pull-up-Widerstand bedient werden. Abb. 8.2 zeigt die Grundschaltung eines Nulldetektors mit dem Pull-up-Widerstand R_C und einer Versorgungsspannung von ± 12 V. Zum besseren Verständnis ist die Open-Collector-Schaltung

Abb. 8.2 Komparator-Stan-
dardschaltung als Nulldetektor

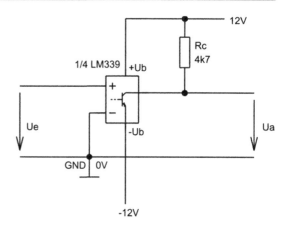

im IC angedeutet. Wird die Eingangsspannung U_e positiv, so sperrt der Open-Collector-Transistor im IC. Über den Pull-up-Widerstand ist $U_a = 12$ V, solange keine zusätzliche Last am Ausgang anliegt. Eine Widerstandslast in gleicher Größe von R_C gegen Masse würde die Ausgangsspannung U_a auf $+U_b / 2 = 6$ V reduzieren. Soll die Ausgangsspannung etwa die Höhe von $+U_b$ einnehmen, so ist der Lastwiderstand hochohmig gegenüber dem Wert von R_C zu wählen. Abb. 8.3 zeigt das Oszillogramm der Schaltung.

Abb. 8.4 zeigt eine gleichartige Nulldetektor-Komparatorschaltung mit dem Standard-OP LM324 und gleicher Signalansteuerung hinsichtlich Amplitude und Frequenz. Bemerkbar macht sich hier die geringe Slewrate im Ausgangsspannungsverlauf von U_a. Hier würde ein schnellerer und damit teurerer OP natürlich Abhilfe schaffen. Ein Pull-up-Widerstand entfällt für die OP-Schaltung.

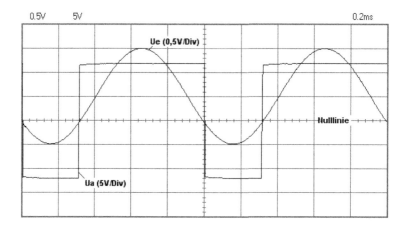

Abb. 8.3 Oszillogramm für die Schaltung in Abb. 8.2. Im Nulldurchgang von U_e kippt die Ausgangsspannung U_a. Messbereiche: U_e: 0,5 V / Div, U_a: 5 V / Div, Zeitbasis: 0,2 ms / Div

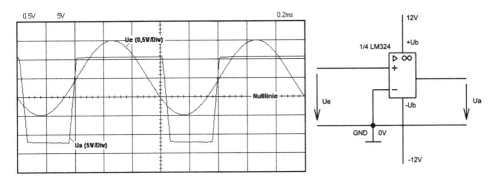

Abb. 8.4 Nulldetektor-OP-Standardschaltung mit Oszillogramm. Im Nulldurchgang von U_e kippt die Ausgangsspannung U_a. Messbereiche: U_e: 0,5 V / Div, U_a: 5 V / Div, Zeitbasis: 0,2 ms / Div

8.4 Komparatoren mit Hysterese

8.4.1 Nichtinvertierender Komparator mit Hysterese

Vielfach werden Komparatoren mit Hysterese verwendet. Das Beispiel in Abb. 8.5a zeigt die Standardschaltung mit dem Komparator LM339. Als Referenzkipppunkt liegt am −Input über R_3 und R_4 eine Spannung von 3 V. Die Kippung des Komparators setzt bei einer Spannung am +Input von $\neq 3$ V ein. Bei sperrendem Open-Collector-Transistor ist die Ausgangsspannung 12 V unter der Annahme, dass R_2 sehr viel größer als R_C ist. Im Moment des Kippens liegt über R_2 eine Spannung von $12\,V - 3\,V = 9\,V$. Bei gleichem Stromfluss durch R_1 liegt hier eine Spannung von 0,9 V an. Der Kipppunkt für U_e ist $3\,V - 0,9\,V = 2,1\,V$.

Für die Schaltung nach Abb. 8.5b ist der Open-Collector-Transistor durchgeschaltet. Es befinden sich −12 V am Ausgang. Im Moment der Kippung muss durch die Eingangsspannung U_e an R_2 eine Spannung von $3\,V - (-12\,V) = 15\,V$ aufgebracht werden. An R_1 liegen dann 1,5 V. Der Kipppunkt für die Eingangsspannung U_e errechnet sich zu $3\,V + 1,5\,V = 4,5\,V$.

Die Kipppunkte liegen somit bei einer Eingangsspannung von 2,1 und 4,5 V. Abb. 8.6 zeigt das Messprotokoll der errechneten Schaltung.

Die Vorgehensweise zur Berechnung von Komparatorschaltungen stellt sich oft anders dar: So wird beispielsweise eine Schalthysterese von 2,4 V gefordert. Dabei sollen die Kipppunkte bei +2,1 und +4,5 V liegen. Wie groß errechnen sich U_{ref}, R_1 und R_2?

Dazu benötigen wir eine kleine Ableitung zur Größenberechnung. Es ist:

Nach Abb. 8.5a errechnet sich die Kippspannung $U_{e\,1kipp}$ zu

$$U_{e\,1kipp} = U_{ref} - \frac{U_{a\,max} - U_{ref}}{R_2} \times R_1.$$

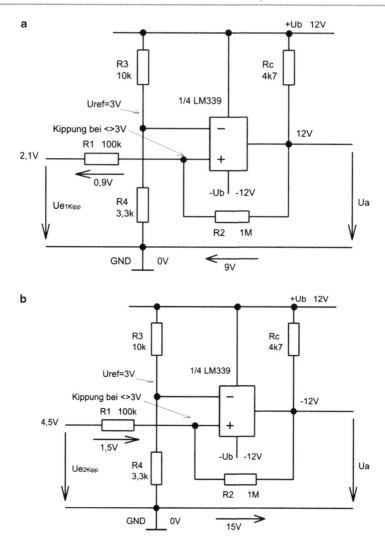

Abb. 8.5 Spannungsangaben im Moment der Kippung bei sperrendem Open-Collector-Transistor (**a**), bei leitendem Open-Collector-Transistor (**b**)

Nach Abb. 8.5b errechnet sich die Kippspannung $U_{e\,2kipp}$

$$U_{e\,2kipp} = U_{ref} - \frac{U_{ref} - U_{a\,min}}{R_2} \times R_1.$$

Die Schalthysterese definiert sich aus der Differenz der beiden Kippspannungen $U_{e\,2kipp} - U_{e\,1kipp}$.

$$U_{Hysterese} = U_{e\,2kipp} - U_{e\,1kipp} = (U_{a\,max} - U_{a\,min}) \times \frac{R_1}{R_2}$$

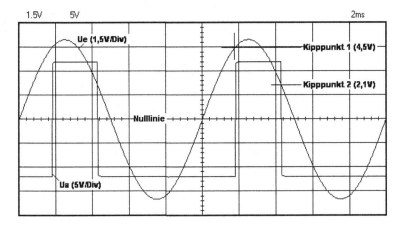

Abb. 8.6 Oszillogramm zum nichtinvertierenden Komparator mit Hysterese nach Abb. 8.5a. Messbereiche: U_e: 1,5 V / Div, U_a: 5 V / Div, Zeitbasis: 2 ms / Div

Das Verhältnis R_2 / R_1 errechnet sich nach obigen Vorgaben für eine Schalthysterese von 2,4 V zu 10. Gewählt wird R_2 beispielsweise mit 1 MΩ und R_1 mit 100 kΩ. R_2 sollte gegenüber R_C sehr hochohmig sein. Somit ist gewährleistet, dass $U_{a\,min}$ und $U_{a\,max}$ der Versorgungsspannung $-U_b$ und $+U_b$ entsprechen.

$$\frac{R_2}{R_1} = \frac{U_{a\,max} - U_{a\,min}}{R_{Hysterese}} = \frac{12\,V - (-12\,V)}{2,4\,V} = 10$$

Nach Abb. 8.5b ist $U_{ref} - U_{R2} = U_{a\,min}$. Der Strom I durch R_1 oder R_2 ist $(U_{e\,2kipp} - U_{ref}) / R_1 \times U_{R2} = I \times R_2$.

Jetzt muss noch die Referenzspannung berechnet werden:

$$U_{ref} - \frac{U_{e\,2kipp} - U_{ref}}{R_1} \times R_2 = U_{amin}$$

Nach U_{ref} umgestellt ergibt sich folgende Formel:

$$U_{ref} = \frac{U_{amin} + U_{e\,2kipp} \times \dfrac{R_2}{R_1}}{1 + \dfrac{R_2}{R_1}} = \frac{-12\,V + 4,5\,V \times 10}{1 + 10} = 3\,V.$$

Das Verhältnis $R_2 / R_1 = 1\,MΩ / 100\,kΩ = 10$.

Die Referenzspannung errechnet sich zu 3 V.

Für Operationsverstärker ergibt sich bei gleicher Funktion eine ähnliche Schaltung. Nur entfällt der Pull-up-Widerstand. Zu beachten ist, dass die Ausgangsspannungen $U_{a\,min}$ und $U_{a\,max}$ nach Abb. 8.7 von $-U_b$ und $+U_b$ eventuell abweichen und in der Berechnung zu berücksichtigen sind.

Abb. 8.7 OP-Standardschal-
tung eines nichtinvertierenden
Komparators mit Hysterese

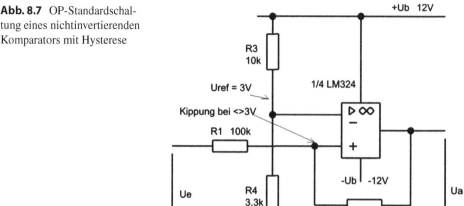

8.4.2 Invertierender Komparator mit Hysterese

Der invertierende Hysterese-Komparator mit dem LM339 unterscheidet sich in seiner
Funktionsweise von einem Operationsverstärker nach Abschn. 3.3 nur durch den Pull-
up-Widerstand R_C. Ist $R_C \ll R_1$, so liegen die Aussteuergrenzen bei $+U_b$ und $-U_b$, in
unserem Fall nach Abb. 8.8a und 8.8b bei $+12$ und -12 V.

Im Beispiel nach Abb. 8.8a ist $R_1 = R_2$ gewählt worden. Für eine Ausgangsspannung U_a
von $+12$ V liegt am +Input eine Spannung von 6 V. Erst nach Überschreiten der Eingangsspannung U_e von 6 V kippt der Komparator in die negative Aussteuergrenze von -12 V.
Am +Input liegen nach Abb. 8.8b jetzt -6 V. Erst nach dem Unterschreiten der Eingangsspannung U_e von -6 V kippt der Komparator wieder in die positive Aussteuergrenze. Für
U_e liegen also die Kipppunkte symmetrisch zu 0 V bei $+6$ und -6 V. Sie errechnen sich
zu $U_{a\,max} / (R_1 + R_2) \times R_2$ bzw. $U_{a\,min} / (R_1 + R_2) \times R_2$. Für $R_C \gg R_1$ ist $U_{a\,max} = +U_b$ und
$U_{a\,min} = -U_b$. Für die beschriebene Schaltung liegen die Kipppunkte immer symmetrisch
zur Nulllinie.

Sollen die Kipppunkte unsymmetrisch zur Nulllinie liegen, so muss die Spannung am
+Input verschoben werden. Dies geschieht nach Abb. 8.9 durch den Widerstand R_3. Zur
besseren Einsicht sind die Widerstände rechnerisch günstig gewählt. Für $R_1 \gg R_C$ ist
$U_a = +U_b$. Bei $+12$ V für U_a liegt am +Input eine Spannung von 2 V. Für $U_a = -12$ V liegt
am +Input eine Spannung von 0 V. Die Kipppunkte liegen also bei 2 und 0 V für U_e. Neben
der Schaltung befindet sich das entsprechende Messprotokoll.

Abb. 8.8 Spannungsangaben im Moment der Kippung bei sperrendem Open-Collector-Transistor (**a**), bei leitendem Open-Collector-Transistor (**b**)

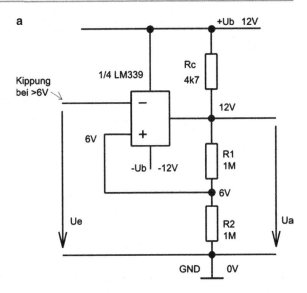

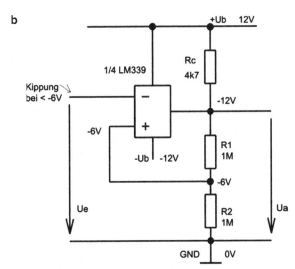

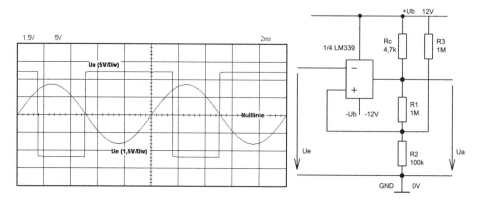

Abb. 8.9 Invertierender Komparator mit Hysterese und symmetrischen Kipppunkten zur Nulllinie

8.5 Typische Komparator-Anwendungen mit Komparatoren und OPs

Im Prinzip können alle Komparatorschaltungen mit Komparator-ICs durch Operationsverstärker ersetzt werden, wenn auch kleinere Schaltungsänderungen notwendig sind. Hier soll eine Auflistung den Sachverhalt verdeutlichen.

8.5.1 Vorteile des Open-Collector-Ausgangs bei Komparatoren

Die Vorteile des Open-Collector-Ausgangs von Komparatoren sollen durch zwei typische Anwendungen aufgezeigt werden. Abb. 8.10 zeigt eine vorteilhafte Anwendung des Open-Collector-Ausgangs. Beispielsweise vergleichen drei Komparatoren beliebige Spannungen an den Eingängen. Ist von einem der Komparatoren der −Input im Potenzial höher als sein +Input-Potenzial, so schaltet der Endstufen-Transistor durch. Am Ausgang liegen 0 V. Die LED V_1 zeigt an, dass an einem der Eingänge das Potenzial am +Input niedriger ist als an seinem −Input. In dieser einfachen Weise wäre eine OP-Schaltung nicht ausführbar, da die Ausgänge von OPs nicht direkt miteinander verbunden werden dürfen.

Ein weiterer Vorteil des Open-Collectors ist die Anpassung des Ausgangs an Schaltungen mit verschiedenen Versorgungsspannungen. Abb. 8.11 zeigt eine solche Schaltung. So kann der Open-Collector-Ausgang mit einer Spannung unabhängig von der IC-Versorgungsspannung betrieben werden. Die Schaltung zeigt die übliche Ansteuerung eines Logikgatter-Bausteins mithilfe des LM339. Der Vorteil des LM339 liegt auch darin, dass ein eindeutiger Low- und High-Pegel von praktisch 0 und 5 V realisiert werden kann. Bei OPs kann der Low-Pegel oft über 1 V liegen, so dass der Low-Ansteuerpegel schon im „Verbotenen Bereich" liegt. Abhilfe würde hier ein Rail-to-Rail-Operationsverstärker schaffen.

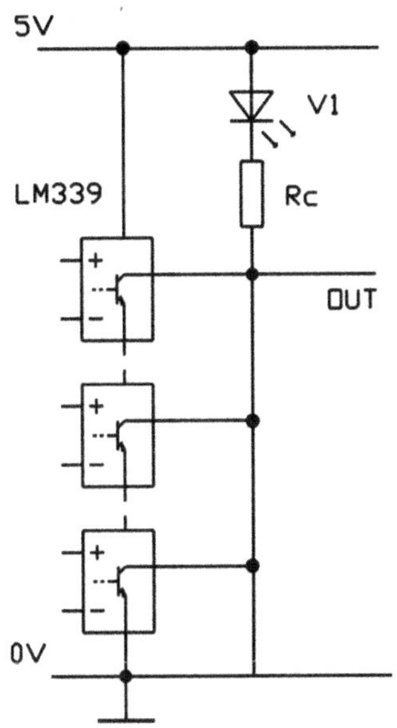

Abb. 8.10 Typische Anwendung des Open-Collector-Ausgangs als Wired-OR bzw. verdrahtete ODER-Verknüpfung

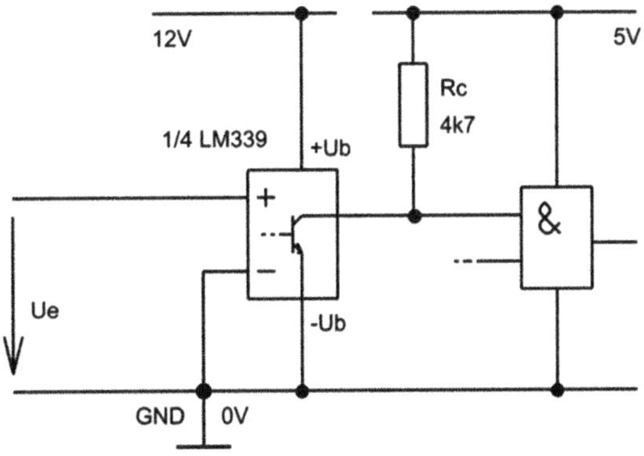

Abb. 8.11 Typische Anwendung des LM339 als Treiberschaltung für TTL-Logik

8.5.2 Signalzustandsanzeigen von Komparatoren-Schaltungen

Viele Ausgänge von Komparatorschaltungen werden zur Signalzustandsanzeige mit LEDs beschaltet. Im Folgenden werden einige Beispiele gezeigt, die eine direkte Austauschbarkeit von OPs und Komparatoren zulassen und Schaltungen, die nicht zueinander kompatibel sind. Letztendlich entscheidet bei gleicher Funktion der Schaltungsaufwand und natürlich der Preis.

Abb. 8.12 zeigt beliebte Komparatorenketten mit Operationsverstärkern zur Messung von Spannungen, Temperaturen etc. Die Ausgangsbeschaltung für die LED-Anzeigen erfolgt nach drei verschiedenen Standards. In Schaltung c) leuchtet energiesparend nur eine LED zurzeit. Direkt austauschbar von den drei OP-Schaltungen mit typischen Komparator-ICs ist nur die Schaltung b). Hier leuchten die LEDs bei durchgeschalteten Open-

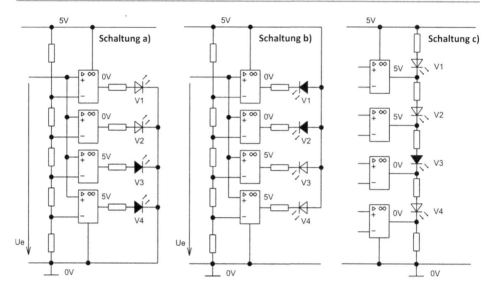

Abb. 8.12 Ausgangsbeschaltung von Operationsverstärkern mit LEDs zur Signalzustandsanzeige. Nur *Schaltung b)* ist ohne Schaltungsänderung auch mit dem Komparator LM339 zu verwirklichen

Collector-Transistoren ebenfalls. Der in Abschn. 4.3 beschriebene TTL-Logiktester mit der Ausgangsbeschaltung nach Schaltung b) kann ohne weiteres durch den preiswerten Komparator LM339 aufgebaut werden. Zu beachten sind natürlich die verschiedenen Pinbelegungen.

Abb. 8.13 zeigt Komparatorenschaltungen mit OPs. Bei einer Eingangsspannung von $U_e > 2{,}7\,V$ leuchtet V_1, für $U_e < 2{,}7\,V$ leuchtet V_2. Bei solchen Schaltungen erspart man sich eine Betriebsspannungsanzeige, da in jedem Fall immer eine LED initialisiert ist. Selbst bei unipolarer Spannungsversorgung von 5 und 0 V liegt die gleiche Funktion vor. Die Betriebsspannung von $-5\,V$ würde dann entfallen und durch 0 V ersetzt werden.

Die OP-Standardschaltungen nach Abb. 8.13 sind mit dem Komparator LM339 in gleicher Funktionsweise mit verändertem Schaltungsaufwand natürlich auch zu realisieren. Die Open-Collector-Ausgangsbeschaltung erfordert allerdings Anpassungen. Abb. 8.14 zeigt eine solche Möglichkeit. Ist die Eingangsspannung $U_e > 2{,}7\,V$, so ist der Open-Collector-Transistor gesperrt. V_1 ist deaktiviert. Über R_3 liegt an der Basis von V_3 das gleiche Potenzial wie an seinem Emitter. V_3 sperrt. Über R_{v2} leuchtet V_2. Für $U_e < 2{,}7\,V$ ist der Open-Collector-Transistor durchgeschaltet. V_1 leuchtet. Über die Emitter-Basis-Strecke von V_3 fließt über R_2 und dem Ausgangstransistor ein Basisstrom nach GND. V_3 leitet und entzieht sozusagen der LED V_2 die Brennspannung. Diese Schaltung ist eine gebräuchliche Standardanwendung.

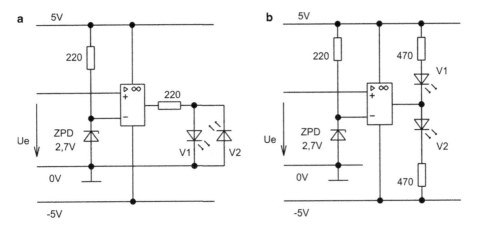

Abb. 8.13 OP-Ausgangsbeschaltung mit LEDs zur Signalzustandsanzeige

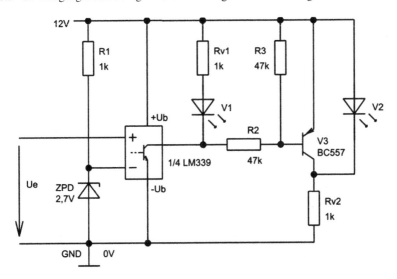

Abb. 8.14 Komparator-Ausgangsbelegung mit LEDs zur Signalzustandsanzeige

Einfacher, aber nicht so bekannt, ist bei gleicher Funktion die Schaltung nach Abb. 8.15. Bei durchgeschaltetem Open-Collector-Transistor leuchtet V_1. Unter der Bedingung, dass die Summe der Spannungen von V_1 und dem durchgeschalteten Open-Collector-Transistor kleiner ist als die benötigte Spannung zur LED-Initialisierung von V_2 und V_3, leuchtet V_2 nicht. Da die Kollektor-Emitterspannung etwa 0 V, die Schwellspannung von V_3 aber höher ist, kann V_2 nicht leuchten. Sperrt der Open-Collector-Transistor, so wird V_2 über R_C und V_3 initialisiert.

Abb. 8.15 Komparator-Ausgangsbelegung mit LEDs zur
Signalzustandsanzeige

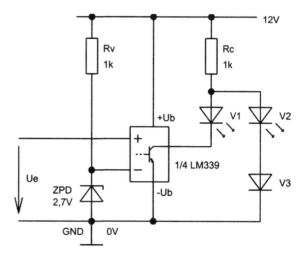

8.6   Komparatoren als analoge Verstärker

8.6.1   Der nichtinvertierende Verstärker

Prinzipiell ist jede Komparatorschaltung mit Komparatoren oder Operationsverstärkern zu realisieren. Anders sieht es mit analogen Verstärkerschaltungen aus. So besitzen zwar die klassischen Komparatoren und OPs jeweils den Differenzverstärkereingang, beide Bausteine können in den meisten Fällen uni- oder bipolar versorgt werden und die Leerlaufverstärkung beider Bausteine ist ähnlich hoch, doch die Ausgangsbeschaltung ist verschieden. Typisch für klassische Komparatoren ist der Open-Collector-Ausgang, bei OPs sind es die Gegentaktstufen. Hinzu kommt der Frequenzgang, nicht nur hinsichtlich des Amplitudengangs, sondern insbesondere wegen des Phasengangs. In Operationsverstärkern ist der Phasengang in den meisten Fällen frequenzkompensiert und somit sind eindeutige Mit- und Gegenkopplungsschaltungen möglich. Hingegen ist der Phasengang eines Komparators nicht für eine analoge Verstärkung konzipiert. Eine klassische Gegenkopplungsschaltung vom Ausgang auf den Eingang kann über die zusätzliche Phasendrehung des LM339 zur Mitkopplung werden. Die Gegenkopplungsschaltung schwingt. Die Stabilitätskriterien sind in Abschn. 7.3 ausführlich beschrieben. Für einen nichtinvertierenden Verstärker wählen wir zunächst die einfache Schaltung des Impedanzwandlers aus. Seine Funktionsweise ist in Abschn. 2.7 dargestellt. Durch die Gegenkopplung vom Ausgang direkt auf den −Input des Bausteins stellt sich die Ausgangsspannung immer auf die Höhe der Eingangsspannung ein. Nach Abb. 8.16 ergeben sich für den Operationsverstärker und den Komparator die dargestellten Grundschaltungen. Durch den Open-Collector-Ausgang erhält der Komparator noch den Pull-up-Widerstand R_C. Ansonsten verhalten sich rein theoretisch die beiden Schaltungen gleichwertig.

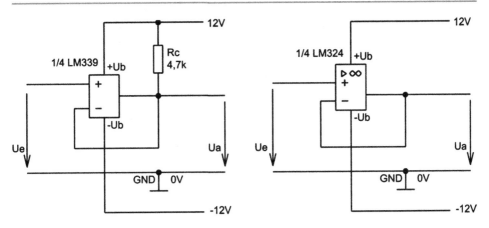

Abb. 8.16 Grundschaltung des Impedanzwandlers mit Komparator und OP

Für $U_e = 0$ V, d. h. bei kurzgeschlossenem Eingang gegen Masse, müssten in beiden Schaltungen die Ausgangsspannungen U_a ebenfalls 0 V sein. Leider zeigt sich hier bei dem Komparator LM339 ein Schwingungsverhalten nach Abb. 8.17 in einer Amplitudenhöhe von etwa 11 V bei einer Frequenz um 1,4 MHz. Amplitudenhöhe und Frequenz sind dabei relativ unabhängig von der Versorgungsspannung, sofern diese nicht die Amplitudengröße der Schwingungsfrequenz unterschreitet. Abb. 8.17 zeigt die Ausgangsspannung des Impedanzwandlers mit dem LM339 nach der Schaltung in Abb. 8.16 für $U_e = 0$ V.

Das Schwingungsverhalten vom LM339 kann man sich vereinfacht in folgender Weise vorstellen: Bei positiver Ausgangsspannung U_a ist der −Input gegenüber dem +Input von 0 V positiver. Der Open-Collector-Ausgang schaltet über seine entsprechenden Laufzeit-

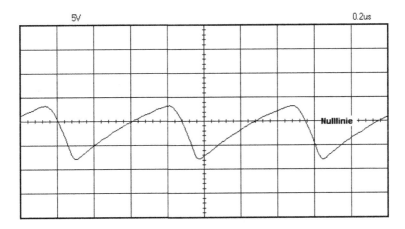

Abb. 8.17 Ausgangsspannung des Impedanzwandlers LM339 nach Abb. 8.16 für $U_e = 0$ V. Für $U_e = 0$ V ist der +Input mit Masse verbunden

konstanten verzögert durch und „bewegt" sich zur negativen Aussteuergrenze von −12 V. Beim Durchschreiten der Ausgangsspannung von 0 V wird der Ausgang über die internen Laufzeitkonstanten des LM339 wieder verzögert in die positive Aussteuergrenze gesteuert. Dieser Vorgang wiederholt sich ständig. Abhilfe schafft hier ein Kondensator am Ausgang gegen Masse von beispielsweise 0,22 µF bei einem Pull-up-Widerstand R_C von 4,7 kΩ. Es wird hiermit ein schnelles Schalten am Ausgang auf Kosten des Frequenzgangs verhindert. In einigen Applikationen der Hersteller spricht man hier von einem Low-Frequency-Amplifier. Er ist geeignet als präziser Analog-Messverstärker, allerdings nur für Eingangsgrößen von sehr niedriger Frequenz.

Für den klassischen nichtinvertierenden Verstärker ergeben sich die Schaltungen nach Abb. 8.18 für den Komparator LM339 und für den Operationsverstärker LM324. Über das Gegenkopplungsnetzwerk R_1, R_2 wird die Eingangsdifferenzspannung praktisch zu 0 V. Die Verstärkung errechnet sich zu $U_a / U_e = (R_1 + R_2) / R_1 = 11$. Die Funktionsweise zum nichtinvertierenden Verstärker ist in Abschn. 2.7 ausführlich beschrieben. Für den Komparator LM339 könnte Ähnliches gelten. Bei positiver Eingangsspannung U_e würde der Open-Collector-Ausgang sperren. Die Ausgangsspannung U_a wird soweit positiv, bis am −Input über R_1, R_2 die Eingangsdifferenzspannung zu Null werden würde. Die Verstärkung wäre ebenfalls 11. Soweit der folgerichtige Gedankengang zur Schaltung mit dem Komparator. Leider funktioniert die Praxis wieder anders. Der Komparator als analoger nichtinvertierender Verstärker schwingt aufgrund seines Phasengangs fortdauernd. Es kommt bei der Rückkopplung der Ausgangsspannung U_a über R_1 und R_2 auf den Eingang durch die stärkere interne Phasendrehung und den Signallaufzeiten des Komparators zur Mitkopplung anstatt zur Gegenkopplung. Die Komparatorschaltung schwingt. Stabilitäts-

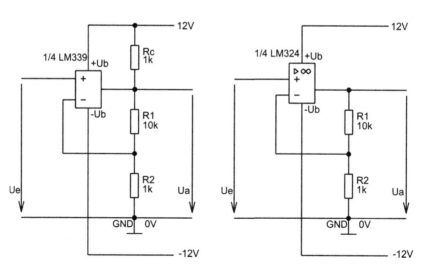

Abb. 8.18 Nichtinvertierender Verstärker mit dem LM339 als Low-Frequency-Amplifier und dem Operationsverstärker LM324

kriterien hinsichtlich der Stabilität von rückgekoppelten Verstärkern sind in Abschn. 7.3 ausführlich dargestellt.

Nun kann man den Frequenzgang durch das Rückkopplungsnetzwerk R_1 und R_2 schaltungstechnisch wieder so beeinflussen, dass ein Schwingen unmöglich gemacht wird. C_1 und C_2 verhindern mit R_1 und R_2 durch ihre Zeitkonstanten jegliches Schwingen der Schaltung. Es liegt ein Präzisionsverstärker mit der Verstärkung 11 vor (s. Abb. 8.19).

Abb. 8.20 zeigt das Messprotokoll zur Schaltung. Für U_a / U_e liegt absolute Linearität vor.

Abb. 8.21 zeigt den übersteuerten Verstärker. U_e beträgt $\pm 1,5$ V. Die Ausgangsspannung kann für den positiven Bereich maximal $+U_b / (R_C + R_1 + R_2) \times (R_1 + R_2) = 6,3$ V werden. Für die negative Aussteuergrenze ist der Open-Collector-Transistor durchgeschaltet. U_a beträgt -12 V für die untere Aussteuergrenze. Die positive Aussteuergrenze kann erhöht werden, indem man $R_C \ll R_1$ wählt.

Keineswegs ist dieser Analogverstärker für hohe Frequenzen geeignet. Das Rückführungsnetzwerk R_1, R_2, C_1, C_2 weist zu hohe Zeitkonstanten auf. In den Firmen-Applikationen wird er als Low-Frequency-Amplifier beschrieben. Er kann lediglich als Messverstärker für sich langsam ändernde Eingangsgrößen dienen. Für Temperatursensoren würde dies unerheblich sein. Abb. 8.22 zeigt deutlich, dass schon bei einer Eingangsspannungsänderung von 1 V / 1 ms die Ausgangsspannung nicht mehr proportional folgen kann. Der Komparator ist als Messverstärker nur für sich langsam ändernde Eingangsgrößen funktionstüchtig.

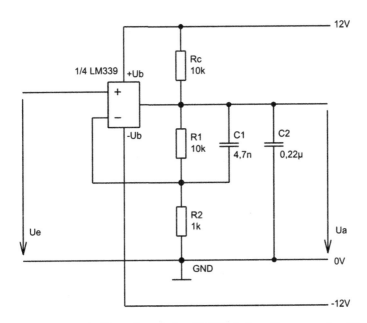

Abb. 8.19 Nichtinvertierender Verstärker mit dem LM339 als Low-Frequency-Amplifier. Durch C_1 und C_2 wird die Schwingneigung verhindert

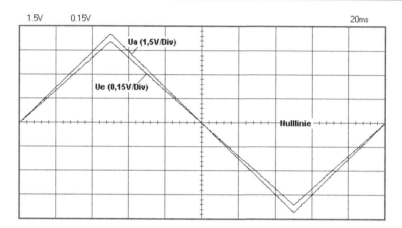

Abb. 8.20 Nichtinvertierender Analogverstärker mit dem Komparator LM339 nach Schaltung Abb. 8.19. Das Verhältnis U_a/U_e ist absolut proportional. Es errechnet sich nach Abb. 8.19 die Verstärkung zu $(R_1 + R_2)/R_2 = 11$. U_e: 0,15 V / Div, U_a: 1,5 V / Div, Zeitbasis: 20 ms / Div

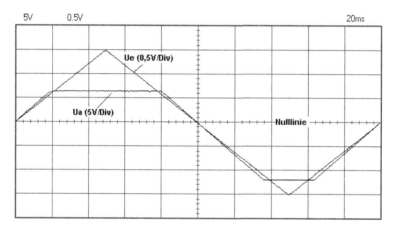

Abb. 8.21 Nichtinvertierender Analogverstärker mit dem Komparator LM339 im Übersteuerungsbereich. Das Verhältnis U_a/U_e ist absolut proportional bis zur Aussteuergrenze von U_a. Die errechneten Aussteuergrenzen für U_a sind 6,3 und -12 V. U_e: 0,5 V / Div, U_a: 5 V / Div, Zeitbasis: 20 ms / Div

8.6.2 Der invertierende Analogverstärker

Die Grundschaltung des invertierenden Verstärkers für den Komparator LM339 und den OP LM324 zeigt Abb. 8.23. Der Pull-up-Widerstand ist wegen der Open-Collector-Schaltung erforderlich. Auch hier würde die Schaltung mit dem LM339 aufgrund des Frequenzgangs, insbesondere des Phasengangs, wieder schwingen.

Ein Rückführungsnetzwerk mit zwei zusätzlichen Kondensatoren C_1 und C_2 nach Abb. 8.24a stabilisiert den Verstärker auf Kosten des Frequenzgangs. Es liegt wieder

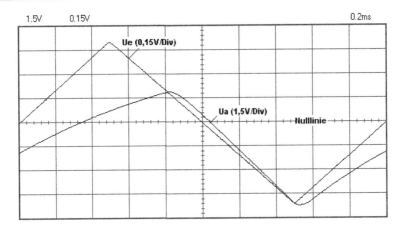

Abb. 8.22 Ausgangsspannungsverhalten des LM339 als nichtinvertierender Verstärker bei einer Eingangsspannungsänderung von 1 V / 1 ms. Für höhere Eingangsspannungsänderungen ist keine Proportionalität U_a / U_e gewährleistet. U_e: 0,15 V / Div, U_a: 1,5 V / Div, Zeitbasis: 0,2 ms / Div

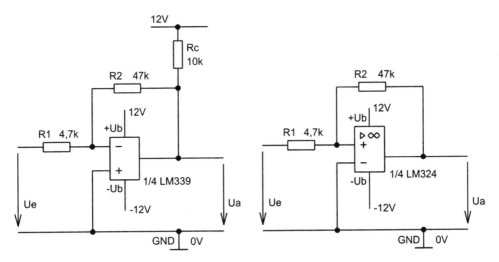

Abb. 8.23 Grundschaltung eines invertierenden Analogverstärkers mit dem Komparator LM339 und dem OP LM324

ein Low-Frequency-Amplifier vor, der sich lediglich für langsam ändernde Eingangsgrößen eignet. Die Verstärkung U_a / U_e errechnet sich zu $-R_2 / R_1$ und verhält sich damit wie eine entsprechende OP-Schaltung. In Abschn. 2.1 ist der invertierende Verstärker in seiner Funktionsweise ausführlich beschrieben und ist prinzipiell auf den Komparator-Baustein anwendbar. Für die obere Aussteuergrenze sperrt der Open-Collector-Transistor des LM339 und über den Gegenkopplungszweig ist die Spannung am −Input 0 V. Die obere Aussteuergrenze errechnet sich somit zu $+U_b / (R_C + R_2) \times R_2 = 9{,}9$ V.

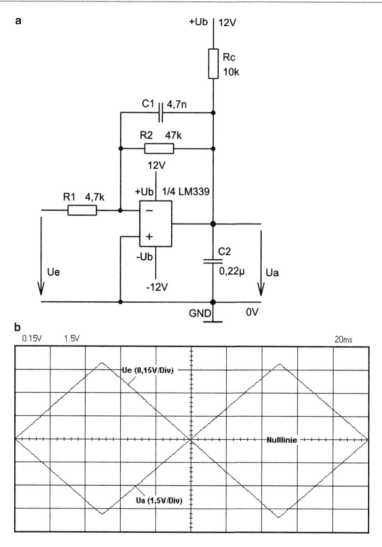

Abb. 8.24 a Invertierender Analogverstärker mit dem Komparator LM339, **b** Messprotokoll zur Schaltung. Das Verhältnis $-U_a/U_e$ ist absolut proportional. Es errechnet sich nach der Schaltung zu $-R_2/R_1 = -10$. U_e: 0,15 V / Div, U_a: 1,5 V / Div, Zeitbasis: 20 ms / Div

Die untere Aussteuergrenze für den Verstärker beträgt -12 V unter Vernachlässigung der Kollektor-Emitter-Spannung des Open-Collector-Transistors.

Das Messprotokoll in Abb. 8.25 zeigt das sich ergebende Übersteuerungsverhalten. Für eine höhere positive Aussteuergrenze muss R_C im Wert kleiner gewählt werden. Für die Schaltung nach Abb. 8.24a errechnet sich der maximale Open-Collector-Strom des LM339 zu $[+U_b - (-U_b)]/R_C = 24\,V/10\,k\Omega = 2,4$ mA. Zulässig sind etwa 15 mA.

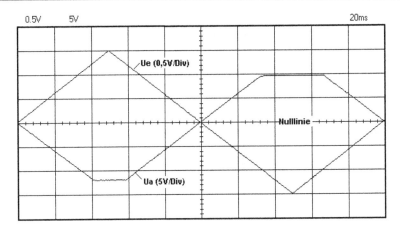

Abb. 8.25 Messprotokoll zum übersteuerten Verstärker nach Abb. 8.24a. Messbereiche: U_e: 0,5 V / Div, U_a: 5 V / Div, Zeitbasis: 20 ms / Div

8.7   Grundsätzliches zur Austauschbarkeit von OPs und Komparatoren

Operationsverstärker und Komparatoren sind in Komparatorschaltungen von der Funktionsweise mit leichten Schaltungsänderungen gleichwertig. Die in den meisten Fällen vorhandene Gegentaktstufe bei OPs macht ihm am Ausgang zu einer aktiven Versorgungsquelle. Dies gilt sowohl für die positive als auch für die negative Versorgungsspannung. Dagegen wird bei Komparatoren mit Open-Collector-Ausgang über einen Pull-up-Widerstand der Ausgang erst spannungsaktiv. Während der OP für die Analogverstärkung geradezu prädestiniert ist, kann ein Komparator diese Funktion aufgrund seines Phasengangs kaum erfüllen. Nur durch Bedämpfung des Gegenkopplungszweiges mit Kondensatoren kann auch der Komparator als präziser Messverstärker im äußerst niedrigen Frequenzbereich arbeiten. Es soll hier schon im Hinblick auf das nächste Kapitel zur PC-Netzwerk-Simulation darauf hingewiesen werden, dass gerade der LM339 in seinem PSPICE-Rechenalgorithmus im Phasengang Schwächen aufzeigt. So schwingt in der Praxis der LM339 als analoger Verstärker, wenn im Gegenkopplungszweig nicht eine zusätzliche Bedämpfung mit Kondensatoren vorgesehen ist. In allen Spice-Programmen weist er dieses Verhalten nicht auf und zeigt schwingfreies Verhalten. Trotz allem ist ein Netzwerksimulationsprogramm mit der Realität in den meisten Fällen sehr „treffsicher" und ermöglicht gute Einsichten in die Funktionsweise von Schaltungen. Hier soll ein Beispiel einer Komparatorschaltung mit dem LM339 die Gleichwertigkeit von Simulation und Messpraxis verdeutlichen.

Der LM339 kann als Analogverstärker im Gegenkopplungszweig nur mit der Bedämpfung von Kondensatoren stabil arbeiten. Dabei sind die Kondensatorgrößen auf die Widerstandsgrößen zu optimieren. Ein Oszilloskop ist für diesen Fall unumgänglich, damit Schwingneigungen erkannt und verhindert werden können.

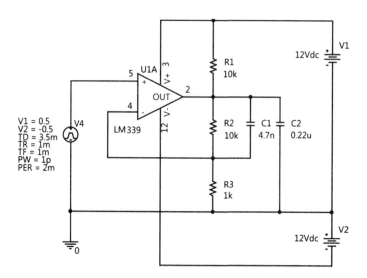

PSPICE-Monitordarstellung: nichtinvertierender Analogverstärker. Die Schaltung ist mit Abb. 8.19 identisch

Abb. 8.26 und 8.27 zeigen die Gleichwertigkeiten von Simulation und realer Messung.

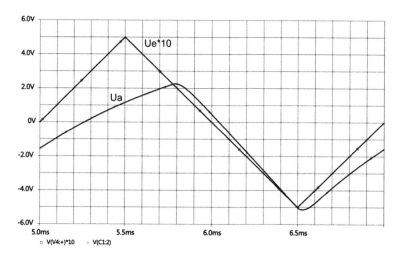

Abb. 8.26 PSPICE-Diagramm zum Verstärker. Die Spannungsänderungsgeschwindigkeit beträgt 1 V / 1 ms. Das Diagramm für U_e ist zur besseren Darstellung 10fach vergrößert worden

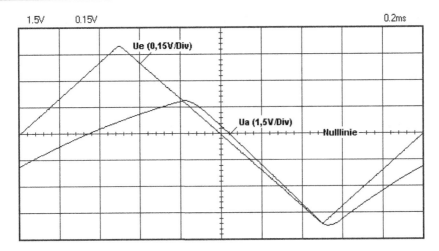

Abb. 8.27 Messprotokoll zur realen Schaltung nach Abb. 8.19

8.8 Übung und Vertiefung zum Komparator LM339

Die folgenden Aufgaben zeigen Schaltungen mit dem Komparator LM339. Mit wenigen Änderungen können diese Schaltungen auch mit Operationsverstärkern funktionsgleich erstellt werden.

Aufgabenstellung 8.8.1

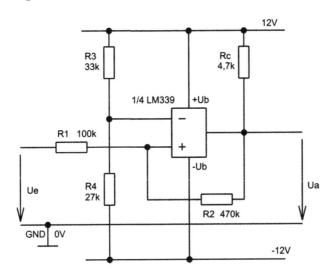

Nichtinvertierender Komparator mit Hysterese

Die Schaltung in der Abbildung zeigt einen nichtinvertierenden Komparator mit Hysterese.

a) Berechnen Sie die Umschaltpunkte von U_e!

Hinweis: Die Ausgangsspannung U_a kann idealisiert mit ± 12 V angenommen werden, da $R_C \ll R_2$ gewählt wurde.

b) Der Komparator soll bei gleicher Funktion durch einen Operationsverstärker ersetzt werden. Welche Änderungen müssten für die Schaltung durchgeführt werden?

Aufgabenstellung 8.8.2

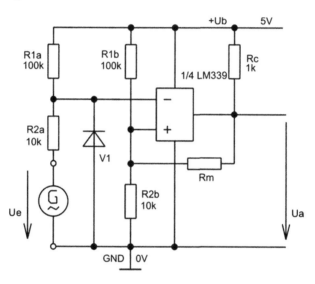

Zero-Cross-Detector – Nullspannungsdetektor. Über R_m kann die Größe der Schalthysterese verändert werden. Die Diode V_1 schützt den –Input vor zu hoher negativer Eingangsspannung U_e

Die Schaltung in der Abbildung zeigt einen invertierenden Komparator als Nulldetektor mit unipolarer Spannungsversorgung von 5 V. Zunächst soll der Mitkopplungswiderstand $R_m = \infty$ angenommen werden. Über R_{1b} und R_{2b} liegt am +Input eine definierte Kippspannungsreferenz.

Für die Eingangsspannung $U_e = 0$ V würde über R_{1a} und R_{2a} die gleiche Spannung auch am –Input liegen. Für $U_e > 0$ V ist die Spannung am –Input größer als am +Input. Die Ausgangsspannung U_a kippt auf 0 V. Für $U_e < 0$ V kippt U_a nach 5 V.

a) R_m hat einen Wert von $10\,\text{k}\Omega$.

Berechnen Sie die Umschaltpunkte für U_e! Berücksichtigen Sie den Wert von R_C!

b) R_m hat einen Wert von $1\,\text{M}\Omega$.

Berechnen Sie die Umschaltpunkte für U_e und begründen Sie, weshalb R_C für die Rechnung nicht berücksichtigt werden muss!

Aufgabenstellung 8.8.3

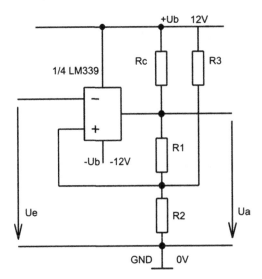

Invertierender Komparator mit Hysterese

In der Abbildung wird ein invertierender Komparator mit Hysterese dargestellt. Der Widerstand R_C soll gegenüber R_1 so groß gewählt werden, dass die Ausgangsspannung U_a mit $\pm 12\,$V angenommen werden kann.

a) Wie groß errechnet sich R_C für einen Open-Collector-Strom im LM339 von 2,4 mA?

b) Die Umschaltpunkte für U_a sollen bei einer Eingangsspannung U_e von -2 und $+4\,$V liegen. Berechnen Sie R_1, R_2 und R_3!
Wählen Sie R_1 so hochohmig gegenüber R_C aus Aufgabenstellung a), dass U_a mit ideal $\pm 12\,$V hinreichend genau angenommen werden kann.

Aufgabenstellung 8.8.4

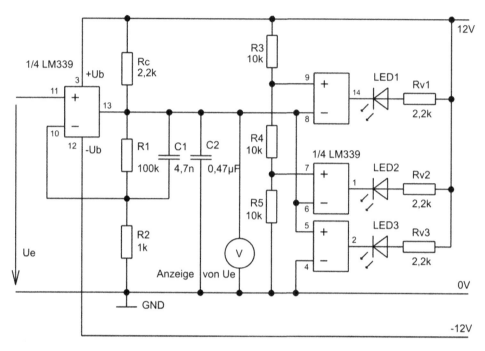

Analoger Messverstärker mit Spannungsmesser und Komparatoren mit LED-Zustandsanzeige

Die Schaltung in der Abbildung zeigt einen analogen Sensor-Messverstärker mit einer LED-Anzeige. Durch die Kondensatoren C_1 und C_2 wird die Schwingungsneigung des umfunktionierten Komparators als Analogverstärker verhindert.

a) Ein Spannungsmesser zeigt den augenblicklichen Wert von 3 V an.
    Wie groß ist für diesen Fall die Eingangsspannung U_e?
b) Welche Spannungsbereiche für U_e werden durch die drei LEDs angezeigt?
c) Welche LED-Ströme sind bei einer angenommenen LED-Spannung von etwa 2 V zu erwarten?
d) Skizzieren Sie die Schaltung in der Abbildung mit OPs bei gleicher Funktion!

Schaltungssimulation mit dem PC

9

9.1 Die Vorteile in der Anwendung von Simulationsprogrammen

Mit der allgegenwärtigen Verfügbarkeit von leistungsfähigen Computern, ist die Verwendung von Netzwerkanalyseprogrammen für Lernende geradezu ein Muss geworden. Erst das eigene Experimentieren mit elektronischen Schaltungen auf dem PC bringt unschätzbare Einsichten in die Schaltungsfunktion. Nur hier gelingt es, zeitökonomisch Bauteile zu verändern, hinzuzufügen und die Funktionsanalyse direkt bereitzustellen. Erst wenn die Funktionsanalyse die eigenen Vorstellungen bestätigt oder es möglich ist, die Funktionsänderungen so zu interpretieren, dass sie mit den eigenen Theorievorstellungen in Einklang zu bringen sind, nur dann befähigt man sich zu sachlogische Einsichten in die Funktionszusammenhänge von elektronischen Schaltungen. Der Hauptvorteil von diesen Programmen ist der, dass sich ein elektrischer Schaltkreis in seinem Verhalten simulieren lässt, bevor man ihn tatsächlich in der Praxis aufbaut. Das erlaubt Entscheidungen darüber, ob in einer Schaltung Änderungen hinsichtlich Bauteil- und Funktionstoleranzen sinnvoll sind. So könnten beispielsweise preiswertere Operationsverstärker bei gleicher oder ähnlicher Funktiontüchtigkeit eingesetzt werden. Das alles, ohne je ein Bauteil zunächst gekauft oder angefasst zu haben. Erst wenn die Schaltung hinsichtlich Bauteile- und Funktionstoleranz ausreichend verifiziert ist, wird es sinnvoll, die elektrische Schaltung praktisch aufzubauen und messtechnisch zu überprüfen.

9.2 Der preiswerte Zugang zu Simulationsprogrammen

Auf dem Markt gibt es eine große Anzahl leistungsfähiger Simulationsprogramme. Das bekannteste und wohl auch teuerste und professionellste Programm ist PSPICE. Ein Zugang zu dieser Version ist den meisten Lernenden kaum zugänglich. Jedoch besteht eine frei zugängliche kostenlose Testversion, die allerdings in der Knotenzahl so begrenzt ist, dass sich etwa 10 Transistoren oder nur zwei Operationsverstärker in die Schaltung ein-

© Springer Fachmedien Wiesbaden GmbH 2017
J. Federau, *Operationsverstärker*, DOI 10.1007/978-3-658-16373-0_9

setzen lassen. Die Testversion von PSPICE erhalten Sie kostenlos im Internet. Geben Sie unter einer Suchmaschine wie Google doch einfach PSPICE, PSpice-Demo, PSPICE Download o. ä. ein. Es werden geeignete Links aufgeführt. Bekannt ist ebenfalls das ehemalige Analyseprogramm von Electronics Workbench, das jetzt unter den Namen NI-Multisim vertrieben wird. Es verwendet die gleichen Rechenalgorithmen wie PSPICE und ist auch als zeitbegrenzte kostenlose Version downloadbar. Schauen Sie unter www.ni.com/multisim nach. Ähnlichen Erfolg mit vielen Links erhalten Sie auch unter den bekannten Suchmaschinen bei der Eingabe von NI-Multisim.

Meine Empfehlung für dieses Buch favorisiert eindeutig die Simulationssoftware von Linear Technology. Sie ist kostenlos aus dem Internet unter der Adresse www.linear.com zu beziehen. Das Programm nennt sich LTspiceIV vormals SWCADIII, beruht ebenfalls auf den gleichen Rechenalgorithmen von PSPICE, hat keine Knotenzahlbegrenzung und bietet die Möglichkeit, Bauteile von PSPICE zu integrieren. Der große Vorteil dieses Programms liegt in der großen kompletten Auswahl aller Operationsverstärker von Linear Technology, einer großen weiteren Auswahl von ICs und den sinnvoll ausgewählten Beispieldateien. Eine Bedienungsanweisung mit umfangreichen Help-Funktionen ist ebenfalls vorhanden. Der Nachteil mag sein, dass alle Anweisungen natürlich nur in Englisch vorhanden sind. Dies gilt auch für PSPICE. Das Programm ist allerdings gegenüber PSPICE so bedienerfreundlich, dass intuitive Bedienung, gemischt mit geringsten Englischkenntnissen, schon zu schnellen Erfolgen führt.

9.3 Kurzbeschreibung zum Programm LTspiceIV/SWCADIII

9.3.1 Installation

Unter der Internetadresse www.linear.com ist das Programm LTspiceIV downloadbar. Es ist mit der vorhergehenden Version SWCADIII identisch. Die Exe-Datei wird ausgeführt und das Programm installiert sich. Danach kann es gestartet werden.

9.3.2 Kurzanleitung zum Programm

LTspiceIV bzw. SWCADIII starten. Es meldet sich das Programm. Zum Erstellen eines neuen Schaltplans wird unter der Menüleiste *File* der Button *NewSchematics* angeklickt.

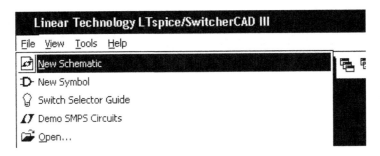

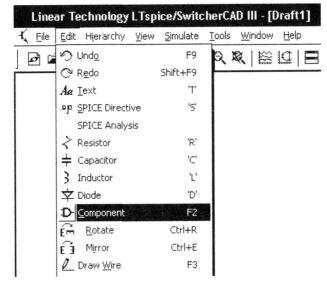

Neuer Schaltplan wird erstellt

In der Menüleiste wird unter *Edit/Component* das Bauteilemenü geöffnet. Es meldet sich das Componentenmenü. Im Beispiel wird die Opamps-Bibliothek geöffnet. Es zeigen sich alle OPs von LinearTechnology. Der Operationsverstärker *LT1022A* wird wie in der Abbildung angeklickt. Mit *OK* bestätigen.

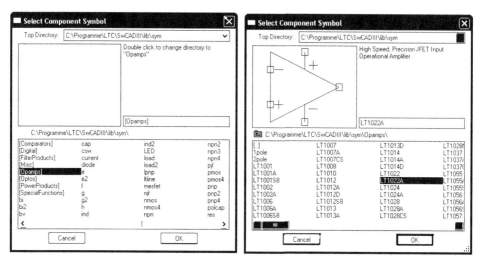

Das Bauteilemenü wird aufgerufen. Es meldet sich das Komponentenmenü

Der Operationsverstärker erscheint im Schaltplan-Editor.

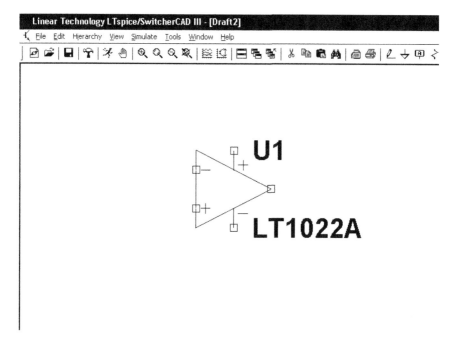

Der Operationsverstärker ist in den Schaltplan eingefügt worden

Über das Komponentenmenü werden alle weiteren Bauteile in den Schaltplan-Editor eingefügt. Über die Handzeichen in der Menüleiste können die Bauteile verschoben werden. Weitere Buttons für Verbindungsleitungen, Massezeichen etc. sind direkt aus der oberen Menüleiste zu aktivieren. Natürlich können auch Teilausschnitte der Schaltung angeschaut, kopiert, gedreht, gespiegelt oder verschoben werden.

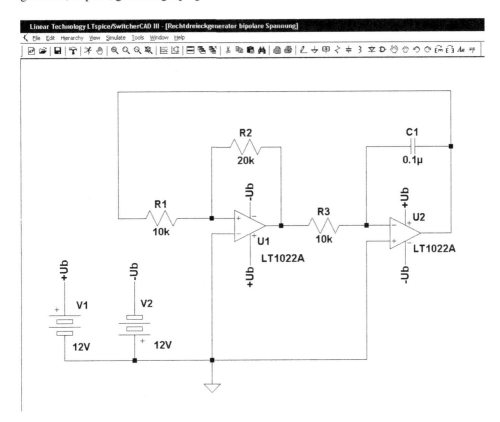

Nach Fertigstellung zeigt sich die gesamte Schaltung auf dem Monitor

Achten Sie darauf, dass auf alle Fälle ein Massebezugspunkt gesetzt werden muss. Über Labelsetzung kann vielfach auf eine unübersichtliche Leitungsführung verzichtet werden. Die obere Abbildung zeigt die Labels für die Spannungsversorgung mit $+U_b$ und $-U_b$. An den Operationsverstärkern werden diese Labels zur Spannungsversorgung benutzt. Man spart die Leitungsführung.

Nach Fertigstellung wird die Schaltung mit einem entsprechenden Namen als Datei abgespeichert.

Danach soll die Schaltung in ihrem Zeitverhalten analysiert werden.

Dazu werden in der Menüleiste mit der Maus *Simulate* und dann *Edit Simulation Cmd* angeklickt.

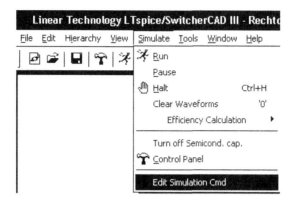

Aufruf des Simulationsprogramms

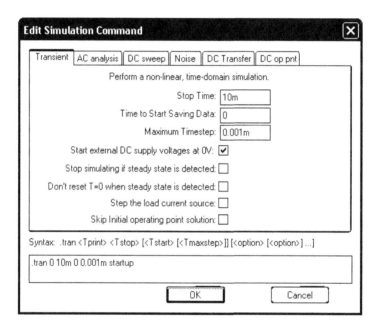

Der Simulationseditor meldet sich

Es meldet sich das Menü *Edit Simulation Command.*

Für die Zeitanalyse wählen wir den Ordner *Transient* und geben die Zeit, bis zu der simuliert werden soll, mit beispielsweise 10 ms ein. Die Analyse soll mit 0 ms beginnen. Der maximale Analyseschritt wird beispielsweise mit 0,001 ms eingegeben.

Danach *OK* anklicken.

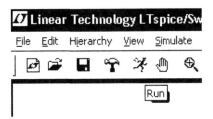

Die Programmsimulation wird mit Run gestartet

Es meldet sich das Hauptmenü. Das kleine Männchen steht für das Starten der Analyse. Bei fehlerfreier Schaltung zeigen sich alle Analysewerte. Mit *OK* bestätigen. Alle zu messenden Spannungswerte können in der Schaltung direkt gemessen werden, indem man den Mauszeiger auf eine Leitung führt. Der Mauszeiger ändert sich zu einem Messfühler. Dann die Maus anklicken. Der Spannungsverlauf wird im Diagramm dargestellt. Die Spannungen beziehen sich immer auf den Massebezugspunkt. Es können auch Spannungen zwischen zwei Punkten angezeigt werden, indem man die Differenz zweier Potenzialpunkte bildet. Führt man den Mauszeiger auf ein Bauteil, so ändert sich der Zeiger in eine Stromzange um. Dann wiederum die Maus anklicken. Das Stromdiagramm wird dargestellt. In der Zeitanalyse sind Zeitausschnitte über die Zoomlupe möglich. Weiterhin kann für die Zeitanalyse ein bestimmter Zeitrahmen gewählt werden. So ist das Aufzeichnen des Einschwingvorgangs, aber auch der stationäre Zustand der Schaltung gut darstellbar. Alle Schaltungen, Spannungs- und Stromdiagramme, Hintergründe, Schriftgrößen usw. sind in der Farbdarstellung frei wählbar. Spannungsgrößen können mit Stromgrößen multipliziert werden, sodass der Leistungsverlauf ersichtlich wird. Andere arithmetische Verknüpfungen von Strömen und Spannungen sind ebenso möglich.

Abb. 9.1 zeigt die Monitordarstellung der Schaltung mit entsprechend gewählten Spannungsdiagrammen. Mehrere Diagramme können gleichzeitig unter- und nebeneinander dargestellt werden.

Das obere Diagramm zeigt die Verläufe der Ausgangsspannung der beiden Operationsverstärker. Die Rechteckspannung ist die von Operationsverstärker U_1. Deutlich sind die Aussteuergrenzen von etwa $\pm 10\,V$ des OPs zu erkennen. Damit differieren die Aussteuergrenzen um jeweils 2 V von den idealen Aussteuergrenzen. Der Vorteil der Simulation liegt im Echtzeitverhalten der Bauteile. Schon hier zeigt sich die Abweichung der realen Aussteuergrenze zur idealen. Doch steht hier das Zeitverhalten noch im Einklang mit der Theorie und mit den Berechnungsgrundlagen. Erst wenn die Bauteile so gewählt werden, dass die Schaltfrequenz sehr hoch ist und somit hier die noch nicht sichtbare Slewrate der OPs eine Rolle spielt, zeigt sich der wahre Vorteil der PC-Simulation. Wir wählen die Schaltfrequenz so hoch, dass die Funktion aufgrund der Slewrate schon sichtbar beeinträchtigt ist. Um die Schaltfrequenz höher zu wählen, wird der Kondensator C_1 auf den Wert von 0,001 µF geändert. Es zeigt sich das folgende Simulationsergebnis in Abb. 9.2.

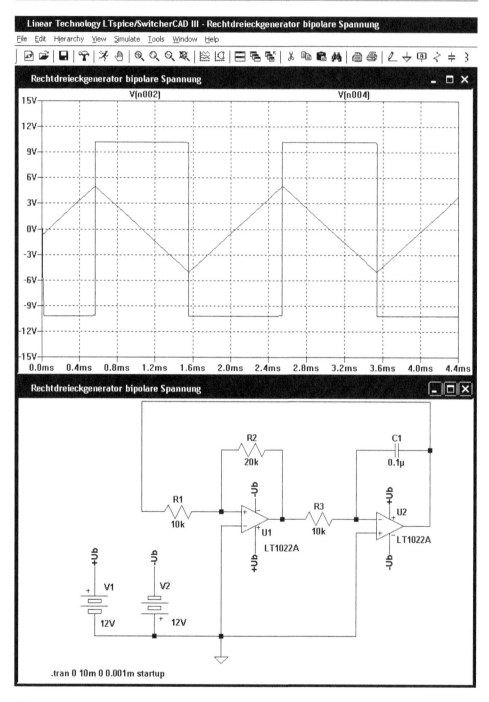

Abb. 9.1 Monitordarstellungen der Spannungsverläufe und der Simulationsschaltung

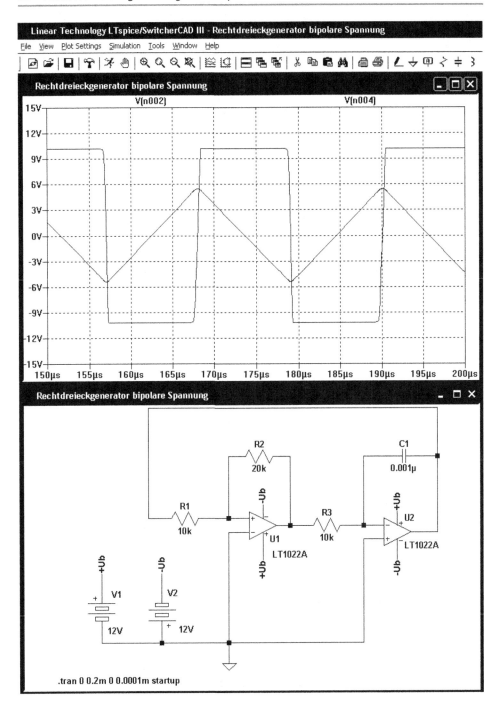

Abb. 9.2 Monitordarstellungen der Spannungsverläufe und der Simulationsschaltung

Die Rechteckspannung am Ausgang von Operationsverstärker U_1 weicht vom Ideal schon erheblich ab. Die Dreieckspannung ist in den Spitzen verrundet, da der Kondensatorstrom der Quotient von der Ausgangsspannung des Operationsverstärkers U_1 und R_3 ist. In den schräg verlaufenden An- und Abstiegsflanken ist der Kondensatorstrom eben nicht mehr konstant. In diesem Bereich erkennt man auch die Verrundungen. Die theoretischen Vertiefungen zu diesem Rechteck-Dreieck-Generator finden Sie im Abschn. 4.7.

9.4 Umfangreichere und komplexere Schaltungen in LTspice IV/SWCADIII

9.4.1 Die Frequenzauswerteschaltung aus Kap. 6

In Abb. 6.2b ist die Schaltung eines FSK-Empfängers abgebildet. Sie ist in LTspiceIV bzw. SWCADIII in Abb. 9.3 dargestellt. Es wird die Eingangsspannung mit wechselnder Frequenz und die Ausgangsspannung gezeigt. Das Ausgangssignal kippt, entsprechend der Eingangsfrequenz, auf das High- oder Low-Signal. Hier soll nur die Leistungsfähigkeit solcher Simulationsprogramme durch diese Schaltung dargestellt werden. So ist das Eingangssignal in seiner wechselnden Frequenz programmiert worden wie in Abb. 9.4 und 9.5 dargestellt.

In Abb. 9.4 werden zwei Sinusgeneratoren mit der Frequenz 1650 und 1850 Hz und einer Amplitude von 10 mV erstellt. Zwei Pulsquellen liefern das Signal 1 und 0 V jeweils zueinander um 5 ms versetzt. Diese vier Signalquellen mit den Anschlüssen a, b, c, und d werden mathematisch zu der Eingangsquelle $V_{in} = V(a) \times V(c) + V(b) \times V(d)$ verknüpft. Es entsteht ein Eingangsquellensignal von jeweils 5 ms zu 1650 Hz, danach ein Signal für 5 ms von 1850 Hz. Dieser Vorgang wiederholt sich laufend. In Abb. 9.3 ist der Unterschied der nahe beieinander liegenden Frequenzen kaum sichtbar. Das Bitmuster am Ausgang zeigt jedoch die Funktionstüchtigkeit der Auswerteschaltung an.

Die Programmierung der Pulsquellen gestaltet sich recht einfach. Sie ist in Abb. 9.5 dargestellt. So ist V_{intial} von Pulsquelle V_3 zunächst 0 V. Der Einschaltwert V_{on} ist 1 V. Die Verzögerungszeit T_{delay} ist auf 0 s gesetzt. Der Generator startet also unverzüglich. Die Anstiegsflanke T_{rise} und die Abfallrate T_{fall} sind jeweils auf eine Picosekunde gesetzt. Damit ist die Rechteckspannung sehr ideal. Die Periodendauer T_{period} beträgt 10 ms, wobei die Einschaltzeit T_{on} auf 5 ms gesetzt worden ist. Eigentlich müsste das Ausgangssignal für jeweils 5 ms ein High- und ein Low-Signal aufweisen. Die Analyse in Abb. 9.3 zeigt allerdings ungleiche Zeiten für High und Low an. Wären die Operationsverstärker tatsächlich ideal und ohne Offsetanteile, so wäre dies auch der Fall. Aber Offsetanteile bewirken in der Aufladung von C_6 in der Schaltung in Abb. 9.3 unterschiedliche positive und negative Spannungsanteile. Hinzu kommen die verschiedenen Spannungszeitflächen der beiden gleichgerichteten Frequenzen, die auf den Ladekondensator C_6 wirken. Die Kippung der Ausgangsspannung erfolgt damit zeitverzögert und unsymmetrisch zu den beiden Frequenzen am Eingang.

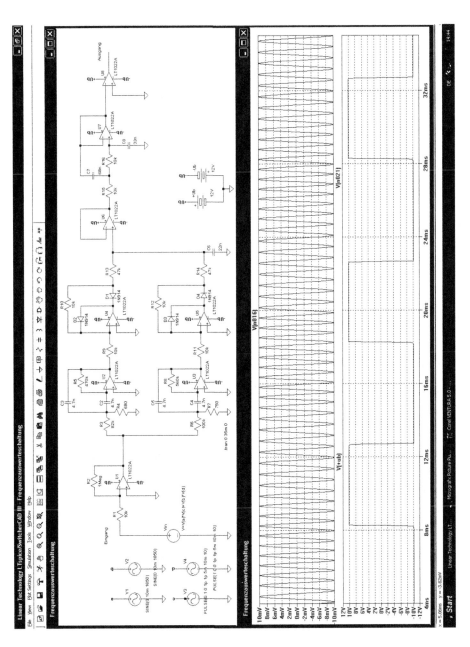

Abb. 9.3 Schaltung des FSK-Empfängers aus Kap. 6 mit Eingangs- und Ausgangssignal

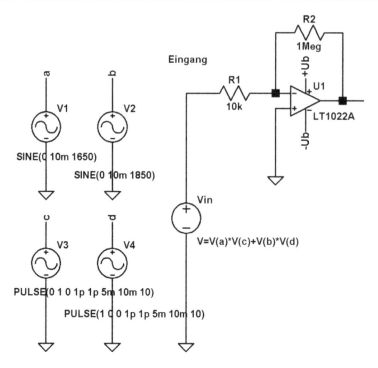

Abb. 9.4 Erstellung eines frequenzwechselnden Eingangssignals

Abb. 9.5 Erzeugung einer Pulsspannung von 0 und 1 V für je 5 ms

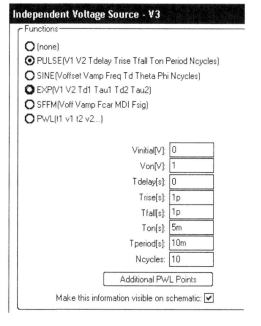

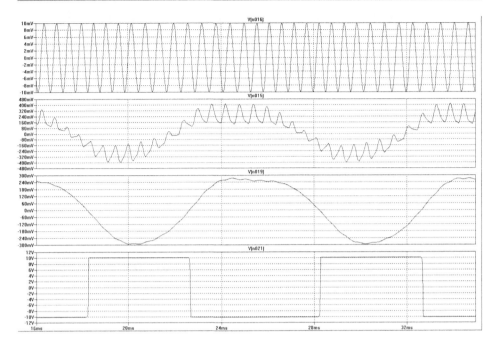

Abb. 9.6 Aussagekräftige Spannungssignale zum FSK-Empfänger von Abb. 9.3

Die Interpretation des zur Eingangsfrequenz unsymmetrisch liegenden Ausgangs-Bit-musters fällt tatsächlich über die Simulation leichter. In Abb. 9.6 wird oben nochmal die wechselnde Eingangsfrequenz aufgezeigt. Darunter befindet sich die Ladespannung am Kondensator C_6. Hinter dem Tiefpassfilter mit dem Operationsverstärker U_7 befindet sich die geglättete Spannung von C_6. Der als Komparator geschaltete Operationsverstärker U_8 kippt am Ausgang auf High oder Low, wenn die 0 V-Linie der Ausgangsspannung von U_7 durchschritten wird.

9.4.2 Grundsätzliches zur Programmierung

Die Einhaltung von Semantik- und Syntaxregeln trifft, wie in jeder Programmierspra-che, auch auf ein Netzwerkanalyseprogramm zu. So gilt generell für PSPICE und LT-spiceIV/SWCADIII für die Größe Milli das Zeichen M oder m und für Mega die Zei-chenkette MEG oder meg. Weiter gilt für die Simulationsprogramme die Setzung eines eindeutigen Massebezugs. Hauptgründe für Simulationsabbrüche und Fehlermeldungen ergeben sich dadurch, dass die passiven Elemente, wie Induktivitäten, Kondensatoren und die ungesteuerten Strom- und Spannungsquellen, idealen Charakter haben. So führt eine Gleichspannungsquelle an einer Induktivität einen unendlich großen Strom nach unend-licher Zeit. Der Rechenalgorithmus der Analyseprogramme zeigt immer dann Fehler an,

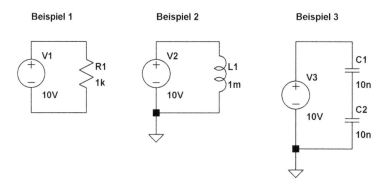

Abb. 9.7 Grundsätzliche Fehler bei der Netzwerkanalyse. Monitordarstellung von LTspiceIV/ SWCADIII

wenn Größen den Wert Unendlich oder Null annehmen können. Abb. 9.7 zeigt die grundsätzlichen Anfängerfehler bei der Netzwerkanalyse.

In der Schaltung von Beispiel 1 fehlt der Massebezugspunkt.

In Beispiel 2 liegt eine ideale Induktivität von 1 mH an einer Spannungsquelle von 10 V. Da der Innenwiderstand einer idealen Spannungsquelle 0 Ω und auch die Spule einen Wert von 0 Ω aufweist, ist die Spannungsquelle gegenüber dem Massebezugspunkt kurzgeschlossen. Es kommt zur Fehlermeldung.

Im dritten Beispiel liegen zwei Kondensatoren in Reihe. Da es sich wiederum um ideale Kondensatoren ohne Leckwiderstände handelt, liegt bei der Arbeitspunktanalyse der Knoten zwischen den beiden Kondensatoren auf einem undefinierten Potenzial. Auch hier kommt es zur Fehlermeldung. Abhilfe schafft die Parallelschaltung eines sehr hochohmigen Widerstandes zu einem Kondensator.

9.5 Empfehlung

Ich rate Ihnen zur Installation des Programms LTspiceIV vormals SWCADIII. Es ist wirklich ein Programm mit einfacher Bedienung bei guter Professionalität. Schauen Sie sich die Beispieldateien an. Aus Ihnen können Sie auch komplexere mathematische Verknüpfungen ersehen. Es sind auch die mathematischen Verknüpfungen von verschiedenen Signalen in den Beispieldateien vorhanden.

So kommen Sie schnell in die Arbeitsweise und Bedienung des Programms:

Rufen Sie eine Beispieldatei auf!

Verändern Sie Bauteilwerte!

Schauen Sie in das Simulationsmenü!

Verändern Sie die Analysewerte!

Erstellen Sie eine eigene Schaltung!

Sie werden großen Gefallen an diesem Simulationsprogramm finden!

Viel Erfolg!

Projektierung eines Lade-Schaltreglers für Li-Ion-Akkus

10

10.1 Einführung

Durch die hohe Energiedichte bei geringem Gewicht sind Li-Ion-Akkus heutzutage in weiten technischen Anwendungsbereichen vorzufinden. In Smartphones, Handys und in vielen Modellbaubereichen kommt es auf kompakte Abmessungen und geringes Gewicht an. All diese Akkus erfordern eine auf den Typ abgestimmte Ladetechnik, die bei der Projektierung berücksichtigt werden muss. Insbesondere muss die Ladeschlussspannung mit hoher Präzision eingehalten werden. So beträgt die Zellenspannung bei Lithium-Ionen-Akkus 3,6 V und bei Lithium-Polymer-Akkus 3,7 V, während die dazugehörigen Ladeschlussspannungen 4,1 und 4,2 V betragen. Sogar Spannungen bis 4,3 V sind laut Herstellerangaben schon möglich. Diese Spannungen dürfen keinesfalls überschritten werden. Für einen Universallader, der für die Ladung verschiedener Lithium-Typen verwendbar sein soll, wird hierfür die Ladeschlussspannung über einen Trimmer präzise angepasst. Des Weiteren muss die Ladestromhöhe bzw. Ladestrombegrenzung auf die verwendete Kapazität der Zelle einstellbar sein. Ebenfalls ist eine Temperaturüberwachung des Akkus zu empfehlen. Ab einer bestimmten Akkutemperatur wird zum Schutz des Akkus der Ladevorgang unterbrochen. 60 °C Akkutemperatur sollten beim Ladevorgang in keinem Fall überschritten werden.

Für den mobilen Einsatz soll der Laderegler mit einer Autobatterie versorgt werden können. Entsprechende Solarmodule oder sogar 24 V-Kfz-Batterien sollten den Laderegler bedienen können. Für Modellbauer wäre das breite Spektrum von mobilen Spannungsversorgungen und einem variablen Eingangsspannungsbereich sinnvoll. So kann, wenn gewollt, der Eingangsspannungsbereich für den Laderegler von 9 bis 30 V durchaus in die Projektierung berücksichtigt werden.

Für das Projekt soll ein PWM-Ladeschaltregler verwendet werden. Der Vorteil eines solchen pulsweitenmodulierten Ladereglers liegt in der geringen Verlustleistung des transistorisierten Leistungsschalters und einem hohen variablen Eingangsspannungsbereich. So würde beispielsweise bei einem konventionellen Laderegler mit einer Versorgungs-

© Springer Fachmedien Wiesbaden GmbH 2017
J. Federau, *Operationsverstärker*, DOI 10.1007/978-3-658-16373-0_10

spannung durch eine 13 V-Autobatterie und einer Li-Ion-Spannung von 4 V bei einem Ladestrom von 2 A eine Verlustleistung von $(13\,\text{V} - 4\,\text{V}) \times 2\,\text{A} = 18\,\text{W}$ auftreten.

Bei 24 V Eingangsspannung wären es sogar $(24\,\text{V} - 4\,\text{V}) \times 2\,\text{A} = 40\,\text{W}$.

Eine geradezu unmögliche Leistungsumsetzung in der Ladeeinheit. Deshalb wird hier der PWM-Schaltregler bevorzugt. Funktionstechnisch gesehen ist ein Li-Ion-Schaltladeregler von der Konzeption her nichts anderes als ein sekundär getaktetes Schaltnetzteil. Lesen Sie sich zur Vertiefung die in diesem Buch vorhandenen Abschn. 5.4 und 5.5 durch.

Weiter sind folgende Funktionsanzeigen über Leuchtdioden sinnvoll und vorgesehen:

- Betriebsspannungsanzeige für den Funktionsbereich.
- Anzeige für eine funktionierende PWM.
- Überhitzungsschutzanzeige mit Abschaltfunktion.
- Mehrere Leuchtdioden zur Anzeige der augenblicklichen Ladestromhöhe.

Für verschiedene Li-Ion-Typen hinsichtlich Spannung und Kapazität sind notwendig:

- Ein Potenziometer oder Trimmer zur präzisen Einstellung der Ladeschlussspannung.
- Ein Potenziometer zur Einstellung der Ladestrombegrenzung.

10.2   Die Ladetechnik eines Li-Ion-Akkus

Abb. 10.1 zeigt die Ladecharakteristik eines Li-Ion-Akkus. Das Laden eines solchen Akkus kann laut Ladekurve technisch denkbar einfach durchgeführt werden. Dazu wäre nur ein gut stabilisiertes Netzgerät mit präzise einstellbarer Ausgangsspannung und Strombegrenzung notwendig. Die einstellbare Leerlaufspannung wird exakt auf 4,1 bis 4,25 V je nach Datenblatt des Li-Ion-Akku-Herstellers eingestellt. Die Strombegrenzung soll dabei auf 0,5 bis 1 C limitiert werden. Die Abkürzung C ist dabei der auf die Kapazität der Batterie relative Ladestrom in A / Ah und ist nicht mit der Einheit Coulomb in As zu verwechseln. Hat beispielsweise ein Akku eine Kapazität von 1800 mAh und wird er beispielsweise mit 0,5 C geladen so wäre der Ladestrom einzustellen auf

$$0,5\,\text{C} \times 1800\,\text{mAh} = \frac{0,5\,\text{A} \times 1800\,\text{mAh}}{\text{Ah}} = 900\,\text{mA}.$$

Ein kleinerer Ladestrom auf 0,2 C würde den Ladevorgang zwar verlangsamen, auf die Lebensdauer des Akkus wirken sich kleinere Ladeströme jedoch nachweislich günstiger aus.

Betrachtet man die in Abb. 10.1 dargestellte Ladecharakteristik des Li-Ion-Akkus, so würde an dem stabilisierten Netzgerät zunächst der Akku mit dem eingestellten Strom der Strombegrenzung geladen werden. Ab einer gewissen Ladespannung wird die Stromaufnahme des Akkus automatisch niedriger. Der Akku kann als vollständig geladen betrachtet werden, wenn der Ladestrom auf etwa 0,1 bis 0,05 C abgesunken ist.

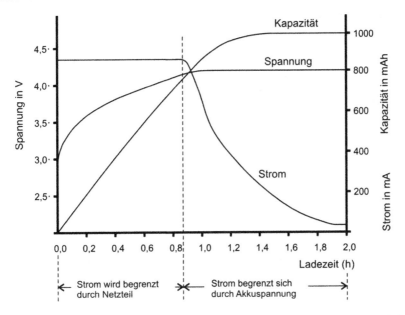

Abb. 10.1 Typische Ladecharakteristik eines Li-Ion-Akkus. Die Abbildung zeigt exemplarisch die Ladungsbereiche an einem spannungsstabilisierten Netzteil mit einstellbarer Strombegrenzung

Hier sind einige Richtlinien zur Ladecharakteristik und zur Lebensdauererhaltung:

- Die Ladeschlussspannung beträgt typischerweise 4,1 bis 4,2 V teils auch schon 4,3 V. Eine höhere Ladeschlussspannung ermöglicht höhere Kapazitäten, sie geht aber auf Kosten der Ladezyklenzahl. Die Ladeschlussspannung ist produktabhängig und sollte nicht mehr als um 50 mV überschritten werden. Niedrigere Ladeschlussspannungen sind unkritisch, verringern aber die mögliche Akkukapazität. Beachten Sie hier die Herstellerangaben!
- Bei Erreichen der Ladeschlussspannung sinkt der Ladestrom soweit ab, dass automatisch bei geeigneter elektronischer Schaltung nur noch eine Erhaltungsladung auftritt. Bei 1/10 des Ladestromes von 1 C kann der Akku als vollständig geladen betrachtet werden. Das Laden der letzten 5 von 95 % auf 100 % dauert naturgemäß übermäßig lange, weil der Ladestrom in diesem Bereich stark reduziert wird. Abb. 10.1 zeigt die Reduzierung des Ladestromes beim Erreichen der Ladeschlussspannung sehr deutlich. Es handelt sich hier nur noch um eine Erhaltungsladung.
- Eine Tiefentladung unterhalb 2,5 V ist bei Li-Ion-Akkus unbedingt zu vermeiden. Stark entladene Zellen unterhalb dieser Grenze sollten nur mit einem geringen Ladestrom von 0,1 C beaufschlagt werden. Eine einstellbare Ladestrombegrenzung wäre für diesen Fall vorteilhaft.

10.3   Das Funktionsschaltbild des Lade-Schaltreglers für Li-Ion-Akkus

Zunächst soll die Funktionsweise der Ladeschaltung für Li-Ion-Zellen nach dem Block-schaltbild Abb. 10.2 beschrieben werden.

Es handelt sich um einen PWM-Laderegler mit fest vorgegebener Schaltfrequenz durch einen Funktionsgenerator. Die Li-Ion-Akkuladeschlussspannung kann über einen Mess-umformer in einem Stellbereich von beispielsweise 4 bis 4,3 V eingetrimmt werden. Der Istwert des Messumformers wird im Vergleich mit einer Referenzspannung einem I-Reg-ler zugeführt. Die Regelabweichung am Ausgang des Integrators wird mit der Funktions-spannung des Generators durch einen PWM-Komparator verglichen und als PWM dem Leistungsschalter zugeführt. Über ein Tiefsetzsteller-Netzwerk und über eine einstellbare Strombegrenzung kann der Ladestrom auf den jeweiligen Akku abgestimmt werden. Ein Überhitzungsschutz für den zu ladenden Akku ist ebenfalls vorgesehen. Sowohl der Über-hitzungsschutz als auch die Strombegrenzung greifen auf den I-Regler zu und verhindern eine Zerstörung des Akkus.

Die Schaltung soll für einen breiten Eingangsspannungsbereich funktionsfähig sein. So können am Eingang Kfz-Akkus von 12 und 24 V eingesetzt werden. Außerdem sind Solarmodule als Ladestromlieferanten vorgesehen. Beachten Sie, dass der Betrieb an So-larmodulen in jedem Fall einen Pufferkondensator mit ausreichender Kapazität am Ein-gang des Ladereglers erfordert. In der Sperrphase des Leistungsschalters wird die Energie des Solarmoduls in diesem Kondensator zwischengespeichert. In der Leitphase wird dann die Solarenergie plus der Kondensatorenergie an den Tiefsetzstellerkreis abgegeben. In Abschn. 5.4.2 ist dieser Vorgang ausführlich beschrieben.

Der Vorteil dieses getakteten Ladereglers liegt ja in seiner geringen Verlustleistung durch den geschalteten Leistungstransistor und durch seine DC-DC-Transformation. Lä-ge der Wirkungsgrad des Ladereglers mit allen LED-Anzeigen und Schaltverlusten bei

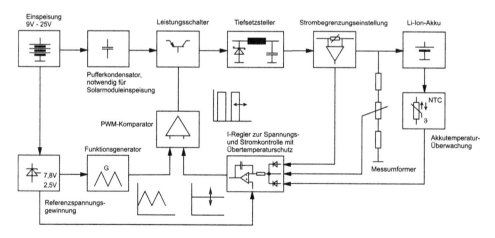

Abb. 10.2 Funktionsschaltbild des PWM-Li-Ion-Akku-Laders

etwa 75 %, dann würde beispielsweise ein Li-Ion-Akku-Ladestrom von 1,5 A bei einer augenblicklichen Ladespannung von 4 V eine Leistungsaufnahme von 6 W haben. Durch den Wirkungsgrad von 75 % würden eingangsseitig dann 8 W zur Ladungsleistung des Li-Ion-Akkus benötigt. Das macht bei einer Kfz-Spannung von 12 V eine Stromentnahme von 8 W / 12 V = 0,67 A.

Solarmodule, wie sie zur Ladung von Blei-Akkus verwendet werden, bieten sich für diesen PWM-Schaltregler geradezu an. Ein standardisiertes Solarmodul mit einem Kurzschlussstrom von 1 A und 23 V Leerlaufspannung nach Abb. 10.3 soll hier den Vorteil als Energielieferant an einem PWM-Schaltregler zur Ladung von Li-Ion-Akkus verdeutlichen.

Wir zäumen das Pferd von hinten auf und nehmen an, dass das Solarmodul augenblicklich einen mittleren Strom von 0,7 A über den Schaltregler an den Li-Ion-Akku liefert. Die Versorgungsspannung des Solarmoduls bricht bei diesem Strom laut Diagramm auf 22,2 V zusammen. Die Li-Ion-Spannung soll in diesem Fall mit 3,8 V angenommen werden. Wir nehmen den Wirkungsgrad des Reglers sehr realistisch mit 75 % an. Die Solarzelle gibt eine Leistung von 22,2 V × 0,7 A = 15,5 W ab. 75 % nimmt der Li-Ion-Akku von dieser Leistung noch auf. Das wären 15,5 W × 0,75 = 11,7 W. Bei 11,7 W und einer Li-Ion-Spannung von 3,8 V wäre der Ladestrom 11,7 W / 3,8 V = 3 A. Der Ladestrom ist also erheblich höher als das Solarmodul maximal an Strom liefern kann. Dies funktioniert allerdings nur, wenn in der Sperrphase des Leistungstransistors die Solarmodulenergie über einen Pufferkondensator zwischengespeichert werden kann. Auch für Versorgungsspannungen mit

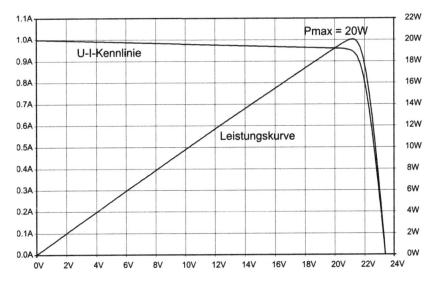

Abb. 10.3 Typische Kennlinie eines Solarmoduls. Dieses Modul kann keinen größeren Strom als 1 A abgeben. Die DC/DC-Transformation des Schaltreglers ermöglicht jedoch höherer Ladeströme, wenn die Solarspannung höher als die Ladespannung des Li-Ion-Akkus ist

etwas höherem Innenwiderstand ist ein Pufferkondensator von angemessener Kapazität immer vorteilhaft. Die ausführliche Beschreibung hierfür befindet sich in Abschn. 5.4.2.

10.4   Die Funktionsbeschreibung zum Lade-Schaltregler

Die Funktionsbeschreibung zum Ladeschaltregler besteht schaltungstechnisch aus zwei Teilen, einem Leistungsteil und einem Anzeigeteil mit LEDs.

Zunächst soll der Leistungsteil mit seinen Komponenten besprochen werden. Dabei sollen Änderungsmöglichkeiten hinsichtlich der Schaltung in Bezug auf Leistung, Schaltfrequenz, Referenzspannungsgewinnung und weiterer Bauteile mit einbezogen werden.

Die Schaltung in Abb. 10.4 zeigt den kompletten Leistungsteil. Die Schaltung mit den LED-Anzeigen für Betriebsspannung, Strombereiche und Überhitzungsschutz wird später beschrieben.

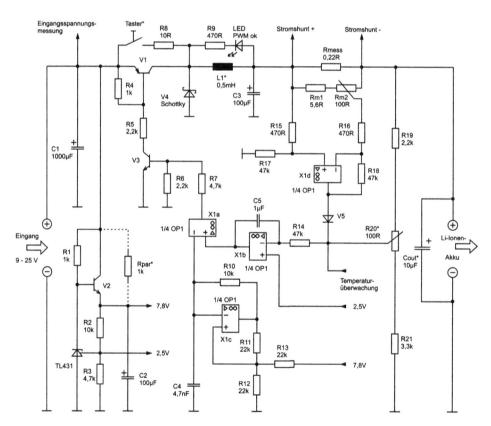

Abb. 10.4 Die Schaltung des PWM-Li-Ion-Akku-Laders ohne LED-Anzeigenteil. Die Anschlüsse „Eingangsspannungsmessung, Stromshunt + und Stromshunt −, Temperaturüberwachung" und natürlich ein Masseanschluss führen zur Anzeigeschaltung (* s. Abschn. 10.5.2)

10.4.1 Die Referenzspannungsgewinnung

Der Lade-Schaltregler benötigt in jedem Fall eine Referenzspannungsquelle. Sie beträgt im in Abb. 10.5 dargestellten Schaltbild 2,5 V und dient zur genauen Ausregelung einer hierfür vorgesehenen Ladeschlussspannung für die Li-Ion-Akkus. Eine weitere stabilisierte Spannung von 7,8 V ist für die Versorgung der Operationsverstärker vorgesehen. Bei den Operationsverstärkern handelt es sich jeweils um 4fach-OPs. Die Versorgungsspannung für die OPs von 7,8 V ist im Schaltbild nicht eingezeichnet.

Die Referenzspannungsgewinnung funktioniert in einem großen Eingangsspannungsbereich mit noch akzeptabler Verlustleistung bei hohen Eingangsspannungen. In Abb. 10.5 ist die Referenzspannungsgewinnung zum besseren Verständnis noch gesondert herausgezeichnet.

Als Referenzspannungsquelle dient die weit verbreitete, äußerst präzise, preiswerte und programmierbare Z-Diode TL431. Anwendung und Funktionsweise des TL431 werden hier eingehend beschrieben, so dass Schaltungsabwandlungen hinsichtlich anderer Spannungsreferenzen kein Problem darstellen.

Das Innenleben des TL431 und seine Funktionsweise werden in seiner Standardanwendung nach Abb. 10.5 deutlich. Im TL431 befindet sich ein OP mit einer hochgenauen Referenz von 2,5 V am −Input. Der Ausgang des OPs steuert einen internen Transistor. Werden 2,5 V an Pin 1 überschritten, so schaltet der interne Transistor des TL431 durch. Die Spannung an Pin 3 sinkt, somit auch die Spannung an Pin 1. Unterhalb 2,5 V an Pin 1

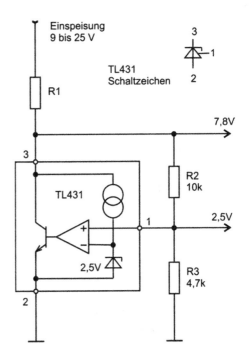

Abb. 10.5 Standardschaltung zum TL431 zur Referenzspannungsgewinnung

sperrt der Transistor, die Spannung an Pin 3 steigt an, der Transistor wird wieder leitend, der Vorgang würde sich ständig wiederholen. In der Praxis stellt sich durch die endlichen Laufzeiten des TL431 ein stabiler Arbeitspunkt ein. An Pin 1 wird die Spannung sehr genau auf den internen Sollwert von 2,5 V ausgeregelt. Damit wird die Berechnung der Referenzspannungen sehr einfach. An Pin 1 liegen immer 2,5 V. Diese Spannung ist aber nur sehr gering bzw. gar nicht belastbar. Die Referenzspannung liegt an Pin 3. Da an R_3 bzw. Pin 1 immer 2,5 V liegen, errechnet sich die Referenzspannung an Pin 3 zu

$$\frac{2,5\,\text{V}}{R_3} \times (R_2 + R_3) = \frac{2,5\,\text{V}}{4,7\,\text{k}\Omega} \times (4,7\,\text{k}\Omega + 10\,\text{k}\Omega) = 7,8\,\text{V}.$$

Es ist leicht einzusehen, dass für $R_2 = R_3$ die Referenzspannung 5 V wäre.

Warum wurden 7,8 V gewählt? Einfache Antwort: Mit etwa 8 V Versorgungsspannung arbeiten fast alle OPs problemlos und man kann als Einspeisespannung eine Kfz-Batterie noch bis etwa 9 V nutzen. Die Wahl von R_2 und R_3 fiel auf bekannte und gebräuchliche Normwerte. Eine andere Wahl der Referenzspannung wäre natürlich möglich.

Es stellt sich hier noch die Frage nach der Dimensionierung von R_1. In der gesetzten Annahme, dass die 7,8 V etwa mit 15 mA durch die OP-Versorgung und den Anzeige-LEDs (s. Abb. 10.23) belastet wird, kann von folgenden Überlegungen ausgegangen werden: Laut Datenblatt besteht schon ab nur 1 mA Querstrom durch den TL431 eine sehr gute Stabilisierung. Bei 9 V Einspeisespannung soll die Referenzspannung bei 15 mA Stromentnahme sicher gehalten werden.

R_1 würde sich für diesen Fall zu $(9\,\text{V} - 7,8\,\text{V}) / (15\,\text{mA} + 1\,\text{mA}) = 75\,\Omega$ errechnen.

Aber wie sieht es dann bei 25 V Versorgungsspannung und R_1 mit 75 Ω aus?

Durch R_1 errechnet sich ein Strom von $(25\,\text{V} - 7,8\,\text{V}) / 75\,\Omega = 230\,\text{mA}$ und durch den TL431 fließen dann noch $230\,\text{mA} - 15\,\text{mA} = 215\,\text{mA}$. Unmöglich dieser hohe Strom. Der Querstrom des TL431 ist mit maximal 100 mA angegeben.

Die Referenzspannungsgewinnung ist in dieser Art für einen weiten Eingangsspannungsbereich nicht geeignet. Abhilfe zeigt der Schaltplan von Abb. 10.4. Der Transistor V_2 übernimmt hier eine verlustärmere Regelfunktion. Wir nehmen zunächst an, dass die Referenz von 7,8 V nicht belastet wird und die Eingangsspannung minimal 9 V ist. Über R_1, der BE-Strecke von V_2, R_2 und R_3 fließt ein Strom und schaltet den Transistor V_2 soweit durch, bis an R_3 eine Spannung von 2,5 V auftritt. Der TL431 wird soweit leitend, dass die Basis-Emitterspannung kleiner wird und V_2 weniger durchsteuert. Die Regelung stabilisiert sich auf genau 2,5 V an R_3, die Spannung an R_3 und R_2 beträgt dann zusammen 7,8 V. Wie verhalten sich die Ströme bei 9 V Eingangsspannung?

An der Basis von V_2 liegen etwa 7,8 V + Basis-Emitterspannung, macht zusammen etwa 8,4 V.

Der Strom durch R_1 ist $(9\,\text{V} - 8,4\,\text{V}) / 1\,\text{k}\Omega = 0,6\,\text{mA}$.

Über R_2 und R_3 fließen $7,8\,\text{V} / 14,7\,\text{k}\Omega = 0,5\,\text{mA}$.

Dieser Emitterstrom von V_2 wird über den Basisstrom gesteuert und macht bei Kleinleistungstransistoren auf alle Fälle weniger als 1 % vom Emitterstrom aus. Der Basisstrom geht in die Berechnung praktisch nicht ein. Es fließen über den TL431 damit 0,6 mA, was

sich für die Stabilisierung der Referenzspannung in der Praxis noch als vollkommen ausreichend darstellt.

Jetzt ein neuer Gedankengang: Wir entnehmen der 7,8 V-Referenzspannung einen
Strom von beispielsweise 15 mA. Würde in diesem Fall diese Spannung kleiner werden,
dann sperrt der TL431 soweit, bis die Referenz an der Steuerelektrode wieder 2,5 V ist
und damit unsere zweite Referenz bei 7,8 V liegt. Der Emitterstrom ist um zusätzlich
15 mA gestiegen. Der Basisstrom unter Berücksichtigung einer Transistorverstärkung B
von 200 liegt jetzt bei 15 mA / 200 = 75 µA. Der Strom durch den TL431 würde sich um
diese 75 µA verringern. Er bleibt praktisch weiter bei etwa 0,6 mA und die Stabilisierung
bleibt gesichert.

Jetzt erhöhen wir die Eingangsspannung auf 25 V. Was ändert sich hinsichtlich der
Ströme und Verlustleistungen? Auf alle Fälle bleiben die 7,8 V stabilisiert.

Durch R_1 fließt ein Strom von [25 V − (7,8 V + 0,6 V)] / 1 kΩ = 16,6 mA.

Durch den Transistor fließen weiterhin die angenommenen 15 mA. Der Basisstrom
kann vernachlässigt werden. Der Strom durch den TL431 beträgt somit etwa 16,6 mA.

Die Verlustleistung des TL431 beträgt damit bei einer Eingangsspannung von 25 V
etwa 8,4 V × 16,6 mA = 140 mW, die des Transistors V_2 beträgt etwa (25 V − 7,8 V) ×
15 mA = 260 mW.

Nun sind 260 mW bei einem Transistor kleinster Größe schon als Wärmeleistung gut
spürbar. Abhilfe schafft eine kleine Kühlungslasche. Eine weitere gute Möglichkeit ist
die Parallelschaltung eines Widerstandes R_{par} von 1 kΩ nach Abb. 10.4. Bei 25 V Eingangsspannung wird der Emitterstrom um über 15 mA entlastet. Dies ist möglich, da die
Schaltung samt der Versorgung von drei 4fach-OPs und der Anzeige-LEDs diesen Strom
aufnimmt und der Emitterstrom von V_2 noch in einer Größe liegt, dass noch eine Regelung
gut möglich ist. C_2 dient als Pufferkondensator zur Stabilisierung der Referenzspannung.
So ist die Stromentnahme der OPs durch Umschaltungen unstetig. Der Pufferkondensator verhindert kurzzeitige Jitter. Sein Wert ist unkritisch. Alles zwischen 1 bis 100 µF ist
erlaubt. Man sollte hier nach bewährter Bastlermethode das nehmen, „was man gerade
hat".

Referenzspannungsgewinnung ist vielfach möglich. Bewährt und bekannt sind die Anwendungen mit den 78xx-Bausteinen. Nach Abb. 10.6 wird hier alternativ diese Möglichkeit mit dem Baustein 78L08 aufgezeigt. C_{in} und C_{out} sind notwendig um Schwingneigungen zu vermeiden und werden in dieser Größe von den Herstellern empfohlen.
8 V wäre dann eine Referenzspannung, die zweite kaum belastete weitere Referenzspannung könnte beispielsweise über den Spannungsteiler R_2 und R_3 statt mit 2,5 V auch mit
3 V gewählt werden. Allerdings muss der Messumformer R_{19}, R_{20}, R_{21} in seinen Widerstandswerten nach Abb. 10.4 dann anders konzipiert werden. Ein Nachteil des Bausteins
78L08 liegt in der nicht so präzisen Referenz. Zur Einstellung einer genauen Li-Ion-
Ladeschlussspannung ist dieser Baustein aber hinreichend genau. Der Einsatz dieser Sta-
bilisierungsschaltung vereinfacht sich gegenüber der Schaltung in Abb. 10.4. Nachteilig
ist, dass die Drop-Out-Spannung etwa mit 2 V zu berücksichtigen ist, so dass in diesem
Fall die Eingangsspannung 10 V nicht unterschreiten sollte.

Abb. 10.6 Standardschaltung
zum Spannungsstabilisator
78L08

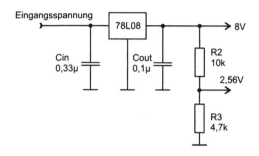

10.4.2   Der Funktionsgenerator

Der Funktionsgenerator (s. Abb. 10.7) ist in seiner Schaltung ein standardisierter astabiler Multivibrator. Funktionsweise und Berechnungsgrundlagen sind in Abschn. 4.7.4
sehr ausführlich beschrieben, so dass auf eine nochmalige ausführliche Ableitung zur
Berechnung der Schaltfrequenz hier verzichtet werden kann. Auch die entsprechenden
Funktionsdiagramme zur Schaltung sind in diesem Kapitel ausführlich dargestellt.

Wir nehmen einen idealisierten OP an. Die Aussteuergrenzen sind 0 und 7,8 V. Durch
die gleichen Widerstandswerte von R_{11}, R_{12} und R_{13} wird diese Rechnung auch äußerst
einfach. Es berechnen sich die Umschaltpunkte zu 1 / 3 und 2 / 3 von 7,8 V entsprechend
zu 2,6 und 5,2 V. Für andere Widerstandswerte greifen Sie bitte auf das Abschn. 4.7.4.3

Abb. 10.7 Der Funktionsgenerator zur Erzeugung der
Schaltfrequenz. Die OP-Versorgungsspannung beträgt
7,8 V. Die Spannungswerte ergeben sich für einen idealen
Operationsverstärker

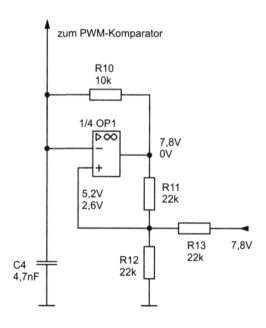

zurück. Gleiches gilt für die Berechnung der Periodendauer T.

$$T = (-2) \times R_{10} \times C_4 \times \ln\left(1 - \frac{U_c}{U_e}\right)$$

$$= (-2) \times 10\,k\Omega \times 4{,}7\,nF \times \ln\left(1 - \frac{2{,}6\,V}{5{,}2\,V}\right) = 65\,\mu s.$$

Die Frequenz errechnet sich zu $1/65\,\mu s$. Sie beträgt etwa 15 kHz.

Die Wahl eines OPs für den Generator ist relativ unkritisch. Trotz allem sollte der OP schon eine Slewrate von etwa $10\,V/\mu s$ aufweisen. Die beiden Diagramme (Abb. 10.8) zeigen einmal die Ausgangsspannung am OP und die e-Funktionsspannung am Kondensator C_4 mit den Operationsverstärkern TL084 und LM324.

Es soll hier nur dargestellt werden, dass selbst für niedrige Schaltfrequenzen die Slewrate einiger OPs nicht ausreicht. So liegt die Anwendung mit dem OP TL084 im funktionstechnischen Bereich bei einer Schaltfrequenz von 14 kHz. Berechnet wurden für einen idealen OP 15 kHz. Die niedrigere reale Frequenz nach dem Oszillogramm in Abb. 10.8 liegt an den Zeitverlusten der Rechteckflanken durch die Slewrate. Sie ist im Datenblatt für den TL084 mit $13\,V/\mu s$ angegeben. Außerdem wurde die Rechnung mit idealen Ausgangsspannungen von 0 und 7,8 V berechnet. Die Aussteuergrenzen nach dem Oszillogramm liegen jedoch bei etwa 1,3 und 7 V.

Der LM324 ist für diese Anwendung nicht geeignet. Die geringe Slewrate von $1\,V/\mu s$ schränkt deutlich die gewünschte Funktion ein. Die Kondensatorspannung an C_4 verläuft im Umschaltpunkt so flach, dass die Umschaltung nicht definiert erfolgen kann und ein Verlaufsknick in der Flanke der OP-Ausgangsspannung zu verzeichnen ist. Durch die geringe Slewrate ist natürlich auch die Schaltfrequenz erheblich verringert.

Hier nun das Fazit: Besorgen Sie sich immer OPs mit angemessener Slewrate, angepasster Versorgungsspannung und angepassten Aussteuergrenzen. Ein Rail-to-Rail-OP ist für diese Schaltung allerdings nicht erforderlich. Noch eine Preisinformation. Der 4fach-OP TL084 kostet bei den bekannten eingängigen Elektronik-Versandhäusern

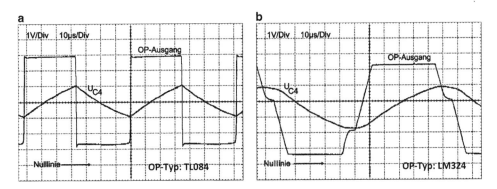

Abb. 10.8 Oszillogramme am Funktionsgenerator mit den OP-Typen TL084 (**a**) und LM324 (**b**)

etwa 30 Cent, der LM324 dagegen 20 Cent. Das erübrigt wohl weitere Überlegungen hinsichtlich der Kaufentscheidung.

10.4.3   Der PWM-Komparator mit Leistungsteil

Abb. 10.9 zeigt den Ausschnitt des PWM-Komparators mit der Ansteuerung des Leistungsteils. Die Fehlerspannung vom I-Regler ist eine reine Gleichspannung und wird aus der Li-Ion-Akkuspannung, Eingangsspannung und Strombegrenzungseinstellung gebildet. Die daraus resultierende pulsweitenmodulierte Spannung schaltet die Pulsweite so, dass der Regelkreis sich im Gleichgewicht befindet.

Das Oszillogramm in Abb. 10.10 zeigt die Fehlerspannung vom I-Regler am +Input des OPs und die Funktionsgeneratorspannung. Im Schnittpunkt beider Spannungen setzt die „Kippung" des OPs ein. Bei größerer Funktionsgeneratorspannung kippt der OP in die untere Aussteuergrenze. Deutlich zu erkennen ist die verzögerte und flankenbegrenzte Ausgangsspannung des OPs.

Der OP-Ausgang des hier verwendeten TL084 hat keine idealen Aussteuergrenzen. So liegt die untere Aussteuergrenze laut Diagramm in Abb. 10.10 bei etwa 1,2 V. Bei dieser Spannung muss der Steuertransistor V_3 sicher sperren. Damit die Basis-Emitterspannung

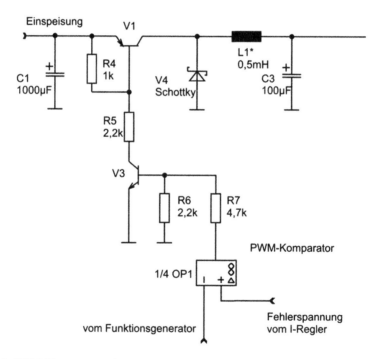

Abb. 10.9 PWM-Komparator mit Leistungsteil

Abb. 10.10 Spannungsverläufe am +Input, −Input und am Ausgang des PWM-Komparators mit dem OP-Typ TL084

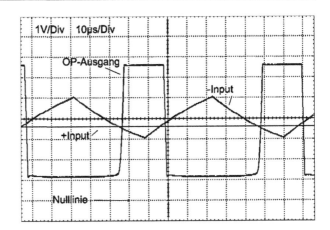

in diesem Fall hinreichend klein ist, wird eine Widerstandskombination R_6 und R_7 eingefügt. Sie senkt die Basis-Emitter-Spannung auf etwa 1 / 3 von 1,2 V auf etwa 0,4 V ab. Der Transistor sperrt somit sicher.

Der Transistor V_3 muss bei der oberen Aussteuergrenze des OPs von 6,7 V sicher durchgesteuert sein. Der Basisstrom errechnet sich unter Berücksichtigung einer Basis-Emitterspannung von 0,6 V für diesen Fall zu $I_{R7} = (6,7\,V - 0,6\,V) / 4,7\,k\Omega = 1,4\,mA$.

Bei einer angenommen B-E-Spannung von 0,6 V von V_3 im durchgesteuerten Zustand fließen durch $R_6 = 0,6\,V / 2,2\,k\Omega = 0,27\,mA$. Damit verbleiben etwa 1,4 mA − 0,27 mA = 1,1 mA für den Basisstrom. Bei einer Mindestverstärkung von B = 100 von V_3 kann ohne weiteres ein Kollektorstrom von über 100 mA gesteuert werden. Für V_1 wurde ein Darlington-Transistor TIP137 verwendet.

Die geringe Flankensteilheit der OP-Ausgangsspannung wird durch den Ansteuertransistor V_3 für den Leistungstransistor V_1 stark verbessert. Die Oszillogramme in Abb. 10.11 zeigen dies sehr deutlich. Das Oszillogramm in Abb. 10.11a zeigt die Schaltspannung an der Schottkydiode V_4 bei einer Einspeisespannung von 9 V und das Diagramm in Abb. 10.11b die gleichen Messspannungen bei 18 V Versorgungsspannung. Gut zu erkennen ist die Veränderung des Puls-Pausenverhältnisses zu höheren Versorgungsspannungen hin. Die Einschaltdauerzeit verkürzt sich bei höheren Eingangsspannungen und damit der mittlere Eingangsstrom. Der Li-Ion-Akku-Ladestrom wurde bei der Messung auf 600 mA eingestellt. Er bleibt durch die Strombegrenzungsregelung konstant und ist damit unabhängig von der Eingangsspannung.

Interessant wäre noch der Verlauf der Eingangsströme bei verschiedenen Versorgungsspannungen. Der Vorteil des PWM-Ladereglers liegt ja gerade darin, dass bei höheren Eingangsspannungen der Eingangsstrom trotz konstantem Akkuladestrom kleiner wird. Abb. 10.12 zeigt bei einer Eingangsspannung von 18 V und einem mittleren eingestellten Ladestrom von 600 mA eindrucksvoll die Stromverhältnisse.

Der Eingangsstrom, direkt an der Versorgungsspannungsquelle gemessen, wurde über einen Stromshunt von 0,1 Ω ermittelt. Bei einer Messbereichseinstellung von 10 mV / Div

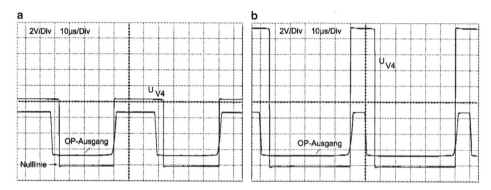

Abb. 10.11 Spannungsverläufe am PWM-Komparator-Ausgang, am Kollektor von V_1 bzw. an der Schottky-Diode V_4. **a** Eingangsspannung: 9 V, Akku-Ladestrom 600 mA; **b** Eingangsspannung: 18 V, Akku-Ladestrom 600 mA

ergibt sich eine mittlere Spannung laut Diagramm nach Abb. 10.12 von etwa 18 mV. Damit errechnet sich der Eingangsstrom zu 18 mV / 0,1 Ω = 180 mA. Bedenken Sie, dass der Eingangsstrom trotz zwischenzeitlicher Sperrung des Transistors V_1 nicht zu Null wird, da der Kondensator C_1 in Abb. 10.9 von 1000 µF in der Sperrphase des Transistors V_1 Strom aufnimmt. Dieser Kondensator hat gerade bei nicht so niederohmigen Versorgungsspannungen die Funktion, dass während der Sperrphase die Versorgungsspannung noch weiter Energie in den Kondensator liefert und in der Leitphase des Transistors V_1 diese Kondensatorenergie plus Versorgungsspannungsenergie an den Zwischenkreis des Glättungsnetzwerkes V_1, L_1 und C_3 und dem zu ladenden Akku abgegeben werden kann.

Abb. 10.13 zeigt recht deutlich den Vorteil eines Pufferkondensators C_1. Hier ist der Emitterstrom von V_1 abgebildet. So würde auch der Eingangsstrom verlaufen bei feh-

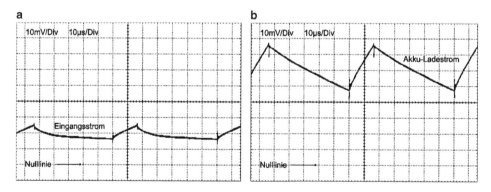

Abb. 10.12 Stromverläufe bei einem Akku-Ladestrom von 620 mA und einer Versorgungsspannung von 18 V. **a** Eingangsspannung: 18 V, mittlerer Eingangsstrom etwa 180 mA; **b** Eingangsspannung: 18 V, mittlerer Akku-Ladestrom etwa 620 mA

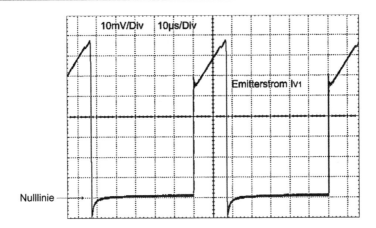

Abb. 10.13 Emitter-Stromverlauf von V_1 bei einem mittleren Akku-Ladestrom von 600 mA bei 18 V Eingangsspannung. In der Sperrphase von V_1 ist der Emitterstrom praktisch null. In der Leitphase entspricht der Strompuls dem Verlauf des ansteigenden Stromes in L_1 bzw. dem Akku-Ladestrom

lendem Pufferkondensator C_1. Die Einspeisungsquelle müsste einen Spitzenstrom nach Abb. 10.13 von etwa 76 mV/0,1 Ω = 760 mA aufbringen, während nach Abb. 10.12 der Eingangsstrom bei gleichem Akku-Ladestrom sich zu etwa 25 mV/0,1 Ω = 250 mA berechnet. Durch den Pufferkondensator wird die Eingangsspannung gleichförmiger über die Gesamtzeit belastet. Ohne C_1 wird die Eingangsspannungsquelle durch einen höheren Pulsstrom belastet. Für die Einspeisung über Solarmodule muss zwingend dieser Pufferkondensator vorhanden sein. Nur so kann während der Sperrphase von V_1 die Energie hier zwischengespeichert werden und in der Leitphase zusätzlich zur Solarmodulenergie abgegeben werden.

Der Akku-Ladestrom entspricht dem Verlauf an der Drossel L_1. Aus dem Diagramm nach Abb. 10.12b ist zu ersehen, dass ΔI_{L1} etwa 28 mV entspricht. Am gemessenen Stromshunt von 0,1 Ω ergibt sich ein Stromripple ΔI_{L1} von 280 mA. Dies mag insgesamt zu einem mittleren Akkuladestrom von etwa 620 mA groß erscheinen. Ein schwankender Ladestrom wirkt sich allerdings wohl eher positiv auf die chemisch-physikalische Ladecharakteristik des Li-Ion-Akkus aus. Die Fachwelt scheint sich hierüber aber durchaus nicht einig zu sein. Ist ein schwankender Ladestrom oder ein konstanter Strom für Li-Ion-Akkus günstiger? Der Autor hat verschiedene Lade-Schaltregler aus China für 12 V Versorgungsspannung für Li-Ion-Akkus untersucht. Alle waren mit einem Schalttransistor und Tiefsetzsteller-Glättungsnetzwerk versehen und hatten damit natürlich einen um den Mittelwert schwankenden Ladestrom. Andererseits bestanden alle Schaltregler aus einem Schaltregler-IC. In diesem Projekt, in einem Buch über Operationsverstärker, soll aber der Lösungsansatz vorwiegend über den Einsatz von Operationsverstärkern erfolgen.

Es ist eben ein Lernprojekt. Auch wenn didaktisch-methodisch heutzutage Lernfeld-theorien die augenblickliche Didaktik beherrschen, so können hier doch folgende Lern-ziele für dieses Projekt definiert werden:

- Ladecharakteristiken der Li-Ion-Akkus müssen verstanden werden.
- Der Vorteil von Schaltreglern gegenüber konventionellen Ladereglern muss begründet werden können.
- Der Projektierende soll das physikalische Funktionsprinzip eines Lade-Schaltreglers verstanden haben und erklären können.
- Einzelne Baugruppen können erkannt, verstanden, dimensioniert, berechnet und an andere Gegebenheiten wie Leistung, Schaltfrequenz etc. auf eigene Bedürfnisse an-gepasst werden.
- Der Projektierende soll bei individuellen Veränderungen hinsichtlich Leistungs-, Ein-gangsspannungs- oder Bauteilveränderungen sachgerecht auf Datenblätter im Internet zugreifen zu können.
- Der Lernende soll befähigt sein, die Umsetzung der Schaltung durch Lochraster-, Lochstreifen- oder über ein Platinen-Layout zu praktizieren.

Nun zu der Ladestromschwankung von ΔI_{L1}. Die Ladestromschwankung hängt von der Größe der Induktivität L_1 und von der Frequenz ab. So bedeutet eine Verdoppelung der Schaltfrequenz eine Verringerung von ΔI_{L1} auf die Hälfte. Mit dem Operationsverstärker TL084 und eine Veränderung des Kondensators C_4 auf von 4,7 nF auf 2,2 nF verändert sich die Schaltfrequenz des Funktionsgenerators messtechnisch auf das Doppelte, also statt 14 kHz auf 28 kHz. Eigentlich müsste die Schaltfrequenz bei $C_4 = 2,2$ nF rein rechne-risch etwa bei 30 kHz liegen, aber die begrenzte Schaltgeschwindigkeit des OPs lässt eine höhere Frequenz nicht zu. Vergleicht man Abb. 10.12 mit Abb. 10.14 so sieht man, dass bei doppelter Schaltfrequenz der Strom ΔI_{L1} kleiner geworden ist. Der mittlere Ladestrom und der Eingangsstrom sind aber gegenüber Abb. 10.12 in der gleichen Größenordnung.

Abb. 10.15 zeigt die Schaltspannung an der Schottky-Diode V_4 und die pulsweiten-modulierte Spannung des PWM-Komparators. Mag die Ausgangsspannung des PWM-Komparators bei 28 kHz aufgrund der geringen Slewrate für einen Elektronik-Ästheten nicht den Ideal-Vorstellungen entsprechen, so ist die Schaltspannung an der Schottky-Di-ode V_4 durchaus akzeptabel. Die Steilheit dieser Flanken wird durch den Treibertransistor V_3 hervorgerufen. Man sieht, dass eine geringe Flankensteilheit des Operationsverstärkers durch den Treibertransistor erheblich verbessert wird.

Die Schaltung mit der höheren Schaltfrequenz von 28 kHz ist der gegenüber von 14 kHz ebenbürtig und hat den Vorteil, dass die Induktivität L_1 kleiner gewählt werden kann. Ohne weiteres kann in diesem Projekt die Schaltfrequenz auf 50 kHz erhöht werden. Benötigt wird hier nur ein schnellerer Operationsverstärker und ein kleinerer Kondensator C_4 im Funktionsgenerator. Eine Slewrate des Operationsverstärkers von 50 V/μs wäre hier angemessen.

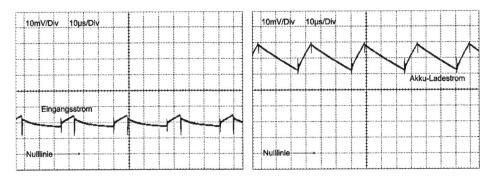

Abb. 10.14 Eingangsstrom- und Akkuladestrom-Verlauf bei einer Eingangsspannung von 18 V und einem mittleren Ladestrom von 600 mA. Die Schaltfrequenz beträgt 28 kHz. Verwendeter OP: TL084

Der größte Vorteil einer höheren Schaltfrequenz liegt in einer vorteilhaften Wahl der Induktivität. So kann bei gleicher Stromschwankung ΔI_{L1} die Induktivität L_1 kleiner gewählt werden. Kleinere Induktivitäten haben eben kleinere Abmessungen und bei weniger Windungen auch einen kleineren ohmschen Verlustwiderstand. So sind Speicherdrosseln für Schaltregler doch recht groß in ihren Abmessungen. Als Induktivität muss hier aber unbedingt eine Speicherdrossel für Schaltnetzteile eingesetzt werden. Funkentstördrosseln sind hier nicht funktionsfähig. So darf die Speicherdrossel trotz eines hohen Eingangsstromes nicht in die magnetische Sättigung gefahren werden. Schließlich sollen ja Ladeströme bis zu 3 A möglich sein. Individuell soll natürlich der Lernende befähigt werden, diese Schaltung an noch größere Ladeströme anzupassen.

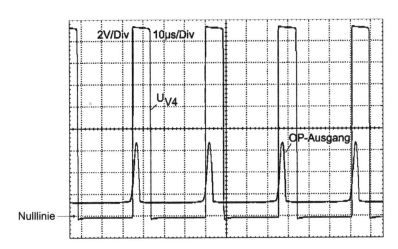

Abb. 10.15 Spannungsverläufe am PWM-Komparator mit dem OP-Typ TL084 und der Schaltspannung an der Schottky-Diode V_4. Eingangsspannung: 18 V, Ladestrom: 600 mA, Schaltfrequenz: 28 kHz

Doch wie passen wir das Tiefsetzsteller-Netzwerk V_4, L_1 und C_3 für die Gegebenheiten eines Ladereglers an? Dazu wählen wir den Schaltungsausschnitt nach Abb. 10.16 und nehmen folgende Betriebsdaten an:

Eingangsspannung 18 V

Akkuspannung etwa 4 V

Zunächst soll hier eines klargestellt werden: Der Kondensator C_3 ist zwar ein typisches Bauteil zum Tiefsetzsteller-Netzwerk, wenn am Ausgang ein Lastwiderstand liegt. Hier liegt am Ausgang aber direkt ein niederohmiger Akku, wenn der Stromshunt-Messwiderstand R_{mess} von 0,22 Ω nach Abb. 10.4 vernachlässigt wird. Die Verringerung der Spannungsschwankungen am Ausgang, die sonst durch C_3 bewirkt wird, erfüllt hier ja der Akku. Für diese Schaltung in Abb. 10.16 hat C_3 eine andere Funktion. So soll bei fehlendem Akku am Ausgang die genaue Ladeschlussspannung über Trimmer R_{20} mit einem Digitalvoltmeter für den jeweilig verwendeten Akku-Li-Ion-Typ eingestellt werden können. Ohne C_3 wäre die Spannung am Ausgang ohne Akku geringfügig unstetiger und könnte die Digitalvoltmetermessung um einige mV verfälschen.

Nun zur Tiefsetzsteller-Funktion nach Abb. 10.16: Bei 18 V Eingangsspannung sind bei durchgeschaltetem Transistor V_1 aufgrund der Kollektor-Emitter-Sättigungsspannung bei Strömen von unter 1 A etwa 0,5 V anzusetzen. Am Kollektor liegen dann 17,5 V. Bei Sperrung von V_1 fließt der Strom in der Drossel L_1 weiter und gibt seine Energie an den Akku ab. Der Stromkreis besteht aus dem augenblicklichen Stromlieferant L_1, dem Akku und der Schottky-Diode V_4. Hier tritt ein Spannungsfall von etwa 0,3 V auf, so dass am Kollektor von V_1 etwa $-0,3$ V liegen. Der Einfachheit halber nehmen wir laut Abb. 10.16 etwa 0 V an.

Die Diagramme in Abb. 10.17 zeigen Spannungs- und Stromverläufe einmal für einen mittleren Ladestrom von 600 und 200 mA bei einer Eingangsspannung von 18 V und einer Akkuspannung von 4 V. Vergleichen Sie das Schaltbild in Abb. 10.16 mit den angegebenen Spannungswerten und den Messdaten im Oszillogramm von Abb. 10.17! Sie stimmen total überein.

Abb. 10.16 Tiefsetzsteller-Netzwerk L_1, V_4 und C_3 mit Schalttransistor V_1. Die Spannungsangaben beziehen sich auf eine Eingangsspannung von 18 V und einer Akkuspannung von 4 V

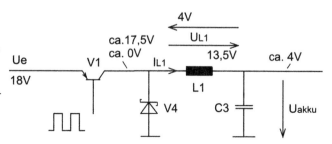

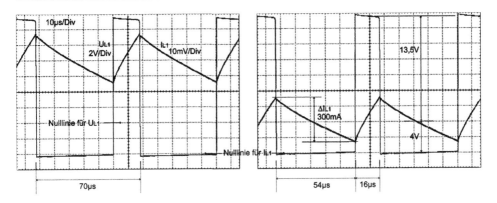

Abb. 10.17 Messbereiche: TimeBase: 10 μs / Div, U_{L1}: 2 V / Div, I_{L1}: 10 mV / Div am Stromshunt von 0,1 Ω. Spannungsverläufe an der Speicherdrossel L_1 bei einer Eingangsspannung von 18 und 4 V Akkuspannung. Beachten Sie die Nulllinie für U_{L1} im Diagramm. U_{L1} beträgt betragsmäßig etwa 13,5 und 4 V

Es sei noch bemerkt, dass in einer idealisierten Induktivität an konstanter Spannung der Strom geradlinig und nicht nach einer e-Funktion verläuft, da die Widerstandskomponente fehlt. In der Praxis kann für unseren Laderegler aufgrund der relativ hohen Schaltfrequenz, der kleinen Induktivitäten und der damit verbundenen kleinen Windungszahlen und Kupferwiderständen für Berechnungen ohne großen Rechenfehler in den meisten Fällen die idealisierte Induktivität angenommen werden. Nach Abb. 10.17 verläuft I_{L1} nach einer e-Funktion, eine linearisierte Stromverlaufsannahme geht aber kaum als Berechnungsfehler ein.

Nun zur Dimensionierung der Induktivität L_1:

Es gilt allgemein für eine idealisierte Induktivität, dass die induzierte Gegenspannung der anliegenden Spannung entspricht.

Damit ist die induzierte Spannung

$$U_{ind} = U_L = L \times \frac{\Delta I_L}{\Delta t}$$

und

$$\Delta t = \frac{L \times \Delta I_L}{U_L}.$$

Auf unsere Drossel L_1 bezogen ergeben sich folgende Puls-Pausenzeiten bzw. Ein- und Auszeiten:

$$\frac{\Delta t_{ein}}{\Delta t_{aus}} = \frac{\dfrac{L_1 \times \Delta I_{L1}}{U_{L1ein}}}{\dfrac{L_1 \times \Delta I_{L1}}{U_{L1aus}}}.$$

Da die Beträge von ΔI_{L1} für die ansteigende und abfallende Flanke im stationären Betrieb gleich groß sind, ergibt sich das Puls-Pausenverhältnis zu

$$\frac{\Delta t_{ein}}{\Delta t_{aus}} = \frac{U_{L1aus}}{U_{L1ein}}.$$

Dieses Puls-Pausenverhältnis ist praktisch unabhängig vom Ladestrom. Allerdings führen hohe Ladeströme zu etwas höheren Verlusten im Transistor V_1, der Schottky-Diode V_4 und den Kupfer- und Ummagnetisierungsverlusten in der Drossel L_1, so dass das Puls-Pausenverhältnis sich leicht, aber relativ unwesentlich zugunsten des Pulses etwas verlängert. Das Puls-Pausenverhältnis ist im Prinzip nur abhängig von der Höhe der Eingangsspannung und der Ausgangsspannung des Li-Ion-Akkus.

Aus Abb. 10.16 und 10.17 ergibt sich

$$\frac{\Delta t_{ein}}{\Delta t_{aus}} = \frac{U_{L1aus}}{U_{L1ein}} = \frac{4\,V}{13,5\,V}.$$

Bezogen auf eine Periodendauer von 70 µs laut Oszillogramm in Abb. 10.17 ergeben sich 4 und 13,5 Anteile an 70 µs, entsprechend einer Δt_{ein}-Zeit von 16 µs und einer Auszeit von 54 µs.

Berechnet man nun die Größe von L_1 während der Δt_{ein}-Zeit so ist

$$L_1 = \frac{\Delta t_{L1ein} \times U_{L1ein}}{\Delta I_{L1ein}} = \frac{16\,\mu s \times 13,5\,V}{300\,mA} = 720\,\mu H.$$

Für die Pausenzeit ist

$$L_1 = \frac{\Delta t_{L1aus} \times U_{L1aus}}{\Delta I_{L1aus}} = \frac{54\,\mu s \times 4\,V}{300\,mA} = 720\,\mu H.$$

Selbstverständlich müssen sich hier gleiche Werte für L_1 ergeben. Die Induktivität hat ja schließlich einen festen Wert. Für die Berechnung wurden die Werte betragsmäßig eingesetzt. Nach dem Spannungspfeilsystem müssten beispielsweise einmal für U_{L1} negative und für den sinkenden Verlauf für ΔI_{L1} ebenfalls ein negativer Wert eingesetzt werden, so dass sich für L_1 natürlich ein positiver Wert errechnet.

Die Höhe von ΔI_{L1} bleibt mit 300 mA gleich, obwohl der mittlere Ladestrom des Akkus laut Abb. 10.17 einmal 600 mA und einmal 200 mA beträgt, denn ΔI_{L1} ist proportional $U_{L1} \times \Delta t$. Senkt sich nun bei weiterer Ladung der Akku-Ladestrom beispielsweise auf einen mittleren Ladestrom von 100 mA, so reicht die gespeicherte Energie der Induktivität L_1 nicht mehr aus. Der Drossel- bzw. Ladestrom wird in der Sperrzeit des Transistors V_1 zu Null. Das Oszillogramm in Abb. 10.18 zeigt diesen Vorgang. Man spricht vom lückenden Betrieb. Für Schaltnetzteile mit stabilisierter Ausgangsspannung sollte dieser Zustand vermieden werden, da hier keine Energie nachgeliefert wird und die Ausgangsspannung sich absenkt. Aus diesem Grunde sollen Schaltnetzteile immer mit einer Grundlast gefahren werden. Der mittlere Ladestrom sollte deshalb nie kleiner als $\Delta I_{L1}\,/\,2$ werden. Für

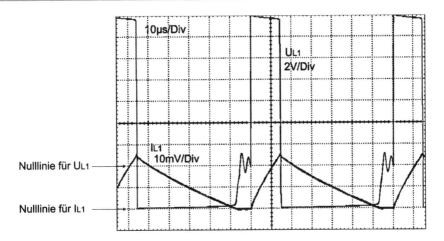

Abb. 10.18 Spannungs- und Stromverlauf an der Drossel L_1 bei lückendem Betrieb

den Laderegler hat dies keine besondere Bedeutung. Man erkennt, wenn der Strom zu Null wird, einen gedämpften Einschwingvorgang, der sich insbesondere aus dem Schwingkreis L_1, C_3 und der Kapazität der Schottky-Diode V_4 ergibt. Da der Strom in diesem Kreis allerdings gegen Null geht, sind die Verluste in diesem Kreis ohne Relevanz.

Aus den bisher dargestellten Überlegungen und Berechnungen können nun für verschiedene Bedingungen die Größe der Glättungsdrossel L_1 angepasst werden.

Beispielrechnung:

- Die Schaltfrequenz des Funktionsgenerators wurde mit 40 kHz gewählt. Berechnung und Dimensionierung siehe Abschn. 4.7.4.3.
- Der Ladestrom soll bis minimal 100 mA ohne lückenden Betrieb laufen. ΔI_{L1} wird damit doppelt so groß wie der mittlere Ladestrom gewählt, in diesem Fall also 200 mA.
- Der Laderegler wird aus einer Kfz-Batterie gespeist. Die Betriebsspannung soll mit 12 V angenommen werden.
- Die Li-Ion-Akkuspannung liegt um die 4 V.

Wie groß errechnet sich die Induktivität L_1?

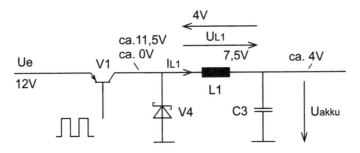

Spannungsverläufe am Tiefsetzsteller-Netzwerk entsprechend der Beispielrechnung

Die Periodendauer bei einer Schaltfrequenz von 40 kHz beträgt 25 μs.

$$\frac{\Delta t_{ein}}{\Delta t_{aus}} = \frac{U_{L1aus}}{U_{L1ein}} = \frac{4\,V}{7,5\,V}$$

Bezogen auf eine Periodendauer von 25 μs laut Oszillogramm in Abb. 10.17 ergeben sich 4 und 7,5 Anteile an 25 μs, entsprechend einer Δt_{ein}-Zeit von 8,7 μs und einer Auszeit von 16,3 μs.

Berechnet man nun die Größe von L_1 während der Δt_{ein}-Zeit, so ist

$$L_1 = \frac{\Delta t_{L1ein} \times U_{L1ein}}{\Delta I_{L1ein}} = \frac{8,7\,\mu s \times 7,5\,V}{200\,mA} = 326\,\mu H.$$

Für die Pausenzeit ist

$$L_1 = \frac{\Delta t_{L1aus} \times U_{L1aus}}{\Delta I_{L1aus}} = \frac{16,3\,\mu s \times 4\,V}{200\,mA} = 326\,\mu H.$$

Natürlich ergeben sich wieder die gleichen Werte für die Induktivität. Gut ist zu erkennen, wie die Größe von L_1 abhängig von der Frequenz und dem gesetzten ΔI_{L1} ist. Es ist unbedingt darauf zu achten, dass es sich um eine Speicherdrossel handeln muss. Achten Sie auch auf die Höhe des von Ihnen maximal gewünschten Ladestromes. Soll er beispielsweise 2,5 A betragen, so darf die Drossel bei diesem Strom noch nicht in die magnetische Sättigung fahren. Zum mittleren Ladestrom müssen Sie noch die Größe von zusätzlich ½ΔI_{L1} berücksichtigen. Eine Speicherdrossel und eine Schottky-Diode sind für das sichere Funktionieren des Tiefsetzsteller-Netzwerkes unbedingt notwendig.

Für die Wahl eines Darlington-Transistors für V_1 spricht die hohe Verstärkung, so dass der Steuerstrom über den Transistortreiber V_3 sehr klein gehalten werden kann. Nachteilig wirkt sich die etwas höhere Kollektor-Emitter-Sättigungsspannung aus. Allerdings kann bei kleineren Strömen von unter 1 A die Sättigungsspannung < 1 V angenommen werden. Abb. 10.19 zeigt das Innenleben des verwendeten Darlington Typs TIP137. Durch die Hintereinanderschaltung von im Prinzip zwei Transistoren erklärt sich selbstredend die höhere

Abb. 10.19 Ersatzschaltbild des Darlington-Transistors TIP137

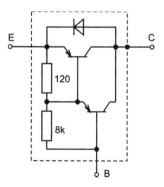

Abb. 10.20 Taster-Funktion und die LED-Funktions- anzeige

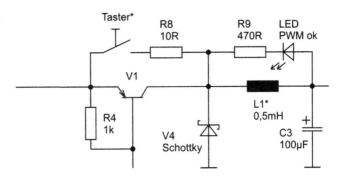

Kollektor-Emitter-Sättigungsspannung und auch die höhere Basis-Emitter-Spannung, die hier allerdings keine Rolle spielt. Die internen Widerstände von $120\,\Omega$ und $8\,k\Omega$ gelten als Basisableitwiderstände (Abschn. 5.4.2). Der Widerstand R_4 in der Schaltung verstärkt die Funktion und sichert ein etwas schnelleres Sperren vom Darlington-Transistor.

Jetzt noch zu zwei Sonderbarkeiten des Schaltungsausschnitts nach Abb. 10.20.

Es geht einmal um die LED „PWM ok". Sie zeigt sicher an, ob die Schaltfunktion gewährleistet ist und somit ein Ladestrom fließt. Nur bei Schaltreglerbetrieb ist die LED aktiviert. Würde V_1 stetig durchgeschaltet sein, fließt zwar ein Ladestrom, an der Drossel würde aber keine Spannung auftreten, der Schaltbetrieb ist nicht gewährleistet. Der Taster hat eine Funktion, die eigentlich nur in besonderen Fällen angewendet werden darf. So sollte ein Li-Ion-Akku nicht unter 2,5 V entladen werden. Der Taster ist als Starthilfe für den Fall gedacht, dass der Li-Ion-Akku wirklich total auf 0 V heruntergefahren wurde. Durch kurzes Antippen des Tasters fließt ein entsprechend begrenzter Ladestrom über R_8 und lässt bei einem ordnungsgemäßen Akku die Spannung auf größer 1 V ansteigen. Aber es ist Vorsicht geboten. Nur kurzes mehrmaliges Antippen! Auf keinen Fall den Taster für sehr lange Zeit gedrückt halten! Überladungs- und Explosionsgefahr! Der Widerstand R_8 begrenzt in diesem Fall den Ladestrom und sollte für kleinere Akkukapazitäten hochohmiger gewählt werden.

Wichtiger Hinweis: Durch eine geeignete OP-Wahl kann auf den Taster und R_8 verzichtet werden! Eine ausführliche Funktionsbeschreibung hierzu finden Sie in Abschn. 10.6! Sehr wichtig!

10.4.4   Die Strombegrenzung

Die Strombegrenzung wird durch eine Differenzverstärkerschaltung realisiert. Sie liegt im Pluszweig des Akkus und hat damit den Vorteil, dass sowohl die Einspeisequelle als auch der zu ladende Akku gleiches Massepotenzial besitzen. Für den „Elektroästhet" ist dies selbstverständlich, dass in einem Ladereglersystem sowohl Einspeisungsquelle und Akku eine gemeinsame Masseleitung besitzen sollten. Der Minuspol des zu ladenden Akkus ist somit direkt verbunden mit dem Minuspol der Ladespannungsquelle ohne einen dazwischen liegenden Strommesswiderstand. Wird für den Reglereinbau ein Metallgehäuse verwendet, so kann das Gehäuse direkt an die Masseleitung angeschlossen werden.

Der Ladestrom wird über den Stromshunt R_{mess} erfasst und dem Differenzverstärker mit R_{15}, R_{16}, R_{17} und R_{18} zugeführt. Die Verstärkung des Spannungsfalls an R_{mess} von $0{,}22\,\Omega$ wird 100fach verstärkt. Die Spannung an R_{mess} wird für den Differenzverstärker durch R_{m1} und R_{m2} angepasst. Damit kann über Trimmer R_{m2} der Einsatz der Strombegrenzung eingestellt werden. Funktion und Berechnungen zum Differenzverstärker sind in Abschn. 2.4 des Buches ausführlich behandelt.

In der Annahme, dass der Ladestrom I_{L1} aus irgendwelchen Gründen, wie den Einsatz eines Akkus mit kleinerer Spannung, ansteigen würde, steigt auch die Spannung an R_{mess}. Durch den Differenzverstärker wird diese Spannung verstärkt und über V_5 dem Integrator mit R_{14} und C_5 zugeführt. Durch die höhere Spannung am Integrator sinkt seine Spannung am Ausgang. Diese Spannung verläuft durch die Zeitkonstante R_{14}, C_5 am Ausgang relativ gleichförmig und im Vergleich zur Funktionsgeneratorspannung verkleinert sich am Ausgang des PWM-Komparators die Pulslänge, so dass V_1 für kleinere Zeiten angesteuert wird und somit sich der Strom wieder auf den eingestellten Wert verkleinert. Den Verlauf der wichtigen Strom-Spannungs-Diagramme zeigt Abb. 10.21.

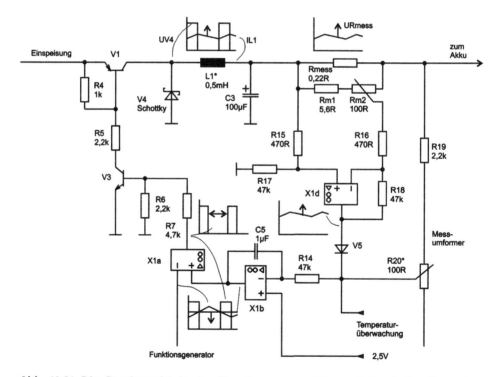

Abb. 10.21 Die Regelungseinheit der Strombegrenzung. Wirkungskette: $I_{L1}\uparrow \to U_{Rmess}\uparrow \to U_{X1d}\uparrow \to U_{X1b}\downarrow \to$ Ausgangspulse von X_{1a} werden kürzer $\to V_3$, V_1 sperren länger $\to I_{L1}\downarrow \to I_{L1}$ verbleibt auf seinen ursprünglichen Wert

In der Wahl der Größe von C_5 und R_{14} ist man relativ offen. Es wurde hier für C_5 ein Kondensator von 1 µF gewählt. Damit entfällt die Wahl eines Elektrolyt-Kondensators, wodurch Polaritätsprobleme und Leckströme entfallen. Eigentlich sollte die Wahl der R-C-Kombination so gestaltet sein, dass Offsetströme des OPs nicht ins Gewicht fallen. Insofern sollte R_{15} nicht mehrere MΩ betragen. Weitere ausführliche Informationen zum Integrator finden Sie in Abschn. 2.5.

10.4.5   Messumformer mit I-Regler

Der Messumformer besteht aus den Widerständen R_{19}, R_{20} und R_{21}.

Über R_{20} wird die Ladeschlussspannung des Li-Ion-Akkus eingestellt.

Im ausgeregelten Zustand fließt über den I-Regler kein Strom. Der Messumformer ist durch R_{14} nicht belastet. Über Gegenkopplung regelt sich der −Input des OPs X_{1b} auf die Sollwertvorgabe von genau 2,5 V ein. In Abschn. 2.5 wird der integrierende Verstärker ausführlich beschrieben und in Abschn. 5.3.2 das Reglerverhalten von P-, I- und D-Reglern vertieft.

Seien Sie sich darüber im Klaren, dass am Schleifer von Trimmer R_{20} im Regelbereich immer 2,5 V liegen. Würde die Akkuspannung durch den Ladestrom höher werden, so könnte man meinen, dass am Schleifer von R_{20} die Spannung ebenfalls höher wird. Einfachheitshalber nehmen wir mal 2,6 V am Schleifer an. Der Integrator regelt über Gegenkopplung den −Input des OPs auf 2,5 V. Es fließt ein Strom durch R_{14} und den Kondensator C_5, so dass die Ausgangsspannung des Integrators stetig kleiner wird. Die Folge ist, dass der PWM-Komparator kürzere Pulslängen liefert und damit der Transistor V_1 nach Abb. 10.21 länger gesperrt ist. Die Ausgangsspannung sinkt, bis wieder am Schleifer von R_{20} sich eine Spannung von 2,5 V einstellt. In diesem Fall fließt über R_{14} kein Strom mehr. Der Ausregelvorgang ist stabilisiert.

Bei 2,5 V am Schleifer von R_{20} kann der Stellbereich für die Ladeschlussspannung des Li-Ion-Akkus leicht bestimmt werden.

Es errechnet sich folgender Stellbereich:

$$U_{Akku} = \frac{2,5\,V}{R_{20} + R_{21}} \times (R_{19} + R_{20} + R_{21}) = 4,12\,V,$$

$$U_{Akku} = \frac{2,5\,V}{R_{21}} \times (R_{19} + R_{20} + R_{21}) = 4,24\,V.$$

Die Ladeschlussspannung des Li-Ion-Akkus ist für diesen Fall von 4,12 bis 4,24 V einstellbar. Dies gilt für eine Sollwertreferenz von 2,5 V und den dargestellten Widerstandswerten. Ein Trimmer R_{20} von 200 Ω weist natürlich einen größeren Stellbereich der Ladeschlussspannung auf. Stellen Sie ohne angeschlossenen Akku an den Lade-Anschlüssen mit einem Digitalvoltmeter genau ihre gewünschte Ladeschlussspannung ein. C_{out} bewirkt neben C_3 in Abb. 10.22 bzw. im Gesamtschaltbild Abb. 10.4 noch zusätzlich

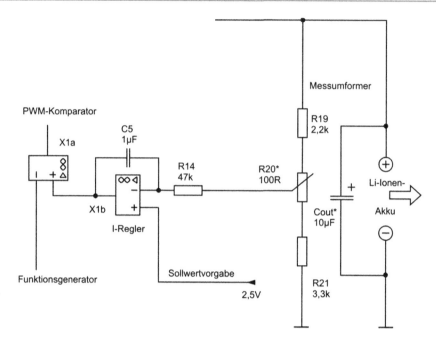

Abb. 10.22 Messumformer mit I-Regler

einen hochkonstanten Spannungsverlauf, so dass Jitter und eventuelle Brummspannungen die Messung der Ladeschlussspannung für den Li-Ion-Akku nicht verfälschen.

Der Messumformer kann im Stellbereich noch dahingehend erweitert werden, dass die Ausgangsspannung auf genau 5 V eingestellt werden kann. In diesem Fall können Smartphones über die Standardspannung des USB-Steckers geladen werden. Aber seien Sie vorsichtig und denken Sie daran, bei der direkten Ladung von Li-Ion-Akkus die Spannung wieder auf den geforderten Bereich von etwa 4 bis 4,3 V je nach Akku-Typ einzustellen!

10.5   Die Funktionsbeschreibung zum Anzeigeteil

Der Anzeigeteil komplettiert den Leistungsteil nach Abb. 10.4. So wird hier über die Leuchtdioden LED_1 bis LED_6 in Abb. 10.23 der augenblickliche Ladestrom bzw. Ladestrombereich angezeigt. Über Trimmer R_{m2} im Leistungsteil kann so bei Anschluss eines Li-Ion-Akkus der maximale Ladungsstrom sichtbar eingestellt werden. Im Laufe der Ladung verringert sich der Ladestrom. Entsprechend ändert sich die Anzeige des LED-Bandes. Die Schaltung der LED-Kaskade ist sehr umfangreich in Abschn. 4.2 mit Rechenbeispielen und Abänderungen beschrieben. Aus Energiebetrachtungsgründen wurde hier die LED-Kaskade bevorzugt, bei der immer nur eine LED zur Zeit leuchtet.

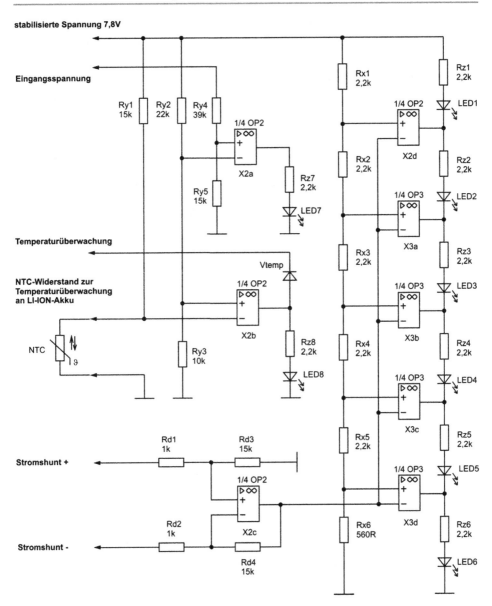

Abb. 10.23 Der Anzeigenteil. Erweiterungsschaltung mit Strombereichs- und Betriebsspannungs-Anzeige sowie Überhitzungsschutzabschaltung mit LED-Meldung. Die fett gedruckten Anschlüsse, mit Ausnahme des NTC-Fühlers, führen zum Leistungsteil. Der NTC-Fühler wird am Akku fixiert

Zur Ansteuerung der LED-Kaskade dient wieder ein Differenzverstärker, der am Stromshunt R_{mess} im Leistungsteil in Abb. 10.4 angeschlossen wird. Die Verstärkung des Differenzverstärkers X_{2c} und die Strombereichsanzeige können natürlich den individuellen Wünschen angepasst werden.

Hinzu kommt noch eine Temperaturüberwachung des Li-Ion-Akkus über einen NTC-Fühler. Bei Überhitzung des Akkus und damit des NTC-Widerstandes schaltet der Komparator X_{2b} auf „High", LED_8 leuchtet und über V_{temp} wird der I-Regler im Leistungsteil durch die hohe Spannung am Ausgang heruntergefahren. Der PWM-Komparator X_{1a} wird gesperrt und der Ladestrom ist damit abgeschaltet.

Noch eine wichtige Kontrollanzeige bezieht sich auf die Eingangsspannung. Bis zu einer Versorgungsspannung von 9 V ist die Schaltung mit Sicherheit funktionstüchtig. Unter 9 V Betriebsspannung erlischt LED_7.

10.5.1   Die LED-Kaskade für die Strombereichsanzeige

Noch mal zur Erinnerung! In Abschn. 4.2 ist die LED-Kaskade sehr ausführlich mit Rechenbeispielen beschrieben. Abb. 10.24 zeigt die Simulationsschaltung mit LTspiceIV zur Strombereichsanzeige nach Abb. 10.23. Dargestellt ist die Monitordarstellung von Schaltung und Diodenstrom-Diagramm. Der Ladestrom von 0 bis 2,5 A wird automatisch in 0,01 A-Schritten durch die Spice-Option .dc I1 0 2.5 0.01 erreicht.

Wir greifen gleich auf die Simulation der Kaskadenschaltung nach Abb. 10.24 zurück. Die Anwendung des Simulationsprogramms LTspiceIV ist in Kap. 9 ausführlich beschrieben. Es ist kostenlos erhältlich und wirklich einfach zu bedienen. Es ermöglicht schnell eine Funktionskontrolle wie Abb. 10.24 zeigt. In der Schaltung wurde ein Universal-OP eingegeben. Die Editierung der Schaltung ist denkbar einfach. Der Ladestrom wurde in diesem Fall über eine Stromquelle von 0 bis 2,5 A simuliert. Dieser Strom fließt über den Stromshuntwiderstand R_{mess}.

Bei den angegebenen Widerstandswerten der Originalschaltung zeigen sich entsprechend des Ladestromes die Aktivierungsströme der einzelnen LEDs. So leuchtet LED_1 etwa bis 1,9 A Ladestrom, LED_2 ist aktiviert in einem Ladestrombereich von etwa 1,5 bis 1,9 A. Weitere Strombereichsanzeigen zeigt das Diagramm.

Nun wäre es vermessen, zu simulieren und Widerstände für Bereichsanzeigen nach der Trial-and-Error-Methode auszuprobieren. Man muss sich schon über die verschiedenen Strombereichsanzeigen im Klaren sein. Dabei spielt die Verstärkung des Differenzverstärkers X_{2c} eine wichtige Rolle.

Die Dimensionierung der LED-Kaskade erfolgt nach folgenden Gegebenheiten:

- Alle OPs werden in unserer Schaltung mit einer Betriebsspannung von 7,8 V versorgt. Die obere Aussteuergrenze für einen Standard-OP wird bei etwa 6,5 V angenommen.

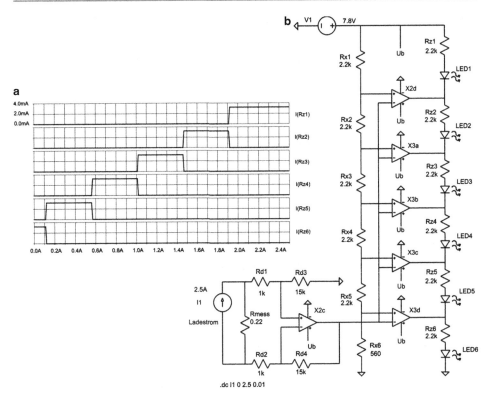

Abb. 10.24 a Diodenstrom-Diagramm, b Schaltung

- Der Stromshunt R_{mess} ist mit $0,22\,\Omega$ gewählt worden. Soll der maximale Ladestrom bei 2 A liegen, so ergibt sich an R_{mess} ein Spannungsfall von 0,44 V. Bei einer Differenzverstärkung durch X_{c2} von 15 würde die Ausgangsspannung des OPs 6,6 V betragen.

- Für maximal 2 A Ladestrom ist die Verstärkung von 15 ein gutes Maß. Für diesen Fall wurden $R_{d3} = R_{d4} = 15\,k\Omega$ und $R_{d1} = R_{d2} = 1\,k\Omega$ gewählt. Soll der Ladestrom nur maximal 1 A betragen, so wäre eine Differenzverstärkung von 30 eine gute Wahl. Für maximal 4 A Ladestrom müsste die Differenzverstärkerschaltung in der Verstärkung entsprechend gesenkt werden. Eine weitere Möglichkeit liegt in der Senkung oder Erhöhung des Stromshuntwiderstandes R_{mess}. Ein Messwiderstand von $0,1\,\Omega$ bei einem maximalen Ladestrom von 2 A müsste für diesen Fall etwa mit einer Differenzverstärkung von 60 angenähert werden. Seien Sie sich darüber im Klaren, welchen maximalen Ladestrom Sie benötigen und wie Sie die Strombereichseinteilung wählen möchten.

- In der Konzeption der Kaskadenschaltung spielen natürlich die Größen der Widerstandswerte von R_{x1} bis R_{x6} ebenfalls eine wesentliche Rolle. So kann R_{x1} gegenüber den anderen Widerständen R_{x2} bis R_{x5} relativ hochohmig gewählt werden. Die Spannungspotenziale an den +Inputs der OPs von der Kaskade werden dann niedriger, die Kaskade reagiert auf die Spannung am Differenzverstärker-Ausgang schon eher.

- Fazit: Günstig erweist es sich, wenn der volle Steuerbereich des Differenzverstärker-OPs genutzt wird. Die maximal genutzte Aussteuergrenze des Differenzverstärkers X_{2c} sollte in der Größenordnung des Spannungspotenzials am +Input von X_{2d} nach Abb. 10.24 liegen.

Wir vergleichen jetzt die Simulation von Abb. 10.24 mit der Berechnung der Strombereichsanzeigen. Diese Rechnung dient gleichzeitig dazu, dass Sie das physikalische Verständnis für die Zusammenhänge erfassen. Sie sollen dazu befähigt werden, Ihre Vorstellungen und Anpassungen hinsichtlich der Strombereichswahl zu individualisieren. Die stabilisierte Versorgungsspannung von 7,8 V ergibt sich aus der Referenzspannungsgewinnung mit der programmierbaren Z-Diode TL431 nach der Schaltung in Abb. 10.4 und kann natürlich verändert werden.

Nach Abb. 10.25 berechnen wir zunächst die Spannungspotenziale an den +Inputs der Kaskade. Für den oberen Operationsverstärker X_{2d} liegen wir relativ nahe an der oberen Aussteuergrenze des OPs, um einen großen Steuerbereich zu nutzen. Die weiteren Spannungspotenziale sind fett gedruckt in Abb. 10.25 dargestellt. Im unteren OP der Kaskade liegen 0,38 V am +Input. Solange der Differenzverstärker X_{2c} eine kleinere Spannung als 0,38 V liefert, leuchtet LED_6. Durch den Verstärker X_{2c} mit $V_u = 15$ gilt dies für eine Spannung an R_{mess} von kleiner als 0,38 V / 15 = 25,3 mV. Ein Ladestrom von unter 25,3 mV / R_{mess} = 115 mA lässt LED_6 leuchten. Die Bereichsanzeige von LED_6 liegt somit zwischen 0 bis 115 mA. Das Diagramm zur Simulation in Abb. 10.24 bestätigt die Übereinstimmung von Rechnung und Simulation.

Jetzt zur Bereichsbestimmung von LED_5. Man bedenke, dass in diesem Fall die vier oberen OPs der Kaskade am Ausgang jeweils ein „High" haben und somit LED_1 bis LED_4 nicht leuchten. Werden 0,38 V am −Input von X_{3d} überschritten, dann erlischt LED_6. Der Ausgang von X_{3d} ist „Low". Bis 1,86 V haben alle OP-Ausgänge X_{2d}, X_{3a}, X_{3b}, X_{3c} ein High-Signal am Ausgang. LED_1 bis LED_4 können nicht leuchten. Nur dort, wo zwischen zwei Ausgängen ein Potenzialunterschied von „High" nach „Low" stattfindet, leuchtet die entsprechende LED. In diesem Fall leuchtet nur LED_5.

Für die Initialisierung von LED_5 gilt nach Abb. 10.25: (1,86 V / 15) / 0,22 Ω = 563 mA. Damit leuchtet LED_5 im Bereich von etwa 115 bis 560 mA. Der Faktor 15 bezieht sich auf die Differenzverstärkerschaltung von OP X_{2c}.

Die weiteren Bereichsanzeigen entnehmen Sie bitte aus dem Diagramm in Abb. 10.24.

Jetzt noch eine sehr wichtige Erkenntnis zur Wahl der 4fach-OPs OP_2 und OP_3. Hinsichtlich der Slewrate der OPs ist hier die Wahl total unkritisch. Jeder OP wäre bei diesen langsamen Stromänderungen während des Ladevorgangs geeignet. Es tritt aber ein anderes Problem auf. Es kann zwar der bekannte und sehr preiswerte 4fach-OP LM324 bei langsamen Schaltvorgängen angewendet werden, auch die Möglichkeit der unipolaren Spannungsversorgung wäre gegeben, aber ein bedeutsamer Mangel tritt auf bei der Anzeige von dem kleinsten Strombereich. So wurde bis 0,38 V am +Input vom Operationsverstärker X_{3d} ein Anzeigebereich von 0 bis 115 mA berechnet. Für einen kleineren Bereich muss die Spannung am +Input von X_{3d} noch kleiner gewählt werden. Damit

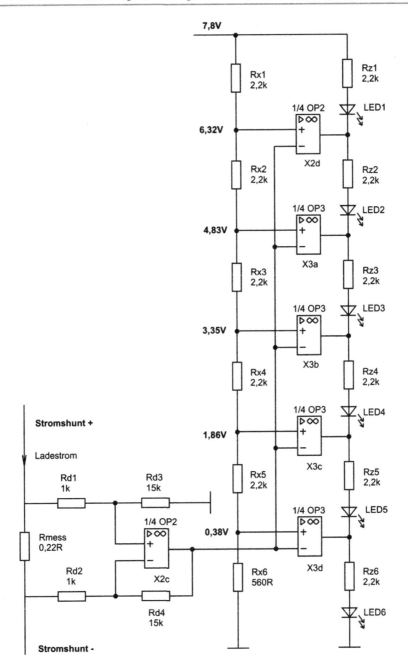

Abb. 10.25 Berechnungsgrundlagen zur LED-Bereichsanzeige

muss die Aussteuergrenze von dem OP X_{2c} auf alle Fälle unter 0,38 V liegen. Der OP LM324 liegt aber bei seiner unteren Ausgangs-Aussteuergrenze bei 0,6 V. Er wäre für diesen Messbereich nicht funktionsfähig. Abhilfe schafft hier in jedem Fall ein Rail-to-Rail-OP (siehe Abschn. 7.5) oder eben ein OP, dessen untere Aussteuergrenze sehr niedrig liegt. Suchen Sie sich einen entsprechend preisgünstigen 4fach-OP unter der Rubrik „opamp datasheet" im Internet aus. Der Autor hat für OP_2 den 4fach OP MC34074P verwendet. Die untere Aussteuergrenze liegt hier gemessen bei 160 mV. Geben Sie im Internet einfach „datasheet MC34074P" ein. Alle Daten des Typs liegen dann im PDF-Format vor.

10.5.2 Temperaturüberwachung und Versorgungsspannungskontrolle

Die Temperaturüberwachung wird realisiert mit dem Operationsverstärker X_{2b}. Er ist als einfacher Komparator geschaltet. Über den Spannungsteiler R_{y2} und R_{y3} liegt am +Input von X_{2b} ein Spannungspotenzial von $(7,8 \text{ V} \times R_{y3}) / (R_{y2} + R_{y3}) = 2,44$ V. Wird am −Input über den Spannungsteiler R_{y1}, NTC die Spannung kleiner als 2,44 V, dann schaltet der Ausgang von X_{2b} auf „High". LED_8 leuchtet und über die Diode V_{temp} wird der I-Regler angesteuert. Am Ausgang vom I-Regler sinkt die Spannung gegen 0 V. Der PWM-Komparator X_{1a} im Leistungsteil wird gesperrt. Der Ladestrom ist abgeschaltet.

Berechnet man die Abschalttemperatur für die Schaltung nach Abb. 10.26 und dem NTC-Diagramm nach Abb. 10.27 so ergibt sich folgender Rechenweg:

$$R_{NTC} = U_{NTC} / I_{NTC} = 2,44 \text{ V} / ((7,8 \text{ V} - 2,44 \text{ V}) / R_{y1}) = 6,82 \text{ k}\Omega.$$

Für 6,82 kΩ ergibt sich laut NTC-Diagramm eine Abschalttemperatur des Akkus von etwa 35 °C.

Für $R_{y2} = 47$ kΩ würde sich am +Input von X_{2b} ein Potenzial von $7,8 \text{ V} \times R_{y3} / 2 = 1,37$ V ergeben.

$$R_{NTC} = U_{NTC} / I_{NTC} = 1,37 \text{ V} / ((7,8 \text{ V} - 1,37 \text{ V}) / R_{y1}) = 3,2 \text{ k}\Omega.$$

Für 3,2 kΩ ergibt sich laut NTC-Diagramm eine Abschalttemperatur von etwa 55 °C.

Die Beispiele sollen nur über den Rechenweg das physikalische Prinzip verdeutlichen. Eine Wahl eines anderen NTC-Widerstandes ist natürlich möglich. Die Widerstandswerte Für R_{y1}, R_{y2} und R_{y3} müssen dementsprechend angepasst werden. Empfohlen werden Abschalttemperaturen bei 50 °C.

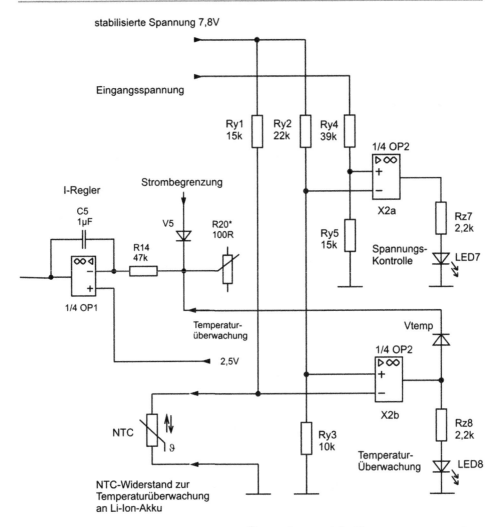

Abb. 10.26 Schaltungsbereich der Temperatur-Überwachung und der Versorgungsspannungskontrolle

Die Versorgungsspannungskontrolle nach Abb. 10.26 gestaltet sich sehr einfach. Der als Komparator geschaltete Operationsverstärker X_{2a} bekommt über R_{y2} und R_{y3} ein definiertes Potenzial am −Input. Es ist das gleiche Potenzial von 2,44 V wie am NTC-Komparator X_{2b}. Wird die Spannung am +Input von X_{2a} größer als 2,44 V, dann wird LED$_7$ initialisiert. Dies ist bei einer Eingangsspannung von größer 2,44 V / $R_{y5} \times (R_{y4} + R_{y5}) = 8,8$ V der Fall. Ab 8,8 V Eingangsspannung ist die stabilisierte Referenzspannung von 7,8 V stabil. LED$_7$ zeigt an, dass die Funktionssicherheit des Ladereglers gewährleistet ist.

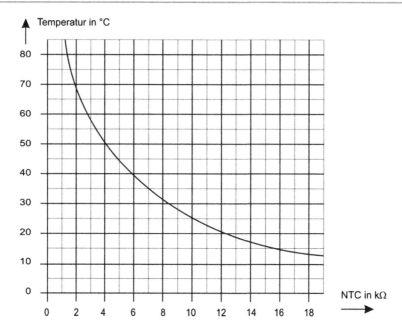

Abb. 10.27 Kennlinie eines $10\,k\Omega\,/\,25\,°C$ Standard-NTCs

10.6   Bauteile-Empfehlungen

In diesem Kapitel werden Bauteile empfohlen, die ein sicheres Arbeiten des Ladereglers garantieren, leicht erhältlich und preiswert sind.

10.6.1   Operationsverstärker und Transistoren

Für niedrige Frequenzen und unipolarer Spannungsversorgung eignen sich viele OPs. Im Leistungsteil mit dem 4fach-Operationsverstärker OP_1 sollte in jedem Fall ein OP mit einer Slewrate von mindestens $10\,V\,/\,\mu s$ gewählt werden. Bis etwa $20\,kHz$ reichen die Standard-OPs TL084, TL074, MC34074P o. ä. Der LM324, als einer der bekanntesten OPs, kann aufgrund der niedrigen Slewrate hier nicht verwendet werden. Empfehlenswert für den Leistungsteil ist der Operationsverstärker MC34074P. Dadurch entfällt auch der Taster mit R_8, wie es im nächsten Kapitel ausführlich beschrieben wird.

Für den 4fach-Operationsverstärker OP_2 und OP_3 im Anzeigenteil eignen sich trotz keiner schnellen vorhandenen Schaltvorgänge nur der MC34074P der oberen aufgeführten OPs. Ein Mangel liegt in der unteren Aussteuergrenze von TL084, TL074und LM324. So schaltet der LM324 am Ausgang herunter auf minimal $0,6\,V$. Zu hoch für eine Strombereichsanzeige unter $100\,mA$ nach Abschn. 10.5.1. Die TL074- und TL084-OP-Typen liegen in den unteren Aussteuergrenzen noch höher. Der MC34074P schafft es herunter bis auf gemessene 160 mV in der Schaltung. Für die untere Strombereichsanzeige durchaus ausreichend. Will man aber so tief in der Strombereichs-Anzeige gehen, dass LED$_6$ im Bereich 0 bis 20 mA aktiviert ist, empfiehlt sich ein Rail-to-Rail-OP (Abschn. 7.5). Für den Anzeigenteil ist eine sehr gute und preiswerte Wahl der Rail-to-Rail-OP LMC6484N.

Für alle Kleinleistungstransistoren reichen die bekannten Typen BCxxx. In der Schaltung wurde der BC337 verwendet. Andere Typen sind ebenso unkritisch. Für den Darlington-Leistungstransistor ist der PNP-Typ TIP137 eine gute Wahl. Der maximale Kollektorstrom ist für diesen Typ mit 8 A angegeben und in jedem Fall ausreichend.

10.6.2 Die Bedingungen zur Verwendung eines Tasters im Leistungsteil

Im Schaltungsausschnitt des Leistungsteiles in Abb. 10.30 ist ein Taster in Verbindung mit dem Widerstand R$_8$ vorgesehen. Diese Einheit wird nur dann notwendig, wenn der zu ladende Li-Ion-Akku eine Spannung unter 1 V aufweist und OP$_1$ funktionsangepasste Bedingungen nicht erfüllt.

Dazu zeigt Abb. 10.28 folgende Situation: Der zu ladende Akku ist total entladen und weist eine Spannung von 0 V auf. Am Stromshuntwiderstand R$_{mess}$ liegen dann beidseitig 0 V für den Fall, dass der Leistungstransistor V$_1$ nach Abb. 10.30 nicht durchgeschaltet ist. Damit liegen auch jeweils 0 V an den Eingängen vom 4fach-OP$_1$ X$_{1d}$. Dieser OP wird in der Schaltung unipolar mit 7,8 V versorgt. Betrachten wir die Eingangsstufen von Standard-OPs nach Abb. 10.29, so besteht die Eingangsstufe prinzipiell aus einem Dif-

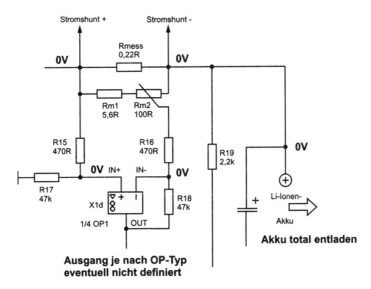

Abb. 10.28 Die Spannungsverhältnisse an OP1 X$_{1d}$ bei einer Akkuspannung von 0 V und gesperrten Transistor V$_1$

Abb. 10.29 Die prinzipielle Funktion von OP-
Eingangsstufen. Es wird eine Mindestspannung zwischen
den Inputs und Masse benötigt,
damit eine sichere Steuerfunk-
tion gewährleistet ist

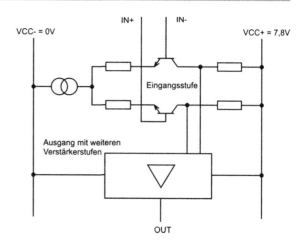

ferenzverstärker mit Bipolar- oder FET-Transistoren. Hinzu kommt im hier dargestellten
sehr vereinfachten exemplarischen Schaltbild noch eine Konstantstromquelle. Es soll hier
nur deutlich werden, dass die Eingänge IN+ und IN− gegen Masse im hier dargestellten Fall durch die Basis-Emitterspannung der angesteuerten Transistoren schon größer als
0,6 V sein müsste. Hinzu kommt noch der Spannungsfall für die Konstantstromquelle. Für
FET-Eingänge gilt ähnliches.

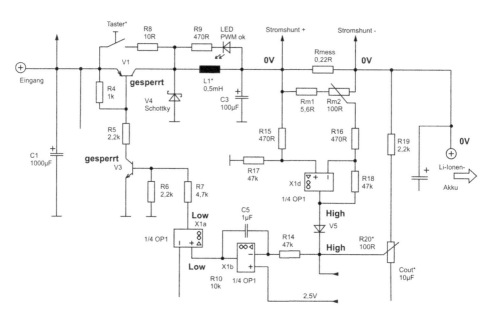

Abb. 10.30 Die Funktionsverhältnisse bei Gebrauch des Vierfach-OPs OP1 Typ TL084 bei einer
Akkuspannung von 0 V

Es stellt sich bei der Verwendung von einigen OP-Typen folgendes Problem ein. Bei sehr kleinen Eingangsspannungen an den Eingängen von X_{1d} steuern die Eingangstransistoren nicht durch. Der interne Differenzverstärker des OPs arbeitet nicht einwandfrei. Der Ausgang von X_{1d} ist nicht definiert.

Bei den preiswerten Typen der TL084, TL074, TL0...-Serie kippt der Ausgang des OPs auf „High", wenn an R_{mess} beidseitig Spannungen unter $0{,}7\,V$ liegen. Erst bei höherer Spannung arbeitet der Differenzverstärker einwandfrei.

So zeigt sich nach dem Schaltungsausschnitt in Abb. 10.30 bei der Anwendung des Operationsverstärkers TL084 folgender Funktionsverlauf, wenn der zu ladende Akku eine Spannung von etwa $0\,V$ aufweist. An R_{mess} liegen beidseitig $0\,V$. Diese Spannungen sind zu klein um den Differenz-Eingangsverstärker nach Abb. 10.29 funktionsgerecht zu steuern. Der interne Differenzverstärker des OPs erfüllt nicht seine Funktion. Bei dem TL084 weist der Ausgang in diesem Fall ein „High" auf. Dieses „High" steuert den I-Regler X_{1b} auf „Low". V_3 sperrt und somit auch V_1. Es fließt kein Ladestrom. Die Funktion verbleibt, wie sie in Abb. 10.30 dargestellt ist.

Messtechnisch zeigt sich erst die Funktionstüchtigkeit, wenn der zu ladende Akku eine Spannung von größer als $0{,}7\,V$ besitzt. In diesem Fall setzt die Funktionstüchtigkeit des TL084 ein. Es wird am Ausgang von X_{1d} die Differenzspannung entsprechend des Widerstandverhältnisses von $R_{15}...R_{18}$ angezeigt. Da diese Ausgangsspannung nicht ausreicht, um auf den I-Regler X_{1b} über V_5 zuzugreifen, wird zunächst über den Messumformer R_{19}, R_{20}, R_{21} der I-Regler gegen seine Aussteuergrenze gefahren. Dabei steuert X_{1a} und damit V_3 und der Leistungstransistor V_1 durch. Es fließt ein Ladestrom. Die Spannung über R_{mess} wird größer, der Differenzverstärker X_{1d} steuert gegen „High". V_5 schaltet durch und senkt die Ausgangsspannung des I-Reglers soweit ab, dass über ein entsprechendes Pulspausenverhältnis sich ein Ladestrom durch die Potistellung von R_{m2} einstellt.

Jetzt zur Funktionsweise des Tasters: Beträgt die Akkuspannung etwa $0\,V$, so läuft die Schaltung bei Verwendung der TL0...-Serie nicht an. Ist der Akku nicht defekt, so reichen kurze Betätigungen des Tasters aus, um die Schaltung funktionstüchtig zu machen. Kurze Tasterbetätigungen bewirken entsprechende Ladeströme über R_8 zum Akku. Diese kurzen Stromladeimpulse bedingen bei nicht defekten Li-Ion-Akkus einen sofortigen Leerlaufspannungsanstieg von größer als $1\,V$. Die Ladestromschaltung läuft damit mit OPs der TL0...-Serie an.

Besser ist die Verwendung von OPs, die bei Akkuspannungen um $0\,V$ nach Abb. 10.30 ein „Low"-Signal aufweisen. So eine Schaltung läuft automatisch an und benötigt keinen Taster. Der Autor hat mit dem Operationsverstärker MC34074P gute Erfahrungen gemacht. Es ist ein 4fach-OP und kann in den Leistungsteil der Schaltung nach Abb. 10.30 eingesetzt werden.

Abschließend zum vorher Gesagten ist der Vierfach-Operationsverstärker MC34074P sowohl im Leistungs- und Anzeigenteil eine gute, funktionssichere und preiswerte Wahl.

10.7 Anhänge zum Projekt Li-Ion-Regler

10.7.1 Die Verwendung des Leistungsteils als Li-Ion-Laderegler ohne Anzeigeteil

Der Leistungsteil ist für sich voll funktionsfähig, jedoch mit dem Nachteil, dass die Ladestromanzeige und der Temperaturschutz für den zu ladenden Akku fehlen. Wird nur immer ein gleicher Typ zur Akku-Ladung verwendet, so kann über R_{m2} der Ladestrom einmalig eingetrimmt werden. Gleiches gilt für die Einstellung der Ladeschlussspannung über R_{20}. Da bei Erreichen der Ladeschlussspannung der Akkustrom auf die Größe des Erhaltungsstromes sinkt, wäre hier auch keine weitere LED-Anzeige nötig. Auf jeden Fall zeigt die LED „PWM ok" die Funktionstüchtigkeit der Schaltung an. Die Helligkeit dieser LED wird bei zunehmender Ladung des Akkus geringer, da das Pulspausenverhältnis des Schaltreglers zugunsten der Pause größer wird.

Die Anschlüsse „Eingangsspannungsmessung", „Stromshunt" und „Temperaturüberwachung" werden nicht benötigt. Außerdem kann der Taster mit R_8 bei Verwendung des OPs MC34074P, wie in Abschn. 10.6.2 beschrieben, entfallen.

Da die stabilisierte Spannung von 7,8 V durch den fehlenden Anzeigenteil nicht zusätzlich belastet wird, **muss** auf R_{par} zur Stromentlastung von V_2 verzichtet werden. Bei größeren Eingangsspannungen ab etwa 15 V würde sonst über R_{par} ein so großer Strom fließen, dass sich die Spannung am Emitter von V_2 über 7,8 V erhöht. Die Spannung an R_3 übersteigt damit die 2,5 V an der Steuerelektrode des TL431. Der TL431 steuert durch. Die Basisspannung an V_2 sinkt. Der Transistor V_2 sperrt. Die Versorgungsspannung funktioniert ausschließlich über R_{par}. Die Regelschaltung fällt aus. Anstelle von 7,8 und 2,5 V bilden sich über den Spannungsteiler R_{par}, R_2, R_3 und deren Querstrombelastung durch die Elektronik zwei Spannungen aus, die mit der Erhöhung der Eingangsspannung sich vergrößern.

10.7.2 Die Verwendung des Leistungsteils zur Aufladung von Smartphones

Die Schaltung in Abb. 10.31 eignet sich durch leichte Abwandlungen auch vorzüglich für eine Ladeschaltung für Smartphones. Die Ausgangsspannung muss für diesen Fall 5 V betragen. Entsprechend des Smartphones muss der Ladestecker angepasst werden. Als Einspeisung kann ein Kfz-Akku oder auch ein Solarmodul dienen. Bedenken Sie, dass dieser Schaltregler durch seine DC-DC-Transformation sich optimal für Solarmodule eignet. So kann aus Solarmodulen mit Leerlaufspannungen von beispielsweise 20 V und Kurzschlussströmen von 0,3 A immerhin noch ein Ladestrom von etwa 1 A bei 5 V am Ausgang geliefert werden.

Vorteilhaft ist es, dass die Strombegrenzung des Differenzverstärkers X_{1d} nach Abb. 10.31 entfallen kann, da die Ladeautomatik im Smartphone nur die 5 V benö-

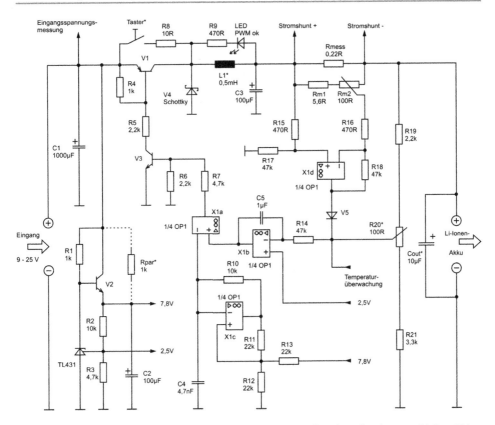

Abb. 10.31 Kompletter Leistungsteil als Vollwert-Schaltung für einen bestimmten Li-Ion-Akku-Typ

tigt. Durch den Wegfall der Strombegrenzung läuft die Schaltung als PWM-Regler immer an, auch wenn der sehr preisgünstige Operationsverstärker TL084 verwendet wird. Die Anlaufproblematik, wie in Abschn. 10.6.2 beschrieben, stellt sich hier sowieso nicht, da am Ladeausgang ja kein Akku von 0 V anliegen kann. Damit entfällt auch der Taster und R_8 nach Abb. 10.31.

Für eine Ausgangsspannung von 5 V wird der Messumformer nach Abb. 10.32 geändert. Der Messumformer R_{19}, R_{20} bestimmt die Ausgangsspannung. Sie errechnet sich in diesem Fall aus der Referenzspannung von $2,5\,V / R_{21} \times (R_{19} + R_{21}) = 5\,V$. Für diese Spannung müssen die beiden Widerstände gleich groß sein. Andere Werte von 1 bis 5 kΩ sind ebenso möglich.

Zur Anzeige der Ausgangsspannung mit der LED „U_a ok" wird der 4-fach-OP X_{1d} verwendet. Er hatte nach Schaltung Abb. 10.31 mit R_{m2} die Funktion der Strombegrenzungseinstellung. Jetzt wird dieser OP X_{1d} zur Anzeige der funktionsgerechten Ausgangsspannung genutzt. Die LED leuchtet in diesem Fall ab einer Spannung von

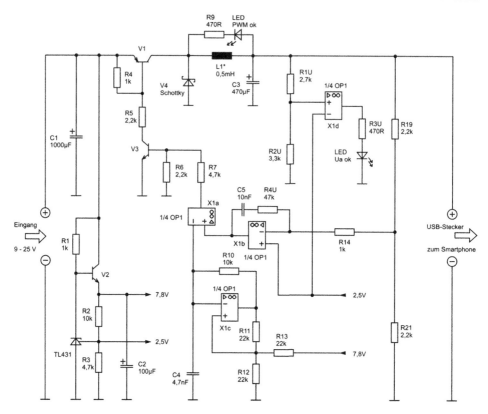

Abb. 10.32 Abgewandelter Leistungsteil zur Aufladung von Smartphones. Das Layout der Schaltung und die Bauelementbezeichnungen von Abb. 10.31 wurden weitgehend beibehalten, damit die Veränderungen sichtbarer werden

$2{,}5\,\text{V}/R_{2U} \times (R_{1U} + R_{2U}) = 4{,}54\,\text{V}$ und zeigt damit das Vorhandensein einer funktionsgerechten USB-Steckerspannung an.

Im Prinzip handelt es sich um ein Schaltnetzteil mit einer Ausgangsspannung von 5 V und kann auch als 5 V-Stromversorgungsgerät verwendet werden. Aufgrund dieser Tatsache wurde C_3 in seiner Kapazität größer gewählt. Die Ausgangsspannung ist damit funktionsgerecht geglättet und weist messtechnisch bei einem Laststrom von 2 A einen kleineren Ripple als $40\,\text{mV}_{ss}$ auf. Ein akzeptabler Wert für ein Schaltnetzteil.

Die Funktion des I-Reglers OP_1 X_{1b} wird durch einen PI-Regler nach Abb. 10.32 ersetzt. Der schnelle P-Anteil mit einer Verstärkung von $R_{4U}/R_{14} = 47$ gleicht Spannungsänderungen am Ausgang durch Laststromschwankungen wirkungsvoll aus. Der I-Anteil verhindert Regelabweichungen. Weitere Beschreibungen zum PI-Regler finden Sie in Abschn. 5.3.2, zu den Schaltnetzteilen in Abschn. 5.4 und zur Problematik zum Betrieb von Solarmodulen an Schaltnetzteilen in Abschn. 5.4.2. Hier wird auch darauf hingewiesen, weshalb der Pufferkondensator C_1 unbedingt bei der Einspeisung der Schaltung mit Solarmodulen nötig ist.

10.7.3 Die Gesamtschaltung des Anzeigenteiles

Über den Anzeigenteil in Abb. 10.33 kann der Ladestrombereich sichtbar über die LED-Kaskade angezeigt und der maximale Ladestrom über R_{m2} im Leistungsteil für den jeweiligen zu ladenden Akku eingestellt werden. Über R_{x1} bis R_{x6} wird die Strombereichsanzeige durch LED_1 bis LED_6 festgelegt. Soll erst unter 70 mA der Erhaltungsladestrom über LED_6 angezeigt werden, so liegt an R_{mess} im Leistungsteil eine Spannung von $R_{mess} \times 70\,mA = 0,22\,\Omega \times 70\,mA = 15,4\,mV$. Diese Spannung wird durch die Differenzverstärkerschaltung OP_2 X_{2c} um den Faktor 15 verstärkt. Am Ausgang von X_{2c} und damit auch am −Input von OP_3 X_{3d} liegen $15 \times 15,4\,mV = 231\,mV$. Die Widerstandskette von R_{x1} bis R_{x6} muss in diesem Fall so konzipiert werden, dass an R_{x6} eine Spannung von 231 mV liegt. Unterschreitet der Ladestrom an R_{mess} den Wert von 70 mA, so kippt der Ausgang von OP_3 X_{3d} auf „High". LED_6 leuchtet und LED_5 wird deaktiviert.

Überschlägig, sehr einfach und trotzdem sehr genau kann hier eine Rechnung für die Strombereichsanzeige wie folgt durchgeführt werden:

Wir nehmen einen Querstrom durch die Widerstandskette R_{x1} bis R_{x6} von beispielsweise 1 mA an. Der Gesamtwiderstand der Kette würde sich zu $7,8\,V\,/\,1\,mA = 7,8\,k\Omega$ errechnen. Für 70 mA ergäbe sich an R_{x6} ein Spannungsfall von 231 mV. Das macht einen Normwiderstand von $231\,mV\,/\,1\,mA \approx 220\,\Omega$ aus. Ein 70 mA-Schritt entspricht etwa 220 Ω. Soll für jede weiterfolgende Anzeige der Strom etwa 500 mA höher liegen, so kann unter Berücksichtigung von Widerstands-Normwerten R_{x2} bis R_{x5} recht einfach abgeschätzt werden. Ein 500 mA-Schritt ist etwa 7mal so groß wie ein 70 mA-Schritt mit 220 Ω. Eine 500 mA-Abstufung benötigt dann einen Norm-Widerstand von $7 \times 220\,\Omega \approx 1,5\,k\Omega$. R_{x2} bis R_{x5} werden zu 1,5 kΩ gewählt. Macht zusammen einen Widerstandswert der Kette von R_{x2} bis R_{x6} von $4 \times 1,5\,k\Omega + 220\,\Omega \approx 6,2\,k\Omega$. Der Gesamtwiderstand der Widerstandskette errechnete sich zu 7,8 kΩ. R_{x1} wird mit $7,8\,k\Omega − 6,2\,k\Omega = 1,6\,k\Omega$ berechnet. Gewählt wird ein Normwert von 1,5 kΩ.

Folgende Abstufungen für die Stromanzeige liegen für unsere Schätzungen vor:

LED_6: 0–70 mA
LED_5: 70–570 mA
LED_4: 570–1070 mA
LED_3: 1,07–1,57 A
LED_2: 1,57–2,07 A
LED_1: > 2,07 A

Wird ein Querstrom über die Widerstandskette von nur 0,1 mA angenommen, so errechnen sich 10fach höhere Werte für die Widerstände R_{x1} bis R_{x6}. Beachten Sie bitte,

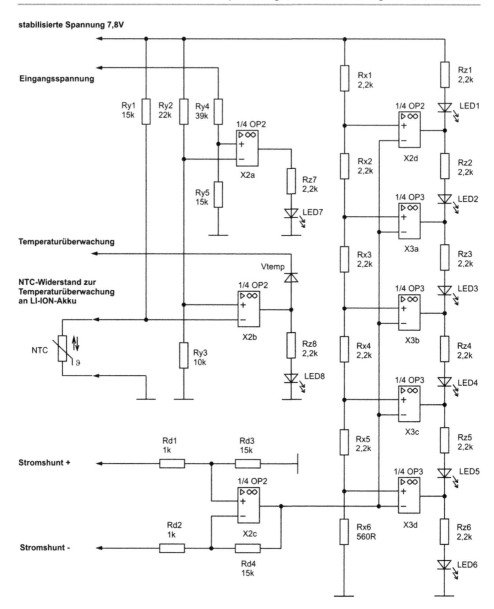

Abb. 10.33 Der Anzeigeteil mit Eingangsspannungs- und Temperaturüberwachung und Strombereichsanzeige

dass der Querstrom nicht so klein gehalten wird, weil die Offsetströme der OPs schon eine Rolle spielen. 0,1 mA Querstrom ist damit noch eine sehr gute Wahl.

Eine Temperaturüberwachung des Li-Ion-Akkus ist über einen NTC-Fühler möglich. Bei Überhitzung schaltet der Regler den Ladestrom ab.

Die Eingangsspannung wird über LED$_7$ angezeigt. Über 8,8 V ist die LED aktiviert. Die Funktionssicherheit des Ladereglers ist gewährleistet.

Beschrieben werden die Berechnungen zum Abschaltvorgang und zur Eingangsspannungsanzeige in Abschn. 10.5.2.

10.7.4 Ein Beispiel für die Gesamtschaltung auf einer Euro-Lochstreifenplatine

Für einen Prototyp ist ein Aufbau auf einer Lochstreifen-Platine im Euroformat eine wenig aufwändige Möglichkeit. Für dieses Format gibt es geeignete Alu-Gehäuse, die über entsprechende interne Halterungen die Europakarte fest im Gehäuse fixieren.

Abb. 10.34 zeigt die Verwendung einer Lochstreifen-Platine im Euro-Format mit allen Bauteilen aus dem Leistungsteil und dem Anzeigenteil. Es fehlen der Taster und R$_8$.

Für die Drossel L$_1$ und das Kühlblech für den Transistor V$_1$ ist genügend Platz gelassen worden, so dass hier Kühlblechgröße und auch die Abmessungen der Drossel keine Rolle spielen.

Beachten Sie die Zeichenerklärung unterhalb der Platine!

Vergrößern Sie die Querschnitte der Ladestrombahnen, indem Sie zwei Leiterstreifen mit 1,5 mm^2 Cu zusammenlöten.

Drahtbrücken, die hohe Ströme führen können, sind mit 1,5 mm^2 gekennzeichnet.

Drahtbrücken können auch drei Lötstreifen gleichzeitig verbinden. Dazu sollte der Draht so dünn gewählt werden, dass zwei Drähte in ein Platinenloch passen.

Die grau dargestellten Rechtecke sind Lochstreifenunterbrechungen. Sie können mit einem 3 mm-Spiralbohrer geschaffen werden.

Alle Kreuze sind Lötstellen.

Es handelt sich um die Draufsicht. Beachten Sie, dass die Lötstellenunterbrechungen auf der Rückseite spiegelverkehrt liegen.

Das Kühlblech von V$_1$ sollte den Gehäuseräumlichkeiten angepasst werden. Die Verlustleistung von V$_1$ ist durch den Schaltbetrieb relativ gering, doch sollte man bei Ladestromgrößen von 5 A geripptes 1 mm Alublech von 15 cm^2 Gesamtoberfläche berücksichtigen.

Der obere 4fach-OP initialisiert die Leuchtdioden LED5 bis LED8, der untere linksseitig verwendete OP bedient die Leuchtdioden LED1 bis LED4 und den Differenzverstärker für den Stromshunt.

Aus verdrahtungsoptimierten Gründen wurden hier die Indizes der beiden OPs aus der Anzeige in Abb. 10.33 nicht beibehalten.

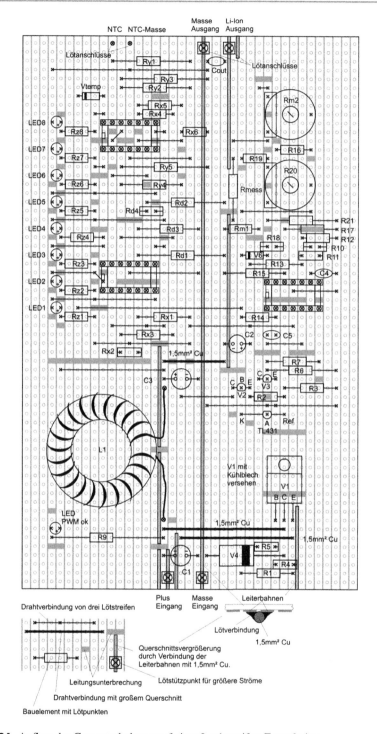

Abb. 10.34 Aufbau der Gesamtschaltung auf einer Lochstreifen-Europlatine

10.7.5   Die praktische Ausführung des Li-Ion-Ladereglers

Abb. 10.35 zeigt die praktische Ausführung des Lochstreifenplatinen-Layouts nach Abb. 10.34. Es handelt sich hier um ein Aluminium-Flachgehäuse von 30 mm Höhe,

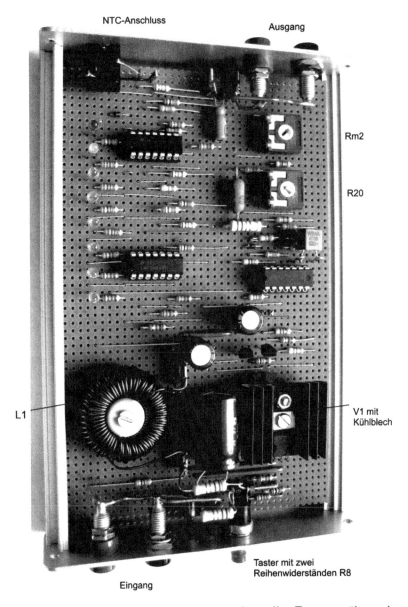

Abb. 10.35 Der Anzeigeteil mit Eingangsspannungskontrolle, Temperaturüberwachung und Strombereichsanzeige

das einen Einschub für eine Euro-Platine besitzt. Insgesamt soll die Abbildung eine Vorstellung von den Bauteilgrößen besser ermöglichen.

Für die Ein- und Ausgänge wurden hier die handelsüblichen 4 mm-Bananenbuchsen verwendet.

Der NTC-Anschluss besteht aus einem Klinkenstecker.

Zusätzlich ist der Taster mit dem Widerstand R_8 verbaut. Verwendet wurden in diesem Fall zwei in Reihe geschaltete Widerstände von je $5,6\,\Omega$. Der Taster kann, wie in Abschn. 10.6.2 beschrieben, bei Verwendung geeigneter Operationsverstärker entfallen.

Das Platinen-Layout in Abb. 10.34 ist so gestaltet, dass für L_1, C_1 und den Transistor V_1 mit Kühlblech genügend Platz zur Verfügung steht. Je nach Bauteilgrößen kann hier das Layout individuell angepasst werden.

Der Alu-Deckel enthält die Bohrungen für die Leuchtdioden und zwei Bohrungen für die Trimmer R_{m2} zur Ladestrom- und R_{20} zur Ladeschlussspannungseinstellung.

Die Induktivität L_1 kann in ihrem Wert weit variieren. $0,5\,mH$ und viel größere Werte sind unkritisch. Bedingung ist vielmehr, dass die baulichen Abmessungen den Einbau in das Platinen-Layout und in das verwendete Gehäuse ermöglichen. Dimensionierungsgesichtspunkte zu L_1 sind in Abschn. 10.4.3 ausführlich dargestellt.

Der Kondensator C_1 mit $1000\,\mu F$ kann ebenfalls im Wert größer gewählt werden. Auch hier spielen die baulichen Abmessungen gegebenenfalls eine Rolle. Kleiner sollte der Wert der Kapazität nicht gewählt werden. Die Spannungsfestigkeit des Kondensators muss mindestens $25\,V$ betragen.

10.7.6 Das Schlusswort zum Projekt

Mit steigender Akkuspannung wird der Ladestrom immer kleiner, um bei der Ladeschlussspannung auf einen geringen, für den Akku unschädlichen Wert des Haltestromes, zu sinken. Dieser in der Höhe akzeptable dauerhafte Ladestrom ist nur bei präziser Einhaltung der Ladeschlussspannung einzuhalten. Nach Expertenmeinungen sollte nach Erreichen des Haltestromes der Akku möglichst bald vom Ladegerät getrennt werden, um langfristig eine vorzeitige Alterung des Akkus zu verhindern. Beachten Sie die Herstellerangaben hinsichtlich der Ladeschlussspannung. In den meisten Fällen darf die Ladeschlussspannung nicht höher als $4,2\,V$ eingestellt werden. Benutzen Sie ein Digitalmessgerät zur Einstellung der Ladeschlussspannung am Ladeausgang. Der Regler hält diese Spannung verlässlich ein. Zu hoch eingestellte Ladeschlussspannungen zerstören den Akku bis hin zur Zerstörung.

Die Ladestrombegrenzung wird für den zu ladenden Akku über den Trimmer Rm2 eingestellt. Die Höhe des Ladestromes ist dabei über das Leuchtdiodenband LED1 bis LED6 zu erkennen. Empfehlenswert ist eine Ladestrombegrenzung unterhalb der relativen Ladestrombegrenzung von 1 C, wie es in Abschn. 10.2 beschrieben wird. Verkleinert sich der Ladestrom soweit, dass nur noch LED6 leuchtet, ist der Akku zu etwa 95 % voll und kann der Ladeeinheit entnommen werden.

Die Schaltung ist sehr funktionssicher und wurde auf mehreren Lochstreifenplatinen nach dem Layout in Abb. 10.33 erprobt. Nun ist für die Größe der Gesamtschaltung eine Lochstreifenplatine in ihrer Anwendung schon grenzwertig, aber für eine Einzelstückanfertigung noch immer eine gute ökonomische Entscheidung.

Für die Erstellung mehrerer Regler wäre die Entwicklung eines doppelseitigen Platinen-Layouts günstiger. Gut geeignete professionelle Platinenlayout-Programme wären Pad2Pad und KiCad. Sie sind kostenlos als Download erhältlich. Auch das bekannte Layout-Programm Sprint-Layout von Abacom ist sehr kostengünstig, leicht zu handhaben und damit sehr empfehlenswert. Ein Printlayout lohnt sich meines Erachtens allerdings nur für die Herstellung mehrerer Schaltregler. Dazu sollten auch vorher die Abmessungen aller Bauteile unbedingt bekannt sein.

Die Erstellung des Projekts wurde mit größter Sorgfalt vorgenommen. Die Schaltung ist funktionsstabil und lässt entsprechend der Beschreibung auch bei der Wahl von Bauelementgrößen und deren Werten verschiedene Anpassungen zu. Das Lochstreifenplatinen-Layout nach Abb. 10.33 wurde mehrfach nachgebaut. Hier ist größte Sorgfalt geboten. Es hat sich gezeigt, dass Probanden durch Unachtsamkeiten insbesondere Leiterbahnunterbrechungen und Drahtbrücken übersehen hatten. Individuelle Abänderungen durch die Wahl größerer bzw. kleinerer Drosseln L_1 und Kühlbleche sind ohne große Veränderungen im dargestellten Platinen-Layout möglich, ohne das gesamte Layout zu verändern.

Trotz mehrfacher Kontrollen und Nachbauten können Fehler nicht vollständig ausgeschlossen werden. Verlag und Autor können für fehlerhafte Angaben und deren Folgen weder eine juristische Verantwortung noch irgendwelche Haftungen übernehmen.

Lösungsanhang

Aufgabenstellung 1.8.1

Die Verstärkung soll nur mit 1000 angenommen werden. Dies ist normalerweise ein un-
realistischer Wert. Es soll nur erkannt werden, dass der OP bei den angegebenen Eingangsspannungen nicht in die Aussteuergrenze kommt.

Lösungen:

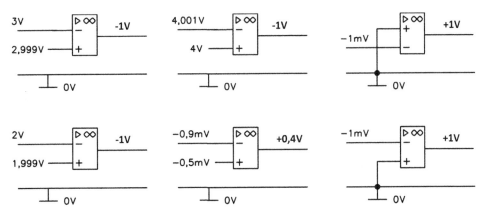

Für den 1. Fall in der Abbildung oben links ist die Differenzspannung 3 V − 2,999 V =
1 mV. Diese Spannung wird 1000fach verstärkt. Da aber das positivere Potenzial am
−Input liegt, ist die Ausgangsspannung −1 V.

Für die weiteren Aufgaben gelten die gleichen Überlegungen. Es wird nur die Differenzspannung am Eingang verstärkt.

Aufgabenstellung 1.8.2

Lösungen: Durch die große Verstärkung von 100.000 müsste am Ausgang bei einer Differenzeingangsspannung von 1 mV die Ausgangsspannung 1 mV × 100.000 = 100 V sein.
Es leuchtet aber unmittelbar ein, dass bei einer Spannungsversorgung des OPs von ±15 V

© Springer Fachmedien Wiesbaden GmbH 2017   445
J. Federau, *Operationsverstärker*, DOI 10.1007/978-3-658-16373-0

die Ausgangsspannung diesen Wert nicht überschreiten oder gar erreichen kann. Durch interne Spannungsfälle im OP hinsichtlich der Kristallwiderstände und Schwellspannungen soll die Aussteuergrenze laut Aufgabenstellung mit ± 14 V angenommen werden. Alle Differenzeingangsspannungen der Schaltungen in der folgenden Abbildung steuern die OP-Ausgänge in die Aussteuergrenze von -14 oder $+14$ V je nach Polung der Eingangsspannung.

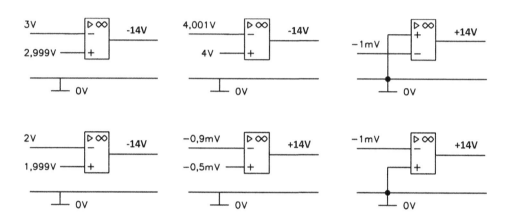

Aufgabenstellung 2.1.1

a) Wie groß ist U_a bei $U_e = 1$ V? Die Diodenschwellspannung soll mit 0,6 V berücksichtigt werden!

b) Wie groß ist U_a bei $U_e = -3$ V? Die Diodenschwellspannung soll mit 0,6 V berücksichtigt werden!

Lösung zu a): $U_e = 1$ V. Spannung am −Input durch Gegenkopplung beträgt 0 V. Der Strom I fließt über oberen Diodenzweig und verursacht 0,6 V Diodenschwellspannung und 2 V am 20 kΩ-Widerstand. $U_a = -2,6$ V.

Lösung zu b): $U_e = -3$ V. Der Strom I fließt über den unteren Diodenzweig und verursacht dort 3,6 V Spannungsfall. $U_a = 3,6$ V.

Lösung zu c): Bei kleinsten Spannungen ober- und unterhalb 0 V fließt schon ein Strom über den Eingangswiderstand, der in einem der Diodenzweige die Diodenschwellspannung auf ca. 0,6 V ansteigen lässt. Die Ausgangsspannung liegt deshalb bei +0,6 oder −0,6 V. In der Annahme, dass die Diodenschwellspannung bei idealisierter Kennlinie etwa konstant ist, steigt die Ausgangsspannung bei $+U_e$ im Verhältnis 20 kΩ / 10 kΩ und bei $-U_e$ um 10 kΩ / 10 kΩ.

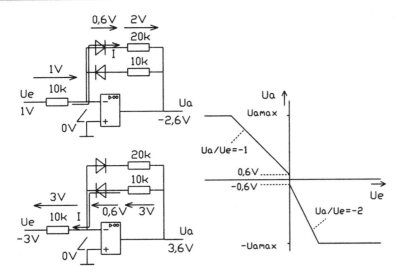

Lösungen

Aufgabenstellung 2.1.2

a) Wie groß ist die Ausgangsspannung X bei einer Eingangsspannung A von 1 V?
b) Bei welcher Eingangsspannung A ist der Eingangswiderstand theoretisch unendlich groß?

Lösung zu a): siehe die folgende Abbildung! Am +Input liegen $-15\,\text{V} + U_Z = -3\,\text{V}$. Am −Input liegen durch Gegenkopplung ebenfalls $-3\,\text{V}$. Die Spannung am $10\,\text{k}\Omega$-Widerstand ist 4 V. Der Strom von 0,4 mA verursacht am $22\,\text{k}\Omega$-Widerstand 8,8 V. $U_a = -3\,\text{V} - 8,8\,\text{V} = -11,8\,\text{V}$.

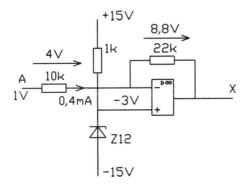

Lösung zu a)

Lösung zu b): Ist die Eingangsspannung so groß wie die Spannung am −Input, dann fließt kein Eingangsstrom und der Eingangswiderstand ist damit theoretisch unendlich groß. Die Eingangsspannung muss also −3 V sein.

Aufgabenstellung 2.1.3

a) In welchem Bereich lässt sich die Ausgangsspannung U_a verstellen?
b) Wie groß darf R_X höchstens gewählt werden, wenn der Z-Strom I_Z den Wert von 5 mA nicht unterschreiten soll?

Lösung zu a): siehe Schaltung in der folgenden Abbildung!

Schleifer oben: 10 V am +Input und −Input. Es fließt kein Strom im Gegenkopplungszweig. Kein Spannungsfall. $U_a = 10$ V.

Schleifer unten: 0 V am +Input und −Input.

10 V am 1 kΩ-Eingangswiderstand und am Gegenkopplungswiderstand. $U_a = -10$ V.

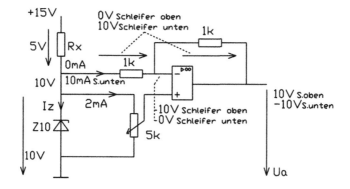

Lösung zu a)

Lösung zu b):

$I_{Rx} = I_{zmin} + I_{Poti} + I_{1k\Omega max}$

$I_{Rx} = 5\,\text{mA} + 2\,\text{mA} + 10\,\text{mA} = 17\,\text{mA}$

$R_X = 5\,\text{V} / 17\,\text{mA} = 294\,\Omega$

Gewählt z. B. 270 Ω aus der Normreihe.

Aufgabenstellung 2.2.1

a) $U_e = 1$ V. Der Potischleifer von R_1 befindet sich am oberen Anschlag. Wie groß ist U_a?

Lösung zu a): Am +Input liegt 1 V. Über Gegenkopplung nimmt der −Input ebenfalls 1 V an. Am Eingangswiderstand R_2 liegen 0 V. Es fließt somit kein Strom über beide R_2-Widerstände. Am Gegenkopplungswiderstand liegen ebenfalls 0 V, so dass die Ausgangsspannung das Potenzial des −Inputs hat. $U_a = 1$ V.

b) Stellen Sie eine allgemeingültige Formel $U_a = f(U_e, K)$ für die folgende Schaltung auf!

Der Faktor K gibt die Stellung des Potischleifers wider. In oberer Stellung ist der Faktor $K = 1$

Lösung zu b): Am +Input liegt die Spannung $K \times U_e$. Über Gegenkopplung liegt am −Input ebenfalls das Potenzial $K \times U_e$. Am Eingangswiderstand R_2 liegt die Differenz zwischen Eingangsspannung U_e und der Spannung am −Input.
Sie ist somit $U_e - (K \times U_e)$. Diese Spannung liegt auch am Gegenkopplungswiderstand R_2, da durch beide R_2 der gleiche Strom fließt. U_a ist die Spannung am −Input minus der Spannung am Gegenkopplungswiderstand R_2.

$$U_a = (K \times U_e) - (U_e - K \times U_e)$$
$$U_a = 2 \times K \times U_e - U_e$$
$$U_a = U_e \times (2K - 1)$$

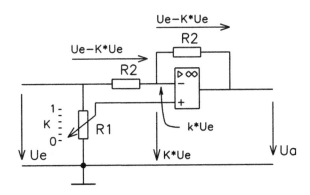

Lösung zu b)

Aufgabenstellung 2.2.2
Wie groß ist die Ausgangsspannung U_a?

Lösung: Die Schaltung in der Abbildung stellt einen invertierenden Verstärker dar. Es wird aber in diesem Fall über den Gegenkopplungswiderstand von 22 kΩ nur ein Teil der Ausgangsspannung U_a zurückgeführt. Über die Gegenkopplung nimmt der −Input die Spannung 0 V an. Somit liegt die Eingangsspannung von 0,1 V auch am Eingangswiderstand. Es fließt ein Strom von 10 μA, der über den Gegenkopplungswiderstand 0,22 V hervorruft. Diese Spannung liegt ebenfalls am 3,3 kΩ-Widerstand, wie in der Abbildung dargestellt. Der Strom durch den 3,3 kΩ-Widerstand addiert sich mit den 10 μA und ruft 0,77 V Spannungsfall am rechten 10 kΩ-Widerstand hervor. Entsprechend der Zeichnung ergeben sich für $U_a = -0,99$ V.

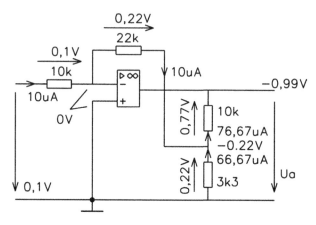

Lösung zu Aufgabenstellung 2.2.2

Aufgabenstellung 2.2.3
Wie groß ist die Ausgangsspannung U_a? Tragen Sie alle Spannungen, Ströme und Potenziale in die Schaltung ein!

Lösung: Bei allen Lösungsansätzen für die klassischen Gegenkopplungsschaltungen gilt, dass der −Input das Potenzial des +Inputs annimmt. Durch diese Tatsache wird die Berechnung der abgebildeten Schaltung sehr einfach. Der −Input nimmt 0 V an. Die Eingangsspannungen liegen dann jeweils an ihren Eingangswiderständen. Es lassen sich wie abgebildet die Teilströme berechnen, die sich unter Berücksichtigung der Richtungen im Gegenkopplungszweig addieren und einen Spannungsfall von 0,61 V hervorrufen. U_a ist somit ebenfalls 0,61 V.

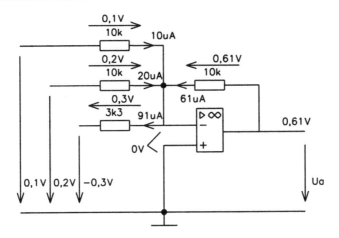

Lösung zu Aufgabenstellung 2.2.3

Aufgabenstellung 2.2.4

Zeichnen Sie das Diagramm $U_a = f(U_e)$! Die OP-Aussteuergrenzen sollen bei $\pm 14\,\text{V}$ liegen.

Lösung:

Punkt P1: $U_e = -5\,\text{V}$ gewählt. $I_1 = 5\,\text{V}/10\,\text{k}\Omega = 0{,}5\,\text{mA}$. $I_2 = -5\,\text{V}/10\,\text{k}\Omega = -0{,}5\,\text{mA}$. $I_G = I_1 + I_2 = 0\,\text{mA}$. $U_G = 0\,\text{V}$. $U_a = 0\,\text{V}$.

Punkt P2: $U_e = 5\,\text{V}$ gewählt. $I_1 = 5\,\text{V}/10\,\text{k}\Omega = 0{,}5\,\text{mA}$. $I_2 = 5\,\text{V}/10\,\text{k}\Omega = 0{,}5\,\text{mA}$. $I_G = I_1 + I_2 = 1\,\text{mA}$. $U_G = 1\,\text{mA} \times 10\,\text{k}\Omega = 10\,\text{V}$. $U_a = -10\,\text{V}$.

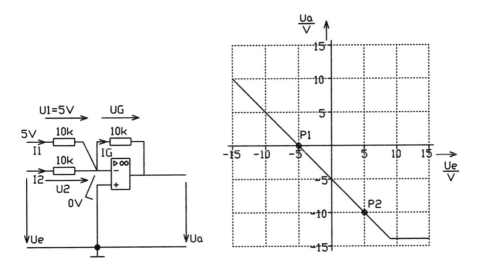

Lösung zu Aufgabenstellung 2.2.4

Aufgabenstellung 2.2.5

Skizzieren Sie das Diagramm $U_a = f(U_e)$! Die Aussteuergrenzen des OPs sind ± 14 V. Der +Input des OPs ist durch eine Z-Dioden-Schaltung auf 5 V angehoben.

Lösung:

Punkt P1: $U_e = 0$ V gewählt. $U_1 = -5$ V. $U_G = -5$ V. $U_a = 5$ V $- (-5$ V$) = 10$ V.

Punkt P2: $U_e = 5$ V gewählt. $U_1 = 0$ V. $U_G = 0$ V. $U_a = 5$ V $- 0$ V $= 5$ V.

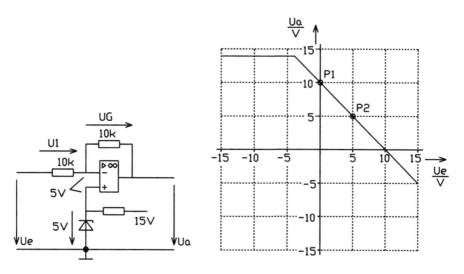

Lösung zu Aufgabenstellung 2.2.5

Aufgabenstellung 2.2.6

Vervollständigen Sie das Diagramm $U_a = f(K)$! Der Faktor K stellt die Stellung des Potischleifers dar!

Lösung:

Punkt P1: $K = 0$. 0 V am +Input. $U_1 = 5$ V. $U_G = 10$ V. $U_a = 0$ V $- 10$ V $= -10$ V.

Punkt P2: $K = 0,5$. 2,5 V am +Input. $U_1 = 2,5$ V. $U_G = 5$ V. $U_a = 2,5$ V $- 5$ V $= -2,5$ V.

Punkt P3: $K = 1$. 5 V am +Input. $U_1 = 0$ V. $U_G = 0$ V. $U_a = 5$ V $- 0$ V $= 5$ V.

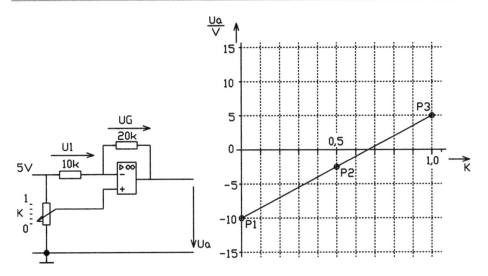

Lösung zu Aufgabenstellung 2.2.6

Aufgabenstellung 2.3.1

a) Wie groß ist der Konstantstrom I_{konst} im Funktionsbereich?
b) In welchem Bereich darf der Lastwiderstand sich verändern unter der Voraussetzung, dass die Konstantstromquelle funktionstüchtig ist? Die Aussteuergrenzen des OPs sollen ±13,5 V betragen!
c) Der Lastwiderstand beträgt 33 kΩ. Welcher Strom I_{konst} stellt sich ein?

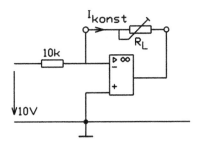

Lösung zu a): $I_e = I_{konst} = 10\,V\,/\,10\,k\Omega = 1\,mA$.

Lösung zu b): $R_{Lmax} = 13,5\,V\,/\,I_{konst} = 13,5\,V\,/\,1\,mA = 13,5\,k\Omega$. Von 0 bis 13,5 kΩ ist die Konstantstromquelle funktionstüchtig. Bis maximal 13,5 kΩ können 1 mA fließen.

Lösung zu c): Ein Konstantstrom von 1 mA erfordert an R_L von 33 kΩ eine Spannung von 33 V. Diese Spannung kann nicht mehr erbracht werden, da die Aussteuergrenze bei

−13,5 V liegt. Die Ausgangsspannung des OPs von −13,5 V vermag über Gegenkopplung den −Input nicht auf 0 V gegenzuregeln. Es liegt eine Reihenschaltung von $10\,\text{k}\Omega$ und R_L vor. Am Eingang liegen 10 V, am Ausgang sind es −13,5 V. Es fließt ein Strom I_{konst} von $[10\,\text{V} - (-13,5\,\text{V})]/(10\,\text{k}\Omega + 33\,\text{k}\Omega) = 0,55\,\text{mA}$.

Aufgabenstellung 2.3.2

a) In welchem Bereich ist der Konstantstrom I_{konst} durch das Poti verstellbar?
b) Wie groß darf R_L für den Funktionsbereich der Konstantstromquelle höchstens werden? Die Aussteuergrenzen des OPs liegen bei $\pm 13,5\,\text{V}$.
c) Der Potischleifer liegt am oberen Anschlag. Der Lastwiderstand R_L beträgt $100\,\text{k}\Omega$. Die Aussteuergrenzen des OPs liegen bei $\pm 13,5\,\text{V}$. Wie groß wird der Strom I_{konst}? Hinweis: Berechnung mit Hilfe der Ersatzspannungsquelle o. ä.!

Lösung zu a): Potischleifer oben: $I_1 = 15\,\text{V}/22\,\text{k}\Omega = 0,682\,\text{mA}$. $I_2 = 15\,\text{V}/(10\,\text{k}\Omega + 22\,\text{k}\Omega) = 0,469\,\text{mA}$. $I_{\text{konst}} = I_1 - I_2 = 0,21\,\text{mA}$.
Potischleifer unten: $I_1 = 15\,\text{V}/(22\,\text{k}\Omega + 10\,\text{k}\Omega) = 0,469\,\text{mA}$. $I_2 = 15\,\text{V}/(22\,\text{k}\Omega) = 0,682\,\text{mA}$. $I_{\text{konst}} = I_1 - I_2 = -0,21\,\text{mA}$.
I_{konst} ist von +0,21 bis −0,21 mA verstellbar.

Lösung zu b): $R_{L\text{max}} = 13,5\,\text{V}/0,21\,\text{mA} = 64\,\text{k}\Omega$.

Lösung zu c): Bei einem Lastwiderstand von $100\,\text{k}\Omega$ wird der Nachregelbereich des OPs überschritten. Der −Input kann nicht mehr auf 0 V gegengeregelt werden, da die Spannung an R_L 13,5 V überschreitet. Der OP fällt als Regelelement aus und ist deshalb in der Abbildung nur gestrichelt dargestellt. Das Netzwerk R_1, R_2, R_3, +15 und −15 V wird zu einer Ersatzspannungsquelle reduziert. Die Leerlaufspannung beträgt bei oberer Potischleiferstellung $\{[30\,\text{V}/(R_1 + R_2 + R_3)] \times (R_2 + R_3)\} + (-15\,\text{V}) = 2,78\,\text{V}$. Der Innenwiderstand ist $(R_2 + R_3) \| R_1 = 13\,\text{k}\Omega$. $I_{\text{konst}} = [2,78\,\text{V} - (-13,5\,\text{V})]/(13\,\text{k}\Omega + 100\,\text{k}\Omega) = 0,144\,\text{mA}$.

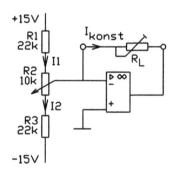

Lösung zu c)

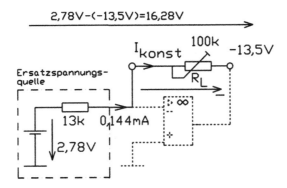

Aufgabenstellung 2.3.3

a) In welchem Bereich lässt sich der Konstantstrom I_{konst} verstellen?

b) Wie groß darf der maximale Lastwiderstand R_L im Funktionsbereich der Konstantstromquelle werden?

c) Wie groß muss R_X gewählt werden, damit in keinem Fall im Funktionsbereich der
Konstantstromquelle der Z-Strom Iz den Wert von 3 mA unterschreitet?

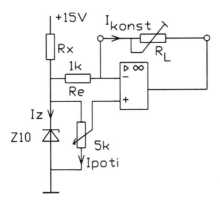

Lösung zu a): siehe die abgebildete Schaltung! Schleifer oben: 10 V am +Input und
−Input. Es fließt kein Strom I_{konst}, da an R_e keine Spannung liegt. Schleifer unten: 0 V
am +Input und −Input. An R_e liegen 10 V. $I_{konst} = 10\,V / R_e = 10\,mA$. $I_{konst} = 0 \ldots 10\,mA$.

Lösung zu b): $R_{Lmax} = 13,5\,V / 10\,mA = 1,35\,k\Omega$.

Lösung zu c): $I_{Rx} = I_{zmin} + I_{Poti} + I_{konstmax}$. $I_{Rx} = 3\,mA + 2\,mA + 10\,mA = 15\,mA$. $R_x = 5\,V /$
$15\,mA = 330\,\Omega$.

Aufgabenstellung 2.4.1
Wie groß ist die Spannung U_a?

Lösung: siehe die abgebildete Schaltung! Das Potenzial am +Input ist 2 V. Am −Input liegen durch die gegengekoppelte Schaltung ebenfalls 2 V an. Die Spannung am 30 kΩ-Widerstand beträgt 3 V. Die Ausgangsspannung U_a ergibt sich aus der Addition der Spannung am −Input und der Spannung am 30 kΩ-Widerstand.

Sie beträgt $2\,V + 3\,V = 5\,V$.

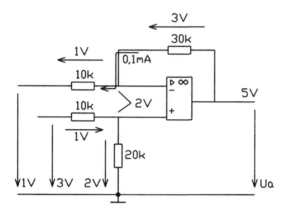

Lösung

Aufgabenstellung 2.4.2

Wie groß ist die Spannung U_a?

Tragen Sie Spannungen, Ströme und Potenziale in Ihre Schaltung ein!

Lösung: Diese Aufgabe ähnelt der Aufgabenstellung 2.4.1. Es ist allerdings sehr darauf zu achten, dass für diesen Fall an R_1 die Spannung 0 V liegt. Da durch R_1 kein Strom fließt, ist der Spannungsfall an R_2 auch 0 V. Die Ausgangsspannung ist damit aber nicht 0 V, sondern $U_{-Input} - U_{R2} = 4\,V - 0\,V = 4\,V$.

Häufig wird aus Unüberlegtheit U_a mit 0 V angegeben, weil $U_{R2} = 0\,V$ ist.

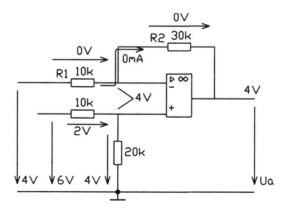

Lösung

Aufgabenstellung 2.4.3

In der folgenden Abbildung wird eine Widerstandsmessbrücke mit Differenzverstärker dargestellt. Der zu ermittelnde Widerstand R_X ist variabel und wird über die Ausgangsspannung U_a angezeigt.

Tragen Sie in Ihr Diagramm die Kennlinie $U_a = f(R_X)$ ein!

Hilfestellung: Wählen Sie vielleicht drei markante Größen von R_X aus dem Diagramm und berechnen Sie durch Spannungs-, Strom- und Potenzialeintrag in die Schaltung die Ausgangsgröße U_a!

Lösung: Am +Input liegt über den Spannungsteiler R_2, R_3 die Hälfte der Z-Spannung an. Am −Input beträgt durch Gegenkopplung über R_X die Spannung ebenfalls 2,5 V.

Der Strom durch R_1 und R_X ist $U_{R1} / R_1 = 2,5\,V / 10\,k\Omega = 0,25\,mA$.

Punkt P1: $R_X = 0$. $U_{Rx} = 0$. $U_a = 2,5\,V − U_{Rx} = 2,5\,V$.

Punkt P2: $R_X = 10\,k\Omega$. $U_{Rx} = I_{Rx} \times R_X = 0,25\,mA \times 10\,k\Omega = 2,5\,V$. $U_a = 2,5\,V − U_{Rx} = 2,5\,V − 2,5\,V = 0\,V$.

Punkt P3: $R_X = 20\,k\Omega$. $U_{Rx} = I_{Rx} \times R_X = 0,25\,mA \times 20\,k\Omega = 5\,V$. $U_a = 2,5\,V − U_{Rx} = 2,5\,V − 5\,V = −2,5\,V$.

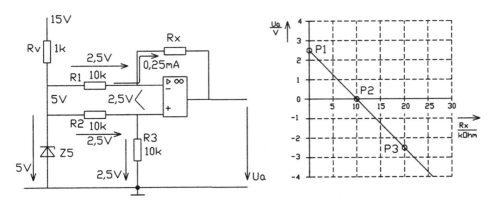

Lösung

Aufgabenstellung 2.4.4

Berechnen Sie die Ausgangsgröße X!

Tragen Sie die entsprechenden Spannungen, Ströme und Potenziale in die Schaltung in der Abbildung ein!

Lösung: Am +Input liegen 1,5 V. Der −Input nimmt über Gegenkopplung ebenfalls 1,5 V an. Daraus ergeben sich die dargestellten Spannungen und Ströme. $U_a = −0,25\,V$.

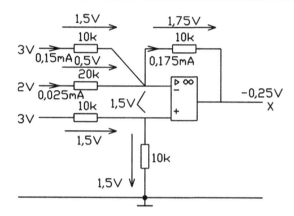

Lösung

Aufgabenstellung 2.4.5
Der im Bild dargestellte Differenzverstärker kann durch nebenstehendes Symbolschaltbild ersetzt werden.

Das Symbolschaltbild wird häufig in der Regelungstechnik verwendet. Es handelt sich um die Regelgröße x, die mit dem Sollwert w verglichen wird. Die Vergleichsstelle wird als Kreis dargestellt. Die Eingangsgrößen werden mit Vorzeichen versehen. Die Ausgangsgröße der Vergleichsstelle, die Regelabweichung x_w errechnet sich zu x − w. Die Regelabweichung wird um den Faktor $V_u = 10$ verstärkt. Am Ausgang liegt somit die Stellgröße y.

a) Tragen Sie in das linke Schaltbild die Größen x, w und y ein!
b) Wie groß müssen die nicht angegebenen Widerstandswerte der linken Schaltung sein, damit das Symbolschaltbild in seiner Funktion erfüllt wird?

Lösung zu a): Ausgangsgröße ist y. Der Sollwert w wird von x subtrahiert. Der Sollwert liegt über R_1 am −Input. (Eselsbrücke: Der zu subtrahierende Wert führt beim Standard-Differenzverstärker zum −Input)

Lösung zu b): Es gilt für rechtsstehende Schaltung: $y = 10 \times (x − w)$. Für den Standard-Differenzverstärker gilt: $R_1 = R_3$ und $R_2 = R_4$. Für die Verstärkung $V_u = 10$ müssen R_2 und R_4 10fach größer gewählt werden als $R_1 = R_3$. Daraus ergeben sich die Widerstandswerte der linken Schaltung.

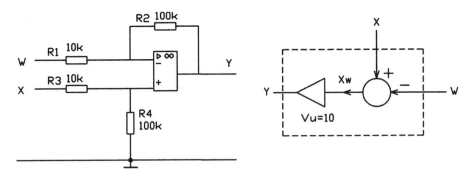

Lösungen zu Aufgabe a) und b)

Aufgabenstellung 2.4.6

Berechnen Sie die Ausgangsgröße X!

Tragen Sie die entsprechenden Spannungen, Ströme und Potenziale in das Schaltbild ein!

Verwenden Sie zur Berechnung ein geeignetes Netzwerkberechnungsverfahren!

Lösung: Die Spannung am +Input kann beispielsweise über die Ersatzspannungsquelle berechnet werden. Aus R_3 und R_4 und den Eingangsspannungen 3 und 1 V wird die Ersatzspannungsquelle berechnet.

Leerlaufspannung = Quellenspannung = 2 V.

Innenwiderstand = $R_3 \parallel R_4 = 5\,k\Omega$.

Hieraus ergibt sich an R_6 die Spannung $U_6 = [2\,V / (5\,k\Omega + 10\,k\Omega)] \times 10\,k\Omega = 1{,}33\,V$.

Der −Input nimmt über Gegenkopplung das Potenzial vom +Input mit 1,33 V an. Hieraus errechnen sich die angegebenen Spannungen und Ströme nach folgender Abbildung.

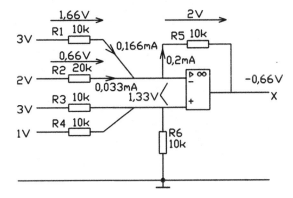

Lösung

Aufgabenstellung 2.5.1

a) Welche Spannung liegt am Ausgang X beigeschlossenem Schalter S1 vor?
b) S1 wird geöffnet. Nach welcher Zeit ist die Ausgangsspannung $X = -10\,V$?
c) Auf welche maximale Spannung kann sich der Kondensator aufladen unter der Annahme, dass der OP mit $\pm 15\,V$ versorgt wird und seine Aussteuergrenzen bei $\pm 14\,V$ liegen?

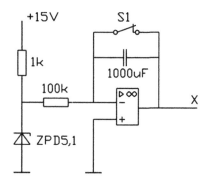

Integrator als Timer

Lösung zu a): $U_{+Input} = 0\,V$. Über Gegenkopplung nimmt der $-$Input ebenfalls $0\,V$ an. $X = 0\,V$.

Lösung zu b): Der Kondensator muss sich über den $100\,k\Omega$-Widerstand auf $10\,V$ aufladen. Für diesen Fall ist die Ausgangsspannung $X = -10\,V$.

$I_C = 5,1\,V / 100\,k\Omega = 51\,\mu A$

$I_C = C \times \Delta U_C / \Delta t \Rightarrow \Delta t = C \times \Delta U_C / I_C = 1000\,\mu F \times 10\,V / 51\,\mu A = 196\,s.$

Lösung zu c): Der Kondensator lädt sich so weit auf, dass der Operationsverstärker in die negative Aussteuergrenze von $-14\,V$ läuft. Der Kondensatorstrom I_C wird Null. $5,1\,V$ liegen dann am $-$Input, da die Gegenkopplung versagt. $U_C = 5,1\,V - (-14\,V) = 19,1\,V$.

Aufgabenstellung 2.5.2

a) Wie groß ist die Ausgangsspannung X bei geschlossenem Schalter S1?
b) S1 wird geöffnet. Nach welcher Zeit ist die Ausgangsspannung $-10\,V$?

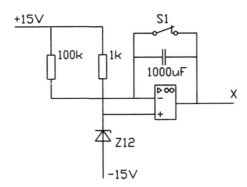

Integrator als Timer

Lösung zu a): $U_{+Input} = -15\,V + U_Z = -15\,V + 12\,V = -3\,V$. Über Gegenkopplung liegt am −Input auch −3 V. X = −3 V.

Lösung zu b): Der Kondensator muss sich auf 7 V aufladen. Für diesen Fall ist $X = U_{-Input} - U_C = -3\,V - 7\,V = -10\,V$.

$I_C = 18\,V\,/\,100\,k\Omega = 180\,\mu A$.

$\Delta t = C \times \Delta U_C\,/\,I_C = 1000\,\mu F \times 7\,V\,/\,180\,\mu A = 38{,}9\,s$.

Aufgabenstellung 2.5.3
Der abgebildete Timer schaltet eine Lampe verzögert nach Öffnen von S1 ein.

a) In welchem Bereich ist die Verzögerungszeit durch das Poti verstellbar?
b) Welche Funktion erfüllt die Diode am Transistor?

Lösung zu a): Wird der −Input von OP$_2$ durch den Integrator negativer als der +Input, dann kippt OP$_2$ in seine positive Aussteuergrenze und der Transistor schaltet die Lampe ein. Der +Input von OP$_2$ ist in seiner Spannung über das Poti von −1,95 bis −10,83 V verstellbar. Bei geschlossenem S1 ist die Ausgangsspannung und $U_C = 0\,V$.
$I_C = 15\,V\,/\,47\,k\Omega = 319\,\mu A$.

Fall 1: $\Delta U_C = 1{,}95\,V \Rightarrow \Delta t = C \times \Delta U_C\,/\,I_C = 1000\,\mu F \times 1{,}95\,V\,/\,319\,\mu A = 6{,}1\,s$.
Fall 2: $\Delta U_C = 10{,}83\,V \Rightarrow \Delta t = C \times \Delta U_C\,/\,I_C = 1000\,\mu F \times 10{,}83\,V\,/\,319\,\mu A = 33{,}9\,s$.

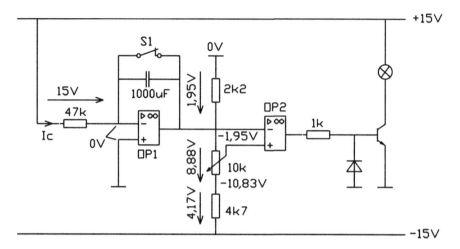

Lösung zu Aufgabe a)

Lösung zu b): Die Diode verhindert eine zu hohe negative Basis-Emitter-Spannung bei negativer Aussteuergrenze von OP$_2$.

Aufgabenstellung 2.5.4

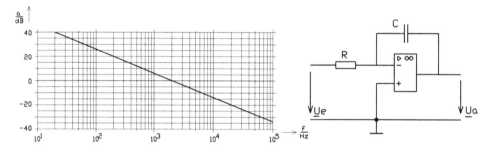

Integrator mit Bode-Diagramm

Im Bode-Diagramm in der Abbildung ist der Amplitudengang des Integrierers dargestellt. Der Kondensator C besitzt eine Kapazität von 0,01 μF. Wie groß errechnet sich der Widerstand R?

Lösung: Die Verstärkung U_a / U_e ist bei sinusförmigen Größen $X_C / R = 1 / (\omega C R)$. Im Bode-Diagramm ist bei der Verstärkung 1 entsprechend 0 dB die Frequenz 2000 Hz. Für diesen Fall ist $R = X_C$.

$$X_C = \frac{1}{\omega C} = \frac{1}{2\pi \times 2000\frac{1}{s} \times 0{,}01\,\mu F} = 7{,}96\,k\Omega \quad R = 7{,}96\,k\Omega, \text{da } R = X_C \text{ bei 0 dB ist.}$$

Aufgabenstellung 2.5.5

$C = 6,8\,nF$, $R = 100\,k\Omega$

Berechnen Sie für das Bode-Diagramm den Punkt für das Verstärkungsmaß von 20 dB!
Zeichnen Sie in das Bode-Diagramm den Verlauf des Amplitudenganges ein!
Wählen Sie einen günstigen Maßstab für Frequenz und Verstärkungsmaß!

Lösung: Das Verstärkungsmaß $a_{[dB]} = 20 \times lg\ (U_a / U_e)$. Bei 20 dB ist die Verstärkung $V_U = U_a / U_e = 10$.

$$V_U = \frac{X_C}{R} = \frac{1}{\omega C R} = \frac{1}{2\pi \times f \times C \times R}$$

$$f = \frac{1}{V_U \times 2\pi \times C \times R} = \frac{1}{10 \times 2\pi \times 6,8\,nF \times 100\,k\Omega} = 23,4\,Hz$$

In dem Punkt 20 dB / 23,4 Hz wird in das Bode-Diagramm eine Gerade mit 20 dB / Dekade
Dämpfung, wie abgebildet, eingetragen und die Skalen für Frequenz und Dämpfungsmaß
vervollständigt. Andere Maßstabswahlen sind ebenso möglich.

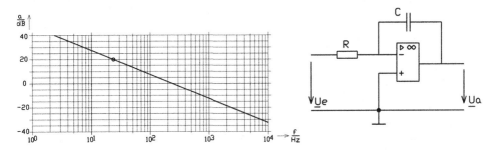

Lösung: Bode-Diagramm

Aufgabenstellung 2.5.6

$C = 1\,\mu F$, $f = 50\,Hz$

Wie groß ist R bei der vorgegebenen Rechteckspannung U_e?

Lösung:

$\Delta t = 1 / (2 \times f) = 10\,ms$

$i_C = C \times \Delta U_C / \Delta t$

$i_C = U_e / R$

$U_e / R = C \times \Delta U_C / \Delta t$

$R = U_e / (C \times \Delta U_C / \Delta t)$

$R = 5\,V / (1\,\mu F \times 2\,V / 10\,ms) = 25\,k\Omega$

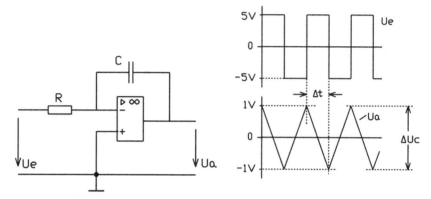

Integrator mit Diagramm $U_a = f(U_e)$

Aufgabenstellung 2.6.1

Am abgebildeten Differenzierer liegt eine sinusförmige Spannung $U_{e\,ss}$ von 2 V. Vervollständigen Sie das Diagramm für U_a und geben Sie die aussagekräftigen Spannungswerte an!

Gegeben sind: $C = 1\,\mu F$, $R = 1\,k\Omega$, $f = 50\,Hz$.

Lösung: Für Sinusgrößen gilt:

$$X_C = \frac{1}{\omega C} = \frac{1}{2\pi \times f \times C} = \frac{1}{2\pi \times 50\frac{1}{s} \times 1\,\mu F} = 3184\,\Omega$$

$V_u = U_a / U_e = R / X_c = 1\,k\Omega / 3{,}18\,k\Omega = 0{,}314$

$U_{a\,ss} = V_u \times U_{e\,ss} = 2\,V \times 0{,}314 = 0{,}628\,V.$

U_a eilt der Eingangsspannung um $90°$ nach.

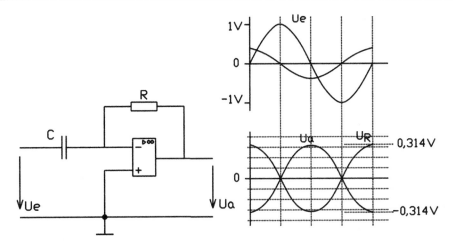

Lösung

Aufgabenstellung 2.6.2

$C = 2,2\,nF,\ R = 100\,k\Omega$

Berechnen Sie für das Bode-Diagramm das Verstärkungsmaß in dB für eine Frequenz von 100 Hz!

Zeichnen Sie in das Bode-Diagramm den Verlauf des Amplitudenganges ein!

Wählen Sie einen günstigen Maßstab für Frequenz und Verstärkungsmaß!

Lösung: Für Sinusgrößen gilt: $V_u = U_a\,/\,U_e = R\,/\,X_C$.

$a_{[dB]} = 20 \times lg\ (U_a\,/\,U_e) = 20 \times lg\ (R\,/\,X_c) = 20 \times lg\ (R \times 2\pi \times f \times C) = 20 \times lg\ (100\,k\Omega \times 2\pi \times 100\,Hz \times 2,2\,nF) = -17,2\,dB$.

In dem Punkt $100\,Hz\,/\,-17,2\,dB$ wird in das Bode-Diagramm eine Gerade mit der Steigung 20 dB / Dekade eingetragen und die Skalen für Frequenz und Verstärkungsmaß ergänzt.

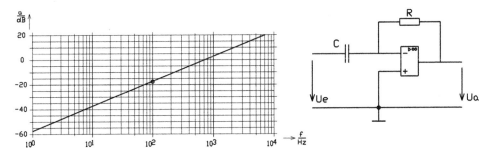

Lösung: Bode-Diagramm

Aufgabenstellung 2.6.3

$C = 1\,\mu F,\ f = 50\,Hz$

Wie groß ist R bei der vorgegebenen Dreieckspannung U_e und der Ausgangsspannung U_a?

Lösung:

$U_{a\,ss} = -U_{Rss} = 4\,V.\ |U_a| = |U_R| = 2\,V.\ \Delta t = 1\,/\,(2 \times f).$

$i_c = i_R = C \times \Delta U_c\,/\,\Delta t = C \times \Delta U_e\,/\,\Delta t.\ i_c = i_R = 1\,\mu F \times 2\,V\,/\,10\,ms = 200\,\mu A.$

$R = U_R\,/\,i_R = 2\,V\,/\,200\,\mu A = 10\,k\Omega.$

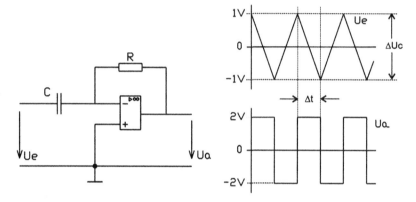

Differenzierer mit Diagramm $U_a = f(U_e)$

Aufgabenstellung 2.7.1

Tragen Sie für die OP-Schaltung $U_a = f(U_e)$ ein.

Die OP-Aussteuergrenze soll mit $\pm 14\,V$ angenommen werden.

Lösung: $V_u = U_a\,/\,U_e = (2,2\,k\Omega + 1\,k\Omega)\,/\,1\,k\Omega = 3,2.$

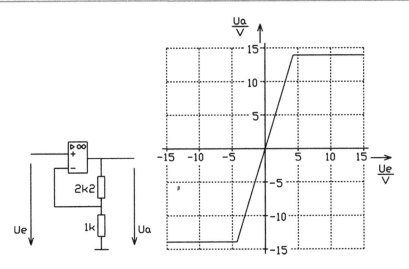

Lösung zu Aufgabenstellung 2.7.1

Aufgabenstellung 2.7.2

Tragen Sie $U_a = f(U_e)$ ein!

Die maximale Ausgangsspannung des OPs beträgt ± 14 V.

Lösung: Für positive Eingangsspannungen arbeitet die Schaltung bis 6,1 V als Impedanzwandler mit der Verstärkung $U_a / U_e = 1$. Wird die Eingangsspannung größer als die Z-Dioden-Spannung von 6,1 V, so kann der −Input in seiner Spannung nicht mehr gegengeregelt werden, da die Spannung am −Input nicht weiter ansteigen kann. Die Differenzspannung an den Eingängen kann nicht mehr zu 0 V gegengeregelt werden. Der OP kippt bei $U_e > 6,1$ V in die positive Aussteuergrenze. Für negative Eingangsspannungen arbeitet die Schaltung bis zur Z-Diodenschwellspannung von etwa 0,7 V als Impedanzwandler. Von dieser Spannung an kann die Spannung am −Input nicht mehr gegengeregelt werden. Der OP kippt in die negative Aussteuergrenze.

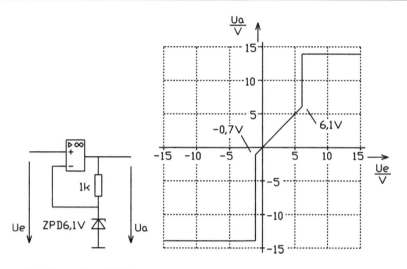

Lösung zu Aufgabenstellung 2.7.2

Aufgabenstellung 2.7.3

Tragen Sie $U_a = f(U_e)$ ein!

Die maximale Ausgangsspannung des OPs beträgt $\pm 14\,\text{V}$.

Lösung: Ein Beispiel soll die Eigenschaften der Schaltung deutlich machen: Wir nehmen an, dass die Eingangsspannung 1 V beträgt und der −Input augenblicklich 0 V ist. Für diese Spannungsverhältnisse möchte der OP aufgrund der Differenzspannung an seinen Inputs zur positiven Grenze aussteuern. Ab einer Spannung von >6,1 V am Ausgang stabilisiert die Z-Diode. Sie bricht durch und der Rest der Ausgangsspannung fällt am 1 kΩ-Widerstand ab. Diese Spannung liegt gleichzeitig am −Input. U_a wird größer. Somit steigt die Spannung am Widerstand und damit am −Input. Ein Ansteigen der Spannung am −Input bedingt, dass die Differenzspannung an den OP-Inputs kleiner wird. Der OP schnürt sich in seiner Verstärkung über die Gegenkopplung ab. Bei einer Differenzspannung von etwa 0 V tritt dieser Fall ein. $U_{-\text{Input}}$ ist jetzt 1 V. Die Ausgangsspannung beträgt $U_z + 1\,\text{V} = 6,1\,\text{V} + 1\,\text{V} = 7,1\,\text{V}$.

Die Ausgangsspannung ist somit bis zur Aussteuergrenze immer um 6,1 V größer als U_e. Für negative Eingangsspannungen bricht die Z-Diode bei etwa −0,7 V durch. U_a liegt somit immer um 0,7 V niedriger als die Eingangsspannung.

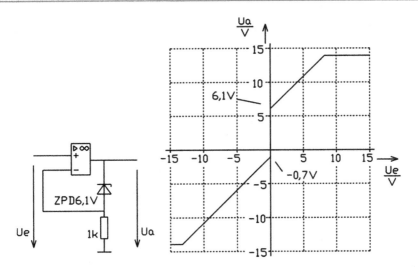

Lösung zu Aufgabenstellung 2.7.3

Aufgabenstellung 2.7.4

In welchem Bereich lässt sich U_a verstellen?

Lösung:

$U_{R1} = (30\,V - 5\,V)/(2,2\,k\Omega + 3,3\,k\Omega) \times 2,2\,k\Omega = 10\,V$

$U_{+Input} = 15\,V - U_{R2} = 15\,V - 10\,V = 5\,V$

Über Gegenkopplung ist U_{-Input} ebenfalls 5 V.
Für $P_1 = 10\,k\Omega$ verhält sich: $5\,V/33\,k\Omega = U_a/(33\,k\Omega + 10\,k\Omega)$. $U_a = 6{,}51\,V$.
Für $P_1 = 0\,k\Omega$ verhält sich: $5\,V/33\,k\Omega = U_a/(33\,k\Omega + 0\,k\Omega)$. $U_a = 5\,V$.
U_a ist verstellbar zwischen 5 und 6,51 V.

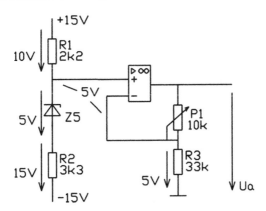

Lösung zu Aufgabenstellung 2.7.4

Aufgabenstellung 2.7.5

a) In welchem Bereich kann der Strom in der Z-Diode sich verändern?
b) In welchem Bereich lässt sich die Ausgangsspannung U_a verstellen?

Lösung zu a):

$I'_Z = (30\,\mathrm{V} - 5\,\mathrm{V}) / (4,7\,\mathrm{k\Omega} + 0\,\mathrm{k\Omega}) = 5,32\,\mathrm{mA}.$

$I''_Z = (30\,\mathrm{V} - 5\,\mathrm{V}) / (4,7\,\mathrm{k\Omega} + 5\,\mathrm{k\Omega}) = 2,58\,\mathrm{mA}.$

Der Z-Strom verändert sich je nach Potistellung zwischen 2,58 und 5,32 mA.

Lösung zu b):

$U'_{RV} = I'_Z \times 4,7\,\mathrm{k\Omega} = 5,32\,\mathrm{mA} \times 4,7\,\mathrm{k\Omega} = 25\,\mathrm{V}$

$U'_{+\mathrm{Input}} = 15\,\mathrm{V} - 25\,\mathrm{V} = -10\,\mathrm{V}$

$U''_{RV} = I''_Z \times 4,7\,\mathrm{k\Omega} = 2,58\,\mathrm{mA} \times 4,7\,\mathrm{k\Omega} = 12,13\,\mathrm{V}$

$U''_{+\mathrm{Input}} = 15\,\mathrm{V} - 12,13\,\mathrm{V} = 2,87\,\mathrm{V}$

Über Gegenkopplung nimmt der −Input je nach Potistellung eine Spannung zwischen 2,87 und −10 V an.

$U'_a = -10\,\mathrm{V} \times (R_1 + R_2) / R_2 = -12\,\mathrm{V}$

$U''_a = 2,87\,\mathrm{V} \times (R_1 + R_2) / R_2 = 3,46\,\mathrm{V}$

U_a ist von 3,46 bis −12 V verstellbar.

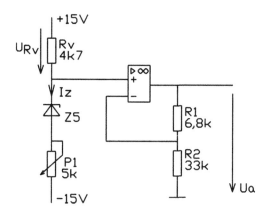

Lösung zu Aufgabenstellung 2.7.5

Aufgabenstellung 2.7.6

a) In welchem Bereich lässt sich die Ausgangsspannung U_a verstellen?
b) In welchem Bereich kann sich der Strom durch die Z-Diode verändern?

Lösung zu a): Die Spannung an R_1 beträgt

$$\frac{30\,V - 5\,V}{R_1 + R_2} \times R_1 = \frac{25\,V}{3,3\,k\Omega + 2,2\,k\Omega} \times 3,3\,k\Omega = 15\,V.$$

$U_{+Input} = 15\,V - U_{R1} = 15\,V - 15\,V = 0\,V.$

Am $-$Input liegen über Gegenkopplung ebenfalls 0 V. An R_3 liegt wie im Schaltbild dargestellt eine Spannung von $0\,V - (-15\,V + 5\,V) = 10\,V$. Durch R_3 fließt ein Strom von $10\,V / 10\,k\Omega = 1\,mA$. Dieser Strom fließt auch durch Poti P_1 und verursacht hier einen Spannungsfall von $0 \dots 10\,V$ je nach Potistellung $0 \dots 10\,k\Omega$. Diese Spannung addiert sich zum Potenzial am $-$Input von 0 V.

U_a lässt sich verstellen von 0 bis 10 V.

Lösung zu b): Über R_3 fließt unabhängig von der Potistellung ein Strom von 1 mA.
Über R_1, R_2 fließen $(30\,V - 5\,V) / (R_1 + R_2) = 4,55\,mA$. $I_Z = 1\,mA + 4,55\,mA = 5,55\,mA$.
Der Z-Strom verändert sich nicht.

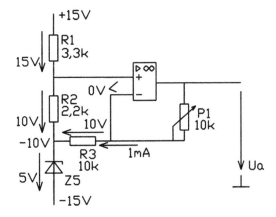

Lösung zu Aufgabenstellung 2.7.6

Aufgabenstellung 3.1.1
Vervollständigen Sie das Diagramm für die LEDs V_1 und V_2 bei gegebener Eingangsspannung U_e!

Lösung: $U_{\text{-Input}} = 2,7$ V. Bei $U_e > 2,7$ V kippt der OP in die positive Aussteuergrenze. V_1 leuchtet. Bei $U_e < 2,7$ V kippt der OP in die negative Aussteuergrenze. V_2 leuchtet.

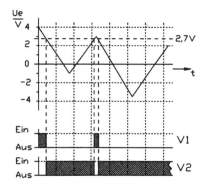

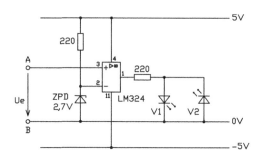

Lösung zu Aufgabenstellung 3.1.1

Aufgabenstellung 3.1.2

Vervollständigen Sie das Diagramm für V_1 und V_2 bei vorgegebenem U_e!

Lösung: Der Kipppunkt für U_e liegt bei der Z-Dioden-Spannung von 2,7 V. Der OP wird unipolar versorgt. Die negative Aussteuergrenze liegt sozusagen bei 0 V, die positive Aussteuergrenze idealisiert bei 5 V. Bei $U_e > 2,7$ V kippt der OP in die positive Aussteuergrenze, beispielsweise auf 4 V. V_2 leuchtet. An V_1 liegt für dieses Beispiel 5 V − 4 V = 1 V. V_1 sperrt, da Leuchtdioden eine Durchlassspannung von allgemein >1,5 V haben.

Bei $U_e < 2,7$ V kippt der OP-Ausgang auf etwa 0 V. V_1 leuchtet.

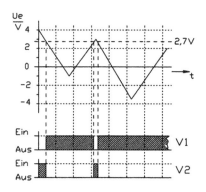

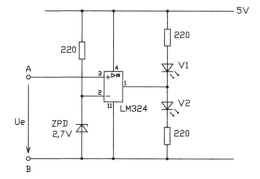

Lösung zu Aufgabenstellung 3.1.2

Aufgabenstellung 3.1.3
Vervollständigen Sie die Diagramme für V_1 und V_2!

Lösung: Die Kippspannung ist durch den Spannungsteiler R_1, R_2 festgelegt. Sie ist 2,5 V. Die Aufgabe ähnelt Aufgabenstellung 3.1.2. Es soll nur aufgezeigt werden, dass auf eine Referenzspannungsquelle für den Kipppunkt durch eine Z-Diode dann verzichtet werden kann, wenn die Betriebsspannung hinreichend konstant ist.

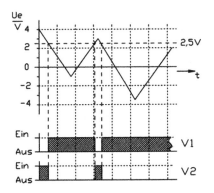
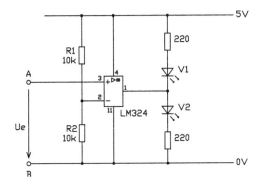

Lösung zu Aufgabenstellung 3.1.3

Aufgabenstellung 3.2.1

a) Berechnen Sie die Kipppunkte für U_e! Die Aussteuergrenzen des OPs sollen bei ± 14 V liegen.
b) Vervollständigen Sie das Diagramm für U_a bei vorgegebener Eingangsspannung U_e!

Lösung zu a): Formal kann die Formel für die Kipppunkte benutzt werden.
Es ist $U_{kipp} = \pm U_{a\,opmax} \times R_1 / R_2 = \pm 14\,V \times 10\,k\Omega / 68\,k\Omega = \pm 2{,}06\,V$. Verständlich wird die Berechnung nach folgender Überlegung: Die „Kippung" des OPs in die negative oder positive Aussteuergrenze setzt dann ein, wenn die Spannung am +Input größer bzw. kleiner als die Spannung am −Input wird. Dies ist für 0 V der Fall. Der Kippzustand von 0 V am −Input wird über die Eingangsspannung U_e erreicht. Für diesen Zustand sind in die Schaltung für die positive und negative Aussteuergrenze die Spannungswerte eingezeichnet.
Zum Zustand der „Kippung": Es verhält sich $14\,V / R_2 = 2{,}06\,V / R_1$.

Lösung zu b):

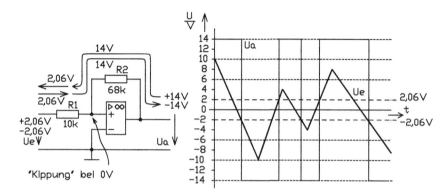

Lösung zu b)

Aufgabenstellung 3.2.2

a) Berechnen Sie die Umschaltpunkte für U_e! Die Schwellspannung der Z-Dioden soll 0,7 V betragen.

b) Vervollständigen Sie das Diagramm für U_a. Die Aussteuergrenzen des OPs sollen ±14 V sein.

Lösung zu a): Über U_e muss am +Input die Spannung von 0 V erreicht werden. Für diesen Fall setzt die Instabilität bzw. „Kippung" ein. Die zurückgeführten Spannungen sind 5,8 bzw. $-4,6$ V. Sie ergeben sich aus der jeweiligen Z-Dioden-Spannung und einer Durchlassspannung von 0,7 V. Für die beiden Ausgangsspannungen sind die einzelnen Spannungen für den Kippzustand angegeben. Sie betragen 2,1 und $-2,64$ V. Bei $U_e > 2,1$ V kippt der OP in die positive Aussteuergrenze, bei $U_e < -2,64$ V kippt der OP in die negative Aussteuerungsgrenze.

Lösung zu b):

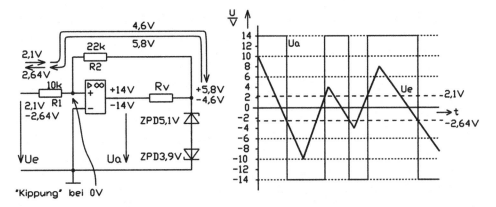

Lösung zu b)

Aufgabenstellung 3.2.3

a) Berechnen Sie die Kipppunkte für U_e! OP-Aussteuergrenze $= \pm 14$ V. Diodenschwellspannung $= 0,7$ V.
b) Vervollständigen Sie das Diagramm für U_a!

Lösung zu a): Die „Kippung" erfolgt bei 0 V am +Input. Hierfür sind für beide Aussteuergrenzen die Spannungen und Ströme in die Schaltung eingezeichnet.

Bei $U_e > 2,8$ V kippt der OP in die positive Aussteuergrenze. Für $U_e < -6$ V kippt der OP in die negative Aussteuerung.

Lösung zu b):

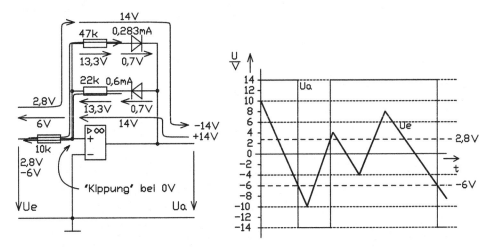

Lösung zu b)

Aufgabenstellung 3.2.4

a) Berechnen Sie die Kipppunkte für U_e! OP-Aussteuergrenzen: $\pm 14\,V$. Diodenschwellspannung: $0,7\,V$.
b) Vervollständigen Sie das Diagramm für U_a!

Lösung zu a): 1. Fall: Der OP ist in die negative Aussteuergrenze gekippt. Damit ist die
Diode für Eingangsspannungen, die größer als $-14\,V$ sind, gesperrt. Im Prinzip erfüllt der
Mitkopplungszweig mit R_2 und V_1 keine Funktion. Er kann für diesen Fall fehlen. Der OP
arbeitet als unbeschalteter Komparator. R_1 spielt keine Rolle, da sein Widerstand vernachlässigbar gegenüber dem Eingangswiderstand des OPs ist. Die Spannung U_e liegt somit in
gleicher Größe am +Input. Für $U_e > 0\,V$ kippt der OP in die positive Aussteuergrenze.
   2. Fall: Der OP ist in die positive Aussteuergrenze gekippt. Hierfür sind die Spannungen für die „Kippung" in der Schaltung dargestellt.
   Bei $U_e < 2,83\,V$ kippt der OP wieder in die negative Aussteuergrenze.

Lösung zu b):

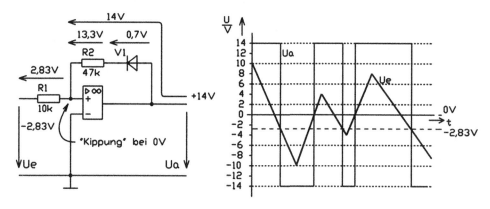

Lösung zu b)

Aufgabenstellung 3.2.5

a) Berechnen Sie die Kipppunkte für U_e! OP-Aussteuergrenzen $= \pm 14\,V$.
b) Vervollständigen Sie das Diagramm für U_a!

Lösung zu a): Der $-$Input ist auf ein Potenzial von $5,1\,V$ angehoben. Die „Kippung"
der Schaltung setzt ein, wenn der +Input durch U_e größer oder kleiner $5,1\,V$ wird. Die
Spannungsverhältnisse für die beiden Kippspannungen sind in die Schaltung eingetragen.
Für $U_e < 4,2\,V$ kippt der OP in die negative Aussteuergrenze.
   Bei $U_e > 7\,V$ kippt der OP in die positive Aussteuergrenze.

Lösung zu b):

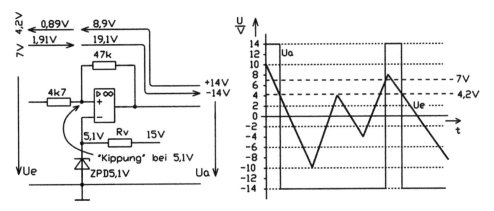

Lösung zu b)

Aufgabenstellung 3.2.6

a) Berechnen Sie die Umschaltpunkte für U_e, wenn der Potischleifer am rechten Anschlag liegt! Die OP-Aussteuergrenzen liegen bei ± 14 V.

b) Berechnen Sie die Umschaltpunkte für U_e, wenn der Schleifer am linken Anschlag ist!

c) Wie groß ist jeweils die Schalthysterese in Aufgabenstellung a) und b)?

Lösung zu a): $U_{-Input} = 7,5$ V. Die „Kippung" erfolgt, wenn der +Input größer oder kleiner 7,5 V wird. Die Spannungen für die Kipppunkte sind in die Schaltungen eingetragen. Für $U_e < 6,1$ V kippt der OP in die negative Aussteuergrenze. Für $U_e > 12,1$ V kippt der OP in die positive Aussteuergrenze.

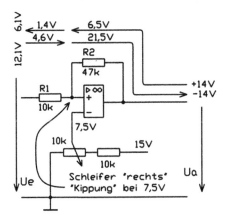

Lösung zu a)

Lösung zu b): $U_{-Input} = 0\,V$. Die „Kippung" erfolgt bei $0\,V$ am +Input. Für diesen Fall gilt $U_{kipp} = \pm U_{a\,OPmax} \times R_1 / R_2 = \pm 3\,V$. Für $U_e > 3\,V$ kippt der OP in die positive und für $U_e < 3\,V$ in die negative Aussteuergrenze.

Lösung zu c): Die Schalthysterese beträgt für a): $U_{kipp1} - U_{kipp2} = 12{,}1\,V - 6{,}1\,V = 6\,V$.
Die Schalthysterese beträgt für b): $U_{kipp1} - U_{kipp2} = 3\,V - (-3\,V) = 6\,V$.
Die Schalthysterese bleibt konstant. Die Umschaltpunkte für U_e ändern sich hingegen.

Aufgabenstellung 3.3.1
Das Diagramm $U_a = f(U_e)$ ist vorgegeben. OP-Aussteuergrenzen: $\pm 14\,V$. $R_1 = 10\,k\Omega$. Wie groß ist R_2?

Lösung: Die Kipppunkte liegen laut Diagramm bei $U_e = \pm 2\,V$. Die Spannung an R_2 muss somit $2\,V$ betragen. Es verhält sich $(U_{a\,OPmax} - 2\,V) / R_1 = 2\,V / R_2$. $R_2 = 2\,V / (14\,V - 2\,V) \times 10\,k\Omega = 1{,}67\,k\Omega$.

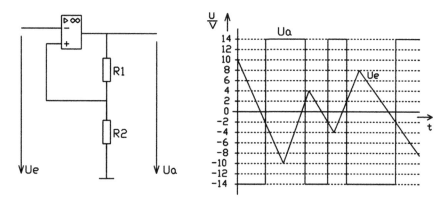

Lösung zu Aufgabe 3.3.1

Aufgabenstellung 3.3.2

a) $U_{V1} = 6{,}8\,V$, $U_{V2} = 3{,}1\,V$

Die Durchlassspannungen von V_1 und V_2 betragen $0{,}7\,V$. OP-Aussteuergrenzen: $\pm 14\,V$.
Berechnen Sie die Umschaltspannungen U_e und vervollständigen Sie das Diagramm $U_a = f(U_e)$!

b) Berechnen Sie R_V! Der Z-Diodenstrom soll $4\,mA$ nicht unterschreiten.

Lösung zu a): $U_{kipp1} = U_{V1} + U_{FV2} = 6{,}8\,V + 0{,}7\,V = 7{,}5\,V$. $U_{kipp2} = -U_{V2} - U_{FV1} = -3{,}1\,V$ $-0{,}7\,V = -3{,}8\,V$.

Lösung zu b): Bei der geringeren Spannung an R_V fließt der kleinere Z-Strom. Dies ist für die positive Aussteuergrenze der Fall. An der Z-Dioden-Reihenschaltung liegen 7,5 V. An R_V sind $14\,V - 7{,}5\,V = 6{,}5\,V$. $R_V = 6{,}5\,V\,/\,4\,mA = 1{,}63\,k\Omega$. Aus Sicherheitsgründen wird beispielsweise ein Wert von $1{,}5\,k\Omega$ gewählt.

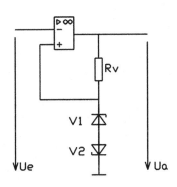
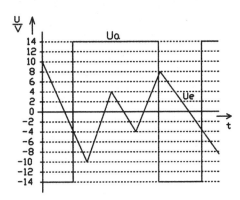

Lösung zu Aufgabe 3.3.2

Aufgabenstellung 3.3.3

a) $U_{V1} = 2{,}7\,V$. $U_{V2} = 6{,}8\,V$. Die Durchlassspannungen der Z-Dioden sind 0,7 V. OP-Aussteuergrenzen: $\pm 14\,V$. In welchem Bereich ist die Kippspannung durch das Poti P_1 verstellbar?

b) Berechnen Sie U_{kipp} bei Potimittelstellung! Wie groß ist in diesem Fall die Schalthysterese?

c) $P_1 = 10\,k\Omega$. Welchen Wert darf R_V nicht überschreiten? Der Z-Strom soll 4 mA nicht unterschreiten.

Lösung zu a): Potischleifer unten: $U_{+Input} = 0\,V$. Die Kippung erfolgt bei $U_e = 0\,V$. Potischleifer oben: $U_{kipp1} = 2{,}7\,V + 0{,}7\,V = 3{,}4\,V$. $U_{kipp2} = -6{,}8\,V - 0{,}7\,V = -7{,}5\,V$.

Lösung zu b): $U'_{kipp} = U_{kipp1}\,/\,2 = 3{,}4\,V\,/\,2 = 1{,}7\,V$. $U''_{kipp} = U_{kipp2}\,/\,2 = -7{,}5\,V\,/\,2 = -3{,}75\,V$.

Lösung zu c): Für den Mindeststrom von 4 mA muss die betragsmäßig höhere Z-Diodenspannung eingesetzt werden. Sie beträgt 6,8 V + 0,7 V = 7,5 V.

Über P_1 fließt ein Strom von 7,5 V / 10 kΩ = 0,75 mA und durch R_V ein Strom von 4 mA + 0,75 mA = 4,75 mA.

R_V = (14 V − 7,5 V) / 4,75 mA = 1,37 kΩ.

Aus Sicherheitsgründen wird z. B. ein Normwert von 1,2 kΩ gewählt.

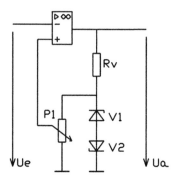

Lösung zu Aufgabe 3.3.3

Es sind verschiedene OP-Grundschaltungen 1...8 dargestellt.

Die Operationsverstärker sind so beschaltet, dass die meisten sich dem Begriff „Gegengekoppelte Schaltung" oder „Mitgekoppelte Schaltung" zuordnen lassen.

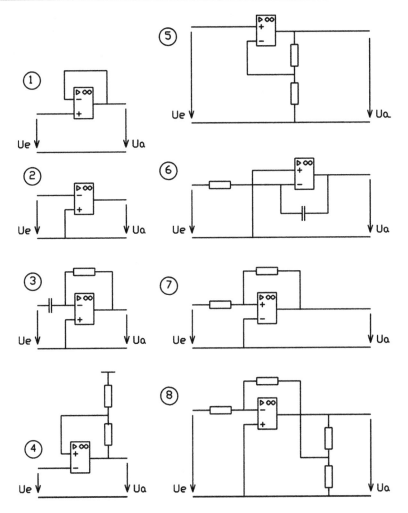

Verschiedene OP-Grundschaltungen

Aufgabenstellung 4.1.1
Ordnen Sie die Schaltungen 1 bis 8 Ihrer Tabelle zu!

Schaltung	Mitgekoppelt	Gegengekoppelt	Nicht zuzuordnen
1		X	
2			X
3		X	
4	X		
5		X	
6		X	
7	X		
8		X	

Anmerkungen zu den Lösungen:
Schaltung 1: Es handelt sich um einen Impedanzwandler. Analogverstärker, daher Gegenkopplung.

Schaltung 2: Invertierender Komparator ohne Hysterese. Keine rückgekoppelte Schaltung.

Schaltung 3: Differenzierer. Keine Kippschaltung, daher Gegenkopplung.

Schaltung 4. Invertierender Komparator mit Hysterese. Kippschaltung, daher Mitkopplung.

Schaltung 5: Nichtinvertierender Verstärker. Analogschaltung, daher Gegenkopplung.

Schaltung 6: Invertierender Integrierer. Keine Kippschaltung, daher Gegenkopplung.

Schaltung 7: Nichtinvertierender Komparator mit Hysterese. Kippschaltung, daher Mitkopplung.

Schaltung 8: Invertierender Verstärker. Ein Teil der Ausgangsspannung wird über den Spannungsteiler gegenphasig zurückgeführt.

Es sind verschiedene OP-Grundschaltungen 1...6 dargestellt und die dazugehörigen Ausgangsspannungen U_a.

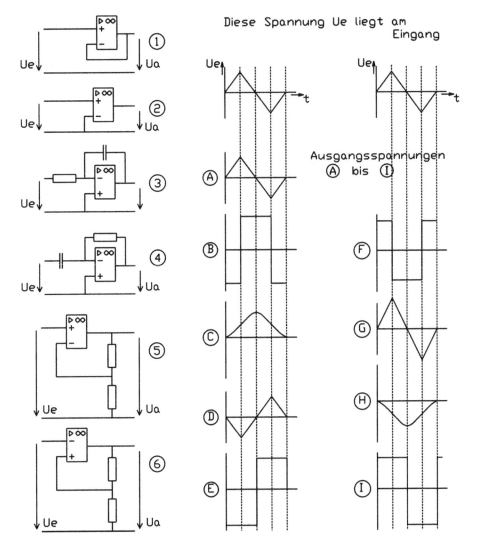

Verschiedene OP-Grundschaltungen

Aufgabenstellung 4.1.2

Ordnen Sie die Ausgangsspannungen A bis I den Grundschaltungen 1 bis 6 zu!

Für den Fall G soll die Ausgangsspannung immer größer sein als U_e! Schaltung 6 ist nicht zuzuordnen, da Komparator mit Hysterese (bestenfalls als Sonderfall: Ausgangsspannung F)

Schaltung	Ausgangsspannung
1	A
2	I
3	H
4	B
5	G
6	

Anmerkungen zu den Lösungen:

Schaltung 1: Impedanzwandler. Verstärkung 1. U_a ist phasen- und amplitudengleich mit U_e.

Schaltung 2: Komparator ohne Hysterese. Aussteuergrenze von U_a phasengleich zu U_e.

Schaltung 3: Integrierer. Eingangsstrom ist dreieckförmig. Integration eines dreieckförmigen Stromes ergibt Parabeläste im negativen Bereich, da es sich um einen invertierenden Integrierer handelt.

Schaltung 4: Differenzierer. Dreieckförmige Spannung am Kondensator bewirkt rechteckförmigen Strom durch C und damit durch R. Spannung am Ausgang ist entsprechend des Stromes rechteckförmig.

Schaltung 5: Nichtinvertierender Verstärker. Die Ausgangsspannung ist phasengleich. Die Ausgangsamplitude ist größer.

Es sind verschiedene OP-Grundschaltungen 1...6 dargestellt und die dazugehörigen Ausgangsspannungen U_a.

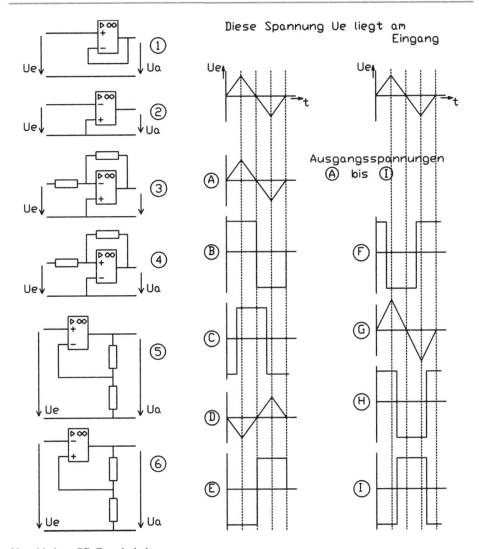

Verschiedene OP-Grundschaltungen

Aufgabenstellung 4.1.3

Ordnen Sie die Ausgangsspannungen A bis I den Grundschaltungen 1 bis 6 zu!

Für den Fall G soll die Ausgangsspannung immer größer sein als U_e!

Schaltung	Ausgangsspannung
1	A
2	E
3	D
4	C
5	G
6	F

Anmerkungen zu den Lösungen:

Schaltung 1: Impedanzwandler. Verstärkung 1. U_a ist phasen- und amplitudengleich mit U_e.

Schaltung 2: Invertierender Komparator ohne Hysterese. Aussteuergrenze von U_a invertiert zu U_e.

Schaltung 3: Invertierender Verstärker. U_a ist dreieckförmig und invertiert zu U_e.

Schaltung 4: Nichtinvertierender Komparator mit Hysterese. Ab einer gewissen positiven oder negativen Spannung kippt der OP in die positive oder negative Aussteuergrenze.

Schaltung 5: Nichtinvertierender Verstärker. Die Ausgangsspannung ist phasengleich. Die Ausgangsamplitude ist größer.

Schaltung 6: Invertierender Komparator mit Hysterese. Überschreitet U_e eine gewisse positive oder negative Spannung, so kippt der OP in die negative oder positive Aussteuergrenze.

Aufgabenstellung 4.2.1

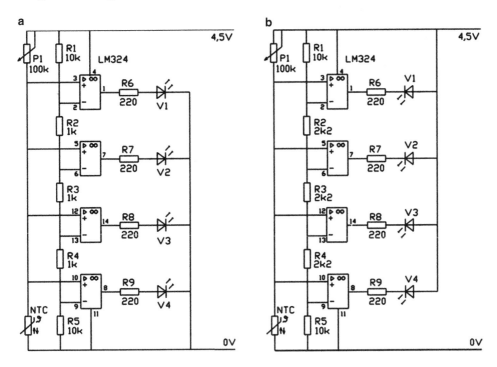

a Schaltung 1, **b** Schaltung 2

Vergleichen Sie Schaltung 1 mit Schaltung 2 hinsichtlich der grundsätzlichen Funktionsunterschiede!

Beachten Sie die unterschiedlichen Widerstände R_2, R_3 und R_4 in den beiden Schaltungen!

Lösung: In Schaltung 1 liegen die LEDs auf 0 V-Potenzial, in Schaltung 2 auf dem 4,5 V-Potenzial. Dies hat zur Folge, dass ein positiv ausgesteuerter OP in Schaltung 1 die LED zum Leuchten bringt, in Schaltung 2 dagegen nicht. Umgekehrt leuchtet in Schaltung 2 die LED wenn der OP negativ, also gegen 0 V, ausgesteuert ist. In Schaltung 1 sind die Widerstände R_2, R_3 und R_4 gegenüber Schaltung 2 niederohmiger. Die Spannungsfälle an diesen drei Widerständen sind somit kleiner und dadurch auch die Differenzen der Spannungspotenziale an den vergleichenden −Inputs. Schaltung 1 reagiert auf Temperaturschwankungen empfindlicher.

Aufgabenstellung 4.2.2

a) Berechnen Sie die Spannungspotenziale in Schaltung 1 (s. Abbildung in Aufgabe 4.2.1) an allen −Inputs Pin 2, 6, 9 und 13!

b) Annahme: Trimmer P_1 ist auf $50\,k\Omega$ eingestellt. Der NTC-Widerstand soll bei einer
bestimmten Temperatur mit $54\,k\Omega$ angenommen werden.

Wie groß sind die Spannungspotenziale am +Input und welche LEDs leuchten für diesen Fall?

Lösung zu a): Der Strom durch den Spannungsteiler $R_1\ldots R_5$ beträgt $4,5\,V\,/\,23\,k\Omega =$
$0,196\,mA$. $U_{Pin9} = 0,196\,mA \times 10\,k\Omega = 1,96\,V$. $U_{Pin13} = 0,196\,mA \times 11\,k\Omega = 2,15\,V$. $U_{Pin6} =$
$0,196\,mA \times 12\,k\Omega = 2,35\,V$. $U_{Pin2} = 0,196\,mA \times 13\,k\Omega = 2,54\,V$.

Lösung zu b): Spannung am +Input: $[4,5\,V\,/\,(50\,k\Omega + 54\,k\Omega)] \times 54\,k\Omega = 2,336\,V$.
Die Spannungen an Pin 9 und 13 sind niedriger als am +Input. Es leuchten V_3 und V_4.

Aufgabenstellung 4.2.3

a) Welchen Einfluss hat die Versorgungsspannung auf die Genauigkeit der Temperaturanzeige?
b) Der NTC-Widerstand und das Poti P_1 werden miteinander vertauscht. Wie ändert sich
die Art der Leuchtdiodenanzeige im Hinblick auf eine Temperaturänderung?

Lösung zu a): Keine. Eine Spannungserhöhung bewirkt eine proportionale Anhebung
der Potenziale am −Input und +Input, so dass der Einsatz der Kippung der OPs sich nicht
verändert.

Lösung zu b): Leuchteten beispielsweise in Schaltung 1 (s. Abbildung in Aufgabe 4.2.1)
bei Temperaturerhöhung weniger LEDs, so verhält sich jetzt die Schaltung so, dass bei
Temperaturerhöhung die Anzahl der leuchtenden LEDs sich vergrößert.

Aufgabenstellung 4.2.4
Die Aussteuergrenzen des OPs sollen mit ca. 0 und $4\,V$ angenommen werden. Die LED-
Spannung soll etwa $1,6\,V$ betragen. Wie groß wird der LED-Strom in Schaltung 1 und
Schaltung 2 (s. Abbildung in Aufgabe 4.2.1) sein?

Lösung: Schaltung 1: Für die positive Aussteuergrenze fließt folgender LED-Strom: OP-
Aussteuergrenze: $4\,V$. $I_{LED} = (4\,V - 1,6\,V)\,/\,220\,\Omega = 10,9\,mA$.
Schaltung 2: Für die negative Aussteuergrenze fließt ein LED-Strom von: OP-Aussteu-
ergrenze: $0\,V$. $I_{LED} = (4,5\,V - 1,6\,V)\,/\,220\,\Omega = 13,2\,mA$.

Die folgende Schaltung zeigt eine Temperaturanzeige. Die Kennlinie des NTCs ist abgebildet.

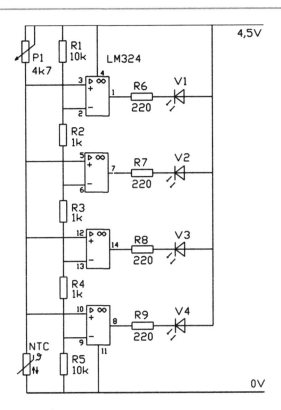

Schaltung zur Temperaturanzeige

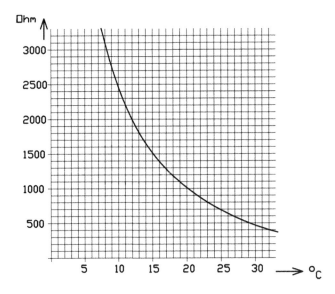

NTC-Kennlinie

Aufgabenstellung 4.2.5

a) Wie groß ist der NTC-Widerstand bei einer Temperatur von 20 °C?

Lösung: ca. 1 kΩ (Diagramm)

Aufgabenstellung 4.2.6

Das Poti P_1 ist auf 1,8 kΩ eingestellt.

a) Ab welcher Temperatur leuchten alle LEDs?
b) Ab welcher Temperatur leuchtet keine LED mehr?
c) Ab welcher Temperatur leuchtet die LED V2?

Lösung zu a): Der Strom durch den Spannungsteiler $R_1 \ldots R_5$ beträgt 4,5 V / 23 kΩ = 0,196 mA. U_{Pin9} = 0,196 mA × 10 kΩ = 1,96 V. U_{Pin13} = 0,196 mA × 11 kΩ = 2,15 V. U_{Pin6} = 0,196 mA × 12 kΩ = 2,35 V. U_{Pin2} = 0,196 mA × 13 kΩ = 2,54 V. Bei einer NTC-Spannung U_{Pin9} 1,96 V ist kein OP mehr positiv ausgesteuert. Es leuchten alle Dioden. Die Spannung an P_1 ist dann 4,5 V − 1,96 V = 2,54 V. Der Strom durch P_1 und dem NTC ist 2,54 V / 1,8 kΩ = 1,41 mA. R_{NTC} = 1,96 V / 1,41 mA = 1,39 kΩ. Dieser NTC-Widerstand ist bei ca. 16 °C vorhanden. Bei Temperaturen, die größer als 16 °C sind, leuchten alle Dioden.

Lösung zu b): Bei einer NTC-Spannung U_{Pin2} > 2,54 V sind alle OPs positiv ausgesteuert. Es leuchtet keine LED. Die Spannung an P_1 ist 4,5 V − 2,54 V = 1,96 V. Der Strom durch P_1 und dem NTC ist 1,96 V / 1,8 kΩ = 1,09 mA. R_{NTC} = 2,54 V / 1,09 mA = 2,33 kΩ. Dieser Widerstand ist bei etwa 10,5 °C vorhanden. Unter 10,5 °C leuchtet keine LED mehr.

Lösung zu c): Bei einer NTC-Spannung, die kleiner als U_{Pin6} = 2,35 V ist, leuchtet V_2. Durch Poti P_1 fließt ein Strom von (4,5 V − 2,35 V) / 1,8 kΩ = 1,19 mA. R_{NTC} = 2,35 V / 1,19 mA = 1,97 kΩ. Dieser Widerstand entspricht einer Temperatur von etwa 12 °C. Ab dieser Temperatur leuchtet V_2.

Aufgabenstellung 4.2.7

Kennzeichnen Sie die untenstehenden Aussagen zur Temperaturmessschaltung mit (**R**)ichtig oder (**F**)alsch!

Lösungen:
(**F**) Je niedriger die Temperatur wird, desto mehr LEDs leuchten.
(**F**) Eine LED leuchtet, wenn der OP in der positiven Aussteuergrenze ist.

(R) Durch Verkleinerung der Widerstände R_2, R_3 und R_4 wird eine Veränderung der Temperatur schon eher angezeigt.

(F) Eine Erhöhung der Versorgungsspannung auf beispielsweise 6 V macht die Temperaturanzeige empfindlicher.

(F) Eine Erhöhung des Widerstandes von P_1 bewirkt, dass höhere Temperaturen angezeigt werden.

Die Widerstände für folgenden Logiktester sollen für eine Betriebsspannung $U_b = 9$ V berechnet werden.

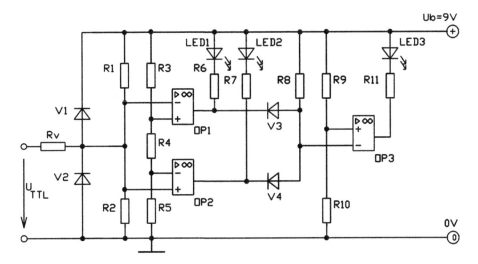

TTL-Logiktester

Aufgabenstellung 4.3.1

Berechnen Sie die Vorwiderstände R_6, R_7 und R_{11}!

Annahmen: Aussteuergrenzen der OPs: 0 und 8,5 V. $U_{LED} = 1,6$ V. $I_{LED} = 5$ mA.

Lösung: $R_6 = R_7 = R_{11} = (9\,V - 1,6\,V)/5\,mA = 1,48\,k\Omega$

Aufgabenstellung 4.3.2

Berechnen Sie R_9 und R_{10}!

Annahmen: Die Spannung am +Input von OP_3 soll $U_b/2$ betragen. Der Strom durch den Spannungsteiler soll zur Schonung der Batterie 10 ... 100 µA sein.

Lösung: $R_9 = R_{10} = 4,5\,V/(10 \ldots 100\,µA) = 45 \ldots 450\,k\Omega$. Gewählter Normwert z. B. 100 kΩ.

Aufgabenstellung 4.3.3

Berechnen Sie R_8!

Annahmen: Der Strom durch R_8 soll etwa $10 \ldots 100\,\mu A$ betragen.

Lösung: Die Diodendurchlassspannung soll mit $0,7\,V$ angenommen werden.
$R_8 = (U_b - U_{FV3})/(10 \ldots 100\,\mu A) = 83 \ldots 830\,k\Omega$.
Gewählt wird beispielsweise ein Normwert von $470\,k\Omega$.

Aufgabenstellung 4.3.4

Berechnen Sie den Spannungsteiler R_3, R_4 und R_5!

Annahmen: Der Strom durch den Spannungsteiler soll $0,1\,mA$ betragen. Bis $0,8\,V$ wird der Low-Pegel angezeigt. Von $0,8$ bis $2\,V$ wird der „Verbotene Bereich" oder „Tri-State" angezeigt. Ab $2\,V$ wird der High-Pegel angezeigt.

Lösung: $R_5 = 0,8\,V/0,1\,mA = 8\,k\Omega$. $R_4 = (2\,V - 0,8\,V)/0,1\,mA = 12\,k\Omega$. $R_3 = (9\,V - 2\,V)/0,1\,mA = 70\,k\Omega$.

Aufgabenstellung 4.3.5

Berechnen Sie R_1 und R_2! Berechnen oder schätzen Sie die Größe von R_V. Der Widerstand R_V soll die Eingangsspannung U_{TTL} an den Eingängen der OPs nicht merkbar verfälschen.

Annahmen: Der Strom durch den Spannungsteiler R_1, R_2 soll zwischen $10 \ldots 100\,\mu A$ liegen.

Lösung: Über den Spannungsteiler R_1, R_2 wird der Schaltung ein Spannungspegel im „Verbotenen Bereich" vorgetäuscht. Möglich ist eine Spannung von z. B. $1,2\,V$ bei einem Spannungsteilerstrom von $10\,\mu A$. R_2 wäre dann $1,2\,V/10\,\mu A = 120\,k\Omega$ und R_1 ist $(9\,V - 1,2\,V)/10\,\mu A = 780\,k\Omega$. R_V könnte z. B. $1\,k\Omega$ betragen. Damit ist keine wesentliche Verfälschung von U_{TTL} über R_V auf den hochohmigen Spannungsteiler von R_1, R_2 zu erwarten. Selbst bei einer falsch gepolten Überspannung von $U_{TTL} = -10\,V$ würde der Strom $I_{V2} = (U_{TTL} - 0,7\,V)/R_V$ knapp $10\,mA$ sein.

Aufgabenstellung 4.4.1

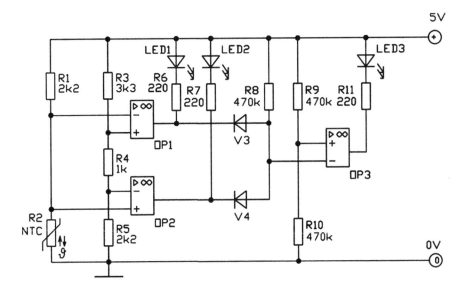

Messschaltung zur Temperaturanzeige

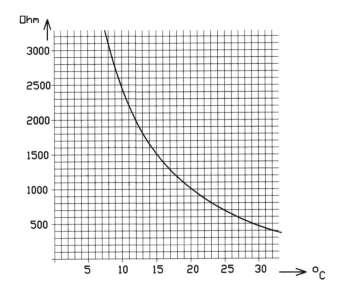

NTC-Kennlinie

a) In welchem Temperaturbereich leuchtet LED_3?

b) Welche Temperaturbereiche zeigen LED_1 und LED_2 an?

Aufgabenstellung 4.4.2

Begründen Sie, welche prinzipielle Auswirkung eine Erhöhung der Versorgungsspannung auf beispielsweise 6 V für die Temperaturbereichsanzeige hat!

Lösung zu 4.4.1 a): Die Schwellwerte für die Anzeige durch LED_3 stellen die Spannungspotenziale am $-$Input von OP_2 und am $+$Input von OP_1 dar.
Sie betragen:

$$U_{-OP2} = \frac{5\,V}{R_3 + R_4 + R_5} \times R_5 = \frac{5\,V}{3,3\,k\Omega + 1\,k\Omega + 2,2\,k\Omega} \times 2,2\,k\Omega = 1,69\,V,$$

$$U_{-OP2} = \frac{5\,V}{R_3 + R_4 + R_5} \times (R_4 + R_5)$$

$$= \frac{5\,V}{3,3\,k\Omega + 1\,k\Omega + 2,2\,k\Omega} \times (2,2\,k\Omega + 1\,k\Omega) = 2,46\,V.$$

Befindet sich die Spannung am NTC-Widerstand in dem Bereich der beiden errechneten Spannungen, so leuchtet LED_3. Beispiel: Die Spannung am NTC soll bei einer bestimmten Temperatur 2 V betragen. Es kippen OP_1 und OP_2 in die positive Aussteuergrenze. V_3 und V_4 sperren. Über R_8 liegen 5 V am $-$Input von OP_3. Am $-$Input liegt über R_9, R_{10} eine Spannung von 2,5 V. OP_3 kippt auf ca. 0 V. LED_3 leuchtet. Es muss also der Widerstand des NTCs für eine Spannung zwischen 1,69 und 2,46 V errechnet werden.

$$I'_{R1} = I'_{R2} = I'_{NTC} = (5\,V - 1,69\,V) / R_1 = (5\,V - 1,69\,V) / 2,2\,k\Omega = 1,5\,mA$$

$$I''_{R1} = I''_{R2} = I''_{NTC} = (5\,V - 2,46\,V) / R_1 = (5\,V - 2,46\,V) / 2,2\,k\Omega = 1,155\,mA.$$

$R'_2 = R'_{NTC} = 1,69\,V / 1,5\,mA = 1,13\,k\Omega$ entspricht laut Diagramm 28 °C
$R''_2 = R''_{NTC} = 2,46\,V / 1,155\,mA = 2,13\,k\Omega$ entspricht laut Diagramm 17 °C.

LED_3 leuchtet im Temperaturbereich von ca. 17 bis 28 °C.

Lösung zu 4.4.1 b): Je höher die Temperatur, desto kleiner wird der Widerstandswert von R_2. Damit kippt OP_2 in die 0 V-Aussteuergrenze. LED_2 leuchtet. Oberhalb 28 °C leuchtet LED_2, unterhalb 17 °C leuchtet LED_1.

Lösung zu 4.4.2: Eine Veränderung der Versorgungsspannung hat keinen Einfluss auf den Bereich der Temperaturanzeige. Es handelt sich um eine Messbrückenschaltung mit den Widerstandszweigen R_1, R_2 und R_3, R_4, R_5. Ein Ansteigen der Betriebsspannung erhöht in beiden Zweigen gleichermaßen die Spannungen. Die „Kippung" der OPs ist nicht abhängig von der Spannung, sondern vom Spannungsvergleich der beiden Zweige.

Aufgabenstellung 4.5.1

a) An den Eingängen liegen die Spannungen von 0,1 und −0,2 V. Wie groß ist X? Tragen
    Sie die notwendigen Ströme, Spannungen und Potenziale in die Schaltung ein!
b) Welche Funktion erfüllen OP_1 und OP_2?
c) Welche Funktion erfüllt OP_3?

Lösung zu a): Spannungen und Potenziale sind in der Abbildung eingetragen. Auf die
Eintragung von Strömen kann verzichtet werden, da beispielsweise der Stromdurch R_1
und R_3 gleichgroß ist, und somit der Spannungsfall an R_3 durch den 10fach größeren
Widerstand auch 10mal größer ist als an R_1.

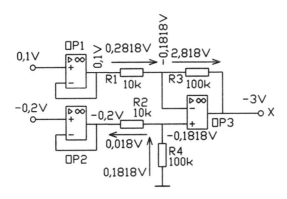

Lösung zu a)

Lösung zu b): OP_1 und OP_2 sind Impedanzwandler. Verstärkung $V_U = 1$. Eingangswiderstand sehr hochohmig, Ausgangswiderstand gegen Null.

Lösung zu c): Differenzverstärker mit der Verstärkung 10. Es ist bei $R_1 = R_2$ und $R_3 = R_4$.
$X = (U_{OP2} - U_{OP1}) \times R_3 / R_1$. $X = (-0,2\,V - 0,1\,V) \times (100\,k\Omega / 10\,k\Omega) = -3\,V$

Aufgabenstellung 4.5.2

a) Die Eingangsspannungen A, B und C haben die Werte von 0,1, −0,4 und 0,3 V.
    Wie groß ist die Ausgangsspannung X?
    Tragen Sie die notwendigen Spannungen, Ströme und Potenziale in die Schaltung ein!
b) Welche Funktion erfüllen OP_1 und OP_2?
c) Welche Funktion erfüllt OP_3?
d) Wie groß sind die Eingangswiderstände von Eingang A, B und C?

Lösung zu a): Spannungen, Ströme und Potenziale sind in die Schaltung eingetragen. Durch die gegengekoppelten Schaltungen sind die Differenzspannungen an den OP-Eingängen praktisch 0 V. Der −Input von OP_1 nimmt somit 0,1 V, der −Input von OP_2 nimmt −0,4 V und der −Input von OP_3 nimmt 0 V an. Dieser Gedankengang macht die Berechnung der Ausgangsgröße X ohne spezielle Formeln zu den OP-Schaltungen denkbar einfach.

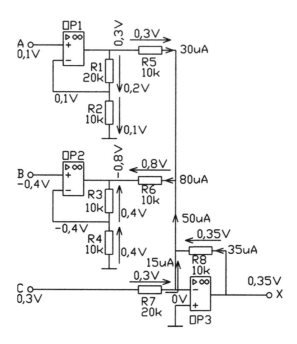

Lösung zu a)

Lösung zu b): OP_1 und OP_2 sind nichtinvertierende Verstärker mit der Verstärkung 3 und 2.

Lösung zu c): OP_3 ist ein invertierender Addierer.

Lösung zu d): Die Eingangswiderstände der Eingänge A und B entsprechen den Eingangswiderständen der OPs. Sie sind sehr hochohmig und betragen je nach Typ zwischen 1 MΩ und 10^{12} Ω. Der Eingangswiderstand von Eingang C beträgt 20 kΩ, da R_7 rechtsseitig auf dem virtuellen Nullpunkt – sprich: Masse – liegt.

Aufgabenstellung 4.5.3
An den Eingängen A und B liegen die Eingangsspannungen 3 und 6 V.
   Wie groß ist die Ausgangsspannung X?

Tragen Sie zur Ermittlung von X alle notwendigen Spannungen, Ströme und Potenziale in Ihre Skizze ein!

Lösung: Am +Input liegt durch die Z-Diode eine Spannung von 5 V. Über Gegenkopplung nimmt der −Input die gleiche Spannung an. Damit ergeben sich die dargestellten Spannungen und Ströme an den Eingangswiderständen. Im Gegenkopplungszweig fließt die Summe beider Eingangsströme von 0,15 mA. Der Spannungsfall von 3 V am Gegenkopplungswiderstand addiert sich zu den 5 V am −Input. Die Ausgangsspannung X beträgt 5 V + 3 V = 8 V.

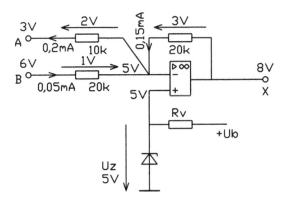

Lösung zu Aufgabenstellung 4.5.3

Aufgabenstellung 4.5.4

a) Welche Aufgabe erfüllt OP_1?
b) Die Eingangsspannung an A beträgt 3 V. Wie groß ist die Ausgangsspannung X? Tragen Sie zur Ermittlung von X alle relevanten Spannungen, Ströme und Potenziale in Ihre Skizze ein!
c) Stellen Sie eine allgemeingültige Formel für $X = f(A, R_1, R_2, U_Z)$ auf!

Lösung zu a): OP_1 ist ein Impedanzwandler. Der Eingang ist hochohmig, sein Ausgang niederohmig. Die Eingangsspannungsquelle A wird kaum belastet.

Lösung zu b): Am Ausgang von OP_1 liegt ebenfalls die Eingangsspannung von 3 V, da der −Input von OP_1 das gleiche Potenzial über Gegenkopplung vom +Input annimmt. Der +Input von OP_2 nimmt über die Z-Diode ein Potenzial von 5 V an. Über Gegenkopplung liegen am −Input ebenfalls 5 V. Wie in der Abbildung eingezeichnet ist, beträgt die Spannung am 10 kΩ-Widerstand 2 V. Der Strom von 2 V / 10 kΩ = 0,2 mA fließt auch über den Gegenkopplungswiderstand von OP_2 und verursacht dort einen Spannungsfall von 4 V. Die Ausgangsspannung X beträgt 5 V + 4 V = 9 V.

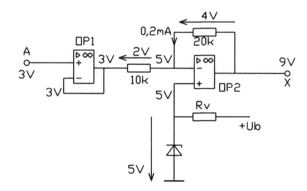

Lösung zu b)

Lösung zu c): Zur Entwicklung einer allgemein gültigen Formel $X = f(A, U_Z, R_1, R_2)$ ist die konsequente Eintragung von Spannungs- und Strompfeilen sehr hilfreich. Als erstes ist die Ausgangsspannung von dem Impedanzwandler OP_1 bekannt, da der −Input über Gegenkopplung das gleiche Potenzial vom +Input annimmt. Die Ausgangsspannung ist ebenfalls A wie die Eingangsspannung. Die Spannung U_Z am +Input von OP_2 liegt über Gegenkopplung auch am −Input, so dass die Spannung entsprechend der eingezeichneten Richtung $A − U_Z$ ist.

Der Strom durch R_1 und damit auch durch R_2 ist $(A − U_Z)/R_1$. Die Spannung an R_2 ist $(A − U_Z) \times (R_2/R_1)$. Wird diese Spannung vom Potenzial am −Input des OP_2 subtrahiert, so erhält man die Ausgangsspannung X.

Sie beträgt

$$X = U_Z - \frac{A - U_Z}{R_1} \times R_2.$$

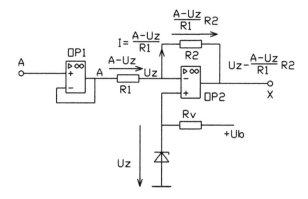

Lösung zu c)

Temperatur- und Temperaturdifferenzmessung mit Operationsverstärkern
In einer Strömungsanlage sollen folgende Temperaturen gemessen werden:
Temperatur δ_1 und Temperaturdifferenz $\delta_1 - \delta_2$
Es stehen zur Verfügung:

Zwei δ/U-Wandler: Technische Daten: Temperatur $0 \dots 100\,^\circ\text{C}$
Spannung $0 \dots 100\,\text{mV}$
Zwei Spannungsmesser: $0 \dots 1\,\text{V}$-Anzeige

Aufgabenstellung 4.5.5

a) Welche Funktionen erfüllen OP_1 und OP_2?

Lösung: OP_1 und OP_2 sind Impedanzwandler. Großer Eingangswiderstand, niedriger Ausgangswiderstand. Keine Belastung des δ/U-Wandlers durch den Eingangswiderstand der OPs.

b) Welche Funktion erfüllt OP_3?

Lösung: OP_3 ist ein nichtinvertierender Verstärker. Durch die Verstärkung wird der Temperaturbereich der Spannungsanzeige angepasst.

c) Welche Funktion erfüllt OP_4?

Lösung: OP_4 ist ein Differenzverstärker. Hier wird die Temperaturdifferenz $\delta_1 - \delta_2$ gebildet.

d) Die Temperatur δ_1 soll mit dem Spannungsmesser U_1 angezeigt werden.
Dabei soll der Bereich $0 \dots 100\,^\circ\text{C}$ einer Anzeige von $0 \dots 1\,\text{V}$ entsprechen.
Berechnen Sie das Widerstandsverhältnis R_1 / R_2!

Lösung: $0 \dots 100\,^\circ\text{C}$ entsprechen nach dem δ/U-Wandler einer Spannung von $0 \dots 100\,\text{mV}$. Für $0 \dots 100\,\text{mV}$ soll die Anzeige $0 \dots 1\,\text{V}$ betragen. Die Verstärkung muss deshalb 10 sein. Für den nichtinvertierenden Verstärker gilt allgemein $U_a = U_e\,(1 + R_2 / R_1)$. Damit verhält sich $R_1 / R_2 = 1 / 9$.

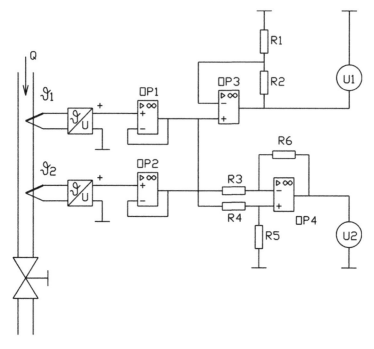

Temperatur-Messschaltung

e) Die Temperaturdifferenz $\delta_1 - \delta_2$ soll durch den Spannungsmesser U_2 angezeigt werden. Die Temperaturdifferenz von $10\,°C$ soll dabei einer Spannung von $1\,V$ entsprechen.

   Berechnen bzw. bestimmen Sie die Widerstände R_4, R_5 und R_6, wenn R_3 mit $10\,k\Omega$ angenommen werden soll!

Lösung: Eine Temperaturdifferenz von $10\,°C$ entspricht nach den δ/U-Wandlern einer Spannung von $10\,mV$. Diese Spannung soll vom Spannungsmesser U_2 mit $1\,V$ angezeigt werden. Die Differenzverstärkung muss damit 100 sein. Wählt man $R_3 = R_4$ und $R_5 = R_6$ so entspricht das Verhältnis R_5 / R_3 dem Differenzverstärkungsverhältnis 100. R_4 ist somit $10\,k\Omega$ und $R_5 = R_6 = 1\,M\Omega$.

Aufgabenstellung 4.5.6

a) Erstellen Sie die Schaltung für

$$\vartheta_1 - \frac{\vartheta_2}{2} - \frac{\vartheta_3}{4} - 1{,}5 \times \vartheta_4!$$

Lösung: Über OP$_5$ wird $\vartheta 1$ mit der Verstärkung −1 invertiert und über den invertierenden Addierer OP$_6$ nochmals mit −1 verstärkt, so dass am Ausgang für ϑ_1 ebenfalls ϑ_1 erscheint. Die Temperatur ϑ_2 wird über den invertierenden Addierer OP$_6$ durch das Widerstandsverhältnis von Gegenkopplungswiderstand/Eingangswiderstand mit $10\,\mathrm{k\Omega}\,/\,20\,\mathrm{k\Omega} = 0{,}5$ invertierend verstärkt, so dass am Ausgang $-0{,}5 \times \vartheta_2$ erscheint. Ähnliches gilt für die Temperaturen ϑ_3 und ϑ_4. Zu beachten ist nur, dass die Widerstandsverhältnisse stimmen. Alle Widerstandswerte hätten beispielsweise auch den 10fachen Wert aufweisen können.

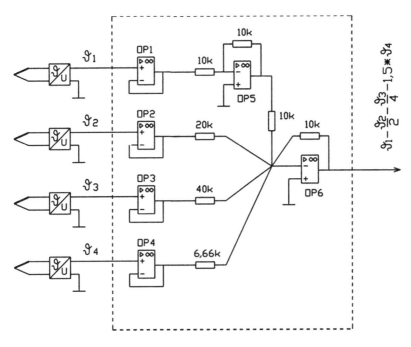

Lösung a)

b) Erstellen Sie die Schaltung für $(\vartheta_1 + \vartheta_2 + \vartheta_3 + 2\vartheta_4) \times (0{,}5 \dots 1{,}5)$!

Lösung: OP$_5$ arbeitet als invertierender Addierer. Über die Eingangswiderstände von je $100\,\mathrm{k\Omega}$ für die ersten drei Temperaturfühler und einen Gegenkopplungszweig, der zwischen $50\,\mathrm{k\Omega}$ bis $150\,\mathrm{k\Omega}$ verstellbar ist, ergibt sich eine Verstärkung von jeweils −0,5 bis −1,5. Die Spannung des vierten Temperaturfühlers mit einem Eingangswiderstand von $50\,\mathrm{k\Omega}$ wird über den variablen Gegenkopplungszweig zwischen −1 bis −3 verstärkt. Durch den nachfolgenden Verstärker OP$_6$ wird das Ergebnis des invertierenden Addierers noch mit −1 multipliziert, so dass die Bedingung für die Gleichung erfüllt ist. Anstelle der $100\,\mathrm{k\Omega}$-Widerstände an OP$_6$ können natürlich auch gleiche Widerstände mit anderen Werten genommen werden. Wichtig ist nur die Verstärkung von −1.

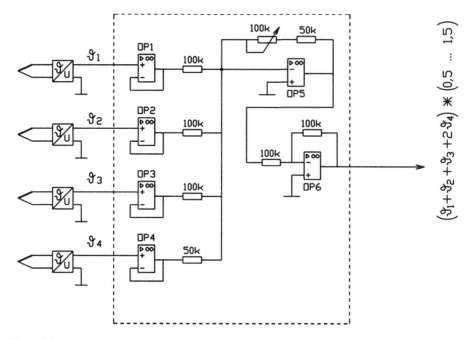

Lösung b)

c) Erstellen Sie die Schaltung für $(\vartheta_1 + \vartheta_2) - (\vartheta_3 + 2\vartheta_4) \times (0,5 \ldots 1,5)$!

Lösungsmöglichkeit 1 zu c): Über den invertierenden Addierer OP$_5$ liegt am Ausgang die Größe $-(\vartheta_1 + \vartheta_2)$. Diese Größe wird über einen weiteren invertierenden Addierer OP$_8$ mit -1 verstärkt. Am Ausgang liegt somit der Term $(\vartheta_1 + \vartheta_2)$. Der Operationsverstärker OP$_6$ arbeitet als Addierer für $\vartheta_3 + \vartheta_4$ und hat durch das Poti eine verstellbare Verstärkung für ϑ_3 von $-0,5$ bis $-1,5$ und für ϑ_4 die Verstärkung -1 bis -3. Am OP$_6$-Ausgang errechnet sich die Größe zu $-(0,5 \ldots 1,5) \times (\vartheta_3 + 2\vartheta_4)$. OP$_7$ invertiert diesen Term und über eine weitere Invertierung mit der Verstärkung -1 von OP$_8$ erhält man $-(0,5 \ldots 1,5) \times (\vartheta_3 + \vartheta_4)$. Damit ist die Gleichung der Aufgabenstellung erfüllt. Der Operationsverstärker OP$_7$ kann eingespart werden, wenn das Ausgangssignal von OP$_6$ über einen $100\,\text{k}\Omega$-Widerstand auf den invertierenden Addierer OP$_5$ geführt wird.

Lösungsmöglichkeit 2 zu c) zeigt diese Variante.

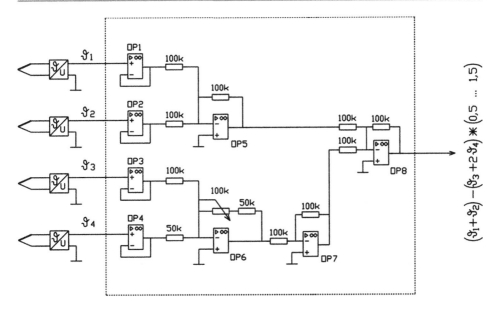

Lösung 1 zu Aufgabe c)

Lösungsmöglichkeit 2 zu c): Am Ausgang des invertierenden Addierers OP_6 befindet sich der Ausdruck $-(\vartheta_3 + 2\vartheta_4) \times (0{,}5 \ldots 1{,}5)$. Dieser Term wird mit ϑ_1 und ϑ_2 auf den invertierenden Addierer OP_5 geführt. Am Ausgang von OP_5 befindet sich die Größe $-(\vartheta_1 + \vartheta_2) + (\vartheta_3 + 2\vartheta_4) \times (0{,}5 \ldots 1{,}5)$. Über den Inverter OP_7 liegt am Ausgang die geforderte Gleichung $(\vartheta_1 + \vartheta_2) - (\vartheta_3 + \vartheta_4) \times (0{,}5 \ldots 1{,}5)$ vor.

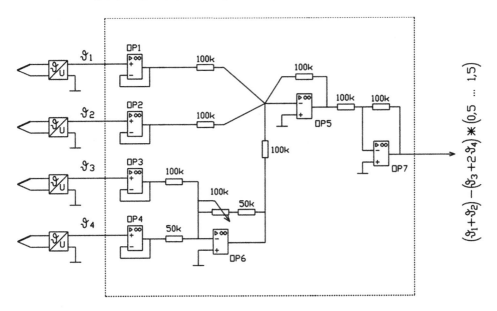

Lösung 2 zu Aufgabe c)

Aufgabenstellung 4.5.7

6 Temperatursensoren liefern die elektrischen Größen A bis F. Die Sensoren sind zur Messschaltung über Impedanzwandler entkoppelt.

a) Stellen Sie für die folgende Schaltung die Gleichung $X = f(A, B, C, D, E, F)$ auf!
   Beachten Sie die Variabilität der Potis von $0 \ldots 100\,k\Omega$!

b) An allen Eingängen sollen aus Vereinfachungsgründen jeweils $50\,mV$ angenommen werden.
   Alle Potis sollen für diesen Fall Potimittelstellung aufweisen.
   Wie groß errechnet sich die Eingangsgröße X?

Lösung zu a): $X = (A + 0{,}5B) \times (1 \ldots 1{,}5) + (2C + D) \times (1 \ldots 3) + (F + 2E) \times (2 \ldots 3)$.

In der folgenden Schaltung sind die Teilgleichungen an den Ausgängen von OP_7, OP_8, OP_9, OP_{11} und OP_{12} dargestellt. Der Einstellbereich der Potis von $0 \ldots 100\,k\Omega$ ist dabei entsprechend berücksichtigt worden.

Lösung zu b): In der Schaltung sind alle wichtigen Spannungs-, Strom- und Potenzialwerte für Potimittelstellung ($50\,k\Omega$) eingetragen. Die Versorgungsspannung von $\pm 15\,V$ ist nicht mitgezeichnet. Seien Sie sich darüber im Klaren, dass beispielsweise in OP_8 ein Strom von $1{,}5\,\mu A + 3\,\mu A = 4{,}5\,\mu A$ hineinfließt und den Stromweg über die Versorgungsspannung geschlossen wird. Näheres darüber ist in Abschn. 1.4 dargestellt.

Spannungen und Ströme sind mit Richtungspfeilen versehen. Potenziale beziehen sich auf den Massebezugspunkt.

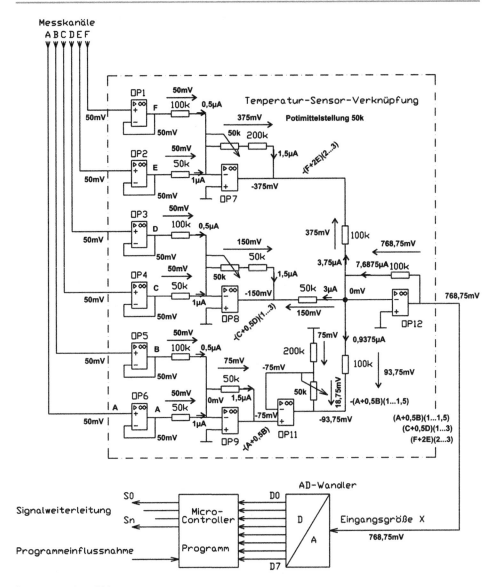

Lösung zu a) und b)

Zu Aufgabenstellung 4.5.7

a) Stellen Sie für die folgende Schaltung die Gleichung $X = f(A, B, C, D, E, F)$ auf!
   Beachten Sie die Variabilität der Potis von $0 \ldots 100\,k\Omega$!

b) An allen Eingängen sollen aus Vereinfachungsgründen jeweils $50\,mV$ angenommen werden.

Alle Potis sind in Mittelstellung. Wie groß errechnet sich die Eingangsgröße X für den AD-Wandler?

Lösung zu a): $X = (A + B) \times (1 \ldots 3) + (0{,}5C + D) \times (1 \ldots 3) + (E + 2F) \times (1 \ldots 3{,}5)$.

In der folgenden Schaltung sind die Teilgleichungen an den Ausgängen der OPs dargestellt. Der Einstellbereich der Potis von $0 \ldots 100\,\text{k}\Omega$ ist dabei entsprechend der Aufgabenstellung berücksichtigt worden.

Denken Sie daran: Mathematisch wäre die Darstellung $X = A \times (1 \ldots 3) + B \times (1 \ldots 3) + 0{,}5C \times (1 \ldots 3) \ldots$ auch möglich. Physikalisch in Bezug zur Schaltung ist diese Darstellung nicht richtig. Für die Gleichung würde es heißen, dass die Variablen A und B unabhängig voneinander verändert werden können. Dazu wäre für jede Variable aber ein gesondertes Poti notwendig. Das Poti hinter OP_{10} bezieht sich aber immer gleichzeitig auf A und B. Auch für C und D und für E und F liegt jeweils nur ein gemeinsames Poti vor.

Lösung zu b): In der folgenden Schaltung sind alle wichtigen Spannungs-, Strom- und Potenzialwerte für Potimittelstellung ($50\,\text{k}\Omega$) eingetragen. Die Versorgungsspannung von $\pm 15\,\text{V}$ ist nicht mitgezeichnet. Seien Sie sich darüber im Klaren, dass beispielsweise in OP_8 ein Strom von $1{,}5\,\mu\text{A} + 1{,}5\,\mu\text{A} = 3\,\mu\text{A}$ hineinfließt und den Stromweg über die Versorgungsspannung geschlossen wird. Näheres darüber ist in Abschn. 1.4 dargestellt.

Temperatursensoren

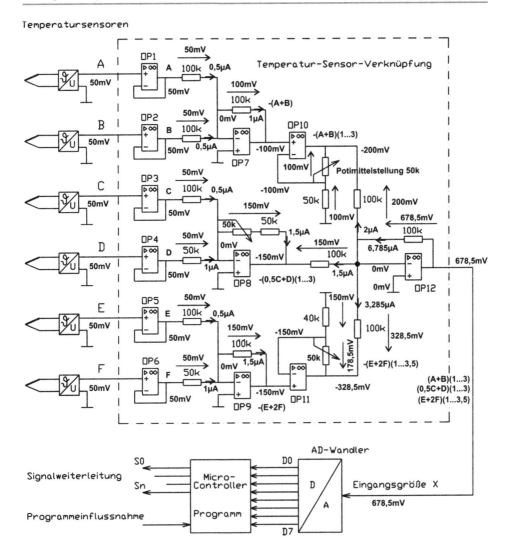

Lösung zu a) und b)

Bei dem klassischen Differenzverstärker muss die Anzahl der Eingänge $A_1 \ldots A_n$ der Anzahl der Eingänge $B_1 \ldots B_n$ entsprechen. Für diesen Fall gilt laut der Schaltung in der Abbildung folgende Formel: $X = (\sum B - \sum A) \times R_2 / R_1$.

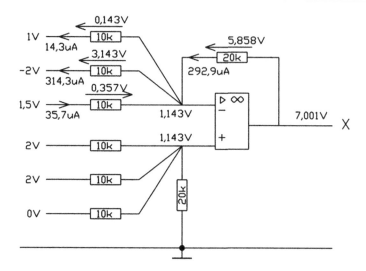

Rechnung zum Differenzverstärker

Aufgabenstellung 4.5.8

$R_1 = 10 \, k\Omega$

$R_2 = 20 \, k\Omega$

$A_1 = 1 \, V$

$A_2 = 2 \, V$

$A_3 = 1,5 \, V$

$B_1 = 2 \, V$

$B_2 = 2 \, V$

$B_3 = 0 \, V$ (B_3-Anschluss an Masse gelegt; sonst $B_3 \neq 0 \, V$)

a) Wie groß ist die Ausgangsspannung X?

Lösung: Nach der Standardformel errechnet sich $X = (\sum B - \sum A) \times R_2 / R_1 = [(2 \, V + 2 \, V + 0 \, V) - (1 \, V - 2 \, V + 1,5 \, V)] \times 20 \, k\Omega / 10 \, k\Omega = 7 \, V$

b) Berechnen Sie die Ausgangsspannung nach den allgemeinen Grundlagen der Kirchhoff'schen Gesetze.
   Tragen Sie alle Ströme, Spannungen und Potenziale in Ihre Skizze ein!

Lösung: $U_{+Input} = [2 \, V / (5 \, k\Omega + 6,66 \, k\Omega)] \times 6,66 \, k\Omega = 1,143 \, V$.
   Ersatzschaltbild: 2 V liegen an jeweils $10 \, k\Omega$ parallel und das in Reihe zu $10 \, k\Omega$ parallel $20 \, k\Omega$ an 0 V. Die Spannung am −Input nimmt über den Gegenkopplungszweig das gleiche Potenzial von $1,143 \, V$ an. Alle weiteren Spannungs- und Stromverteilungen sind

aus der oberen Schaltung zu entnehmen. Die Ausgangsspannung beträgt wie nach der Standardformel – bis auf mögliche Rundungsfehler – ebenfalls 7 V. Der Vorteil in Aufgabenstellung b) liegt darin, dass man nicht auf formale Formeln zurückgreift, sondern aus dem elektrotechnischen Verständnis heraus zur Lösung kommt.

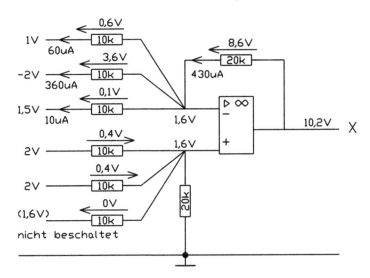

Rechnung zum Differenzverstärker

Aufgabenstellung 4.5.9

$R_1 = 10\,\mathrm{k\Omega}$

$R_2 = 20\,\mathrm{k\Omega}$

$A_1 = 1\,\mathrm{V}$

$A_2 = 2\,\mathrm{V}$

$A_3 = 1,5\,\mathrm{V}$

$B_1 = 2\,\mathrm{V}$

$B_2 = 2\,\mathrm{V}$

$B_3 =$ nicht beschaltet. Der Eingang ist offen.

a) Wie groß ist die Ausgangsspannung an X?

Lösung: $U_{+\mathrm{Input}} = [2\,\mathrm{V} / (5\,\mathrm{k\Omega} + 20\,\mathrm{k\Omega})] \times 20\,\mathrm{k\Omega} = 1,6\,\mathrm{V}$. Das gleiche Potenzial liegt über Gegenkopplung am −Input an. Es ergibt sich die Strom- und Spannungsaufteilung laut oberer Schaltung. Die Ausgangsspannung ist 10,2 V.

b) Begründen Sie, weshalb die Standardformel für Differenzverstärker hier nicht verwendet werden kann!

Lösung: Der unbeschaltete Eingang kann nicht mit 0 V angenommen werden, da er nicht an Masse angeschlossen ist. Er nimmt die Spannung des +Inputs an, in diesem Fall 1,6 V. Hat man diese Spannung ermittelt, so ist die Anwendung der Standardformel wieder möglich:

$$X = (\sum B - \sum A) \times R_2 / R_1 = [(2\,V + 2\,V + 1,6\,V) - (1\,V - 2\,V + 1,5\,V)] \times 20\,k\Omega / 10\,k\Omega = 10,2\,V$$

Aufgabenstellung 4.6.1

a) Auf welche Werte müssen die Ströme I_1, I_2, I_3 und I_4 eingestellt werden bei einer Auflösung von 0,1 V/Bit?

Lösung: In der Annahme, dass der niederwertige 2^0-Eingang High-Signal führt, liegen am Ausgang 0,1 V. Für diesen Fall sind die Ströme, Spannungen und Potenziale in die Schaltung eingetragen. Der Strom I_1 mit der niedrigsten Wertigkeit ergibt sich zu 45,45 µA. I_2 ist doppelt so groß. $I_2 = 90,9\,µA$. $I_3 = 2 \times I_2 = 182\,µA$. $I_4 = 2 \times I_3 = 364\,µA$.

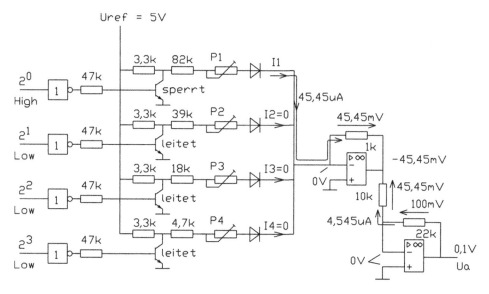

Lösung zu a)

b) Berechnen Sie den Einstellwert von Poti P_1. Die Diodenschwellspannung soll 0,6 V betragen!

Lösung:
$R_{ges} = (5\,V - 0,6\,V) / 45,45\,µA = 96,8\,k\Omega$. $P_1 = 96,8\,k\Omega - (3,3\,k\Omega + 82\,k\Omega) = 11,5\,k\Omega$

c) Begründen Sie, weshalb diese Schaltung eine Referenzspannungsquelle benötigt!

Lösung: Die Ströme $I_1 \ldots I_4$ sind über die Konstantspannungsquelle genau reproduzierbar.

d) Begründen Sie, weshalb bei leichten Schwankungen des High- oder Low-Pegels am Eingang die Ausgangsspannung U_a sich nicht verändert!

Lösung: Die Inverter schalten ausgangsseitig auf High- oder Low-Pegel. Die Transistoren leiten oder sperren eindeutig.

e) Begründen Sie das Vorhandensein der $3,3\,\text{k}\Omega$-Transistoren-Kombinationen!

Lösung: Bei leitendem Transistor werden die Referenzströme $I_1 \ldots I_4 = 0$. Der $3,3$-$\text{k}\Omega$-Widerstand verhindert ein Kurzschließen der Referenzspannung.

f) Begründen Sie die Funktion der Dioden!

Lösung: Die Referenzströme müssen bei leitendem Transistor Null sein. Da die Kollektor-Emitter-Spannung U_{CEsat} nicht genau Null ist, würden kleine Restströme $I_1 \ldots I_4$ fließen. Die Dioden verhindern diese Restströme, da U_{CEsat} kleiner als die Diodenschwellspannung ist. Die Funktion der Dioden besteht nicht darin, dass z. B. bei obigem Schaltungsbeispiel der Strom I_1 über die Strompfade von $I_3 \ldots I_4$ zurückfließen kann.

g) Die Eingänge sind mit High- und Low-Signalen wie folgt belegt:

Eingang 2^0: $0,3\,\text{V}$
Eingang 2^1: $4,2\,\text{V}$
Eingang 2^2: $3,9\,\text{V}$
Eingang 2^3: $0,2\,\text{V}$

An den Eingängen handelt es sich um TTL-Gatter (Transistor-Transistor-Logik). Am Eingang wird als Low-Signal eine Spannung zwischen $0 \ldots 0,8\,\text{V}$ und als High-Signal eine Spannung zwischen 2 bis 5 V akzeptiert. Welche Spannung ist für obige Eingangssignale am Ausgang zu erwarten?

Lösung: Die Eingänge liegen bei den vorgegebenen Eingangssignalen eindeutig auf High- oder Low-Pegel.

Eingang	Wertigkeit	Spannung	Pegel	Bitwert × Auflösung
2^0	1	0,3 V	Low	$0 \times 0,1$ V $= \mathbf{0,0\,V}$
2^1	2	4,2 V	High	$2 \times 0,1$ V $= \ldots \mathbf{0,2\,V}$
2^2	4	3,9 V	High	$4 \times 0,1$ V $= \mathbf{0,4\,V}$
2^3	8	0,2 V	Low	$0 \times 0,1$ V $= \mathbf{0,0\,V}$
Ausgangsspannung				**0,6 V**

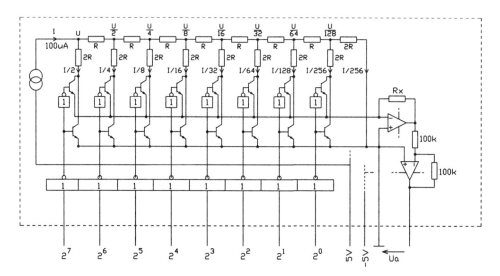

DA-Wandler

Aufgabenstellung 4.6.2

Wie groß ist R_X bei einer Auflösung von 10 mV / Bit?

Lösung: Der niederwertigste Strom ist I/256. Er beträgt 100 µA / 256 = 0,39 µA. Dieser Strom fließt über R_X und muss einen Spannungsfall von 10 mV hervorrufen. Am Ausgang des ersten OPs hätten wir dann −10 mV. Über den zweiten OP erfolgt die Verstärkung mit −1. Die Ausgangsspannung beträgt 10 mV. R_X errechnet sich zu 10 mV / 0,39 µA = 25,6 kΩ.

Aufgabenstellung 4.6.3

Die Ausgangsspannung ändert sich um 10 mV / Bit. Die Empfindlichkeit soll durch einen zusätzlichen OP über ein 10 kΩ-Poti auf 10 … 20 mV / Bit verstellt werden können.

Lösung: Der nachgeschaltete OP ist ein nichtinvertierender Verstärker. Die Verstärkung muss von 1 bis 2 variabel sein. Die folgende Schaltung zeigt die Lösung.

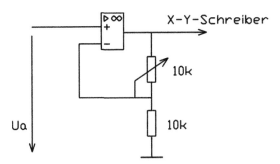

Lösung zu Aufgabenstellung 4.6.3

Aufgabenstellung 4.6.4

Die Ausgangsspannung soll von 5 bis 50 mV / Bit mit einem 10 kΩ-Poti verstellbar sein.

Lösung: Für eine Empfindlichkeit von ursprünglich 10 mV / Bit muss die Verstärkung von 0,5... 5 verstellbar sein. Ein nichtinvertierender Standard-Verstärker weist immer eine größere Verstärkung als 1 auf. Um die Verstärkung auf 0,5 zu reduzieren, wird über das Poti und einen 1,1 kΩ-Widerstand die Verstärkung verzehnfacht. Bei oberer Potischleiferstellung arbeitet der Verstärker als Impedanzwandler mit der Verstärkung 0,5 durch den vorgeschalteten Spannungsteiler.

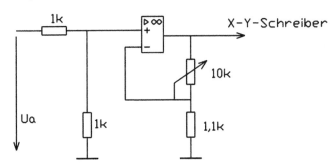

Lösung zu 4.6.4

Aufgabenstellung 4.6.5

Wie groß sind die chipinternen Widerstände R des Kettenleiters bei einer Auflösung von 10 mV / Bit?

Lösung: Für eine Empfindlichkeit von 10 mV / Bit sind die Widerstände im Kettenleiter so abgestuft, dass pro Widerstand 10 mV Spannungsfall vorhanden sind. Der Kettenleiter wird über eine Konstantstromquelle von 100 μA eingespeist. Der Widerstand R berechnet sich zu 10 mV / 100 μA = 100 Ω.

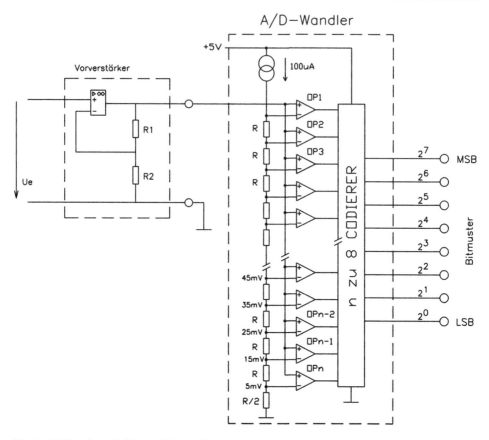

Flash-AD-Wandler mit Vorverstärkerstufe

Aufgabenstellung 4.6.6

Die Empfindlichkeit des Wandlers soll über einen Vorverstärker mit einem OP auf
$1\,\text{mV}/\text{Bit}$ erhöht werden.

Lösung: Als Vorverstärkerstufe bietet sich der nichtinvertierende Verstärker an. Die
Empfindlichkeit soll statt $10\,\text{mV}/\text{Bit}$ durch die Vorstufe auf $1\,\text{mV}/\text{Bit}$ erhöht werden.
Die Verstärkung muss somit 10 betragen.

Ohne auf die Standardformel des nichtinvertierenden Verstärkers zurückzugreifen, bietet sich folgende schnelle einsichtige Lösung an: Die Spannung an R_2 ist genauso groß
wie U_e, da die Differenzspannung am OP praktisch $0\,\text{V}$ ist. Am Ausgang des OPs soll
U_e 10fach verstärkt werden. An R_2 liegt $1 \times U_e$, an R_1 müssen $9 \times U_e$ liegen, damit die
Ausgangsspannung $10 \times U_e$ ist.

Es verhalten sich R_1 / R_2 wie die Teilspannungen. $R_1 / R_2 = 9 / 1$.

R_1 könnte mit $90\,\text{k}\Omega$ und R_2 mit $10\,\text{k}\Omega$ gewählt werden. Andere Widerstandswerte sind ebenfalls möglich.

Wichtig ist das Teilerverhältnis $9/1$ für R_1/R_2.

Untenstehender Frequenzgenerator bildet mit seiner Dreieckspannung und einer stellbaren Gleichspannung über P_1 eine pulsweitenmodulierte Spannung U_3 durch den Komparator OP_3.

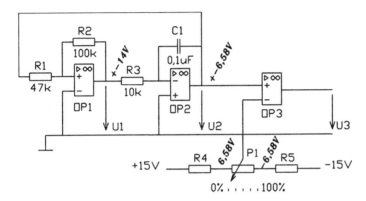

Rechteck-Dreieckgenerator mit Pulsweitenmodulator

Aufgabenstellung 4.7.1

Wie groß ist die Generatorfrequenz?

Lösung: Die Kippspannungen des Komparators OP_1 liegen bei $U_{kipp} = \pm 14\,\text{V} \times R_1/R_2 = \pm 6{,}58\,\text{V}$. $\Delta U_2 = \Delta U_{c1} = 2 \times 6{,}58\,\text{V} = 13{,}16\,\text{V}$. $i_c = 14\,\text{V}/R_3 = 1{,}4\,\text{mA}$. $\Delta t = C_1 \times \Delta U_{c1}/i_c = 0{,}1\,\mu\text{F} \times 13{,}16\,\text{V}/1{,}4\,\text{mA} = 0{,}94\,\text{ms}$. Diese Zeit wird sowohl für die ansteigende und abfallende Dreiecksflanke benötigt. Die Frequenz errechnet sich zu $f = 1/(2 \times \Delta t) = 532\,\text{Hz}$.

Aufgabenstellung 4.7.2

Wie groß müssen R_4 und R_5 gewählt werden, wenn durch das Poti $P_1 = 10\,\text{k}\Omega$ gerade zwischen positiver und negativer Ausgangsspannung U_3 variiert werden kann?

Lösung: Die Spannung am +Input von OP_3 bewegt sich zwischen $+6{,}58$ und $-6{,}58\,\text{V}$. Dieser Bereich muss vom Potisteller erfasst werden. Am Poti liegen somit $13{,}16\,\text{V}$. An R_4 und R_5 liegen jeweils $(30\,\text{V} - 13{,}16\,\text{V})/2 = 8{,}42\,\text{V}$.

Es verhält sich $R_4/P_1 = 8{,}42\,\text{V}/13{,}16\,\text{V}$. Die Widerstände R_4 und R_5 errechnen sich jeweils zu $6{,}4\,\text{k}\Omega$. Aus Sicherheitsgründen wählt man beispielsweise die beiden Widerstände mit einem Normwert von $5{,}6\,\text{k}\Omega$. Es ist damit gewährleistet, dass in jedem Fall der gesamte Pulsweitenbereich durch das Poti überstrichen werden kann.

Aufgabenstellung 4.7.3

Der Potischleifer steht auf 30 %. Tragen Sie den Verlauf von U_1, U_2 und U_3 in Ihre Diagramme ein!

Bemaßen Sie Spannungs- und Zeitachse.

Lösung: s. folgende Diagramme!

Bei der Potistellung 30 % liegt eine Spannung am Schleifer von 2,63 V für $R_4 = R_5 =$ 6,4 kΩ. Bei einer größeren Spannung U_2 von 2,63 V kippt Komparator OP_3 in die positive Aussteuergrenze.

Sonst ist die Ausgangsspannung negativ.

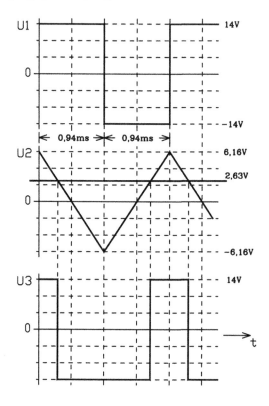

Lösungen

Der unter Aufgabe 4.7.4 Lösung zu a) abgebildete Dreieckgenerator kann in seinen Anstiegsflanken durch Poti P_1 verstellt werden. Die OPs werden mit ±15 V versorgt. Die Aussteuergrenzen sollen mit ±14 V angenommen werden.

Aufgabenstellung 4.7.4

Potistellung 0 %

a) Berechnen Sie die Frequenz!
b) Tragen Sie den Verlauf von U_a ins Diagramm!

Lösung zu a): Am +Input von OP_2 liegen 5 V. Über Gegenkopplung nimmt der −Input ebenfalls 5 V an.

Betrag $i_{c1} = (14\,V - 5\,V)/22\,k\Omega = 409,1\,\mu A$.

$\Delta t_1 = C \times \Delta U_c / i_{c1}$. $\Delta t_1 = 33\,nF \times 9,24\,V / 409,1\,\mu A = 0,745\,ms$.

Betrag $i_{c2} = (14\,V + 5\,V)/22\,k\Omega = 863,6\,\mu A$.

$\Delta t_2 = C \times \Delta U_c / i_c$. $\Delta t_2 = 33\,nF \times 9,24\,V / 863,6\,\mu A = 0,353\,ms$.

$T = \Delta t_1 + \Delta t_2 = 0,745\,ms + 0,353\,ms = 1,098\,ms$.

$f = 1/T = 910\,Hz$.

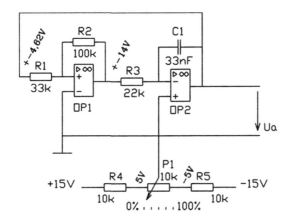

Lösung zu Aufgabenstellung 4.7.4 a)

Lösung zu b): Siehe folgendes Diagramm: Potistellung 0 %. $\Delta t_1 = 0,745\,ms$. $\Delta t_2 = 0,353\,ms$. $\Delta U_c = 2 \times 4,62\,V = 9,24\,V$.

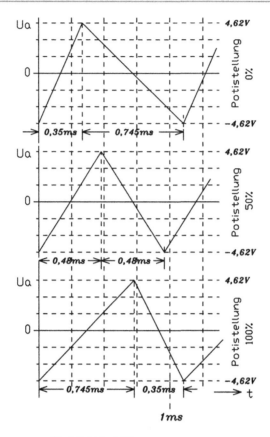

Lösungen zu den Diagrammen für 4.7.4 bis 4.7.6

Aufgabenstellung 4.7.5
Potistellung 50 %

a) Berechnen Sie die Frequenz!
b) Tragen Sie den Verlauf von U_a ins Diagramm!

Lösung zu a): Der Strom i_c ist für beide Flanken gleich, da 0 V am +Input und somit am −Input liegen. $i_c = 14 \, \text{V} / 22 \, \text{k}\Omega = 636{,}36 \, \mu\text{A}$. $\Delta t = C \times \Delta U_c / i_c$. $\Delta t = 33 \, \text{nF} \times 9{,}24 \, \text{V} / 636{,}36 \, \mu\text{A} = 0{,}479 \, \text{ms}$. $f = 1 / (2 \times \Delta t) = 1{,}04 \, \text{kHz}$

Lösung zu b): Siehe obiges Diagramm: Potistellung 50 %. $\Delta t_1 = \Delta t_2 = 0{,}479 \, \text{ms}$. ΔU_c ist in allen Aufgabenstellungen unverändert.

Aufgabenstellung 4.7.6

Potistellung 100 %

Tragen Sie den Verlauf von U_a ins Diagramm ein!

Lösung: Am +Input und somit am −Input liegen jetzt −5 V. Die Kondensatorströme i_c sind betragsmäßig genau so groß wie in Aufgabenstellung 4.7.4, jedoch sind die Beträge für gleiche Richtungen der Ströme verschieden zu Aufgabenstellung 4.7.4. Eine steilere Anstiegsflanke in Aufgabenstellung 4.7.4 entspricht der steileren abfallenden Flanke in Aufgabe 4.7.6. Vergleichen Sie dazu die beiden Diagramme von Aufgabenstellung 4.7.4 und 4.7.6!

Aufgabenstellung 4.7.7

Berechnen Sie R_9 für eine Schaltfrequenz von 1 kHz! Die OP-Aussteuergrenzen betragen 0 und 12 V.

Lösung: Die Berechnungshinweise sind der nachfolgenden Schaltung zu entnehmen. Für die OP-Aussteuergrenzen von 0 und 12 V und einer Kippspannung am +Input von OP_1 bei 6 V errechnen sich die Kippspannungen von 8,81 und 3,19 V. Zwischen diesen beiden Potenzialen bewegt sich die Dreieckspannung am Ausgang von OP_2. Die Spannungsänderung am Integrationskondensator C_5 beträgt $\Delta U_{c5} = 8,81\,V - 3,19\,V = 5,62\,V$.

Für den Kondensatorstrom ist

$$I_{C5} = C \times \frac{\Delta U_{C5}}{\Delta t}.$$

Die Zeit Δt gilt für die Auf- und Entladephase des Kondensators, da der Strom I_{C5} für die Umladephasen gleich groß ist. Die Periodendauer ist somit $2 \times \Delta t$. Für Δt sind für 1 kHz damit 0,5 ms einzusetzen.

$$I_{C5} = C \times \frac{\Delta U_{C5}}{\Delta t} = 22\,nF \times \frac{5,62\,V}{0,5\,ms} = 247\,\mu A.$$

Es errechnet sich R_9 zu $6\,V / 247\,\mu A = 24\,k\Omega$.

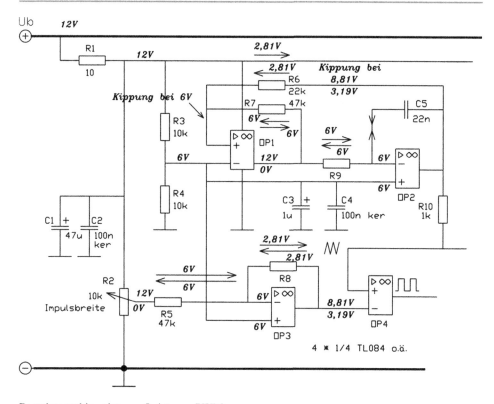

Berechnungshinweise zum Leistungs-PWM

Aufgabenstellung 4.7.8

Berechnen Sie R_8 für ein einstellbares Puls-Pausen-Verhältnis von 0 bis 100 %!

Lösung: Für ein verstellbares Puls-Pausen-Verhältnis von 0 … 100 % muss am Ausgang von OP3 die Spannung in Höhe der Dreieckspannung von 3,19 bis 8,81 V verstellbar sein. Die Berechnung ist im Schaltungsausschnitt an OP3 zu ersehen. An R_8 errechnet sich der Strom zu 6 V / R_5 = 128 µA und R_8 zu 2,81 V / 128 µA = 22 kΩ.

Aufgabenstellung 4.7.9

Es soll ein astabiler Multivibrator mit bipolarer Spannungsversorgung nach folgender Abbildung berechnet werden.

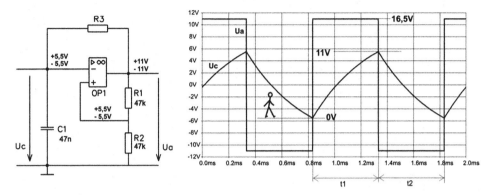

Astabiler Multivibrator mit Diagramm

Versorgungsspannung: $\pm 12\,\text{V}$
Aussteuergrenzen: $\pm 11\,\text{V}$

Wie groß ist R_3 bei einer angenommenen Schaltfrequenz von 1 kHz?
Nach der Aufladeformel ist $t_1 = t_2 = -R_3 \times C_1 \times \ln (1 - U_c / U_e)$.
Es ist

$$R_3 = \frac{-t_1}{C_1 \times \ln \left(1 - \dfrac{U_c}{U_e}\right)} = \frac{0,5\,\text{ms}}{47\,\text{nF} \times \ln \left(1 - \dfrac{11\,\text{V}}{16,5\,\text{V}}\right)} = 9,7\,\text{k}\Omega.$$

Das Diagramm zeigt die Spannungsverläufe U_a und U_c für den errechneten Wert von R_3. Dabei setzen wir wieder unser „E-Männchen" auf das Potenzial von 0 V und betrachten diesen Punkt als Koordinatenursprung für die Kondensatoraufladung. Das „Männchen" sieht eine wirksame Aufladespannung U_e von 16,5 V und eine Kondensatorspannungsänderung U_c von 11 V.

Aufgabenstellung 4.7.10

Ein astabiler Multivibrator mit unipolarer Spannungsversorgung soll berechnet werden. Die Werte sind in der Abbildung angegeben.

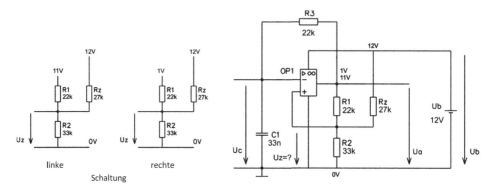

Multivibrator

Versorgungsspannung: 12 V

OP-Aussteuergrenzen: 1 und 11 V

a) Berechnen Sie die Unter- und Obergrenze von U_Z!
b) Berechnen Sie die Schaltfrequenz!

Lösung a): Berechnung nach der Ersatzspannungsquelle: Siehe auch Abschn. 4.7.4.3!

Ersatzschaltbild linke Schaltung: R_2 trennen wir gedanklich aus der Schaltung. Es wirkt folgende Ersatzspannungsquelle auf R_2:

Quellenspannung: $(12\,V - 11\,V)/(R_1 + R_Z) \times R_1 + 11\,V = 11{,}45\,V$.

Innenwiderstand: $R_1 \parallel R_Z = 12{,}12\,k\Omega$.

$U_{Z1} = 11{,}45\,V / (12{,}12\,k\Omega + R_2) \times R_2 = \mathbf{8{,}37\,V}$.

Ersatzschaltbild rechte Schaltung: R_2 trennen wir gedanklich aus der Schaltung. Es wirkt folgende Ersatzspannungsquelle auf R_2:

Quellenspannung: $(12\,V - 1\,V)/(R_1 + R_Z) \times R_1 + 1\,V = 5{,}94\,V$

Innenwiderstand: $R_1 \parallel R_Z = 12{,}12\,k\Omega$.

$U_{Z2} = 5{,}94\,V / (12{,}12\,k\Omega + R_2) \times R_2 = \mathbf{4{,}34\,V}$.

Lösung b): Aufladung: Die Kondensatorspannung U_C bewegt sich zwischen 8,37 und 4,34 V.

U_C wird $8{,}37\,V - 4{,}34\,V = 4{,}03\,V$ eingesetzt. Wirksame Ladespannung U_e von 4,34 V nach 11 V = 6,66 V.

Entladung: U_C ist ebenfalls 4,03 V. Wirksame Ladespannung U_e von 8,37 V nach 1 V = 7,37 V.

$T_{auflade} = -R_3 \times C_1 \times \ln(1 - 4{,}03\,V\,/\,6{,}66\,V) = 674{,}5\,\mu s.$

$T_{entlade} = -R_3 \times C_1 \times \ln(1 - 4{,}03\,V\,/\,7{,}37\,V) = 574{,}6\,\mu s.$

Periodendauer $T = 674{,}5\,\mu s + 574{,}6\,\mu s = 1249{,}1\,\mu s$

Die Schaltfrequenz beträgt damit $= 1\,/\,1249{,}1\,\mu s = \mathbf{800\,Hz}$

Aufgabenstellung 4.8.1
Zerlegen Sie die Schaltung in Funktionsblöcke und beschreiben Sie deren Zusammenwirken!

Lösung: OP_1 dient als invertierender Komparator ohne Hysterese. Aus der Synchronisier-Wechselspannung entsteht die Rechteckspannung U_a. OP_2 ist ein Integrierer. Aus der Rechteckspannung U_a wird die Dreieckspannung U_x. OP_3 regelt als Integrierer den DC-Offset von OP_2 aus, so dass ein Hochlaufen von U_x in die Aussteuergrenze verhindert wird. OP_4 dient als invertierender und nichtinvertierender Verstärker mit dem Verstärkungsfaktor 1. Der Transistor bewirkt während der Sperrphase die Funktion eines nichtinvertierenden Verstärkers.

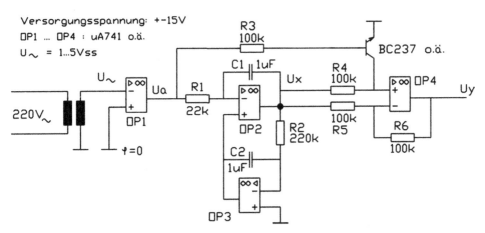

Netzsynchroner Sägezahngenerator

Aufgabenstellung 4.8.2

a) Berechnen Sie die Höhe von U_x in V_{ss}! Die Aussteuergrenzen der OPs sollen bei einer Versorgungsspannung von $\pm 15\,V$ bei $\pm 13{,}5\,V$ liegen. Die Frequenz der Wechselspannung beträgt 50 Hz.

Lösung: Der Kondensatorstrom von C_1 beträgt $U_a / R_1 = 13,5\,V / 22\,k\Omega = 614\,\mu A$. Dieser Strom kehrt pro Halbperiode jeweils seine Richtung um. Die Halbperiode beträgt 10 ms. Nach der Formel $i_c = C \times \Delta U_c / \Delta t$ errechnet sich ΔU_c zu $i_c \times \Delta t / C = 614\,\mu A \times 10\,ms / 1\,\mu F = 6,14\,V$.

Da U_{C1} betragsmäßig U_x ist, liegt die Amplitude zwischen $6,14\,V / 2$ entsprechend bei $+3,07$ und $-3,07\,V$.

b) Vervollständigen Sie das Diagramm für U_a, U_x und U_y bei einer Versorgungsspannung der OPs von $\pm 15\,V$ und den Aussteuergrenzen von $\pm 13,5\,V$!

Geben Sie jeweils die wichtigen Spannungshöhen im Diagramm an!

Lösung: Siehe folgendes Diagramm!

Zu beachten ist, dass U_x während der leitenden Phase des Transistors invertiert wird, so dass U_y sägezahnförmig verläuft.

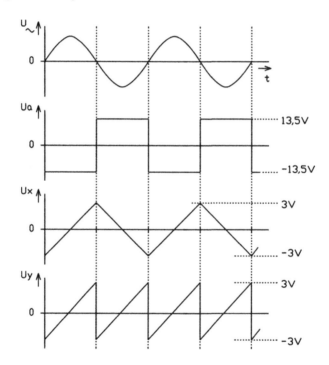

Lösung zu b)

Aufgabenstellung 4.8.3
Erweitern Sie die Schaltung mit einem PWM-Komparator!

Lösung: Die Sägezahnspannung U_y bewegt sich zwischen 3 und -3 V. Der Stellbereich des Potis beträgt somit 6 V. An R_7 und R_8 ist die Restspannung $30\,\text{V} - 6\,\text{V} = 24\,\text{V}$. Für jeden Teilwiderstand beträgt die Spannung 12 V. Die Widerstände R_7 und R_8 müssen für diesen Fall jeweils doppelt so groß sein wie der Potiwiderstand von $10\,\text{k}\Omega$. Als Normwert für jeden Widerstand können $18\,\text{k}\Omega$ gewählt werden.

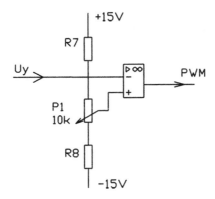

Lösung zu Aufgabenstellung 4.8.3

Die Triggerschaltung mit Schalthysterese in Aufgabe 4.8.5 ermöglicht das unabhängige Einstellen zweier Schaltpunkte durch die beiden Potis.
Die Versorgungsspannung beträgt ± 15 V. Die OP-Aussteuergrenze soll mit ± 14 V angenommen werden.

Aufgabenstellung 4.8.4
Beide Potis haben Mittelstellung.
Berechnen Sie die Umschaltpunkte der Triggerschaltung für die Eingangsspannung U_e!

Lösung: Am $-$Input beider Eingangskomparatoren liegen jeweils 0 V. Bei einer Eingangsspannung von 0 V kippen die Eingangskomparatoren in die positive Aussteuergrenze. Der nachgeschaltete Komparator mit Hysterese kippt ebenfalls in die positive Aussteuergrenze. Bei Eingangsspannungen von 0 V kippt der Ausgang in die negative Aussteuergrenze. Die Kippspannung der Schaltung ist somit bei 0 V. Für diesen Fall gibt es keine Schalthysterese.

Aufgabenstellung 4.8.5
Nach dem Schaltbild soll der Schleifer vom oberen Poti 30 % vom unteren Anschlag entfernt sein. Der Schleifer vom unteren Poti ist 60 % vom unteren Anschlag entfernt.
Berechnen Sie die Umschaltpunkte für U_e!

Lösung: Zunächst werden die beiden Spannungen entsprechend der Potistellung für die Eingangskomparatoren berechnet. Sie sind in der Schaltung mit 1,596 und −3,192 V eingetragen. Bei Eingangsspannungen von 1,596 V kippt der Ausgang in die positive Aussteuergrenze. Bei −3,192 V ist der Ausgang negativ.

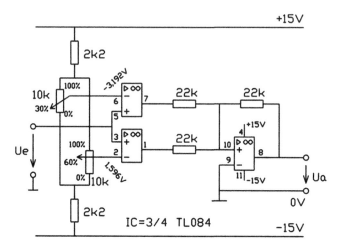

Lösung zu Aufgabenstellung 4.8.5

Aufgabenstellung 4.8.6

Zeichnen Sie die Ausgangsspannung U_a bei vorgegebener Eingangsspannung U_e ins Liniendiagramm!

Es soll auf die berechneten Umschaltpunkte in Aufgabenstellung 4.8.5 Bezug genommen werden!

Lösung: siehe folgendes Diagramm!

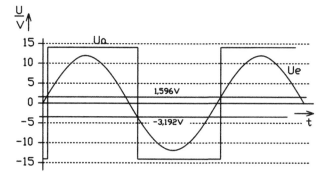

Lösung zu Aufgabenstellung 4.8.6

Aufgabenstellung 5.1.1

Ordnen Sie der unten abgebildeten Schaltung die folgenden regelungstechnischen Begriffe mit den angeführten Zahlenwerten zu!

1 Regelverstärker
2 Stellglied
3 Referenzspannungsquelle bzw. Sollwert
4 Sollwertverstellung
5 Regelgröße bzw. Istwert
6 Messumformer

Lösung: siehe Eintragungen im Schaltbild!

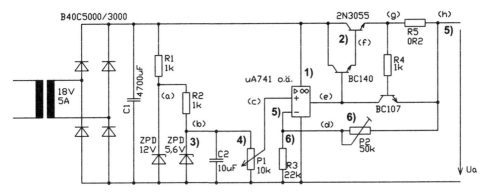

Lösung zu Aufgabenstellung 5.1.1

Aufgabenstellung 5.1.2

a) Welche Bauelementgruppe bewirkt die Strombegrenzung?
b) Auf welchen Wert ist die Strombegrenzung in oberer Schaltung etwa eingestellt?

Lösung zu a): R_5 als Stromshunt, R_4 als Basisvorwiderstand und der Transistor BC107.

Lösung zu b): Auf etwa $0{,}7\,\text{V}\,/\,0{,}2\,\Omega = 3{,}5\,\text{A}$. R_4 wird vernachlässigt, da der Spannungsfall an R_4 durch den geringen Basisstrom vernachlässigbar ist.

Aufgabenstellung 5.1.3

a) Die Ausgangsspannung U_a soll durch das Poti P_1 von 0 bis maximal 15 V eingestellt werden können. Auf welchen Wert muss P_2 etwa eingestellt werden?
b) Trimmer P_2 wird auf $0\,\Omega$ gestellt.
   Welche maximale Ausgangsspannung wäre in diesem Fall durch P_1 einstellbar?

Lösung zu a): Die maximale Spannung am −Input des Operationsverstärkers beträgt 5,6 V. An P_2 liegen dann $15\,V - 5,6\,V = 9,4\,V$. Es verhält sich $5,6\,V / R_3 = 9,4\,V / P_2$. $P_2 = 37\,k\Omega$.

Lösung zu b): Die maximale Spannung am −Input von 5,6 V ist gleichzeitig die größte Ausgangsspannung.

Aufgabenstellung 5.1.4
Die Schleifer beider Potis sollen genau auf Mittelstellung eingestellt sein. Die Laststromentnahme soll 1 A betragen. Welche Potenziale werden an den Messpunkten (a) bis (h) gemessen?

Lösung:

(a) 12 V
(b) 5,6 V
(c) 2,8 V
(d) 2,8 V durch Gegenkopplungsschaltung. Istwert = Sollwert
(e) Potenzial $(e) = $ Potenzial $(f) + U_{BE} = 6,9\,V + 0,7\,V = 7,6\,V$ (siehe Berechnung (f), (g) und (h)!)
(f) Potenzial $(f) = $ Potenzial $(g) + U_{BE} = 6,2\,V + 0,7\,V = 6,9\,V$ (siehe Berechnung von (g) und (h)!)
(g) Potenzial $(g) = $ Potenzial $(h) + 1\,A \times R_5 = 6\,V + 1\,A \times 0,2\,\Omega = 6,2\,V$ (siehe Berechnung Potenzial (h)!)
(h) 2,8 V an R_3. $2,8\,V / R_3 \times P_2 = 2,8\,V / 22\,k\Omega \times 25\,k\Omega = 3,2\,V$. Potenzial $(h) = 2,8\,V + 3,2\,V = 6\,V$.

Aufgabenstellung 5.1.5
Begründen Sie das Vorhandensein von zwei Z-Dioden in oberer Schaltung!

Lösung: Über die Vorstabilisierung durch die ZPD12V wird die ZPD5,6V über R_2 praktisch stromkonstant eingespeist. Kein ΔI_z und damit kein ΔU_z. Dadurch besteht kaum ein Spannungsripple an der Referenzspannungsquelle ZPD5,6V.

Aufgabenstellung 5.2.1
Die Strombegrenzung soll auf 60 mA für beide Zweige festgelegt werden.

a) Welche Widerstände sind zu dimensionieren?
b) Berechnen Sie die Widerstandswerte!

Lösung zu a): R_2 für den positiven und R_3 für den negativen Ausgangsspannungszweig.

Lösung zu b): Der Spannungsfall an den beiden Stromshuntwiderständen muss dem Spannungsfall der Dioden V_2 und V_3 entsprechen. Wir nehmen eine Durchlassspannung von 0,6 V an.

R_2 und R_3 errechnen sich dann zu jeweils 0,6 V / 60 mA = 10 Ω.

Aufgabenstellung 5.2.2

Die Ausgangsspannung soll für beide Zweige maximal betragsmäßig 10 V betragen.

a) Auf welchen Wert muss R_9 eingestellt werden?
b) Auf welchen Wert muss R_{11} eingestellt sein?

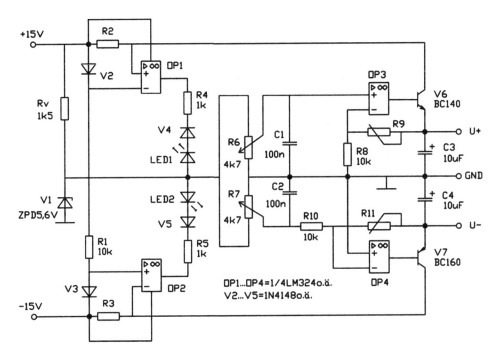

Bipolare Spannungsversorgung

Lösung zu a): Die maximale Ausgangsspannung von 10 V ist bei oberer Potischleiferstellung vorhanden. Sie beträgt 5,6 V an R_6. Über das Gegenkopplungsnetzwerk des als nichtinvertierenden Verstärker geschalteten OP_3 nimmt der −Input ebenfalls 5,6 V an. Durch R_8 fließt ein Strom von 5,6 V / 10 kΩ = 0,56 mA. Dieser Strom fließt auch durch R_9. An ihm muss eine Spannung von 4,4 V auftreten, damit die Ausgangsspannung 10 V ist. R_9 ist damit 4,4 V / 0,56 mA = 7,9 kΩ.

Bei der Berechnung wird hier nochmal deutlich, dass die Basis-Emitter-Spannung von V_6 keinen Einfluss auf die Ausgangsspannung hat.

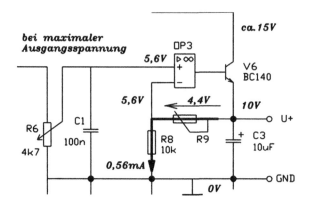

Berechnungsbeispiel zu Lösung a)

Lösung zu b): Für den negativen Ausgangsspannungszweig ist OP_4 verantwortlich. Es handelt sich um den klassischen invertierenden Verstärker. Der +Input liegt auf Masse. Über Gegenkopplung liegt der −Input auf der virtuellen Masse von ebenfalls 0 V. An R_{10} liegen über das Poti R_7 maximal 5,6 V an. Es fließt ein Strom von 0,56 mA durch R_{10} und R_{11}. An R_{11} müssen 10 V anliegen, damit die Ausgangsspannung −10 V ist. R_{11} muss auf 10 V / 0,56 mA = 17,9 kΩ eingestellt werden

Aufgabenstellung 5.3.1

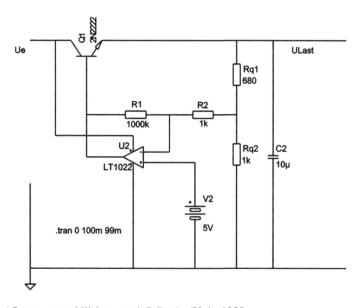

Schaltung a) Spannungsstabilisierung mit P-Regler $|V_U| = 1000$

Wie groß ist die Ausgangsspannung in Schaltung a)?

Lösung: Der OP wird im Prinzip als offener Verstärker geschaltet. Allerdings wird seine Ausgangsspannung über die Basis-Emitter-Strecke und den Widerständen R_{q1} und R_{q2} so zurückgeführt, dass der −Input immer die Spannung von 5 V des +Inputs anstrebt. Bei größeren oder kleineren Spannungen von 5 V am −Input steuert der OP den Transistor so aus, dass durch die gegensteuernde Wirkung sich der −Input wieder auf 5 V einschwingt. Der Querstrom durch R_1, R_2 ist vernachlässigbar. Es errechnet sich die Ausgangsspannung zu

$$U_{Last} = U_{ref} \times \frac{R_{q1} + R_{q2}}{R_{q2}} = 5\,V \times \frac{680\,\Omega + 1\,k\Omega}{1\,k\Omega} = 8,4\,V.$$

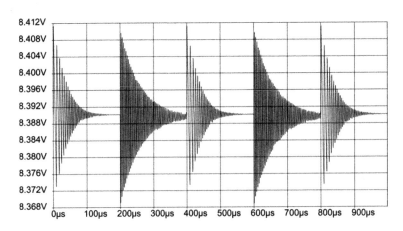

Diagramm 2)

Aufgabenstellung 5.3.2
Wie groß muss R_{q1} für eine Ausgangsspannung von 12 V sein?

Lösung: Unter Beibehaltung des Wertes von R_{q2} fließen durch ihn 5 mA. Dieser Strom fließt ebenfalls durch R_{q1}. Für eine Ausgangsspannung von 12 V liegen an R_{q1} 12 V − 5 V = 7 V. R_{q1} = 7 V / 5 mA = 1,4 kΩ. Querstrom $I_{R1,R2}$ kann vernachlässigt werden.

Aufgabenstellung 5.3.3
Zuordnung der Ausgangsspannungen zur entsprechenden Schaltung mit Begründung.

Lösungen: Diagramm 2) ist der Schaltung a) zuzuordnen.
Begründung: Schaltung a) hat eine sehr hohe P-Regler-Verstärkung von betragsmäßig $R_2 / R_1 = 1000$. Durch die große Kreisverstärkung des Regelkreises mit seinen verschiedenen Laufzeiten neigt die Ausgangsspannung zu großen Schwingneigungen bei Lastsprüngen. Erkennen kann man, dass im stationären Zustand, also nach dem Ausschwingen von

U_{Last}, die Spannung praktisch 8,39 V wird. Es ist aufgrund der hohen Verstärkung des praktisch offen geschalteten OPs keine Regelabweichung vorhanden. Im Prinzip würde sich auch für die Schaltung a) das Diagramm 3) anbieten, da hier die Regelabweichung im stationären Zustand ebenfalls vom Idealwert $U_a = 8,4$ V nicht abweicht. Jedoch ist das Einschwingverhalten der Ausgangsspannung in Diagramm 1) und 3) durch den P-Regler-Anteil ähnlich. Die Unterschiede liegen nur im I-Anteil des Reglers in Schaltung c) gegenüber Schaltung b).

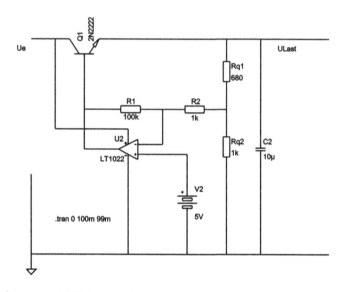

Schaltung b) Spannungsstabilisierung mit P-Regler $|V_U| = 100$

Schaltung b) ist dem Diagramm 1) zuzuordnen.

Diagramm 1) und 3) zeigen zwar ähnliches Einschwingverhalten für die Ausgangsspannung, doch ist in Diagramm 1) eine erhebliche Regelabweichung für verschiedene Lasten im stationären Zustand zu erkennen. So beträgt im stationären Zustand einmal die Ausgangsspannung etwa 8,304 V und einmal etwa 8,299 V. Für einen Regler mit I-Anteil ist im stationären Zustand die Ausgangsspannung trotz verschiedener Lasten konstant und bildet sich aus dem Wert der Spannungsreferenz und dem Spanungsteilerverhältnis von R_{q1} und R_{q2}.

Der Istwert U_{Last} errechnet sich folgendermaßen:

$$U_{Last} = U_{ref} \times \frac{R_{q1} + R_{q2}}{R_{q2}} = 5\,V \times \frac{680\,\Omega + 1\,k\Omega}{1\,k\Omega} = 8,4\,V.$$

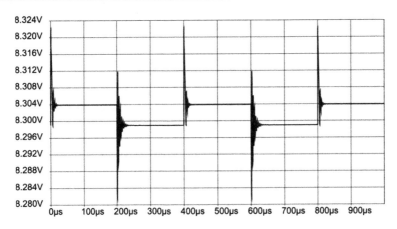

Diagramm 1)

Die Ausgangsspannung in Diagramm 3) lässt sich der Schaltung c) zuordnen.

Die Begründung zeigt sich insbesondere durch $U_a = 8,4$ V im stationären Zustand. Für diesen ausgeregelten Zustand fließt über R_1 praktisch kein Strom, da keine Regelabweichung mehr vorhanden ist. Deshalb kann die Ausgangsspannung auch nach obiger Formel berechnet werden, da R_{q1} und R_{q2} einen unbelasteten Spannungsteiler bilden.

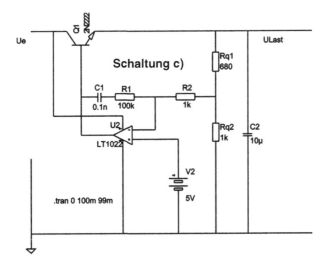

Schaltung c) Spannungsstabilisierung mit PI-Regler

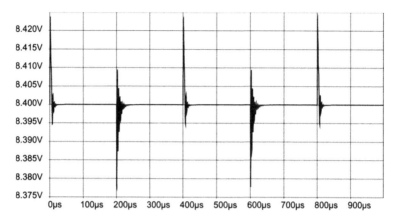

Diagramm 3)

Aufgabenstellung 5.4.1

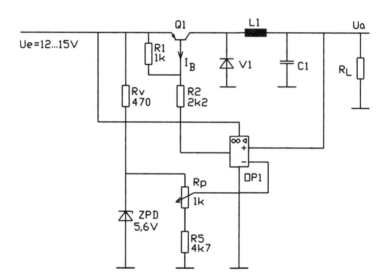

Sekundär getaktetes Stromversorgungsgerät

Begründen Sie, an welchen Funktionsgruppen Sie erkennen können, dass es sich um ein Schaltnetzteil und nicht um ein analog regelndes Netzteil handelt!

Lösung: Die Stromversorgung enthält das Tiefsetzsteller-Glättungsnetzwerk V_1, L_1 und C_1. OP_1 ist als Komparator geschaltet und ist damit eine Kippschaltung.

Aufgabenstellung 5.4.2

Wie groß ist der minimale Z-Dioden-Strom bei obiger vorgegebener Eingangsspannung U_e?

Lösung:

$$I_{Zmin} = \frac{U_{emin} - U_Z}{R_V} - \frac{U_Z}{R_p + R_5} = \frac{12\,V - 5,6\,V}{470\,\Omega} - \frac{5,6\,V}{1\,k\Omega + 4,7\,k\Omega} = 12,6\,mA$$

Aufgabenstellung 5.4.3

Wie groß ist die maximale Verlustleistung der Z-Diode?

Lösung:

$$P_{Zmax} = I_{Zmax} \times U_Z = \left(\frac{U_{emax} - U_Z}{R_V} - \frac{U_Z}{R_p + R_5} \right) \times U_Z$$

$$= \left(\frac{15\,V - 5,6\,V}{470\,\Omega} - \frac{5,6\,V}{1\,k\Omega + 4,7\,k\Omega} \right) \times 5,6\,V = 106\,mW$$

Aufgabenstellung 5.4.4

Wie groß wird im durchgesteuerten Zustand des Transistors V_1 der minimale Basis-Steuerstrom I_B sein? Die OP_1-Aussteuergrenzen sollen betragsmäßig jeweils 0,5 V unterhalb der Versorgungsspannung liegen!

Lösung: Der Transistor ist durchgesteuert, wenn der OP in die untere Aussteuergrenze von 0,5 V schaltet. Nimmt man die BE-Strecke des Transistors mit 0,6 V an, so verbleibt an R_2 eine Spannung für den minimalen Basis-Steuerstrom von $U_{emin} - U_{BE} - 0,5\,V =$ 12 V − 0,6 V − 0,5 V = 10,9 V.

Der Strom von R_2 beträgt 10,9 V / 2,2 kΩ = 4,95 mA. Über R_1 fließt ein Strom von 0,6 V / 1 kΩ = 0,6 mA. Für den Basisstrom verbleiben somit 4,95 mA − 0,6 mA = 4,35 mA. Für größere Lastströme müsste aufgrund des kleinen Basisstromes ein Transistor hoher Verstärkung oder ein Darlington-Transistor eingesetzt werden.

Aufgabenstellung 5.4.5

Wie groß ist im gesperrten Zustand des Transistors Q_1 die maximale Basis-Emitter-Spannung U_{BE}?

Zwischen Emitter von Transistor Q_1 und dem OP-Ausgang liegen bei Vollaussteuerung immer 0,5 V.

U_{BE} errechnet sich zu 0,5 V / ($R_1 + R_2$) × R_1 = 0,16 V. Der Transistor ist eindeutig gesperrt.

Aufgabenstellung 5.4.6

In welchem Bereich lässt sich die Ausgangsspannung U_a verstellen?

Lösung: Die Spannungsreferenz liegt am −Input von OP_1. Um diese Spannung erfolgt die Kippung entsprechend der relativ kleinen Schalthysterese des Komparators OP_1. Im Prinzip ist die Ausgangsspannung U_a etwa genau so groß wie die Referenzspannung am −Input von OP_1. Diese Spannung ist variabel von $U_z = 5{,}6$ V bis

$$\frac{5{,}6\,\text{V}}{R_p + R_5} \times R_5 = \frac{5{,}6\,\text{V}}{1\,\text{k}\Omega + 4{,}7\,\text{k}\Omega} \times 4{,}7\,\text{k}\Omega = 4{,}6\,\text{V}.$$

U_a ist also verstellbar von 4,6 bis 5,6 V.

Es handelt sich um ein 5 V-Netzteil. Die 5 V werden über Poti R_p eingetrimmt.

Aufgabenstellung 5.4.7

a) Eingangsspannung $U_e = 13$ V. OP_1-Aussteuergrenzen: 0,5 und 12,5 V. $U_{BE} = 0{,}6$ V. Wie groß ist der Basisstrom I_B?

b) Spannung am −Input ist 5 V. Laststrom bis 1 A. Wie groß muss die Q_1-Verstärkung mindestens sein?

Lösung a): $U_{R2} = 13\,\text{V} - 0{,}6\,\text{V} - 0{,}5\,\text{V} = 11{,}9\,\text{V}$. $I_{R2} = 11{,}9\,\text{V} / R_2 = 5{,}4\,\text{mA}$. $I_{R1} = 0{,}6\,\text{V} / 1\,\text{k}\Omega = 0{,}6\,\text{mA}$. $I_B = 5{,}4\,\text{mA} - 0{,}6\,\text{mA} = 4{,}8\,\text{mA}$. Im Sperrzustand ist der Basisstrom natürlich 0 mA.

Lösung b): Für den ungünstigsten Fall muss die niedrige Eingangsspannung eingesetzt werden. $U_{R2} = 12\,\text{V} - 0{,}6\,\text{V} - 0{,}5\,\text{V} = 10{,}9\,\text{V}$. $I_{R2} = 10{,}9\,\text{V} / R_2 = 4{,}95\,\text{mA}$. $I_{R1} = 0{,}6\,\text{V} / 1\,\text{k}\Omega = 0{,}6\,\text{mA}$. $I_B = 4{,}95\,\text{mA} - 0{,}6\,\text{mA} = 4{,}35\,\text{mA}$. Mindestverstärkung von $Q_1 = I_C / I_B = 1\,\text{A} / 4{,}35\,\text{mA} = 230$. Normalerweise erreichen nicht alle Leistungstransistoren einen Verstärkungsfaktor von 230.

Aufgabenstellung 5.5.1

Nach folgender Schaltung soll die Ausgangsspannung von 3 bis 9 V verstellbar sein. Es sind R_1, R_2, R_3 und R_4 zu berechnen.

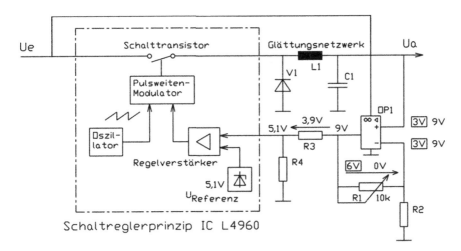

Außenbeschaltung mit Potenzial- und Spannungsangaben für $U_a = 3$ V und $U_a = 9$ V

Lösung: Für eine Ausgangsspannung von 9 V und $R_1 = 0\,\text{k}\Omega$ liegen am Ausgang von OP_1 ebenfalls 9 V. Diese Spannung wird über den Spannungsteiler R_3 und R_4 so heruntergesetzt, dass an R_4 die Spannung in Höhe der Referenz von 5,1 V vorliegt. An R_3 liegen für diesen Fall 3,9 V und an R_4 liegen 5,1 V. Die Widerstände R_3/R_4 verhalten sich wie 3,9/5,1. R_3 könnte mit 3,9 kΩ und R_4 mit 5,1 kΩ gewählt werden. Für eine Ausgangsspannung von 3 V müsste am OP-Ausgang ebenfalls eine Spannung von 9 V liegen. Das Poti hätte jetzt einen Wert von 10 kΩ. Der Spannungsfall an R_1 beträgt 6 V. Der Strom durch R_1 fließt durch R_2 bei einer Spannung von 3 V. R_2 errechnet sich zu 3 V / 0,6 mA = 5 kΩ.

Aufgabenstellung 5.5.2

Entwickeln Sie eine Schaltung mit dem L4960 mit einer veränderbaren Ausgangsspannung von 3 bis 3,6 V!

Die Spannungsveränderung soll über ein 1 kΩ-Trimmer ermöglicht werden.

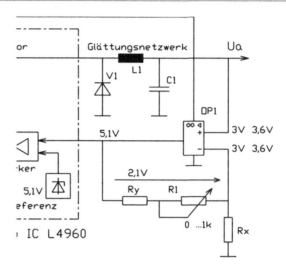

Außenbeschaltung für den L4960 zur Ausgangsspannungseinstellung $U_a = 3$ V bis $U_a = 3,6$ V

Lösung: Nach der Abbildung bietet sich schaltungstechnisch eine Lösung an. Unbekannt sind R_x und R_y. Es lassen sich folgende Gleichungen aufstellen:

$$\frac{3,6\,\text{V}}{R_X} = \frac{1,5\,\text{V}}{R_Y + 0\,\text{k}\Omega} \qquad \frac{3\,\text{V}}{R_X} = \frac{2,1\,\text{V}}{R_Y + 1\,\text{k}\Omega}.$$

Die Gleichungen werden nach R_x aufgelöst und gleichgesetzt.
Es ist

$$\frac{3,6\,\text{V}}{1,5\,\text{V}} \times R_Y = \frac{3\,\text{V}}{2,1\,\text{V}} \times (R_Y + 1\,\text{k}\Omega).$$

Der Widerstand R_y errechnet sich zu $1,47\,\text{k}\Omega$.
Der Strom durch R_y beträgt

$$\frac{1,5\,\text{V}}{R_Y} = \frac{1,5\,\text{V}}{1,42\,\text{k}\Omega} = 1,02\,\text{mA}.$$

R_x errechnet sich für diesen Fall zu

$$\frac{3,6\,\text{V}}{1,02\,\text{mA}} = 3,53\,\text{k}\Omega.$$

Für 3 V Ausgangsspannung kann zur Kontrolle nochmal R_x überprüft werden. Der Strom über R_y oder auch R_x errechnet sich zu

$$\frac{2,1\,\text{V}}{R_Y + 1\,\text{k}\Omega} = \frac{2,1\,\text{V}}{2,47\,\text{k}\Omega} = 0,85\,\text{mA}.$$

R_x wäre

$$\frac{3\,V}{0{,}85\,mA} = 3{,}53\,k\Omega.$$

Unser Rechenweg hat sich als richtig dargestellt.

Aufgabenstellung 5.6.1

Die 5 V-Ausgangsspannung soll mit R_{18} durch Änderung eines Bauteiles auf etwa $3{,}3\,V \pm 10\,\%$ geändert werden können.

Lösung: Bauteil R_{17} muss entfallen. Bei oberer Schleiferstellung ist $U_a = 3$ V, da am Potischleifer über den −Input von 3 V über R_{16} ebenfalls 3 V anliegen. Über R_{16} fließt im ausgeregelten Zustand praktisch kein Strom, da es sich um einen Regler mit I-Anteil handelt. Bei unterer Schleiferstellung sollten etwa 3,6 V Ausgangsspannung vorhanden sein. Am Schleifer liegen 3 V. Die Spannung $3{,}6\,V - 3\,V = 0{,}6\,V$ liegt an R_{18} und 3 V an R_{19}. Der Widerstand R_{19} errechnet sich zu $3\,V \times 2{,}2\,k\Omega / 0{,}6\,V = 11\,k\Omega$. Gewählt wird beispielsweise der Normwert $10\,k\Omega$. Ein gewählter Normwert von $12\,k\Omega$ ist auch möglich. Der Stellwert liegt dann etwas unterhalb 3,6 V.

Aufgabenstellung 5.6.2

Begründen Sie die Notwendigkeit des Optokopplers!

Lösung: Die Ausgangskleinspannung muss galvanisch von der Netzspannung getrennt werden. Da die Ausgangsspannung geregelt wird und die Regelabweichung auf die Netzspannungsseite zurückgeführt werden muss, um den Leistungstransistor entsprechend zu schalten, ist der Einsatz eines Optokopplers notwendig.

Aufgabenstellung 5.6.3

Berechnen Sie den Stellbereich des Strombegrenzungseinsatzes!

Lösung: Der Ausschnitt der unteren Schaltung zeigt den Leistungsschalter Tr_1 mit dem Strombegrenzungswiderstand R_6 von $0{,}33\,\Omega$. Der Spannungsfall am Strombegrenzungswiderstand ist proportional zum Transistorstrom. Über das Siebglied 100R und C_{10} wird ein arithmetischer Mittelwert gebildet. Dieser Spannungsmittelwert wird Pin 8 zugeführt. An Pin 9 wird die Vergleichs-Kippspannung über den Spannungsteiler R_{11} und R_{12} dem Komparator zugeführt. Die Referenzspannung an Pin 10 beträgt 2,5 V. An Pin 9 lässt sich die Kippspannung von $2{,}5\,V / (R_{12} + R_{11}) \times R_{11} = 0{,}8$ bis 0 V einstellen. Die Strombegrenzung ist damit einstellbar von $0 \ldots 0{,}8\,V / 0{,}33\,\Omega = 0 \ldots 2{,}42\,A$.

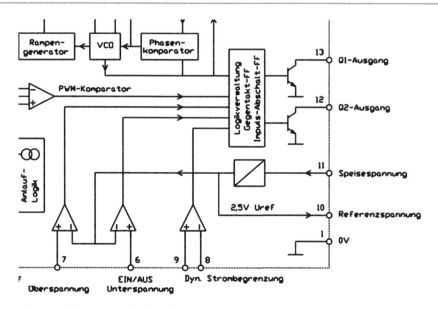

Ausschnitt vom Schaltregler-IC TDA4718

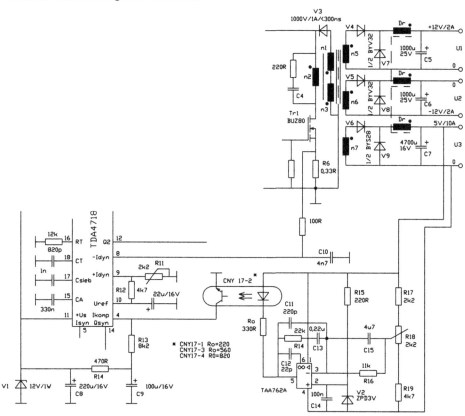

Ausschnitt zum Primär-Schaltnetzteil

Aufgabenstellung 5.6.4
Berechnen Sie den Stellbereich der Ausgangsspannung!

Lösung: Durch R_{35} fließt im ausgeregelten Zustand kein Strom, da es sich um einen Regler mit I-Anteil handelt. Der Messumformer R_{36}, R_{37} und R_{38} wird nicht durch R_{35} belastet. Die Spannungsreferenz beträgt 3 V. Diese Spannung liegt über den gegengekoppelten Reglerverstärker am −Input des OPs und am Schleifer des Potis R_{37}.

Für den Potischleifer in oberer Stellung ist:

$$U_a = \frac{3\,V}{R_{37} + R_{38}} \times (R_{36} + R_{37} + R_{38}) = 4{,}5\,V$$

und für den Potischleifer in unterer Stellung ist:

$$U_a = \frac{3\,V}{R_{38}} \times (R_{36} + R_{37} + R_{38}) = 6{,}3\,V.$$

Aufgabenstellung 5.6.5
Welche Art des Reglers liegt vor?

Lösung: Im Gegenkopplungszweig des OPs TAA 762A liegen R_{33} und C_{29}. R_{33} bildet den Proportionalverstärker mit den Eingangswiderständen $R_{35} \ldots R_{38}$ und C_{29} arbeitet als Integrieranteil. Es handelt sich um einen PI-Regler.

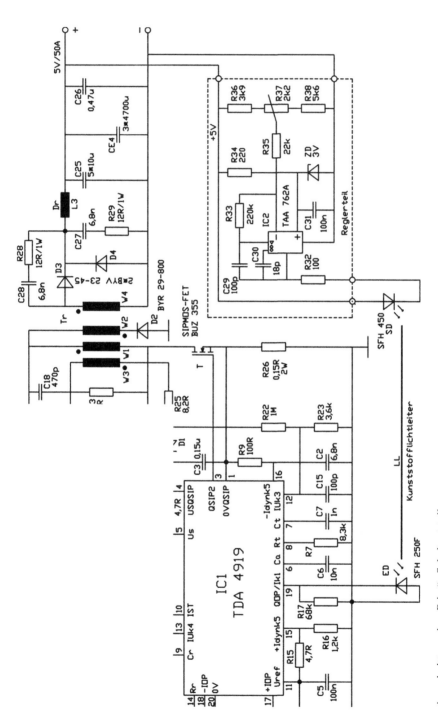

Ausschnitt aus dem Primär-Schaltnetzteil

Aufgabenstellung 5.6.6
Berechnen Sie den Einsatz der Strombegrenzung!

Lösung: Mit dem notwendigen elektrotechnischen Feeling hat der TDA4919 einige Ähnlichkeiten mit dem TDA4718 in der Abbildung und in der Schaltung aus Aufgabe 5.6.3. Hier sind die Eingänge des Strombegrenzungskomparators mit $+I_{dyn}$ und $-I_{dyn}$ bezeichnet. Für den TDA4919 sind Bezeichnungen $+I_{dynk5}$ und $-I_{dynk5}$. An Pin 15 liegt die Vergleichsspannung von etwa $U_{ref} = 2,5\,V$, da R_{15} sehr niederohmig ist. Der Strombegrenzungswiderstand für den Transistor T ist R_{26} mit $0,15\,\Omega$.

Die Strombegrenzung für den Transistor setzt bei $I = 2,5\,V / 0,15\,\Omega = 16,7\,A$ ein.

Aufgabenstellung 6.5.1
Anstelle des invertierenden Vorverstärkers mit $V_U = -100$ wird ein nichtinvertierender Vorverstärker mit der Verstärkung 100 eingebaut. Wie ändert sich die Funktion der Frequenzauswerteschaltung?

Lösung: Die Schaltung wertet die Bitmusterfrequenzen aus. Die Phasenlage spielt für Filter und Demodulation keine Rolle. Es werden die Anzahl der Perioden auf den Demodulator geführt. Die Gleichrichtung und damit die Aufladung des Kondensators C_6 erfolgt unabhängig von der Phasenlage.

Aufgabenstellung 6.5.2
Die Dioden der aktiven Gleichrichter sind versehentlich falsch gepolt eingelötet worden.

Lösung: An den Gleichrichterausgängen erscheint das Bitmuster mit invertierten Pegeln. Das Bitmuster am Ausgang der Auswerteschaltung wird vertauscht. Bauteile werden nicht zerstört.

Aufgabenstellung 6.5.3
R_{17} und R_{18} sind in ihren Werten miteinander vertauscht worden.

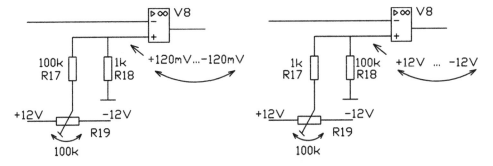

Spannungsverhältnisse bei vertauschten Widerstandsverhältnissen von R_{17} und R_{18}

Lösung: Eine Vertauschung der Widerstandswerte von R_{17} und R_{18} hat zur Folge, dass die Feineinstellung des DC-Offsets am +Input des Operationsverstärkers V_8 nicht mehr gewährleistet ist. Überstreicht der Potibereich sonst einen DC-Offset von etwa $\pm 120\,\text{mV}$, so sind es jetzt ca. $\pm 12\,\text{V}$. Da der Offset sich real aber im mV-Bereich bewegt, ist eine gezielte Einstellung dieser Spannung durch das Poti nicht mehr oder nur sehr schlecht möglich. Die Schaltung ist bis auf das schwierige bis unmögliche Abgleichen des DC-Offsets funktionsfähig. Bauteile werden nicht zerstört.

Aufgabenstellung 6.5.4
Anstelle des Kondensators C_6 von 22 nF wurde ein Wert von 22 µF eingelötet.

Lösung: Beim Empfang der höheren Bitmusterfrequenz wird der Kondensator C_6 über den Demodulator V_4 negativ aufgeladen und der Komparator V_8 kippt in die positive Aussteuergrenze. Wechselt das Bitmuster zur niedrigen Frequenz, so muss die Umladung des Kondensators sofort mit erfolgen. V_8 kippt in die negative Aussteuergrenze. Das Bitmuster liegt am Ausgang mit ca. $\pm 12\,\text{V}$ vor. Wird der Kondensator in seiner Kapazität um das 1000fache auf 22 µF vergrößert, so kann bei einem Bitmusterwechsel die Umladung am Kondensator nicht mehr der Baudrate folgen. Es bildet sich am Kondensator ein arithmetischer Mittelwert um 0 V aus, da der Kondensator sich über die Übertragungszeit für ein Bit gar nicht nennenswert auf- bzw. umladen kann. Eine einwandfreie Kippung des Komparators V_8 ist nicht mehr gewährleistet. Die Funktionsfähigkeit der Schaltung ist nicht mehr vorhanden. Bauteile werden nicht zerstört.

Aufgabenstellung 6.5.5
Anstelle des Potis R_{19} von $100\,\text{k}\Omega$ wird ein Wert von $50\,\text{k}\Omega$ eingesetzt.

Lösung: Prinzipiell ändert sich kaum etwas. Der einstellbare Bereich für den Offset bleibt gleich. Der Zusammenhang zwischen Potistellung und eingestellter Offsetspannung ist geringfügig anders, weil im Prinzip ein anders belasteter Spannungsteiler vorliegt. Jedoch ist dies für die praktische Abgleichung des Offsets nicht bemerkbar. Der Querstrom ist entsprechend des neuen Widerstandes durch das Poti doppelt so hoch. Auch das ist für den praktischen Fall ohne Bedeutung, da es nur sehr kleine Ströme sind.

Die Funktionsfähigkeit der Schaltung bleibt erhalten. Bauteile werden nicht zerstört.

In der folgenden Abbildung sind die aktiven Gleichrichter der Schaltung aufgeführt. An den Eingängen soll jeweils eine Spannung von +100 und $-100\,\text{mV}$ angenommen werden.

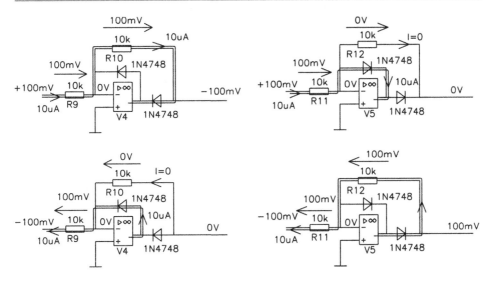

Lösungen zu den Demodulatorschaltungen

Aufgabenstellung 6.5.6
Wie groß ist jeweils die Ausgangsspannung?

Tragen Sie entsprechende Spannungen, Ströme und Potenziale als Hilfsrechnungen direkt in Ihre Schaltung ein!

Lösung: siehe Spannungs-, Strom- und Potenzialeintragungen in der Abbildung!

Aufgabenstellung 6.5.7
Welche Funktion haben R_9 und R_{10} bzw. R_{11} und R_{12}?

Lösung: Über das Widerstandsverhältnis R_{10}/R_9 bzw. R_{12}/R_{11} kann die Verstärkung des aktiven Gleichrichters eingestellt werden. Für die Schaltung in der Abbildung ist bei gleichen Widerstandswerten die Verstärkung betragsmäßig 1. Die gleichgerichtete Halbwelle am Ausgang entspricht betragsmäßig dem Verlauf der Eingangshalbwelle. Allerdings erscheint die Halbwelle am Ausgang invertiert.

Aufgabenstellung 6.5.8
Welche Funktion erfüllen die Dioden?

Lösung: Über die Dioden wird je nach Polung der Eingangsspannung der Stromfluss über den Gegenkopplungszweig umgelenkt und damit eine Gleichrichterwirkung erzielt.

Zu den beiden abgebildeten aktiven Bandfiltern sind die Frequenzgänge im Bode-Diagramm dargestellt.

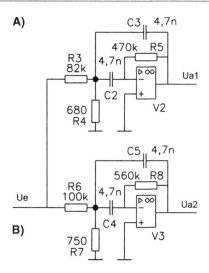

Bandfilterschaltungen

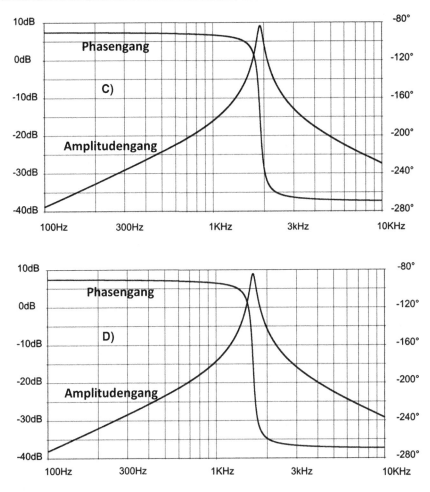

Frequenzgänge der Filter

Aufgabenstellung 6.5.9

Begründen Sie, welcher Frequenzgang C) oder D) zu welchem Filter A) oder B) gehört!

Lösung: Das Bodediagramm C) hat die höhere Durchlassfrequenz. Hierzu gehört die Schaltung mit den kleineren RC-Zeitkonstanten. Dies gilt für Schaltung A), da hier bei gleichen Kondensatoren die Widerstände kleiner sind.

Aufgabenstellung 6.5.10

Begründen Sie, welche Kurve des Bode-Diagramms den Amplitudengang und welche den Frequenzgang darstellen!

Lösung: Es handelt sich um aktive Bandfilter. Ein Bandfilter lässt eine Frequenz bevorzugt durch. Dies gilt für die gekennzeichneten Kurven. Eine andere Möglichkeit besteht darin, dass man beispielsweise die Frequenz gegen Null setzt. Für diesen Fall werden die kapazitiven Widerstände unendlich groß. Der Operationsverstärker ist vom Eingangssignal abgekoppelt. Die Verstärkung geht zu niedrigen Frequenzen gegen Null.

Aufgabenstellung 6.5.11

Welche Resonanzfrequenz liegt im oberen Diagramm vor?

Lösung: Es sind etwa 1850 Hz. Beachten Sie bei der Ablesung die logarithmische Skalierung der Frequenzachse!

Aufgabenstellung 6.5.12

Wie groß ist die Verstärkung U_a / U_e für den Resonanzfall aus Aufgabenstellung 6.5.11?

Lösung: Die Verstärkung beträgt etwa 9 dB entsprechend einer Verstärkung U_a / U_e von 2,8.

Aufgabenstellung 6.8.1

Berechnen Sie die Höhe der Dreieckspannung in V_{ss} und den Spannungsbereich!

Lösung: Laut der Abbildung wird die Höhe der Dreieckspannung durch die Kipppunkte des Komparators OP_1 bestimmt. Bei einer Aussteuergrenze von 14 V müssen über R_4 zur Kippung 14 V − 7,5 V = 6,5 V aufgebracht werden. Der Strom durch R_4 wäre für diesen Fall 6,5 V / R_4 = 65 μA. An R_3 verursacht dieser Strom ein Spannungsfall von 65 μA × 33 kΩ = 2,145 V.

Bei einer Aussteuergrenze von 1 V müssen über R_4 zur Kippung betragsmäßig 7,5 V − 1 V = 6,5 V aufgebracht werden. Der Strom durch R_4 wäre für diesen Fall ebenfalls 6,5 V / R_4 = 65 μA. An R_3 verursacht dieser Strom ein Spannungsfall von 65 μA × 33 kΩ = 2,145 V.

Die Amplitude der Dreieckspannung beträgt 2 × 2,145 V = 4,29 V_{ss}.

Die Dreiecksspannung bewegt sich zwischen 7,5 V − 2,145 V = 5,355 und 7,5 V + 2,145 V = 9,645 V.

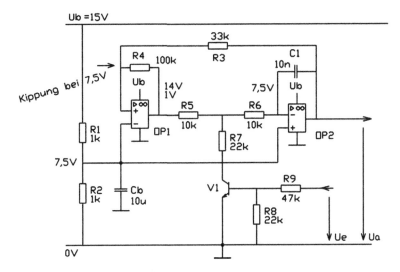

Schaltung mit Spannungsangaben

Aufgabenstellung 6.8.2

Wie groß ist die Frequenz für U_e = „Low"?

Lösung: Für das Bitmuster 0 V ist der Transistor V_1 gesperrt. Der Transistorzweig kann in diesem Fall unberücksichtigt bleiben.

Für die Aussteuergrenze von 14 V ist der Kondensatorstrom $I_{c1} = (14\,V - 7,5\,V)/(R_5 + R_6) = 325\,\mu A$.

Für die Aussteuergrenze von 1 V ist der Kondensatorstrom betragsmäßig genau so groß.

Die Kondensatorladezeit errechnet sich zu

$$\Delta t = C \times \frac{\Delta U_C}{I_C} = 10\,nF \times \frac{4,29\,V}{325\,\mu A} = 132\,\mu s.$$

Die Dreieckspannung von $U_{ss} = 4,29\,V$ wurde in Aufgabenstellung 6.8.1 ermittelt. Sie entspricht ebenfalls ΔU_c. Die Zeit von 132 μs gilt für eine Halbperiode der Dreieckspannung. Die Periodendauer beträgt 2 × 132 μs. Die Frequenz errechnet sich zu 1 / 264 μs = 3788 Hz. Das folgende Oszillogramm zeigt die gemessenen Werte der Dreieckspannung für das Bitmuster „Low".

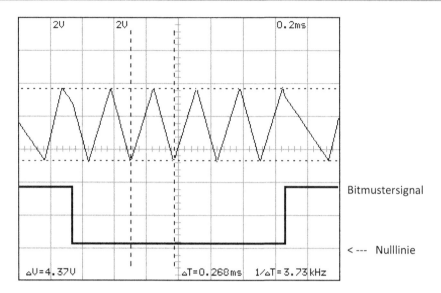

Oszillogramm für Bitmuster „Low"; Dreieckspannung; Messbereiche: 2 V / Div, 0,2 ms / Div

Aufgabenstellung 6.8.3
Berechnen Sie die Frequenz für das Bitmustersignal „High"!

Lösung: Die Berechnung der Frequenz für das Bitmuster „High" gestaltet sich etwas schwieriger. Es müssen die Kondensatorströme für die Komparator-Ausgangsspannung von OP_1 mit 1 und 14 V berechnet werden. Die folgenden Bilder a) und b) zeigen die Berechnungsschaltbilder für die beiden Kondensatorströme. R_7 liegt auf dem Potenzial von $\varphi = 0$ V, da für uns der Transistor ideal durchschaltet. Bei einer Sättigungsspannung des Transistors von 0,1 V machen wir auch keinen nennenswerten Berechnungsfehler.

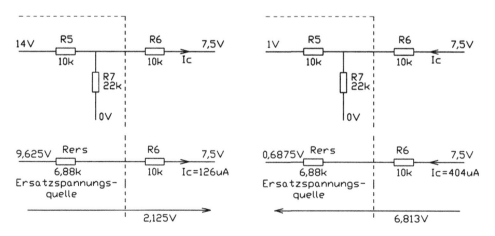

a Berechnungsschema für OP_1-Ausgang = 14 V, **b** Berechnungsschema für OP_1-Ausgang = 1 V

Nach der Abbildung a wird zur Berechnung des Stromes I_c die linke Seite von der gestrichelten Linie auf eine Ersatzspannungsquelle reduziert. Der Ersatzwiderstand R_{ers} errechnet sich zu $R_5 \parallel R_7 = 6{,}88\,\mathrm{k\Omega}$.

Die Quellenspannung beträgt

$$\frac{14\,\mathrm{V}}{R_5 + R_7} \times R_7 = 9{,}625\,\mathrm{V}.$$

Der Strom I_c ist

$$\frac{9{,}625\,\mathrm{V} - 7{,}5\,\mathrm{V}}{R_{ers} + R_6} = 126\,\mu\mathrm{A}.$$

Die Berechnung von I_c bei einer OP_1-Aussteuergrenze von 1 V geschieht in ähnlicher Weise. Die Werte entnehmen Sie bitte der Abbildung b! Es werden die zwei Zeiten für die beiden Kondensatorenströme ermittelt.

Es ist

$$\Delta t_1 = C_1 \times \frac{\Delta U_C}{I_C} = 10\,\mathrm{nF} \times \frac{4{,}29\,\mathrm{V}}{325\,\mu\mathrm{A}} = 340\,\mu\mathrm{s}$$

und

$$\Delta t_2 = C_1 \times \frac{\Delta U_C}{I_C} = 10\,\mathrm{nF} \times \frac{4{,}29\,\mathrm{V}}{404\,\mu\mathrm{A}} = 106{,}2\,\mu\mathrm{s}.$$

Die Frequenz errechnet sich zu $1 / (\Delta t_1 + \Delta t_2) = 2{,}24\,\mathrm{kHz}$.

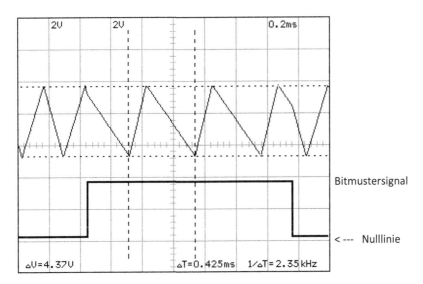

Oszillogramme für Bitmuster „High". Dreieckspannung Messbereiche: 2 V / Div, 0,2 ms / Div

Aufgabenstellung 7.2.1

Die Abbildung zeigt den Amplitudengang eines OPs mit externer Frequenzkompensation.

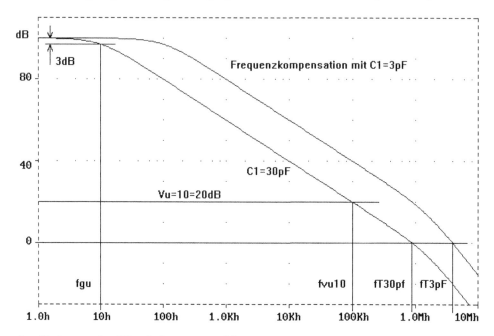

Amplitudengang des OPs mit eingetragenen Lösungen

a) Wie groß ist die Transitfrequenz für einen Kompensationskondensator von 3 pF?
b) Wie groß ist die Transitfrequenz für einen Kompensationskondensator von 30 pF?
c) Wie groß ist die untere Grenzfrequenz des unbeschalteten OPs mit C = 30 pF?
d) Wie groß ist die zu erwartende Grenzfrequenz eines beschalteten OPs mit $V_u = 10$?

Lösungen: siehe obiges Diagramm!

Lösung zu a): etwa 5 MHz
Lösung zu b): etwa 1 MHz
Lösung zu c): etwa 10 Hz
Lösung zu d): Die Verstärkung $V_u = 10$ entspricht einer Verstärkung von 20 dB
              Die Grenzfrequenz liegt bei etwa 100 kHz.

Aufgabenstellung 7.2.2

Wie groß ist die geschätzte Slewrate? Bilden Sie ein Mittel aus ansteigender und abfallender Flanke!

Lösung: Die Messbereiche sind 5 V/cm und 1 ms/cm. Die Ausgangsspannung liegt etwa bei $U_{a\,ss} = 30\,V$. Die Anstiegsflanke beträgt für $U_{a\,ss} = 30\,V$ etwa 1,7 μs und für die abfallende Flanke etwa 2 μs. Die Slewrate kann großzügig mit etwa 30 V / 2 μs = 15 V/μs angegeben werden.

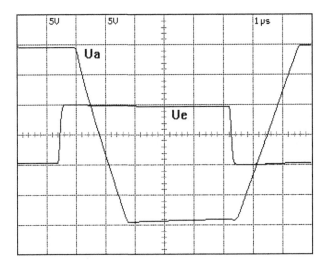

Oszillogramm zur Slewratebestimmung

Aufgabenstellung 7.2.3

Bestimmen Sie die Leerlaufverstärkung nach dem folgenden Schaltbild!

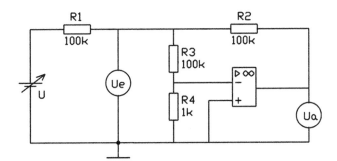

Messschaltung zur Bestimmung der Leerlaufverstärkung

Es wurden gemessen:

1. Messung: $U_e = 17\,mV$ $U_a = -10\,V$
2. Messung: $U_e = 12\,mV$ $U_a = 0\,V$

Lösung:

$\Delta U_a = 10\,V$ $\Delta U_e = 5\,mV$

Die Änderung der Spannung direkt am OP-Differenzeingang ΔU_e beträgt

$$\Delta U_{e\ diff} = \Delta U_e \times \frac{R_4}{R_3 + R_4} = 50\,\mu V.$$

Die Leerlaufverstärkung errechnet sich zu

$$\frac{\Delta U_a}{\Delta U_{e\ diff}} = 2 \times 10^5.$$

Die Verstärkung in dB beträgt

$$20 \times \lg \frac{\Delta U_a}{\Delta U_e} = 106\,dB.$$

Aufgabenstellung 7.2.4

a) Wie groß sind die Verstärkungsgrade der Schaltungen in der untenstehenden Abbildung in dB?

b) Welche Grenzfrequenzen sind für diese Schaltungen zu erwarten?

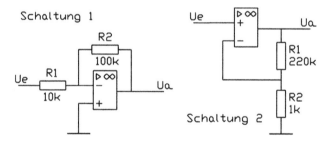

Bestimmung der Grenzfrequenz für Schaltung 1 und Schaltung 2

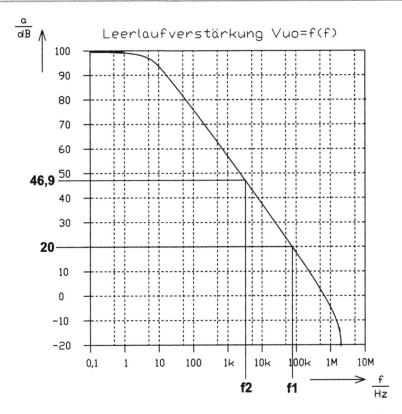

Schaltungen zur Grenzfrequenzbestimmung nach dem Amplitudengang in der oberen Abbildung

Lösung zu a):

Schaltung 1: $|V_u| = 10$ $V_{db} = 20 \times lg\, V_u = 20\, dB$

Schaltung 2: $|V_u| = 221$ $V_{db} = 20 \times lg\, V_u = 46,9\, dB$

Lösung zu b): Für Schaltung 1 ergibt sich nach dem Amplitudengang für die Leerlaufverstärkung des OPs eine Grenzfrequenz f_2 von etwa 3 kHz. Man muss hierbei auf die logarithmische Darstellung des Frequenzmaßstabes achten.

Für Schaltung 2 liegt die Grenzfrequenz bei geschätzten 90 kHz. Es ist hier zu beachten, dass der Schnittpunkt der Verstärkungsgeraden mit dem Amplitudengang schon der Punkt für die 3 dB-Absenkung ist. Damit liegt der Schnittpunkt auch gleichzeitig in der Grenzfrequenzgröße.

Aufgabenstellung 7.3.1

a) Welche Verstärkung muss aus Stabilitätsgründen mindestens für einen Amplitudenrand von 20 dB gewährleistet sein?
b) Wie groß muss für diesen Fall R_1 gewählt werden mit $R_2 = 220\,\Omega$?

Lösung zu a): Die kritische Frequenz liegt bei einem Phasenrand von $-180°$. Die Verstärkung des OPs beträgt laut Diagramm hierfür etwa 51 dB. Die Verstärkung des Gegen-
kopplungswerkes müsste dann unter Berücksichtigung des Amplitudenrandes um 20 dB
niedriger liegen, also bei 51 dB $-$ 20 dB $=$ 31 dB.
   Die Verstärkung von 31 dB entspricht einer Verstärkung von 35,5.

Lösung zu b): Eine Gesamtverstärkung von 35,5 bedeutet, dass R_1 um den Wert
$35,5 - 1 = 34,5$ größer als R_2 ist. $R_1 = 220\,\Omega \times 34,5 = 7,6\,k\Omega$.

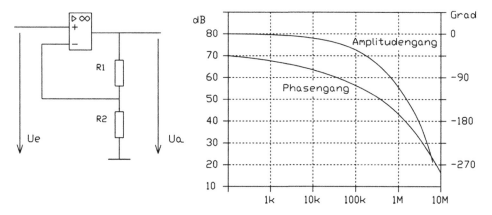

Frequenzgang des unbeschalteten OPs mit Schaltung

Aufgabenstellung 7.3.2

a) Wie groß ist R_E mit $R_G = 100\,k\Omega$ für die dargestellten Amplitudengänge im folgenden
   Diagramm?
b) Wie groß ist C_1?
c) Begründen Sie den Verlauf des Amplitudengangs!

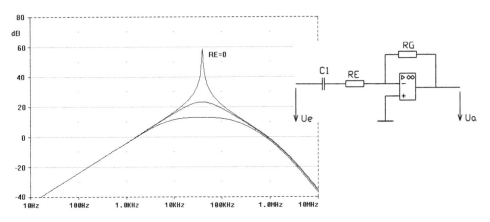

Amplitudengang des Differenzierers

Lösung zu a): Die maximale Verstärkung des einen Amplitudengangs beträgt 23 dB oder einer Verstärkung von 14,1. Die maximale Verstärkung des anderen Amplitudengangs beträgt 13 dB oder einer Verstärkung von 4,47. R_E ist einmal gewählt worden mit $100\,k\Omega / 14,1 = 7\,k\Omega$ und einmal mit $100\,k\Omega / 4,47 = 22\,k\Omega$.

Lösung zu b): Zur Berechnung von C_1 wählen wir eine so niedrige Frequenz, bei der X_{C1} sehr viel größer als R_E ist. Dies ist für den Amplitudenzweig der Fall, bei der die Verstärkung um 20 dB / Dekade zunimmt. Für 100 Hz beträgt die Verstärkung etwa -23 dB entsprechend einer Verstärkung von $70,8 / 1000 = 0,0708$. Für diesen Fall darf R_E vernachlässigt werden. Es ist $V_u = R_G / X_{C1}$. $X_{C1} = R_G / V_u = 1,41\,M\Omega$. $C = 1 / (\omega \times X_{C1}) = 1,1\,nF$.

Lösung zu c): Unterhalb von etwa 10 kHz wird der Amplitudengang insbesondere durch R_G / X_{C1} bestimmt. Die Verstärkung nimmt um 20 dB / Dekade zu. Oberhalb 100 kHz ist die Verstärkung des OPs kleiner als es das Gegenkopplungswerk errechnen lässt. Hier wird der Amplitudengang allein vom Amplitudengang des unbeschalteten OPs bestimmt.

Aufgabenstellung 7.5.1

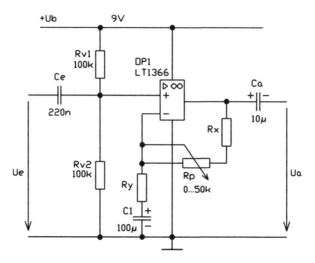

Nichtinvertierender Verstärker

Ein nichtinvertierender Verstärker soll über ein Poti von $50\,\mathrm{k\Omega}$ in der Verstärkung 2 bis 20 variierbar sein.

a) Wie groß errechnet sich die Verstärkung in dB?
b) Wie groß errechnen sich R_x und R_y?
c) Wie groß errechnet sich die untere Grenzfrequenz?
d) Welcher maximale Ausgangsspannungshub ist für die Schaltung mit einem Rail-to-Rail-OP möglich?

Lösung zu a):

$$a1_{[dB]} = 20 \times \lg\frac{U_a}{U_e} = 20 \times \lg 2 = 6\,\mathrm{dB}$$

$$a2_{[dB]} = 20 \times \lg\frac{U_a}{U_e} = 20 \times \lg 20 = 26\,\mathrm{dB}$$

Die Verstärkung beträgt 6 bis 26 dB.

Lösung zu b): Ist das Poti auf $0\,\Omega$ eingestellt, so ergibt sich eine Verstärkung von 2. Für diesen Fall muss $R_x = R_y$ sein. C_1 bleibt für höhere Frequenzen unberücksichtigt, da sein Widerstandswert gegen Null geht. Für die Verstärkung von 20 liegen insgesamt 19 Spannungsanteile an R_x und R_p und ein Spannungsanteil an R_y. Folgende Gleichung lässt sich aufstellen: $(R_x + 50\,\mathrm{k\Omega})\,/\,R_y = 19$. Es gilt für $R_x = R_y$: $(R_x + 50\,\mathrm{k\Omega})\,/\,R_x = 19$.

R_x und R_y errechnen sich jeweils zu $2{,}78\,\mathrm{k\Omega}$. In der Praxis wählt man natürlich den Normwert von $2{,}7\,\mathrm{k\Omega}$.

Lösung zu c): Für die Eingangsquelle U_e liegt im Wechselstrom-Ersatzschaltbild R_{v1} parallel zu R_{v2}. Die Versorgungsspannung hat einen Wechselstromwiderstand von praktisch 0 Ω. Die Eingangsquelle sieht sozusagen den Kondensator C_e mit $R_{v1} \parallel R_{v2} = 50\,k\Omega$ gegen Masse. Bei $X_{Ce} = 50\,k\Omega$ liegt die untere Grenzfrequenz vor.

Es gilt $50\,k\Omega = 1 / (2\pi fC)$. Für die untere Grenzfrequenz ist $f = 1 / (2\pi \times C_e \times 50\,k\Omega) = 14,4\,Hz$.

Lösung zu d): Die Versorgungsspannung beträgt 9 V. Der Arbeitspunkt ist über R_{v1} und R_{v2} auf 4,5 V eingestellt. Die Ausgangsspannung am OP kann ideal um 4,5 V zur positiven und 4,5 V zur 0 V-Aussteuergrenze schwanken. Der Ausgangsspannungshub hinter dem Kondensator C_a beträgt bei einem Rail-to-Rail-OP maximal und idealisiert ±4,5 V oder $9\,V_{ss}$.

Aufgabenstellung 7.5.2

a) Bis zu welcher Frequenz ist ein Sinus-Ausgangssignal von $5\,V_{ss}$ relativ verzerrungsfrei bei einer OP-Slewrate von 0,13 V/μs?

b) Bis zu welcher Frequenz ist ein Sinus-Ausgangssignal von $50\,mV_{ss}$ relativ verzerrungsfrei bei einer OP-Slewrate von 0,13 V/μs.

Lösung zu a): Für eine Sinusfunktion ist die größte Steigung im Nulldurchgang. Sie beträgt $Y / X = 1$.

Die Anstiegsgeschwindigkeit würde für diesen Fall 2,5 V / 19,23 μs, entsprechend der Slewrate von 0,13 V/μs, betragen.

Für $X = 2\pi$ beträgt die Periodendauer dann $19,23\,\mu s \times 2\pi = 120,83\,\mu s$. Das entspricht einer Frequenz von 8,28 kHz.

Lösung zu b): Für eine Spitzenspannung von 25 mV gegenüber 2,5 V in der vorigen Aufgabenstellung ergibt sich laut der folgenden Abbildung für $X = 1$ ein Wert von $25\,mV / (0,13\,V/\mu s) = 0,1923\,\mu s$.

Die Periodendauer beträgt $0,1923\,\mu s \times 2\pi = 1,208\,\mu s$.

Die Frequenz ist 828 kHz.

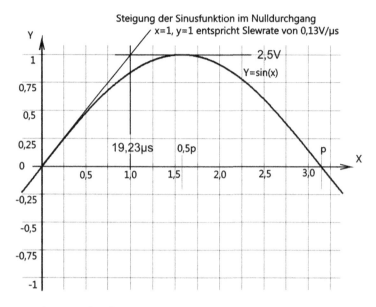

Berechnung zum Ausgangssignal

Aufgabenstellung 8.8.1

a) Berechnen Sie U_e für die Umschaltpunkte des Komparators!
b) Wie würde sich die Schaltung mit OPs darstellen?

Lösung zu a): Nach untenstehenden Abbildungen ist U_a praktisch ± 12 V, da $R_c \ll R_2$ ist. Die Kippspannungsreferenz am $-$Input errechnet sich zu 12 V $- [24$ V $/ (R_3 + R_4) \times R_3] = -1{,}2$ oder -12 V $+ [24$ V $/ (R_3 + R_4] \times R_4 = -1{,}2$ V. Bild a verdeutlicht die Berechnung von U_e im Moment der Umschaltung für $U_a = 12$ V. Über R_2 muss durch U_e eine Spannung von 12 V $- (-1{,}2$ V$) = 13{,}2$ V erzeugt werden, damit die Kippung erfolgen kann. Der Strom durch R_1 und R_2 ist gleich groß ist. An R_1 liegt eine Spannung von $U_{R2} / R_2 \times R_1 = 2{,}8$ V. Die Kippspannung errechnet sich für U_e zu $13{,}2$ V $- 2{,}8$ V $= -4$ V.

Bild b verdeutlicht den Rechenweg zur Ermittlung des zweiten Kipppunktes für $U_a = -12$ V. An R_2 liegt im Moment der Kippung die Spannung von $-1{,}2$ V $- (-12$ V$) = 10{,}8$ V. An R_1 errechnet sich die Spannung von $10{,}8$ V $/ R_2 \times R_1 = 2{,}3$ V. U_e ist im Moment der Umschaltung $2{,}3$ V $+ (-1{,}2$ V$) = 1{,}1$ V.

Die Komparatorkipppunkte liegen damit bei $(-4$ V$)$ und $1{,}1$ V.

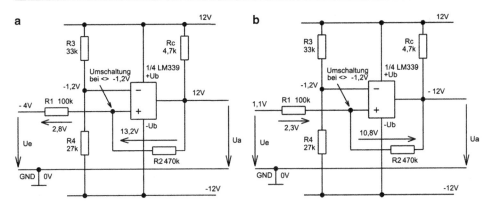

a Kipppunktberechnung von U_e für $U_a = 12$ V, **b** Kipppunktberechnung von U_e für $U_a = -12$ V

Lösung zu b): Die Schaltung mit dem Komparator LM339 kann mit einem OP auf einfachste Weise ersetzt werden. Es entfällt nur der Pull-up-Widerstand R_c. Ohne Werteänderungen bleiben natürlich R_3 und R_4 für den Kippreferenzpunkt von $-1,2$ V. R_1 und R_2 können im Wert gleich oder verhältnisgleich bleiben, wenn die Aussteuergrenzen für U_a tatsächlich bei ± 12 V liegen. Dies wäre bei Rail-to-Rail-OPs grundsätzlich der Fall. Für OPs, deren Aussteuergrenzen stark von den idealen Aussteuergrenzen differieren, müsste, wenn überhaupt gewollt, eine leichte Korrektur vorgenommen werden. Die folgende Abbildung zeigt eine funktionsgleiche Komparatorschaltung mit einem OP. Die Austeuergrenzen weichen in diesem Beispiel um jeweils 1 V von den idealen Aussteuergrenzen ab. Die Komparator-Umschaltpunkte für U_e liegen bei $-3,8$ und $0,89$ V.

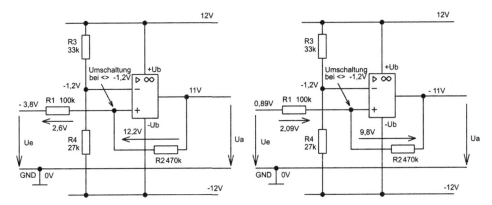

Kipppunktberechnung einer gleichwertigen OP-Schaltung. Die OP-Aussteuergrenzen differieren jeweils um 1 V von den idealen Aussteuergrenzen

Aufgabenstellung 8.8.2
Berechnen Sie für einen Null-Detektor mit unipolarer Spannungsversorgung die Umschaltpunkte von U_e!

a) R_m hat einen Wert von $10\,k\Omega$. Berechnen Sie die Kippspannungen von U_e!
b) R_m hat einen Wert von $1\,M\Omega$. Berechnen Sie die Kippspannungen von U_e!

Lösung zu a): U_a ist praktisch $0\,V$ für den durchgeschalteten Open-Collector-Transistor nach dem folgenden Bild a. Die Kippspannungsreferenz für den +Input errechnet sich
zu $5\,V\,/\,[R_{1b} + (R_{2b}\,\|\,R_m)] \times (R_{2b}\,\|\,R_m) = 0{,}238\,V$. Für $0{,}238\,V$ am −Input kippt der Kom-
parator in die positive Aussteuergrenze. An R_{1a} und R_{2a} errechnen sich die dargestellten
Spannungen. Für den Fall, dass am −Input die Spannung $0{,}238\,V$ sein müsste, errechnet sich die Eingangsspannung U_e zu $-0{,}238\,V$. Für U_e kleiner als $-0{,}238\,V$ kippt der
Komparator in die positive Aussteuergrenze.

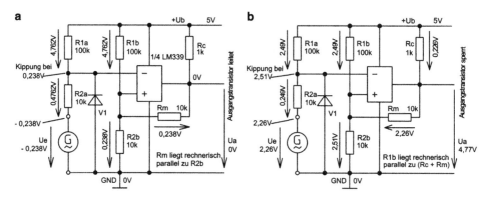

a Berechnung des Kipppunktes für den durchgeschalteten Open-Collector-Transistor, **b** Berechnung
des Kipppunktes für den gesperrten Open-Collector-Transistor

Nach Bild b ist der Open-Collector-Transistor des LM339 gesperrt. Damit liegen R_c
und R_m parallel zu R_{1b}. Der Parallelwiderstand errechnet sich zu $9{,}91\,k\Omega$, der in Reihe
mit R_{2b} liegt. Am +Input liegen somit $2{,}51\,V$. Bei dieser Spannung setzt die Kippung am
−Input ein. Die errechneten Werte entnehmen Sie bitte der Schaltung. Für $U_e > 2{,}26\,V$
kippt der Komparator wieder auf die untere Aussteuergrenze von praktisch $0\,V$. Zu beachten ist, dass die obere Aussteuergrenze durch den Spannungsfall an R_c nicht ganz $5\,V$
erreicht

Lösung zu b): Für den durchgeschalteten Ausgangstransistor des LM339 ist die Ausgangsspannung $U_a = 0\,V$. Bei gesperrtem Transistor liegt sie bei $5\,V$, da $R_c \ll R_m$ ist. Die
errechneten Werte sind in den unteren Schaltungen dargestellt. Die Umschaltpunkte des
Komparators liegen für U_e rein rechnerisch bei $-0{,}005$ und $0{,}048\,V$. Die geringe Schalthysterese erklärt sich durch den hochohmigen Widerstand R_m.

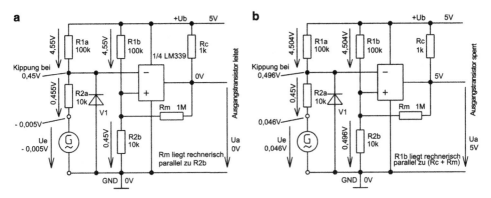

a Berechnung des Kipppunktes für den durchgeschalteten Open-Collector-Transistor, **b** Berechnung des Kipppunktes für den gesperrten Open-Collector-Transistor

Aufgabenstellung 8.8.3

a) Berechnen Sie R_c für einen Open-Collector-Strom von 2,4 mA!
b) Berechnen Sie R_1, R_2 und R_3 für die Eingangskippspannungen U_e von -2 und $+4$ V. Wählen Sie $R_1 \gg R_c$, damit U_a hinreichend genau mit ± 12 V angenommmen werden kann.

Lösung zu a): Für den durchgeschalteten Open-Collector-Transistor kann die Kollektor-Emitter-Sättigungsspannung mit 0 V angenommen werden. An R_c liegen dann 24 V.

$R_c = 24$ V $/ 2,4$ mA $= 10$ kΩ. Zur Verdeutlichung ist der Open-Collector-Transistor im LM339 eingetragen.

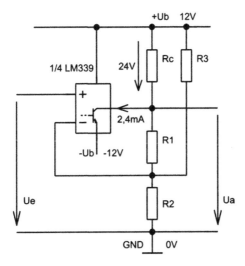

Spannungs- und Stromdarstellung zur Berechnung von R_C

Lösung zu b): Für den gesperrten Open-Collector-Transistor ist die Ausgangsspannung vom LM339 praktisch 12 V wenn $R_1 \gg R_c$ ist. Für diesen Fall muss entsprechend der Aufgabenstellung die Kippspannungsreferenz am −Input 4 V betragen. Die folgende Abbildung zeigt die entsprechenden Spannungswerte.

Es gilt:

$$I_1 + I_3 = I_2$$

$$\frac{8\,V}{R_1} + \frac{8\,V}{R_3} = \frac{4\,V}{R_2} \tag{1}$$

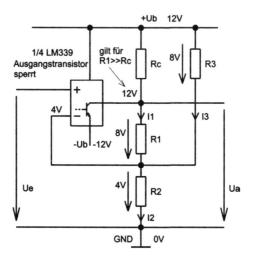

Spannungsverhältnisse für den gesperrten Transistor im LM339

Für den durchgeschalteten Transistor ist die Ausgangsspannung −12 V. Nach der folgenden Abbildung ergeben sich die dargestellten Spannungswerte bei einer Kippspannungsreferenz von −2 V. Es gilt:

$$I_2 + I_3 = I_1$$

$$\frac{2\,V}{R_2} + \frac{14\,V}{R_3} = \frac{10\,V}{R_1} \tag{2}$$

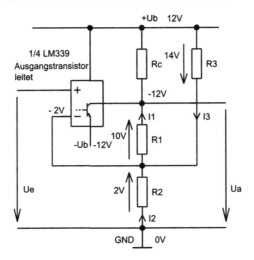

Spannungsverhältnisse für den leitenden Transistor im LM339

Durch Umstellung der Gln. 1 und 2 nach R_3 und das Gleichsetzen beider Gleichungen ergibt sich das Verhältnis

$$\frac{R_1}{R_2} + \frac{24}{9} \quad \text{oder} \quad R_1 = 2,67 \times R_2.$$

Nach Gl. 1 ist

$$\frac{8\,V}{2,67 \times R_2} + \frac{8\,V}{R_3} = \frac{4\,V}{R_2}.$$

Nach R_3 umgestellt ist $R_3 = 8 \times R_2$.

Das Verhältnis $R_1 / R_2 / R_3$ ist $24 / 9 / 72$.

R_1 sollte möglichst hochohmig gegenüber R_c gewählt werden, damit U_a mit 12 V für den gesperrten Ausgangstransistor des LM339 angenommen werden kann. Wählt man Normwerte für die Widerstände, so wären bei dem Verhältnis $R_1 / R_2 / R_3 \approx 330\,k\Omega / 120\,k\Omega / 1\,M\Omega$ gut gewählte Größen. R_c ist in Aufgabenstellung a) mit $10\,k\Omega$ berechnet worden. R_1 ist damit sehr viel größer als R_c und U_a kann so hinreichend genau mit 12 V angenommen werden.

Aufgabenstellung 8.8.4

Die Schaltung in der folgenden Abbildung zeigt einen analogen Messverstärker mit LED-Anzeigen.

a) Wie groß ist die Eingangsspannung U_e bei einer Spannungsmesser-Anzeige von 3 V?

b) Welche Spannungsbereiche werden von den drei LEDs angezeigt?

c) Wie groß sind die LED-Ströme bei einer angenommenen LED-Spannung von 2 V?

d) Skizzieren Sie die Schaltung bei gleicher Funktion mit Operationsverstärkern!

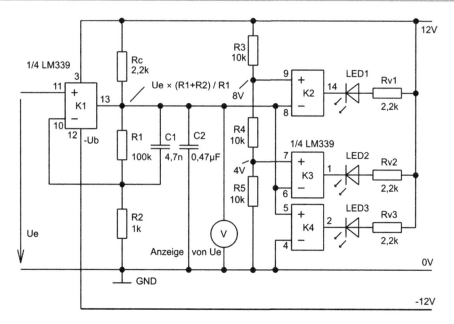

Messverstärker mit Komparatoren und Potenzialangaben

Lösung zu a): Die Eingangsstufe zeigt die Standardschaltung eines nichtinvertierenden Verstärkers mit dem LM339. Schwingneigungen verhindern die Kondensatoren C_1 und C_2. Über die Gegenkopplungsbeschaltung von R_1, R_2 auf den $-$Input wird die Eingangsdifferenzspannnung des Komparators K_1 praktisch zu 0 V.

Die Verstärkung der Eingangsstufe errechnet sich zu

$$\frac{U_a}{U_e} = \frac{R_1 + R_2}{R_1} = 100.$$

Für eine Spannungsanzeige von 3 V ist die Eingangsspannung $U_e = 3\,V / 100 = 30\,mV$.

Lösung zu b): Die obere Abbildung zeigt die Potenziale an der Widerstandskette R_3, R_4, R_5.

Für eine Ausgangsspannung des Komparators K_1 von >8 V, bzw. $U_e > 80\,mV$, leuchtet LED_1.

Für eine Ausgangsspannung des Komparators K_1 von >4 V, bzw. $U_e > 40\,mV$, leuchtet LED_2.

Für eine Ausgangsspannung des Komparators K_1 von <0 V, also für negative Eingangsspannungen, leuchtet LED_3.

Lösung zu c): Für initalisierte LEDs ist der Ausgangstransistor des LM339 durchgeschaltet.

Es ist

$$I_{LED} = \frac{U_{Rv}}{R_v} = \frac{24\,V - 2\,V}{2,2\,k\Omega} = 10\,mA.$$

Lösung zu d): Eine funktionsgleiche Schaltung mit OPs benötigt kaum Veränderungen. Es entfallen der Pull-up-Widerstand R_c und die Kondensatoren C_1 und C_2. Mit Standard-OPs wird diese Schaltung somit einfacher und preiswerter.

Informative Internetadressen zum Themenbereich des Operationsverstärkers

Das Internet stellt sich zum Themenbereich des Operationsverstärkers als ein allumfassendes Informationssystem ohne Einschränkungen dar. Es ist praktisch jede Information bei professioneller Suche erhältlich. Hier soll eine kleine Hilfestellung die Suche zum Themenbereich erleichtern. So ist die Anwendung einer Suchmaschine wie beispielsweise Google äußerst nützlich.

Geben Sie unter Google folgende Begriffe zum Thema Operationsverstärker ein:

operationsverstärker oder **opamp** oder **op...** o. ä.

Es melden sich Hunderte von Links. Öffnen Sie die Links, die Ihnen in der Kurzinformation zutreffend erscheinen!

So erhalten Sie Datenblätter von Operationsverstärkern:

Geben Sie unter Google den Begriff **opamp datasheet** ein. Es melden sich geeignete Links zur kostenlosen Datenblattentnahme von OPs.

Universell anwendbar und meines Erachtens am brauchbarsten ist die Suche nach irgendwelchen elektronischen Bauelementen unter Google durch folgende Zeile:

Datasheet LM324	Zugriff auf Datenblätter verschiedener Hersteller des OPs LM324 im PDF-Format.
datasheet lm339	Zugriff auf Datenblätter verschiedener Hersteller des Komparators LM339.
Datasheet ...	Hinter dem Wort datasheet wird nach einem Leerzeichen das zu suchende Bauelement eingegeben. Groß- und Kleinschreibung sind beliebig möglich.

Unter diesen Internetadressen – es handelt sich dabei nur um eine sehr kleine Auswahl von Beispieldateien – können Sie Datenblätter von Operationsverstärkern kostenfrei abrufen:

www.datasheetcatalog.com Zugriff auf alle Hersteller

www.analog.com Hersteller: Analog Devices

www.linear.com Hersteller: Linear Technology

www.maxim-ic.com Hersteller: Maxim

www.national.com Hersteller: National Semiconductor

Folgende Adressen bieten ausführliche Grundlagen zum Operationsverstärker und zu den Grundschaltungen:

www.elektronik-kompendium.de

www.elektronikinfo.de

www.wikipedia.de

Unter diesen Adressen können Sie Netzwerkanalyseprogramme kostenfrei downloaden:

www.linear.com

Ein sehr empfehlenswertes und leicht bedienbares Analyseprogramm ohne jegliche Einschränkungen ist LTspiceIV von Linear Technology. LTspiceIV ist mit der Vorgängerversion SWCADIII identisch. Die Rechenalgorithmen entsprechen denen von PSPICE. Eine Übernahme von Bauteilen aus PSPICE-Bibliotheken ist möglich.

www.ni.com/multisim

Die Demoversion des bekannten Analyseprogramms von Electronics Workbench existiert nur noch unter den Namen NI-Multisim von National Instruments. Die Demoversion kann für ein gesetztes Zeitlimit kostenfrei heruntergeladen werden. Geben Sie in einer Suchmaschine beispielsweise **ni multisim** ein!

Das bekannteste professionelle Simulationsprogramm ist PSPICE. Es ist als kostenfreie und schon sehr leistungsfähige Demoversion im Internet zu erhalten. Geben Sie unter Google den Begriff **pspice demo** ein!

Es melden sich eine Unmenge von Links, die ein Download der Demoversion ermöglichen. Die PSPICE-Demoversion ist beschränkt auf maximal 64 Knoten, 10 Transistoren, 2 Operationsverstärkern und 65 passiven Elementen. Die erstellten Dateien sind speicherfähig. Es bestehen keine Einschränkungen für Druckdokumentationen.

Anwenderfreundliche professionelle Platinenlayout-Programme finden Sie, indem Sie unter Google den Suchbegriff **Pad2Pad** bzw. **KiCad** eingeben. Mehrere Internetadressen bieten diese Programme als kostenlose Downloads an.

Sachverzeichnis

Printed in the United States
By Bookmasters